教育部 财政部职业院校教师素质提高计划职教师资培养资源开发项目
《林学》专业职教师资培养资源开发(VTNE063)

教育部 财政部职业院校教师素质提高计划成果系列丛书

森林培育

王景燕　李吉跃　主编

中国林业出版社

图书在版编目(CIP)数据

森林培育/王景燕，李吉跃主编 . —北京：中国林业出版社，2016. 12
(教育部、财政部职业院校教师素质提高计划成果系列丛书)
ISBN 978-7-5038-8820-5

Ⅰ. ①森… Ⅱ. ①王…②李… Ⅲ. ①森林抚育－高等职业教育－教材 Ⅳ. ①S753

中国版本图书馆 CIP 数据核字(2016)第 307423 号

国家林业局生态文明教材及林业高校教材建设项目

中国林业出版社·教育出版分社

策划编辑：高红岩　张东晓　　　**责任编辑：**张　佳
电　　话：(010)83143561　　　**传　　真：**(010)83143516

出版发行　中国林业出版社(100009　北京市西城区德内大街刘海胡同 7 号)
E-mail：jiaocaipublic@ 163. com　电话：(010)83143500
http：//lycb. forestry. gov. cn
经　　销　新华书店
印　　刷　三河市祥达印刷包装有限公司
版　　次　2016 年 12 月第 1 版
印　　次　2016 年 12 月第 1 次印刷
开　　本　787mm × 1092mm　1/16
印　　张　27. 5
字　　数　640 千字
定　　价　64. 00 元

《森林培育》编写人员

主　　编

王景燕　李吉跃

副 主 编

何　茜　冯茂松

编写人员（按姓氏笔画排序）

王逸之（西南林业大学）
王景燕（四川农业大学）
付建生（西南林业大学）
冯茂松（四川农业大学）
苏　艳（华南农业大学）
李吉跃（华南农业大学）
何　茜（华南农业大学）
罗建勋（四川省林业科学研究院）
周朝彬（石河子大学）
龚　伟（四川农业大学）
辜云杰（四川省林业科学研究院）
董文渊（西南林业大学）
蔡凡隆（四川省林业调查规划院）

教育部 财政部职业院校教师素质
提高计划成果系列丛书

项目专家指导委员会

出版说明

《国家中长期教育改革和发展规划纲要(2010—2020 年)》颁布实施以来，我国职业教育进入到加快构建现代职业教育体系、全面提高技能型人才培养质量的新阶段。加快发展现代职业教育，实现职业教育改革发展新跨越，对职业学校“双师型”教师队伍建设提出了更高的要求。为此，教育部明确提出，要以推动教师专业化为引领，以加强“双师型”教师队伍建设为重点，以创新制度和机制为动力，以完善培养培训体系为保障，以实施素质提高计划为抓手，统筹规划，突出重点，改革创新，狠抓落实，切实提升职业院校教师队伍整体素质和建设水平，加快建成一支师德高尚、素质优良、技艺精湛、结构合理、专兼结合的高素质专业化的“双师型”教师队伍，为建设具有中国特色、世界水平的现代职业教育体系提供强有力的师资保障。

目前，我国共有 60 余所高校正在开展职教师资培养，但由于教师培养标准的缺失和培养课程资源的匮乏，制约了“双师型”教师培养质量的提高。为完善教师培养标准和课程体系，教育部、财政部在“职业院校教师素质提高计划”框架内专门设置了职教师资培养资源开发项目，中央财政划拨 1.5 亿元，系统开发用于本科专业职教师资培养标准、培养方案、核心课程和特色教材等系列资源。其中，包括 88 个专业项目，12 个资格考试制度开发等公共项目。该项目由 42 家开设职业技术师范专业的高等学校牵头，组织近千家科研院所、职业学校、行业企业共同研发，一大批专家学者、优秀校长、一线教师、企业工程技术人员参与其中。

经过三年的努力，培养资源开发项目取得了丰硕成果。一是开发了中等职业学校 88 个专业(类)职教师资本科培养资源项目，内容包括专业教师标准、专业教师培养标准、评价方案，以及一系列专业课程大纲、主干课程教材及数字化资源；二是取得了 6 项公共基础研究成果，内容包括职教师资培养模式、国际职教师资培养、教育理论课程、质量保障体系、教学资源中心建设和学习平台开发等；三是完成了 18 个专业大类职教师资资格标准及认证考试标准开发。上述成果，共计 800 多本正式出版物。总体来说，培养资源开发项目实现了高效益：形成了一大批资源，填补了相关标准和资源的空白；凝聚了一支研发队伍，强化了教师培养的“校—企—校”协同；引领了一批高校的教学改革，带动了“双师型”教师的专业化培养。职教师资培养资源开发项目是支撑专业化培养的一项系统化、基础性工程，是加强职教教师培养培训一体化建设的关键环节，也是对职教师资培养培训基地教师专业化培养实践、教师教育研究能力的系统检阅。

自 2013 年项目立项开题以来，各项目承担单位、项目负责人及全体开发人员做了大量深入细致的工作，结合职教教师培养实践，研发出很多填补空白、体现科学性和前瞻性的成果，有力推进了“双师型”教师专门化培养向更深层次发展。同时，专家指导委员会的各位专家以及项目管理办公室的各位同志，克服了许多困难，按照两部对项目开发工作的总体要求，为实施项目管理、研发、检查等投入了大量时间和心血，也为各个项目提供了专业的咨询和指导，有力地保障了项目实施和成果质量。在此，我们一并表示衷心的感谢。

职业院校教师素质提高计划成果系列丛书编写委员会

2016 年 3 月

前言

本教材根据《林业职教师资(本科)人才培养标准》和森林培育教学基本要求编写。

森林培育课程是林学专业主干课程。为适应国家生态环境建设和林业职教师资人才培养需要，《森林培育》教材编写组以提高学生职业能力为核心，以职业岗位需求为导向，以职业技能鉴定标准为依据，以技术应用能力、自主学习能力、创新能力以及综合职业素质培养为目标构建课程标准；与企业典型生产任务为导向构建教学内容；以学生为主体、以能力为本位，坚持科学性、系统性和实用性原则，重新构建教材内容。教材内容以森林培育的全过程为主线，充分反映林业生产技术领域的新知识、新技术和新成果。在充分调研的基础上，分析职业岗位需要的专用知识和专业技能，将生产任务转化为教学项目，并将知识点任务化，具有职业性、实用性、创新性和指导性，达到“任务驱动、理实结合、教学做一体化”的现代职业教育要求。

本教材内容共分4个单元19个教学项目。单元1 林木良种生产，包括5个教学项目：良种基地建设与管理、林木种实采集、林木种实调制、林木种实贮运及林木种实质量检验；单元2 苗木培育，包括5个教学项目：育苗地准备、实生苗培育、无性繁殖培育、设施育苗和苗木出圃；单元3 森林营造，包括4个教学项目：造林作业设计、造林施工、造林检查验收、工程造林管理；单元4 森林经营，包括5个教学项目：森林抚育采伐、林分改造、森林主伐更新、森林采伐作业和森林经营作业设计。

教材编写团队汇集了全国林业高等院校的教学名师和该门课程的主讲老师，并吸纳行业专家组成多元化的编写队伍，保证了教材的实用性、适用性和使用性。

本教材在编写过程中，得到了行业专家及相关企事业单位的大力支持，为本书的编写提出了宝贵的意见，在此一并表示感谢。由于本教材的编写在国内尚属首次，加之我们知识水平和实践经验的局限，书中难免有错误、疏漏之处，敬请读者批评指正，以便再版时修正。

编　者

2016年10月20日

目录

单元3 森林营造

单元 4 森林经营

单元 1

林木良种生产

林木种子是育苗、造林的物质基础，良种是指遗传品质和播种品质都优良的种子。优良的遗传品质主要表现在用此种子造林形成的林分具有速生、丰产、优质、抗逆性强等特点，播种品质优良体现在种子物理特性和发芽能力等指标达到或超过有关国家标准。遗传品质是基础，播种品质是保证，只有在两者都优良的情况下才能称为良种。只有使用良种，才能加快造林绿化进程，提高森林生产率，使森林发挥最大效益。培育森林的周期长，一旦用劣种造林，不仅影响树木成活、成林、成材，而且损失严重，难以挽回。因此，必须建立良种生产基地，以保存和利用林木种质资源，提供质量好、数量多的种子，逐步实现种子生产专业化、种子质量标准化、造林绿化良种化的目标。

项目 1 良种基地建设与管理

良种基地，是指按照国家营建种子园、母树林、采穗圃等有关规定的要求而建立的专门从事生产优良种子的场所，它是实现种子生产专业化、保证种子质量的关键。建立固定的林木种子繁育基地一是便于集约经营管理，采用各种新技术达到丰产的目的；二是可以进行系统地物候观测，为精确地预测产量及改进经营管理措施提供依据；三是可以进行良种选育繁育工作，培育出大量遗传品质优良的林木种子。

任务 1.1　母树林的营建和管理

【任务介绍】

母树林是在优良天然林或种源清楚的优良人工林基础上，按照母树林营建标准，经过留优去劣的疏伐，为生产遗传品质较好的林木种子而营建的采种林分。母树林是提供造林用种的重要途径之一，在保存遗传资源方面具有重要价值。用母树林生产的种子造林，一般增益 3%~7%。其种子发芽势较一般商品种子高 27%~40%，发芽率高 18%~36%，比一般苗木地径大 10%，苗高超过 32%。由于营建技术简单、成本低、投产快、种子的产量和质量比一般林分高，因此，它是我国当前生产良种的主要形式之一。

知识目标

1. 了解母树林的概念及特点。
2. 掌握母树林的选择条件和建立方法。
3. 掌握母树林经营管理的主要技术要点。

技能目标

1. 能营建母树林。
2. 能管理母树林。

【任务实施】

1.1.1 母树林的建立

1.1.1.1 适合建立母树林的树种类型

适合建立母树林的树种包括：用种量大且目前种子园尚未大量投产的树种；目前尚无能力进行细致育种工作的次要造林树种；开花结实年龄晚，林分间差异大，而林分内差异较小的树种；已进行种源试验，种源间差异大，优良林分改建方便的树种；稀有珍贵树种（保存或开发利用的需要）；病虫害严重发生区幸存下来的抗性强的树种。

1.1.1.2 母树林的选择条件

(1)立地条件

气候、土壤等生态条件应与造林地相近。母树林要建立在土壤肥力较高、光照充足的地段。因此，要选择山坡中下部、地形开阔、背风向阳的阳坡或半阳坡。

(2)林分选择

① 年龄　为了便于经营管理，选择母树林的年龄以生长旺盛、结实能力良好的中壮林为好，这个时期所得种子的产量高、质量好。人工林改建母树林，可选择幼龄林，以便培育干低、冠大的树形。

② 郁闭度　郁闭度的大小直接影响林地的光照、温度、营养条件和母树的生长发育情况，以及母树冠幅的大小等，从而影响到种子的产量和质量。根据国家有关优良母树的标准进行选择，林分郁闭度一般为0.5~0.7。

③ 起源　不论是天然林还是人工林，都要选择实生的林分。萌芽林或起源混杂的林分不宜选用。

④ 组成　以选择单纯林为好。若为混交林，则母树树种不得少于50%，非目的树种最好一次性伐完。

(3)母树选择

母树林确定后，要对林分内林木的生长状况及其分布状况进行调查，从生长量、干形、树冠结构和冠幅、抗病虫害能力等方面对植株进行评价，性状表现良好的植株作为母树选留，而生长差、干形弯曲、冠形不整齐、侧枝粗大、明显受病虫害感染和结实差的植株应去除。

(4)面积条件

为了便于经营，减少劣树花粉污染，保证母树林的遗传品质，母树林应集中连片，其面积应在6.7 hm^2(100亩)以上，最低不能少于3.33 hm^2(50亩)。

1.1.1.3 母树林的规划

应根据造林和育苗任务所需要的种子量来确定母树林的面积，即应按照各树种今后各年均造林面积、所需的种子量以及单位面积的平均产量和结实间隔期等情况，确定母树林的建立面积，并制定出母树林的规划方案，再进行实地调查和区划工作。

1.1.1.4 母树林的外业调查

(1)踏查

在本地区范围内，根据母树林选择的条件，全面踏查，用目测法初步选出母树林候选林分，并进行编号登记，记载其所在位置、海拔、起源、组成、林龄、郁闭度及土壤、植被等情况。

(2)实测

在候选林分内，用标准地法实测。标准地总面积占候选林分的3%~4%，林相整齐、地面变化小的林分，可减少到1%~2%，标准地要均匀分布在林分内，每块0.1 hm^2左右。实测株数不得少于200株。现场进行每木调查，填写每木调查表(表1-1)。评定每株母树等级，确定砍或留，对保留母树要在干高1.5 m处涂白漆带。

(3)选定

将母树林调查表上各项调查数据和树木情况进行整理统计，评价林分优劣，符合优良林分标准的，选为优良林分。一般优良母树在林分中的比例大于20%，劣等母树的比例小于30%的林分可选为母树林。母树林选定后，填写母树林登记表(表1-2)。

表1-1　母树林标准地每木调查表

母树林地点____________　小地名____________　调查日期____________

编号__________　树种__________　林龄__________　标准地面积____________

株号	胸径(cm)	树高(m)	枝下高(m)	生长势	结实等级	冠幅(m)			干形	树皮特征	分枝角	基枝径(cm)	健康状况	立木等级	砍或留
						东西	南北	平均							
1															
2															
…															

注：生长势：旺盛、一般、缓慢；健康状况：健康、一般、不良；干形：通直、中等、弯曲；树皮特征：颜色和厚薄(薄、中、厚)；结实等级：多、少、无；立木等级：优良、中等、劣等(指胸径、树高、材积生长指标)(优良木：生长迅速，树体高大，树干饱满通直，无双杈，双梢，树冠大，无病虫害。中等母树：胸径、树高、材积生长与林分平均木大体相当或略高，其他指标亦为中等状态。劣树：胸径、树高、材积生长显著低于林分平均木；生长衰退，树干弯曲，尖削度大；冠形不整齐，侧枝粗大，折顶、枯梢、双叉或有病虫害。)

表1-2　母树林登记表

树种：________　编号：________

1. 地址________省(自治区)________县林业局________林场________工区
2. 林班号________　大班________　小班号________　界址________
3. 海拔________　坡向________　坡度________　坡位________
4. 植被类型________________
5. 土壤类型________________
6. 林分起源____　组成____　林龄____　密度____株/hm^2　胸径____cm　树高____m
   枝下高____(m)　冠幅____　郁闭度____　病虫害____
7. 年度____　主要管理措施________________
8. 种子结实量____kg/hm^2　采收量____kg/hm^2　出籽率____%

1.1.1.5　母树林区划

选中的林分要标识界址，区划道路、防火线和隔离带，绘制区划图。

道路和防火线通常结合起来，沿着山梁或等高线设置，间距一般为100m左右，宽度

5～10m。

母树林周围要设立隔离带，以防外来劣质花粉侵入。带宽视母树林周围环境而定，如周围空旷，带宽不应低于300m；如周围为非目的树种，常绿树带宽100m，落叶树带宽200m。设隔离带有困难时，可在母树林边缘100m内不采种或50m内不进行疏伐。

1.1.2 母树林的经营管理

林木结实的早晚、产量及质量的高低和间隔期的长短等，主要取决于树种本身的遗传特性和环境条件。因此，在林分确定的情况下，通过改善林分的环境条件(光照、土壤养分和水分等)，可以提高林木的营养水平，促进林木结实，提高种子的产量和质量。母树林的经营管理措施主要包括疏伐、松土除草、施肥以及保护母树等。

1.1.2.1 疏伐

(1)疏伐目的

一是清除不良林木遗传性的影响，提高种子的遗传品质，并伐除患病虫害的林木，改善林分卫生状况；二是扩大优良母树的生长空间，通过疏伐可以改善光照条件，提高林地土壤的温度，促进土壤微生物活动，从而改善母树矿质营养状况、增加树冠结实能力，提高种子产量和质量。

(2)疏伐强度

原则为“留优去劣，均匀疏伐”。疏伐强度直接影响母树的生长和种子发育，故强度要适宜。疏伐强度过小，效果不显著；疏伐强度过大，单位面积上的植株数突然减少过多，对母树的生长不利，种子产量也会减少。应当根据树种、林分密度、立地条件、郁闭度以及经营的集约度决定。立地条件好、树龄小、林木生长快、集约经营度高的林分，疏伐强度可大些；反之，疏伐强度可小些。对处于营养生长盛期的母树林，疏伐强度宜使郁闭度下降到0.4左右。疏伐应逐次进行，第一次疏伐强度可大些，以保留母树的树冠刚接触为宜，以后一般每隔3～5年疏伐一次，保持林分郁闭度在0.5左右，经过2～3次疏伐后达到计划保留的母树株数。

(3)疏伐对象

妨碍目的树种树冠发育的非目的树种以及枯立木、病腐木、风折木、被压木和低劣的不良母树。在不影响郁闭度的原则下，对于生长缓慢、结实量少的林木和非母树树种也应砍伐；但在针阔混交林中，在不妨碍母树结实的情况下，对非母树树种的阔叶树应尽量保留，以利于提高土壤肥力。对于雌雄异株的林木应注意保持雌雄株的适当比例，使雌雄株分布均匀，以利于母树授粉，提高结实率。

疏伐前对伐除木必须作出记号，伐根要齐地面，林木的枝丫及木材等应及时运出林外，保持林内的良好卫生状况。选留的母树，应具有强壮的根系和优良的遗传性状，生长迅速，树干圆满，树冠发育正常，对病虫害的抵抗力强，木材品质优良，结实多等。对保留的优良母树，在树干高1.5m处，用白漆涂上一圈白环，宽约3～5cm，并用红漆标号。

(4)疏伐方式

一般采用“均匀式”疏伐，掌握“留优去劣、适当考虑距离”的原则，使母树分布均匀，不会形成较大的林中空地。但绝不能为了母树分布均匀，而将优良母树伐除。所以凡林分中有2～3株或3～5株优良母树相互靠近，在疏伐时，应当作“优良母树群”保留下来，以便获得更多的品质优良种子。每次疏伐后，需要填写母树林疏伐情况表(表1-3)。

(5)疏伐应注意的事项

严格按疏伐作业设计进行施工。疏伐前，必须打号标明要伐除的对象。对幼林母树林的疏伐宜早进行，这样有利于母树的树冠形成。在采伐作业中，要正确掌握树倒的方向，运送疏伐下的木材时，也要格外留意，避免损伤保留的母树。疏伐后，要将遗留的母树林内的梢头木、枝梢、病虫害木、风倒木、枯死木等采伐剩余物进行清理。对母树林的疏伐等措施及物候观察、结实情况等应一一记录，建立档案。

表1-3　母树林疏伐情况表

树种________　林班________　小班________　疏伐时间________　编号____________

项目		第一次		第二次		第三次	
		伐前	伐后	伐前	伐后	伐前	伐后
林分情况	平均胸径(cm)						
	平均高(m)						
	平均冠幅(m)						
	枝下高(m)						
	开花株数						
	结实株数						
	郁闭度						
母树总株数							
母树等级比例	优良母树						
	中等母树						
	劣等母树						
备　注							

1.1.2.2　松土除草

母树林强度疏伐后，林地暴露，杂草丛生，应当清除杂草。一般每年进行2~3次中耕(松土、除草)。首次中耕应在林木生长的前半期；最后一次中耕应在林木停止生长前的3~4周进行，中耕损伤的根系可以及时恢复。坡度小于10°的全面整地，间种绿肥压青；坡度10°~25°的在其周围修筑半圆形大鱼鳞坑，割除林地灌木杂草，配合整地沤制绿肥。

1.1.2.3　水肥管理

灌溉、施肥能提高母树林的结实量和种子质量，缩短或消灭林木结实的大小年现象。幼林一般需要多施氮肥，配合施用适量的磷、钾肥，能促进幼林的生长和林分提早结实；近熟林和中龄林应多施磷、钾肥，能提高种子产量和质量。为促进枝、叶生长和果实形成，早春追肥以氮肥为主；为促进花芽分化，在花芽分化前(一般6~8月)应追施磷、钾肥料。一般来说，氮、磷、钾肥可按2∶1∶2的比例施用。每公顷施用氮112.5kg，磷56.3kg，钾112.5kg左右，具体施用还应根据地力条件进行测土施肥。

(1)施肥方法

母树分布均匀的林地进行全面施肥，母树分散不均匀的林地在每株母树的树冠投影半径的1.5倍范围内采用放射状开沟施肥。还可以进行根外追肥，如喷施激素(增加开花量)和微量元素等。

(2)灌溉时间

土壤水分不足是造成林木大量落花落果的原因之一。因为母树除了它本身需要一定量的水，肥料也需要溶解于水中才能被母树吸收利用。早春花芽萌发、幼果形成和晚秋土壤结冻前进行，每次施肥后，要及时灌溉。

1.1.2.4 病虫害防治

为了保证母树林能正常生产，必须要加强病虫害的防治工作。做好预防鸟兽及火灾等工作。

1.1.2.5 子代测定

母树林的子代测定，既可以了解遗传增益情况，又保存了种质资源。测定母树林增益，一般是经过疏伐后的林分内机械取样采种进行测定。如果在选定的优良母树上采种，要单采单收，在同样的条件下育苗，按田间试验设计要求造林。这样，经过长期观察、调查，就可以了解各测试母株的遗传增益情况，选出优良的母树。

1.1.2.6 母树林技术档案的建立

母树林技术档案的内容包括母树林每木调查表、母树林登记表、母树林疏伐情况表以及母树林经营管理措施和采种情况登记表等，以便分析种子的产量、质量与经营管理各项因子之间的关系，为进一步提高种子产量和质量提供依据。

【技能训练】

母树林调查

[目的要求]掌握母树林的营建和经营管理的主要技术要点。

[材料用具]皮尺、测绳、围尺、测树仪、罗盘仪、记录表等。

[实训场所]建好的母树林。

[操作步骤]

(1)母树林立地条件和林分调查。先对母树林进行立地条件调查，然后在林分内打一个标准地进行每木调查。标准地面积以0.1hm^{2}左右为宜。调查后填写母树林标准地每木调查表(表1-1)和母树林登记表(表1-2)。

(2)母树林经营管理调查。主要对母树林进行疏伐、松土除草、水肥管理、病虫害防治等方面进行调查，填写母树林疏伐情况表(表1-3)。

(3)母树林采种情况调查。调查母树林近3~5年的种子采收、种子的产量和质量情况等。

[注意事项]调查期间，必须要认真听取技术人员的讲解，详细了解母树林的情况，服从基地的有关制度和规定，不得任意损坏林木。

[实训报告]每人完成母树林营建的调查报告，分析母树林的经营管理水平，提出合理化建议。

【任务小结】

如图1-1所示。

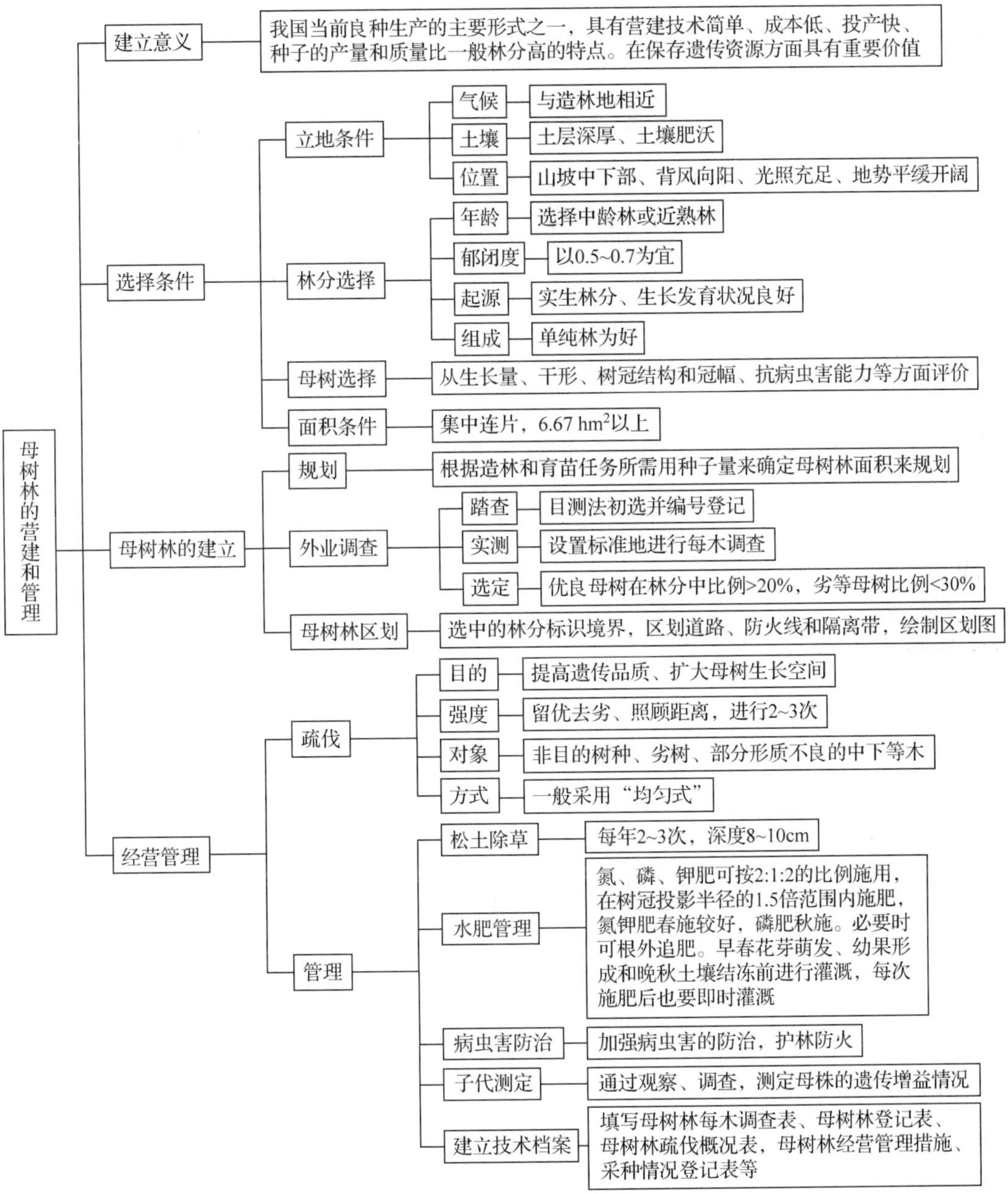

- 母树林的营建和管理
  - 建立意义
    - 我国当前良种生产的主要形式之一，具有营建技术简单、成本低、投产快、种子的产量和质量比一般林分高的特点。在保存遗传资源方面具有重要价值
  - 选择条件
    - 立地条件
      - 气候：与造林地相近
      - 土壤：土层深厚、土壤肥沃
      - 位置：山坡中下部、背风向阳、光照充足、地势平缓开阔
    - 林分选择
      - 年龄：选择中龄林或近熟林
      - 郁闭度：以0.5~0.7为宜
      - 起源：实生林分、生长发育状况良好
      - 组成：单纯林为好
    - 母树选择：从生长量、干形、树冠结构和冠幅、抗病虫害能力等方面评价
    - 面积条件：集中连片，6.67 hm^2以上
  - 母树林的建立
    - 规划：根据造林和育苗任务所需用种子量来确定母树林面积来规划
    - 外业调查
      - 踏查：目测法初选并编号登记
      - 实测：设置标准地进行每木调查
      - 选定：优良母树在林分中比例>20%，劣等母树比例<30%
    - 母树林区划：选中的林分标识境界，区划道路、防火线和隔离带，绘制区划图
  - 经营管理
    - 疏伐
      - 目的：提高遗传品质、扩大母树生长空间
      - 强度：留优去劣、照顾距离，进行2~3次
      - 对象：非目的树种、劣树、部分形质不良的中下等木
      - 方式：一般采用“均匀式”
    - 管理
      - 松土除草：每年2~3次，深度8~10cm
      - 水肥管理：氮、磷、钾肥可按2:1:2的比例施用，在树冠投影半径的1.5倍范围内施肥，氮钾肥春施较好，磷肥秋施。必要时可根外追肥。早春花芽萌发、幼果形成和晚秋土壤结冻前进行灌溉，每次施肥后也要即时灌溉
      - 病虫害防治：加强病虫害的防治，护林防火
      - 子代测定：通过观察、调查，测定母株的遗传增益情况
      - 建立技术档案：填写母树林每木调查表、母树林登记表、母树林疏伐概况表，母树林经营管理措施、采种情况登记表等

图1-1　母树林的营建和管理知识结构图

【拓展提高】

一、优树选择方法及步骤

优树又叫正号树，是指在该树种某些性状上，远远超过同等立地条件下周围同种、同龄林木的单株。优树选择，是根据选种标准，按表现型一株一株地选出的单株，然后按家系进行鉴定，以测定优树的遗传品质。所以，优树选择，配合种子园的建立和子代测定，是当前国内外实现林木良种化的主要途径。

优树选择的步骤为：

① 准备阶段。选优树前，要详细查阅有关资料，进行踏查试点，确定选优路线，查明森林的分布情况和树种变异特点，拟定选优方法和调查表格，做好各项准备工作。

② 初选。在选好的林分中，首先进行踏查和目测，凡发现生长快、长势旺、树干通直圆满，无病虫害和机械损伤的单株可作为预选树，然后按优树选择标准和方法逐项进行实测，作出记载，符合标准者，为初选优树。对选中的优树要在林班图上标明位置和明显的地物标志，同时在树高1.5m处，作出标记，用白漆涂上白环，在容易察看到的方向写明编号，并填写优树登记表。

③ 复选。初选优树应在一、二年内由省厅组织复选。复选时，首先要审查野外调查记录，并复查各初选优树的性状表现和数量指标，当初选优树过多，变异幅度较大时，须适当提高选择标准，选出更好的单株。复选合格的单株称为优树。优树要按省、市、自治区统一编号，并在其树体上，把原来用白漆涂的白环，涂上红漆，写明新的编号。

二、母树林营建技术

母树林营建技术(GB/T 16621—1996)是在总结二十多年母树林建立经验的基础上制定的。标准分为两部分，正文部分规定了采用的定义、母树林选建、营建、经营管理、设计方案及技术档案的具体技术内容；附录部分规定了主要造林树种选建母树林林分技术要求、主要造林树种母树林盛果期最终每公顷保留株数、母树林设计方案及常用表格等。

三、课外阅读题录

牟智慧，王继志，陈晓波，等.2012. 蒙古栎母树林营建技术[J]. 北华大学学报(自然科学版)，13(6)：710-713.

李品荣，陈强，常恩福.2005. 云南松母树林的营建技术[J]. 林业科技开发，19(4)：40-42.

宋顺言.2015. 核桃楸母树林营建及子代表现[J]. 辽宁林业科技，(6)：28-30.

谭小梅，耿养会，蒋宣斌，等.2012. 桤木人工改建母树林技术[J]. 江西农业学报，24(7)：17-19.

【复习思考】

1. 为什么要选用良种育苗？
2. 营建选择母树林时应充分考虑哪些条件？
3. 母树林的经营管理措施有哪些？

任务1.2 种子园的营建和管理

【任务介绍】

种子园是指以人工选择的优良无性系(从一共同的细胞或植株繁殖得到的一群基因型

完全相同的细胞或植株）或子代家系（经过子代测定后所选择出的优良子代）为材料，按合理方式配置而建立起来的生产优良遗传品质和播种品质的林木种子的场地。建立种子园可使林木现有优良特性得以保存，提高林木种子的遗传品质和生活力，结实早且稳产、高产，有利于经营管理，能相对地矮化树冠便于机械化作业。

知识目标

1. 了解种子园的概念。
2. 掌握种子园园址的选择条件和建立方法。
3. 掌握种子园经营管理的主要技术要点。

技能目标

1. 能营建种子园。
2. 能经营管理种子园。

【任务实施】

1.2.1　种子园的建立

1.2.1.1　种子园园址的选择

种子园应设置在适合该树种生长发育并能大量结实的适生生态区内。要着重考虑下列条件：交通方便，劳力充足；地势平缓、开阔；土壤较肥沃，结构良好，土层深厚；光照充足；无病虫害感染；有适当的天然隔离地段，或便于人为设置隔离带。风口地带不宜建园。种子园面积通常为6.67~66.7hm^2，隔离带宽度一般应达500m。

1.2.1.2　无性系种子园的建立

（1）种子园的区划

首先，实测种子园的面积，绘出平面图和地形图，确定周围界址。其次，根据地形地势、土壤、建园目的要求，将种子园区划为若干大区和小区，小区面积依株行距及无性系个数等确定。例如，一个小区有10个无性系，株行距5m×5m，小区面积为2500m^2，栽植100株。小区尽量划成正方形或长方形。第三，大区间设主道，小区间设便道，以便于观测、管理、采种和运输。第四，每个大区或小区内，另辟约5%面积的预备区，栽植一些嫁接苗及砧木苗，以供缺株时补植用。同时设置隔离带、防护林。

（2）整地

整地前清除植被和采伐剩余物。地势平坦的地方进行全面整地；山地可带状整地，修筑水平阶或反坡梯田；地形破碎的山地采用块状整地。整地要在定植前3个月至1年内进行，定植时穴内施用基肥。

（3）建园材料的准备

无性系种子园大多用优树的嫁接苗建成，少数针叶树如杉木等可采用优树扦插苗建立。

① 砧木培育　本砧间亲和力最强，嫁接成活率最高。可以在苗圃培育壮苗或超级实生苗做砧木，年龄1~3年。也可以在种子园内先定植砧木，以备嫁接。

② 采集穗条　选取优树树冠中部正常结实、发育良好的1~2年生枝条。采穗时间：夏秋芽接用当年新枝，随采随接；春季枝接或芽接则在休眠期采穗，在低温湿润处贮藏到

翌春用。所采穗条要按优树单株分别编号捆扎。若远途运输，要严加保护。

③ 嫁接　嫁接时要特别注意防止各无性系混淆。方法参见嫁接育苗。

(4)无性系配置

在一个种子园中，无性系数量取决于树种传粉远近、配距、无性系或家系花期的同步程度及去劣疏伐的强度等。为保证树种生态、安全，防止近亲交配，目前国外初级无性系种子园中一般规定要有 30~50 个无性系。我国对初级无性系种子园按面积大小，规定应拥有的无性系数目如下：10~30hm^2，50~100 个无性系；31~60hm^2，100~200 个无性系；60hm^{2}以上，150 个以上无性系。

无性系配置的要求是：同一无性系或家系个体彼此不能靠近，并力求分布均匀，经疏伐后仍分布均匀；避免各小区无性系或家系的固定搭配；使无性系在各个方向可以用同一基本序列重复外延，不受面积和形状限制。通常采用顺序错位排列法，即将各无性系按号码在一行中顺序排列，但在排列另一行时要错开几位，以另一号码开头(表 1-4)。这种设计的优点是：排列方式简单易行；嫁接、定植、管理、采收种子时便于查号，经营方便；可使同一无性系植株在同一行内相隔距离最大；通过系统疏伐后，有可能使各无性系保留的植株数相等。缺点是：因顺序排号，邻居固定，会产生固定亲本的子代，缩小了种子园所产种子遗传基础的多样性，同时也不便于作统计分析处理。

表 1-4　顺序错位排列表

行＼株	1	2	3	4	5	6	7	8	9	10
1	1	2	3	4	5	6	7	8	9	10
2	3	4	5	6	7	8	9	10	1	2
3	5	6	7	8	9	10	1	2	3	4
4	7	8	9	10	1	2	3	4	5	6
5	9	10	1	2	3	4	5	6	7	8
6	2	3	4	5	6	7	8	9	10	1
7	4	5	6	7	8	9	10	1	2	3
8	6	7	8	9	10	1	2	3	4	5
9	8	9	10	1	2	3	4	5	6	7
10	10	1	2	3	4	5	6	7	8	9

1.2.1.3　实生苗种子园的建立

(1)营建形式

可改建，结合优树子代测定和种源试验进行；也可新建，从优树自由授粉种子(半同胞子代)培育的苗木中选择优势苗木，或从优树控制授粉种子(全同胞子代)分家系培育的苗木中选择优良家系的优势苗木。

(2)家系排列

当选用优树后代苗木建立实生种子园时，家系数以 100~200 个为宜，不宜少于 60 个；同一家系的苗木之间应彼此隔开一定距离。排列方法原则上与无性系排列法相同。

(3)栽植方法

分单植、丛植、行植3种。丛植是每个栽植点栽3~5株，以后留优去劣，保留1株；行植是行距大株距小，以后在行内按表型进行疏伐。不论采用哪一种方法，当选用优树后代的苗木营建时，仍必须合理地进行配置。

(4)间伐筛选

间伐方法与母树林相同。在间伐筛选中应注意以下几点：筛选要根据子代测定来确定，如有不良家系，可以淘汰；家系内也要间伐筛选，淘汰不良植株。

1.2.2 种子园的经营管理

(1)补植

种子园定植后，要进行成活率的调查，发现缺苗补植缺株时，应按无性系号或优树号补植。

(2)剪砧

嫁接植株的早期管理中，要剪掉砧木上部生长过旺的萌发枝和靠近接穗的一轮侧枝的顶梢，以保证接穗生长点所需要的营养。如果砧木侧枝生长过密，还可以贴树干剪掉部分侧枝，以后逐渐将砧木上剩余的侧枝剪掉，由接穗形成树冠。

(3)土壤管理

种子园株行距较大，特别是建园初期，林地裸露，为防止水土流失，促进母树林生长，每年要中耕除草，林粮间作。当种子园进入开花结实时期，消耗的营养物质较多，有时会影响翌年种子产量。为了达到稳产、高产、优质的要求，必须进行合理施肥，加强水肥管理。

(4)树体管理

为了促进种子丰产和便于采收，要求树形矮化。但针叶树基本上不进行修剪。

(5)辅助授粉

一般在优树搜集区或在种子园内采集优良无性系的花粉进行人工辅助授粉。若为虫媒花树种，应注意昆虫的放养。

(6)病虫害防治

注意病虫害防治、护林防火、防止鸟兽人畜破坏等。

(7)种子园技术档案

种子园技术档案主要有规划设计说明书及种子园区划图、种子园无性系(或家系)配置图、种子园优树登记表、种子园营建情况登记表、种子园经营活动登记表等。

【技能训练】

种子园规划设计

[**目的要求**]会种子园的规划设计。

[**材料用具**]罗盘仪、经纬仪、皮尺、测绳、标尺、计算器、绘图用具、相关图面资料(如地形图、平面图等)。

[**实训场所**]实训林场或良种繁育基地或种子园规划区。

[**操作步骤**]

(1)踏查。根据种子园建园的目的和本地区生产条件，勘查林地，选择园址。

(2)园地调查。包括园地测量、土壤和植被状况的调查。

(3)园区区划。包括各种经营区、道路和辅助设备(晾晒场、仓库、住房等)的区划与标记。

(4)拟定规划方案。主要内容：建园的目的和要求，园址概况，隔离措施，栽植密度，建园的方式(实生或无性系)，树种配置，无性系(或家系)配置方式(数量、小区配置方式)，施工技术要求，辅助设施规格，预期效果，图面资料(如种子园总体规划图、小区配置图、施工预算表、施工时间安排表等)。

[**注意事项**]在规划设计时，要查阅有关种子园营建的资料，组内充分讨论，使规划设计方案更加科学合理。

[**实训报告**]每组在规定时间内完成规划设计说明书的编写。设计书应力求文字简练、逻辑性强、附有表格和图、装订整齐。

【任务小结】

如图 1-2 所示。

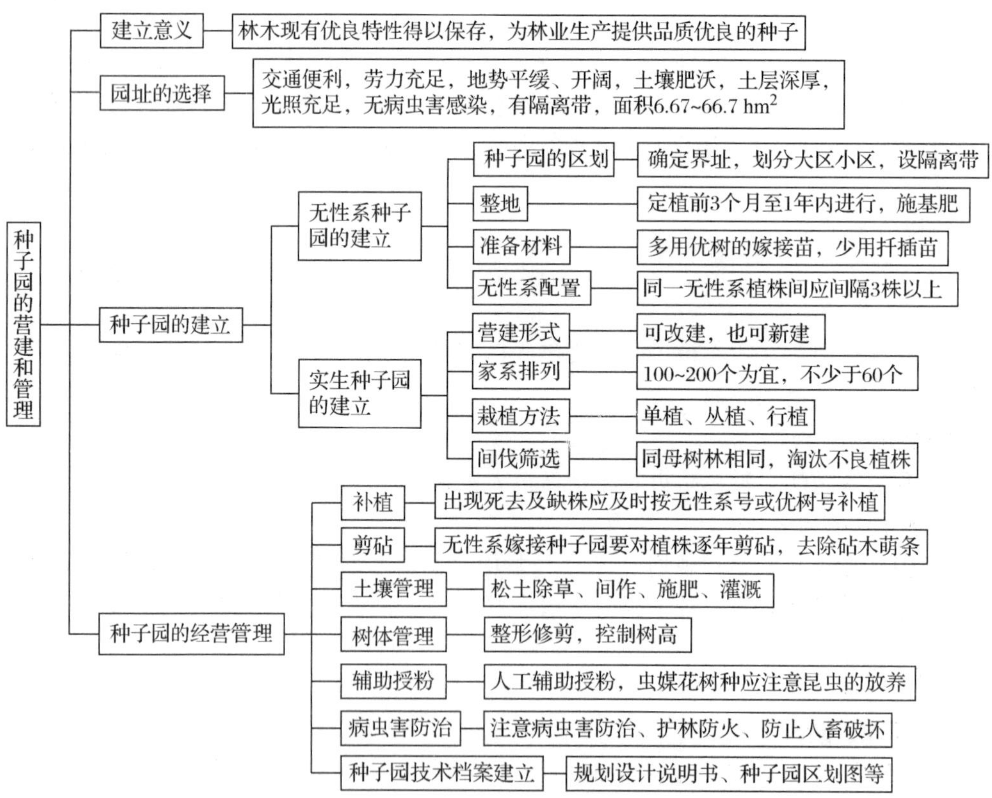

图 1-2　种子园的营建和管理知识结构图

【拓展提高】

一、种子园的类型

(1)根据繁殖方式，可分为无性系种子园和实生苗种子园。

(2)按繁殖材料的改良程度，可分为初级种子园和改良种子园、二代种子园和三代种子园等。

(3)按树种的亲缘关系，可分为杂种种子园和产地种子园。

二、提高种子园产量的措施

在保证遗传品质好的前提下，选择球花球果产量高的无性系进入种子园；注意园址选择；合理施肥(施肥种类和配方应根据当地土壤情况来确定，施肥时间应配合种子发育节律和花芽分化期)；及时疏伐不仅能改善种子园的光照，还有利于花粉传播；整形修剪；此外，采取积极措施纠正偏冠、辅助授粉、激素处理和病虫害防治等都能提高种子园产量。

三、课外阅读题录

LY/T 1345—1999，主要针叶造林树种种子园营建技术.

LY/T 2427—2015，马尾松种子园营建技术规程.

王昊. 2013. 林木种子园研究现状与发展趋势[J]. 世界林业研究，26(4)：32－37.

【复习思考】

1. 比较无性系种子园和实生苗种子园的优缺点。
2. 种子园内无性系植株进行配置时应遵循什么原则？
3. 简述种子园经营管理的主要技术要点。

任务1.3　采穗圃的营建和管理

【任务介绍】

采穗圃是以优树或优良无性系做材料，生产遗传品质优良的枝条、接穗和根段的良种基地。采穗圃母树都是经过选优的，所提供种条的遗传品质能够得到保证；通过对采穗母树的修剪、整形、施肥等措施，种条生长健壮、充实、粗细适中，发根率高；采穗圃进行集约经营，可以在短时期内满足大量种条的需要，生产成本低；在集中管理的条件下，对病虫害的发生也比较容易控制；采穗圃一般设立在苗圃里或附近，可适时采条，避免种条的长途运输和贮存，有利于提高扦插、嫁接的成活率，又可节省劳力。在林业生产中，无性繁殖占有很重要的地位。随着无性系造林的迅速推广，对采穗圃的需求也越来越迫切。

知识目标

1. 了解采穗圃的概念。
2. 掌握采穗圃的建立方法。
3. 掌握采穗圃经营管理的主要技术要点。

技能目标

1. 能营建采穗圃。
2. 能经营管理采穗圃。

【任务实施】

1.3.1 采穗圃的建立

1.3.1.1 采穗圃建立原则

采穗圃应根据当地造林、育苗任务的大小，有计划、有重点地建立一定数量和面积的采穗圃。采穗圃的面积大小一般按育苗总面积的1/10计算。要注意选用健壮、充实、侧芽饱满、无病虫害的枝条、接穗或母根，以保证其遗传性状的优良。优先选择通过省级以上林木品种审定委员会审(认)定、适宜当地发展的品种或品系。

1.3.1.2 圃地的选择和规划

(1)圃地条件

必须具备该树种正常生长和开花结实的环境条件。选择在技术力量较强的中心地区，便于采穗，随采随用，最大限度地提高扦插和嫁接成活率。气候适宜、土壤肥沃、交通便利、地势平坦或低缓山坡(坡度不超过15°)、便于排水灌溉、光照条件较好、集中连片、管理方便的地方。透气、排水良好、坡向日照不要太强，冬季不能受寒风侵袭，劳动力充足的地方。

(2)圃地规划

圃地选准后，对圃地应精耕细作，做到因山制宜、统一规划、水平开梯、全垦深挖(深30~50cm)、外高内低、表土还原、施足基肥，进行土壤杀虫和消毒，合理设置排灌系统，并按地势做成20~30m长，4~6m宽的苗床。

1.3.1.3 栽植密度

基于充分利用土地、适于树木生长、便于工作管理、树种差异、采穗圃类型及立地条件等因素，一般垄作或畦作株距为0.2~0.5m，行距为0.5~1m；灌丛式株行距为0.5m×1.5m，乔林式为4m×6m。

1.3.1.4 定植

定植时间以冬末、春初为主，必须在苗木芽未萌动前进行。栽植前，先剪除伤根、烂根及部分纤细过长的主、侧根。有条件的可将修剪后的苗木浸蘸生根粉(如ABT生根粉)。栽植时，将处理好的苗木放于准备好的坑中，将苗木扶直，让根系展开，覆上土并踩实，做到“一提、二踩、三填实”。栽植后，及时浇足定根水和覆地膜。定植苗成活率应当大于98.0%，定植一年后的保存率应当大于95.0%，达不到此要求时，应及时补植。

1.3.2　采穗圃的经营管理

1.3.2.1　土壤管理

采穗圃应注意及时松土除草，在行间种植绿肥等，以防止杂草生长，增加土壤肥力。

1.3.2.2　水肥管理

采穗圃在大量采穗时，每年要消耗大量的养分，为了保证穗条的产量和质量，合理施肥是关键性措施。平茬除草后要结合松土增施肥料，生长季节要适时追肥。土壤干旱时要适时灌溉，能促进肥效；雨水过多时要及时排水，防止因水过多烂根。

1.3.2.3　采穗母树的树形培育

采穗树的树形对于生产的种条数量和品质以及对采穗树的经营管理方式，均有重要作用。通过培育矮化树体，便于穗条采集，促进幼年区域休眠芽与不定芽的萌发，保证取得大量幼化的穗条。树形的培养因树种而异，通常采用灌丛式来培养，以提供更多更好的种条。

以采杨树种条为主的灌丛式采穗圃为例，采穗植株无明显主干，一般用1年生插条苗或实生苗按规定株行距栽植，第二年萌发前距地表10cm平茬，萌条高10cm时，选留3~5个分布均匀的粗壮枝条，其余摘除。当年进入休眠期后或翌春结合采收种条再进行平茬，茬口较上年度提高5cm，每一母树保留3~5个冬芽，反复3~5年后更新，重栽新种条。

1.3.2.4　防治病虫害

要对采穗圃内病虫情况及时监测和防治，对感染的枯枝残叶要及时深埋或焚烧。

1.3.2.5　建立技术档案

采穗圃建立后，要按良种基地建设的要求建立技术档案。主要内容包括：采穗圃的建立时间、面积、定植图、林木良种编号、定植苗木数量、各类审批文件、设计文件、权属、管理措施、病虫害种类和防治情况等；检查验收和验收成果情况。技术档案派专人负责，不得漏记或中断。

1.3.3　穗条的生产

1.3.3.1　穗条采集时间

采集时间在休眠期，一般1月下旬至2月中、下旬。

1.3.3.2　穗条质量

穗条要求粗以0.8~1.5cm为宜，有效芽大于5个，穗条木质化较好、芽体发育充实饱满、无病虫害、色泽正常、无机械损伤的当年新枝。

1.3.3.3　采集方法

采集必须用枝剪，剪口要平，不允许有斜口或劈裂枝条。采穗时必须在母树穗条枝的下部留2~3个饱满芽，以实现持续采穗、越采越多。

1.3.3.4　穗条处理

① 脱水　采集的穗条让其自然脱水，即将采集的枝条放在阴凉处1~2 d（视天气气温情况），让它自然挥发枝条内部的水分。

② 剪穗　采集的穗条应剪去顶部过长、弯曲或不成熟的顶梢，然后根据情况（封蜡锅

或装箱大小)剪成不小于 5~8 个有效芽的短截，以利蜡封和贮藏。剪穗时基部剪口应在芽下 5.0cm 处，顶部剪口应在芽上 2.0cm 处。

③ 蜡封　将工业石蜡和蜂蜡按 10∶1 的比例放入容器中加热，加热至 90~100℃时，把剪好的枝条放入蜡液中迅速蘸蜡，使整个枝条封严。

④ 装箱与贮藏　待蜡封枝条冷却后装入有通气孔的纸箱中，1 月内可在通气、遮阳的环境中贮藏；2~3 月应在 2~5℃低温库中贮藏。装箱纸上标明品种、数量、规格、采集时间、采集地点、采集单位、经办人等。

【技能训练】

采穗圃的参观调查

[目的要求]认识采穗圃类型，调查采穗圃经营管理内容，为科学合理组织生产奠定良好基础。

[材料用具]修枝剪、嫁接刀、测量用具、记录计算用具、农具等。

[实训场所]已建成的采穗圃。

[操作步骤]

(1)采穗圃基础设施建设参观。

(2)采穗圃的各类型认识。

(3)采穗圃调查。包括采穗圃的立地条件、营建技术、经营管理主要内容的调查。

(4)效益分析与市场前景预测。

[注意事项]参观期间，必须认真听取技术人员的讲解，详细了解采穗圃的情况，遵守有关制度和规定，不得随意损坏林木。

[实训报告]每人完成采穗圃的专题调查分析报告，通过调查，提出合理化建议。

【任务小结】

如图 1-3 所示。

【拓展提高】

一、采穗圃的种类

(1)根据无性系测定与否，分为初级采穗圃和高级采穗圃两种。

(2)按提供繁殖材料的不同，分为接穗采穗圃和插条采穗圃。

二、课外阅读题录

LY/T 1936—2011，油茶采穗圃营建技术.

LY/T 2431—2015，乌桕采穗圃建立技术规程.

LY/T 2433—2015，薄壳山核桃采穗圃营建技术规程.

王乐辉，费世民，陈秀明，等. 2011. 我国林木良种采穗圃创建技术研究进展[J]. 四川林业科技，32(1)：36－47.

李俊南，熊新武，陈宏伟，等. 2011. 美国山核桃良种采穗圃营建技术[J]. 林业实用技术，(10)：31－32.

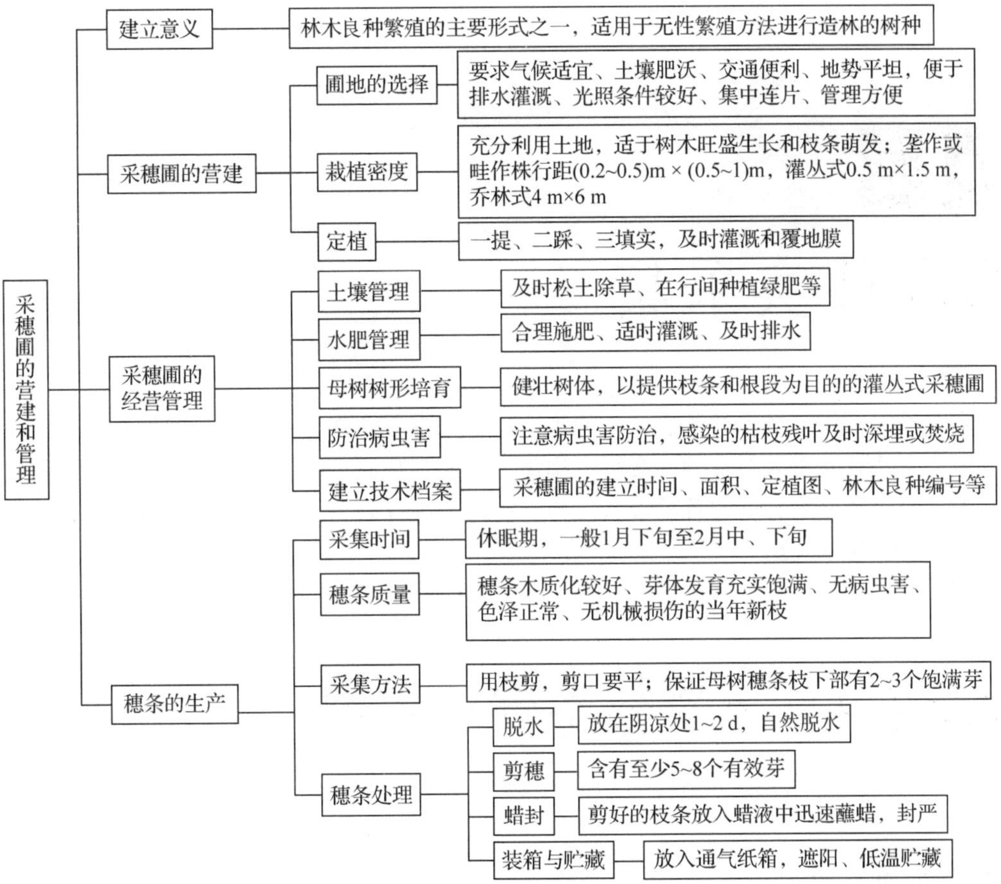

- 采穗圃的营建和管理
  - 建立意义
    - 林木良种繁殖的主要形式之一，适用于无性繁殖方法进行造林的树种
  - 采穗圃的营建
    - 圃地的选择
      - 要求气候适宜、土壤肥沃、交通便利、地势平坦，便于排水灌溉、光照条件较好、集中连片、管理方便
    - 栽植密度
      - 充分利用土地，适于树木旺盛生长和枝条萌发；垄作或畦作株行距(0.2~0.5)m × (0.5~1)m，灌丛式0.5 m×1.5 m，乔林式4 m×6 m
    - 定植
      - 一提、二踩、三填实，及时灌溉和覆地膜
  - 采穗圃的经营管理
    - 土壤管理
      - 及时松土除草、在行间种植绿肥等
    - 水肥管理
      - 合理施肥、适时灌溉、及时排水
    - 母树树形培育
      - 健壮树体，以提供枝条和根段为目的的灌丛式采穗圃
    - 防治病虫害
      - 注意病虫害防治，感染的枯枝残叶及时深埋或焚烧
    - 建立技术档案
      - 采穗圃的建立时间、面积、定植图、林木良种编号等
  - 穗条的生产
    - 采集时间
      - 休眠期，一般1月下旬至2月中、下旬
    - 穗条质量
      - 穗条木质化较好、芽体发育充实饱满、无病虫害、色泽正常、无机械损伤的当年新枝
    - 采集方法
      - 用枝剪，剪口要平；保证母树穗条枝下部有2~3个饱满芽
    - 穗条处理
      - 脱水
        - 放在阴凉处1~2 d，自然脱水
      - 剪穗
        - 含有至少5~8个有效芽
      - 蜡封
        - 剪好的枝条放入蜡液中迅速蘸蜡，封严
      - 装箱与贮藏
        - 放入通气纸箱，遮阳、低温贮藏

图1-3　采穗圃的营建和管理知识结构图

【复习思考】

1. 采穗圃的优点有哪些？
2. 简述采穗圃经营管理的主要技术要点。
3. 以某一树种为例，简述采穗圃的营建技术要点。

林木种实采集

林木种实采集是林木种子生产中的重要环节，季节性强，直接关系到种子生产任务的完成。为了持续获得大量良种，必须正确识别种实、预测种实产量、掌握种实成熟和脱落的一般规律，做好采种前的各项准备工作，制订采种计划，选用适宜的采种方法和采种工具，同时做好种子登记。

任务 2.1　主要林木种实识别

【任务介绍】

林木种实是指林业生产中播种材料的总称，包括植物学上所说的真正意义的种子、果实、果实的一部分、种子的一部分及无融合生殖形成的种子等。这些材料是林木繁殖及造林的物质基础。

知识目标

了解林木结实规律的相关知识。

技能目标

1. 能正确识别常见林木种实。
2. 能正确描述种实形态特征。
3. 能正确区分不同果实类型。

【任务实施】

2.1.1　林木结实的周期性

已经结实的林木各年间的结实量有差异。一般把结实量多(结实量大于各年份平均产量的70%)的年份称作丰年(大年、种子年)；结实量中等(结实量为各年份平均产量的30%~70%)的年份称作平年；结实量很少或没有产量(结实量小于各年份平均产量的30%)的年份称作小年(歉年)。

林木结实丰年和歉年交替出现的现象称做林木结实周期性；两个丰年之间的间隔年数叫做结实间隔期，也称做种子生产周期；林木结实量的波动现象称做林木结实的大小年现象。林木结实丰歉年现象因树种不同而有很大差别。灌木树种大部分年年开花结实，而且每年结实量相差不大；乔木树种大小年现象比较明显。

根据林木的结实习性(包括大小年出现的频率以及大小年间的产量差异)可以把林木结实分为4种类型：

① 结实极不稳定类型　各年间种子产量差异极大，而且完全无收成的年份出现得相当频繁。这类树种一般寿命较长，性成熟期迟，多数是高寒地带的针叶树种，如樟子松、红松、欧洲云杉、西伯利亚落叶松及欧洲白蜡等。

② 结实不稳定类型　丰歉年较明显，各年间种子产量的最大差异大约相当于多年平均产量的50%~80%，但完全颗粒无收的年份很少。这类树种多属于一些温带树种，如水曲柳、黄檗、栎类等。

③ 结实较稳定类型　各年间种子产量的最大差异不超过多年平均产量的一半，丰年较多，出现的频率超过小年。这类树种有一些共同特点，如果实较小、花后果实成熟快(消耗养分相对较少)。如杉木、刺槐、桦树、泡桐等属于此类。

④ 结实极稳定类型　丰产年相当多，几乎不存在小年，各年种子产量相当稳定。这类树种一般幼年期很短，生长迅速，积累营养物质的能力很强，成熟早，寿命较短，种子小，花后果实很快成熟，如杨树、柳树、榆树、桉树及多数灌木属此种类型。

同一树种分布在不同的气候地区，结实间隔期也不同。如杉木在福建结实间隔期为0~2年，在江苏为1~3年；马尾松在福建为0~2年，在江苏为0~3年；油桐在湖南为1~2年，在安徽为0~1年。

由于在丰年不仅结实量多，而且种子品质好，发芽率高，幼苗的生活力强，因此，在生产上应尽量采收丰年的种子用于育苗、造林，并大量贮备丰年种子，以补歉年种子的不足。

2.1.2　林木结实的年龄

我国主要造林树种除一些竹类外，都属于多年结实的多年生植物。林木的生活周期因物候变化而出现不同的外貌特征，因此在年生长过程中通常随物候变化表现出一定的物候特征(如芽苞开放、营养器官生长、开花、结果、生长结束、进入休眠)，这称作年周期或小周期；而从种子萌发、生长、开花、结实到衰老死亡为止的整个过程称作大周期。从种子萌发到林木死亡的整个生长大周期中，林木要经过不可逆的幼年期、青年期、成年期和衰老期等几个性质不同的发育时期。林木必须达到一定年龄及其相应的发育时期，才能开花结实。

种子生产过程中，必须掌握林木结实的这种特性，才能合理地、科学地经营采种林分，达到种子质量标准，并提高林木种子的产量。

(1)幼年时期

幼年时期从种子萌发时开始，到植株第一次开花结实时为止。这一时期树木处于发育年幼阶段，有较大的可塑性，对外界环境适应能力强，营养器官生长迅速，在树木群落中有较强的竞争能力，而且该时期枝条的再生能力强，比较容易生根，适于营养繁殖，是个体生长发育的重要时期。

幼年期的长短因树种的生物学特性和环境条件而异。通常林木从种子萌发后要经过几年、十几年甚至几十年才能开花结实，如许多灌木树种 2 年生就能开花结实，如胡枝子、紫穗槐；乔木树种一般结实较晚，如云杉、冷杉等天然林需 40 年以上才能结实。速生喜光的树种幼年期较短，如马尾松 5～6 年生开花结实，而慢生耐阴的树种幼年期较长，如银杏需 20 年左右。

实践证明，改善外界环境条件，可以缩短幼年期，如红松在天然林中需 80～140 年才开始结实，而人工林 20 年左右就能正常开花结实。有时，由于林地土壤瘠薄干旱或林木遭受病、虫、火灾，常过早结实，这是一种不正常现象。

此时期的经营技术要点：加强水肥管理，促其营养生长；进行整形修剪，促进树冠的形成。在此时期从母树上采集枝条进行无性繁殖容易愈合生根。

(2)青年时期

青年时期从第一次开花结实以后，到结实 3～5 次为止。这一时期的林木已形成树冠，仍以营养生长为主，生长较快，分枝速度、冠幅扩大及根系生长等也都比较快。

青年时期积累了充足的营养物质，在适宜的环境条件(如温度、养分、水分和光照等)下，林木逐渐转入营养生长与生殖生长相平衡的过渡时期，进入能够形成生殖器官和性细胞的质变过程，分化出花芽，开始开花结实。

这一时期营养生长减缓，发育加快，开始开花，但结实量较少，且不稳定，种子产量较少，空粒多，发芽率低，故一般不从青年期的母树上采种。但该时期种子可塑性大，对环境条件的适应能力强，适用于引种。

(3)成年时期

亦称壮年期。从青年时期结束起到结实能力开始下降时为止。这一时期林木生长较稳定，但逐渐丧失了可塑性，对不良环境的抗性增强。林木生长旺盛，对光的要求增多，结实量逐渐增加，以至达到结实的最高峰。这一时期较长，有的树种可达几十年甚至上百年，这是母树林经营的重要时期。

成年期是林木结实盛期，种子产量高、质量好，是采种的最佳时期。据调查，杉木 4 年生幼林个别植株能开花结实，10 年以后结实增多，25～45 年为结实盛期。

采取的经营技术要点：保持良好的光照条件和水肥管理，防治病虫害，辅以人工授粉等。

(4)老年时期

老年时期从结实能力明显下降开始，直至植株死亡为止。该阶段树木的可塑性完全消失，生理功能明显衰退，新生枝条的数量显著减少，林木主干茎末端和小侧枝开始枯死(枯梢)，易遭病虫害。这一时期结实量大幅度减少直到停止结实，种粒小，在生产上已无应用价值。

2.1.3 种实特征观察

2.1.3.1 种实外部形态观察

① 果实种类　根据植物学分类，种子的类型主要有球果、翅果、荚果、蒴果、坚果、蓇葖果、核果、浆果、梨果等。

② 种实大小　用游标卡尺直接量出，但应选有代表性的种实。

③ 种实形状　按各树种种实外形差异可分为球形、扁平形、卵形、卵圆形、椭圆形、针形、线形、肾脏形等。

④ 种实色泽　成熟的种实会表现出本品种特有的颜色，如黑色、棕色、红色、黄色、白色、灰色等。有的种实表面还会有光泽，如刺槐、山皂荚等。

⑤ 其他特征　指种实表面是否有绒毛、种翅、钩、刺、蜡质、疣瘤、条纹、斑点等，在进行外部形态特征观察时还可以看到种脐和种孔等。

2.1.3.2　种实解剖特征

① 果皮和种皮的厚度、颜色和质地　果皮和种皮的厚度用游标卡尺进行实际测量；果皮和种皮的颜色可分为：白色、黑色、红色、黄色、棕色、紫色等；果皮或种皮质地分为木质、草质、纸质、膜质。

② 胚乳　先观察有无胚乳，然后再记载其颜色。

③ 胚　先记载胚的颜色，然后观察记载子叶数目(写明单子叶、双子叶或多子叶)。

【技能训练】

常见造林树种种实识别

[目的要求]掌握20~30种常见造林树种种实的形态特征，能正确识别区分种实。

[材料用具]放大镜、解剖镜、直尺、铅笔、记录本、镊子、种子瓶、盛物盘、白纸板；大粒树木种子、小粒树木种子。

[实训场所]种苗繁育基地或实验室。

[操作步骤]

(1)种实外部形态观察记载。取供检林木种子若干粒(大小均匀、颜色纯正的种子)，放在检验板上，用放大镜或肉眼详细观察种实的外部形态、构造及种皮颜色并用测尺测量种粒的大小，找出其特点，每组观察20~30种，填表2-1。根据观察，简要绘出种实外部形态图。

表2-1　种实形态记录表

编号	树种	果实种类	种子的外部形态					种实形状示意图
			长(cm)	宽(cm)	形状	色泽	其他特征	
1								
2								
3								
…								

(2)种实的剖面观察。取2~3种结构不同的代表性种实各10~20粒浸入温水中至膨胀为止，然后取出用解剖刀沿胚轴切开，按表2-2的项目观察记录。

表 2-2 种实解剖特征记载表

编号	树种	果皮		种皮		胚乳		胚		备注
		颜色质地	厚度(cm)	颜色质地	厚度(cm)	有无	颜色	颜色	子叶数目	
1										
2										
…										

(3)种实的识别。通过以上的观察、记载、绘图，基本掌握种实识别的方法，然后进一步识别编号的各种种实标本。特别注意区别形态相似的种实，将形态相似的不同种实放在一起进行比较，达到准确识别程度。

[**注意事项**]在解剖种子时要防止解剖刀(针)划伤手指或桌面，在识别种实标本时要避免种实标本相互混杂。

[**实训报告**]写出从混合的种实标本中所识别出来的各种种实名称、特点，简绘出各个种实的示意图，完成种实形态记载表和种实解剖特征记载表。

【任务小结】

如图 2-1 所示。

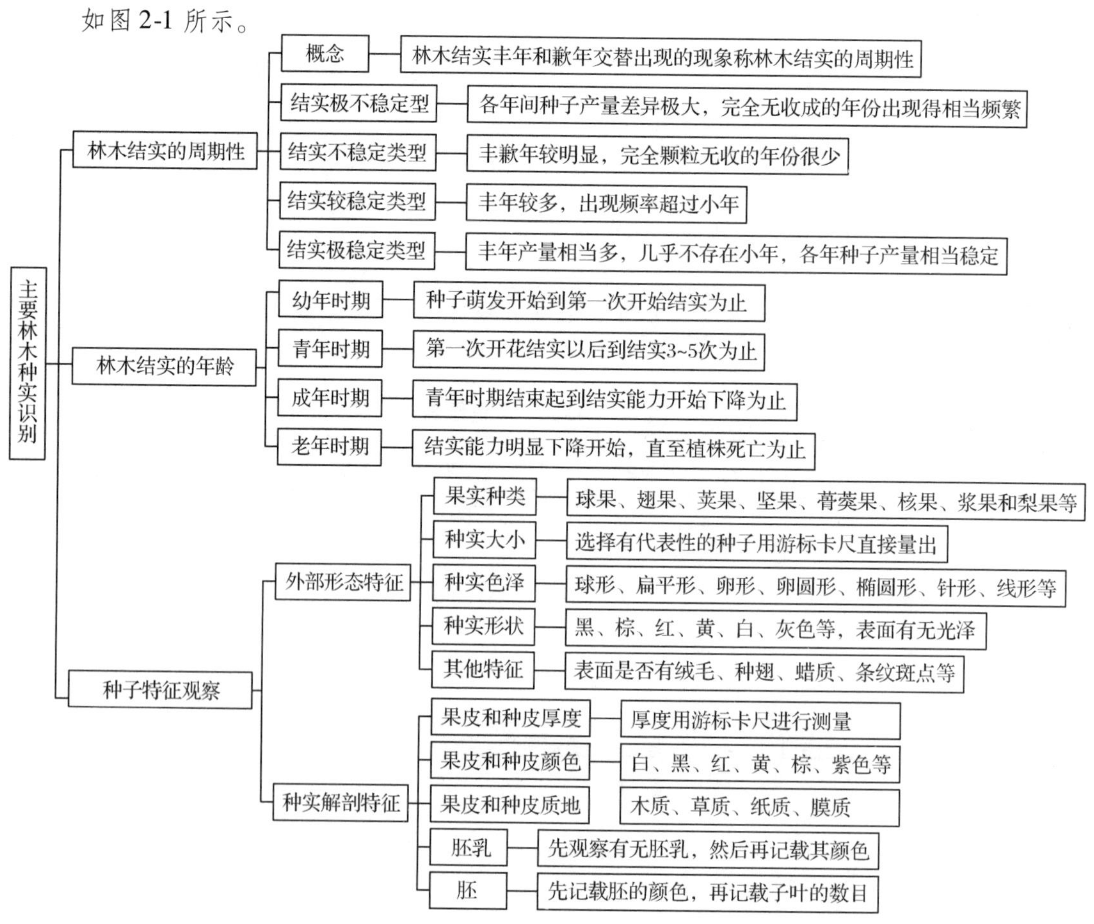

图 2-1 主要林木种实识别知识结构图

【拓展提高】

一、中国林木种子公司简介

中国林木种子公司于1966年在河北省石家庄成立，1998年与国家林业局脱离，与当时部直属的9家公司合并为中国国际合作集团(现为中国林业集团公司)，归中央企业工委(现国资委)管理至今，隶属于中国林业集团公司，是全国林业种苗、花卉进出口的先驱，承担着全国造林绿化种苗和花卉进出口等业务。

二、课外阅读题录

孙洪志，石丽艳.2004. 沙地樟子松的结实规律[J]. 东北林业大学学报，32(4)：6-8.

殷东生，沈海龙.2016. 林木大年结实特征及其影响因素研究进展[J]. 生态学杂志，35(2)：542-550.

任宪威，朱伟成.2007. 中国林木种实解剖图谱[M]. 北京：中国林业出版社.

【复习思考】

1. 林木种实识别的目的是什么？
2. 林木的生命周期一般分为几个发育阶段？各年龄阶段的特点是什么？
3. 林木识别的方法有哪些？

任务2.2　林木种实产量预测预报

【任务介绍】

为了科学制订采种计划，做好采种准备，为种子贮藏、调拨和经营提供科学依据，有必要对种子、果实产量进行预测预报。通过估测种子产量，既能预先了解林木种子产量，以便确定供应计划，又便于了解林木结实规律，给编制采种计划和制订提高种子产量、质量的技术措施提供科学依据。

知识目标

掌握林木种实产量预测预报知识。

技能目标

能正确预测林木种实产量。

【任务实施】

2.2.1　物候观察

物候观察是预测预报林木结实量的基础工作，通过物候观察可以了解气候与开花结实的关系和病虫鸟兽对开花结实的影响，系统地研究林木结实规律，为编制采种林经营技术方案，提高林木种子产量和质量提供科学的依据。

(1)观察方法

在采种林内有代表性的地段设置固定标准地，在标准地上选择5~15株生长正常、无病虫害、开花结实正常的母树为对象，定期观察记载物候状况，如展叶期、开花期、幼果形成期、种实成熟期、种实散落期、花芽形成期、落叶期等。具体内容和详细程度，根据观察目的而定。

(2)物候观察的时间

通常以旬或物候为单位，若以旬为单位，则在每月的10日、20日、30日定期观察，记载各物候情况。

(3)物候特征观察标准

① 展叶期　全林树木和单株树上，从芽中发出的卷曲、折叠小叶有50%以上展开。

② 开花期　全林树木和单株树有5%~10%的花瓣展开，或松属球果花粉散出，或杨属花序松散下垂，或柳属雄株的柔荑花序长出雄蕊，出现黄花，雌株柔荑花序的柱头出现黄绿色时，视为开花初始期；有50%以上花展开，或松属球果花粉散出，或杨属花序松散下垂，或柳属雄株的柔荑花序长出雄蕊，出现黄花，雌株柔荑花序的柱头出现黄绿色时，视为开花盛期；有90%以上花瓣凋谢，或松属球果花粉终止散落，或杨属柔荑花序散落，或柳属柔黄花序停止散落花粉，视为开花末期。

③ 幼果形成期　传粉受精后有50%以上子房膨大形成果实。

④ 种实成熟期　全林树木和单株树上有5%~10%种实呈现成熟的特征，视为初熟期；50%以上的种实呈现成熟特征时，视为盛熟期；90%以上的种实呈现成熟特征时，视为末熟期。

⑤ 种实散落期　全林树木和单株树上有50%以上种实散落。

⑥ 落叶期　全林树木和单株树上有50%以上树叶正常脱落。

(4)物候观察结果

按表2-3记录，最后按树种汇总，编制该地区采种林的物候图谱和物候历，以指导林木种子生产。在物候观察的同时，还应记载气象因子和病虫鸟兽对展叶、开花、结实的影响以及种子减产和受害的原因。

表2-3　物候观察记录表

__________省(自治区、直辖市、计划单列市)__________县(区、市、局)__________镇(乡、场、村)

树种	观察地点	展叶期	开花期			幼果形成期	花芽分化期	种实成熟期			种实散落期	落叶期	气象因子和病虫鸟兽对展叶、开花结实的影响及种子减产的原因
			始花	盛花	末花			初熟	盛熟	末熟			

2.2.2　种实产量调查方法

种实产量可分为单株产量和林分产量。单株产量是指每株树木所结果实或种子的重量；林分产量是指林分按单位面积(hm^2)计算的产量。用以下6种方法进行调查：

(1)平均标准木法

平均标准木是指树高、直径都是中等大小的树木。此法是根据母树直径的粗细与结实量多少之间存在的线性关系来计算产量的。主要做法是在采种林分内，选择有代表性的地段设置标准地，每块标准地应有150~200株林木，测量标准地的面积，进行每木调查，测定其胸径、树高、冠幅，计算出平均值。在标准地内选出5~10株标准木，采收全部果实，求出平均单株结实量，以此推算出标准地结实量、全林分的结实量及实际采收量。全林分结实量乘以该树种的出种率即为全林分种子产量。

因立木采种时不能将果实全部采净，可根据采种技术和林木生长情况，用计算出的全林分种子产量乘以70%~80%，即为实际采集量。

每公顷优良种实产量：

$$Z = \frac{N \cdot B \cdot C \cdot F \cdot P}{5 \times 10000^2} \tag{2-1}$$

式中　Z——每公顷优良种实的产量(kg)；

N——每公顷的母树株数；

B——5株标准林所得球果(果实或种子)数；

C——平均每个球果(或果实)中的种子数；

P——优良种子的千粒重(g)；

F——种子的饱满度(%)；

$$全林分种子产量(kg) = \frac{母树林总面积}{标准地总面积} \times 标准地结实量(kg) \times 出种率 \tag{2-2}$$

$$实际采集量(kg) = 全林分种子产量(kg) \times 0.7(0.8) \tag{2-3}$$

这种方法的优点是：方法简单、省工、砍伐标准木的数量少或不砍。适用于测定同龄母树林种子的产量，还可用于预测种子产量等级，即根据计算的平均产量，参照历年的观察资料，预先推算种子产量。

(2)标准地法

又称实测法。在采种林分内，设置有代表性的若干块标准地，每块标准地内应有30~50株林木，采收全部果实并称重，测量标准地面积，以此推算全林分结实量。参考历年采收率和出籽率估测当年种子收获量。

(3)标准枝法

在采种林分内，随机抽取10~15株林木，在每株树冠的阴阳两面的上、中、下3层，分别随机选1 m左右长的枝条为标准枝，统计枝上的花或种实的数量，再计算出平均1 m长枝条上的数量，参考该树种历史上丰年、平年、歉年标准枝的花朵、果实数，评估结实等级和种子收获量。例如，按花、幼果和果实的数目可将产量分为若干级，见表2-4。

表2-4　栎树和桦木种实产量调查等级

树种	计算对象	产量等级					
		劣等	下等	中等	上等	超等	特等
栎树	栎实	<1	2~4	5~12	13~25	26~35	>36
桦木	果序	>1	1~2	3~7	8~15	16~25	>26

剪取 20 个 1 m 的栎树枝，共有栎实 200 个，则每 1m 长平均有栎实 10 个，查找种子产量等级表为中等级。此法适用于阔叶树。有些果痕长期保留在枝条上的树种，还可以用果痕多少来推断以往种实的产量。

(4)目测估产法

又称物候学法。本法通过观测母树的开花结实情况来预估种子产量等级。根据历年资料推算种子的产量。即在开花期、种子形成期和种子成熟期观测母树林的结实情况。

评定开花结实等级不易过细，我国采用丰、良、平、欠四级制，各等级标准如下：

① 丰年　开花、结实多，为历年开花结实最高量的 80% 以上；

② 良年　开花、结实较多，为历年开花结实最高量的 60%~80%；

③ 平年　开花、结实中等，为历年开花结实最高量的 30%~60%；

④ 欠年　开花、结实较少，为历年开花结实最高量的 30% 以下。

观察方法：可在地面上目测或用望远镜观察，大面积母树林，可用飞机观察，配合地面补充调查完成。具体观察时，应组织具有实践经验的 3~5 人组成观察小组，沿着预先确定的调查路线，随机设点，评定等级，最后汇总各点情况，综合评定全林分的开花结实等级。

此法要求观察者在开花和结实时目测准确、技术熟练，否则将产生主观差异。该法缺少数量化指标，为了核对目测估产的结果，可用平均标准木法或标准枝法校正。

(5)可见半面树冠种实估测法

在采种林分内，沿一条线路机械抽取样木 50 株以上。调查时观测者站在距母树相当一个树高远处，目视前方，不转头，不移位观察，用手持计数器数取半面树冠视野中所见的种实数。设视野中半面树冠中的种实数为 X，再计算该数与全株种实数的关系，设计回归方程，推算出种实的产量。为使调查具有代表性，一般要测种实产量多、中、少、无各类代表木。此法适用于密度小、树干矮的种子园、母树林或经济林。第一次用此法时，要先建立树种可见半面树冠结实数(X)与全树冠结实数(Y)的相关方程。

(6)球果切开法

根据松树球果沿其中轴纵切以后，从球果切面上可见优良种子粒数与整个球果优良种子粒数呈直线相关关系($Y = a + bX$)的原理。在采种林分内，随机抽取 20~100 株林木，从每株树上采集 1~2 个球果(分别在树冠的阴阳两面和上、中、下三层采集)，将采集的球果沿中轴纵切为两半，计算平均一个剖面上可见优良种子粒数，推算全球果优良种子粒数。用此数据乘以平均标准木上球果数和千粒重，即为平均标准木上的种子产量。

种子结实预测结果，按树种汇总(表 2-5)。

表 2-5　种子结实预测、预报表

__________省(自治区、直辖市、计划单列市)__________县(市、局)__________乡(村、场)

树种	采集地点	采种林分	面积 (hm^2)	每公顷株数 (株)	预测方法	结实量 (kg)	可采数量 (kg)	备注

【技能训练】

林分种子产量调查

[**目的要求**]掌握调查预测的主要方法及操作技术，并通过预测种实产量为制订采种计划、调拨计划和采种物资准备提供依据。

[**材料用具**]罗盘仪、皮尺、测绳、钢卷尺、台秤、盛种容器、标准地调查用表、记录夹、铅笔等。

[**实训场所**]实习林场或林木种子采种基地。

[**操作步骤**]

(1)收集资料。通过访问或查阅原有关森林资源档案材料，了解采种林分的概况，如位置、常年种实产量及实际采收量等。

(2)踏查。调查采种林分及母树的分布地点、面积、株数、树龄、生长情况、结实情况等。采用路线调查方法进行踏查，根据优良林分选择条件，确定采种林分。

(3)种实产量调查方法。

① 平均标准木法：

a. 在母树林内选出0.25~0.5 hm^2的标准地1~2块(林分复杂者多选几块)。每块标准地内母树株数不少于150~200株。

b. 在标准地内对结实母树进行每木调查，填写标准地调查表，调查后计算出平均胸径和平均高。

c. 选出5株胸径和树高都与平均标准木相似的母树，采下全部果实，计算出5株标准木的平均结实量，再乘以标准地上林木的总株数即得出标准地的结实量。

d. 用标准地的结实量计算出每公顷结实量及全林分结实量。

e. 全林分结实量×该树种的出种率=全林分种子产量。

② 标准枝法：

a. 选择有代表性的结实母树10~25株，从树冠边缘任意剪取若干带有花或果实的枝条，然后计算全部枝条上的花或果实的数量，再求平均每米长枝条上花或果实的数量。

b. 估算全林枝条总量乘以每米长枝条上花或果实的产量，可求出单株母树的结实量。

c. 根据每米长枝条上的平均数查已定的某一树种种子产量等级表，以确定林木结实的等级。

[**注意事项**]进行采种调查时，切忌采集未成熟果实；采种忌在阴雨天、大风天进行；上树学生必须在工人或老师带领下佩戴安全带进行操作，并注意安全。

[**实训报告**]比较总结各调查方法的优缺点及提出生产建议。

【任务小结】

如图 2-2 所示。

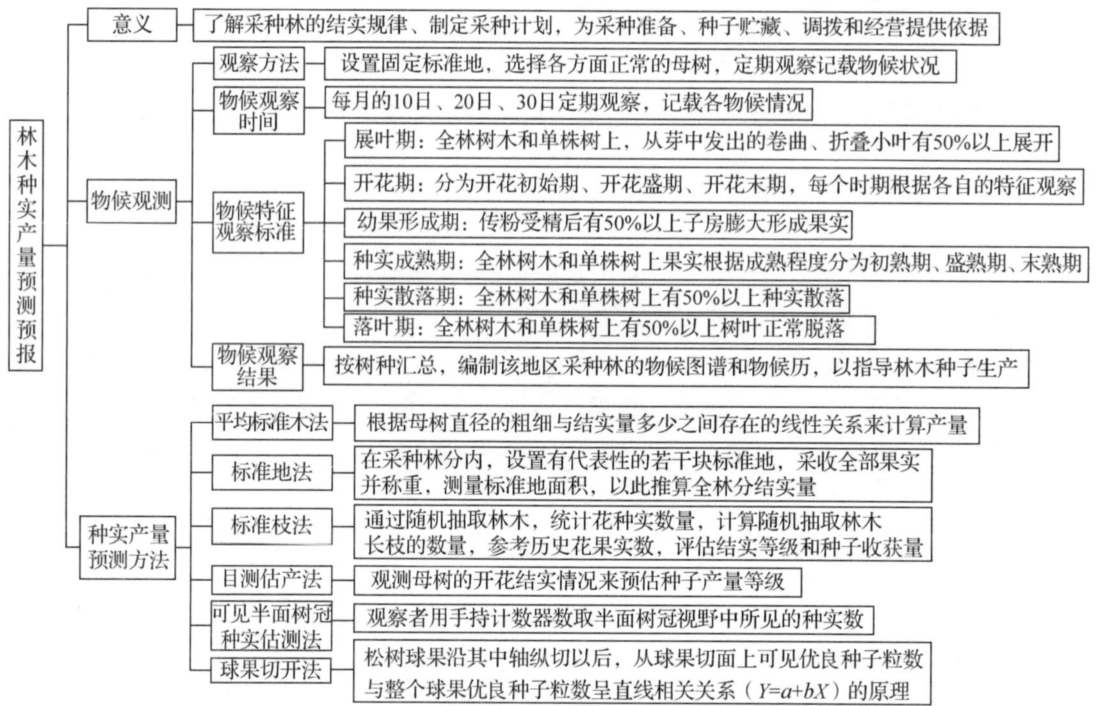

图 2-2　林木种实产量预测预报知识结构图

【拓展提高】

一、湿地松种子园种实产量预测

用湿地松种子园可见半面树冠上的球果数(X)和树冠实际球果数(Y)建立直线、对数、幂函数(表 2-6)3 种预测模型进行分析比较，结果表明，以幂函数预测模型精度最高，可提前 3 个月预测湿地松的种子产量。这一方法突破了传统的用标准木法预测林木种实产量的思维模式，在生产上有着广泛的应用前景。

表 2-6　半面树冠球果数(x_i)与全株实际球果数(y_i)的关系

模型	回归方程	相关系数	F 值	F_a 值
直线	$y=3.43x-6.86$	$r=0.92$	370.4	$F_{0.95}(1,\ 51)=4.03$
对数	$y=137.9\log x-77.6$	$r=0.71$	38.5	$F_{0.99}(1,\ 51)=7.17$
幂函数	$y=2.153x^{1.098}$	$r=0.96$	568.6	

二、课外阅读题录

石丽艳，孙洪志 . 2005. 针叶树种结实量预测方法综述[J]. 森林工程，21(2)：1 – 3.

屈红军，侯庆娟，张冉，等 . 2015. 红松球果产量因子及预测方法[J]. 种子，34(1)：71 – 73.

董丽势，雷振异，黄琳，等 . 1997. 可见半面树冠法预测油松种子产量的研究[J]. 西北林学院报，12(增)：111 – 114.

【复习思考】

1. 林木种实产量预测预报的方法有哪些?
2. 物候观测的时间是什么时候?
3. 进行林木种实产量预测的意义是什么?

任务2.3　种实采收

【任务介绍】

种实采收的目的在于获取大量品质优良的种子。为此必须掌握种实的类型、成熟的标志和散落的方式，才能适时、适法地采集种实的成熟种子。

知识目标

1. 了解种实成熟的标志。
2. 了解种实采集的各种方法。
3. 掌握种实成熟的判断方法。

技能目标

能正确采集当地主要造林树种的种实。

【任务实施】

2.3.1　种实成熟的标志

大部分种实的成熟期是根据果实形态特征来确定。不同树种的果实成熟时，其特征也各不相同，主要表现在颜色、气味和果皮等方面的变化。

(1)球果类

果鳞干燥、硬化、微裂、变色。杉木、落叶松的球果由青绿色变为黄绿色或黄褐色，果鳞微裂；马尾松、油松、侧柏、云杉的球果变为黄褐色；红松果鳞先端反曲，成熟时果实变黄绿色。

(2)干果类

果皮由绿色转为黄、褐乃至紫黑色，果皮干燥紧缩、硬化，其中蒴果、荚果的果皮因干燥沿缝线开裂，如刺槐、乌桕、香椿、泡桐等；皂荚等树种果皮上出现白霜；坚果类如栎属树种壳斗呈灰褐色，果皮淡褐色至棕褐色，有光泽；鸡爪槭等槭树属种子的翅果为黄褐色；七叶树果实淡褐色，且果实下垂。

(3)肉质果类

果皮软化、颜色因树种不同而各有特色。女贞、香樟、楠木等果实由绿色变紫黑色；圆柏呈紫色；银杏、柿树、山桃呈黄色；荔枝等呈红色；有些浆果果皮出现白霜。肉质果类果实未成熟时多为绿色，成熟后果实变软、香、甜，色泽变鲜艳，酸味或涩味消失。

2.3.2 判断种实成熟的方法

确定种实成熟期的方法有多种，最常用的是根据球果或果实的颜色变化来判断；而胚胎和胚乳的发育状况则是确定种实成熟期最可靠指标，可切开用肉眼观察，或者不切开而用 X 射线检查。比重法较为简单易行，适合于球果。在野外，可将水(比容 1.0)、亚麻子油(比容 0.93)、煤油(比容 0.8)等配制成一定比量的混合液，再把球果放入，成熟的飘浮，否则下沉。生化指标如还原糖含量和脂肪含量等也能说明成熟程度。

2.3.3 种实采种期的确定

种子的采种期的确定因树种而异，一般采种时需掌握以下原则：

① 成熟后立即脱落或随风飞散的小粒种子，如杨树、柳树、榆树、桦树、泡桐、杉木、冷杉、油松、落叶松、木荷、木麻黄等，成熟期与脱落期很相近，种粒脱落后不易收集，应在成熟后，脱落前立即采种。成熟后立即脱落的大粒种子，如栎类、板栗、核桃、油桐、槠、栲等，一般在果实脱落后，应及时从地面上收集，或在立木上采集，落地后不及时收集，会遭虫、兽危害及土壤温湿度的影响而降低种实质量。

② 有些树种如樟、楠、女贞、乌桕等种子脱落期虽较长，但因成熟的果实色泽鲜艳，久留在树上容易招引鸟类吸食，应在形态成熟后及时从树上采种，不宜拖延。

③ 成熟后较长时间种实不脱落的，如樟子松、马尾松、椴树、水曲柳、槭树、苦楝、刺槐、紫穗槐等，采种期要求不严，可以在农闲时采集。但仍应尽量在形态成熟后及时采种，避免长期悬挂在树上受虫、鸟危害，导致种子质量下降和减产。

④ 有些长期休眠的种子如山楂、椴树，可在生理成熟后形态成熟前采种，采后立即播种或层积处理，以缩短休眠期，提高其发芽率。

种子成熟常受天气条件影响，在天气波动很大的不同年份里，成熟期会有很大变动，必须对该年的物候进程作细致观察，以便确定采种期。

2.3.4 采种

2.3.4.1 采种准备工作

首先实地检查采种林，确定可采林分地点、面积、采种日期，估测实际可能采收量；然后制订采种方案，组织专业队伍，划分责任，定山、定片、定人、包采、包护。预估当年和下一年的种子产量，预估的目的是为制订下一年的采种计划与编制预算提供依据。采种前，要准备好采种、上树、计量、运输、调制机具、包装用品、劳动保护用品，临时存放场地、晒场、库房等。

2.3.4.2 采种的方法及工具

采种方法要根据种子成熟后脱落方式、果实大小以及树体高低来确定。

(1)立木采摘法

适用于小粒种子或种子脱落后易飞散的树种。如杨树、柳树、黄栌树、桦树、桉树、火力楠、泡桐、杉木、柳杉、云杉、冷杉等；有些种子成熟后虽不立即脱落，但不适合从地面收集，如大多数针叶树种和刺槐等，都要在树上采种。立木采摘法是生产上应用最多的方法。

根据树木高矮及使用工具的不同可将立木采摘法分为采摘法、摇落法和机械化采种3种。

① 采摘法　此种方法适用于比较矮小的母树或直接利用各种采种工具进行采种。如高枝剪或采种钩，适用于杨、柳、臭椿等果实；针叶树可采用种镰、球果耙等工具；灌木可用采种镰与采种兜。上树用的工具有绳套、采种梯等。采种梯可设置安全保护装置，如芬兰的Tarra－Tikkaat采种梯，带有一个可沿梯子上下移动的铝环，与采种员的安全带相连，如果采种员不慎掉下梯子，它就会自动锁住。近年来，瑞士、美国、墨西哥等国广泛采用具有升降设备的伸缩台采种。

② 摇落法　此种方法适用于树干高大、果实单生、用采摘法有困难但经过振动敲击容易脱落的树种，如红松、杉木、马尾松、侧柏、黄檗等。振动摇落种实后，用采种网或采种帆收集种实。采种前应清除一定范围内的草、灌木和地被物。常用工具有双绳软梯、单绳软梯、绳套等。英国应用采种网，把网挂在树冠外围，把种实摇落在采种网中。

③ 机械化采种　近年来，国外在湿地松种子园中采用了震动式采种机和真空清扫机。震动式采种机安在自动传送设备的卡车底盘上，有一个钳夹装置可夹住直径达90cm的树干，震动12～15 s，可落下湿地松球果80%，震动式采种机把球果震荡之后，用真空清扫车收集球果，效率相当于人工采种的数十倍，适于种子园内使用。

(2)地面收集法

种子成熟后，在脱落过程中不易被风吹散的大粒种实，如核桃、板栗、油桐、油茶等，都可以待种实脱落后在地面上收集。为了便于收集，在种实脱落前宜清除地面杂物，也可在母树周围铺垫尼龙网，使种子落入网。美国有专门的收网机，在收网过程中去除杂物，可获得较纯净的种子。最好每隔数日收集一次，做到边落边收，以免鼠食虫蛀，造成损失。榆树、白蜡、枫杨等翅果，自然脱落后常被风吹集一处，可在地面扫集。

(3)从伐倒木上采集

结合采伐进行采种是最经济的方法，尤其适合于成熟后不立即脱落的种实，如水曲柳、云杉、白蜡、椴树等。此法只有当成熟期和采伐期一致时才可采用。

(4)从水面上收集

一些生长在水边的树种，如赤杨、榆树、桤木等种子脱落后常漂于水面上，可以在水面上收集种子。

除了上述方法外，还可从动物穴中收集。啮齿动物以针叶树的种子为食物，可在它们的穴中收集果实。收集时间应从秋末开始，因这时运到穴中的果实已成熟。

2.3.5　种子登记

每个采种单位可能采集许多批种子，为了便于管理和使用，对所采用的种子或就地收购的种子必须进行登记。要分批登记，分别包装。种子包装容器内外均应编号，放上标签。林木采种登记表见表2-7。

2.3.6　注意事项

适时按正确方法采种，防止强采捋青；注意采种安全，攀登大树应系安全带或腰带；保护母树，防止折大枝、新梢和新果；应在晴天或阴天无风时采种。

【技能训练】

采种

[目的要求] 能利用树木种实采集的各种方法进行主要树木种实的采集。

[材料用具] 修枝剪、采种镰、采种钩、竹竿、高枝剪、单梯、绳套、球果采摘器、振动式采种机、安全带、采种用的塑料布与帆布、盛种用袋子或盛种容器、手套等。

[实训场所] 树木园。

[操作步骤]

(1)采摘法。适用于种子轻小，脱落后易飞散的树种及色泽易招引鸟类啄食的果实和需要提前采集的种子，如杨、柳、桉、榆、樟、女贞、落叶松、樟子松、侧柏、水曲柳、枫树、栾树等。

① 树干低矮树。可在地面上借助枝剪、采种钩、采种镰等采集。

② 树干高大树。用绳套或单梯等上树采种。

(2)摇落法。适用于种子容易振落的树种及树干高大、果实单生、用采摘法有困难的树种，如红松、檫树、栎类、黄菠萝、核桃楸、银杏等。可在种实成熟后、脱落前用振荡树干或打击果枝的方法(或用振动式采种机)使种实落于铺在地面的塑料布与帆布上，便于收集。

(3)地面收集。适用于大粒种子，如栎类、核桃、桂花、假槟榔、无患子、七叶树等。在地面上拣拾或种落前地面铺上塑料布与帆布，分批收集。

[注意事项] 采种应尽量选择优良母树；根据种实是否表现成熟特征确定采种期，切忌采集未成熟果实；上树采种必须佩带安全带，注意安全；采种时要注意保护母树，不允许折断大枝，需带小枝采集的，小枝直径不能超过1cm；种实应按树种及采种林分分别盛装，详细填写林木采种登记表(表2-7)。

[实训报告] 写一份实训报告，要求以列表形式列出当地主要树木种子成熟特征、采种期和采种方法。

表2-7 林木采种登记表

种子区、亚区	采种林类别	种批号

(种子区、亚区供有种子区划的树种填写)

1. 采种单位名称____________________

2. 采种现场负责人____________________

3. 采种地点(县、乡、小地名)____________________

4. 采种地点的经度__________，纬度__________，海拔__________ m

5. 树种(中文名及学名)____________________

6. 采种林分或单株状况____________________

7. 林分或单株年龄：　20年以下　20~40年生　40~60年生
　60~80年生　80~100年生　100年以上

8. 共采面积或株数约__________株(hm^2)

9. 容器共________件，共重________ kg

10. 采种起止日期________年________月________日至________年________月________日

11. 采集方法____

12. 发运时果实状况____

13. 采集工作纪要____

采集现场负责人(签名)____________　　　　______年______月______日

（以下由调制单位或种子收购人填写）

1. 收货时间__________年__________月__________日

2. 收到容器__________件，共重__________ kg

3. 收到时果实状况____

4. 调制条件纪要____

5. 共得种子__________ kg，出种率__________%

6. 种子容器件数：麻袋__________件，聚丙烯编织袋__________件，

金属桶__________件，其他__________件

7. 其中__________件发往____，发运日期__________

发运时种子含水量__________%，调制单位__________

【任务小结】

如图 2-3 所示。

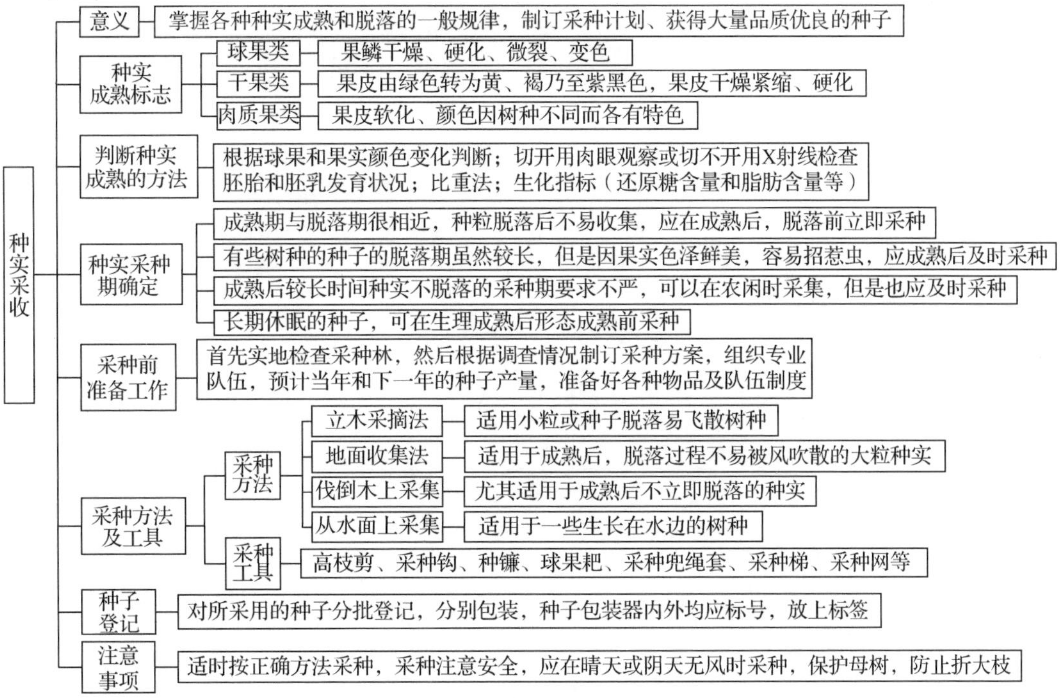

- 种实采收
  - 意义
    - 掌握各种种实成熟和脱落的一般规律，制订采种计划、获得大量品质优良的种子
  - 种实成熟标志
    - 球果类 — 果鳞干燥、硬化、微裂、变色
    - 干果类 — 果皮由绿色转为黄、褐乃至紫黑色，果皮干燥紧缩、硬化
    - 肉质果类 — 果皮软化、颜色因树种不同而各有特色
  - 判断种实成熟的方法
    - 根据球果和果实颜色变化判断；切开用肉眼观察或切不开用X射线检查胚胎和胚乳发育状况；比重法；生化指标（还原糖含量和脂肪含量等）
  - 种实采种期确定
    - 成熟期与脱落期很相近，种粒脱落后不易收集，应在成熟后，脱落前立即采种
    - 有些树种的种子的脱落期虽然较长，但是因果实色泽鲜美，容易招惹虫，应成熟后及时采种
    - 成熟后较长时间种实不脱落的采种期要求不严，可以在农闲时采集，但是也应及时采种
    - 长期休眠的种子，可在生理成熟后形态成熟前采种
  - 采种前准备工作
    - 首先实地检查采种林，然后根据调查情况制订采种方案，组织专业队伍，预计当年和下一年的种子产量，准备好各种物品及队伍制度
  - 采种方法及工具
    - 采种方法
      - 立木采摘法 — 适用小粒或种子脱落易飞散树种
      - 地面收集法 — 适用于成熟后，脱落过程不易被风吹散的大粒种实
      - 伐倒木上采集 — 尤其适用于成熟后不立即脱落的种实
      - 从水面上采集 — 适用于一些生长在水边的树种
    - 采种工具
      - 高枝剪、采种钩、种镰、球果耙、采种兜绳套、采种梯、采种网等
  - 种子登记
    - 对所采用的种子分批登记，分别包装，种子包装器内外均应标号，放上标签
  - 注意事项
    - 适时按正确方法采种，采种注意安全，应在晴天或阴天无风时采种，保护母树，防止折大枝

图 2-3　种实采收知识结构图

【拓展提高】

一、澳大利亚的核桃采收范例

澳大利亚的核桃一般在3月底至5月初采收，根据品种不同和当年的气候条件稍有差异。采收工艺的确定目的是获得品质最好的产品，即果仁饱满，色泽浅淡。其中科学地掌握核桃的成熟度，是核桃采收的关键所在。成熟的核桃有两部分组成，外层的青果荚和里面坚果部分。按照核桃的生长过程，只有青果荚成熟后，核桃才容易脱落，便于采收。但是这两部分并不是同时成熟，一般坚果早熟于青果荚。往往当青果荚成熟时，坚果已到了过熟阶段，此时采收，已影响到果仁品质。根据当年气候确定采收期、采收期尽量提前、采收后及时脱青荚、应用机械保证及时采收。

二、课外阅读题录

GB/T 16619—1996，林木采种技术.

王华磊，赵致，唐平，等. 2011. 喜树种子适宜采收期研究[J]. 中国现代中药，13(8)：20－22.

【复习思考】

1. 简述采种时一般应掌握的原则和采种时应注意的问题。
2. 种实成熟过程会发生哪些变化?
3. 种实采收前期需要哪些准备工作?

林木种实调制

种实调制，又称种实的处理，是采种后对种实进行脱粒、干燥、净种和种粒分级等技术措施的总称，其目的是获得适合运输、贮藏或播种用的纯净种子。林木种实调制是一项季节性很强的工作，直接关系到种子生产任务的完成及收获种子的品质。种实采集后，要尽快调制，以免发热、发霉，降低种子的品质。

由于树种类型众多，种子调制方法必须根据果实及种子的构造和特点而定。为了生产加工便利，一般把脱粒方法相同或相似的种实归为一类，将不同树种的种子分为球果、干果和肉质果三类，对同类种子采用相近的调制方法。

任务 3.1　林木种实脱粒

【任务介绍】

林木种实脱粒是指从果实中取出种子的过程。本任务要根据种实特性及其成熟特性，对当地主要造林树种的种实进行调制工作，调制出的种子质量符合《林木种子质量分级》(GB 7908—1999)标准。

知识目标

1. 掌握三大类种实脱粒的具体方法。
2. 掌握不同类型种实调制的主要技术要点。

技能目标

1. 能独立完成种实脱粒全过程。
2. 能够根据种实类型及行业标准要求正确进行种实调制。

【任务实施】

3.1.1　种实脱粒

遵循原则：含水量高的种实采用阳干法，含水量低的种实采用阴干法。将果实堆放在清洁、干燥的通风处晾晒，或用人工干燥法进行干燥。干燥后敲打脱离或用脱粒机脱落。种实脱粒的方法必须根据果实和种子的结构和特点而定。

3.1.1.1 球果类脱粒

在自然条件下，成熟的球果会渐渐失去水分，再经过干燥，加快果鳞失水反卷开裂，种子才能脱出。因此，使球果的果鳞干燥开裂是球果脱粒的关键。

球果干燥的速度取决于空气湿度的大小。空气愈干燥，球果失水干燥的愈快。因此，提高温度，加强通风条件，排除湿空气，就可以加速球果干燥。但新鲜球果含水量大，种子紧包于鳞片之内，如温度过高，必定使种子处于高温蒸汽状态，而使种子内含物受到破坏。所以新鲜球果，最好先进行预干，减少球果含水量，再进行较高温度的干燥处理。预干时间的长短，根据球果含水量的多少确定。如不预干就进行高温干燥，不仅易伤害种子，还会使果鳞表面硬化，不再开裂，种子不易脱出。球果的脱粒方法有自然干燥法和人工加热干燥法。

(1) 自然干燥法

即在无人工干燥室及气候较温暖的地方，将球果放在日光下暴晒或放在干燥通风处阴干而使种子脱出的方法。油松、侧柏、杉木、柳杉、湿地松、火炬松、加勒比松和落叶松等球果鳞片易于开裂的树种均可用此法脱粒。红松和华山松的球果，果鳞开裂比较困难，种子不易脱出。采后晾晒或阴干几天，待果鳞失水，然后置于木槽中敲打，将球果打碎后过筛、水选、干燥，即可得到纯净种子。马尾松球果因含松脂较多，用一般方法摊晒时，鳞片不易开裂，因此可用堆沤法或堆沤时用2%~3%的石灰水或草木灰水浇淋球果，这样可使堆沤时间缩短7~10 d。经10~15 d后，球果变成黑褐色，并有部分鳞片开裂时，再摊开暴晒脱粒。樟子松球果可用日光暴晒法，但脱粒时间长，根据鳞片纤维结构，球果浸没水1~2 d后，能软化鳞片，提早脱落。冷杉球果成熟后种子与果鳞一起脱落，采收后受高温影响容易分泌大量油脂，影响球果开裂，故不宜暴晒，一般可摊放在阴凉干燥处阴干，使球果脱粒。

应用自然干燥法必须随脱粒随收取种子。此法经济易行，不会因温度的高低而降低种子质量，但常受天气变化的影响较大，干燥速度较慢，脱粒耗时较长。因此，欲使大量球果脱粒或难开裂的球果脱粒时，可采用人工加热干燥法。

(2) 人工加热干燥法

即把球果放入干燥室或其他可加温的容器内，进行干燥脱粒的方法。干燥室一般设有加热间，在加热间内装有加温设备，如火炉、暖气或电气加热设备等。加热间的空气被灼热以后，通过排气孔进入干燥间，同时通过通风设备及时排出干燥间内的湿空气，降低干燥间的空气湿度。室内搭起多层木架，层次依室内高度而定，架上铺设铁丝网，网眼大小以不漏球果为准，将球果均匀摊上，下面设盛种器皿，承接种子。也可将球果放置在滚筒中，通过滚动而均匀加热，滚筒下放小车，将脱落的种子及时运出。此法适用于大量球果的调制。也可用火墙或火炕提高室内温度，经过2~3 d，大部分球果开裂而脱粒。

人工加热干燥球果时，须控制好温度和空气湿度，它们是决定球果干燥速度和种子质量的关键。空气湿度饱和差越大，空气越干燥，球果失水开裂的速度也就越快。提高室内温度，可以增加空气对水汽的容量。但是种子对高温的忍受力有一定的限度，超过一定的限度会降低种子质量，甚至会使种子丧失生命力，所以人工干燥必须控制适宜的温度。根据现有资料，干燥球果的适宜温度在36～60℃之间，具体情况因树种而异。如柳杉为36～40℃；落叶松为40℃；云杉不高于45℃；湿地松和火炬松不高于50℃；樟子松和马尾松不高于55℃等。

3.1.1.2　干果类脱粒

干果的种类较多，果实成熟后开裂者，称为裂果，如蒴果、荚果；果实成熟后不开裂者，称为闭果，如翅果、坚果。干果类的脱粒是使果实干燥，清除果皮、果翅，取出种子和清除各种碎枝、残叶、泥石等混杂物。干果类的脱粒方法因种实含水量的高低而异。含水量高的种实一般用阴干法，而含水量低的种实可直接置于阳光下晒干。具体方法因种实特性及果类构造不同而异。

(1)坚果类

含水量较高的种实如栎类、槠类、栲类、板栗等，在阳光下暴晒容易失去生活力。采种后及时进行水选或粒选，除去蛀粒，然后摊于阴凉通风处阴干。桦树、赤杨等小坚果，可摊开晒干，然后用木棒轻打、包在麻布袋内用木板揉搓后取出种子或用耙从果穗上捋下果实。

(2)翅果类

枫杨、槭树、臭椿、白蜡、榆树、杜仲等树种的种实，调制时不必脱去果翅，干燥后清除混杂物即可。其中杜仲、榆树一般用阴干法干燥，在阳光下暴晒，容易失去生活力。

(3)荚果类

荚果一般含水量低，种皮保护力强。如刺槐、皂荚、合欢和相思树等果实，种皮坚硬致密，用晒干法调制。采集后可在场院暴晒，同时用棒或链枷敲打，种子即可脱出。有些荚果果皮较坚硬，如皂荚可用石磙压碎皮进行脱粒。

(4)蒴果类

种粒细小含水量较高的杨、柳等蒴果一般不宜暴晒，以免种子高度失水而丧失生命力，且常温下贮藏寿命极短(2～3周)，采集后必须立即薄薄地摊放在通风背阴的干燥处或预先架好的竹帘上进行干燥脱粒。含水量较高的大粒蒴果，如油茶、油桐，一般不宜暴晒，可用阴干法脱粒。泡桐、桉树、香椿、木荷、乌桕等蒴果，可在阳光下暴晒1～3 d，然后稍加拍打或用手搓揉即可脱粒，脱不净的可以轻轻打碎果皮进行脱粒。

3.1.1.3　肉质果类脱粒

肉质果类包括浆果、核果、聚花果以及浆果状核果等。这类果实果皮肉质含有较多的果胶、糖类以及大量水分，容易发酵腐烂，因此，采种后必须及时脱粒，否则会降低种子播种品质。

用水浸沤法，待果肉软化，揉搓后用水漂洗，即可得纯净种子。如核桃、核桃楸、银杏等果皮较厚的树种，采后可堆沤起来，待果皮软腐后，搓去果肉取出种粒。有的树种采后可放坑或木箱中，洒上石灰水沤1周左右取种，阴干后使用，如苦楝等。有的地区待果肉晾干，果实进行贮藏或播种。

对肉质果进行调制时，堆沤或浸种时间不宜过长，并要经常翻动、换水，以免影响种子品质。从肉质果中取出的种子，含水量一般都很高，若不能立即播种而需贮藏时，应先放在通风良好的室内或荫棚下晾干，不能在阳光下暴晒。乌桕、漆树、檫树等由于种壳外附有蜡质和油脂，使种子互相黏着，容易霉烂，须用碱水或洗衣粉水浸渍0.5 h后用草木灰脱脂，再用清水冲洗干净后阴干。

3.1.2　种实净种

净种工作是保证种子质量的主要生产工序。净选又称种子清选，指除去混杂在种子中的鳞片、果皮、果柄、枝叶碎片、空粒、土块和异类种子等。

净种的目的是提高种子的净度，也有利于种子免受病虫危害。种子净度的高低可以反映种子中夹杂物和废种子的多少，夹杂物吸湿性很强并带来病原菌，往往在贮藏过程中使种子发生霉变；夹杂物往往会影响种子贮藏的稳定性；另外，夹杂物多少也决定了播种量以及出苗的均匀程度；种子净度还是市场价格的依据。净种工作越细致，种子净度越高，越有利于种子贮藏、播种及苗木培育。

根据种子种类和所混杂的夹杂物种类的密度和大小不同选择合适的净种方法，有风选、筛选、水选、粒选等方法。

① 风选　这种方法按种子和杂物对气流产生的阻力大小不同进行分离。任何一个处在气流中的种子或杂物，除受本身的重力外，还承受着气流的作用力，重力大而迎风面小的，对气流产生的阻力就小；反之则大。

② 筛选　根据种子与杂物的大小特性进行分离的种子清选方法。利用种子与夹杂物的大小不同，选用各种孔径的筛子清除夹杂物。筛选时，还可以利用筛子旋转的物理作用，分离空粒及半空粒的种粒。筛选不易分离与种子大小相似的夹杂物，还应配合风选、水选。

③ 水选　根据种子与杂物的比重不同进行分离的清选方法。常用的方法是利用种子在液体中的浮力不同进行分离，当种子的比重大于液体的比重时，种子就下沉；反之则浮起。

④ 粒选　对林木中的大粒种子，可采用粒选。即从种子中挑选粒大、饱满、色泽正常、无病虫害的种子，如核桃、银杏、板栗、山桃、山杏等。

主要树种果实出种率见表 3-1。

表 3-1　主要树种果实出种率　（%）

树种	出种率	树种	出种率	树种	出种率	树种	出种率
杉木	3~4	红松	13~14	柳杉	7~8	云杉	3~6
马尾松	3~4	侧柏	7~9	樟子松	2~4	冷杉	8~10
落叶松	2~4	油松	3~4	油松	7~8	樟树	24
檫树	28	刺槐	20	水曲柳	80~90	楝树	23
黄檗	8	杨树	2~6	大叶桉	6	泡桐	5~6

3.1.3　种实干燥

种子干燥到什么程度为宜，因树种不同而异。一般以种子能维持其生命活动所必需最低限度的水分为准。这时的含水量称为种子的安全含水量，又称临界含水量。刚采收或加工出来的种子含水量较高，通常在 12% 以上。高于安全含水量时，意味着种子中出现了大量的游离水，酶的活性因而增高，种子的呼吸作用加强，新陈代谢作用旺盛，放出大量的热量和水分，从而引发种子霉变，不利于长期保持种子的生命力。低于安全含水量时，则会使子叶断裂，苗木畸形，甚至由于生命活动无法维持，引起酶变性、蛋白质凝固、染色体突变等，导致种子生理结构解体，从而引起种子死亡。因此，种子含水量过高或过低都会严重地影响种子寿命，且不利于贮运。

树种不同，种子的安全含水量也不同。多数林木种子的安全含水量为8%~12%，这个含水量也是多数林木种子的气干含水量；一部分林木种子的安全含水量只有6%~9%，低于气干含水量；少部分林木种子的安全含水量为13%~30%，高于气干含水量。

我国主要树种种子的安全含水量见表3-2。

种子干燥到安全含水量才能安全贮运，若采种后立即播种，则不必干燥。种子干燥后计算出种率。

$$出种率 = \frac{W_1}{W} \times 100\% \tag{3-1}$$

式中 W_1——纯净干种子质量；

W——新鲜种实质量。

表3-2 我国主要树种种子安全含水量 （%）

树种	安全含水量	树种	安全含水量	树种	安全含水量
油松	7~8	白榆	3~8	马尾松	9~10
白蜡	9~12	华北落叶松	6~9	大叶桉	4~6
杉木	8~10	木荷	8~9	侧柏	8~10
杜仲	13~14	椴树	10~12	樟树	16~18
刺槐	7~8	油茶	24~26	杨树	5~6

3.1.3.1 种子干燥原理

种子干燥是通过干燥介质给种子加热，利用种子内部水分不断向表面扩散和表面水分不断向外蒸发的过程来实现的。

种子是活的有机体，又是一团凝胶，具有吸湿和解吸的特性。种子水分随着吸湿与解吸过程而变化。当吸湿过程占优势时，种子水分增高；当解吸过程占优势时，种子水分降低。如果将种子放在固定不变的温湿条件下，经过相当长时间后，种子水分基本上稳定不变，亦即达到平衡状态，种子对水汽的吸湿和解吸以同等的速率进行，这时的种子水分，就叫作该条件下的平衡水分。

暴露在空气中的种子，当所含水分的蒸汽压与空气相对湿度所产生的蒸汽压相等时，种子水分不发生增减，处在吸湿和解吸的平衡状态中，不能起到干燥的作用。只有当种子水分高于当时的平衡值，即种子内部的蒸汽压超过空气的蒸汽压时，水分才会从种子内部不断散发出来，使种子逐渐失去水分而干燥。种子内部的蒸汽压超过空气的蒸汽压越多，干燥作用就越明显。种子干燥就是不断降低空气水蒸汽压，使种子内部水分不断向外散发的过程。

3.1.3.2 种子干燥的方法

（1）自然干燥

自然干燥就是利用日光、风等自然条件，使种子的含水量降到安全贮藏所要求的水分标准。杉木、马尾松、油松、侧柏、刺槐、合欢、相思等林木种子，均可采取日光下摊晒的方法来干燥；杜仲、榆树、云杉等林木种子，在阳光下暴晒容易失去生活力，应采用通风干燥的方法使其干燥。根据种子干燥的要求，可将自然干燥分为晒干和阴干。

晒干即利用日光暴晒干燥种子。凡种皮坚硬、安全含水量较低，不会迅速降低发芽力的种子，如大部分针叶树、豆科、翅果类(榆除外)及含水量低的蒴果种子，都可日光晒干。

安全含水量高于气干含水量，一经干燥便很快脱水，易丧失生命力的种子，如栎类、板栗、油茶等；种子小、种皮薄、成熟后代谢活动旺盛的种子，如杨树、柳树、榆树、桑树、桦树、杜仲等；含挥发性油质的种子如花椒种子等，一般采用阴干法。此外，凡经水选后或由肉质果中取出的种子，均忌日晒，只能阴干。种子阴干应摊放在通风良好的室内或棚内，摊放不宜太厚，阴干过程中应经常翻动，以加速干燥及通风。

(2)人工加热干燥

人工加热干燥是利用加热空气作为干燥介质而通过种子层，使种子含水量降到规定要求的方法。人工加热具有速度快、不受天气影响的优点，特别适用于南方多雨地区。但人工加热干燥需要一定的场所和设备，干燥成本较高，同时必须调控好干燥气流的温度，以防温度过高而灼伤种子。

(3)干燥剂干燥

干燥剂干燥就是将种子与干燥剂按一定比例封入密闭容器内，利用干燥剂的吸湿能力，不断吸收种子散发出来的水分，从而使种子失水干燥的方法。干燥剂具有安全、能人为控制干燥程度等优点；不足之处是只能干燥少量种子。常用的干燥剂有变色硅胶($SiO_2 \cdot nH_2O$)、氯化锂(LiCl)、氯化钙($CaCl_2$)、生石灰(CaO)和五氧化二磷(P_2O_5)等。

3.1.4 种粒分级

种粒分级是把某一树种的一批种子按大、中、小三级加以分类的工作，这对育苗造林工作具有重要意义，种粒的大小在一定程度上能反映种子质量的优劣。种子分级的目的在于提高种子的出苗利用率、苗木整齐度，减轻苗木的分化，便于更好地进行抚育管理。

种粒分级的方法因种粒大小而定，可参照净种方法。大粒种子如栎类、桃类等可用粒选，中小粒种子可用筛选分级。分级后的种子应贴上标签，分别进行包装、贮藏和播种。

3.1.5 林木种实调制档案建立

林木种实调制档案的内容包括林木种子产地标签(表3-3)，林木种子采收登记表(表3-4)、调制贮藏登记表等，以便分析种子产量、质量与种实处理技术各因子之间的关系，为进一步提高种子质量和产量提供依据。

表3-3 林木种子产地标签

林木种子产地标签

种批号__________

树种：中名__________

学名__________

产地__________省(自治区、直辖市)

__________县(市、区、旗)

__________乡(林场)

采集日期__________

签证人__________

签证日期__________

签证机关__________

表 3-4 林木种子采收登记表

<table>
<tr><td colspan="2">树种名称</td><td></td><td>采收方式</td><td>□自采 □收购</td></tr>
<tr><td colspan="2">采种地点</td><td colspan="3">省 县 乡</td></tr>
<tr><td colspan="2">采种时间</td><td></td><td>本批种子质量(kg)</td><td></td></tr>
<tr><td rowspan="3">采种林情况</td><td>林分类别</td><td colspan="3">一般采树林{天然林
人工林 优良林分{天然林
人工林
□散生林 □母树林 □种子园</td></tr>
<tr><td>树、林龄</td><td></td><td>坡向</td><td></td></tr>
<tr><td>海拔(m)</td><td></td><td>坡度°</td><td></td></tr>
<tr><td rowspan="4">调制贮藏</td><td>方法</td><td colspan="3"></td></tr>
<tr><td>时间</td><td></td><td>出种率(%)</td><td></td></tr>
<tr><td>方法</td><td></td><td>容器、件数</td><td></td></tr>
<tr><td>地点</td><td></td><td>时间</td><td>自 至</td></tr>
<tr><td>备注</td><td colspan="4"></td></tr>
</table>

【技能训练】

种子调制

[目的要求]会使用不同的方法对不同树木的种子进行调制。

[材料用具]采集的球果类、干果类、肉质果类树种的果6~10种。球果脱粒机、木锹、盆、框、桶、草帘、木棒、筛子、簸箕、晒种场等。盛种用袋子或盛种容器、手套等。

[实训场所]种苗繁育基地。

[操作步骤]

(1)球果类调制。将球果摊放在晒垫或晒场上晒干，待鳞片裂开后经常翻动或用木棒敲打球果，种子即可脱出。用筛子和簸箕净种。

马尾松与樟子松等球果松脂较多，不易开裂，可用沤晒脱粒。堆沤时用2%~3%的石灰水或草木灰水浇淋球果，约堆沤10 d，再日晒处理。

(2)干果类调制。根据种子安全含水量的高低和种粒大小采取相应的调制方法，安全含水量高和种粒极小的种子用阴干法，安全含水量低的非极小粒种子用日晒法。果实干燥后翻动或用木棒敲打，种子即可脱出。根据种粒大小和比重不同分别采用筛选、风选或粒选等方法净种。

(3)肉果类调制。肉质果类可采用堆沤搓洗法或水浸搓洗法脱粒。将果实堆沤数日或水浸数日，待果肉软化后揉搓掉果肉，放入水中漂洗干净，然后放在通风干燥的室内将种子阴干。阴干后用簸箕再净种。

[注意事项]日晒法调制要经常翻动，阴雨天和夜间要堆积盖好；脱出后及时收取种子，以免久晒使种仁干缩而失去发芽力；肉质果取种时，不能堆沤或水浸过久，以免影响种子品质。

[实训报告]提交当地主要造林树木种子脱粒、干燥和净种方法的实训报告一份。

【任务小结】

如图3-1所示。

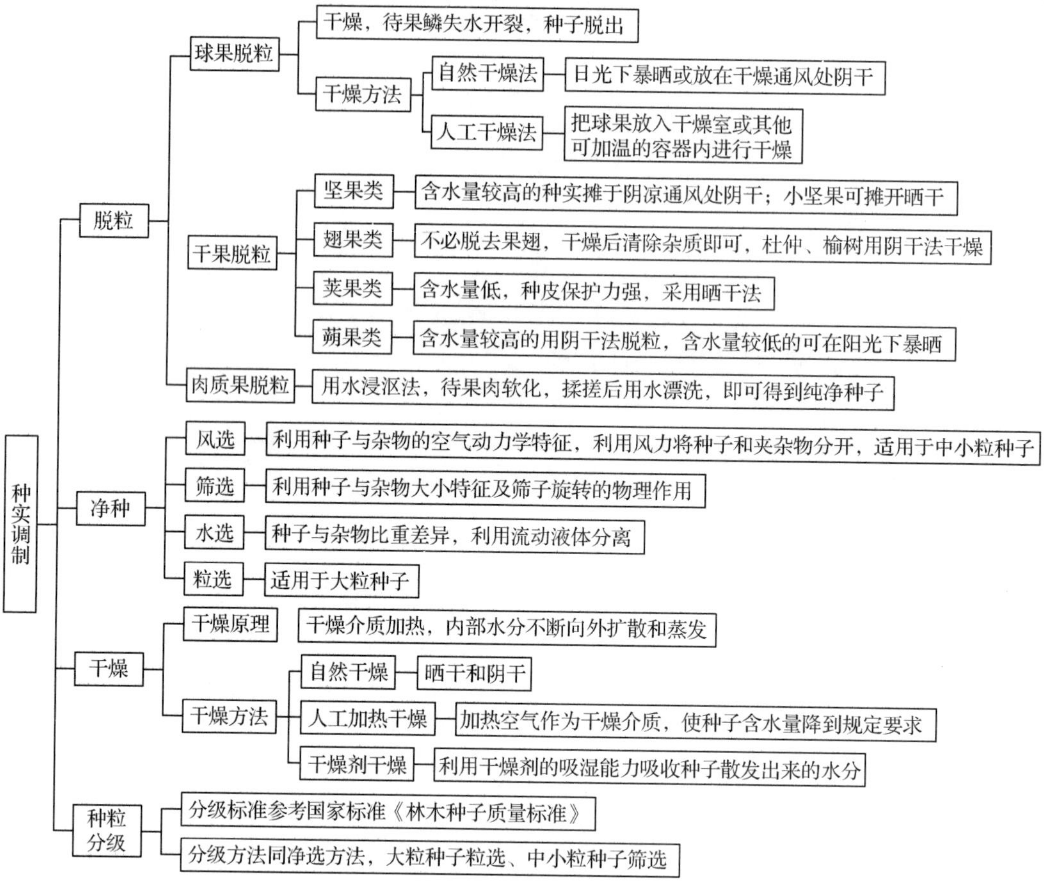

- 种实调制
  - 脱粒
    - 球果脱粒
      - 干燥，待果鳞失水开裂，种子脱出
      - 干燥方法
        - 自然干燥法 — 日光下暴晒或放在干燥通风处阴干
        - 人工干燥法 — 把球果放入干燥室或其他可加温的容器内进行干燥
    - 干果脱粒
      - 坚果类 — 含水量较高的种实摊于阴凉通风处阴干；小坚果可摊开晒干
      - 翅果类 — 不必脱去果翅，干燥后清除杂质即可，杜仲、榆树用阴干法干燥
      - 荚果类 — 含水量低，种皮保护力强，采用晒干法
      - 蒴果类 — 含水量较高的用阴干法脱粒，含水量较低的可在阳光下暴晒
    - 肉质果脱粒 — 用水浸沤法，待果肉软化，揉搓后用水漂洗，即可得到纯净种子
  - 净种
    - 风选 — 利用种子与杂物的空气动力学特征，利用风力将种子和夹杂物分开，适用于中小粒种子
    - 筛选 — 利用种子与杂物大小特征及筛子旋转的物理作用
    - 水选 — 种子与杂物比重差异，利用流动液体分离
    - 粒选 — 适用于大粒种子
  - 干燥
    - 干燥原理 — 干燥介质加热，内部水分不断向外扩散和蒸发
    - 干燥方法
      - 自然干燥 — 晒干和阴干
      - 人工加热干燥 — 加热空气作为干燥介质，使种子含水量降到规定要求
      - 干燥剂干燥 — 利用干燥剂的吸湿能力吸收种子散发出来的水分
  - 种粒分级
    - 分级标准参考国家标准《林木种子质量标准》
    - 分级方法同净选方法，大粒种子粒选、中小粒种子筛选

图3-1　种实调制知识结构图

【拓展提高】

一、种子清选设备

(1)1CJ－20型林木种子去翅机

该型机适用于松类种子去翅处理的林业机械。把带翅的林木种子装入去翅机的进料斗，由去翅机的进料螺旋把种子输送到去翅机的去翅室。去翅机是由去翅辊、毛刷和去翅腔组成，为了适用于不同树种种子并保护其不受损伤，去翅毛刷与去翅辊之间的距离可以调节。通过固定在去翅腔上的多组去翅毛刷拨动种子，使种子与去翅辊、去翅腔、毛刷及种子相互之间产生摩擦揉搓，从而将种翅去掉。去翅后的种翅直接进入同轴离心式风机进行种、翅分离。去翅率在95%以上，种子的破损率小于2%，使用成本低，能有效地提高松类种子的播种品质。

(2)介电式种子清选机

林木种子的活力与种子细胞膜的完整性紧密相关，而种子细胞膜电生理与种子在电场中的受力紧密相关。因此，充分利用种子的活力在电场中所受的电场力不同，使种子在电力场和物理场中进行综合分选，故介电分选可按种子的活力进行分选。分选电压和滚筒速度是影响分选性能的主要因素，两者具有互补性。通过调节分选电压，可轻松实现不同树种的分选，以及种子的再分级；而从实现的难易和经济性来考虑，保持转速不变，调节分选电压更易实现各类种子的分选。

二、常压热水锅炉作为热源的球果干燥设备

由调制室(干燥间)、载种车、锅炉供热系统、升降平台、浸种池和计算机自动控制系统六部分组成。浸种池主要根据球果的干燥特性而设定，它具备水温调节功能，温度的范围为10~60 ℃。干燥间内部采用层架式结构，装有载种车和接种车、循环风机和排湿装置，中间安放温度传感器。干燥间各处的风速约1 m/s，各点的温差控制在2 ℃范围内。升降平台的作用是装卸干燥间内的小车。该设备供热系统的热源采用二次燃烧的常压节能热水锅炉，燃烧物可采用煤及林木剩余物。自动控制系统可以在干燥过程中实行全过程自动控制。

干燥工艺是先将浸泡过的球果放入载种小车，每车载种15 kg，推入干燥间，干燥间内加热至50~55 ℃，48 h后将小车推出干燥间，将球果进行二次浸泡，浸泡水温为40~50 ℃，浸泡时间为10min左右，再加热烘干1~2 d即可全部开裂。全部干燥周期大约5~6 d。

2004年，该设备在大兴安岭加格达奇营林局技术推广站安装使用。总烘干量为3500 kg樟子松球果，干燥周期为5 d，球果开裂程度为99%。使用结果表明，3500 kg樟子松球果经干燥后出种量为70 kg，达到了50 kg球果出1 kg种子的比率，比自然晾晒法提高近1倍(自然晾晒为50 kg球果出0.4~0.6 kg种子)，种子成活率达98%。

三、课外阅读题录

袁觉美，王振宇.1997. 林木种子球果烘干装置的研制[J]. 林业机械与木工设备，25(10)：13－15.

李淑娴，吴雷，李运红，等.2011. 低恒温烘干法测定种子含水量条件的研究[J]. 种子，30(5)：72－75.

刘红虹，李基平.2003. 林木种子质量分级研究[J]. 林业调查规划，28(4)：108－111.

【复习思考】

1. 球果类脱粒时应注意哪些问题?
2. 肉质果取种时，保证种子质量的关键是什么?
3. 种实调制包括哪几个工序?阴干法和晒干法分别适合于哪些类型的种实?
4. 净种的方法有哪几种?林木种子干燥的方法有哪些?为什么要进行种粒分级?

项目4 林木种实贮运

成熟种实经调制获得纯净种子后，除少数树种随采随播，大多树种的种子都是秋季采集，冬天贮藏，而在冬季寒冷地区，种子往往需要越冬，则必须贮藏至翌年春季播种；另外，由于树木结实存在丰歉年现象，所以在生产实践中，为了满足歉年对种子的需要，必须在丰年贮藏足够的种子。同时，如果为了保存遗传资源，则种子需要更长期的贮藏。贮藏是指从调制后到播种前对种子生命力的保存。贮藏条件合理，种子活力则高；否则活力下降，甚至死亡。因此，必须对种子进行必要的贮藏及调运，才能保证及时供应品质优良的种子，满足育苗、造林工作的需要。

任务4.1　种子贮藏

【任务介绍】

种子贮藏的目的主要是帮助种子越冬，满足歉年对种子的需要以及保存优良种子遗传资源。根据种子贮藏期间生命活动及代谢变化，采取适当的方法延长种子寿命，正确进行种子贮藏和种子库建设及管理，同时也能根据种子类型及行业标准要求正确进行种子贮藏，并对种子入库进行选定、区划、消毒清理和管理。

知识目标

1. 了解贮藏期间种子生命活动与代谢变化及其对种子贮藏管理的指导意义。
2. 掌握种子贮藏原理及方法。
3. 掌握种子贮藏期间的注意事项及管理技术。

技能目标

1. 能够根据种子类型选择正确的贮藏方法。
2. 能根据行业标准要求正确进行种子贮藏。
3. 能够营建、管理种子库。

【任务实施】

4.1.1　贮藏期间种子的生命活动及代谢变化

种子成熟以后，即转入休眠状态。休眠状态的种子内部仍然进行着微弱的生命活动。如果这种生命活动停止，种子便会死亡。因此，了解并掌握种子生命活动的规律，对于做好种子贮藏工作十分重要。

4.1.1.1　种子休眠

具有生命力的种子，因得不到发芽所需要的基本条件，或种子由于种皮障碍、种胚尚未成熟以及存在有抑制物质等原因，在适宜萌发条件下都不能萌发的现象，称为种子休眠。种子的休眠特性是植物长期适应生存环境所形成的重要的进化适应特征之一，其意义在于确保种子在严酷的生境中能够生存，但却给苗木生产带来了麻烦。因为处于休眠状态的种子，播种以后不能马上发芽，即使发芽幼苗出土也不整齐，严重影响苗木产量和质量，所以必须对播种前的种子进行处理。

种子休眠由多种原因造成。种子休眠基本上是所遭遇的环境条件和植物遗传特性共同作用的结果，一般可将种子休眠的原因分为：种胚发育不成熟、种皮障碍、抑制物质的存在、不良条件的影响、综合因素造成等几种情况。

4.1.1.2　种子衰老

贮藏条件只能在一定程度上延缓种子生命力的下降，随着贮藏时间的持续，种子的老化(衰老或裂变)是不可避免的，即种子活力将逐渐下降，直到种子彻底失去活力。种子活力的丧失是渐进的，而且是有次序的(图4-1)。

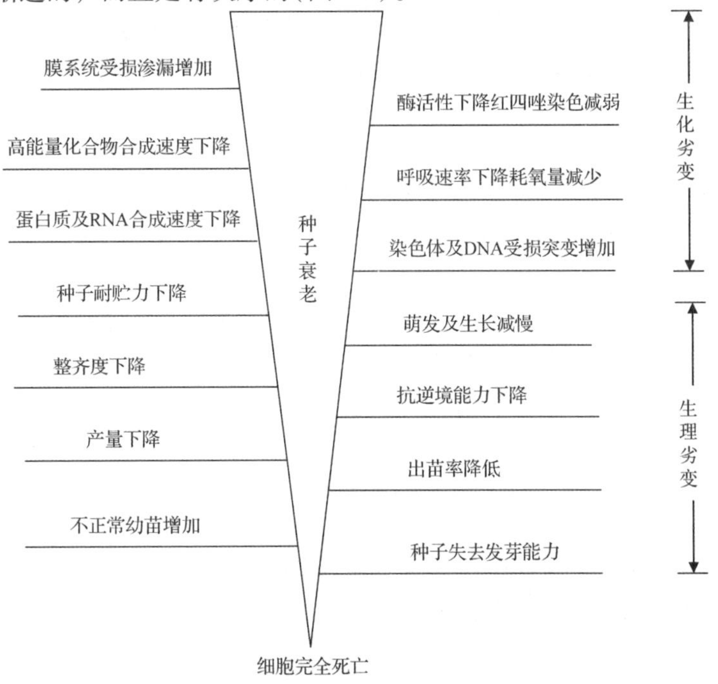

图4-1　种子衰老的生理生化变化顺序(陶嘉龄和郑光华，1991)

主轴由上而下表示种子活力由强到弱。

种子在贮藏期间产生的劣变及其原因渐渐明确。种子老化过程中，膜的结构和功能受到损伤，膜的透性增加，最主要的原因是膜的过氧化。种子内存在的抗氧化系统有利于种子降低或清除超氧阴离子自由基(O_2^-)和过氧化氢(H_2O_2)对膜脂的攻击能力，使膜脂避免过氧化而得以保护。

当种子老化时，细胞或胚乳的内容物可能被氧化或被自由基攻击而分解，部分分解产物、有毒物质的积累也是种子劣变及活力下降的原因之一。同时，许多酶的活性都不同程度地下降，而且新的酶合成速度也非常缓慢。老化种子中辅酶的缺乏也会使酶的活性下降。事实证明，许多死亡的种子仍然含有丰富的贮备养分，只是种子的子叶和胚乳中的养分无法动员起来，供胚分生组织之用，造成这些细胞的饥饿。种子胚的分生组织缺乏养分，也可能引起种子的劣变。随着贮藏时间的增加，种子萌发时细胞分裂中 DNA 崩坏现象增加。DNA 崩坏的细胞数目与种子的贮藏时间成正比。

4.1.2 林木种子贮藏原理及技术

4.1.2.1 林木种子贮藏原理

(1)种子呼吸作用

① 种子呼吸　种子是活的生命有机体，每时每刻都进行着呼吸作用。即使是非常干燥或处于休眠状态的种子也不例外。呼吸作用是种子内部的活组织在酶和氧的参与下将本身的贮藏物质进行一系列氧化还原反应，放出二氧化碳和水，同时释放能量的过程。呼吸作用是种子内贮藏物质不断分解的过程，它为种子提供生命活动所需要的能量，保持种子内部生理生化反应的正常进行。种子呼吸过程中所释放的能量一部分消耗于种子内部的生理生化反应，另一部分以热能的形式散发到种子外面。随着呼吸强度的增加，贮藏的种子营养物质消耗得越快、越多，放出的二氧化碳、水和热能也就越多，越易产生种子窒息、自潮和发热等不良现象。因此，设法控制种子的呼吸作用至最低限度，是较长期保持生命力的关键。

② 影响种子呼吸强度的环境因素　呼吸强度是指一定时间内，单位质量种子放出的二氧化碳量或吸收的氧气量。种子呼吸强度的大小除决定于种子本身的特性外，还受水分、温度和通气状况等环境条件的影响。

a. 水分

在适宜水分范围内，种子内部各种酶的活性随种子水分的增加而提高，催化一系列氧化还原反应，把种子内部贮藏的营养物质水解并放出热量。因此，呼吸强度随着种子水分的提高而增强。潮湿种子的呼吸作用很旺盛，干燥种子的呼吸作用则非常微弱。

b. 温度

在一定温度范围内，种子的呼吸强度随温度的升高而加强。低温(特别是低于0℃)条件下，酶的活性非常微弱，因此种子的呼吸作用微弱。在0~55℃的范围内，随着温度的提高，酶的活性不断增强，种子的呼吸强度不断提高。当超过55℃时，由于酶和原生质遭受损害，导致种子的呼吸作用急剧下降或停止。

c. 通气

空气流通在很大程度上影响种子的呼吸强度和呼吸性质。不论种子水分和温度的高低，在通气条件下种子的呼吸强度均大于密闭贮藏。种子的水分和温度越高，则通气对呼吸强度的影响越大。高水分的种子，呼吸强度较高，耗氧量大。如果通气不良，可能导致无氧呼吸，积累大量氧化不完全的醇、醛、酸等有毒物质，使种子遭受毒害而死亡。充分干燥的种子，由于呼吸作用非常微弱，在密闭的条件下更有利于种子生活力的保持。

(2)种子后熟作用

① 种子后熟。种子成熟包括种子形态上的成熟和生理上的成熟，只具备其中一个条件时，不能称为种子真正的成熟。种子形态成熟后被收获，并与母株脱离，但种子内部的生理生化过程仍然继续进行，直到生理成熟。种子通过后熟作用完成其生理成熟阶段，才可认为是真正成熟的种子。种子在后熟期间所发生的变化主要是在质的方面，而在量的方面只减少而不会增加。从形态成熟到生理成熟变化的过程，称为后熟作用。完成后熟作用所需的时间称为后熟期。

种子的后熟作用是贮藏物质由量变到质变为主的生理活动过程。随着后熟作用逐渐完成，可溶性化合物不断减少。而淀粉、蛋白质和脂肪不断积累，酸度降低。另外，种子内酶的活性由强变弱。

② 影响后熟的因素。种子后熟作用在贮藏期间进行的快慢和环境条件有很大关系。主要的影响因素有温度、湿度和通气等。首先，温度，通常较高的温度(不超过45℃)，有利于细胞内生理生化变化的进行，促进种子的后熟，反之亦然。其次，湿度对种子的后熟也有较大的影响。空气相对湿度低，有利于种子水分向外扩散，促进后熟过程的进行。最后，通气良好，氧气供给充足，有利于种子的后熟作用完成。二氧化碳对后熟过程有阻碍作用。

③ 后熟与种子贮藏的关系。

a. 后熟引起种子贮藏期间的“出汗”现象

新入库的林木种子由于后熟作用尚在进行中，细胞内部的代谢作用仍然比较旺盛，其结果使种子水分逐渐增多，一部分蒸发成为水汽，充满种子堆的间隙，一旦达到过饱和状态，水汽就凝结成微小水滴，附在种子颗粒表面，这就形成种子的“出汗”现象。若种子收获后，未经充分干燥就进仓，同时通风条件较差，“出汗”现象就更容易发生。

b. 后熟造成仓内不稳定

种子在贮藏期间如果发生“出汗”现象，显然表明种子尚处于后熟过程中，进行着旺盛的生理生化变化，引起种子堆内湿度增大，以致出现游离的液态水吸附在种子表面。这时候可导致种子堆内水分的再分配现象，更进一步加强局部种子的呼吸作用，如果没有及时发现，就会引起种子回潮发热，同时也为微生物创造有利条件，严重时种子就可能霉变结块甚至腐烂。

c. 后熟期种子抗逆力强

种子在后熟期间对恶劣环境的抵抗力较强，此时进行高温干燥处理或化学药剂熏蒸杀虫，对生活力的损害较轻。如小麦种子的热进仓，即是指利用未通过后熟种子抗性强的特点，采用高温曝晒种子后进仓，起到杀死仓虫的目的。

4.1.2.2　林木种子贮藏技术

生产上根据种子特性和贮藏目的，种子贮藏的方法可分为干藏和湿藏两大类。无论采用哪种方法，种子入库前都必须净种，测定种子含水量。对含水量过高的种子要进行干燥处理，使其符合贮藏标准。为防止病虫害，入库前应对种子进行消毒处理。

(1)干藏

干藏指将气干的种子贮藏在干燥的环境中，使种子在贮藏期间经常保持干燥状态的贮藏方法。干藏除了要求干燥的环境外，也需结合低温和密封条件。凡安全含水量低的种子均可采用此法，如大部分针叶树种的种子和刺槐、紫穗槐、白蜡、香椿、臭椿、苦楝、皂荚、合欢等阔叶树的种子。

由于贮藏时间长短和采用的具体措施不同，干藏法又分为：普通干藏法、低温干藏法、密封干藏法、低温密封干藏法、超干贮藏法和超低温贮藏。

① 普通干藏法　相对湿度为50%以下的干燥种子室内贮藏。这种方法多用在人工不能控制温度与湿度的贮藏条件，仅适合于短期贮藏，如秋季采种翌年播种的树种。凡是安全含水率低的种子，在自然条件下又不会很快失去发芽力的种子，可用此法，如多数针叶树和阔叶树。此法贮藏效果较差，但不需特殊设备，简便易行，成本低。

普通干藏效果不及密封干藏的效果好。例如，油松种子袋藏于地下室2年后，发芽率为74%，而密封干藏的发芽率为90.8%。

② 密封干藏法　普通干藏法易失去发芽率的种子(杨树、柳树、榆树、桑树、桉树等)以及需长期贮藏的珍贵种子，都可采用密封干藏。这种方法由于种子在贮藏期间与外界空气隔绝，没有气体交换，不受外界环境湿度变化的影响，种子可以长期保持干燥，新陈代谢作用微弱，因此能长期保持种子的发芽能力。该法是种子长期贮藏效果最好的方法。

凡安全含水率低的种子，用本法贮藏效果很好；但高含水量种子不适用本法。如麻栎和水青冈，二者的发芽率都是90%，密封干藏2年后，发芽率分别降到8%和20%。

③ 低温干藏法　将干燥种子置于0~5℃，相对湿度为50%~60%的条件下贮藏。这样可使种子的寿命保持一年以上，但要求种子充分干燥。要达到低温贮藏的标准，一般要有专门的种子贮藏室或控温、控湿的种子库。联合国FAO/IBPGR推荐5%±1%的含水量在-18℃的低温下作为长期保存种质的理想条件。低温干藏法的贮藏效果要明显好于普通干藏法，保华等比较了两种贮藏方法对20个树种的种子寿命的影响，认为冷藏可延长种子寿命1.3~17.4年。

④ 超干贮藏法　亦称超低含水量贮存法，指将种子含水量降至5%以下，密封后在室温条件下或低于室温的条件下贮存种子的一种方法。超干处理和低温贮藏的效果一致，如短命的榆树种子，自然贮藏1~2月即失去萌发力，而超干处理将种子含水量降至2%以下，在室温下贮藏3个月，种子活力仍很高。

多数安全含水量低的种子可以进行超干贮存，但不同类型的种子耐干程度不同。脂肪类种子具有较强的耐干性，可以进行超干贮存，淀粉类和蛋白类种子耐干程度差异较大。一般认为适合超干贮藏的种子含有较高水平的抗氧剂和自由基螯合剂。将种子含水量降至5%以下，采用一般的干燥条件是难以做到的。目前采用的方法有冰冻真空干燥、鼓风硅胶干燥、干燥剂室干燥，这些方法对生活力一般没影响。

⑤ 超低温贮藏　指将种子贮藏在液氮(-196℃)中，使其新陈代谢活动处于基本停止状态，从而达到长期保持种子寿命的贮藏方法。在-196℃低温下，原生质、细胞、组织、器官或种子代谢过程基本停止并处于“生机暂停”的状态，大大减少或停止了与代谢有关的劣变，从而为“无限期”保存创造了条件，适合于长期保存珍贵稀有种子。

(2)湿藏

湿藏就是将种子置于湿润、适度低温和通气的环境中贮藏。此法适用于安全含水量高的种子，如栎类、板栗、七叶树、核桃、银杏、油桐、油茶等树种的种子。低温湿藏也是解除种子休眠的方法之一，特别是内源性休眠特性的解除。湿藏的方法很多，如坑藏、堆藏、雪藏和流水贮藏等，但不管采用哪种方法，贮藏期间都必须具备以下几个基本条件：经常保持湿润，防止种子干燥失水；温度以0~5 ℃为宜；通气良好以防止发热，适度的低温以控制霉菌并抑制发芽。

① 坑藏法 一般选择地势较高，排水良好，背风和管理方便的地方挖坑。坑宽1~1.5 m，坑长由种子数量决定，坑深要求在地下水位以上；坑底铺一些石子或粗沙，然后将种子和沙混合(种:沙 =1:3)堆放在坑内，或者一层沙子一层种子相间铺放。当种子距地面10~30cm时为止，上覆以沙子，湿沙上堆土，盖上堆成屋脊形，为流通空气，每隔1~1.5 m竖一把秸秆。沙子湿度还可根据树种不同而调整，一般以手握成团不出水为宜。坑内温度可用增加和减少坑上覆盖物来调整。坑上覆土厚度应根据各地气候条件而定，在北方应随气候变冷而加厚土层。在贮藏期间要定期检查种子温度及健康状况。一些小粒种子或较珍贵的树种，如数量不多，可将种子混沙后装入木箱或竹筐中再埋在坑内，木箱四周要钻一些小孔，以利通气。

坑藏法贮藏量大，无需专门设备，但埋藏后不易检查，我国北方采用较为普遍。但在南方多雨和地温较高地区，或土壤黏重板结、排水不良的地方，种子容易过早发芽或腐烂，如采用此法，必须加强检查。

② 堆藏法 我国北方冬季温度很低，可在室内外堆藏，选择干燥、空气流通、阳光直射不到的地方，先铺一层沙子，然后一层沙子一层种子相间铺放，堆至适当高度即可，堆内每隔1 m竖草一把以通气。室外再加覆盖，以防雨水。对一些小粒种子或种子数量不多时，可把种沙混合物放在箩筐或有孔的木箱中，置于通风的室内，以便检查和管理。

③ 雪藏法 能提高种子的发芽率和发芽势，增强幼苗出土的抗旱能力和抗病性，在北方春季播种的可采用此法。将温水浸泡过的种子与3倍的冰雪混合后埋入地下，上层覆盖30~50cm的雪或冰，并盖上草帘或秸秆。在种子坑的中间插上一把秸秆作为通气孔。

④ 流水贮藏法 对大粒种子，如核桃，在有条件的地区可以用流水贮藏。选择水面较宽、水流较慢、水深适度、水底少有淤泥腐草，而又不结冰的溪涧河流，在周围用木桩、柳条筑成篱堰，把种子装入箩筐、麻袋内，置于其中贮藏。

4.1.3 林木种子库及种子贮藏期间的管理

4.1.3.1 种子库建设

种子库是贮藏种子的场所，也是种子贮存的环境。种子贮藏条件的好坏，是影响种子贮藏寿命的关键因素。因此，建设有利于保持种子贮藏寿命的种子仓库具有十分重要的意义。

(1)建库地点的选择

种子仓库应建在地势较高、常年干燥的地段，以防仓库地面渗水。特别是在南方高温多雨地区，建库地点的选择显得尤为重要。建库地段的土质必须坚实稳固，如有可能坍塌的地方，不宜建库。

(2)建库要求

种子仓库必须满足以下条件：① 具有密闭性能。密闭的目的是隔绝雨水、潮湿和高温等不利条件对种子的影响，并使药剂熏蒸杀虫达到预期的效果。② 具有通风条件。通风的目的是散去仓库内的水汽和热量，以防种子长期处在高温高湿条件下影响其生活力。③ 具有防虫、防鼠等危害的功能。④ 具备晾晒、加工和检验等条件的附属建筑和设施设备。

(3)种子仓库的类型

目前主要有两种类型的林木种子仓库。一类是简易仓库。简易仓库通常利用民房改造而成，将地面填高夯实，墙面刷白，做到无洞无缝、不漏不潮和平整光滑，即可用于贮藏种子。简易仓库无制冷设备，种子不宜长期贮藏，特别是高温的夏季贮藏。另一类是低温仓库。低温仓库是根据种子安全贮藏的低温、干燥、密闭等基本条件而专门建造的。低温仓库的房屋结构和形状与一般的仓库大体相同，但构造相当严密，其内壁与地面涂有防潮层，墙壁和天花板有较厚的隔热层，库房附有制冷降温和除湿设备。低温仓库能大大延长种子的贮藏期限。

4.1.3.2　种子入库前准备

种子入库前的准备工作主要有种子品质检验、种子清选和干燥、种子仓库的清理和消毒等。对需要入库贮藏的林木种子，首先要进行品质检验。检验重点是种子含水量、净度和发芽率等项目。如果种子含水量超过了安全贮藏的标准，则必须进行干燥，直到符合贮藏标准。净度和发芽率是种子分级的主要指标，入库前也必须检验，只有净度和发芽率合格的种子才允许贮藏。如果种子净度不合格，则必须重新清选，直至合格。秋冬成熟的种子，最迟在翌年 4 月底前入库，夏季成熟的种子，在调剂后及时入库。种子入库前的另一项重要工作是清仓和消毒。清仓包括打扫和清理仓库内的种子垃圾以及整修仓库的墙面、屋顶等；消毒就是对种子仓库进行灭杀病虫害的处理，可喷洒 0.5%~1% 的敌百虫，用药量为 0.05 kg/m^2。

4.1.3.3　种子入库

种子入库时应做好种子包装、填挂标签、按要求堆放等方面的工作。

① 种子包装　对短期贮藏的林木种子，可以采用一般包装。对需要较长期贮藏的林木种子，应采用防潮密封包装。湿藏的种子需要混湿沙、苔藓或锯末等保湿材料，用筐、篓等通气性能好的容器盛装，如果没有盛装器具，也可直接堆放在地面或窖藏。

② 填挂标签　需要贮藏的种子，必须按要求划分好种批。以种批为单位，填写种子入库贮藏作业表和入库验收单(表 4－1、表 4－2)，每件容器都必须悬挂种子标签。

③ 种子堆放　种子必须按种批堆放，大批种子应该码垛。码垛要有利于通风和人身安全，便于管理。垛应垫高，离地面不低于 15cm，垛与墙壁之间及垛与垛之间的通道不小于 60cm。垛高不超过 8 袋，宽不超过 2 袋。

表 4-1　种子入库贮藏作业表(参考件)

树种		种批号	本种批种子重量________kg	
到库	时间		入库房时间	
	包装		每个容器内盛装重量(kg)	
	件数		容器	
	净种(kg)		件数	
	含水量(%)		总重量(kg)	

（续）

树种		种批号	本种批种子重量________kg	
晾晒	时间		净度(%)	
	达到含水量(%)		千粒重(g)	
	设备		发芽势(%)	
	减量(kg)		发芽率(%)	
精选	时间		含水量(%)	
	设备		病虫害感染度(%)	
	减量(kg)			
纪事				

单位技术负责人________ 保管员________ ________年________月________日

表4-2 种子入库验收报告单(参考件)

供种单位		树种		本种批种子量		种批号	
采种地点	省县区(乡、林场)						
种子品质	入库前种子检查结果		到库种子检验结果				
	净度(%)		净度(%)		处理意见		
	发芽率(%)		发芽率(%)				
	生活力(%)		生活力(%)				
	优良度(%)		优良度(%)				
	含水量(%)		含水量(%)				
	千粒重(g)		千粒重(g)				
	病虫害感染度(%)		病虫害感染度(%)				
	种子等级						
保管意见	地点						
	仓库类型						
	包装材料						
	贮藏时间	年 月 日起 年 月 日止					
运输情况	车种						
	包装						
	件数						
	起止时间	年 月 日起 年 月 日止					

经手人__________ 验收人__________

________年________月________日

4.1.3.4 种子库管理

种子贮藏期间的管理包括保持库房环境的干燥和低温，监测种子品质的变化及种子进出库的账目管理等。种子贮藏期间，当外界温湿度均低于室内时，可以采用通风的方式降温散湿；夏季高温多雨季节，则应通过制冷和除湿设备来降温除湿；对种子质量明显下降的种批，及时提出处理意见。除做品质检验外，还应及时监测种子是否发热、遭受病虫或鼠雀危害，发现问题及时处理；种子贮藏期间的进出库账目必须与实物相符。库存的中小粒种子允许一定的自然损耗率，但贮藏3个月以内不得超过0.5%；时间在6个月以内不得超过1%；时间在18个月以内不得超过1.5%；时间在18个月以上不得超过2%。

【技能训练】

种子贮藏

[目的要求]能利用不同的方法对不同树木的种子进行贮藏。

[材料用具]适于干藏和湿藏的种子各2~3种，每种5~10 kg。石灰或草木灰、木炭、氯化钙、福尔马林、木箱、小缸、布袋、沙子、卵石、秸秆、铁锹等。

[实训场所]种苗繁育基地。

[操作步骤]

(1)普通干藏法。用于短期贮藏安全含水量低的种子。取一种种子(松类、槭类、水曲柳、杉木、侧柏、刺槐等)2~3 kg，干燥到安全含水量，装入用福尔马林消毒过的木箱、小缸、布袋中，放到背阳、干燥、通风的室内进行贮藏。注意防鼠防潮。豆科植物的种子贮藏时应拌适量的石灰或草木灰。

(2)密封干藏法。适用于安全含水量低，但用普通干藏易失去发芽率的种子(如杨、柳、桑、桉等)及长期贮藏珍贵树种的种子。

① 将种子精选，干燥到安全含水量。杨、柳等极小粒种子用阴干法，其他种子用日晒法。

② 用0.2%福尔马林溶液消毒装入容器(如广口瓶，密封2h，然后打开0.5~1h，并烘干。

③ 在容器中装入适量种子及少量木炭或氯化钙等吸湿剂，用石蜡将瓶口密封。装种不要太满，留一定空间贮存空气。

④ 将密封的种子容器放入干燥的通风室内。

(3)露天埋藏法。适用于安全含水量高或深休眠的种子，如银杏、栎属、栗属、核桃、油桐、油茶、樟树、楠木、檫树、女贞等。在我国北方采用较多，在多雨潮湿和地温较高的南方采用较少。

① 选择地势干燥、排水良好、土质疏松而又背风的地方。

② 挖贮藏坑。规格：宽1~1.5 m，长视种子量而定，深根据当地地下水位而定，一般80~150cm。

③ 在坑底铺一层厚10~15cm的粗沙，再铺5~6cm细沙(沙子湿度60%左右)，坑中央插一束高出坑面20~30cm的秸秆，以利通气。将种子与湿沙按1∶3的体积比混合放于坑内，或一层沙子一层种子交替层积，每层厚5cm左右。将种子堆到离地面10~20cm用湿沙填满坑，再用土培成屋脊形，坑上覆土厚度根据各地气候而定。

④ 在坑内的四周挖排水沟，搭草棚遮阳挡雨。如有鼠害，则用铁丝网罩好。

(4)室内堆藏法。适用于安全含水量高或深休眠的种子，如银杏、栎属、栗属、核桃、油桐、油茶、樟树、楠木、檫树、女贞、乌桕、南酸枣等。适用于我国高温多雨的南方。

① 选择干燥、通风、阳光直射不到的室内、地下室或草棚，清洁消毒。

② 在地上洒水，铺一层10cm厚的湿沙，然后将种子与湿沙分层堆积，每层厚5~6cm，或将种子和湿沙按1∶3的比例混合后堆积，堆高50~60cm。为了便于检查和有利于通风，可堆成宽0.8~1.0m垄，长依室内大小而定，垄间留出通道。种子数量不多时，也可在木箱内混合或层积堆藏。

③ 种子堆中每隔1m插一把秸秆或草把，以利通气。

[注意事项]湿藏必须经常保持种堆湿润，防止种子干燥；经常检查，及时发现和解

决贮藏中出现的问题，如种子发热、发霉等。

[**实训报告**]列表简述当地主要造林树木种子的贮藏方法。

【任务小结】

如图4-2所示。

【拓展提高】

一、种子贮藏新技术及其应用

种子超干贮藏、种子超低温贮藏及计算机管理与应用或将在这一领域得到应用。同时，与种子贮藏有密切关系的种质资源保存，如核心种质的构建和保存等方面的研究也有新的发展。

(1)种子贮藏的计算机管理

种子贮藏工作目前正朝着自动化、现代化发展。种子仓库的自动化管理，可通过电脑控制各种种子仓库贮藏条件，给予不同情况的种子以最适合的贮藏措施。在仓库中应用计算机技术，我国粮食部门先于种子部门，种子部门对此可以加以借鉴、改进和应用。

目前国内种子仓库应用的电子计算机开发系统主要有以下两种：一是种情检测系统，其作用是对种子仓库的温度、湿度、水分、氧气、二氧化碳等实行自动检测与控制。有的还能检测磷化氢气体。二是设备调控系统，其作用是对仓库的干燥、通风、密闭输运和报警等设备实行自动化管理与控制。

(2)种子安全贮藏专家系统的开发和应用

种子安全贮藏计算机专家系统开发是从影响种子安全贮藏的诸多环境因素的信息采集入手，通过系统的实验室实验、模拟试验和实仓实验以及大量调查研究资料收集处理分析，获得种子安全管理的特性参数和基本种情参数，然后将这些参数模型化，并建立不同的子系统，集合成为“种子安全贮藏专家系统”软件包。它能起到一个高级贮种专家的作用，可为管理者和决策者提供一套完整、系统、经济有效和安全的最佳优化贮种方案。目前种子安全贮藏专家系统由4个子系统组成分别是：种情检测子系统、贮种数据资料库子系统、贮种模型库系统、判断及决策执行系统。

二、课外阅读题录

GB/T 0016—1988，林业种子贮藏.

田冬.2011. 林木种子贮藏方法[J]. 河北林业科技，(3)：83.

张玉凤，董经纬，蒋菊生，等.2007. 种子贮藏的研究进展[J]. 安徽农业科学，35(19)：5855－5856.

王中春.2000. 油松等常用林业种子贮藏有效年限的试验[J]. 辽宁林业科技，(3)：1－3.

【复习思考】

1. 种子休眠的原因有哪些？采用哪些方法可以打破种子休眠？
2. 简述种子贮藏期间的变化及其对种子贮藏的影响。
3. 简述林木种子贮藏的重要意义及各种贮藏方法的适用条件。
4. 简述种子的堆垛方式及其应用。
5. 简述种子贮藏的管理制度。

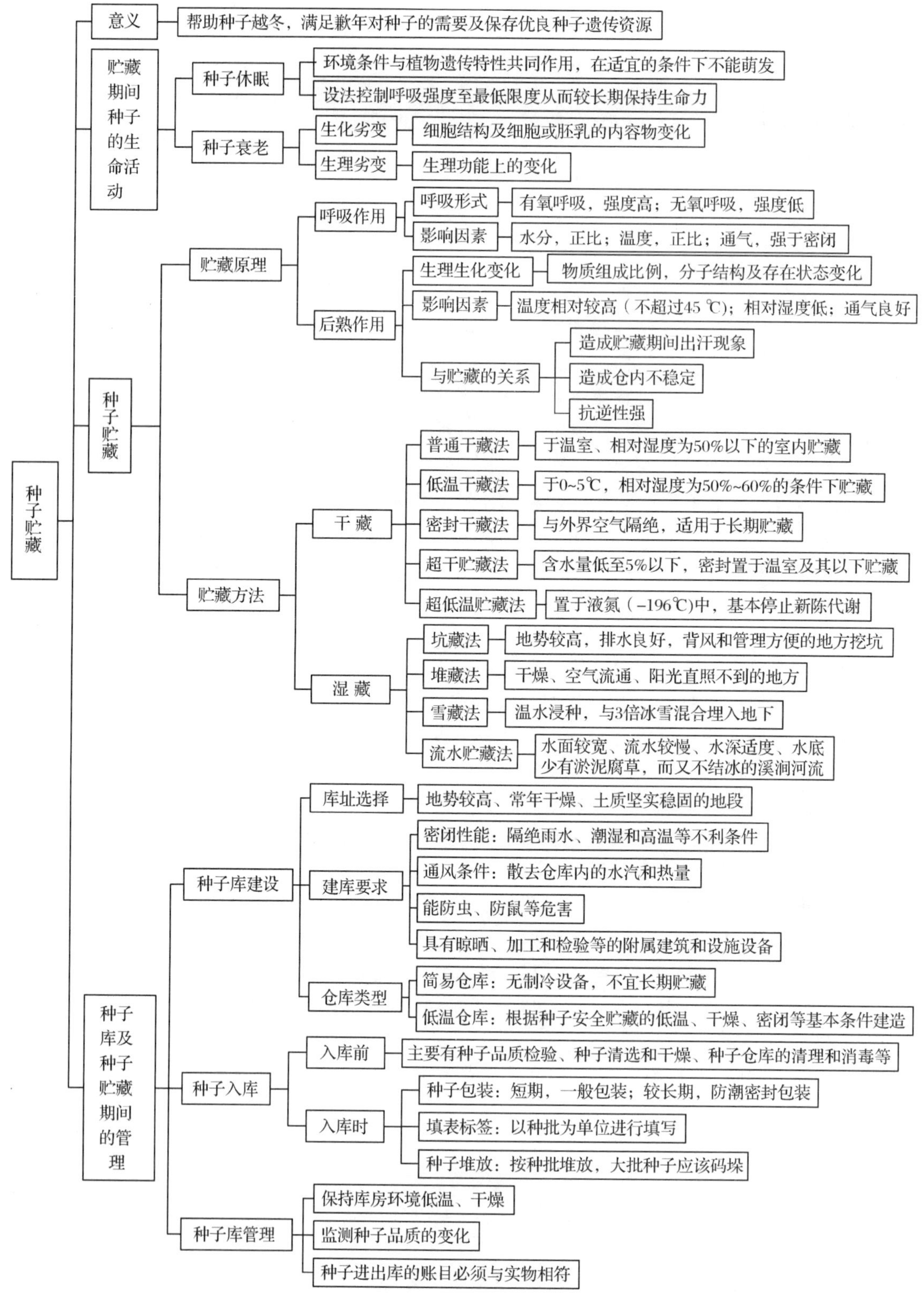

图 4-2　种子贮藏知识结构图

任务4.2　林木种子的调拨和运输

林业生产中，时常出现种子产地数量不足的现象，需要从外地调运种子以满足生产的需要。而种子调运工作正确与否，往往影响育苗、造林工作的成败。因此，许多国家都对林木种子的调运区划做了深入的研究，并提出了严格的规定。选择合适的种子产地，不仅可提高林木的成活率，使林分生长稳定，而且能提高木材产量。我国林业科研部门曾于1953年根据种子分布范围提出过落叶松、油松等11个树种的种子调拨范围。为了促进我国林木种子工作现代化、标准化，林业部组织科技人员在种源试验的基础上，开展了林木种子区划工作，划分了部分树种的种子区，于1988年4月发布了《中国林木种子区》标准，对种子调拨工作提供了可靠的、科学的根据。种子区划，即为了控制造林用种的地理来源而对一定的地域范围进行划分。

【任务介绍】

种子调拨与运输是指从外地调运种子以满足生产的需要从而解决种子来源不足的现象。本任务涉及根据本地区的气候、土壤等条件选用合适地区的种子进行调拨，能正确进行不同类型种子包装及种子运输过程中的注意事项。

知识目标

1. 了解种子包装材料及形式。
2. 掌握种子调拨与运输的基础理论。
3. 掌握种子调拨与运输的主要技术要点。

技能目标

1. 能根据不同包装形式要求选择种子包装材料。
2. 能进行种子调拨。

【任务实施】

4.2.1　种子调拨

4.2.1.1　在林木种子区内调拨种子

为了保证适地、适树、适种源，营建生产力高而稳定性强的人工林，避免因种源不明和种子盲目调拨使用而造成的重大损失，我国于1988年制定并正式颁布执行了《中国林木种子区》(GB 8822—1988)(表4-3)。

我国林木种子区是按树种分别进行区划的，根据分布区广、造林规模大、用种量多等条件，选择了油松等13个主要造林树种，依据各树种的地理分布、生态特点、树木生长情况、种源试验等综合分析后，进行了种子区和种子亚区的区划。种子区既是生态条件和树木遗传特性基本类似的种源单位，也是造林用种地域单位。种子亚区是在一个种子区内划分为更好地控制用种的次级单位，即在一个种子亚区内生态条件和林木的遗传特性更为类似，因此，应优先考虑造林地点所在的种子亚区内调拨种子，若种子满足不了造林需要，再到本种子区内调拨。

4.2.1.2 未制订林木各种子区的种子调拨原则

目前尚未进行种子区划的树种，种子调拨应遵循以下原则：

① 尽量采用本地种子，就地采种，就地育苗造林。

表 4-3 中国林木种子区及种子亚区（GB 8822—1988）

树种	种子区数	种子亚区数	标准代号	树种	种子区数	种子亚区数	标准代号
油松	9	22	GB 8822.1—1988	杉木	10	8	GB 8822.2—1988
红松	2	5	GB 8822.3—1988	华山松	3	5	GB 8822.4—1988
樟子松	4	6	GB 8822.5—1988	马尾松	9	17	GB 8822.6—1988
云南松	6	6	GB 8822.7—1988	兴安落叶松	3	3	GB 8822.8—1988
长白落叶松	2	2	GB 8822.9—1988	华北落叶松	3	—	GB 8822.10—1988
侧柏	4	7	GB 8822.11—1988	云杉	3	4	GB 8822.12—1988
白榆	3	7	GB 8822.13—1988				

② 在调进外地种子时，要尽量选用与本地气候、土壤等条件相同或相似的地区所产的种子。

③ 在我国，林木种子由北向南和由西向东调运范围比相反的方向大。如我国的马尾松种子，由北向南调拨纬度不宜超过 30°，由南向北调拨纬度不宜超过 2°；在经度方面，由气候条件较差的地区向气候条件好的地区调拨范围不应超过 16°。

④ 地势高低对气候的影响很大，垂直调拨种子，海拔高度一般不宜超过 300～500m，应该指出，不同树种的适应性是不相同的，种子调拨界限不能千篇一律，可加强种源试验，在不同地区选用最佳种源的种子造林。

为了加强种子的调拨管理，凡属省（自治区、直辖市）间生产性的调种，应由省（自治区、直辖市）间的林业主管部门统一管理，签订合同，安排适应的种源区域落实供应任务，防止盲目乱调。种子的调入、调出都要进行种子检验，并附种子登记表和种子检验证书。

4.2.2 种子包装

包装前种子要经过精选和干燥。包装材料要保证种子安全。含水量低的小粒种子如杉木、马尾松、油松、柳杉、柏木、刺槐等可用布袋、麻袋等包装；极小粒种子如杨、柳、榆、泡桐、桉树等最好采用密封包装，容器以金属、罐为好。含水量高的大粒种子如油茶、油桐、板栗、麻栎、银杏等可用木箱、竹篓、柳条筐盛装，但要与保湿材料（如湿稻草、湿锯屑等）分层装入。包装后，容器上要附有标签，标明采种单位、树种、采集时间、总重量、容器数量等。

4.2.3 种子运输

种子出库必须经过检验，并随附林木种子质量检验证和种子采收登记证，种子凭出库证出库，严格核实，防止发错，出库种子应及时发运。种子运输工作，实际上是一种特殊环境条件下的短期贮藏。种子在运输途中很难控制环境条件，为了防止种子受风吹、日晒、雨淋、高温、结冻等气候影响以及受潮和发霉等，除在运输前要经过精选、干燥外，还应妥善包装，包装必须完好并带有原标签。种子调运过程中，如果包装不当，会使种子品质迅速降低或丧失发芽能力。一般适于干藏的种子，如樟子松、杉木、刺槐等，可直接装入麻袋中，但不能过紧，每袋不超过50kg。含水量较高的大粒种子，如板栗、栎类等，要用筐或木箱装运。种子在容器中应分层放置，每层厚度不超过8~10cm，层间用秸秆隔开，避免发热、发霉。并应尽量缩短途中时间，到达目的地后立即妥善处理。杨树、柳树、桑树等极易丧失生命力的小粒种子，应保持含水量6%~8%，并采用密封法包装寄运。珍贵树种种子，可用小布袋或厚纸袋包装，每袋不超过5kg，并将小袋装入木箱内运输。大量运输时，应有专人管护，途中应经常检查，停放时应将种子置于通风阴凉处，种子运到目的地后要立即妥善保管。

【任务小结】

如图4-3所示。

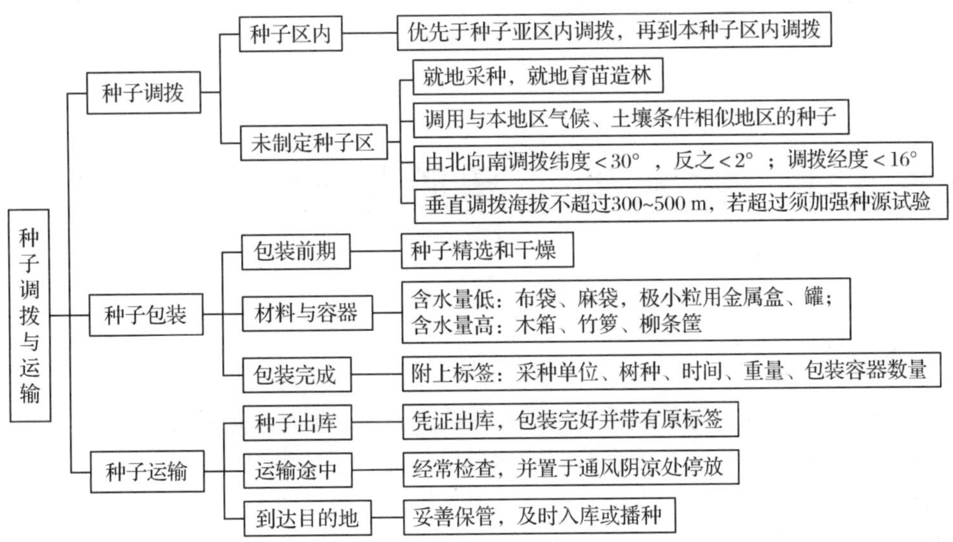

图4-3 种子调拨与运输知识结构图

【拓展提高】

课外阅读题录

覃初贤，白景彰，黄贤帅．2006. 不同包装对桑树种子活力的影响[J]. 蚕业科学，32(3)：407－410.

王君．2013. 探析我国种子包装设计的创新与发展[J]. 包装工程，34(6)：100－103.

赵晶明，程德坤，常书权．2003. 浅谈林木种子包装[J]. 防护林科技，(2)：51－53.

【复习思考】

1. 种子调拨原则是什么？
2. 简述种子运输过程中注意事项。

项目5 林木种实质量检验

林木种子质量检验应遵循国家制定的 GB 2772—1999《林木种子检验规程》，并建立和健全种子检验制度。凡是经营和使用种子的单位，在采收、贮藏、调拨和播种时，均需进行种子质量检验。种子调出时，要由县或县级以上的林木种子主管部门签发种子质量检验证。

任务 5.1 林木种子品质检验

【任务介绍】

林木种子的品质包括遗传品质和播种品质两大方面。通常所述的种子品质检验，是指对种子播种品质的检验。它是为育苗、造林提供相关种子质量具体信息的一项重要工作，是实现林木种子标准化的技术保证。通过该项工作，能确定种子质量、评定种子等级，确定播种量，防止不合格的种子入库贮藏，为合理用种提供科学依据。

知识目标

1. 了解种子净度、千粒重、含水量、发芽能力和种子生活力、优良度的基本概念。
2. 掌握林木种子送检样品的抽取、包装、发送和保管的方式与方法。
3. 掌握种子净度测定所需样品量的抽取范围。
4. 掌握种子发芽实验样品处理与观测的方式与方法。
5. 掌握种子发芽能力各项指标的计算方法。
6. 掌握种子生活力、优良度的测定原理。
7. 掌握种子生活力、优良度测定方法与测定程序。

技能目标

1. 能根据 GB 2772—1999《林木种子检验规程》正确提取测定样品，进行林木种子净度、千粒重、含水量、发芽力、生活力、优良度的测定。
2. 能根据 GB 7908—1999《林木种子质量分级》正确评定林木种子质量。

【任务实施】

5.1.1　样品的选取

开展林木种子品质检验工作，必须按一定流程进行(图 5-1)才能保证检验工作科学、公正、可靠和高效。抽样是种子质量检验的基础和关键步骤，如果抽样错误或不细致，再正确的测试和分析都得不到正确的结论。抽样就是要从被检对象中抽取具有代表性的、能满足检验需要的样品。为使种子检验获得正确结果并具有重复性，必须按照一定的方法，从种批中随机抽取具有代表性的初次样品、混合样品和送检样品。检验机构也要使分取的测定样品能代表送检样品，只有这样，才能通过检测样品来评定种批的种子品质。

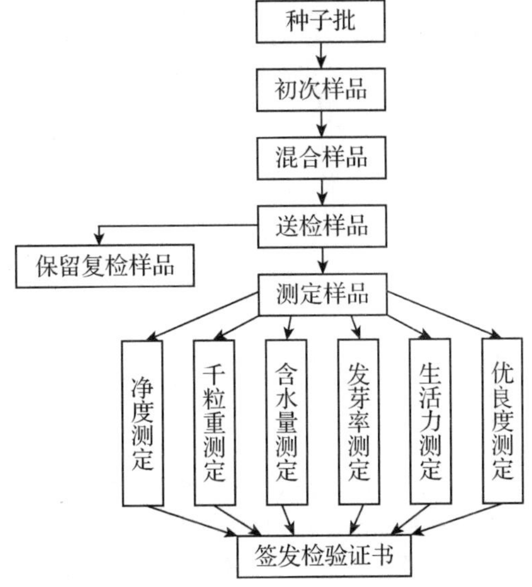

图 5-1　林木种子检验一般流程

5.1.1.1　抽样的基本概念

(1)种批(种子批)

种批是抽样的基本单位，具体是指种源相同，采种年份相同，播种品质一致，种子重量不超过一定限额的同一树种的一批种子。为使每一批种子提取的送检样品有最大的代表性，GB2772—1999《林木种子检验规程》规定了每一批种子的重量不能超过以下限额：特大粒种子(核桃、板栗、麻栎、油桐等)为 10 000kg；大粒种子(苦楝、山杏、油茶等)为 5000kg；中粒种子(红松、华山松、樟树、沙枣等)为 3500kg；小粒种子(油松、落叶松、杉木、刺槐等)为 1000kg；特小粒种子(桉、桑、泡桐、木麻黄等)为 250kg。重量超过规定的 5% 时需另划种批。

(2)初次样品

简称初样品。它是从盛装种批的不同容器或不同部位随机分布的若干个抽样点上抽取的一定数量的种子，每次抽取的种子，称为一个初样品。初次样品的抽取方式关系着样品的代表性，应遵循随机原则，采取正确的抽样技术，可以减少误差，提高样品的代表性。在抽样前，应将该种批充分混拌均匀。如果种批很不均匀，抽样人员能看出袋间或初次样品间的差异时，应拒绝抽样，直至种批重新混合均匀后再进行抽样。

装在容器(包括袋装)中的种批，应在整个种批中随机选定取样的容器。从选定的容器上、中、下各部位用取样器扦取初次样品(图 5-2)，但不一定要求每袋都抽取一个以上的部位。种子是散装的或在大型容器里的，应随机从各个部位及深度扦取初次样品。对于不易流动的黏滞性种子，可徒手取得初次样品。

对于装在小型容器或防湿容器(如铁罐或塑料袋)中的种子，如有可能，应在种子装入容器前或装入容器时扦样。如没有这样做，则应把足够数量的容器打开或穿孔取得初次样品，然后将扦样后的容器封闭或将种子装入新的容器。

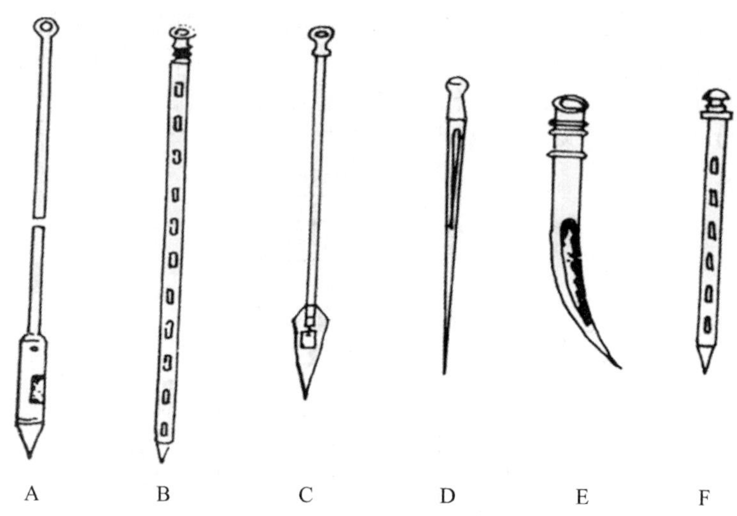

图 5-2　各种大小不同的取样器

A. 长柄短圆锥形取样器　B. 圆筒形取样器　C. 圆锥形取样器
D. 单管取样器　E. 羊角取样器　F. 单管大塞取样器

(3)混合样品

从一个种批中取出的全部大体等量的初次样品，均匀地混合在一起叫作混合样品。

(4)送检样品

混合样品一般数量较大，用随机抽样的方法，从混合样品中按各树种送检样品重量分取供做检验用的种子，叫作送检样品。

(5)测定样品

从送检样品中，分取一部分直接供做某项测定用的种子，叫作测定样品。但种子含水量的检验样品不能从送检样品中提取，应直接从混合样品中提取 2 份，立即密封保存。

5.1.1.2　样品的抽取

(1)抽样程序

抽样人员在抽样前，要了解该批种子的采收、调制和贮存等情况，然后按照抽样方法抽取初次样品和混合样品，再用四分法或分样器法提取送检样品。混合样品的重量一般不能少于送检样品的 10 倍。抽样后，对送检的种子按种批做好标志，防止混乱。

(2)抽样方法

① 容器盛装的种子用扦样器或徒手抽样，抽样件数为：容器少于5件时，每件容器都要抽取，抽取的样品总次数不得少于5个；6~30件容器时，每3件容器至少抽取1个初次样品，其总数不得少于10个；容器多于31件时，每5件容器至少抽取一个初次样品，其总数不得少于10个。

② 在库房或围囤中大量散装的种子，可在堆顶的中心和四角设5个抽样点，每点按上、中、下三层抽样。

(3)分样方法

从混合样品中分取送检样品或从送检样品中分取测定样品，可选用四分法(图5-3)或分样器法(图5-4)进行分样。

① 四分法　将种子均匀地倒在光滑清洁的桌面上，将混拌均匀的种子铺成正方形，大粒种子厚度不超过10cm，中粒种子厚度不超过5cm，小粒种子厚度不超过3cm。用分样板沿对角线把种子分成4个三角形，将对顶的2个三角形的种子装入容器中备用，取余下的2个对顶三角形的种子再次混合，按前法继续分取，直至取得略多于送检或测定样品所需数量为止。

② 分样器法　适用于种粒小的、流动性大的种子。分样前要先对分样器进行调试，具体方法为：把种子通过分样器，使种子分成重量大体相等的两部分，分别称重，如果两部分种子重量相差不超过其平均值的5%，则认为分样器是准确的。若超过5%，则应重新调整分样器，直至调好为止。开始分样时，先将种子通过分样器三次，种子充分混合后，开始分取样品，取其中的一份继续分取。直至种子减至所需重量为止。

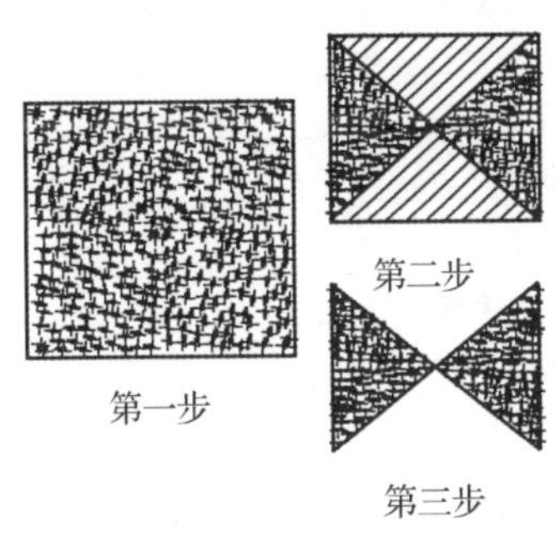

图5-3　四分法示意图

图5-4　钟鼎式分样器

5.1.1.3　送检样品的包装、发送和保管

送检样品用布袋、木箱、塑料薄膜袋等容器进行包装。种翅易脱落的种子，须用硬质容器盛装，以免因种翅脱落加大夹杂物的比重。供含水量测定用和经过干燥含水量很低的送检样品，要装在可以密封的防潮容器内，并尽量排出其中空气。用于种子健康状况测定的样品应装在玻璃瓶或塑料瓶内。

每个送检样品必须分别包装，填写两份标签，注明树种、检验申请表(表5-1)编号和种批号，1份放在包装内，另1份挂在外面。送检样品要尽快连同检验申请表寄送种子检验机构。

种子检验机构收到送检样品后，要按照种子样品检验情况综合表(表5-2)进行登记，并立即进行检验。暂时不能检验的样品应存放在通风条件良好、温度适宜的室内或冰箱中，使种子品质的变化降到最低程度。检验后，剩余样品应妥善保存，以备复检时使用。

表 5-1　林木种子检验申请表

编号________

现有送检样品一份，简要情况如下，请予以检验。

1. 树种名称________	2. 采种地点________
3. 采种时间________	4. 送检样品重________g
5. 种批编号________	6. 本批种子重量________kg
7. 要求检验项目________	
8. 质量检验证书寄往地点和单位名称________	
送检单位(盖章)	检样人________ 联系人________ 日　期________

表 5-2　种子样品检验情况综合表

编号________

	检验结果
1. 树种名称________	1. 净度________%
2. 收到日期____年____月____日	2. 千粒重________%
3. 送检样品重量____g	3. 发芽势________%
4. 本种批重量____kg	4. 发芽率________%
5. 种子采收登记表编号________	5. 生活力________%
6. 送检申请表编号________	6. 优良度________%
7. 要求检验项目________	7. 含水量________%
8. 种子质量检验证寄往	8. 病害感染程度________
地点________	9. 虫害感染程度________
单位________	检验员
登记人________	
____年____月____日	____年____月____日

5.1.2　种子质量指标

5.1.2.1　种子净度

净度是指纯净种子重量占测定样品重量的百分率。它是评定种子品质的重要指标，也是确定播种量的主要依据。具体测定方法详见本任务的技能训练一。

说明：黏滞性种子是 GB 2772—1999《林木种子检验规程》中新提出的一个概念，黏滞性种子的出现，使净度分析结果更准确，也更具有可比性。由于结构或质地上的特点这类种子可分为：容易相互黏附或容易黏附在其他物体(如包装袋、分样器等)上；容易被其他植物种子黏附，或容易黏附其他植物种子；不易被清选、混合或扦样 3 类。如果全部黏滞性结构(包括黏滞性杂质)占一个样品的 1/3 或更多，就认为该样品有黏滞性。如冷杉属、翠柏属、雪松属、扁柏属、柏木属、柳杉属、杉木属、落叶松属、云杉属、黄杉属、红杉属、巨杉属、落羽杉属、铁杉属、臭椿属及长叶松、刚松等都是黏滞性种子。

黏滞性种子给种子净度测定工作带来了一定的困难，在测定时应更加细心。《林木种子检验规程》中对黏滞性种子的测定允许误差给予了适当的放宽。

5.1.2.2　种子千粒重

种子重量是种子品质的重要指标之一，可用千粒重或容重来表示，通常用千粒重，即气干状态下的1000粒纯净种子的重量，以克(g)表示。千粒重能说明种子大小、饱满程度，是计算田间播种量的依据之一。在同一树种中，千粒重的数值越高，说明种子内含的营养物质越丰富，这样的种子播种后发芽整齐、发芽率高，苗木生长健壮。

千粒重的测定方法有百粒法、千粒法和全量法。多数种子应用百粒法，它是国际上广泛应用的方法，其优点在于便于采用真空数粒仪进行数种，同时，用该法测定千粒重后的种子可以直接置床用于发芽测定。种粒大小、轻重极不均匀的种子，可采用千粒法。纯净种子粒数少于1000粒者，可将全部种子称重后再换算成千粒重，这是全量法。一些珍稀树种可能出现种子不够的情况，可以采用全量法测定种子千粒重。

具体测定方法详见本任务的技能训练二。

5.1.2.3　种子含水量

种子含水量是指种子中所含水分的重量占种子重量的百分比。测定含水量的目的，是为妥善贮存和调运种子时控制种子适宜含水量提供依据。它是种子质量的重要指标之一，需要适时测定。生产上常用105℃低恒温烘干法，此法适用于所有林木种子，测定结果可靠性高，是林木种子检验规程中的首选方法。具体测定方法详见本任务的技能训练三。

此外，为了缩短测定时间、快速知道测定结果，可以采用高恒温烘干法(烘箱温度保持在130~133℃，烘干时间为1~4h)；对高含水量的种子，如一般种子含水量超过18%、油料种子含水量超过16%时，可采用二次烘干法；为节省时间，可应用红外线水分速测仪、各种水分电测仪、甲苯蒸馏法等，但有时结果不完全准确，使用时应与标准法相对照。

5.1.2.4　种子发芽能力

种子发芽能力的有无和强弱，可直接用发芽试验来测定。种子的发芽能力是种子播种品质中最重要的指标，可以用来确定播种量、一个种批的质量等级和种子价格。发芽试验一般只适用于休眠期较短的种子。

(1)发芽器具

发芽测定可用培养箱或光照发芽器。发芽床是发芽试验中种子发芽的直接场所。种粒不大的，一般用滤纸作发芽床，滤纸下可加垫纱布、脱脂棉或泡沫塑料。种粒大的可用细沙或蛭石作发芽床。发芽床应放在发芽皿(发芽盒或发芽板)内。

(2)发芽条件

成熟的种子发芽需要一定的环境条件，主要是水分、温度和氧气，有的树种还需要光照条件。实验室内测定发芽能力，可以人为地满足某些或全部外界环境条件，使各类种子样品发芽迅速而整齐。

① 水分　种子发芽的首要条件。在种子发芽测定或播种前，一般要进行浸种处理，一般树种浸种时间不能过长，发芽床应始终保持湿润，不间断地向种子提供发芽所需的水分。

② 温度 种子发芽的必要条件。种子萌发过程是在一系列酶促反应下进行的，温度过低不利于酶的催化作用，温度过高会使酶的结构遭到破坏，一般树种发芽的适宜温度为20~30℃。变温能加速种子发芽，使用变温时，在一天24h内，16~18h给予低温(20℃)，6~8h给予高温(30℃)。

③ 氧气 也是种子发芽的必要条件。因为种子在萌发过程中，呼吸作用不断增强，需要足够的氧气，才能促进酶的活动，使贮藏的有机物质水解，放出能量，供给胚生长。所以种子发芽时，发芽环境必须通气良好。

④ 光照 可以促进多数林木种子发芽。除非确已证实某个树种的发芽会受到光抑制，否则发芽测定过程中，每天都应至少给予8h的光照，使幼苗长势良好，不易遭受微生物的侵害。

(3)测定方法

详见本任务的技能训练四。

此外，如遇桉属、桦木属和桤木属等特小粒种子，按常规方法难以提取纯净种子用于发芽测定，可以采用重量发芽法测定种子质量。具体方法为称取一定重量(通常0.1~0.25 g为一个重复)的种子，共4个重复，称量精度为0.001 g。测定结果用单位重量样品中的正常幼苗数表示，单位为株/g。计算时，利用表5-3检查重复间的差异是否属于随机误差。如果4个重复中正常幼苗数的最大值和最小值之差等于或小于最大容许差距，该次测定可靠，以4个重复单位重量的正常幼苗数的平均数作为测定结果填报。否则，重新测定。

表5-3 重量发芽法重复间的容许差距

供检样品总重量中正常发芽粒数	最大容许差距	供检样品总重量中正常发芽粒数	最大容许差距	供检样品总重量中正常发芽粒数	最大容许差距
0~6	4	83~90	20	245~256	33
7~10	6	91~102	21	257~270	34
11~14	8	103~112	22	271~288	35
15~18	9	113~122	23	289~302	36
19~22	11	123~134	24	303~321	37
23~26	12	135~146	25	322~338	38
27~30	13	147~160	26	339~358	39
31~38	14	161~174	27	359~378	40
39~50	15	175~188	28	379~402	41
51~56	16	189~202	29	403~420	42
57~62	17	203~216	30	421~438	43
63~70	18	217~230	31	439~460	44
71~82	19	231~244	32	>460	45

5.1.2.5 种子生活力

种子潜在的发芽能力叫作种子的生活力。当条件限制、种子休眠期长但又需在短期内知道种子的发芽能力而不能进行发芽测定时，可采用一些快速方法测定种子生活力。种子内部的有生命的组织、无生命的组织及其他内含物对某些化学试剂有不同的反应，根据种子的这一特性，可以通过化学试剂染色反应的类型，判断种子潜在的发芽能力。

种子生活力的测定方法有化学染色剂测定法和物理仪器测定法，常用靛蓝染色法和四唑染色法，具体操作步骤详见本任务的技能训练五。

5.1.2.6　种子优良度

优良度是指优良种子粒数占测定种子粒数的百分比，即良种率。其测定方法简单易行，适于需在种子采收贮运的现场快速测定或发芽困难又不能用染色法测定的种子。因判断上的主观差异，其准确程度比发芽测定和生活力测定低。具体操作步骤详见本任务的技能训练六。

5.1.3　林木种子质量分级

我国于1999年发布了GB 7908—1999《林木种子质量分级》标准。对我国主要林木种子的质量进行了分级。本标准适用于育苗、造林及绿化用的乔木、灌木树种。根据国家标准对林木种实等级划分的技术指标，判定林木种实等级时种子净度、发芽能力、生活力、优良度与含水量等指标如果不属于同一级时，以单项指标低的等级评定。含水量指标适用于种子收购、运输、临时贮存。

《林木种子质量分级》标准中共规定了149种主要造林绿化树种种子质量分级标准及具体数值。

5.1.4　林木种子检验证书

林木种子检验证书是种子贸易中维护双方合法权益、协调种子贸易纠纷、明确种子播种价值的证书，在林木种子经营过程中具有重要的作用，由林业主管部门授权或国家技术监督部门依法设置的检验机构签发。

林木种子质量检验证书分为种子样品质量检验证书和种批质量检验证书两类。

种子样品检验证书是指授权的机构对非自身或非在其监督下抽取的送检样品进行检验后签发的质量检验证书，检验机构只对送检样品的检验负责，不对送检样品的代表性负责(表5-4)。

种批质量检验证书是指送检样品由授权的检验机构自身或在其监督下，按林木种子检验规程规定的程序和方法从种批中抽取送检样品，由授权的检验机构检验后签发的质量检验证书(表5-5)。

表5-4　种子样品质量检验证书

编号________________

据送检人陈述

树种中名________________　树种学名________________　产地________________

种批编号	种批重(kg)	容器件数	抽样日期	送检样品号

送检人单位________________　地址________________　邮政编码________________

正式报告

样品编号	样品封缄	样品重(g)	样品收到日期	检验结束日期

（续）

检验结果

被检树种中名________________ 树种学名________________

<table>
<tr><td colspan="3">净度测定</td><td colspan="6">发芽测定</td><td rowspan="3">千粒重（%）</td><td rowspan="3">含水量（%）</td><td rowspan="3">生活力（%）</td><td rowspan="3">优良度（%）</td><td rowspan="3">病虫害感染度（%）</td></tr>
<tr><td colspan="3">%</td><td rowspan="2">天数</td><td colspan="5">%</td></tr>
<tr><td>纯净种子（即净度）</td><td>夹杂物</td><td>其他种子</td><td>正常幼苗（即发芽率）</td><td>不正常幼苗</td><td>新鲜粒</td><td>硬粒</td><td>死亡粒</td></tr>
<tr><td>1</td><td>2</td><td>3</td><td>4</td><td>5</td><td>6</td><td>7</td><td>8</td><td>9</td><td>10</td><td>11</td><td>12</td><td>13</td><td>14</td></tr>
<tr><td></td><td></td><td></td><td></td><td></td><td></td><td></td><td></td><td></td><td></td><td></td><td></td><td></td><td></td></tr>
<tr><td colspan="7">分级依据</td><td colspan="7">质量等级</td></tr>
<tr><td colspan="14">备注</td></tr>
</table>

检验机构全称________________ 主检人________________

地址________________ 校核人________________

邮编________________ 技术负责人________________

电话________________ 签发日期______年______月______日

检验机构（章）

（背面）

签发机构声明

1. 检验的程序和方法符合 GB 2772—1999《林木种子检验规程》，所有检验均在本机构进行。（省级以上行政机构）已授权本机构签发种子样品质量检验证书。

2. 证书无检验单位盖章及技术负责人签字无效，涂改无效。本证书检验结果只对送检样品负责。

表 5-5　种批质量检验证书

编号________________

据送检人陈述

树种中名________________ 树种学名________________ 产地________________

送检人单位________________ 地址________________ 邮政编码________________

正式报告

抽样、封缄单位和人员________________

种批标记________________

种批封缄________________

种批重(g)	容器名称	容器件数	抽样日期	样品重(g)	样品编号	样品收到日期	检验结束日期

（续）

检验结果

被检树种中名__________________　树种学名__________________

净度测定			发芽测定						千粒重（%）	含水量（%）	生活力（%）	优良度（%）	病虫害感染度（%）
%			天数	%									
纯净种子（即净度）	夹杂物	其他种子		正常幼苗（即发芽率）	不正常幼苗	新鲜粒	硬粒	死亡粒					
1	2	3	4	5	6	7	8	9	10	11	12	13	14
分级依据						质量等级							
备注													

检验机构全称__________________　　主检人__________________

地址__________________　　校核人__________________

邮编__________________　　技术负责人__________________

电话__________________　　签发日期_____年_____月_____日

检验机构（章）

（背面）

签发机构声明

1. 检验的程序和方法符合GB 2772—1999《林木种子检验规程》，所有检验均在本机构进行。（省级以上行政机构）已授权本机构签发种子样品质量检验证书。

2. 证书无检验单位盖章及技术负责人签字无效，涂改无效。本证书检验结果只对送检样品负责。说明：在无条件用较昂贵技术检验种子质量的情况下，可以采用一些简易办法识别种子的品质。优质种子具有纯净、整齐、饱满、发芽率高、无病虫害等特征。种子品质的鉴别首先是观察判断，如果通过观察认为种子不合格，那么其他的检验就不需要进行了。目视观察主要看种子的大小、颜色和形状等，如果种子的大小明显小于正常种子，或颜色明显变浅或发暗，失去光泽，或明显变形，或有异味，或有虫蛀痕迹，都说明不是好种子。若通过目视观察认为种子合格，则可通过测定种子的发芽能力或生活力和优良度等进一步了解种子的品质。

【技能训练】

一、林木种子净度测定

[目的要求]了解树木种子净度测定的意义，掌握树木种子净度测定方法。

[材料用具]1/100天平、1/1000天平、盛物盘、白纸板、铅笔、记录本、镊子、种子瓶、毛刷、胶匙、放大镜、分样器或板；树木种子3~5种。

[实训场所]实验室。

[操作步骤]

(1)测定样品的抽取。将收到的送检样品用四分法或分样器进行分样，并将所抽取的样品称重，一般按种粒大小、千粒重和纯净程度等情况而定，但不得少于2500~3000粒，大粒种子应达到300~500粒。净度测定称量的精度要求见表5-6。

表5-6　精度测定称量精度表

测定样品(g)	称重至小数位数	测定样品(g)	称重至小数位数
<10	3	100~999.9	1
10~99.99	2	>1000	0

(2)样品分析。将测定样品种子铺在玻璃板或桌子上，区分：

① 纯净种子：指完整的、未受伤害的、发育正常的种子；发育虽不完全(瘦小、皱缩)，但无法判定为空粒的种子；虽已裂嘴或发芽但仍具发芽能力的种子。易去翅的种子种翅归纳为杂物；不易去翅，播种带翅的可不去翅。

② 废种子：能明显识别的空粒、腐坏粒；已萌发并显然丧失发芽能力的种子；严重损伤的种子和无种皮的裸粒种子。

③ 夹杂物：其他植物的种子；枝、叶、鳞片、苞片、果皮、种子碎片；已脱离的种翅、石粒、土块、虫卵、虫骸等。

(3)分析后称重。分别称废种子、夹杂物、纯净种子的重量，并把称量结果填入表5-7。若测定前测定样品重与分类后纯净种子、其他植物种子和夹杂物的总重量之差符合净度测定允许误差(表5-8)的要求，则可进行净度计算，否则重做。

表5-7　林木种子净度分析记录表

编号＿＿＿＿＿＿

树种＿＿＿＿＿＿＿＿　样品号＿＿＿＿＿＿＿＿　样品情况＿＿＿＿＿＿＿＿

测试地点＿＿＿＿＿＿＿＿＿＿＿＿＿＿＿＿＿＿＿＿

环境条件：室内温度＿＿＿＿＿＿℃　室内湿度＿＿＿＿＿＿%

测试仪器：名称＿＿＿＿＿＿　编号＿＿＿＿＿＿

<table>
<tr><th>方法</th><th>试样重(g)</th><th>纯净种子重(g)</th><th>其他植物种子重(g)</th><th>夹杂物重(g)</th><th>总重(g)</th><th>净度(%)</th><th>备注</th></tr>
<tr><td rowspan="2"></td><td></td><td></td><td></td><td></td><td></td><td rowspan="3"></td><td rowspan="3"></td></tr>
<tr><td></td><td></td><td></td><td></td><td></td></tr>
<tr><td>实际差距</td><td colspan="2"></td><td>容许差距</td><td colspan="2"></td></tr>
</table>

本次测定：有效□　　测定人

　　　　　无效□　　校核人

测定日期＿＿＿年＿＿＿月＿＿＿日

表5-8　净度测定允许误差范围

测定样品重(g)	允许误差不大于(g)	测定样品重(g)	允许误差不大于(g)
小于5	0.02	101～150	0.50
5～10	0.05	151～200	1.00
11～50	0.10	大于200	1.50
51～100	0.20		

(4)计算测定结果。分别计算两个重复种子的净度。

$$\text{净度} = \frac{\text{纯净种子重量}}{\text{纯净种子重量} + \text{其他植物种子重量} + \text{夹杂物重量}} \times 100\% \tag{5-1}$$

送检样品先行清理的净度计算：

$$\text{送检样品净度} = \frac{\text{送检样品去除大型杂质的重量}}{\text{送检样品重量}} \times 100\% \tag{5-2}$$

$$净度 = 送检样品净度 \times 测定样品净度 \tag{5-3}$$

[注意事项]净度测定中各个成分应保留两位小数。

[实训报告]将种子净度分析结果填入净度分析记录表(表5-7)，完成种子净度实验报告。

二、林木种子千粒重测定

[目的要求]了解树木种子千粒重测定的意义，掌握树木种子千粒重测定方法及与其相关的注意事项，学会树木种子重量(千粒重)的测定方法。

[材料用具]1/100天平、1/1000天平、盛物盘、白纸板、铅笔、记录本、镊子、种子瓶、毛刷、胶匙、放大镜、分样器或板；树木种子2~3种。

[实训场所]实验室。

[操作步骤]用百粒法测定。

(1)提取测定样品。将纯净种子平铺在光滑洁净的桌面上，用四分法或随机原则的其他方法提取所需数量的样品。为保证取样的随机性和准确性，数粒时，可将种子每5粒放成一小堆，共20小堆为一个重复。或将种子每10粒组成一小堆，共10小堆为一个重复。每次抽取的种子样品为100粒，共8次重复。

(2)称量。分别称8个重复的重量(精度要求与净度测定相同)，填入林木种子重量测定记录表(表5-9)。

(3)计算测定结果。根据8个重复的重量计算平均重量、标准差及变异系数。计算公式如下：

$$标准差(S) = \sqrt{\frac{n(\sum X^2) - (\sum X)^2}{n(n-1)}} \tag{5-4}$$

式中　X——各重复组的重量(g)；

n——重复次数。

$$变异系数(C) = \frac{S}{\overline{X}} \times 100 \tag{5-5}$$

式中　$\overline{X}$——100粒种子的平均重量(g)。

(4)测定误差检查。种粒大小悬殊的种子，变异系数不超过6.0，一般种子的变异系数不超过4.0，即可按8个重复计算测定结果。如果变异系数超过上述限度，则应再数取8个重复，计算16个重复的平均数与标准差。凡与平均数之差超过2倍标准差的各重复略去不计。剩余重复的平均重量乘以10($10 \times \overline{X}$)，即为种子的千粒重，其精度要求与净度测定时相同，并将测定结果填入林木种子重量测定记录表(表5-9)。

表5-9　林木种子重量测定记录表

编号________

树种________　样品号________　样品情况________　测定地点________

环境条件：温度______℃　湿度______%　测试仪器：名称________　编号________

测定方法________________

组号	1	2	3	4	5	6	7	8	9	10	11	12	13	14	15	16
X(g)																

（续）

标准差(S)	
平均数($\bar{X}$)	
变异系数(C)	
千粒重 $10 \times \bar{X}$(g)	

第________组数据超过了容许误差，本次测定根据第________组计算。

本次测定：有效□　　　　　　　　　　　　　　　　　　　测定人______________

无效□　　　　　　　　　　　　　　　　　　　校核人______________

测定日期_____年_____月_____日

[**注意事项**]无。

[**实训报告**]将种子重量测定结果填入重量测定记录表，完成种子千粒重实验报告。

三、种子含水量测定

[**目的要求**]了解树木种子含水量测定的意义，掌握树木种子含水量的测定方法。

[**材料用具**]恒温烘箱、温度计、干燥器、称量瓶(坩埚、铝盒)、取样匙、1/1000 分析天平、铅笔、记录本、镊子、分样器或板；树木种子 2~3 种。

[**实训场所**]实验室。

[**操作步骤**]

(1)取样。用四分法或分样器法从含水量送检样品中分取测定样品，放入样品盒。根据所用样品盒直径的大小，每份样品重量：直径 <8cm 的为 4~5g，直径 ≥8cm 的为 10g。样品取出 2 个重复。

(2)称重。将 2 份实验样品分别装入已知重量的预先烘干过的样品盒中，连同带盖的样品盒及其中的样品一起称重，称重以克为单位，保留 3 位小数。

(3)切片。大粒种子(每千克少于 5000 粒)以及种皮坚硬的种子(如豆科)，每个种粒应当切成小片。粒径 ≥15mm 的种子应至少切成 4~5 片，切片动作要快。落入容器中的切片用取样匙迅速搅拌，并从中随机提取大致相当于 5 粒完整种子重量的测定样品。整个操作中暴露在空气里的时间不得超过 60min。

(4)烘干。将样品盒放入 105℃ ±1℃ 的烘箱中，打开盖搭在盒旁，先以 80℃ 干燥 2~3 h，后升到 105℃ ±2℃ 干燥 5~6h，取出放入干燥器冷却后称重。再以 105℃ ±2℃ 干燥 3~4h，再称重，直至前后两次的重量之差小于 0.01g，即认为已经达到恒重。以最后一次的重量作为实验样品的干重，所有称重的精确度应达到 1mg，并使用同一台天平。

(5)结果计算。含水量以重量百分率表示，根据测定结果，分别计算 2 份测定样品的种子含水量百分率，精确到小数点后 1 位。将测定结果填入林木种子含水量测定记录表(表 5-10)。

$$相对含水量 = \frac{M_2 - M_3}{M_2 - M_1} \times 100\% \tag{5-6}$$

$$绝对含水量 = \frac{M_2 - M_3}{M_3 - M_1} \times 100\% \tag{5-7}$$

式中　M_1——样品盒和盖的重量(g)；

M_2——样品盒和盖及样品烘干前的重量(g)；

M_3——样品盒和盖及样品烘干后的重量(g)。

[**注意事项**]供水分测定的送检样品，最低重量为50g，需要切片的为100g，必须装在防潮容器中，尽可能排除其中的空气；测定应在样品接收以后尽快开始。测定时，样品暴露在实验室空气中的时间应减少至最低限度。对于不需要切片的种子，从接收到的容器中取出样品，直至样品密闭在准备烘干的样品盒内，所经历的时间不得超过2min；干燥缸边缘应涂抹凡士林，干燥器底部应置有干燥的氯化钙或硅胶，移动称量瓶要小心，不要蘸到脏物、倾漏种子或错换瓶盖；干燥器开合时应小心推拉，避免用力过猛打破盖子；测定时，实验室的空气相对湿度必须低于70%；使用其他方法测定含水量时，需与105℃低温恒重烘干法相对照并在质量检验证书中说明所用方法；根据种子的大小和原始水分的不同，两个重复间的容许差距范围为0.3%~2.5%，详情见表5-11。

[**实训报告**]将种子含水量测定结果填入林木种子含水量测定记录表(表5-10)，完成种子含水量实验报告。

表5-10　林木种子含水量测定记录表

编号________

树种________　样品号________　样品情况________　测定地点________

环境条件：温度_____℃　湿度_____%　测试仪器：名称_____　编号________

测定方法____________

容器号	1	2	3
容器重(g)			
容器及样品原重(g)			
烘至恒重(g)			
测定样品原重(g)			
水分重(g)			
含水量(%)			
平均			
实际差距			

本次测定：有效□
　　　　　无效□

测定人________

校核人________

测定日期_____年_____月_____日

注：若2个重复的差距不超过0.5%，则其平均值为种批的含水量，如超过需要重做。

表5-11　水量测定两次重复间的容许差距　(%)

种子大小类别	平均原始水分		
	<12	12~25	>25
小种子	0.3	0.5	0.5
大种子	0.4	0.8	2.5

注：小种子指每千克超过5000粒的种子，大种子指每千克最多为5000粒的种子。

四、种子发芽测定

[**目的要求**]了解树木种子发芽测定的意义，学会树木种子发芽的测定方法。

［**材料用具**］恒温箱、发芽箱、培养皿、烧杯、玻璃皿、解剖刀、解剖针、干燥箱、铅笔、记录本、镊子、量筒、胶匙、滤纸、纱布、脱脂棉、温度计、直尺、福尔马林、高锰酸钾、标签、电炉、蒸煮锅、蒸馏水、滴瓶；当地主要造林树木种子3~5种。

［**实训场所**］实验室。

［**操作步骤**］

(1)提取测定样品。将净度测定后的纯净种子铺在光滑的桌面上，充分混合后用四分法分为4份，每份中随机抽取25粒组成100粒，共取4个重复。种粒大的可以50粒或25粒为一次重复，特小粒种子用重量发芽法测定，以0.01~0.25g为一次重复。

(2)灭菌和预处理。为避免发芽测定中种子受病菌感染，应对发芽器皿和发芽床的衬垫材料、基质等器具进行消毒液清洗或高温消毒，发芽测定用水要保证清洁干净，最好用无菌水。发芽测定用的种子样品不宜消毒处理。预处理的目的是解除休眠。GB 2772—1999《林木种子检验规程》规定了常见林木种子解除休眠的预处理方法。没有休眠特性的种子，如杉木、马尾松、黑松、赤松、云南松、落叶松、侧柏、柳杉、泡桐等用始温45℃的温水浸种24h；元宝枫、杜仲、紫薇、桑树等用20~30℃温水浸种24h；合欢、刺槐、槐树种子用始温80~90℃热水浸种24h，余硬粒再同样处理1~2次；杨树、柳树、桉树可不必浸种；相思树、黑荆树、羊蹄甲、凤凰木、刺槐等种皮致密不透水的林木种子，可以用酸蚀或热水浸种的方法进行预处理；对于具有内源性休眠特性的林木种子，如银杏、油茶、鹅掌楸、木兰科植物等种子，需采取低温层积处理，打破休眠，促进种子萌发。

(3)置床。将处理过的种子以组为单位整齐地排列在发芽床上，常用的发芽床有纱布、滤纸或细沙，视树种而有所不同。一般中、小粒种子可在培养皿内铺一层脱脂棉，然后在其上放一张大小合适的滤纸或纱布作床，加入蒸馏水浸湿。种子之间保持一定的距离，约是种子粒径的1~4倍，以减少病菌侵染。置床后贴上标签，以防混淆。将置床的发芽皿放在培养箱等适当地方。

(4)观察记录与管理

① 测定持续时间：发芽测定时间自置床之日起算起，到发芽末期连续3d每天发芽粒数不足供试种子总数的1%时，即算发芽终止，以天数表示。

② 管理：测定期经常检查样品及光照、水分、通气和温度条件。除忌光种子外，发芽测定每天要保证有8h的光照。要经常通气，有盖的要揭开盖通气。水分不足时应加水，但不能过多，指尖轻压发芽床(纸床)如指尖周围或种粒四周出现水膜，则表示水分过多。温度控制在25℃左右。另外，轻微发霉的种粒用清水洗净后放回发芽床，发霉种子较多时要及时更换发芽床。

③ 观察和记载：发芽测定期间，每天或定期进行观察记载，捡出正常发芽种粒，填写发芽测定记录表(表5-12)。记录时用分数表示，分子为检查日已发芽种子数，分母为检查日未发芽种子数。发芽测定结束后，分别对各重复的未发芽种子逐一切开剖视，统计腐坏粒、异状发芽粒、空粒、涩粒、硬粒及新鲜未发芽粒数，填入表5-13相应栏内。

判断标准为：a. 正常发芽粒：特大粒、大粒和中粒种子的幼根长度超过种粒长度一半；小粒、特小粒种子的幼根长度大于种粒长度；竹类种子的幼根至少与种粒等长，且幼芽长度超过种粒长度一半；复粒种子长出一个以上幼根；b. 异状发芽粒：指发芽不正常的种粒，包括胚根短，生长迟滞或有缢痕、异常瘦弱，胚根腐坏，胚根出自珠孔以外的部位，胚根呈负向地性或蜷曲，子叶先出或脱落，双胚结，竹类种子有根无芽、有芽无根或根短、生长迟滞等；c. 腐坏粒：种子内含物质腐坏的种粒；d. 空粒：仅有种皮而无胚和其他内含物的种粒；e. 涩粒：内部充满单宁物质的种粒；f. 硬粒：种皮特别坚硬、致密、透性不良、发芽困难的种粒；g. 新鲜未发芽粒：结构正常，但尚未发芽或不够发芽标准的种粒。

表 5-12 发芽测定记录表

树种		预处理方法		送检样品编号		温度	
		其他记载				光照	

预处理日期	组号	逐日发芽粒数																	
		1	2	3	4	5	6	7	8	9	10	11	12	13	14	15	…	41	42
置床日期	1																		
	2																		
开始发芽日期	3																		
	4																		

检验员________ ______年______月______日

表 5-13 发芽测定结果统计表

编号________

树种________ 样品号________ 样品情况________ 测定地点________

环境条件：温度______℃ 湿度______% 测试仪器：名称______ 编号________

预处理________________ 置床日期________________

项目		正常幼苗数								不正常幼苗数	未萌发粒分析							
		样品重(g)	初次计数					末次计数	合计		新鲜粒	死亡粒	硬粒	空粒	无胚粒	涩粒	虫害粒	合计
日期																		
重复	1																	
	2																	
	3																	
	4																	
平均																		

组间最大差距________容许差距________ 本次测定：有效□ 无效□

测定人________校核人________ 测定日期_____年____月____日

(5)发芽结果计算。种子发芽能力，主要用发芽率和发芽势来表示。

① 发芽率：亦称实验室发芽率、技术发芽率，是鉴定种子品质的主要指标之一，常作为计算播种量的重要依据。发芽率是在适宜的条件下，正常发芽的种子数与供给种子总数的百分比。计算公式如下：

$$发芽率 = \frac{n}{N} \times 100\% \tag{5-8}$$

式中 n——在规定条件下于规定时间内生成正常幼苗的种粒数；

N——供检种子总数。

发芽率计算到小数点后1位，以下四舍五入。

每个重复的发芽率计算后，查组间最大容许差距表(表5-14)。如果各重复中最大值与最小值的差距没有超过容许范围，则可用4个重复的算术平均数作为该次测定的发芽率(计算到整数)；若超过，需要进行第2次测定。

表5-14 发芽测定最大容许差距表

平均发芽百分率(%)		最大容许差距	平均发芽百分率(%)		最大容许差距
99	2	5	87~88	13~14	13
98	3	6	84~86	15~17	14
97	4	7	81~83	18~20	15
96	5	8	78~80	21~23	16
95	6	9	73~77	24~28	17
93~94	7~8	10	67~72	29~34	18
91~92	9~10	11	56~65	35~45	19
89~90	11~12	12	51~55	46~50	20

第2次测定后，计算两次测定平均数。对照表5-15检查两次测定间距是否超过允许范围，若未超过，则以两次测定的平均值作为发芽率填报，若超过至少再做一次测定。

表5-15 种子发芽率两次测定容许差距表

2次测定发芽率平均数(%)		最大容许差距	2次测定发芽率平均数(%)		最大容许差距
98~99	2~3	2	77~84	17~24	6
95~97	4~6	3	60~76	25~41	7
91~94	7~10	4	51~59	42~50	8
85~90	11~16	5			

② 发芽势：又称整齐度，是评定种子品质的重要指标之一。是指发芽种子数达到高峰时，正常发芽种子的粒数与供检种子总数的百分比。计算公式如下：

$$发芽势 = \frac{达高峰时正常发芽的种子粒数}{供试种子数} \times 100\% \tag{5-9}$$

发芽率相同的两批种子，发芽势高的种子品质好，播种后发芽速度快而整齐，场圃发芽率也高。

发芽势也是分组计算，然后求4个重复之间平均值。发芽势计算到小数点后1位，计算时所容许的误差为计算发芽率时所容许误差的1.5倍。

③ 平均发芽速率：是衡量种子发芽快慢的一个指标，指供检种子发芽所需的平均时间。计算公式如下：

$$平均发芽速率 = \frac{\sum (D \times n)}{\sum n} \tag{5-10}$$

式中　D——从种子置床起算的天数(规定为0或1)；

n——相应各日的发芽粒数。

平均发芽速率计算到小数点后3位，以下四舍五入。在同一树种中，平均发芽速率的数值小，表示该批种子发芽迅速，发芽能力较好。

[注意事项] 正确选用发芽床；实验样品必须的纯净种子，取样前需要充分混合；种子置床要均匀；发芽实验前需要将种子及发芽实验用的材料和用具进行消毒处理，以防霉菌发生和传播；严格控制发芽所需的温度、光照、水分和通气条件。

[实训报告] 填写种子发芽测定记录表(表5-12)，并计算种子各项发芽指标。完成种子发芽测定实验报告。

五、种子生活力测定

[目的要求] 了解与掌握种子生活力测定的原理与方法。

[材料用具] 纯净种子、0.5%四唑溶液、0.05%靛蓝溶液、镊子、解剖针、单面刀片、小烧杯等。

[实训场所] 实验室。

[操作步骤]

(1)测定样品。从净度测定后的纯净种子中随机数取100粒种子作为一个重复，共取4个重复。或对发芽测定结束的未萌发粒进行测定。

(2)种子预处理。

① 去除种皮：为了软化种皮，便于剥取种仁，要对待测种子进行预处理。杉木、马尾松、湿地松、黄连木、杜仲等较易剥掉种皮的种子，可以用始温30~45℃的温水浸种24~48h，每日换水。相思树、南洋楹、银合欢等硬粒的种子，可以用80~85℃的热水浸种，搅拌并在自然冷却中浸种24~72h，每日换水。孔雀豆、台湾相思、漆树等种皮较致密坚硬的种子，可以用98%的浓硫酸浸种20~180min，充分冲洗后再用水浸种24~48h，每日换水。

② 刺伤种皮：豆科的许多树种，如刺槐属，种子具有不透性种皮，可在胚根附近刺伤种皮或削去部分种皮，但要注意不要损伤种胚。

③ 切除部分种子：对于一些种皮透性较差或种粒较大的种子，采用切除部分种子的方法可以使染色剂顺利渗透进入种子，提高染色效果。

a. 横切　为了使四唑溶液均匀渗透，可以在浸种后在胚根相反的较宽一端将种子切去1/3，如女贞属、山楂属、苹果属树种的种子可以采用这种方法进行处理。

b. 纵切　许多树种，如松属和白蜡属树种的种子可以纵切后染色。即在浸种后，平行于胚的纵轴纵向剖切，但不能穿过胚。白蜡属树种的种子可以在两边各切一刀，但不要伤胚。

c. 取“胚方”　大粒种子如板栗、锥栗、核桃、银杏等可取“胚方”染色。取“胚方”是指经过浸种的种子，切取大约1cm^{3}包括胚根、胚轴和部分子叶(或胚乳)的方块。对胚方进行染色，通过染色结果来观测整粒种子的生活力。

(3)染色前处理及染色。种胚取出后放在潮湿的吸水纸或纱布上，用盖子盖好，以免种胚失水丧失生活力。取胚时随时记下空粒、腐坏粒、感染病虫害粒以及其他明显丧失生活力的种子，分别计入生活力测定记录表(表5-16)中。

表5-16　林木种子生活力测定记录表

编号____________

树种__________　样品号__________　样品情况__________　测定地点__________

染色剂____________________　浓度____________________

环境条件：室内温度______℃　湿度______%　测试仪器：名称________　编号________

重复	测定种子粒数	种子解剖结果					进行染色粒数	染色结果				平均生活力	备注
		腐烂粒	涩粒	病虫害粒	空粒			无生活力		有生活力			
								粒数	百分比(%)	粒数	百分比(%)		
1													
2													
3													
4													
平均													
测定方法													

实际差距______________　容许差距______________

本次测定：有效□　　　　　　　　　测定人__________

无效□　　　　　　　　　校核人__________

测定结束日期____年____月____日

松类树种种子浸种1~2d后，剥去外种皮和内种皮，尽量不使胚乳受损伤，分组暂放在潮湿的吸水纸或纱布上。

① 四唑染色法：染色样品分组浸入四唑溶液中，在30~35℃的黑暗环境中染色，温度过低，会延长染色时间。染色时间因树种而异，短的2~3h，如刺槐、山桃等；长的要24h以上，如红松、鸡爪槭、卫矛属树种的种子等。通常呼吸旺盛的种子所需染色时间短，种粒小的种子所需染色时间短。要确定合适的染色时间，可剖开种子，如胚乳从外向内由红色明显地过渡到无色，表示四唑溶液的渗入尚不充分，应让样品在四唑溶液中再保持一段时间。

染色结束后，滤去溶液，用清水冲洗种子(种胚)，将种仁摆在铺有湿滤纸的发芽皿中，保持湿润，以备鉴定。根据染色的部位、染色面积的大小和同组织有关的染色程度，逐粒判断种子的生活力。具体判断标准因树种而异。

② 靛蓝染色法：剥出的种胚分组投入靛蓝溶液中，使试剂完全浸没种胚。如有种胚浮在表面，应将其压沉。染色时间因树种、染色温度而异，一般为2~3 h，如红松、刺槐等，少数树种如板栗等需要染色7~8 h。靛蓝染色温度通常为30~35℃。

达到染色时间后，倒出溶液，用清水冲洗种胚数次，立即将种胚放在垫有潮湿白纸的培养皿中观察鉴定。根据染色部位和比例大小来判断种子生活力的有无。

(4)结果计算。测定结果以有生活力种子的百分率表示，分别计算4个重复的百分率，重复间最大容许误差与发芽测定的规定相同。如果各重复中的最大值和最小值没有超过允许误差范围，就用各重复的平均数作为该次测定的生活力。如果各重复之间的最大差距超过允许误差，则与发芽测定同样处理。生活力测定的计算结果为整数。

[注意事项]染料的浓度要适当，染色时间也不能太长，否则不易区别染色与否；取胚时注意不要对种胚造成伤害，以免影响测定结果。

[实训报告]填写种子生活力测定记录表，完成种子生活力实验报告。

六、种子优良度测定

[目的要求]了解种子优良度测定的原理，掌握种子优良度测定的方法。

[材料用具]供试种子、解剖刀、解剖剪、镊子、锤子、放大镜、玻璃杯、铝盒、载玻片等。

[实训场所]实验室。

[操作步骤]

(1)样品提取和处理。从经过充分混合的送检样品中随机数取100粒(种粒大的取50粒或25粒)，作为一个重复，共取4个重复。

(2)测定方法。常用的方法有解剖法、挤压法、透明法、比重法等。

① 解剖法：适于大、中粒种子。先观察种子的外部特征，即感观判定。如种粒是否饱满整齐；颜色及光泽是否新鲜正常；是否过潮或过干；有无异常气味；有无感染霉菌迹象；有无虫孔与机械损伤等。再将种子分组逐粒纵切。仔细观察种胚、胚乳和子叶的大小、色泽、气味以及健康状况等。依据感官表现区分优良种子(种粒饱满，胚和胚乳发育正常，呈该树种新鲜种子特有的颜色、弹性和气味)与劣质种子(种仁萎缩或干瘪，失去该树种新鲜种子特有的颜色、弹性和气味，或被虫蛀，或有霉坏症状，或有异味，或已霉烂)。其标准详见国家标准《林木种子检验方法》。

② 挤压法：也称压油法，适用于小粒种子的简易检验。松类树种的种子含有油脂，可将种子放在两张白纸间，用瓶滚压，使种粒破碎。凡油点明显者为好种子，油点不明显或无油点的为空粒或劣种。桦木、泡桐等小粒种子，可将种子用水煮10min，取出后放在两块玻璃片中间挤压，能压出颜色正常种仁的为好种子，无种仁或种仁为黑色等不正常颜色的为劣质种子。

③ 透明法：主要用于小粒种子，操作简单。如杉木种子用温水浸泡24h后，用两片玻璃夹住种子，对光仔细观察，透明的是好种子，不透明带黑色的是坏种子。

④ 比重法：根据不同种子在各种不同浓度液体中沉浮情况，来测定种子的优良度。如栎类种子放入3%~5%食盐溶液中浸泡30min，下沉者为品质优良的种子，半浮或上浮者为品质不良的种子。马尾松、油松等比水轻的种子浸泡在密度为0.924g/cm^{3}的酒精溶液中，下沉者为品质优良的种子，半浮或上浮者为半空粒与空粒。此外，生产上也常用泥浆水、石灰水来测定种子的优良度。

⑤ 爆炸法：含有油脂的中、小粒种子如油松、侧柏、云杉、柳杉等可用此法。将供测样品逐粒放于烧红的铁锅或铁勺中，根据有无响声和冒烟情况，来鉴别种子的优劣情况。凡能爆炸并有响声，且有黑灰色油烟冒出的是优质种子，反之为劣质种子。

(3)结果计算。将以上测定结果记录在林木种子优良度测定记录表(表5-17)中，计算4个重复的平均优良度(精度至整数)时，各重复间最大与最小值的允许差距与计算种子发芽率时相同(表 5-14)。

表 5-17　林木种子优良度测定记录表

编号__________

树种__________　样品号__________　样品情况__________　测定地点__________

环境条件：室内温度________℃　湿度________%

测试仪器：名称__________　编号__________

重复	测定种子粒数	观察结果						优良度(%)	备注
		优良粒	腐烂粒	空粒	涩粒	病虫害粒			
1									
2									
3									
4									
平均									
实际差距				容许差距					
测定方法									

本次测定：有效□　　　　测定人__________

　　　　　无效□　　　　校核人__________

测定结束日期____年____月____日

[**注意事项**]种皮坚硬难于剖切的，可提前浸种，使种皮软化；如果结果计算各重复中最大值与最小值之差超过表 5-14 所列的容许范围，应按规定重新测定并计算结果。

[**实训报告**]填写林木种子优良度测定记录表，完成实验报告。

【任务小结】

如图 5-5 所示。

【拓展提高】

一、通过感官检验种子净度方法

在收购种子时，由于条件所限往往通过人的感官检验种子净度。检验时，首先观察纯净种子的比率，然后随机抽取样品，仔细检验。

检验方法有：用手插入种子堆或盛种容器中，感到阻力很大不易插入时，则夹杂物一般在 5% 以上；检验比种子重量轻的夹杂物时，可将手在盛种容器内旋转，搅拌种子，使其呈凹陷状，这时空粒、杂质等大都集中在凹陷处的表面，可估计杂物的百分率；检验比种子重的泥沙、石砾等，可将手掌朝下，伸进种子内，然后手掌朝上取出种子，轻轻振动，使泥沙、石砾沉落掌心，判断其百分率；随机抽取大约 300~2000 粒种子，快速分出净种子(包括瘦小、皱裂和已发芽的种子)和夹杂物两类，分别称重，计算出净度。

二、通过感官鉴定种子含水量方法

简易方法鉴定种子含水量见表 5-18。

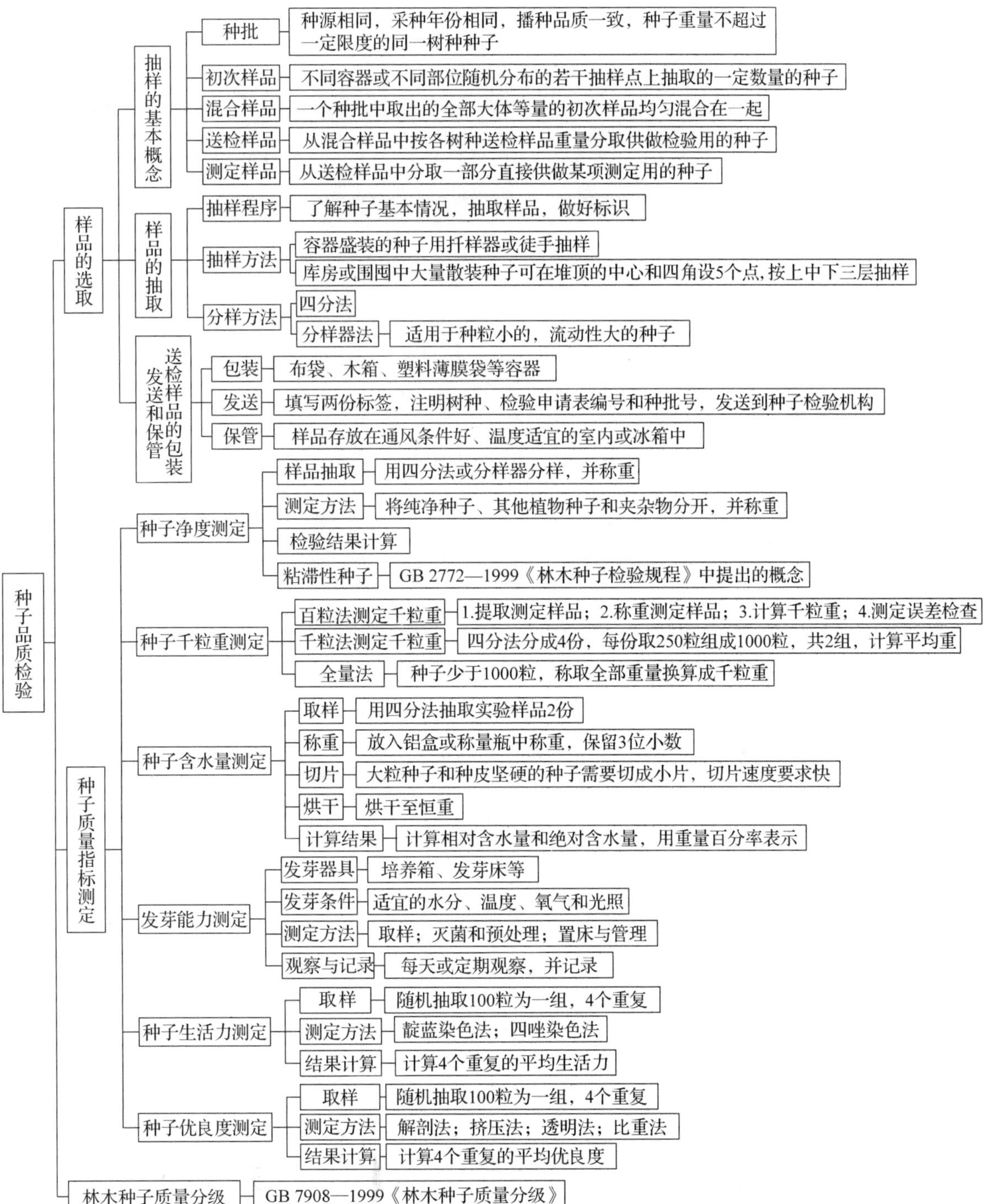

图5-5 林木种子品质检验知识结构图

表 5-18 简易法鉴定种子含水量表

类别	颜色、光泽	用手插入种子堆	搅动时	牙咬时	切断时
干燥种子	正常	非常容易，光滑而坚硬	响声清脆	抗压力较大，响声清脆，咬碎呈碎块状	坚硬，断片嘣开
湿润种子	暗淡，甚至生霉、结块	涩、潮湿、发热	不光滑、无清脆声	抗压力小，湿饼状，且不散落	不易切断，绵柔

三、X 射线法测定种子优良度

以 X 射线图像可见的形态特征为依据，为区分饱满种子、空瘪种子、虫害种子和机械损伤种子提供一种无损的快速检测方法。将种子放在低能量的 X 射线源和感光胶片(或相纸)之间，种子各种组织吸收的 X 射线量不同，取决于它们的厚度和密度。光敏成像乳胶被激活的程度随所接受的辐射量而异，由此造成潜像。冲洗胶片或相纸，便会形成明暗深浅不同的可见图像。电压、电流、曝光时间、焦斑等几个因素会影响 X 射线图像的质量。通常林木种子设定参数为：电压 10 ~ 30 kV，电流强度 8 ~ 30 mA，曝光时间5 ~ 30 s。

图像判读就是根据射线图像显示的内部结构将种子归类：优良种子——种子白色，透明发亮，内部组织均匀，有立体感，胚及内含物清晰；低劣种子——种子呈乌云状，灰白色，能发亮透光，胚柄部位发黑，胚与胚乳间呈黑色，胚和子叶呈灰黑色稍有亮光；空粒——种子全部发黑，不发亮；半仁粒——胚乳缩成一团，与种皮分离，稍发亮，其他部分发黑；机械损伤粒——种子内有断裂口，种仁与种壳搓动分离；涩粒——种子呈灰白色，透明发亮，且似布满小黑点，无胚。

四、我国林业局南方和北方林木种子检验中心简介

国家林业局南方林木种子检验中心于 1982 年成立，是我国林木种苗质量检测的最高仲裁机构之一。成立以来，承担国家林木种苗质量监督抽查工作，为国家林业局林木种苗宏观管理、保证全国优质种苗生产提供科学依据，为生产使用单位挽回了损失。检验中心所在学科为森林培育学科，是国家和江苏省重点学科，技术力量雄厚，仪器设备先进。

国家林业局北方林木种子检验中心又称北检中心，于 1982 年成立，是国家林业局授权的法定林木种苗质量监督检查机构，具有第三方公正地位。中心的检验结果对国内林木种子质量的评定和国际种子贸易方面具有公正性、权威性和法律效用。

五、课外阅读题录

GB 2772—1999，林木种子检验规程.

GB/T 19177—2003，桑树种子和苗木检验规程.

李奇 . 2003. 林木种子检验作用及存在问题和对策[J]. 四川林业科技，(3)：74 –76.

宋自力，饶晓辉 . 2007. 浅谈四唑染色法在林木种子检验中的应用[J]. 湖南林业科技，34(4)：85 –86.

【复习思考】

1. 为什么要进行林木种实品质检验？检验项目有哪些？
2. 根据国家标准 GB/T 2772—1999《林木种子检验规程》简述抽样的技术规定。

单元2

苗木培育

苗木培育是指利用繁殖材料培育新苗木，包括播种育苗、扦插育苗、嫁接育苗、组织培养育苗等。由于受气候、土壤或培养基质、树种类型、培育苗木规格、温湿度等环境条件影响较大，在苗木培育过程中如何做到科学化、规范化、标准化、精准化育苗，是现代育苗的关键，也是现代苗木培育的技术精髓。

项目6 育苗地准备

除无土栽培外，苗木生产均需要利用土壤或其他营养材料作为培养基质，这些基质主要为苗木提供必要的养分、水分和起支撑固定的作用，其状况的好坏直接影响苗木质量和数量。但现有育苗地可能存在凹凸不平、质地不良、养分亏缺、水肥条件差、病原菌和虫害严重、杂草丛生等不良因素，有必要在育苗之前对圃地进行调查、合理规划利用，并采取改良、消毒、耕作、施肥、作床、轮休等措施，为育苗做好准备工作。

任务6.1 苗圃地规划设计

【任务介绍】

苗圃是苗木生长的场所，它能提供适宜的生态条件，使优良的繁殖材料经过生长发育，培育出苗木。苗圃规划设计指在收集规划区相关气象资料、经营经济条件的基础上，综合运用植被、病虫害、土壤等调查技术对苗圃进行分析、区划，并就播种、扦插、嫁接等育苗技术进行设计，综合成本预算和效益分析，为苗圃苗木生产提供指导。

本任务要求严格遵守LY/J 128—1992《林业苗圃工程设计规范》、LY/T 1185—1996《国有林区标准化苗圃标准》等的技术标准，使苗圃设计科学、合理，能最大限度地利用土地，最大限度地降低苗圃建设和生产成本。

知识目标

1. 掌握苗圃规划设计的基本程序。
2. 掌握育苗的相关知识。
3. 掌握导线测量、平面图绘制的基本知识。
4. 掌握植被调查、土壤调查和病虫害调查基本知识。

技能目标

1. 能根据苗圃规划要求进行外业资料的采集。
2. 能熟练使用罗盘等仪器正确测量苗圃面积和形状，并绘制苗圃平面图。

3. 能根据育苗计划正确规划苗圃生产用地及非生产用地。
4. 能根据所要培育的苗木种类进行育苗技术设计和成本预算。
5. 会编写苗圃规划设计说明书。

【任务实施】

6.1.1 苗圃地规划设计流程

建立苗圃，做好规划设计十分重要。圃地规划设计不当，不仅难以达到培育大量合格苗木的目的，而且会造成人力、物力和财力的浪费，增加育苗成本。圃地条件好，就能以最低的育苗成本，培育出大量符合需要的优质苗木，取得良好的经济效益和社会效益。苗圃地的规划设计流程如图6-1所示。

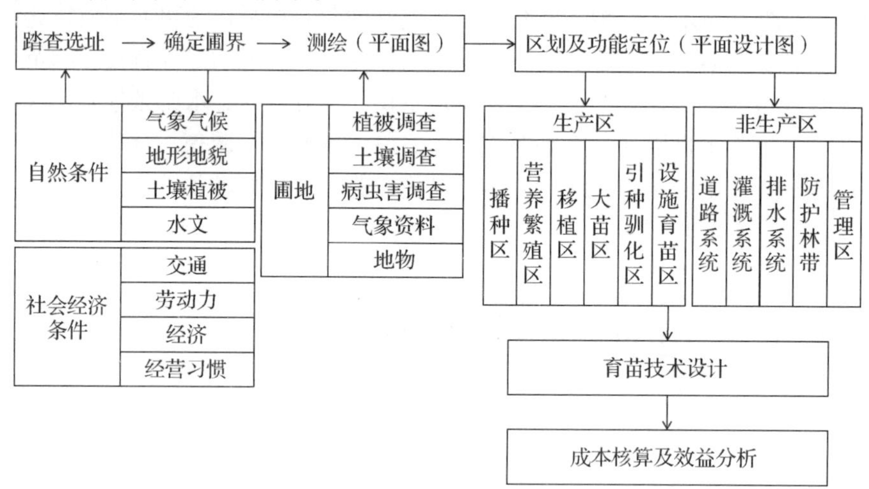

图6-1 苗圃规划设计流程图

6.1.2 踏查选址

由设计人员会同施工和经营人员到已确定的圃地范围内进行实地踏勘和调查访问工作，概括了解圃地的现状、历史、地势、土壤、植被、水源、交通、病虫害以及周围的环境，以便更好地规划设计。

6.1.2.1 经营条件

① 交通条件　设在交通方便的地方，以便于育苗所需要的物资材料的运入和苗木的运出。要特别注意道路上有无妨碍大苗运输的空中障碍和低矮涵洞等。

② 人力条件　苗圃需要劳动力较多，尤其是育苗繁忙季节需要大量临时工。因此，苗圃应设在靠近居民点的地方，以保证有充足的劳动力来源，同时便于解决电力、畜力和住房等问题。

③ 周边环境　尽量远离污染源，防止污染对苗木生长产生不良影响。

6.1.2.2 自然条件

(1)地形地势

固定苗圃(使用年限长的苗圃)应设在地势平坦、自然坡度在3°以下，排水良好的地方。坡度太大容易导致水土流失，也不利于灌溉和机械作业。

山地丘陵地区，因条件所限，苗圃应尽量设在山脚下的缓坡地，坡度在5°以下。如坡度较大，则应修筑带状水平梯田。苗圃忌设在易积水的低洼地、过水地，风害严重的风口，光照很弱的山谷等地段。

山地育苗时，坡向对苗木发育有很大影响。北方地区气候寒冷，生长期较短，春季干旱、风大，秋、冬季易遭受西北风的危害。因此，在坡地上选择苗圃地时，宜选东南坡。因为东南坡向光照条件好，昼夜温差小，土壤湿度也较大；而西北坡、北坡或东北坡则因温度过低，不宜作苗圃地。南方温暖多雨地区，一般则以东南坡、东坡或东北坡为宜。南坡、西南坡或西坡因阳光直射，土壤干燥不宜作苗圃地。

(2)土壤

土壤是种子发芽、插穗生根和苗木生长发育所需要的水分、养分的供给者，也是苗木根系生长发育的环境条件。因此，选择苗圃地时必须重视土壤条件。

土壤的结构和质地，对于土壤中的水、肥、气、热状况影响很大。通常团粒结构的土壤通气性和透水性良好，且温热条件适中，有利于土壤微生物的活动和有机质的分解，土壤肥力较高，土壤地表径流少，灌溉时渗水均匀，有利于种子发芽出土和幼苗的根系发育，同时又便于土壤耕作、除草松土和起苗作业。实践证明，苗圃以选择较肥沃的砂质壤土、轻壤土和壤土为好。砂土、重黏土和盐碱土均不宜作苗圃地。土层厚度在50cm以上最好。

土壤的酸碱度对土壤肥力和苗木生长也有很大影响。大多数针叶树种适宜中性或微酸性土壤，多数阔叶树种适宜中性或微碱性土壤。在一般情况下，苗木在弱酸至弱碱的土壤里才能生长良好。当土壤过酸时，土壤中磷和其他营养元素的有效性下降，不利于苗木生长；在中性土壤中磷的有效性最大；当土壤碱性过大时，也会使磷、铁、铜、锰、锌和硼等元素的有效性显著降低。另外，土壤酸性或碱性太大不利于一些有益微生物，因而影响氮、磷和其他元素的转化和供应。因此，选择苗圃地时必须考虑到土壤的酸碱度要与所培育的苗木种类相适应。一般针叶树圃地pH值以5~6.5为宜，阔叶树圃地pH值以5~8为宜。

(3)水源

苗圃对水分供应条件要求很高，必须有良好的供水条件。水质要求为淡水，含盐量一般不超过0.15%，最高不超过1.5%，还要求水源无污染或污染较轻。最好在靠近河流、湖泊、池塘和水库的地方建立苗圃，便于引水灌溉。如果没有上述水源条件，应该考虑打井灌溉。但是，苗圃地也不宜设置在河流、湖泊、池塘、水库的边上，或者其他地下水位过高的地方。因为地下水位过高，土壤水分过多，则通气不良，根系发育差，苗木容易发生徒长，不能充分木质化，易遭受冻害。在盐碱地区，如果地下水位高，还会造成土壤的盐渍化。地下水位过低，会增加苗圃的灌溉次数和灌水量，因而增加育苗成本。适宜的地下水位受土壤质地影响，砂土一般为1~1.5m，砂壤土为2.5m以下，轻壤土为2.5~3.0m，黏性壤土4m以下。

(4)病虫害

苗圃育苗往往由于病虫的危害而造成很大的损失。因此，在选择苗圃时，应进行土壤病虫害的调查，尤其应查清蛴螬、蝼蛄、地老虎、蟋蟀等主要地下害虫的危害程度和立枯病、根腐病等病菌的感染程度。病虫危害严重的土地不宜作苗圃地，应采取有效的消毒措施后再作苗圃。

选择苗圃要综合考虑以上条件，不能强调某些条件而忽视其他条件。相对而言，土壤条件和水源条件更为重要。

6.1.3 圃地实测

沿圃地边界，用罗盘仪进行闭合导线测量，绘制平面图。比例尺要求为1/500~1/2000；等高距为20~50cm。平面图应尽量绘入对设计直接有关的山、河、湖、井、道路、房屋、坟墓等地形、地物，作为苗圃规划设计的依据。

6.1.3.1 外业调查

(1)植被调查

对圃地上的植物种类、分布，乔木树种的树高、地径、冠幅，灌木和草本的多度和盖度等进行调查，特别是根系发达的草本和灌木，这决定圃地改造的方法和成本。

(2)土壤调查

根据圃地的自然地形、地势及指示植物的分布，选定典型地点挖土壤剖面，观察和记载土层厚度、土壤质地、土壤结构、土壤酸碱度(pH值)、地下水位等。必要时可分层采样进行分析。通过调查，弄清圃地土壤的种类、分布、肥力状况和土壤改良的途径，并在地形图上绘出土壤分布图，以便合理使用土地。

(3)病虫害调查

主要调查圃地的地下害虫，如金龟子、地老虎、蝼蛄等。采用挖土坑分层调查方法。样坑面积1.0m×1.0m，坑深挖至母岩。样坑数量：$5hm^2$以下挖5个土坑；6~$20hm^2$挖6~10个土坑；21~$30hm^2$挖11~15个土坑；31~$50hm^2$挖16~20个土坑；$50hm^2$以上挖21~30个土坑。通过土坑调查病虫害的种类、数量以及前茬作物和周围树木的情况，了解病虫感染程度，提出防治措施。

(4)气象资料的收集

向当地的气象台或气象站了解有关的气象资料，如生长期、早霜期、晚霜期、晚霜终止期、全年及各月平均气温、最高和最低的气温、土表最高温度、冻土层深度、年降水量及各月分布情况、最大一次降雨量及降雨历时数、空气相对湿度、主风方向和风力等。此外，还应向当地群众了解圃地的特殊小气候等情况。

6.1.3.2 外业资料整理

将圃地实测数据和外业调查数据进行整理、分析，提出改造建议和在以后工作中应该注意问题。

6.1.4 内业设计

6.1.4.1 苗圃用地区划

苗圃地包括生产用地和辅助用地两部分。直接用于育苗和轮休的土地叫作生产用地，通常占80%，大型苗圃比例大些，中小型苗圃所占比例小些。辅助用地面积包括道路、房舍、场院、固定排灌渠道、防护林、圃地周围沟壕等所占用的土地面积，一般占苗圃总面积的20%，大型苗圃占15%~20%，中小型苗圃占20%~25%。

(1)生产用地区划

① 作业区及规格　苗圃中进行育苗的基本单位是作业区，作业区一般为长方形或正方形。作业区的长度依机械化程度而异，完全机械化的以200~300 m为宜、畜耕者50~100 m为好。作业区的宽度依圃地的土壤质地和地形是否有利于排水而定，排水良好者可宽，排水不良时要窄，一般宽40~100 m。作业区的方向根据圃地的地形、地势、坡向、主风方向和圃地形状等因素综合考虑。坡度较大时，作业区长边应与等高线平行。一般情况下，作业区长边最好采用南北向，可使苗木受光均匀，有利生长。

② 育苗区设置。

a. 播种区。播种区是培育播种苗的生产区。幼苗对不良环境的抵抗力弱，要求精细管理，应选择全圃自然条件和经营条件最有利的地段作为播种区。人力、物力、生产设施均应优先满足播种育苗的要求。具体要求地势较平坦，背风向阳，灌溉方便，土质疏松，土层深厚肥沃，靠近管理区。如是坡地，则应选择最好的坡向。

b. 营养繁殖区。是培育插条苗、压条苗、分株苗和嫁接苗的生产区，与播种区要求基本相同，应设在土层深厚、土质疏松而湿润、灌溉方便的地方，但不像播种区那样要求严格。嫁接苗区主要为砧木苗的播种区，宜土质良好，便于接后覆土，地下害虫要少，以免危害接穗而造成嫁接失败。插条苗区则应着重考虑灌溉和遮阴条件。压条、分株育苗法采用较少，育苗量较小，可利用零星地块育苗。具体安排时也应考虑树种的习性来安排。如杨树、柳树的营养繁殖区(主要是插条区)，可适当用较低洼的地方；而一些珍贵的或成活困难的苗木，则应靠近管理区，在便于设置温床、荫棚等特殊设备的地区进行，或在温室中育苗。为提高扦插成活率，插条区可设在设施育苗区，扦插成活后移入移植区栽培。

c. 移植区。是培育各种移植苗的生产区，由播种区、营养繁殖区、设施育苗区中繁殖出来的苗木，均需移入移植区中继续培育。移植区内的苗木依规格要求和生长速度的不同，往往每隔2~3年再移几次，逐渐扩大株行距，增加营养面积。所以移植区占地面积较大。一般可设在土壤条件中等，地块大而整齐的地方。移植区也要依苗木的不同习性进行合理安排。如杨树、柳树可设在低湿的地区，松柏类等常绿树则应设在比较高燥且土层深厚的地方，以利带土球出圃。

d. 大苗区。培育植株的体型、苗龄均较大并经过整形的各类大苗的作业区。在本育苗区继续培育的苗木，通常在移植区内进行过一次或多次的移植，在大苗区培育的苗木出圃前不再进行移植，且培育年限较长。大苗区的特点是株行距大，占地面积大，培育的苗木大，规格高，根系发达，可以直接用于城镇绿化建设和防护林建设。大苗的抗逆性较强，对土壤要求不严，但以土层较厚，地下水位较低，地块整齐为好。在树种配置上，要注意各树种的不同习性要求。为了出圃时运输方便，最好能设在靠近苗圃的主要干道或苗圃的外围。

e. 母树区。在永久性苗圃中，为了获得优良的种子、插条、接穗等繁殖材料，需设立采种、采条的母树区。本区占地面积小，可利用零散地块，但要土壤深厚、肥沃及地下水位较低。对一些乡土树种可结合防护林带和沟边、渠旁、路边进行栽植。若为大规模生产提供穗条的采条母树区，需专门安排成片的地块。

f. 引种驯化区。用于引入新的树种和品种，进而推广。可单独设立实验区或引种区，也可引种区和实验区相结合。

g. 设施育苗区。是利用温室、荫棚、自动喷灌设施进行育苗的生产区。设施育苗区应设在管理区附近，主要要求用水、用电方便。

此外，有的综合性苗圃还可设立标本区、果苗区、花卉区等。

③ 生产用地面积　生产用地面积可以根据各种苗木的生产任务、单位面积的产苗量及轮作制来计算。各树种的单位面积产苗量通常是根据各个地区的自然条件和技术水平来确定。如果没有产苗量定额，则可以参考生产实践经验来确定。可参考式(6-1)至式(6-4)来计算用地面积：

$$S = \frac{N \times A}{n} \times \frac{B}{C} \tag{6-1}$$

式中　S——某树种所需的育苗面积(m^2)；

N——该树种计划产苗量(株)；

n——该树种单位面积的产苗量(株)；

A——苗木的培育年龄(年)；

B——轮作区的总区数(个)；

C——每年育苗所占的区数(个)。

【例】某苗圃生产 2 年生紫薇播种苗 150 万株，采取 3 区轮作制，每年有 1 区休闲种植绿肥作物，2 个区育苗，单位面积产苗量为每亩(667 m^2)15 万株，则需要育苗面积为

$$S = \frac{150 \times 2}{15} \times \frac{3}{2} = 30(\text{亩})$$

若不采用轮作制，$\frac{B}{C}$ 等于 1，则育苗面积为 20 亩。

依上述公式的计算结果是理论数值。实际生产中，在苗木抚育、起苗、假植、窖藏和运输等过程中苗木会有一定损失。所以，计划每年生产的苗木数量时，应适当增加 3%~5%，育苗面积也相应地增加。各个树种所占面积的总和即为生产用地的总面积。

$$S = \frac{N \times A}{mn'} \times \frac{B}{C} \tag{6-2}$$

式中　n'——该树种单位长度的产苗量(株)；

m——该树种单位面积播种行的总长度(m)。

其他符号同式(6-1)。

苗床育苗时：

$$m = \frac{S'}{(a + c)(b + c)} \times (d \times e) \tag{6-3}$$

式中　S'——单位面积(m^2)；

a——床长(m)；

b——床宽(m)；

c——步道宽(m)；

d——床上播种行的长度(m)；

e——床上播种行的数量(个)。

垄作育苗时：

$$m = \frac{S'}{f} \tag{6-4}$$

式中　S'——单位面积(m^2)；

f——垄宽(m)。

生产用地面积加上辅助用地面积即为苗圃地的总面积。

值得一提的是，苗圃面积很大程度上不是计算出来的，而是综合分析造林绿化事业发展的需要及苗圃发展目标定位和资金投入能力等诸多因素，由苗圃经营管理决策者来决定的。因为，在现实的生产中，与面积计算有关的诸多因素具有不确定性，如某一树种每年育苗的数量相同的可能性不大，同一年中相互轮作的各种植物育苗面积相同的可能性也很小，不同年度所育苗木的种类和树种的数量也不尽相同。这样，完全根据第一年育苗的情况确定苗圃面积是不符合实际的。当然，不可否认其具有一定的参考价值。

(2)辅助用地区划

苗圃的辅助用地(或称非生产用地)主要包括道路系统、排灌系统、防护林带、管理区的房屋场地等，这些用地是为服务苗木生产所占用的土地，既要能满足生产的需要，又要设计合理，减少用地。

① 道路系统的设置　苗圃中的道路是连接各种作业区的通道，便于开展育苗工作。一般设有一级路、二级路、三级路和环行路。

一级路：是苗圃的主干道，多以管理区为中心，应连接管理区和苗圃出入口，位于苗圃中轴线上。一般设置一条或相互垂直的两条主干道，路面宽6~8m，标高高于作业区20cm。

二级路：通常与主干道相垂直，与各作业区相连接。路面宽一般4m，标高高于作业区20cm。

三级路：是作业人员进入作业区的作业路，与二级路垂直，路面宽一般2m。

环行路：又称环行道。在大型苗圃中，为了车辆、机具等机械回转方便，可依需要在苗圃四周防护林带内侧设置环行路，路面宽一般4~6m。

在设计苗圃道路时，要在保证管理和运输方便的前提下尽量节省用地。中小型苗圃可不设二级路，但一级路不可过窄。一般苗圃中道路的占地面积，不应超过苗圃总面积的7%~10%。

② 灌溉系统的设置　苗圃必须有完善的灌溉系统，以保证苗木对水分的需要。灌溉系统包括水源、提水设备和引水设施三部分。

a. 水源。主要有地面水和地下水两类。地面水指河流、湖泊、池塘、水库等，以无污染又能自流灌溉的最为理想。不能自流灌溉的用抽水设备引水灌溉。一般地面水温度较高，与作业区土温相近，水质较好，且含有一定养分，有利苗木生长。地下水指泉水、井水等。地下水的水温较低，宜设蓄水池以提高水温，再用于灌溉。水井应设在地势高的地方，以便自流灌溉。水井设置还要均匀分布，以便缩短引水和送水的距离。

b. 提水设备。现在多使用抽水机(水泵)，可依苗圃的需要，选用不同规格的抽水机。

c. 引水设施。有地面渠道引水和管道引水两种。

渠道引水：修筑渠道是沿用已久的引水方式。土筑明渠修筑简便，投资少，但其流速较慢，蒸发量、渗透量较大，占地多，须注意经常维修。故为了提高流速，减少渗漏，现在多加以改进，在水渠的沟底及两侧铺上水泥或做成水泥槽，有的使用瓦管、竹管、木槽等。引水渠道一般分为三级：一级渠道(主渠)是永久大渠道，从水源直接把水引出，一般主渠宽 1.5~2.5m；二级渠道(支渠)通常也为永久性的，把水由主渠引向各作业区，一般支渠宽 1~1.5m；三级渠道(毛渠)是临时性的小水渠，一般宽度为 1m 左右。主渠和支渠是用来引水和送水的，水槽底应高出地面，毛渠则直接向圃地灌溉，其水槽底应平于地面或略低于地面，以免把泥沙冲入畦中，埋没苗木。

各级渠道的设置常与各级道路相配合，可使苗圃的区划整齐，渠道的方向与作业区方向一致，各级渠道常成垂直，支渠与主渠垂直、毛渠与支渠垂直，同时毛渠还应与苗木的种植行垂直，以便灌溉。在地形变化较大，落差过大的地方应设跌水构筑物，通过排水沟或道路时可设渡槽或虹吸管。

管道灌溉：主管和支管均埋入地下，其深度以不影响机械化耕作为度，开关设在地表，使用方便。

喷灌和滴灌均是使用管道进行灌溉的方法：喷灌是近 20 多年来发展较快的一种灌溉方法，利用机械把水喷射到空中形成细小雾状，进行灌溉；滴溉是使水通过细小的滴头将水滴逐渐地施于地面，渗入土壤中的灌溉技术。这两种方法一般可省水 20%~40%，基本上不产生深层渗漏和地表径流，少占耕地，减少土壤板结，增加空气湿度，有利于苗木的生长和增产。但喷灌、滴灌投资均较大，喷灌效果还常常受风的影响，应加注意。管道灌溉近年来在国内外均发展较快，是今后苗圃进行灌溉的发展趋向。

③ 排水系统的设置　排水系统对地势低、地下水位高及降雨量多而集中的地区极为重要，产生积水或地下水位过高是造成苗木生长不良，甚至死亡的重要原因。排水系统由大小不同的排水沟组成，排水沟分明沟和暗沟两种，目前采用明沟较多。排水沟的宽度、深度和设置，根据苗圃的地形、土质、雨量、出水口的位置等因素而确定，应以保证雨后能很快排除积水而又少占土地为原则。大排水沟宽 1m 以上，深 0.5~1m，设在圃地最低处，直接通入河、湖或市区排水系统；中排水沟通常设在路旁，与大排水沟和小排水沟相通；作业区内小排水沟宽 0.3~1m，与小区步道相通。在地形、坡向一致时，排水沟和灌溉渠往往各居道路一侧，形成沟、路、渠并列，这是比较合理的设置，既利于排灌，又区划整齐。排水沟与路、渠相交处应设涵洞或桥梁。在苗圃的四周最好设置较深而宽的截水沟，起防止苗圃外水流入侵，排除圃内水和防止小动物及害虫侵入的作用。排水系统占地一般为苗圃总面积的 1%~5%。

④ 防护林带的设置　为了避免苗木遭受风沙危害应设立防护林带，以降低风速，减少地面蒸发和苗木蒸腾，创造适宜的小气候条件和生态环境。防护林带的设置规格，依苗圃的大小和风害程度而异，一般小型苗圃与主风方向垂直设一条林带；中型苗圃在四周设置林带；大型苗圃除设置周围环圃林带外，还应在圃内结合道路等设置与主风方向垂直的辅助林带。如有偏角，不应超过 30°，一般防护林防护范围是树高的 15~17 倍。

林带的结构以乔灌木混交半透风为宜，既可降低风速又不因过分紧密而形成回流。林带宽度和密度依苗圃面积、气候条件、土壤和树种特性而定，一般主林带宽 8~10m，株距 1.0~1.5m，行距 1.5~2.0m；辅助林带多为 1~4 行乔木，带宽 2~4m 即可。

林带的树种选择，应尽量就地取材，选用当地适应强、生长迅速、树冠宽大的乡土树种。同时，也要注意速生和慢生、常绿和落叶、乔木和灌木、寿命长和寿命短的树种相结合。还可结合采种、采穗母树和有一定经济价值的树种，如建材、筐材、蜜源、油料、绿肥等，以增加收益。注意不要选用苗木病虫害的中间寄主树和病虫害严重的树种。为了保护圃地，防止人们穿行和畜类窜入，可在林带外围种植带刺的或萌芽力强的灌木，以减少对苗木的危害。

苗圃中林带的占地面积一般为苗圃总面积的5%~10%。

⑤ 苗圃管理区的设置　该区包括房屋建筑和圃内场院等部分。房屋建筑主要指办公室、宿舍、食堂、仓库、种子贮藏室、工具房、畜舍车棚等。圃内场院包括劳动集散地、运动场以及晒场、肥场等。苗圃管理区应设在交通方便，地势高燥，接近水源、电源的地方或不适宜育苗的地方。中小型苗圃的建筑一般设在苗圃出入口的地方。大型苗圃的建筑最好设在苗圃中央，以便于苗圃经营管理。畜舍、猪圈、积肥场等应放在较隐蔽和便于运输的地方。管理区占地一般为苗圃总面积的1%~2%。

6.1.4.2　绘制苗圃设计图

(1)绘制设计图前的准备

在绘制设计图前首先要明确苗圃的具体位置、圃界、面积、育苗任务、苗木供应范围；了解育苗的种类、培育的数量和出圃的规格；确定苗圃的生产和灌溉方式，苗圃建筑和设备等设施，以及苗圃工作人员的编制等。同时，应有建圃任务书，各种有关的图面材料，如地形图、平面图、土壤图、植被图等，搜集有关的自然条件、经营条件，以及气象资料和其他有关资料等。

(2)苗圃设计图的绘制

在各有关资料搜集完整的基础上，通过对具体条件的全面综合分析，确定苗圃的区划设计方案。以测绘的平面图为底图，按照一定的比例尺，先在地形图上绘出主要道路、渠、沟、林带、建筑、场院等位置，再根据生产区区划的情况绘出各作业区的位置，即得到苗圃设计草图。多方征求意见，进行修改，最后确定正式设计方案，绘制正式的设计图。

正式设计图应依地形图的比例尺，将道路、沟渠、林带、作业区、建筑区、育苗区等按比例绘制，排灌方向要用箭头表示。在图纸上应列有图例、比例尺、方向标等。各区应加以编号，以便说明各育苗区的位置。

6.1.4.3　育苗技术设计

(1)育苗任务

按照育苗技术规程和细则中规定的播种量(或穗条量)及每亩物、肥、药等各项作业工程等定额，编制苗圃年度育苗生产计划(表6-1)。

表6-1　年度育苗生产计划表

树种	施业别	育苗面积(亩)	计划产苗量(千株)			苗木质量(cm)			种苗量(kg)	物料量				肥料量(kg)			药料量(kg)				用工量(个)			备注
			计划育苗	合格苗	留圃苗	地径	苗高	根长		沙子(m^3)	稻草(m^3)	秫秸(m^3)	等等	堆肥	硫酸铵	过磷酸钙	硫酸亚铁	硫酸铜	生石灰	除草醚	人工	畜工	机械工	

注：表格栏目可根据实际情况适当增减。

(2)育苗技术设计

分树种、施业别，依时间和作业顺序按表6-2的格式进行育苗的技术设计。

表6-2 树种育苗技术措施一览表

顺序	作业项目	时间	方法	次数	质量要求

(3)育苗作业成本估算

育苗成本包括直接成本和间接成本：直接成本指育苗所需的种子、穗条、苗木、物料、肥料、药料、劳动工资和共同生产费等；间接成本指基本建设和工具折旧费与行政管理费等。

育苗作业成本设计按表6-3，分树种、施业别，根据苗圃年度育苗生产计划所列各项内容和共同生产费、管理费、折旧费等计算苗木成本(播种苗以千株为计算单位，移植苗和扦插苗以百株为计算单位)。然后依据收支项目累计金额，平衡本年度资金收支盈亏情况(表6-4)。

表6-3 育苗作业总成本表

<table>
<tr><th rowspan="3">树种</th><th rowspan="3">施业别</th><th rowspan="3">育苗面积(亩)</th><th rowspan="3">产苗量(千株)</th><th colspan="3">用工量(个)</th><th colspan="9">直接费用(元)</th><th colspan="2">直接成本(元)</th><th rowspan="3">管理费(元)</th><th rowspan="3">折旧费(元)</th><th colspan="2">总成本(元)</th><th rowspan="3">备注</th></tr>
<tr><th rowspan="2">人工</th><th rowspan="2">畜工</th><th rowspan="2">机械工</th><th colspan="4">作业费</th><th rowspan="2">种苗费</th><th rowspan="2">物料费</th><th rowspan="2">肥料费</th><th rowspan="2">药料费</th><th rowspan="2">共同生产费</th><th rowspan="2">小计</th><th rowspan="2">千株成本</th><th rowspan="2">总费用</th><th rowspan="2">千株成本</th></tr>
<tr><th>计</th><th>人工费</th><th>畜工费</th><th>机械工费</th></tr>
<tr><td></td><td></td><td></td><td></td><td></td><td></td><td></td><td></td><td></td><td></td><td></td><td></td><td></td><td></td><td></td><td></td><td></td><td></td><td></td><td></td><td></td><td></td><td></td></tr>
<tr><td></td><td></td><td></td><td></td><td></td><td></td><td></td><td></td><td></td><td></td><td></td><td></td><td></td><td></td><td></td><td></td><td></td><td></td><td></td><td></td><td></td><td></td><td></td></tr>
<tr><td></td><td></td><td></td><td></td><td></td><td></td><td></td><td></td><td></td><td></td><td></td><td></td><td></td><td></td><td></td><td></td><td></td><td></td><td></td><td></td><td></td><td></td><td></td></tr>
<tr><td></td><td></td><td></td><td></td><td></td><td></td><td></td><td></td><td></td><td></td><td></td><td></td><td></td><td></td><td></td><td></td><td></td><td></td><td></td><td></td><td></td><td></td><td></td></tr>
<tr><td></td><td></td><td></td><td></td><td></td><td></td><td></td><td></td><td></td><td></td><td></td><td></td><td></td><td></td><td></td><td></td><td></td><td></td><td></td><td></td><td></td><td></td><td></td></tr>
<tr><td></td><td></td><td></td><td></td><td></td><td></td><td></td><td></td><td></td><td></td><td></td><td></td><td></td><td></td><td></td><td></td><td></td><td></td><td></td><td></td><td></td><td></td><td></td></tr>
</table>

表6-4 年度苗圃资金收支平衡表

<table>
<tr><th colspan="4">收入项目</th><th rowspan="2">支出账目(元)</th><th rowspan="2">两抵后盈亏(元)</th></tr>
<tr><th>种类</th><th>产苗量(千株)</th><th>单价(元/千株)</th><th>收入(元/千株)</th></tr>
<tr><td></td><td></td><td></td><td></td><td></td><td></td></tr>
<tr><td></td><td></td><td></td><td></td><td></td><td></td></tr>
<tr><td></td><td></td><td></td><td></td><td></td><td></td></tr>
<tr><td></td><td></td><td></td><td></td><td></td><td></td></tr>
</table>

共同生产费指不能直接分摊给某一树种的费用，如会议、学习、参观、病产假、雨雪休、奖励费、劳保用品等。可根据实际情况确定为人工费的5%~10%，然后换算成金额。

管理费为干部和脱产人员的人头费，根据实际情况确定，大型苗圃多于中小型苗圃。一般为人工费的65%左右。

折旧费主要指各种机具、小工具、电井、排灌设备等分年折旧费用，可根据实际情况确定为人工费的25%~30%。

以上3项费用分摊到各树种中的计算方法是，通过编制共、管、折三费分摊过渡表，经过计算后确定。例如，表6-5中用人工费总额分别除以各树种施业别的人工费，即得出各树种施业别的人工费分摊百分比。用共、管、折三费分别乘以各树种施业别的人工费分摊百分比，即得共、管、折三费分别分摊的金额。表6-5只起过渡作用，将算出的金额转入表6-3即可。

表6-5　共、管、折三费分摊过渡表

树种施业别	项　目				
	人工费(元)	人工分摊百分比(元)	共同生产费(元)	管理费(元)	折旧费(元)
合计	8000	100	800	5200	2000
树种1+措施(如落叶松播种)	4000	50	400	2600	1000
树种2+措施(如红松移植)	2400	30	240	1560	600
树种3+措施(如杨树插条)	1600	20	160	1040	400

【技能训练】

苗圃规划设计说明书编制

[目的要求]能对苗圃的自然条件与经营条件以及其与育苗技术措施的关系进行分析；能进行苗木成本计算、填写相应的计算表、绘制苗圃平面区划图、编制苗圃规划设计说明书。

[材料用具]测绘用具(1:10 000地形图、GPS、罗盘仪、标杆、测绳、记录板、坐标纸、皮尺、各种测量记录用表)，土壤测定用具(土壤小铲、小刀、pH试剂、小瓷板、土壤袋、地质锤、土壤筛、环刀、铝盒、锄头、铁锹、土钻、标签)及方格纸、铅笔、橡皮、记录表格、记载板等。

以及以下资料：苗圃的基本情况；育苗任务(包括树种、苗木种类、育苗面积、计划产苗量、苗龄等)；主要造林树种播种量参考表；主要造林树种苗木等级表；种子、物资、肥料、农药价格参考表；各项工资标准；每亩物、肥、药定额参考表；规划设计应使用的各种表格。

[实训场所]实习苗圃及教室。

[操作步骤]

设计说明书是苗圃规划设计的文字材料，它与设计图纸是苗圃设计的两个不可缺少的组成部分。图纸上表达不出的内容，都必须在说明书中加以阐述。一般分为总论和设计两部分进行编写。

(1)总论。主要叙述该地区的经营条件和自然条件，并分析其对育苗工作的有利和不利因素，以及相应的改造措施。

① 前言。简要叙述苗木培育在当地经济建设中的重要意义及发展概况、本设计遵循的原则、指导思想及包括内容等。

② 经营条件。苗圃位置和当地经济、生产及劳动力情况及其对苗圃经营的影响；苗圃的交通条件；动力和机械化条件；周围的环境条件。

③ 自然条件。气候条件(年降水量、年平均气温、最高和最低温度、无霜期、风向等)，土壤条件(质地、土层厚度、土壤酸碱度、水分及肥力状况、地下水位等)，水源情况(种类、分布、灌溉措施)，地形特点，病虫害及植被情况。

(2)设计部分。

① 苗圃的区划。作业区的大小，各育苗区的配置，道路系统的设计，排灌系统的设计，防护林带及篱垣的设计，管理区建筑的设计。

② 育苗技术设计。

a. 育苗任务　按照育苗技术规程和细则中规定的播种量(或穗条量)及每亩物、肥、药等各项作业工程等定额，编制苗圃年育苗生产计划(表 6-1)。

b. 育苗技术设计　分树种、施业别，依时间和作用顺序按表 6-2 的格式进行育苗的技术设计。设计的中心思想是遵循技术上先进、经济上合理、措施可行的原则，以最低的成本，从单位面积上获得数量最多的合格苗(Ⅰ、Ⅱ级苗)。充分运用所学知识，密切结合苗圃地条件和播种的特性，吸取生产上的成功经验，拟定出先进的技术措施。

c. 育苗作业成本估算　包括建圃开支费用、育苗直接成本、育苗间接成本、育苗成本总计、育苗产值估算和中长期效益估算。

[**注意事项**]设计书应力求文字简练，逻辑性强，字迹清楚整洁；附所有的表格和图，装订整齐，并有封面。

[**实训报告**]撰写苗圃调查规划设计说明书(包括外业调查资料、内业设计表、图面材料和说明书等)，要求完成相关表格的计算和填写，完成苗圃规划设计图的制作。

【任务小结】

如图 6-2 所示。

【拓展提高】

一、苗圃的种类和特点

根据苗圃生产苗木的用途或任务的不同可以把苗圃分为森林苗圃、园林苗圃和其他专门苗圃(果树苗圃、特种经济林苗圃、防护林苗圃、实验苗圃等)。森林苗圃以生产营造用材林用苗为主，苗木年龄为 1~3 年生；园林苗圃是培育城市、公园、居民区和道路等绿化所需要的苗木，苗木种类多，年龄大，且需要有一定的树型；果树苗圃以生产果苗为主，多为嫁接苗；特种经济林苗圃是专门培育特用经济林树种苗为主，如桑苗、油茶苗、花椒苗等；防护林苗圃是以生产营造各种类型的防护林用苗为主；实验苗圃主要是学校、科研单位专门从事教学、科研用的苗圃。一个大型苗圃，可能会综合上述各苗圃的作用。

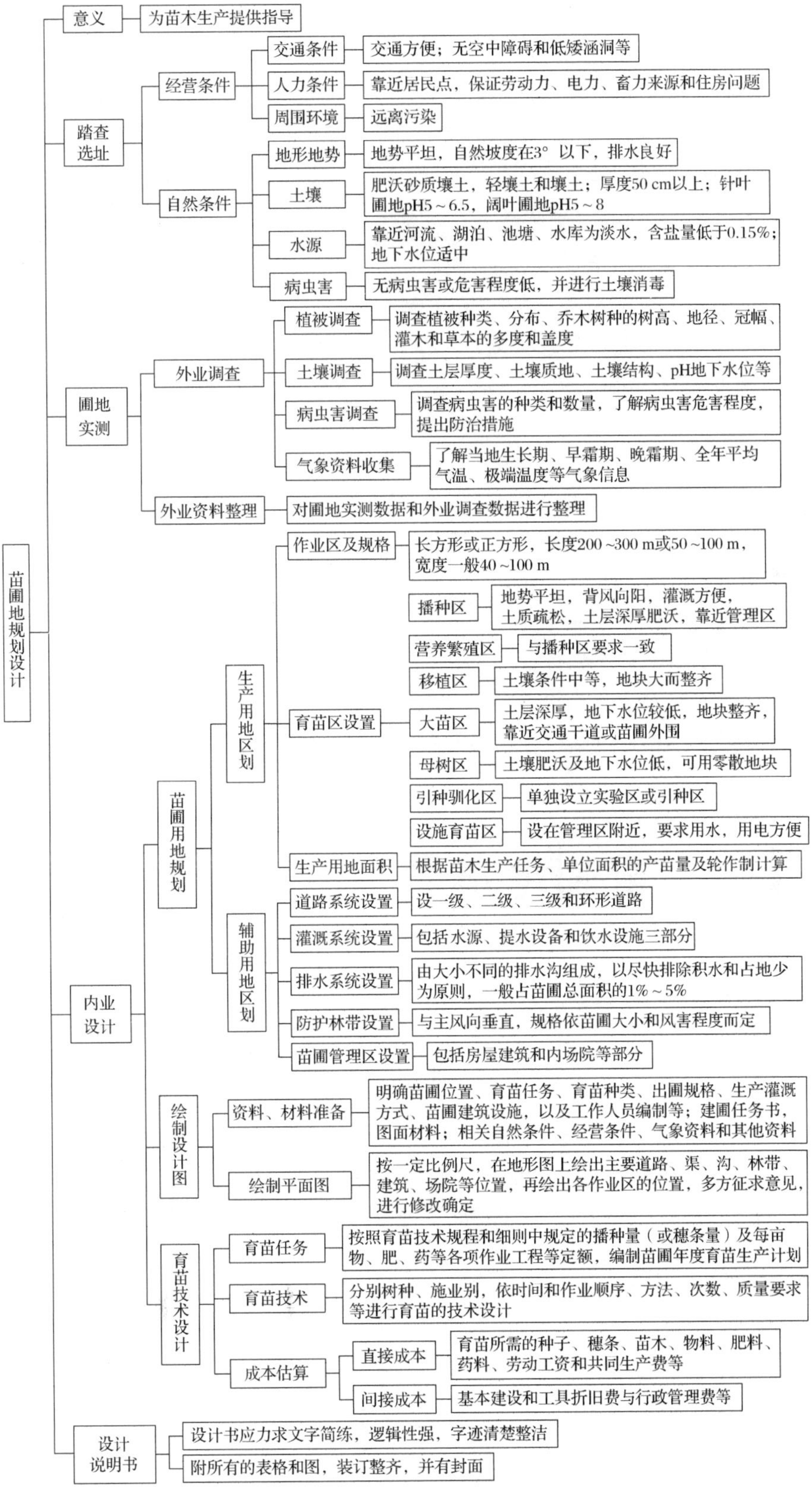

- 苗圃地规划设计
  - 意义
    - 为苗木生产提供指导
  - 踏查选址
    - 经营条件
      - 交通条件：交通方便；无空中障碍和低矮涵洞等
      - 人力条件：靠近居民点，保证劳动力、电力、畜力来源和住房问题
      - 周围环境：远离污染
    - 自然条件
      - 地形地势：地势平坦，自然坡度在3° 以下，排水良好
      - 土壤：肥沃砂质壤土，轻壤土和壤土；厚度50 cm以上；针叶圃地pH5～6.5，阔叶圃地pH5～8
      - 水源：靠近河流、湖泊、池塘、水库为淡水，含盐量低于0.15%；地下水位适中
      - 病虫害：无病虫害或危害程度低，并进行土壤消毒
  - 圃地实测
    - 外业调查
      - 植被调查：调查植被种类、分布、乔木树种的树高、地径、冠幅、灌木和草本的多度和盖度
      - 土壤调查：调查土层厚度、土壤质地、土壤结构、pH地下水位等
      - 病虫害调查：调查病虫害的种类和数量，了解病虫害危害程度，提出防治措施
      - 气象资料收集：了解当地生长期、早霜期、晚霜期、全年平均气温、极端温度等气象信息
    - 外业资料整理
      - 对圃地实测数据和外业调查数据进行整理
  - 内业设计
    - 苗圃用地规划
      - 生产用地区划
        - 作业区及规格：长方形或正方形，长度200～300 m或50～100 m，宽度一般40～100 m
        - 育苗区设置
          - 播种区：地势平坦，背风向阳，灌溉方便，土质疏松，土层深厚肥沃，靠近管理区
          - 营养繁殖区：与播种区要求一致
          - 移植区：土壤条件中等，地块大而整齐
          - 大苗区：土层深厚，地下水位较低，地块整齐，靠近交通干道或苗圃外围
          - 母树区：土壤肥沃及地下水位低，可用零散地块
          - 引种驯化区：单独设立实验区或引种区
          - 设施育苗区：设在管理区附近，要求用水，用电方便
        - 生产用地面积：根据苗木生产任务、单位面积的产苗量及轮作制计算
      - 辅助用地区划
        - 道路系统设置：设一级、二级、三级和环形道路
        - 灌溉系统设置：包括水源、提水设备和饮水设施三部分
        - 排水系统设置：由大小不同的排水沟组成，以尽快排除积水和占地少为原则，一般占苗圃总面积的1%～5%
        - 防护林带设置：与主风向垂直，规格依苗圃大小和风害程度而定
        - 苗圃管理区设置：包括房屋建筑和内场院等部分
    - 绘制设计图
      - 资料、材料准备：明确苗圃位置、育苗任务、育苗种类、出圃规格、生产灌溉方式、苗圃建筑设施，以及工作人员编制等；建圃任务书，图面材料；相关自然条件、经营条件、气象资料和其他资料
      - 绘制平面图：按一定比例尺，在地形图上绘出主要道路、渠、沟、林带、建筑、场院等位置，再绘出各作业区的位置，多方征求意见，进行修改确定
    - 育苗技术设计
      - 育苗任务：按照育苗技术规程和细则中规定的播种量（或穗条量）及每亩物、肥、药等各项作业工程等定额，编制苗圃年度育苗生产计划
      - 育苗技术：分别树种、施业别，依时间和作业顺序、方法、次数、质量要求等进行育苗的技术设计
      - 成本估算
        - 直接成本：育苗所需的种子、穗条、苗木、物料、肥料、药料、劳动工资和共同生产费等
        - 间接成本：基本建设和工具折旧费与行政管理费等
  - 设计说明书
    - 设计书应力求文字简练，逻辑性强，字迹清楚整洁
    - 附所有的表格和图，装订整齐，并有封面

图 6-2　苗圃地规划设计结构图

根据使用年限的长短，可分为固定苗圃(使用年限可在十几年或几十年)和临时苗圃(为完成某一地区的造林任务在造林地区内或附近临时设置)。

根据苗圃育苗面积的大小，可以分为大型($>20hm^2$)、中型($7\sim20hm^2$)和小型苗圃($<7hm^2$)。

二、课外阅读题录

LY/J 128—1992，林业苗圃工程设计规范.

GB/T 6001—1985，育苗技术规程.

LY/T 1185—1996，国有林区标准化苗圃标准.

郭树杰，张占勇 .2011. 苗圃规划设计[J]. 陕西林业科技，(1)：54 - 55.

汪异 . 2015. 苗圃经营与管理[M]. 北京：中国林业出版社.

王军利 .2014. 在非洲建立大型专业绿化苗圃的经验及建议[J]. 北方园艺，(7)：196 - 199.

【复习思考】

1. 苗圃规划设计的基本程序是什么？
2. 圃地选择应考虑哪些条件？
3. 圃地调查包括哪些内容？
4. 圃地功能区划的要求是什么？
5. 苗圃规划设计说明书包括哪些内容？

任务 6.2　苗圃地准备

【任务介绍】

土壤是苗木的重要生存环境，苗木从土壤中吸收各种营养和水分。为了培育出高产、优质的苗木，必须保持和不断提高土壤的肥力，使土壤含有足够的水分、养分和通气条件。苗圃地只有通过深耕细作，才能更好地为苗木生长提供适宜的环境条件。

知识目标

1. 掌握土壤处理的相关理论知识。
2. 理解苗木培育对土壤条件的要求。

技能目标

1. 掌握土壤消毒的方法。
2. 掌握土壤耕作的基本步骤。
3. 能根据育苗要求进行土壤消毒、土地平整、苗床作床、基肥施用等育苗地准备工作。

【任务实施】

6.2.1　土壤耕作

土壤耕作又称为整地，其作用是使土壤结构疏松，增加土壤的通气和透水性；提高土壤蓄水保墒和抗旱能力；改善土壤温热状况，促进有机质的分解。简言之，整地改善了土壤水、肥、气、热状况，提高了土壤肥力。

土壤耕作的环节包括平地、浅耕、耕地、耙地、镇压和中耕等。基本要求是"及时平整，全面耕作，土壤细碎，清除草根石块，并达到一定深度"。

① 平地　苗木起出后，常使圃地高低不平，难于耕作，所以在耕地前应先进行平整土地，使苗圃地平坦，便于耕作和作床，有利于灌溉、排水。

② 浅耕　一般在耕地前进行，主要目的在于减少土壤水分蒸发、消灭杂草和病虫害，减少耕地机械阻力，提高耕地质量。起苗或收割后应马上进行浅耕，一般深度 4～7cm。在生荒地、撂荒地或采伐迹地上新开垦苗圃地时，一般耕深 10～15cm。

③ 耕地　耕地是土壤耕作的中心环节。耕地的季节和时间，应根据气候和土壤条件而定。秋耕有利于蓄水保墒，改良土壤，消灭病虫和杂草，故一般多采用秋耕，尤其在北方干旱地区或盐碱地区更为有利。但砂土适宜春耕，山地育苗，最好在雨季以前耕地。为了提高耕地质量，应抓住土壤不干不湿、含水量为田间持水量的 60%～70% 时进行耕地。耕地的深度要根据圃地条件和育苗要求而定(表 6-6)。耕地深度一般在 20～25cm，过浅起不到耕地的作用，过深苗木根系过长，起苗栽植困难。一般的原则是播种区稍浅，营养繁殖区和移植区稍深；砂土地稍浅，土壤瘠薄黏重地区和盐碱地稍深；在北方，秋耕宜深，春耕宜浅。

表 6-6　旱地育苗不同耕地深度对出苗率和苗木生长的影响

耕地深度(cm)	刺槐			油松			紫穗槐		
	出苗率(%)	苗高(cm)	地径(cm)	出苗率(%)	苗高(cm)	地径(cm)	出苗率(%)	苗高(cm)	地径(cm)
深耕(22～24)	38.7	89.1	0.71	79.5	4.1	0.15	16.1	71.3	6.8
浅耕(12)	36.5	63.9	0.57	67.1	3.2	0.15	12.8	63.1	6.6

④ 耙地　耙地的作用是疏松表土，耙碎伐片，平整土地，清除杂草，混拌肥料和蓄水保墒。耙地时，要求做到耙实耙透，达到平、松、匀、碎。尤其是在北方干旱地区，为了蓄水保墒，减少蒸发就更为重要。但在冬季积雪的北方或土壤黏重的南方，为了风化土壤，积雪保墒，冻死虫卵，耕地后任凭日晒雨淋一些时日，抓住土壤湿度适宜时耙地或第二年春再行耙地。

⑤ 镇压　把表层疏松的土壤镇紧压实的土壤耕作环节。耙地后使用镇压器压平或压碎表土，使一定深度的表土紧密，减少气态水损失，春寒风大时节具有蓄水保墒作用。一般地区在播种以后。

⑥ 中耕　在苗木生长期间对土壤进行的浅层翻耕，一般与除草结合进行，能使土壤疏松、改善土壤通气条件，有助于苗木生长。中耕次数一般每年 5～8 次，深度一般 5～12cm，随着苗木生长逐渐加深，原则是不能损伤根系、不能碰伤或锄掉苗木。

6.2.2 施基肥

6.2.2.1 基肥的种类

① 有机肥　由植物的残体或人畜的粪尿等有机物经微生物分解腐熟而成。苗圃中常用的有机肥主要有厩肥、堆肥、绿肥、人粪尿、饼肥等。有机肥含有多种营养元素，肥效长，能有效改善土壤的理化状况。苗圃地的基肥应以有机肥为主，堆沤腐熟后使用。

② 无机肥　又称矿质肥料，包括氮、磷、钾三大类和多种微量元素。无机肥易被苗木吸收利用，肥效快，但肥分单一，连年单纯施用会使土壤物理性能变坏。

③ 菌肥　从土壤中分离出来，对植物生长有益的微生物制成的肥料。菌肥中的微生物在土壤和生物条件适宜时会大量繁殖，在植物根系上和周围大量生长，与植物形成共生或伴生关系，帮助植物吸收水分和养分，防止有害微生物对根系的侵袭，从而促进植物健康生长。常见的菌肥有菌根菌、pt 菌根剂、根瘤菌、磷细菌肥、抗生菌肥等。

6.2.2.2 基肥的施用方法

施用有机肥有撒施、局部施和分层施 3 种。常采用全面撒施，即将肥料在第一次耕地前均匀地撒在地面上，然后翻入耕作层。在肥料不足或条播、点播、移植育苗时，也可以采用沟施或穴施，将肥料与土壤拌匀后再播种或栽植。还可以在作苗床时将腐熟的肥料撒于床面，浅耕翻入土中。

6.2.2.3 基肥的施用量

一般每公顷施堆肥、厩肥 37.5~60.0t，或施腐熟人粪尿 15.0~21.5t，或施火烧土 22.5~37.5t，或施饼肥 1.5~2.3t。在北方土壤缺磷地区，要增施磷肥 150~300kg；南方土壤呈酸性，可适当增施石灰。所施用的有机肥必须充分腐熟，以免发热灼伤苗木或带来杂草种子和病虫害。

6.2.3 接种工作

接种的目的，是利用有益菌的作用促进苗木的生长。特别是对于一些在无菌根菌等存在的情况下生长较差的树种尤为重要。

菌根菌的接种，除少数几种菌根菌需人工分离培育成菌根菌肥外，大多数树种主要靠客土的办法进行接种。客土接种的方法是从所培育苗木相同树种的林分或老苗圃内挖取表层湿润的菌根土，将其与适量的有机肥和磷肥混拌后撒于苗床，再浅耕或撒于播种沟内，并立即盖土，防止日晒或干燥。接种后要保持土壤疏松湿润。

根瘤菌的接种方法与菌根菌相同。其他菌肥按产品说明书使用。

6.2.4 土壤处理

土壤处理是应用化学或物理的方法，消灭土壤中残存的病原菌、地下害虫或杂草等。它是一种高效快速杀灭土壤中真菌、细菌、线虫、杂草、土传病毒、地下害虫、啮齿动物的技术措施，能减轻病原菌和地下害虫对苗木的危害以及解决高附加值作物的重茬问题，并显著提高作物的产量和品质。生产上常用药剂处理和高温处理，其中主要是化学药剂处理。

① 硫酸亚铁　可配成 2%~3% 的水溶液喷洒于苗床，用量以浸湿床面 3~5cm。也可与基肥混拌或制成药土撒于苗床后浅耕，每 $667m^2$ 用药量 15~20kg，可防治针叶苗枯病、缩叶病，兼治缺铁引起的黄化病。

② 福尔马林(甲醛)　用量为50mL/m^2，稀释100~200倍，于播种前10~15d喷洒在苗床上，用塑料薄膜严密覆盖。播种前一周打开薄膜通风。

③ 必速灭　必速灭是一种新型广谱土壤消毒剂，对土壤、基质中的线虫、地下害虫和非休眠杂草种子及块根等消毒(杀灭)非常彻底，且无残毒，是一种理想的土壤熏蒸剂。使用时，将待消毒的土壤或基质整碎整平，按1m^{2}土壤或基质用药15g的用量撒上必速灭颗粒，拌匀，浇透水后覆盖薄膜。3~6d后揭膜，再等待3~10d，等待期间翻动1~2次。消毒过的土壤或基质，其效果可维持几天。

④ 辛硫磷　能有效地消灭地下害虫。可用辛硫磷乳油拌种，药种比例为1∶300。也可用50%辛硫磷颗粒剂制成药土预防地下害虫，用量为每667m^{2}2~2.7 kg。还可制成药饵诱杀地下害虫。

⑤ 多菌灵　多菌灵杀菌谱广，能防治多种真菌病害，对子囊菌和半知菌引起的病害防治效果很好。用50%多菌灵可湿性粉剂，用药1.5g/m^2，能有效防治苗期根腐病、茎腐病、叶枯病、灰斑病等多种病害，也可按1∶20的比例配制成毒土撒在苗床上。

⑥ 垄鑫　是一种广谱性熏蒸杀线虫剂，兼治土壤真菌、细菌、地下害虫及杂草，作用全面而持久，防治效果达95%以上。一般用98%垄鑫15~20kg/667m^2，撒施或沟施，深度20cm，施药后立即覆土，并盖地膜密封，熏蒸10~15d，放风10d左右。

⑦ 线克(威百亩)　把地深翻，做成畦，随水冲施，12~15kg/667m^2，后盖膜熏闷，连续闷杀15d，放气2d。既能杀灭线虫，又能杀灭土壤中病菌。

⑧ 五氯硝基苯　每667m^{2}苗圃地用75%五氯硝基苯2.7kg、代森锌3.3kg，混合后，再与12kg细土拌匀。播种时下垫上盖。防治由土壤传播的炭疽病、立枯病、猝倒病、菌核病等有特效。

6.2.5　作床或作垄

为了给种子发芽和幼苗生长发育创造良好的条件，便于苗木管理，在整地施肥的基础上，要根据育苗的不同要求把育苗地作成床或垄。

6.2.5.1　苗床育苗

需要精细管理的苗木、珍稀苗木，特别是种子粒径较小、顶土力较弱、生长较缓慢的树种，应采用苗床育苗。用苗床培育苗木的育苗方式称为床式育苗。作床时间应与播种时间密切配合，在播种前5~6d内完成。

苗床依其形式可分为高床、低床两种。具体规格如图6-3和图6-4所示。高床和低床优缺点及适用树种见表6-7。现在面积较大的苗圃，一般多用机械作床。机械作床能比人工作床提高几十倍工作效率。

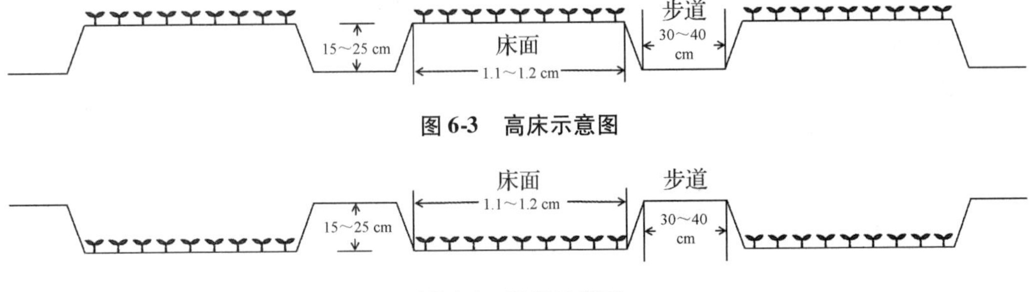

图6-3　高床示意图

图6-4　低床示意图

表 6-7 高床和低床的规格、优缺点及适用树种

苗床	规格	优点	缺点	适用地区	适用树种
高床	床面高出步道 15～25cm，床面宽 1.1～1.2m(以便于操作为适度)，床面长度为 15～20m，最长不超过 50m，步道宽 30～40cm	排水良好，增加肥土层厚度，通透性好，土温较高，便于侧方灌溉，床面不易板结	作床和管理费工，灌溉费水	北方温度较低，南方降雨量多或排水不良的黏质土壤苗圃地	对土壤水分较敏感，既怕干旱又怕涝的树种，或发芽出土较难的树种，必须细致管理的树种
低床	床面低于步道 15～20cm，床面宽 1.1～1.2m(以便于操作为适度)，床面长度为 10m，最长不超过 50m，步道宽 30～40cm	作床省工，灌溉省水，保墒性较好	灌溉后床面易板结，土壤通透性差，不利于排水，起苗比高床费工	北方降水少或较干旱、雨季无积水的地区	喜湿、对稍有积水无碍的树种，如大部分阔叶树种及部分针叶树(如侧柏、圆柏等)

6.2.5.2 大田育苗

大田育苗又称农田式育苗，便于使用机械生产，育苗的行距大，苗木的光照和通风条件好，苗木质量较好，但苗木的产量较低。大田育苗分为高垄和平作(平垄、低垄)两种。

(1)高垄

我国东北、华北地区在培育生长迅速、管理技术要求不严的阔叶树苗木时多用垄作。寒冷地区有利于提高土壤的通透性，改善垄内的温热状况，有利于种子发芽、插穗生根和苗木生长。

规格：垄作与高床比较相似，但更有利于机械化作业。高垄单行作业时一般垄高 20cm 左右，垄面宽 30～40cm，垄底宽 60～80cm；高垄双行作业时垄面宽 50～80cm，垄底宽 80～100cm，垄高 10～20cm。垄的宽度对垄内的土壤水分状况有直接影响：在干旱地区宜用宽垄，垄内水分条件较好；在湿润地区宜用窄垄，以利提高土地利用率。

优缺点：垄上的肥土层厚，土疏松，通气条件较好，垄的温热情况比平作和低床都好，垄距大，通风透光较好。由于上述的优点，高垄育苗比平作和低床育苗的苗木根系发达；便于灌溉和排水，不需设毛渠，节约用地；便于生产环节全部实行机械化或用畜力工具生产，节省劳动力。缺点是单位面积的产苗量比高床低。

应用条件：适用树种与高床相同，对速生树种尤为适宜，适用于北方。

(2)平作

将苗圃地整平后直接进行播种和移植育苗，不设苗床或垄。平作适于多行式带播，能提高土地利用率和单位面积的苗木产量，同时也便于机械化作业。适用于大粒种子和发芽力较强的中粒种子。

【技能训练】

苗圃地整地、做苗床

[**目的要求**]了解苗圃地整地、做苗床对于播种育苗的重要意义，掌握整地、做苗床的操作程序与技术。

[**材料用具**]锹和钉耙、木桩或竹签、尼龙绳、皮尺。

[**实训场所**]苗圃。

[**操作步骤**]

(1)播种苗床的整地。

① 整地。按各地方标准苗床要求进行整地，用钉耙或锹全面深翻，深度20cm以上。先用钉耙向前翻地，达到规定深度沿直线方向向前走；用锹翻地，沿地边排成一排，沿直线方向向后退。

② 放样。全面翻地后，按各地方标准苗床放样，苗床底宽1.3m，面宽1m，步道宽0.3~0.4m，苗床高0.2~0.3m，长15~20m，按上述标准用木桩钉好，用线拉好，然后把步道土挖出放置于苗床之上，做出高床。

③ 操作要求。a. 要翻深、翻透、均匀、不重复、不漏翻、深埋杂草种子。b. 要做到"三平、三直、三净"：床面平、步道平、床边平；苗床直、步道直、横头直；草根捡干净、石头捡干净、杂物捡干净。

(2)扦插苗床的整地。

① 土壤扦插苗床地要求同播种苗床。

② 基质扦插苗床，可用砖砌好苗床。一般长10~20m，内径宽1m，高20~30cm，基部铺垫卵石、粗砂或粗煤渣5cm做排水层。上部铺蛭石、砻糠灰或珍珠岩等基质，厚度10~15cm。

[**注意事项**]基肥要充分腐熟，并要求将肥料均匀的撒到圃地上，撒开后要立即翻耕；耕、耙土地应防止在土壤过湿时进行，整地要达到平、松、匀、细。

[**实训报告**]提交实训报告一份，内容包括播种苗床整地、做苗床技术。

【任务小结】

如图6-5所示。

【拓展提高】

一、建立健全的苗圃档案

把苗圃建立和发展的全过程，以及苗圃曾经开展过的各项工作都如实的记录存档，可以不断的总结经验教训、提高工作效率，并且为保证苗圃正常的工作提供重要的参考资料。

苗圃档案的主要内容包括苗圃基本情况档案、苗圃土地利用档案、育苗技术措施档案、苗木生长发育档案、苗圃作业档案和苗木销售档案六部分。

建立苗圃档案关键是要实事求是，对各类事件都要如实填报，否则便失去了建档的意义。此外，苗圃档案要专人(或兼职)管理，并且要建立相应的存档、管理、查阅的规章制度。

二、课外阅读题录

张超一，赵燕东，张军国.2013. 露天苗圃灌溉控制系统网关节点调度模型[J]. 农业工程学报，29(15)：108－115.

孙文彦，孙敬海，尹红娟，等.2015. 绿肥与苗木间种改良苗圃盐碱地的研究[J]. 土壤通报，46 (5)：1221－1225.

王刚.2015. 加快林业苗圃建设的探讨[J]. 中国科技博览，(24)：244.

王文杰，雷攀登，吴琼，等.2015. 茶树扦插苗圃地夏季覆地膜消毒研究[J]. 中国农学通报，31(34)：133－142.

沈海龙 . 2009. 苗木培育学[M]. 北京: 中国林业出版社 .

【复习思考】

1. 简述土壤耕作的作用。
2. 苗圃土壤消毒的目的有哪些?
3. 苗床的种类及适用范围是什么?
4. 基肥的种类有哪些? 简述苗圃基肥的施用方法。

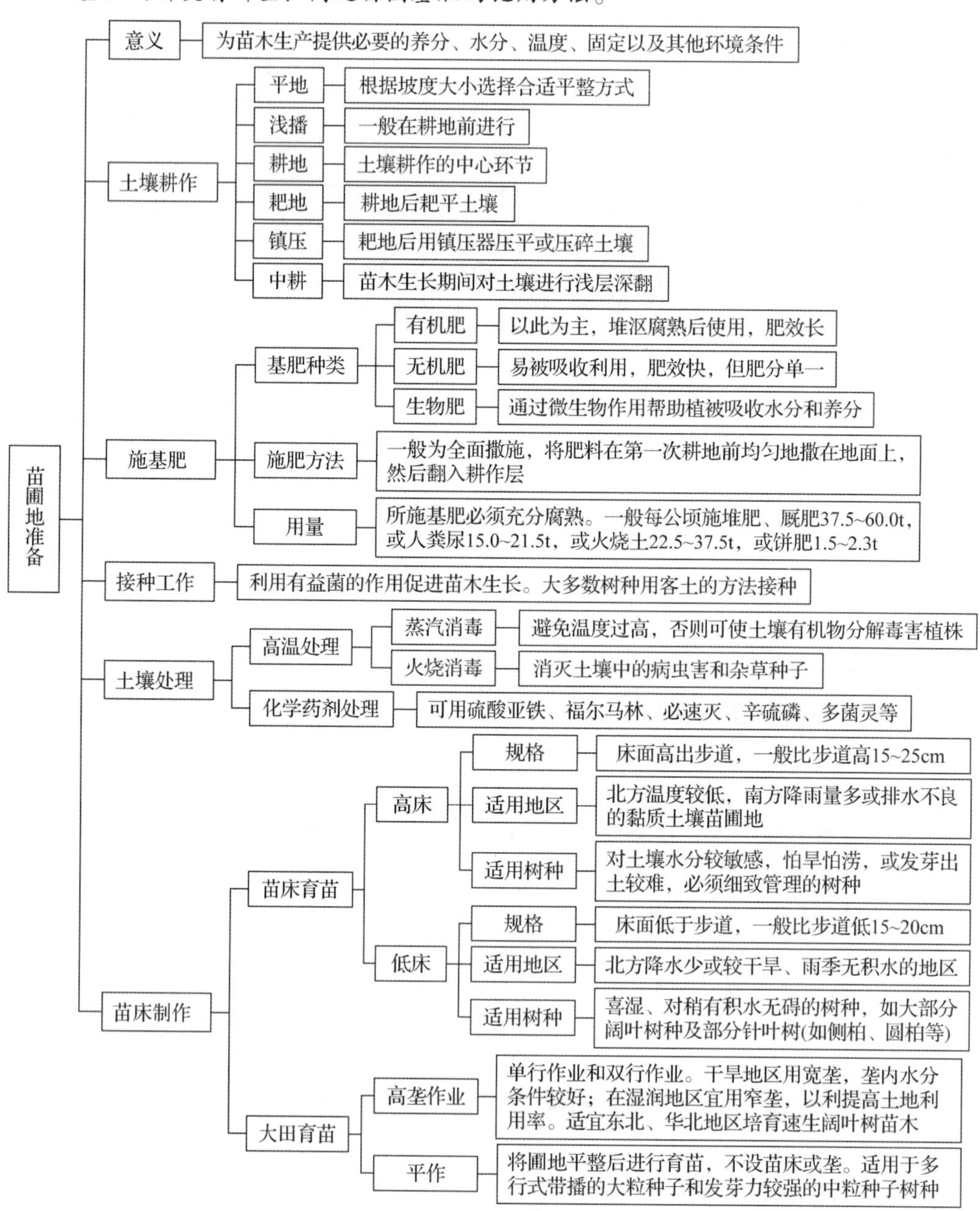

图 6-5　育苗圃地准备结构图

项目 7
实生苗培育

实生苗是指直接由种子繁殖的苗木，包括播种苗、野生实生苗以及用上述两种苗木经移植培育的移植苗等。实生苗培育，也称有性繁殖、种子繁殖育苗，是林木育苗中最主要的育苗方式之一。实生苗培育符合树木自然生长发育规律，根系完整，在采用科学的育苗技术的措施下，苗木生长整齐健壮。可以在较小的面积上经过较短时间，获得较多的植株。方法简易、成本低，适合大规模专业生产。

任务 7.1　播种育苗

【任务介绍】

播种育苗是指将种子播在苗床上培育苗木的育苗方法。用播种繁殖所得到的苗木叫作播种苗或实生苗。播种苗根系发达，对不良生长环境的抗性较强；苗木阶段发育年龄小，可塑性强，后期生长快，寿命长，生长稳定，也有利于引种驯化和定向培育新的品种；林木种子来源广，便于大量繁殖，育苗技术易于掌握，可以在较短时间内培育出大量的苗木或嫁接繁殖用的砧木，因而播种育苗在林木的繁殖中占有重要的地位。

知识目标

1. 掌握一年生播种苗的年生长规律，了解种子发芽所需环境。
2. 熟悉苗木播种管理流程，弄清播种前、播种时和播后管理的内容，以及播种季节和播种方法。

技能目标

1. 能根据种子种类、育苗目的不同选择合适播种量、密度和播种的季节、方法。
2. 能根据育苗要求进行播种操作和播后管理。
3. 能根据 GB 6001—1985《育苗技术规程》要求进行 1~2 个树种的播种培育。

【任务实施】

7.1.1 一年生播种苗的年生长规律

1 年生播种苗的年生长过程是从种子播入土中开始到当年苗木根系停止生长进入休眠为止的一个生长周期。种子萌发后幼苗在生长速度上表现为初期生长较慢，以后生长越来越快，而到接近冬季休眠时又逐渐变慢，以致停止生长。这其中包括出苗期、幼苗期、速生期和生长后期(图 7-1)4 个阶段。

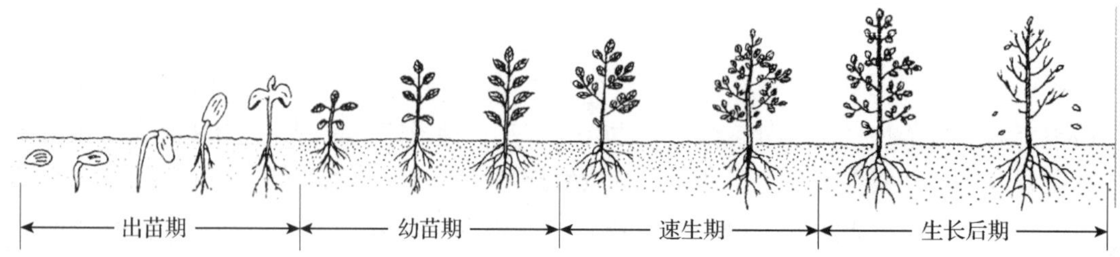

图 7-1 苗木年生长规律示意图(张云贵)

出苗期是指从播种到幼苗地上部分出现真叶，地下部分出现侧根之前为止。幼苗依靠种子内部储藏的养分发芽生根，幼芽逐渐出土，地上部分生长缓慢，地下部分生长较快，主根向下延长，但尚未长出侧根，幼芽嫩弱，根系分布浅，一般在表土 10cm 内，幼苗的抗性很弱。主要受土壤水分、温度和通透性，覆土厚度及鸟兽害等因子影响。

幼苗期(苗木生长初期)是指从幼苗地上部长出真叶，地下部出现侧根开始至幼苗迅速生长之前为止。地上部分长出真叶，但高茎生长缓慢，地下部分侧根能独立营养，根系生长较快，苗木幼嫩，根系分布较浅，根系活动的土层在 10～20cm，但主要侧根在 2～10cm的土层内，主要受水分、养分、气温、光照、通气条件和病虫害等因子影响。

速生期是指从苗木加速高生长开始到高生长大幅度下降为止，这是苗木生长的最旺盛时期。根系生长和高生长显著加速，有些树种的苗高生长量占全年生长量的 80% 以上，苗干在此时期形成侧枝，根系发达，其主要根系分布深度可达 20～30cm。主要受土壤水分、养分、光照和温度等因子影响，其长短和来临的早晚差异很大，一般树种从 5 月下旬至 6 月上旬开始，到 8 月下旬至 9 月上旬为止，时间约为 1～3 个月。

苗木生长后期(苗木硬化期)是指从苗木高生长量大幅度下降时起，到根系停止生长进入休眠为止。高生长速度急剧下降，高生长量仅为全年生长量的 5% 左右，最后停止生长，地径和根系还在生长，且在前期各出现一次生长高峰，苗木体内含水量降低，营养物质转入储藏状态，苗木的地上部和地下部都逐渐达到完全木质化，并形成健壮的顶芽，故又称为硬化期。落叶树种叶子逐渐变黄直至脱落，进入休眠期，这时苗木对低温、干旱等不良环境条件的抗性提高。主要受水肥条件影响，此时期持续时间为 6～9 周。

7.1.2 播种前准备工作

7.1.2.1 土壤处理

详见任务 6.2 苗圃地准备。

7.1.2.2 种子处理

(1)播种前种子处理

播种用的种子，必须是经检验合格的种子，否则不得用于播种。为了使种子发芽迅速整齐，并促进苗木的生长，提高苗木产量和质量，在播种之前要进行选种、消毒和催芽等一系列的处理工作。

(2)种子精选

种子经过贮藏，可能发生虫蛀和腐烂现象。为了获得纯度高、品质好的种子，确定合理的播种量，并保证幼苗出土整齐和苗木良好生长，在播种前要对种子进行精选。精选的方法有风选、水选、筛选、粒选等。

(3)种子消毒

为消灭种子表面所带病菌，减少苗木病虫害，在催芽、播种之前要对种子进行消毒灭菌。

① 福尔马林溶液消毒　在播种前1~2d，把种子放入0.15%的福尔马林溶液中，浸泡15~30min，取出后密封2h，然后将种子摊开阴干，即可播种或催芽。

② 硫酸铜溶液消毒　以0.3%~1.0%硫酸铜溶液浸种4~6h，取出阴干备用。生产实践证明，用硫酸铜对部分树种(如落叶松)种子消毒，不仅能起到消毒作用，而且还具有催芽作用，提高种子发芽率。

③ 高锰酸钾溶液消毒　以0.5%溶液浸种2h，或用3%的溶液浸种30min，取出后密封0.5h，再用清水冲洗数次，阴干后备用。注意胚根已突破种皮的种子，不能采用此法。此法除灭菌作用外，对种皮也有一定的刺激作用，可促进种子发芽。

④ 敌克松粉剂拌种　用药量为种子重量的0.2%~0.5%，先用10~15倍的细土配成药土，再拌种消毒。此法防治苗木猝倒病效果较好。

⑤ 石灰水浸种　用1.0%~2.0%的石灰水浸种24h，有较好的灭菌效果。

(4)种子催芽

生产上常用层积催芽。具体做法为：种子消毒后将种子和沙子按1∶3的容积比混合均匀(或不混合以分层层积)，沙子的湿度为其饱和含水量的60%，即手握沙子能成团，但又不滴水即可。挖种子贮藏坑，坑底铺10cm厚的粗湿沙，中间每隔1~1.5m插一束秸秆，再将已混好的种子和沙放入坑内，然后上面再覆一层3~5cm厚的湿沙，最后封土成丘，以便检查湿度变化情况，坑的四周挖小沟，以利排水，并做好记录。种子催芽期间，应定时检查温、湿度，防止种子霉变，待播种前一周左右将种沙取出放在20℃的温暖室内进行催芽。待多数种子已经破口露白时即可播种。

7.1.3 苗木密度与播种量

7.1.3.1 播种量

播种量是指单位面积或单位长度(播种行)上所播种子的重量或数量。它是决定合理密度的基础，对苗木的质量和产量影响巨大。过大则浪费种子，且出苗后间苗不及时，苗木营养面积小、光照不足、通风不良，苗木质量差；过小则苗木产量低，土地利用不充分，且苗木过稀，杂草丛生，光照过强，苗木质量反而下降甚至死亡。只有合理的播种量，才能以最少的种子，生产出最多的标准苗木。为保证育苗效益最大化，需根据树种、种子质量、圃地条件和单位面积计划产苗量以及育苗技术等综合确定合理播种量，可参考生产实践的经验数据确定，也可以通过计算来获得。

播种量可用以下公式计算：

$$X = \frac{P \times n \times 10}{E \times K} \times C \qquad (7\text{-}1)$$

式中 X——单位面积播种量(或是每米长播种沟播种量)(g/m^2)；

n——单位面积产苗量(株数)，即苗木的合理密度，可根据育苗技术规程和生产经验确定；

P——种子千粒重(g)；

E——种子净度(%)；

K——种子发芽率(%)；

C——损耗系数。

损耗系数的取值根据种粒大小、苗圃环境条件、育苗技术水平不同、病虫害及育苗经验来确定，C 值大致如下：

① 大粒种子(千粒重在 700 g 以上)损耗系数 C 略大于 1。

② 中小粒种子(千粒重在 3~700 g 之间)损耗系数 C 在 1.5~5 之间。

③ 极小粒种子(千粒重在 3 g 以下)损耗系数 C 在 5 以上，甚至 10~20。

7.1.3.2 播种密度

播种密度是指单位面积或单位长度内的苗木株数。只有在密度适宜的情况下才能得到苗干粗壮、枝叶繁茂、根系发达、茎根比值小、干物质重量大、造林成活率高的优质高产苗木。确定适宜的密度要考虑育苗树种的生物学特性、环境条件、育苗期和育苗经营集约程度等。一般生长慢的树种宜密，反之宜稀；同一树种在同一地区，培育 1 年生苗比 2 年生苗要密些；培育播种苗直接造林时，比培育播种苗之后再行移植育苗的苗木要适当稀一些。

7.1.4 播种

7.1.4.1 播种季节

适宜的播种季节，发芽率高，幼苗出土迅速整齐，苗木生长期长，生长健壮，抗病、抗寒、抗旱能力强。育苗时，应根据树种的生物学特性和当地的气候、土壤条件，选择适宜的播种季节。南方大部分地区气候温暖，雨量充沛，一年四季都可播种。北方冬季气候寒冷干旱，多数树种适宜于春、秋两季播种。但从全国范围来看，无论南方、北方仍以春播为主。

(1)春播

多数地区和树种主要为春播，春季气候转暖，土壤较湿润，土壤表层不易板结，利于种子发芽和幼苗生长，幼苗出土早，生长季长，当干旱或炎热季节到来时，苗木扎根深，生长健壮，根茎基本木质化，有较强的抗病、抗旱、抗日灼的能力，还有利于苗木后期的安全越冬。幼苗出土时间短，风沙和鸟兽危害小，播种地管理时间短。但春季农忙，时间紧，如安排不当，或受天气影响，易错过播种季节。某些树种采用春播，需要经过贮藏和催芽，育苗成本增加。春播原则是适时早播，要求在幼苗出土后不致遭受低温危害的前提下，越早越好，如刺槐等播种时间选在幼苗出土后不受晚霜危害为前提，应在地下5cm处平均地温稳定在10 ℃左右时为适宜。

（2）夏播

适用于春、夏季成熟，不耐贮藏的种子，如杨树、柳树、桑树和桉树等，种子成熟随采随播，省去种子贮藏工序。播种时间在5~6月上、中旬，如果太晚，秋季苗木不能充分木质化，不能安全越冬。对发芽慢的种子，要做好种子催芽、提高出苗率、缩短出苗期、延长生长期。但适用的树种和范围受限制，生产周期短，当年不能培育出较大的苗木。夏播的关键是早播早出苗，防止入冬前不能充分本质化。在苗期要保持播种地湿润，防止高温危害。

（3）秋播

在秋末冬初、土壤结冻以前进行，适用于大粒或具有坚硬种皮需要经过长期催芽或贮藏困难的种子，以及春季比较干旱的地区。优点是便于劳力安排，休眠期长的种子，冬季在苗圃地里完成催芽过程，来年春天发芽早，种皮厚的种子通过冬冻，春季化冻促使种皮开裂，便于种子吸水发芽。秋播翌年春季幼苗出土早且整齐，扎根深，苗木生长期长、生长健壮、抗性强、成苗率高。缺点是翌春土壤易板结，黏土区更为严重，不利于小粒种子发芽；风多地区容易遭土埋或风蚀等，发芽困难、场圃发芽率低、严重缺苗等。秋播要适宜加大播种量，用种量多，种子在土中的时间长，鸟兽危害的机会多，翌春出苗早，幼苗受晚霜的威胁大。秋播当年不需出土的应“宁晚勿早”，避免种子当年发芽，幼苗在冬季遭受冻害，对于休眠不深的种子应适当晚播；对休眠期长的种子如花椒、漆树等可早播或随采随播。

（4）冬播

在南方气候温暖，冬季无冻害、雨量较多的地区，冬播的效果好。针叶树种的效果尤为明显。如杉木、马尾松和桉树等种子，多采用冬播，幼苗出土早，当炎热的夏季到来时，苗木抵抗力强，提高苗木抗高温、抗病、抗旱能力，减少因自然灾害的死亡率。冬播实际上是春播的提前和秋播的延续，兼具秋播和春播的优点，其时间为12月至翌年2月。如四川省川南地区对女贞、苦楝、杉木、马尾松等种子就采用秋采冬播，但在气候寒冷的地区不宜采用冬播。

7.1.4.2 播种方法

播种方法主要是根据种粒大小来确定。常用的播种方法有条播、撒播和点播3种。

（1）条播

是按一定行距开沟播种，把种子均匀撒在沟内的播种方法。主要用于中粒种子，如红松、刺槐、侧柏、樟树、椴树、楠木、臭椿等树种。其优点是苗木有一定的行间距，便于土壤管理、施肥、苗木保护、机械化作业等；比撒播节约种子；苗木的行间距大，苗木受光均匀、通风透光，生长健壮质量好，利于起苗。缺点是单位面积产苗量比撒播低。

（2）撒播

是把种子均匀地撒在苗床上。适用于小粒种子，如杨、柳、桉、泡桐、悬铃木、桤木、银桦等树种，为使种子分布均匀，撒播时如种粒过小，可混沙或混肥撒播。其优点是可以充分利用土地，单位面积产苗量高，苗木分布比较均匀。缺点是苗木分散于播种地，无规律性的行间距，不便于抚育管理；苗木密度大，通风透光差，不利于苗木生长发育，苗木质量不如条播和点播好；用种量较大，比条播多用种子 30%~50%。为克服撒播的缺点可改为条带撒播，播幅 10cm 左右。

(3)点播

是在苗床或大田上按一定株行距挖小穴进行播种或先按行距开沟，在沟内按一定株距播种的播种方法。适用于大粒种子，如核桃、板栗、银杏、油桐、油茶、栎类等。一些珍贵树种，因种子来源少或种子价格高，多采用点播。点播具有条播的全部优点，在节约用种、出苗均匀、便于管理方面更为突出。缺点是比较费工，单位面积产量也比其他两种方法少。点播时应根据树种特性和培育年限确定其株行距。还有种子的出芽部位，如板栗、核桃、银杏、栎类的出芽部位在尖端，要将种子横放沟内，使尖端朝向一侧，以利于幼芽的出土。

7.1.5 播后管理

播后管理是从播种时开始到幼苗出土结束为止的田间管理工作。它影响着出苗的多少与快慢，关系到苗木的产量和质量，甚至是育苗成败的关键。为达到幼苗出土早、齐、多的要求，播后主要管理包括：播种地覆盖与撤除、灌溉、除草和防治病虫害等。

7.1.5.1 覆盖与撤除

覆盖是为了保持土壤水分，减少灌溉量，防止因水分蒸发使盐碱上升或造成土壤板结，减少幼苗出土的阻力。现用的覆盖材料有塑料薄膜、稻草、秸秆、苔藓、树木枝条(如松树和云杉)以及腐殖质土和泥炭等。用暗色覆盖物，春天能提高土壤温度，加速种子发芽，缩短出苗期。选择覆盖材料时，要注意不能引来病虫害，覆盖材料不能妨碍幼苗出土。当幼苗大量出土(出土量达 60%~70%)时，应及时或分期撤去覆盖物。如覆盖物为草类、树枝等，不及时撤除，不仅会影响幼苗接受光照，而且幼苗从草或枝缝中生长，会使苗干弯曲生长或生长较弱。在撤除覆盖物时，要注意尽量不损伤幼苗。

7.1.5.2 灌溉与除草

播种后的灌溉直接影响种子发芽、场圃发芽率、出苗的早晚以及出苗期的长短等。灌底水后播种或覆盖物的播种地，可以少灌溉或减少灌溉次数。灌溉土壤水分要适宜，过多会使种子腐烂，在幼苗未出土前，为提高场圃发芽率，需防止覆土板结，多用细雾喷水灌溉，以防冲走覆土或冲倒幼苗，幼芽刚出土时不要用漫灌法灌溉头水。在出苗期较长的播种地上，在播种前没有用除草剂时，播种后应及时喷除草剂(宜少用，避免对苗木造成伤害)或及时人工除草。

7.1.5.3 防鸟害和病虫害

针叶树种子幼芽带种皮出土时，常被鸟类啄食致使幼苗死亡。现行有效办法是人为看管、模拟物或用声响乐器驱赶。对苗圃地发生病害或虫害时，应注意及时喷洒药剂进行防治，提高苗木的出土率和保存率。

7.1.5.4 防冻害

春季播种，幼苗易遭晚霜冻害。在霜冻到来之前，用喷灌或地面灌溉能有效的防止霜冻。根据灌水防霜试验证明，灌溉地比不灌溉地的地温高 2 ℃左右。喷灌的效果比地面灌溉的效果更好。灌溉既能防霜冻，又能让苗木免受春季干旱之害。

【技能训练】

播种育苗

[目的要求]了解播种育苗的重要意义，掌握播种育苗的操作方法。

[材料用具]树木种子若干、杀菌剂、杀虫剂、锄头、竹签(木桩)、绳子、锹、筛子、细土、浇水管、壶等工具。

[实训场所]苗圃。

[操作步骤]

(1)种子播前处理。如果是干藏的种子，需要在播种前进行清水浸种。根据种子的种皮厚薄、是否坚硬确定用冷水(室温)、温水(30~40℃)或热水(60~90℃)浸泡催芽处理，处理前用0.2%高锰酸钾浸种2h，再进行催芽处理，如果是经过层积处理并已出芽的种子不需要净种可直接播种。

(2)苗床整理。在已整好的地上，先用竹签按标准苗床放样、拉绳，用锄头将苗床面进一步整平、整细，并撒入杀虫剂和杀菌剂，用药量参照说明书。

(3)播种工序。

① 划线。播种前划线定出播种位置，目的是使播种行通直，便于抚育和起苗。

② 开沟与播种。开沟后应立即播种。播种沟宽度一般2~5cm，如采用宽条播种，可依其具体要求来确定播种沟宽度、深度与覆土厚度，在播种时一定要使种子分布均匀。一般最小行距不小于30cm，株距不小于10~15cm。

③ 覆土。是播种后用铁筛筛好细土或黄心土、细沙、腐殖土等覆盖种子，播后立即覆土。覆土要均匀，覆盖厚度为种子短轴直径的2~3倍。

④ 镇压。为使种子与土壤紧密结合，保持土壤中水分，播种后用石磙轻压或轻踩一下，尤其对疏松土壤很有必要，湿黏土则不必镇压。

⑤ 覆盖。用稻草或树叶等覆盖材料覆盖床面，厚度以略见土壤为宜。

⑥ 浇水。用水管接在自来水龙头上均匀浇水或用洒水壶洒水。第一次水一定要浇透，以后要保持苗床湿润。

[注意事项]对极小粒种子(如杨、柳类)可不开沟，混沙直接撒播播种；对于中粒种子如侧柏、刺槐、松、海棠等，常用条播(播幅为3~5cm，行距20~35cm)；对于大粒种子，如板栗、银杏、核桃、杏、桃、油桐、七叶树等，按一定的株行距逐粒将种子点播于圃上。

[实训报告]提交实习报告一份，内容为播种育苗的操作过程和注意事项。

【任务小结】

如图7-2所示。

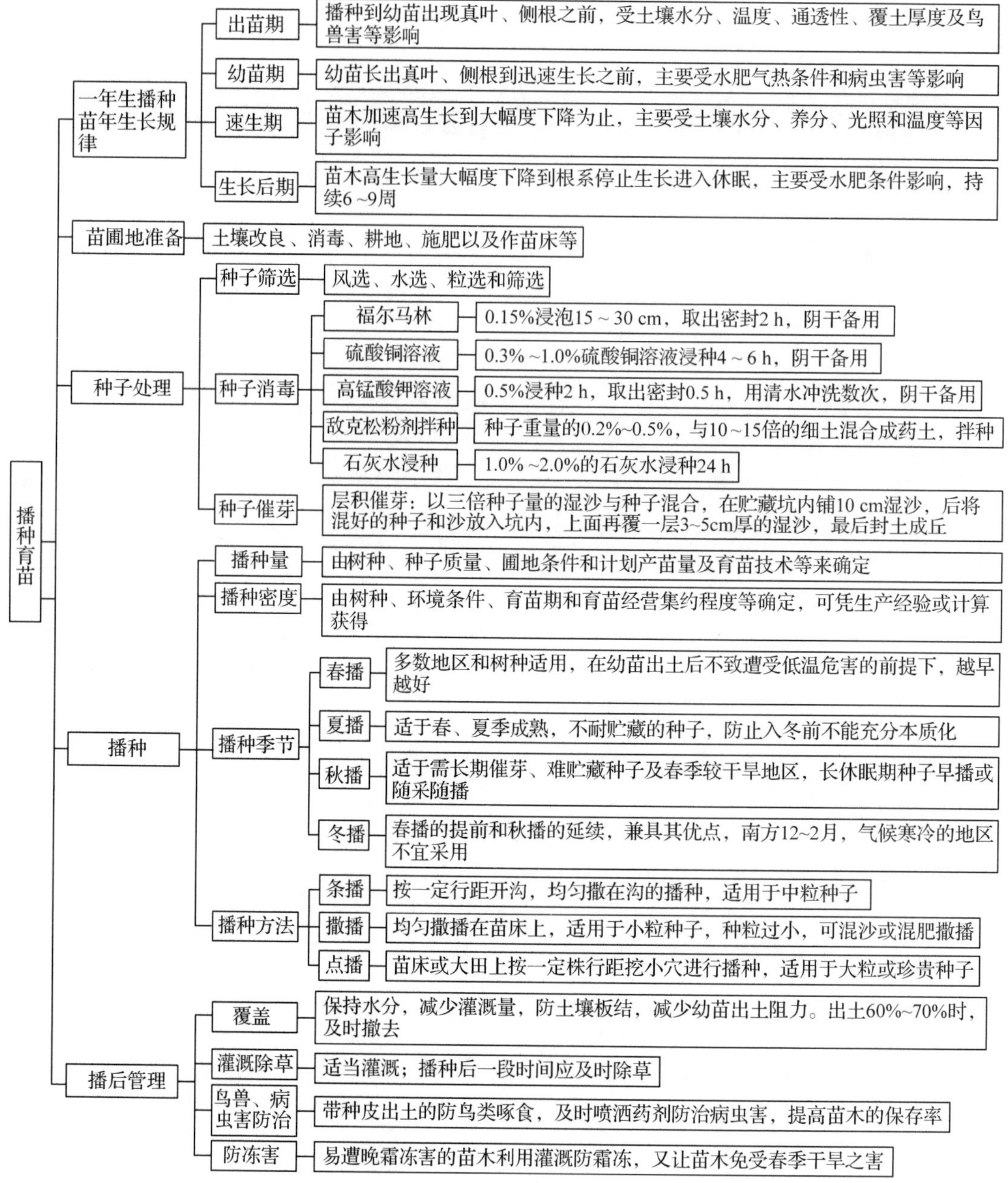

图 7-2 播种育苗知识结构图

【拓展提高】

一、种子催芽

通过人为措施打破种子的休眠，促进种子发芽的措施叫作种子催芽。种子催芽的方法很多，生产上常用的有水浸催芽、层积催芽、变温层积催芽、雪藏催芽、药剂催芽等，可根据种子特性和经济效果来选择适宜的方法。

二、播种机

辽宁推广应用的LB－8型床作播种机(图7-3)和BDL－2型垄作单体播种机。这种播种机开沟、播种、覆土和镇压等工序一次完成作业，播种均匀，覆土厚度一致，比手工播种工效高，每天可播种2.67 hm^2，适用于林业苗圃播种育苗作业。

三、课外阅读题录

LY/T 1880—2010，木本植物催芽技术规程.

刘强伟.2013. 林木播种育苗技术[J]. 现代农业科技，(19)：201－202.

高宏，韩学俭.2003. 林木树种播种育苗技术[J]. 现代农业，(6)：16－17.

孙时轩.2012. 林木育苗技术[M]. 北京：金盾出版社.

各类主要造林树种行业规范/标准.

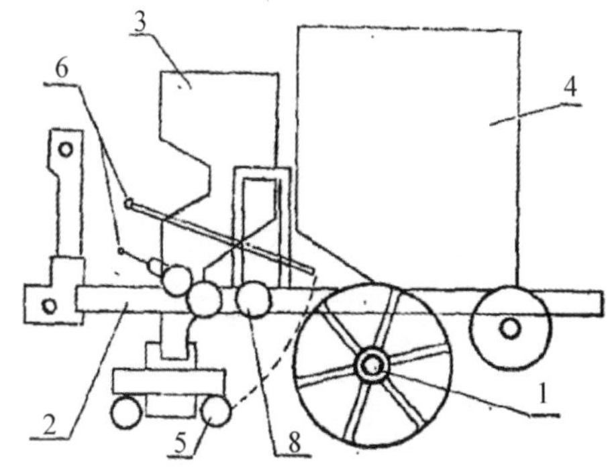

图7-3　LB－8型床作播种机结构

1. 行走轮　2. 机架　3. 播种机构　4. 覆土机构
5. 镇压机构　6. 操纵机构　7. 传动机构　8. 链接部件

【复习思考】

1. 简述一年生播种苗的年生长规律。
2. 简述播种前种子的处理方法。
3. 如何计算播种量？
4. 播种的方法有哪些？
5. 播种后幼苗期管理有哪些？其中最重要的管理是什么？

任务7.2　移植苗培育

【任务介绍】

移植是将播种苗或营养繁殖苗从苗床挖起，扩大株行距，种植在预先规划设计并整好地的苗圃内，让小苗更好地生长发育，即移植是将苗木更换育苗地继续培养。林业苗圃中移植苗多为实生苗，插条等无性繁殖苗木很少进行移栽。一般播种育苗密度较大，如果在原床上继续培养2~3年生及以上的苗木，就会造成营养面积小、光照不足、通风不良、苗木枝叶少、苗干细弱、地下根量也少，造林成活率低的不良后果，所以，为了培育健壮苗木，必须进行移植。苗木通过移植，截断了主根，促进并增加侧根和须根生长，扩大了营养面积，有利于苗木生长，提高苗木质量和成苗率。

知识目标

1. 了解苗木移植的基本概念及其意义。
2. 掌握常用苗木的移植技术。

技能目标

能正确进行苗木移植。

【任务实施】

7.2.1 移植地的准备

移植前在原育苗地预先应灌好底水，使苗床湿润，增加苗体水分，待苗床半湿不干时进行移植。移植地应整地、施肥、耙地、平整、作床等。要求整地要深、要细，基肥要施足，做好苗床。

7.2.2 起苗与分级

起苗时应注意保护苗根、苗干和枝芽，切勿使苗受伤，需带土球移植的则应事先浇水，然后视土壤湿度适宜时掘苗，并将土球包好移植。

7.2.2.1 起苗方法

常用的起苗方法有：裸根起苗和带土球起苗两种。

(1)裸根起苗

当年生和常绿小苗及大多数的落叶树种在休眠时移植，一般采用裸根起苗。起苗时，依苗木的大小，保留好苗木根系，一般2~3年生苗木保留根幅直径为30~40cm，在此范围之外下锹，切断周围根系，再切断主根，提苗干。起苗时使用的工具要锋利，防止主根劈裂或撕裂。苗木起苗后，抖去根部宿土，并尽量保留好须根。注意保持根系湿润。有时，落叶针叶树及部分移植成活率不高的落叶树需带宿土起苗，即起苗时保留根部中心土及根毛集中区的土块，以提高移植成活率。起苗方法同裸根起苗。

(2)带土球起苗

用裸根移植难以成活的树种和第二次移植的常绿树苗，以及直根系的树种和珍贵树种，均应带土移植。方法是铲除苗木根系周围表土，以见到须根为度。然后按一定的土球规格(根据苗木的大小、根系特点、树种成活难易而定)，顺次挖去规格范围以外的土壤。四周挖好后，用草绳进行包扎，包好后再把主根铲断，将带土球的苗木提出坑外。2~3年生苗木一般土球直径为30~40cm；规格较大的苗木则要求较大的土球。

7.2.2.2 苗木分级

为防止苗木分化，长势不齐，应剔除等外苗和多头苗、无顶芽的针叶树苗及受病虫危害的苗木。根据苗木粗细、高度进行分级，分类移植，使移植苗木整齐，生长均匀，减少分化。

7.2.3　修剪

起苗后栽植前，要对苗木进行修枝、修根、浸水、截干、埋土、贮存等处理。

修枝是将苗木的枝条进行适当短截。一般对落叶阔叶树进行修枝以减少蒸腾面积，同时疏去生长位置不合适且影响树形的枝条。裸根苗起苗后要进行剪根。剪短过长的根系，剪去病虫根或根系受伤的部分，把起苗时断根后不整齐的伤口剪齐，利于愈合，发出新根。主根过长时适当剪短主根，带土球的苗木可将土球外边露出的较大根段的伤口剪齐，过长须根也要剪短。修根后还要对枝条进行适当修剪。对1年生枝进行短截，或多年生枝回缩，减小树冠，以利于地上地下的水分平衡，使移植后顺利成活。针叶树的地上部分一般不进行修剪。萌芽较强的树种也可将地上部分截去，以使移植后可以发出更强的主干。修根、修枝后马上进行栽植。不能及时栽植的苗木，裸根苗根系泡入水中或埋土中保存，带土球苗将土球用湿草帘覆盖或将土球用土堆围住保存。栽植前还可用根宝、生根粉、保水剂等化学药剂处理根系，使移植后能更快成活生长。

7.2.4　移植

7.2.4.1　移植时间

苗木移植时期根据当地气候条件和树种特性而定。一般在苗木休眠期进行移植，如果当地条件许可，一年四季均可进行移植。

(1)春季移植

春季土壤解冻后直至树木萌芽时，都是苗木移植的适宜时间。春季土壤解冻后，苗木的芽尚未萌动根系已开始活动。移植后，根系可先期进行生长，吸收水分、养分为生长期供应地上部生长做好准备。同时，土壤解冻后至苗木萌芽前，树体生命活动较微弱，树体内贮存养分还没有大量消耗，移植后易于成活。春季移植应按苗木萌芽早晚来安排，一般针叶树先移，阔叶树后移，常绿阔叶树最迟移；早萌芽者先移，晚萌芽者后移。总之，在萌芽前或者萌芽时必须完成移植工作。有的地方春季干旱大风，如果不能保证移植后充分供水，早移植反而不易成活，应推迟移植时间或加强保水措施。

(2)秋季移植

秋季在地上部分生长缓慢或停止生长时进行移植，即落叶树开始落叶至落完叶；常绿树在生长高峰过后，这时地温较高，根系还能进行一段时间的生长，移植后根系得以愈合并长出新根，为翌年的生长做好准备。秋季移植一般在秋季温暖湿润，冬季气温较暖的地方进行。北方地区的冬季寒冷，秋季移植应早些。冬季严寒和冻害严重的地区不能进行秋季移植。

(3)雨季移植

在夏季多雨季节进行移植，多用于北方移植针叶常绿树，南方移植常绿树类。这个季节雨水多、湿度大、苗木蒸腾量较小，根系生长较快，移植较易成活。

(4)冬季移植

南方地区冬季较温暖，苗木生长较缓慢，可以冬季进行移植。北方有些地区冬季也可带冰坨移植。移植最好在阴天或静风的清晨和傍晚进行。切忌在雨天或土壤过湿时移植，以免土壤泥泞、板结，影响苗木根系舒展和破坏圃地的土壤结构，降低苗木成活率和生长速度。

7.2.4.2 移植次数

培育大规格的苗木要经过多年、多次移植，苗木每次移植后需培育时间的长短，取决于该树种生长的速度和造林要求，速生树种培育几个月即可；生长较慢的树种要培育1～2年；园林绿化大苗，需培育2年以上至十余年。

7.2.4.3 移植密度

移植密度一般根据树种的生长速度、苗冠大小、根系发育特性、育苗年限、作业方式及所选用的机具等因素确定。

(1)床式作业

针叶树小苗一般株距6～15cm，行距10～30cm；阔叶树小苗一般株距12～25cm，行距30～40cm。芽苗和幼苗移植的株行距可更小些。

(2)大田式作业

针叶树小苗每垄移2～3行，行距5～10cm，株距10cm左右，两垄间中心距70～80cm；阔叶树小苗每垄移1～2行，株距20～50cm，行距10～20cm(双行)，单行行距即是垄距。针、阔叶树大苗，一般采用平作，株距为(50～80)cm～(100～120)cm，行距(80～100)cm～(150～200)cm。

7.2.4.4 移植方法

移植方法因苗木大小、数量、苗圃的情况不同分为孔植、沟植和穴植等，但不管什么方法，均要求苗根舒展，深度适宜(比原土印深1～2cm)，不伤根、不损枝芽，覆土要踏实，确保土壤与根系紧密结合。同时还要求移植成活率高，苗木移植整齐划一。

(1)穴植法

人工挖穴栽植，成活率高，生长恢复较快，但工作效率低，适用于大苗和根系发达的苗木移植。在土壤条件允许的情况下，采用挖坑机挖穴可大大提高工作效率，栽植穴的直径和深度应大于苗木的根系。挖穴时应根据苗木的大小和设计好的株行距，拉线定点，然后挖穴，穴土应放在坑的一侧，以便放苗木时便于确定位置。栽植深度以略深于原来栽植地径痕迹的深度为宜，一般可略深2～5cm。覆土时混入适量的底肥。先在坑底填一部分肥土，然后，将苗木放入坑内，再回填部分肥土，之后，轻轻提一下苗木，使其根系伸展，再填满肥土，踩实，浇足水。较大苗木要设立3根支架固定，以防苗木被风吹倒。

(2)沟植法

适用于移植小苗。先按行距开沟，土放在沟的两侧，以利回填和苗木定点，将苗木按照一定的株距，放入沟内，然后填土，要让土渗到根系中去，踏实，要顺行向浇水。

(3)孔植法

适于幼苗或芽苗移植。先按行、株距画线定点，然后在点上用打孔器打孔，深度与原栽植相同，或稍深一点，把苗放入孔中，覆土。孔植法要有专用的打孔机，可提高工作效率。

(4)缝植法

适于主根发达而侧根不发达的针叶树小苗。按照苗木行距，用铁锹开缝，将苗木放入缝内，然后踏实土壤。注意防止苗木根变形或窝根现象。这种方法工效高，但移植质量较差。

7.2.5 灌水

苗木移植后要浇一次透水，以后要经常保持土壤湿度。灌水应灌足、灌透。

7.2.6 移植后的管理

灌水后及时松土保墒，修整被水冲坏的拦水埂和床(垄)面，倒伏的苗木应重新扶正栽好，萌芽力强或截干移植苗，要及时除芽去蘖，幼小苗木移植后要马上喷水、遮阳，待苗木正常生长后可逐渐减少遮阳时间，最后撤去荫棚。其他管理措施可参考苗期管理有关内容。

【技能训练】

移植育苗

[目的要求]了解移植工作在育苗生产实践中的应用和意义，掌握移植育苗的基本技术。

[材料用具]针叶树小苗、阔叶树小苗、杨树扦插苗等；铁锹、装苗容器、剪枝剪、短途运输工具、钢卷尺、测绳、小木棍、划印器、移植铲、木牌、油漆或石灰等。

[实训场所]苗圃。

[操作步骤]

(1)土地准备。按照垄或床的规格，在平整好土地的基础上定点、划印。

(2)苗木准备。冬季假植贮藏的苗木，春季用来移植时，应随用随取。春季随用随取的苗木，也应提前做好准备，并严格做好苗木的保护工作，严防苗木根系失水。移植前要进行修根，切断主根、受损伤和过长的侧根。一般针叶树保留根长15~20cm，阔叶树保留20~40cm。

(3)移植。

① 确定移植株行距：不同树种、不同苗龄的苗木，其移植时的株行距不同。树冠的大小，耕作机具的使用和培养年限不同，株行距也应不同。

株距：一般针叶树小苗5~50cm；阔叶树大苗50~120cm。

行距：人工管理时，行距可窄一些，一般为25~60cm；机械或畜力中耕、起苗时，行距应与机械轮距相结合，一般为70~120cm。

② 将测绳拉直，按株行距大小用石灰定点与划印。

③ 穴植法按定点移植。小苗用移植铲、大苗用铁锹挖穴，栽苗时不能窝根，使根系舒展并与土壤紧密结合。沟植法按预定行距开沟，将苗木沿垂直沟壁放入沟内，再培土，然后踏实。栽植深度应比原土印深2~3cm。

④ 移植后要立即灌透水，并及时抚育。

[注意事项]移植过程中，最好随起苗、随分级、随运送、随栽植；严防苗木风吹日晒失水，来不及栽植的苗木要用湿土将根系埋置好；针叶树要保护好顶芽；严禁窝根、根系不舒展或土壤踏不实现象；移植季节最好在苗木休眠期内进行；春季移植宜早、并按不同树种萌动时间早晚安排。

[实训报告]完成苗木移植的实训报告一份。

【任务小结】

如图 7-4 所示。

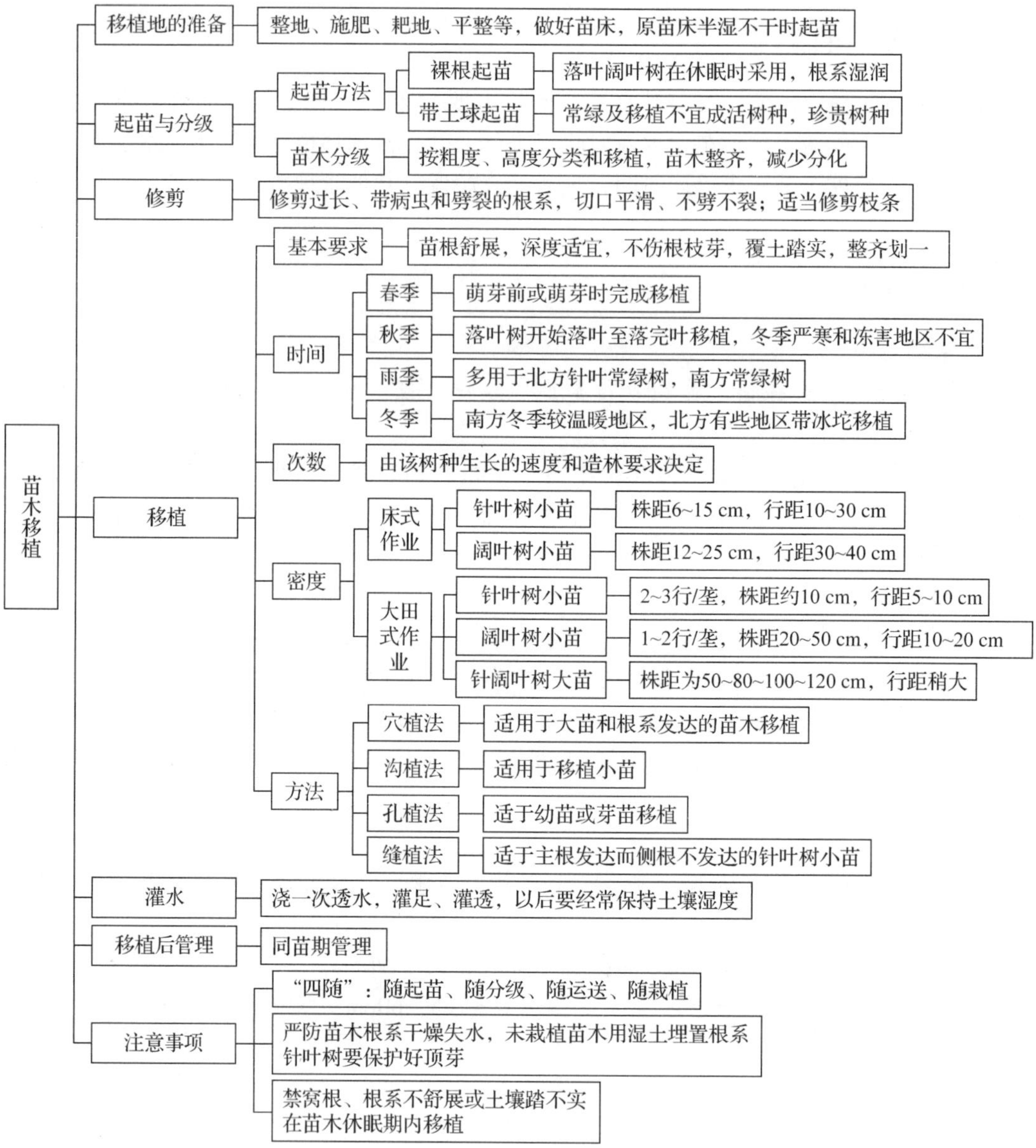

- 苗木移植
  - 移植地的准备 — 整地、施肥、耙地、平整等，做好苗床，原苗床半湿不干时起苗
  - 起苗与分级
    - 起苗方法
      - 裸根起苗 — 落叶阔叶树在休眠时采用，根系湿润
      - 带土球起苗 — 常绿及移植不宜成活树种，珍贵树种
    - 苗木分级 — 按粗度、高度分类和移植，苗木整齐，减少分化
  - 修剪 — 修剪过长、带病虫和劈裂的根系，切口平滑、不劈不裂；适当修剪枝条
  - 移植
    - 基本要求 — 苗根舒展，深度适宜，不伤根枝芽，覆土踏实，整齐划一
    - 时间
      - 春季 — 萌芽前或萌芽时完成移植
      - 秋季 — 落叶树开始落叶至落完叶移植，冬季严寒和冻害地区不宜
      - 雨季 — 多用于北方针叶常绿树，南方常绿树
      - 冬季 — 南方冬季较温暖地区，北方有些地区带冰坨移植
    - 次数 — 由该树种生长的速度和造林要求决定
    - 密度
      - 床式作业
        - 针叶树小苗 — 株距6~15 cm，行距10~30 cm
        - 阔叶树小苗 — 株距12~25 cm，行距30~40 cm
      - 大田式作业
        - 针叶树小苗 — 2~3行/垄，株距约10 cm，行距5~10 cm
        - 阔叶树小苗 — 1~2行/垄，株距20~50 cm，行距10~20 cm
        - 针阔叶树大苗 — 株距为50~80~100~120 cm，行距稍大
    - 方法
      - 穴植法 — 适用于大苗和根系发达的苗木移植
      - 沟植法 — 适用于移植小苗
      - 孔植法 — 适于幼苗或芽苗移植
      - 缝植法 — 适于主根发达而侧根不发达的针叶树小苗
  - 灌水 — 浇一次透水，灌足、灌透，以后要经常保持土壤湿度
  - 移植后管理 — 同苗期管理
  - 注意事项
    - “四随”：随起苗、随分级、随运送、随栽植
    - 严防苗木根系干燥失水，未栽植苗木用湿土埋置根系；针叶树要保护好顶芽
    - 禁窝根、根系不舒展或土壤踏不实；在苗木休眠期内移植

图 7-4　苗木移植知识结构图

【拓展提高】

一、大苗培育技术简介

采用苗圃培育的或其他方式培育的、经过移植、根系良好的大规格苗木称为大苗。大苗的种类有很多，如庭荫树、行道树、花灌木、绿篱大苗、球形大苗、藤本大苗等，不同种类的大苗有不同的树形和不同的规格，有的要求树高 6~7m，胸径 6~10cm，不同规格不同树种的大苗培育方式也不一样。除了移植、施肥、灌水、中耕除草、病虫害防治、越

冬防寒等常规技术外，还有重要的技术工作就是大苗养干和树冠整形修剪。

养干就是培育苗木主干和改善苗木干形所采取的技术措施。对于园林绿化常用的行道树和庭荫树，一般要求：① 主干通直圆满，具有一定的枝下高；② 主干高 2~3.5m，根系发达，有完整、紧凑、丰满、均匀的树冠。这两种类型大苗的培育工作最主要的就是树干的培育。养干的方法有平茬养干、打头、修枝养干、密植法几种。

整形是指对幼树实行一定的措施，使其形成一定的树体结构和形态，修剪指去掉植物的地上部或地下部一部分。整形是完成树体的骨架，而修剪是在骨架的基础上增加开花结果的数量，使大苗形成一定的冠形。方法主要有抹芽、摘心、短截、疏枝、拉枝(吊枝)、刻伤、环割、环剥、劈枝、化学修剪等。原则是：促使苗木快速生长，按照预定的树形发展。留下的枝条或芽构成植株的骨架，剪去影响树形、无用的枝条。一般在苗木生长(夏季)与休眠(冬季)时期进行修剪。

二、控根快速育苗技术简介

控根快速育苗技术是一种以调控苗木根系生长为核心的新型育苗技术，由控根育苗容器、复合基质和控根培育管理 3 部分组成，这 3 部分技术是相互联系、相互依赖、缺一不可的。这一技术可使苗木培育周期缩短 30%~50%，移栽后不换根、不换叶，成活率 98% 以上，初期生长速度可提高 2~3 倍。此外，该技术对大苗的培育、移栽和恶劣环境下的植树造林有明显优势。

控根快速育苗容器由澳大利亚专家于 20 世纪 90 年代研究发明，现已在新西兰、美国、日本、英国等国家广泛应用。其产品包括两大类：培育幼苗的"控根苗盘"和培育大苗的"控根苗盆"。控根苗盘的关键技术是容器形状和内壁设计；控根苗盆主要由 3 部分组成：底盘、侧壁和插杆，底盘对防止根腐病和主根的盘绕有独特的功能，侧壁凸凹相间，外侧顶端有小孔，既可扩大侧壁表面积，又为侧根"气剪"(空气修剪)提供了条件。其技术主要有增根、控根和促生 3 个方面的功能。

三、课外阅读题录

邓集杰，曾亿仟，傅建伟. 2013. 楠木移植苗造林试验[J]. 湖南林业科技，40(3)：63-64.

崔淑琴. 2014. 移植苗培育管理技术[J]. 陕西林业科技，(1)：127-128.

【复习思考】

1. 苗木移植的目的是什么？
2. 一般在什么时间进行苗木移植最好？
3. 苗木移植过程中应注意什么？
4. 苗木移植在起苗后到栽植前应对苗木进行哪些处理？

任务 7.3 苗期管理

【任务介绍】

苗期管理是指幼苗大部分出土成活后到出圃前这一时期的管理工作。在苗木生长过程中，为给苗木创造适宜的生长发育环境，保证苗木成活、速生、优质、高产，必须加强苗期田间管理，主要是土壤管理和苗木保护工作。本任务包括灌溉及排水、中耕除草、施肥、截根、防治病虫害及防寒等措施。

知识目标

1. 了解松土除草的方式和时间、灌溉的意义、肥料的分类、化学除草剂的类型、苗木营养诊断的方法。
2. 掌握苗圃施肥方法和时期。
3. 掌握松土除草、常用灌溉和各种防寒的方法。

技能目标

1. 会苗木的营养诊断。
2. 会使用各种除草剂除草。
3. 能对苗圃地苗木科学合理施肥，掌握其操作技能。
4. 熟练各种防寒方法的操作。

【任务实施】

7.3.1 水分管理

在苗木生长发育过程中，土壤干旱、水分不足，苗木生理机能受到阻碍；土壤水分过多或排水不良，土壤通气条件不好，根系进行缺氧呼吸。只有在水分适宜的情况下，苗木才能正常生长，因此合理的灌溉与排水是培育壮苗的重要措施之一。

7.3.1.1 灌溉

苗圃灌溉主要是满足苗木对水分的需要，调节、改造苗圃生态环境，冲洗苗木茎叶上附着的药物等。合理灌溉是获得优质、高产、成本低的苗木的关键，包括灌溉量、灌水时间和次数、灌水方法等。合理灌溉技术方案要按树种、苗木大小、土壤墒情等来制定。

(1)灌溉依据

灌溉需适时适量，灌水量应使土壤浸润深度达到主要根系分布层为准，决定于当地的气候条件、土壤状况和树种特性。在干旱季节，土壤水分缺乏时，灌溉次数要多，灌溉量要大。沙土宜少量多次，而黏土宜次少量大。盐碱地应大水明灌，以利压碱。还应根据苗木特征和不同生育时期，进行灌溉。树种不同，需水量不一样，如杨、柳、桑、桦、落叶松、泡桐、杉木、桉树等，种粒小、幼苗嫩、根系浅、抗旱性差，应加强灌溉；刺槐、紫穗槐、沙枣等根系发达、抗旱性强，应减少灌溉；油松、侧柏、白榆等需水量中等。同一树种，不同生育时期，灌溉次数和一次灌溉量各不相同。幼苗期的根系浅、抗性弱、对水分敏感。一般树种以保持表层土壤湿润为度，应少量多次灌溉；速生期，生长迅速、需水量大，应大水灌溉，浇足灌透；生长后期，为防止苗木徒长，促进木质化，应停止灌溉。

(2)灌溉时间

一般以清晨和傍晚为好，但为防日灼而灌的“降温水”，可在午间进行；为防霜冻而灌的“防霜水”应在霜日前一天傍晚进行。

(3)灌溉方法

① 地面灌溉　可分为上方灌溉和侧方灌溉两种。上方灌溉又称畦灌或漫灌，多用于低

床(畦)和大田平作育苗。此法优点是省水、省工，但灌后土壤板结，通气不良，容易破坏土壤结构。侧方灌溉适用高床或高垄育苗，水分侧方浸入到苗床或高垄中。此法优点是灌后床面不易板结，地温高，通气好；缺点是耗水量大，床面过宽时，中央与两侧渗水不匀。

② 喷灌　又称人工降雨，有固定式和移动式两种。固定式，通过管道和喷水装置，由人工或自动控制进行灌溉，而移动式则由灌溉机械进行移动喷灌。喷灌优点是工效高、省工省水，便于控制水量，而且不破坏土壤结构。这是目前比较先进的一种灌溉方法，但一次性投资较高，多用于苗圃的播种区和嫩枝扦插区。在喷灌时，应根据苗木不同生育时期，选择适宜的喷头孔径，以免冲刷种子和幼苗。

③ 滴灌　是在一定低压水的作用下，通过输水、配水管道和滴头，让水一滴一滴地浸润苗木根系范围内的土层，使土壤含水量达到苗木需要的最佳状态。其优点是省水，比喷灌节约用水30%~50%，比漫灌节约用水50%以上，而且灌后土壤疏松，温差小，有利苗木生长。但投资高，设备比较复杂，目前仅应用于温室育苗。

7.3.1.2　排水

灌溉后多余的尾水及降雨过多时，应及时排出苗圃，以免因积水而引起病虫害或烂根等。建立苗圃排水系统，做到“外水不滞，内水能排”“旱能灌，涝能排”，雨过沟干。

7.3.2　温度管理

7.3.2.1　降温措施

苗木在幼苗期组织幼嫩，既不耐低温也不耐高温灼热，夏季日灼，会造成苗木受伤甚至死亡，必须要采取降温措施。

(1)遮阴

为了降低土表温度，减少苗木蒸腾和土壤蒸发强度，防止根颈受日灼之害。夏季高温需采取适当的遮阴措施，一般采用苇帘、竹帘、黑色遮阳网等材料，搭设遮阴棚。具体高度根据苗木生长的高度确定，一般是距床面40~50cm，透光度一般为1/2~2/3，遮阴时期多为从幼苗期开始，南方有的地方遮阴可持续到秋季，即从4月开始遮阴，9月结束。一天中，为了调节光照，可在每天10：00开始遮阴至16：00以后撤除遮阴。

(2)喷水降温

高温期通过喷灌系统或人工喷水，可有效地降低地表温度，而且不会影响苗木的正常生长，是一种简单有效的降温措施。

7.3.2.2　苗床增温措施

春季，由于气温和土温均低，苗木根系生长受到严重影响，生产上常对苗床进行增温，促进幼苗期苗木根系发育。目前常用的苗床增温措施除了通过苗床覆盖之外，还可以通过施用热性肥料和采用人工热源加热。热性肥料主要为有机肥料，在矿化分解过程中通过发酵发热，提高苗床温度。

7.3.2.3　苗木防寒措施

苗木组织幼嫩，尤其是秋梢部分，入冬时如不能完全木质化，抗寒力低，易受冻害，早春幼苗出土或萌芽时，也最易受晚霜的危害。防止苗木受冻害主要在两个方面，一是提高苗木自身的抗寒性，如适时早播，延长生长季，在生长季后期多施磷肥和钾肥，减少灌水，促使苗木生长健壮、枝条充分木质化等能提高抗寒能力；也可夏、秋季进行修剪和打梢，促进苗木停止生长，使组织充实，增加抗寒能力。二是采取防寒措施，生产上常用的有：

(1)土埋法

适用于大多数春季易患生理干旱的苗木，如红松、云杉、冷杉、油松、樟子松、核桃、板栗等。如用土埋法的樟子松苗死亡率只有3%，而用遮阴法及对照的都全部死亡。其时间不宜太早，在土壤结冻稍前开始，过早埋苗木易腐烂。埋土厚度以超过苗梢1~10cm为宜，苗床南侧覆土宜稍厚，生长高的苗木可以卧倒用土埋住。翌春撤土过早易导致生理干旱，过晚易捂坏甚至使苗木腐烂，在要起苗时或在苗木开始萌芽前，分两次撤除覆土为宜。撤土后要立即进行一次充足的灌溉，防止早春生理干旱。

(2)覆草

对春旱不太敏感的苗木可用覆草法，降低苗木水分的蒸腾，即在降雪后用麦秆或其他草类将苗木覆盖，厚度应超过梢3cm以上。防止草被吹走，可用草绳压住覆草。圃地如果太干，应在土壤结冻前进行灌溉。在春季起苗前1周左右撤草，过早则易受旱风危害。此法较土埋法的效果差，苗木死亡率虽然不太高，但费用高。

(3)设防风障

北方冬季和春季风大，可用防风障防止苗木的生理干旱。吉林试验得知，设防风障的鱼鳞松2年生苗死亡率为11.2%，未设风障的死亡率为64%，当年苗木生长情况前者也比后者好。我国北方设防风障一般在土壤结冻前用秫秸建立防风障。针叶树苗每隔2~3床，用秫秸建一道障，风障的长度方向与主风方向垂直设立，梢端向顺风方向稍倾斜或垂直均可。

(4)假植

结合翌春移植，将苗木在入冬前挖出，按不同规格分级埋入假植沟中或在窖中假植。此法安全可靠，既是移植前必做的一项工作，又是较好的防寒方法，是育苗中多采用的一种防寒方法。

(5)暖棚

又叫霜棚，在我国的南方，苗木越冬时，可用暖棚，春季也有防霜冻的作用。其构造与荫棚相似，但是暖棚要密而且北面与地面相接，南面高。棚的高度要比苗木稍高。

(6)熏烟法

温暖的烟雾能吸收一部分水蒸汽，使其凝成水滴放出热量，使地表气温增高1%~2%，此法适用于平地。熏烟时应先准备熏烟材料，如稻草、麦秸、锯末、棉壳皮、秫秸、枝条等，每公顷平均分布约50堆，每堆20~25kg。在预知有寒霜的夜间，在苗圃中有人值班，当温度下降到0℃度时，点燃草堆，做到火小烟大，保持有较浓的烟幕，日出后应继续保留浓烟1~2h。

(7)灌溉防霜冻

在霜冻来临之前，用喷灌或地面灌溉的方法防霜冻。由于水的比热较大，冷却迟缓，水汽凝结时放出凝结热，故能提高地表温度。据试验，地面灌溉的圃地能提高2℃以上。春季灌水既能防霜冻，又能免受春季干旱。

7.3.3 养分管理

养分管理即施肥，在苗木培育过程中，苗木不仅从土壤中吸收大量营养元素，而且出圃时还将大量表层肥沃土壤和大部分根系带走，使土壤肥料逐年下降。为了提高土壤肥力，弥补土壤营养元素不足，改善土壤理化性质，给苗木生长发育创造有利环境条件，需进行科学的养分管理。

7.3.3.1　苗木缺素症状及诊断

通过对植物的叶片分析、土壤测定及植物外观、色泽判断等诊断方法确定植物是否缺少某种元素，缺多少，从而确定科学施肥方案。

(1)叶片分析诊断

植物体内各种营养元素间不能互相代替，当某种营养元素缺乏时，该元素即成为植物生长的限制因子，需加以补充，植物才能正常生长，否则植物的生长量(或产量)将处在较低的水平，供给水平与其生长量或产量之间有密切的关系。在生产上很少见到树木出现严重缺素情况，多数情况下都是潜在缺乏，因此在营养诊断中，要特别注意区分出各种元素的潜在缺乏，以便通过适当的施肥来加以纠正。叶片分析采用的主要仪器有原子吸收分光光度计、发射光谱仪、X 射线衍射仪等。

(2)土壤营养诊断

用浸提液提取出土壤中各种可给态养分进行定量分析，确认土壤养分含量的高低，间接反映植物营养的盈亏，作为施肥的参考依据。叶片分析和土壤分析相互补充，联系分析。在实际施肥时，应把叶片分析与土壤养分分析结果结合起来更能准确地指导施肥，才有最大的实用价值。目前国内常用仪器有土壤养分测定仪 TFC－ID 系列、凯氏定氮仪、智能型多功能微电脑土壤分析仪、泰德牌土肥测定仪、睿龙牌系列土壤养分测试仪等。

(3)植物的外形、色泽等直观诊断

见表 7-1。

表 7-1　营养元素不足的缺素症状

元素	针叶和阔叶的变色情况		其他症状
	针叶	阔叶	
氮	淡绿－黄绿	叶柄、叶基红色	枝条发育不足
磷	先端灰、兰绿、褐色	暗绿、褐斑；老叶红色	针叶小于正常，叶片厚度小于正常
钾	先端黄，颜色逐步过渡	边缘褐色	年轻针叶和叶片小，部分收缩
硫	黄绿－白－蓝	黄绿－白－蓝	
钙	枝条先端开始变褐	红褐色斑，首先出现叶脉间	叶小，严重时枝条枯死，花朵萎缩
铁	梢部蛋黄白色，或块状全部黄化	新叶变黄白色	严重时逐渐向下(老叶)发展
镁	先端黄，颜色转变突然	黄斑，从叶片中心开始	针叶和叶片较易脱落
硼	针叶畸形，生长点枯死	叶畸形，生长点枯死	小叶簇生，花器和花萎缩

7.3.3.2　施肥原则

苗圃施肥太少，达不到施肥的效果，而施肥太多又会烧苗，造成环境污染，对人体健康产生危害。合理施肥，才能取得最好效果。施肥时应遵循以下原则：

① 有机肥和化肥合理搭配，施足基肥，适当追肥；

② 按树种、苗木生长规律合理施用基肥和追肥；

③ 根据气候、土壤的养分状况施肥，如黄土高原地区以补充氮肥、磷肥为主；

④ 应进行施肥的经济效益分析，收入应大于支出。

7.3.3.3 肥料种类与性质

肥料是为了促进植物的生长，提高其产量或者改善其质量，直接地或间接地供给植物的一些物质。直接供给是指溶解后的肥料被植物吸收利用；间接供给是指肥料通过改良土壤，提高营养水平，或是补偿有害物质的影响。根据肥料性质和肥效的不同，生产上分为有机肥、无机肥和生物肥 3 类。

7.3.3.4 施肥量

合理施肥量，应根据苗木对养分的吸收量(B)、土壤中养分含量(C)和肥料的利用率(D)等因素来确定。如果以合理施肥量为 A，则可根据下式计算：

$$A = \frac{B - C}{D} \tag{7-2}$$

从一般原理来看，上述公式是合理的，但准确地确定施肥量是一个很复杂的问题，至今还没有很好解决。因为苗木对养分的吸收量、土壤中养分的含量，以及肥料的利用率受很多因素影响而变化。所以，计算出来的施肥量只能作为理论数值，供施肥参考。

7.3.3.5 施肥种类与方法

(1)基肥

为了改良土壤、提高地力，供应苗木整个生长周期所需要的营养应多施用基肥。基肥一般以有机肥料为主，有机肥与矿质肥料(硫铵、过磷酸钙、硫酸钾等)混合使用效果更好。为了调节土壤的酸碱度，改良土壤，石灰、硫磺或石膏等间接肥料也可作基肥。一般在耕地前将肥料全面撒于圃地，耕地时把肥料翻入耕作层中，施基肥的深度应在 15~17cm。有机肥必须充分腐熟后再施用，以免灼烧幼苗、引进杂草和病虫害等。

(2)种肥

在播种时或播种前施于种子附近的肥料，目的在于比较集中地提供苗木生长所需的营养元素，一般以速效磷为主，如过磷酸钙。容易灼伤种子或幼苗的肥料，如尿素、碳酸氢铵、磷酸铵等，不宜用作种肥。

(3)追肥

是在苗木生长发育期间施用的速效性肥料，目的在于及时供应苗木生长发育旺盛时对养分的大量需要，以加强苗木的生长发育，达到提高合格苗产量和改进苗木质量。为使肥料施得均匀，一般都先加几倍的细土拌和均匀或加水溶解后使用。按肥料施用的位置可分为土壤追肥和根外追肥 2 种。

① 土壤追肥　常用的方法有撒施、条施和浇施。

撒施是把肥料均匀地撒在苗床上或圃地上，浅耙 1~2 次并覆土。速效磷钾肥在土壤中移动性很小，撒施效果差；尿素、碳酸氢铵等氮肥作追肥时，不应撒施。据统计，尿素撒施当年苗木只能吸收利用 14%，浇施为 27%，条施达 45%。

条施又称沟施，在苗木行间或行列附近开沟施入后覆土。开沟的深度达吸收根最多的表土下 5~20cm 为宜，特别是追施磷钾肥。

浇施是将肥料溶解在水中，全面浇在苗床上或行间，有时也可使肥料随灌溉施入土壤中。其缺点是施肥浅，肥料不能全部被土覆盖，肥效低。对于多数肥料浇灌不如沟施的效果好，不适用于磷肥和挥发性较大的肥料。

② 根外追肥　在苗木生长期间将速效性肥料施于苗木的茎叶上，使之快速吸收以供

应苗木的需要，可避免土壤对肥料的固定或淋失，肥料用量少、效率高，供应养料的速度比土壤中追肥快。根外追肥时，喷后几十分钟到2h苗木即开始吸收，经约24h能吸收50%以上，经2~5d可全部吸收；可节省肥料，能严格按照苗木生长的需要供给营养元素。根外追肥主要应用为亟需补充氮磷钾或微量元素。根外追肥浓度要适宜，过高会灼伤苗木，甚至大量死亡。如磷钾肥料浓度以1%为宜，最高不能超过2%，磷、钾比例为3∶1；尿素浓度为0.2%~0.5%为宜。为了使溶液能以极细的微粒分布在叶面上，应使用压力较大的喷雾器，喷溶液的时间宜在傍晚，以溶液不滴下为宜。根外追肥一般要喷3~4次。它只能作为一种补充施肥的方法，不能完全代替土壤追肥。

7.3.3.6 常用肥料的施用方法

详见表7-2。

表7-2 常用肥料的施用方法

肥料		施用方法
氮肥	尿素	作基肥和追肥。作基肥时要深施。土壤追肥时用量：3~5 kg/667m^2，1 kg加水360~600 kg。在碱性土壤上易挥发 根外追肥时溶液浓度为0.2~0.5%，每次0.5~1.0 kg/667m^2
	硫酸铵	作追肥，作基肥时与有机肥混合施用较好，不宜常在酸性土上施用，不能与碱性肥混用。土壤追肥时用量：7~12 kg/667m^2，1 kg加水180~300 kg
	硝酸铵	作追肥。土壤追肥时用量：4~8 kg/667m^2，1 kg加水240~360 kg。不宜在沙土上施用，也不能与碱性肥混用
磷肥	过磷酸钙	作基肥，也可作追肥。与有机肥混合施用效果好，施肥深度比种子应深3~5cm 土壤追肥时用量：4~6 kg/667m^2，与钾肥混用，1 kg加水120 kg 根外追肥时溶液浓度0.5%~1.0%，每次1.5~2.5 kg/667m^2
钾肥	氯化钾	可作基肥和土壤追肥。应结合石灰施用 土壤追肥时用量：4~6 kg/667m^2，1 kg加水180~300 kg 根外追肥时溶液浓度0.3~0.5%，每次0.75~1.5 kg/667m^2
	草木灰	可作基肥和追肥。不能与人畜粪混放，也不能与铵态氮肥混用
有机肥	人粪尿	可作追肥。用量：200~300 kg/667m^2，腐熟后，每50 kg加水210~240 kg
	猪粪牛粪	作基肥
	马粪羊粪	作基肥
	堆肥	作基肥。可与人畜粪尿混用加快肥效
	绿肥	作基肥

7.3.3.7 施肥时间

苗木施肥时期应根据生产经验并且通过科学试验来确定。苗木的生长期长，苗圃生产中很重要的一条经验就是施足基肥（有机肥料和磷肥），以保证在整个生长期间能获得充足的矿质养料。1年生苗木追肥时期通常定在夏季，把速效氮肥分1~3次施入，以保证苗木旺盛生长对养料的大量需要。有些地方在秋初也使用磷钾作后期追肥，目的是促进径向生长及增加磷、钾在苗木体内的贮存，加速苗木木质化进程。对于一些生根快、生长量大的扦插苗可早期追肥，播种苗可在夏秋季追肥。通常苗圃追氮肥最迟不能晚于8月，南方个别树种可到9月，北方为苗木越冬，施肥时间不可太晚。

7.3.4 松土除草

在苗木生长期，降雨和灌溉等造成土壤板结、通气不良，使根系发育不好。加之杂草与苗木争光夺肥，严重影响苗木生长。因此，要及时松土除草，保蓄水分，促进苗木根系发育。苗圃除草原则是“除早、除小、除了”，一般结合松土进行。松土除草的时间和次数，应根据苗木生长规律和气候、土壤条件及杂草繁茂程度而定。在水分充足地区，1 年生播种苗应进行 4~6 次，气候干旱、灌溉困难之处，应进行 6~10 次，生长后期可停止除草。苗木生长初期每 10~15d 进行 1 次，速生期 15~30d 进行 1 次；随着苗木的生长，松土应逐次加深。在苗木生长前期，松土深度一般 2~6cm，生长后期 8~10cm；为了不伤苗根，苗根附近松土宜浅，行间、带间宜深。除草的方法有人工除草、机械除草、化学除草 3 种。

(1)人工除草

效率较低，工作效率以 1 个工日除草面积单位进行核定，需要大量人力和财力。

(2)机械除草

利用各种形式的除草机械和表土作业机械切断草根，干扰和抑制杂草生长，以控制和清除杂草。其特点是工作效率高，减少化学除草剂对环境和苗木的不良影响。

(3)化学除草

有效克服人工除草的弊端，使用方便、效果好。常见的苗圃除草剂有：除草醚、果尔、草甘膦、扑草净、氟乐灵、五氟酸钠、拉索、西马津、阿特拉津等。

① 除草剂种类　根据化学结构分为无机除草剂和有机除草剂；根据除草剂对苗木与杂草的作用方式分为触杀型和内吸型除草剂；根据除草剂的使用方法分为土壤处理剂、茎叶处理剂和土壤兼茎叶处理剂，以有机、内吸型、土壤处理剂效果最好。由于加工形式不同，有水溶剂、可湿性粉剂、乳剂、颗粒剂、粉剂等。

② 除草剂的使用方法　必须根据苗木、杂草和天气情况，确定用药种类、剂量和使用方法。否则，除草效果不理想。各种除草剂的性质不同，效果差异很大。如 2，4-D 只能杀死双子叶草类，而除草醚、扑草净能抑制苗圃一般常见的杂草。施用时期要抓住苗木抗药性强，而杂草抗药性弱的时机施药。播种后，发芽前是对新播种苗床施用除草剂的最适宜时期，如五氯酸钠适宜在播前或播后出苗前施用。除草剂和其他农药不同，对药剂浓度没有严格要求，只要求将单位面积的施用量，均匀地施在规定的面积上即可。除草剂的用量不固定，一般气温高，土壤湿、黏性小、沙性大的土壤上施药量可小；温度低、土壤干、黏性大、腐殖质多的土壤上施药量则大。落叶阔叶树苗施用量小，常绿针叶树苗施用量大；苗期施用量小，播种前施用量大。

③ 施用方法　主要有喷洒法和毒土法两种。喷洒法适用于水溶剂、乳剂和可湿性粉剂。一般每公顷配制 3000~7500kg，水溶解后即可喷洒均匀。茎叶处理要求雾点小，兑水宜少，取近下限值；土壤处理雾点粗，兑水应多，取偏上限值。毒土法适用于粉剂、可湿性粉剂和乳剂，宜随配随施，不宜存放。取含水量 20%~30% 的潮土(手捏成团，手松即散)，与一定量的药剂充分混合，均匀地撒施在苗床上。一般每公顷施毒土 750kg 左右。如是乳剂，可先加入少量水稀释，喷洒于过筛的细土上，然后拌匀施下。

除草剂混合施用具有降低药量、增加药效的作用。混合施用原则：残效期长的与残效期短的结合；在土壤中移动性大的与移动性小的结合；内吸型和触杀型相结合；见效快的与见效慢的相结合；灭草对象不同结合；除草、杀菌、杀虫、施肥不同功效的相结合。但必须注意其化学反应，不要造成药剂失效或引起苗木药害。一般在无风晴天时施用，并要求在12~48 h内无雨。注意防止漏施或重施，喷药速度要均匀，喷洒时要边喷边搅拌，防止沉淀。床面如有大草，喷药前应事前拔除。苗圃常用的除草剂见表7-3。

表7-3　苗圃常用除草剂一览表

药品	用量（kg/667m^2）	主要性能	适用树种	使用时间和方法	注意事项
草枯醚	0.2~0.5	药效期20~30d	针叶树类、杨树、柳树、柳树插条、白蜡属、桉属	播后芽前或苗期，喷雾法	针叶树用高剂量，阔叶树用低剂量
灭草灵	0.2~0.4	选择性、内吸性，药效期30d	针叶树类	播后芽前或苗期，喷雾法	用药后保持土壤湿润
茅草枯	0.2~0.4	选择性、内吸性，药效期20~60d	杨柳科	播后芽前或苗期，喷雾法	药液现用现配，不宜久存
二氮苯类	0.125~0.2	选择、内吸型，溶解度低，药效期长	针叶树类、棕榈、凤凰木、女贞、悬铃木和杨树插条	针叶树播后芽前或苗期，阔叶树类播后芽前，喷雾法	注意后茬苗木，针叶树用高剂量，阔叶树用低剂量
甲草胺	0.25~0.5	选择、内吸型，药效期60~70d	杨树插条	播后发芽前，喷雾法	注意风蚀
氟乐果	0.1~0.2	选择、内吸型，药效期长	杨树插条	播后发芽前，喷雾法	用药后拌土
五氯酚钠	0.3~0.5	灭生性、内吸型，药效期3~7d	针、阔叶树	播后发芽前，喷雾法	出芽后禁用
扑草净西马津	0.15~0.25	选择、内吸型，溶解度低，药效期长	针叶树类	播后发芽前或苗期用喷雾法；茎叶土壤处理	注意后茬苗木的安排

说明：① 茎叶处理法：把除草剂直接喷洒在杂草的茎叶上；② 土壤处理法：把除草剂直接喷洒在土壤上或制成毒土施于土壤中；③ 播后芽前指播种(或扦插)以后，幼苗尚未出土(插穗尚未发芽)这段时间；④ 苗期指幼苗已出土(插穗已发芽)，幼苗发育期间；⑤ 初次使用，先小面积试验，再大面积施用，以防药害；⑥ 施药人员要戴口罩、手套，用药后需要凉水洗手脸；⑦ 每次施药后，要将喷药机具冲洗干净，以免下次用时发生药害。

7.3.5　间苗、补苗和幼苗移植

为调节苗木密度，使每株苗木都有适当营养面积，保证苗木的产量和质量，需及时间苗和补苗。

7.3.5.1　间苗

又叫“疏苗”，为了调整适宜的苗木密度，提高苗木质量而将部分苗木除掉。间苗时间主要根据幼苗生长速度、幼苗的密度等决定。间苗一般以幼苗的长势、密度等情况分1~2次进行为宜，最后一次间苗又称定苗，定苗不能过晚，否则会降低苗木质量。间苗前应先按计划的单位面积产苗数，计算出每株苗木之间的间距，在定苗时，要比计划产苗量多5%~10%，作为损伤系数，以保证计划产量。阔叶树种第一次间苗可在幼苗前期当幼苗展开3~4片(对)真叶，互相遮阴时进行；第二次在第一次后20d左右进行。针叶树种幼苗适于较密集的环境，间苗时间比阔叶树种晚。对生长快的树种如落叶松、杉木、柳杉等，可在幼苗期进行间苗，在幼苗期的末期或速生初期进行定苗。生长慢的树种可在速生期初期进行间苗。间苗时，主要间除有病虫害、受机械损伤、发育不正常的苗或生长弱小的劣苗，以及并株苗、过密苗等。间苗前，应先灌水，使土壤松软，提高间苗效率。间苗后，要及时进行浇灌，以淤塞被拨出的苗根孔隙。

7.3.5.2 补苗

当种子发芽出土不齐，或遇到严重的病虫害，造成缺株断垄，影响产苗数量时，可采取补苗。补苗时间宜早不宜迟，以减少大量伤根，早补苗不仅成活率高，且后期生长与原生苗无显著差异。为提高成活率，补植最好在阴雨天或傍晚进行，补植后及时灌水，必要时需遮阴。

7.3.5.3 幼苗移植

移植通常是将培养到约5cm高的幼苗全部移植到其他圃地上培养。适用于生长速度快的树种、珍贵树种和特小粒种子的育苗。生产中也有结合间苗，将间出的健壮幼苗移植的做法。

7.3.6 截根

幼苗截根在于除去主根的顶端优势，控制主根的生长，促进侧根和须根增生，扩大根系的吸收面积；抑制茎、叶生长，增大根茎比等。截根适用于主根粗长而侧根较少的树种，如油松、樟子松、栎类、核桃、樟树等。截根时期应在1年生苗木速生期到来之前进行，以保证苗木截根后还有较长的生长期，促进侧根发展。北方可在7月中下旬，苗高8~10cm时进行。此外，培育两年以上的留床苗也可在第一年秋季生长停止后、土壤尚未冻结前截根。截根可使用拖拉机或畜力牵引截根刀，从苗床表面下部10~15cm处切断主根；也可用锹在苗床两侧或垄旁向土中斜切，以切断主根。截根后应立即灌水，并增施磷钾肥料，促进苗木茁壮生长。

7.3.7 病虫害的防治

苗木在生长过程中，常常会受到病虫的危害。病虫害防治必须贯彻“防重于治”的思想。在防治上要掌握“治早，治了”的原则，一旦发现病虫害，应及时用药剂治愈。

【技能训练】

出苗前和幼苗期的管理

[目的要求]掌握播种后的覆盖、遮阴、灌溉、松土除草、防鸟兽危害及间苗补苗的方法和技术要点。

[材料用具]稻草(麦秆、草帘、松针、松柏、锯木屑、谷壳等)、草绳木桩、竹竿、遮阳网、细铁线、钳子、铁锹、锄头、喷壶等。

[实训场所]实习苗圃。

[操作步骤]

(1)覆盖。覆盖厚度一般以不见土面为度。如用稻草覆盖，其厚度为2~3cm，每亩约需稻草200~250kg。草的梢和草相对，横床摆放，用草绳固定。

(2)遮阴。上方遮阴可分为斜顶式、水平式、屋脊式和拱顶式4种。倾斜式上方遮阴是将荫棚倾斜设置，南低北高或西低东高。低的一面高约50cm ，高的一面高100cm。水平上方遮阴、屋脊式和拱顶式荫棚两侧高约1m，仅顶的形状不同。

(3)灌溉、松土除草。高床采用喷灌或喷壶进行灌溉，低床漫灌，垄作育苗可侧方沟灌。出苗期应“少量多次”并保持床面湿润即可；幼苗期适当增加灌水量。松土除草应在出齐苗后结合灌溉进行。可人工除草6~8次，每次应在灌溉或雨后进行，亦可施用除草剂。

(4)间苗补苗。间苗时用手或移植铲将过密苗、双株苗、病弱苗间出，选生长健壮、根系完好的幼苗，用小棒穿孔补于稀疏缺苗之处。

[**注意事项**]覆盖时要合理掌握覆草厚度，不宜过厚或过薄；除草时注意保护幼苗，尤其不要伤害幼苗根系；除草松土后应立即灌溉，以免苗根透风死亡；灌溉时要适时适量并防止水滴过大冲击幼苗。

[**实训报告**]写出播种后出苗期和幼苗期管理的操作过程及你所遇到的问题的解决办法。

【任务小结】

如图7-5所示。

【拓展提高】

一、节水播种灌溉技术

节水播种灌溉技术是结合播种而实施的一种节水型灌溉技术，用于土壤墒情不足时作物的抗旱播种，特点是在灌水的同时亦完成播种作业。其工序分为开沟、施肥、灌水、播种和覆土等。完成这些工序的设备为节水型播种机，其代表是2BFS－2型坐水单体播种机和2BFS－3型施水硬茬播种机。2BFS－2型坐水单体播种机是在抗旱坐水播种技巧基础上研制成功的。使用时将该机挂在拉水车后，可一次完成开沟、灌水、播种、施肥和覆土5项作业，整个过程只需1~2人，每天可播种0.33hm^2。2BFS－3型施水硬茬播种机是在播种机上附加灌水装置来完成播种与灌水两项作业。其出水管安装在播种管后方，在开沟、下种之后有少量覆土时灌水，最后完全覆土。该机在播种机的开沟器后侧装有覆土器，可保证种子覆土深度的同时，使种子接近深层土壤，以便充分利用土壤底墒，并且表层形成的明沟对集蓄雨水和苗期灌水都有利。节水播种灌溉技术适用于干旱、半干旱地区的抗旱播种，半湿润地区若发生季节性干旱而不能正常播种时，亦可采用这种技术进行播种。

二、二氧化碳气体肥施用技术

北京农学院研制了一套计算机测控封闭状态下(塑料大棚内)育苗二氧化碳浓度的系统设备。在自然状态下大气中二氧化碳浓度较低为300mg/kg，在塑料大棚内增加二氧化碳浓度以后，对槐树、黄栌、侧柏、银杏高生长和地径生长有极显著的促长作用，可使苗木生物量(鲜重)平均增加30%左右。施气肥要与苗木的生长周期相适应，日施肥、月施肥、季施肥规律不同。利用酿酒厂废气二氧化碳进行施肥是一项环保新技术。

三、课外阅读题录

钟晓明.2015. 林业育苗与苗期管理探讨[J]. 绿色科技，(6)：52－53.

林国祚，彭彦，谢耀坚.2011. 我国苗木培育水肥管理研究进展[J]. 桉树科技，28(1)：61－66.

马德彪，宁彩霞 .2010. 日本落叶松苗期病虫害防治技术[J]. 宁夏农林科技，(2)：90.

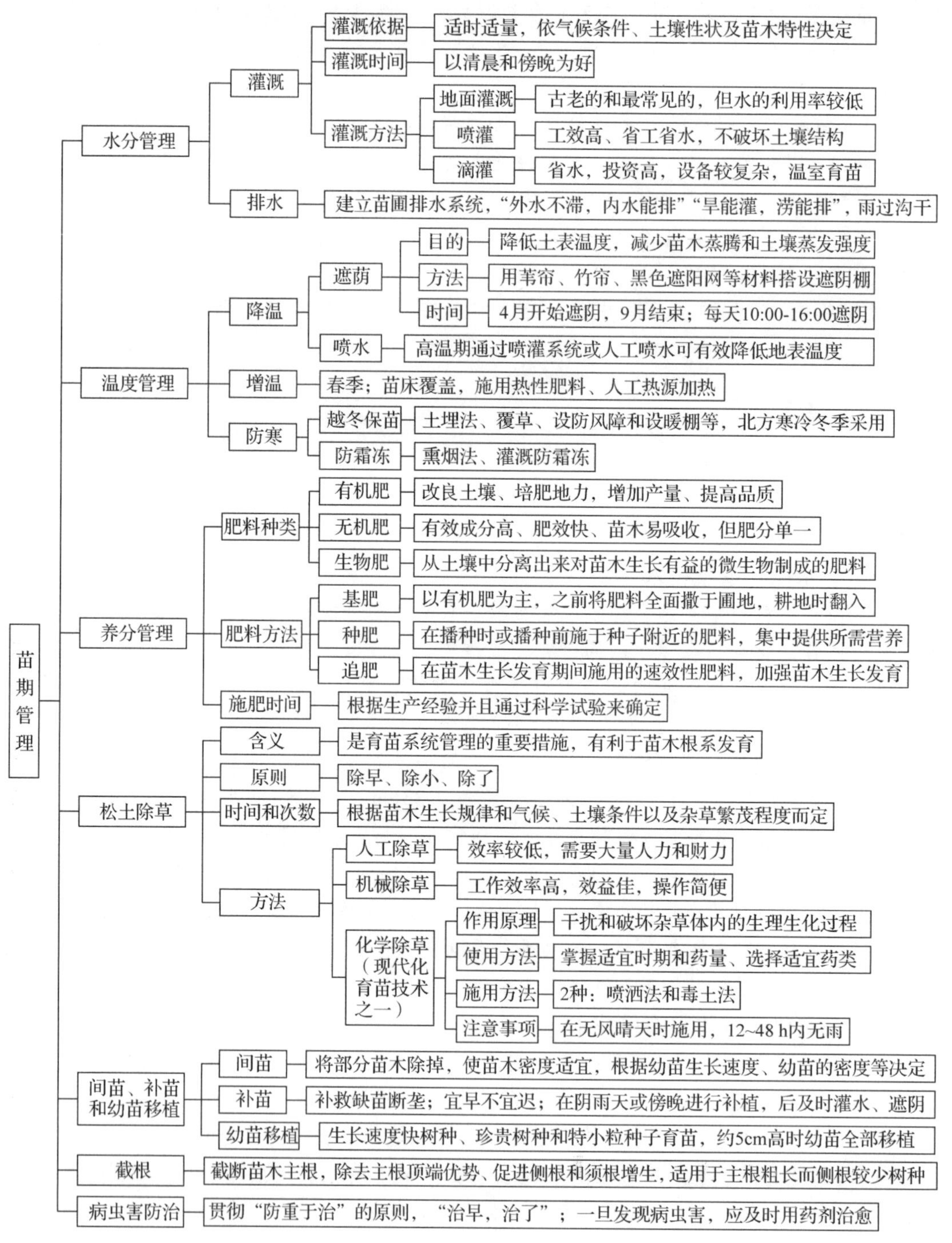

图 7-5　苗期管理知识结构图

【复习思考】

1. 在为苗木遮阴过程中应注意哪些问题？
2. 比较漫灌、喷灌和滴灌的优缺点。
3. 在育苗过程中为什么要截根？截根时应注意哪些问题？
4. 在苗期管理过程中，为什么要松土除草？
5. 化学除草剂有哪些类型？
6. 使用化学除草剂时应注意哪些问题？
7. 施肥的原则是什么？
8. 缺少什么元素的情况下，植物的叶片会缺绿黄化？
9. 苗木的防寒措施有哪些？

项目8 无性繁殖培育

无性繁殖也称营养繁殖，它是利用植物的根、茎、叶、芽等营养器官培育新植株的方法，所繁殖的苗木称为营养繁殖苗、无性繁殖苗或无性系苗。营养繁殖苗具有保持其母株遗传特性、结实较早等特点，是经济林木、果树和用材林良种的主要繁殖方法之一。

任务8.1 扦插育苗

【任务介绍】

扦插育苗是切取母体植株根、茎、叶等营养器官的一部分，在适宜的条件下插入土、沙或其他基质中，利用植物的再生能力形成不定根和不定芽，并生长成为一个完整新植株的一种无性繁殖方法。经过剪切用于直接扦插的部分叫插穗，采用扦插繁殖方法培育的苗木被称为扦插苗。扦插育苗是植物营养繁殖的重要手段，能够保持亲本的遗传性状，繁育周期短，是实现短时间快速育苗的方法之一。

知识目标

1. 了解扦插育苗的生根原理。
2. 掌握扦插育苗的技术要点。
3. 掌握促进插穗生根的方法。

技能目标

1. 能进行扦插育苗工作。
2. 能管理扦插育苗苗圃。

【任务实施】

8.1.1 扦插育苗成活原理

扦插成活的关键是不定根的形成，不定根的发源部位有很大差异，根据其形成的部位可分为2种类型：

① 皮部生根型　即以皮部生根为主，从插条皮部的皮孔、节(芽)等存在的根原基上萌发出不定根。通常这些根原基受顶端优势控制，其萌发处在被抑制状态，当枝条脱离母体后，激素抑制效应被解除，枝条在良好的氧气、水分供给的情况下迅速发根。一般来说，这种皮部生根型属于易生根树种，如青杨、小叶杨、柳树、桂花、水杉、紫穗槐等。

② 愈伤组织生根型　即插穗基部韧皮部细胞脱分化形成愈伤组织，愈伤组织再脱分化形成不定根。因为这种生根需要的时间长、生长缓慢，所以扦插成活较难、生根较慢的树种，其生根部位大多数为愈伤组织生根，如圆柏、雪松、悬铃木等。

这2种生根类型，其生根机理是不同的，从而在生根难易程度上也不相同。但也有许多树种的生根是处于中间状况，即综合生根类型，其愈伤组织生根与皮部生根的数量相差较小。

8.1.2　影响扦插育苗成活的因素

插条扦插后能否生根成活，首先取决于插条本身的条件，如树种生物学特性、插穗年龄、枝条着生部位、插穗形态规格等内在因子，此外还与外界环境因子有密切的关系，如温度、湿度、通气、光照、基质等，它们之间相互影响、相互制约，因此，扦插时必须使各种环境因子有机协调，以满足插条生根的各种要求，才能达到提高生根率、培育优质苗木的目的。

8.1.3　扦插催根技术

扦插成活的标志是插穗长出新根，不同树种生长能力不同，通过对插穗的催根，能够有效地提高扦插成活率。常用的方法包括以下几种：

① 生长素及生根促进剂处理　常用的生长素有萘乙酸(NAA)、吲哚乙酸(IAA)、吲哚丁酸(IBA)、2，4－D、ABT生根粉系列、植物生根剂HL－43、3A系列促根粉等。使用方法：一是先用少量酒精将生长素溶解，然后配置成不同浓度的药液，低浓度(如50～200mg/L)溶液浸泡插穗下端6～24h，高浓度(如500～10 000mg/L)可进行速蘸处理(几秒种到1min)。二是将溶解的生长素与滑石粉或木炭粉混合均匀，阴干后制成粉剂，用湿插穗下端蘸粉扦插；或将粉剂加水稀释成为糊剂，用插穗下端浸蘸；或做成泥状，包埋插穗下端。处理时间与溶液的浓度随树种和插条种类的不同而异。一般生根较难的浓度要高些，生根较易的浓度要低些；硬枝浓度高些，嫩枝浓度低些。

② 洗脱处理　一般有温水处理、流水处理和酒精处理等。洗脱处理不仅能降低枝条内抑制物质的含量，同时还能增加枝条内水分的含量。所谓的温水洗脱处理是将插穗下端放入30～35℃的温水中浸泡几小时或更长时间，具体时间因树种而异。

此外，还有各种各样的催根处理措施，包括采用维生素、糖类及其他氮素进行营养处理，醋酸、磷酸、高锰酸钾、硫酸镁等进行化学药剂处理，0～5℃的低温冷藏处理，插床增温处理，倒插催根处理，黑暗黄化处理，环剥、刻伤处理等。

8.1.4 扦插的种类和方法

8.1.4.1 硬枝扦插

硬枝扦插(又称休眠枝扦插)是利用充分木质化的枝条进行扦插的方法，其扦插步骤为：

① 整地作插床 扦插苗圃宜选用保水、排水及通气性均良好的基质，可采用松软且肥力较好的沙质壤土、苔藓、泥炭等。在选好的地块中，用完全腐熟的农家肥与基质混匀后，再加入磷酸二铵、硫酸钾等无机肥，整地作畦，平整后用喷雾器喷洒多菌灵800倍液及其他杀菌消毒剂，最后用塑料薄膜严密覆盖2~3d，等待扦插。

② 插条选择 落叶植物在秋季落叶后至春季萌芽前均可选为插条，常绿树则适宜在芽苞开放前采条。选取生长健壮、无病虫害、品种优良的母树进行采条，尽量在早晨或阴雨天采条，避免高温和强光照。优先选取良种采穗圃、优树树干基部萌条或树冠外围中部1~2年生芽体饱满的枝条进行采集，采后立即放置于阴凉处进行处理。

③ 制穗 制穗应在阴凉处进行，剪取插穗时要求刀锋利，保持每根穗条长度为10~20cm，具有2~3个饱满的芽。上切口距顶芽1cm，宜平剪，以减少失水；下切口位于最近的节基部，宜剪成马耳形切口，斜切口与插穗基质的接触面积更大，有利于形成愈伤组织，提高扦插成活率。每50根插穗绑为1捆，挂好标牌，待插穗预处理。

④ 生根粉处理 生长调节剂可促进插条内部营养物质的重新分配和内源激素作用的表达，一般将插穗基部浸入50~200mg/L的生根粉溶液2~3cm深，浸泡6~12 h后使用；高浓度(1000~1500mg/L)溶液可快速浸蘸(5~60s)处理。

⑤ 扦插 用水将苗床喷湿润，按照株距5~10cm，行距20~40cm，采用直插或斜插的方法，用略粗于插穗的木棍在苗床上打孔，然后将插条插入基质，插入部分占全长的1/2~2/3，留最上方的一个芽露出地面，再用基质将小孔填满，压实。

8.1.4.2 嫩枝扦插

嫩枝扦插也称生长枝扦插、绿枝扦插，是利用林木生长发育过程中半木质化枝条进行扦插的方法。由于嫩枝处于生长发育阶段，木质化程度低，枝条内富含各种生长激素，细胞分生组织十分活跃，易产生愈伤组织。其步骤为：

① 整地、插条选择 扦插前采用0.2%的高锰酸钾或多菌灵800倍液对扦插床面进行消毒，然后再扦插。插条采集生长健壮、无病虫害的当年生半木质化嫩枝，以枝条中、上部最佳，梢部幼嫩枝条内源生长激素含量高，细胞分生能力强，利于生根。插穗不宜过粗或过细，中等粗度的插条生根率最高；幼龄母株生根效果优于老龄母株。

② 制穗 阴天或早晚从母株上剪取开始木质化的嫩枝插条，立即竖放在盛水的桶内，运回扦插现场，在阴凉处或室内进行制穗，穗长10~15cm，带2~3个芽，叶片较小的树种可留2~3片叶，阔叶树则留1/3~1/2片叶，嫩枝梢头顶部叶片可全部保留，下端口宜在芽下0.5cm处剪成马耳形，以促进生根。

③ 生根粉处理 插穗可采用萘乙酸、吲哚乙酸、2，4-D、ABT生根粉等进行催根处理，嫩枝扦插宜采用速蘸法进行处理，处理浓度应低于硬枝扦插。将插穗浸入生根促进剂中速蘸5~10 s，浸泡长度为插穗长度的1/3~1/2。

④ 扦插 用水将苗床喷湿润，采用直插的方法，用略粗于插穗的小木棍打孔扦插，

密度为 10cm ×20cm，扦插深度为插穗长度的 1/3～1/2，然后用木棍从侧面推土，使插穗紧密接触基质。嫩枝扦插要求空气湿度高，以减少插穗的水分散失，插后应及时浇水。

8.1.4.3　根插

凡根上能够形成不定芽的树种均可根插繁殖。一般枝插不易成活或生根缓慢而容易发生根蘖的都能根插，根插主要用于繁殖砧木。根插的时间多在秋末或早春休眠期进行。用于扦插根的粗度至少 0.3cm。扦插时剪成 10cm 长的根段，上口平剪，下口斜剪。扦插时可先开 3～5cm 浅沟，直插或斜插，但注意不要倒插。根插所用的根可以利用苗木出圃剪留下的根段或留在地里的残根。

8.1.4.4　叶插

秋海棠科、景天科、苦苣苔科等植物的叶插条，不需要植物生长调节剂处理，只要湿度适当就可以在短期内生根。用全叶或部分叶片或带有叶柄的插条，均可繁殖成新的植株，在切段基部叶脉处，能形成不定根与不定芽，这是由原来的叶片提供必要的内源激素与辅助因子所致。当新植株形成后，老叶片即枯萎脱落。

8.1.5　扦插后的管理

(1)水分管理

扦插结束后应浇透水，使插穗与基质充分接触。苗床最适温度控制在 20～25℃，扦插用水应以水温较适宜的干净河水为主。在扦插的初期，为保证插穗不失水，应频繁的喷雾，使叶片经常保持一层水膜；愈伤组织形成后，可以适当减少喷雾，待叶片上水膜蒸发到 1/3 时，再进行喷雾；待普遍长出幼根时，可在叶面水分蒸发完后，再进行喷雾。总之，整个扦插过程中的喷雾管理原则是：前期湿度大，中期不干不湿，后期要干。

(2)温湿度管理

扦插苗床应注意保温保湿，可在插床上搭建高约 60cm 的塑料拱棚，覆盖塑料薄膜，再用遮阳网搭盖荫棚，防止阳光直射。一般要求插穗生长环境的空气相对湿度为 80%～100%，基质湿度为 20%～25%。后期浇水以保持插床表面湿润为宜，成活后及时撤除薄膜和遮阴棚，逐渐进行通风和增强光照，使扦插苗适应自然环境的生长。

(3)病害防治

在扦插后的管理中，每 7～10d 喷 1 次 800 倍的多菌灵药液，以防病菌感染，提高插穗成活率，平时要保持插床的清洁卫生，及时清除枯叶和病株，防止病菌传染。

(4)叶面施肥

叶面施肥是提高扦插困难植物生根的有效方法。叶面肥可采用浓度为 0.1%～0.3% 的尿素、磷酸二氢钾、过磷酸钙和硼砂等常用肥料，并适当配施微量元素及生长素等成分，有利于促进嫩枝扦插生根。在插穗生根前以氮肥为主，生根后期应以磷、钾肥为主，施肥次数一般为每 5d 左右 1 次。施用叶面肥的最适气温为 18～25℃，因此在高温季节，应选在傍晚停止喷雾后再喷施肥，以免因喷雾淋失肥料。

【技能训练】

扦插育苗

[**目的要求**]掌握扦插育苗的操作步骤和方法。

[**材料用具**]枝剪、生根粉、锄头、面盆或容器、杀虫剂、杀菌剂、竹弓、薄膜、洒水壶、遮阳网。

[**实训场所**]苗圃。

[**操作步骤**]

(1)做好苗床。在已做的插床上进一步平整、松土或填入扦插基质，施入杀虫剂、杀菌剂，要求苗床疏松、透气和排水性好。

(2)母树选择。根据不同的树种特性选好采集穗条的母树，如水杉、雪松应在1~3年实生苗上采穗，龙柏、蜀桧应在10~15年生母树上采集。选择生长健壮，树形好的优良单株的母树。

(3)采穗。在优良树种或品种母树的树冠中上部外围采集1年生枝作插穗，夏季应采取当年生半木质化，外围侧梢作插穗，注意夏插采穗应在早晨露水未干或傍晚采集。

(4)剪穗。

① 针叶树。上部应保留顶芽，下部应紧靠节平剪，枝长10~15cm，针叶可不去掉。

② 阔叶树。常用的插穗剪取方法是在枝条上选择中段的壮实部分。每根插穗上保留2~3个饱满的芽，上剪口应离芽1cm，一般呈斜面的方向是长芽的一面高，背芽的一面低，以免扦插后切面积水；较细的插穗也可剪成平面，下端剪口应紧靠叶或腋芽之下，切口平切，生根较难的可斜切或双面切。嫩枝应带叶片，剪穗时保留2~3个叶片，叶片大时保留1/3~1/2叶片。

(5)扦插。

① 插穗处理。将插穗基部整理整齐，把生根剂配好倒在容器或面盆中，深3~4cm，插穗基部浸入生根剂，浸2~3cm深，时间长短根据药剂浓度而定。

② 扦插。春插落叶树种扦插入土深度1/2~2/3，地表留1芽，常绿树种入土1/3~1/2，夏插穗入土深度为1/3~1/2。根据生根成活后的生长情况确定合理的密度，杨树、悬铃木20cm×40cm，水杉、池杉10cm×20cm，雪松、龙柏、黄杨、蜀桧5cm×10cm，插好后压实基部，使插穗与基质密切结合。

③ 浇水保温盖膜。插好后按3g/m^{2}撒上配好的0.1%杀虫剂，用洒水壶将苗床浇透；浇好后每隔80cm插一根竹弓，盖好进行密封，如温度较高可在薄膜上加盖遮阳网，降低床内温度，控制在30℃以下；并注意保持苗床的湿度，经常检查，喷水保湿。

[**注意事项**]插穗选取部位、扦插粗细、长度合适；插穗留芽数、上下剪口位置合适，剪口光滑；扦插操作熟练，深度、株行距合适，洒水均匀，浇透水。

[**实训报告**]提交实训报告一份，内容为扦插育苗的操作过程和注意事项。

【任务小结】

如图8-1所示。

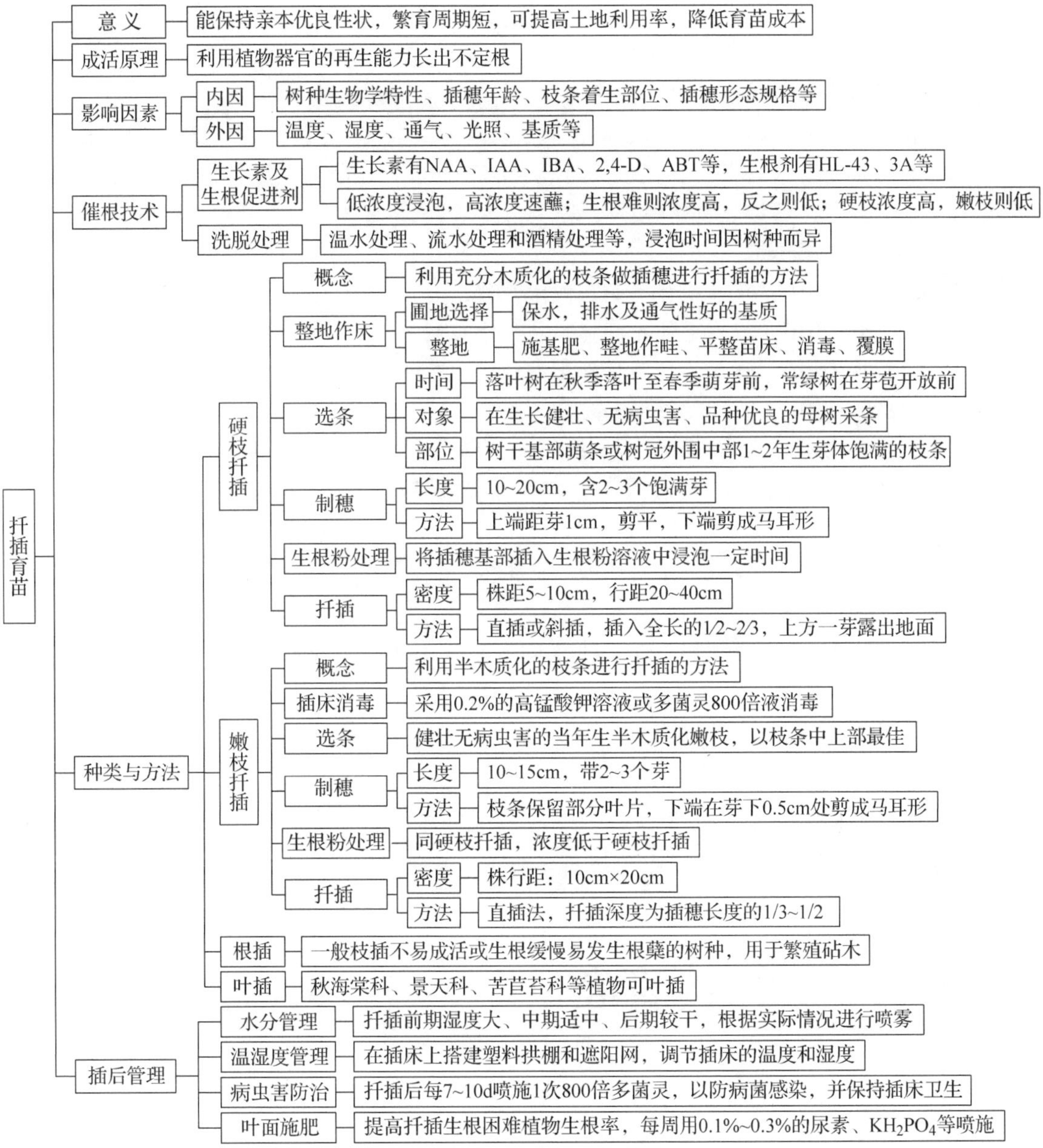

- 扦插育苗
  - 意义：能保持亲本优良性状，繁育周期短，可提高土地利用率，降低育苗成本
  - 成活原理：利用植物器官的再生能力长出不定根
  - 影响因素
    - 内因：树种生物学特性、插穗年龄、枝条着生部位、插穗形态规格等
    - 外因：温度、湿度、通气、光照、基质等
  - 催根技术
    - 生长素及生根促进剂
      - 生长素有NAA、IAA、IBA、2,4-D、ABT等，生根剂有HL-43、3A等
      - 低浓度浸泡，高浓度速蘸；生根难则浓度高，反之则低；硬枝浓度高，嫩枝则低
    - 洗脱处理：温水处理、流水处理和酒精处理等，浸泡时间因树种而异
  - 种类与方法
    - 硬枝扦插
      - 概念：利用充分木质化的枝条做插穗进行扦插的方法
      - 整地作床
        - 圃地选择：保水，排水及通气性好的基质
        - 整地：施基肥、整地作畦、平整苗床、消毒、覆膜
      - 选条
        - 时间：落叶树在秋季落叶至春季萌芽前，常绿树在芽苞开放前
        - 对象：在生长健壮、无病虫害、品种优良的母树采条
        - 部位：树干基部萌条或树冠外围中部1~2年生芽体饱满的枝条
      - 制穗
        - 长度：10~20cm，含2~3个饱满芽
        - 方法：上端距芽1cm，剪平，下端剪成马耳形
      - 生根粉处理：将插穗基部插入生根粉溶液中浸泡一定时间
      - 扦插
        - 密度：株距5~10cm，行距20~40cm
        - 方法：直插或斜插，插入全长的1/2~2/3，上方一芽露出地面
    - 嫩枝扦插
      - 概念：利用半木质化的枝条进行扦插的方法
      - 插床消毒：采用0.2%的高锰酸钾溶液或多菌灵800倍液消毒
      - 选条：健壮无病虫害的当年生半木质化嫩枝，以枝条中上部最佳
      - 制穗
        - 长度：10~15cm，带2~3个芽
        - 方法：枝条保留部分叶片，下端在芽下0.5cm处剪成马耳形
      - 生根粉处理：同硬枝扦插，浓度低于硬枝扦插
      - 扦插
        - 密度：株行距：10cm×20cm
        - 方法：直插法，扦插深度为插穗长度的1/3~1/2
    - 根插：一般枝插不易成活或生根缓慢易发生根蘖的树种，用于繁殖砧木
    - 叶插：秋海棠科、景天科、苦苣苔科等植物可叶插
  - 插后管理
    - 水分管理：扦插前期湿度大、中期适中、后期较干，根据实际情况进行喷雾
    - 温湿度管理：在插床上搭建塑料拱棚和遮阳网，调节插床的温度和湿度
    - 病虫害防治：扦插后每7~10d喷施1次800倍多菌灵，以防病菌感染，并保持插床卫生
    - 叶面施肥：提高扦插生根困难植物生根率，每周用0.1%~0.3%的尿素、KH_2PO_4等喷施

图8-1　扦插育苗知识结构图

【拓展提高】

一、全光喷雾扦插育苗技术

全光照喷雾扦插育苗装置在我国的广泛应用是以1987年中国林业科学研究院研制出双长悬臂自压水式扫描喷雾装置为标志，1992年该技术被列为国家科委科技成果重点推广项目和林业部科技成果重点推广项目，为我国无性系林业的发展提供了重要的育苗手段。

全光照喷雾扦插育苗装置与室外苗床配套使用，通过间歇喷雾的方法，提高插穗床面的相对湿度，使叶面经常保持一层水膜，通过水膜的蒸发和吸热，降低叶面温度，从而保证植物光合作用的正常进行，制造碳水化合物，从而有利于生根。在插穗完全处于露天的自然条件下，则增强其适应能力和防病能力，减少真菌的感染。

该装置主要由微电脑、传感器、双臂喷杆及中心旋转座、水泵、蓄水池、圆形苗床等构成。育苗特点是苗木生根快、育苗周期短、单位面积产苗量高、苗木成活率高、解决部分植物生根难问题、保持优良品种特性。

二、课外阅读题录

LY/T 1890—2010，落叶松扦插育苗技术规程.

LY/T 1885—2010，杉木无性系扦插育苗技术规程.

LY/T 1891—2010，湿加松良种扦插繁殖技术规程.

LY/T 1888—2010，尾叶桉扦插繁殖技术规程.

NY/T 2019—2011，茶树短枝扦插技术规程.

祝岩 . 2007. 林木扦插繁殖技术研究进展及其应用概述[J]. 福建林业科技，34(4)：270－274.

李日生，刘占欣，周孝明，等 . 1992. 经济林木绿枝扦插育苗技术试验研究[J]. 中国水土保持，(11)：42－44.

王玉英 . 2003. 植物无性系繁殖实用技术[M]. 北京：金盾出版社 .

【复习思考】

1. 扦插育苗的优点有哪些？
2. 扦插育苗的技术要点有哪些？
3. 比较嫩枝扦插与硬枝扦插育苗的特点。

任务 8.2　嫁接育苗

【任务介绍】

嫁接育苗是将优良母株的枝或芽嫁接到另一植株的枝、干或根的适当部位，两者接口愈合，形成新植株的方法。用嫁接法培育的苗木称为嫁接苗。供嫁接用的枝、芽称为接穗，接受接穗的有根植株称为砧木。嫁接育苗是营养繁殖中广泛应用的苗木繁育方法之一，它既利用了砧木抗逆性强的特点，又保持了母本的优良性状，还能使树冠矮化和提早结实，主要适用于经济林木及一些珍稀的树种繁殖。

知识目标

1. 了解嫁接育苗的概念及特点。
2. 掌握接穗的选择和剪切方法。
3. 掌握嫁接技术的要点和嫁接苗的管理方法。

技能目标

1. 能进行嫁接育苗。
2. 能管理嫁接苗圃。

【任务实施】

8.2.1　嫁接育苗原理

嫁接成活的生理基础是植物的再生能力和分化能力。嫁接后砧木和接穗结合部位各自的形成层薄壁细胞大量进行分裂，形成愈伤组织。不断增加的愈伤组织充满砧木和接穗间的空隙，并使两者的愈伤组织结合成一体。此后进一步进行组织分化，愈伤组织的中间部分成为形成层，内侧分化为木质部，外侧分化为韧皮部，形成完整的输导系统，并与砧木、接穗的形成层输导系统相接，成为一个整体，使接穗成活并与砧木形成一个独立的新植株，保证了水分、养分上下输送和交流。

8.2.2　嫁接成活的关键

砧木与接穗之间的亲缘关系要近。同品种、同种之间亲缘关系最近，嫁接成活率最高；同属异种之间亲缘关系较远，表现为有的树种嫁接亲和力较低，有的较高；同科异属之间亲和力一般很小，不同科之间几乎不能亲和。

砧木要健壮，接穗要充实饱满。

嫁接操作要牢记"平""齐""快""净""紧"五字要领。"平"是指砧木与接穗的切面要平整光滑，最好一刀削成，不要呈锯齿状。"齐"是指砧木与接穗的形成层必须对齐，以使愈伤组织能尽快形成，并分化成各组织系统。"快"是指操作的动作要迅速，尽量减少砧、穗切面失水。对含单宁等多的树种(如柿、核桃等)，快可减少单宁被空气氧化的机会。"净"是指砧、穗切面保持清洁，不被污染。"紧"是指砧木与接穗的切面通过绑扎必须紧密地结合在一起。

嫁接时空气的湿度、温度要适宜，以空气相对湿度 80%~90%、温度 20~25℃时嫁接容易成活。

8.2.3　嫁接育苗技术

8.2.3.1　接穗的采集

采集品质优良纯正、经济价值高、生长健壮、无病虫害的健壮母树。选母树外围中上部、向阳面、光照充足、发育充实的 1~2 年生枝条作为接穗。幼树的枝条或徒长枝不适宜做接穗。对采集的接穗要注明品种、树号，分别捆扎、编号、拴上标签，并装入塑料袋中或用水浸的草帘(毛巾)包装好，迅速运输到贮藏点或及时嫁接。在生长期采集的接穗，最好随采随接；休眠期采集的接穗，要贮藏到翌春砧木萌动后嫁接。

8.2.3.2　接穗的贮藏

芽接的接穗随采随接。枝接用的接穗采下后，若不能马上嫁接，可以暂时低温贮藏，在嫁接前的 1~2d 放在 0~5℃的湿润环境中进行活化，经过活化的接穗，接前再用水浸 12~24h，能提高嫁接成活率。此方法不仅有利于接穗的贮藏，而且可有效地延长嫁接时间，在生产上具有很高的实用性。

8.2.3.3 砧木的选择和准备

砧木应与接穗有良好的亲和力，能适应当地的环境条件，抗逆性强，并易于大量繁殖。一般用1~2年生的实生苗作砧木，粗度以1~3cm为宜。因此，要在嫁接前1~2年开始培育砧苗。

8.2.3.4 嫁接时期

嫁接时期的选择与植物的种类、嫁接方法、物候期相关。一般枝接宜在春季芽未萌动前进行，芽接宜在夏、秋季砧木树皮易剥离时进行，而嫩枝接多在生长期进行。

(1)春季嫁接

春季是枝接的适宜时期，适于大部分植物，在2月下旬至4月中旬，树液开始流动时即可进行。落叶树宜用经贮藏后处于休眠状态的接穗进行嫁接，常绿树采用去年生长未萌动的1年生枝条作接穗。如接穗芽已萌发，则会影响成活率，但有的树种如腊梅则在芽萌动后嫁接成活率高。春季嫁接，由于气温低，接穗水分平衡好，易成活，但缺点是愈合较慢。

(2)夏季嫁接

夏季是芽接和嫩枝接的适宜期，一般是5~7月，尤其以5月中旬至6月中旬最宜。此时，砧、穗皮层较易剥离，愈伤组织形成和增殖快，利于愈合。常绿树山茶、杜鹃，长江流域及其以南地区的桃、李等均适于此时嫁接。

(3)秋季嫁接

从8月中旬至10月上旬，新梢成熟，养分贮藏多，芽已完全形成，充实饱满，也是树液流动形成层活动的旺盛时期，因此，树皮容易剥离，最适宜芽接。如樱桃、杏、桃、李、苹果、梨、枣、杨树和月季等都适宜于此时芽接。

总之，只要砧、穗自身条件及外界环境能满足要求，即为嫁接适期。同时还要注意短期的天气条件，如雨后树液流动旺盛比长期干旱后嫁接效果好；阴天无风比干晴、大风天气嫁接好；接后1周不下雨比接后马上遇到阴雨天好。

8.2.3.5 嫁接准备

嫁接前主要做以下准备：

检验接穗生活力，采用当年新梢作接穗，查看枝梢皮层有无皱缩、变色，芽接要检查是否有不离皮现象，若有，需重新采穗。对贮藏越冬的接穗要抽样削面插入温、湿度适宜的沙土中，若10d内形成愈合组织，即可用来嫁接，否则应予淘汰。

活化接穗，经低温贮藏的接穗，在嫁接前1~2d放在0~5℃的湿润环境中进行活化。

浸泡接穗，经过活化的接穗，接前最好再用水浸12~24h。

准备工具，所用的刀、剪、锯等要锋利；磨刀石、工具箱、缚扎材料、湿布等要齐全；高接还应有采果梯、环割剪。

8.2.3.6 嫁接方法

(1)芽接

①“T”字形芽接　一般适用于粗度在0.6~2.5cm的砧木，在皮薄而易与木质部分离时进行。

砧木处理：在砧木距地面5~6cm处，选一光滑无分枝处横切一刀，再在横切口的中间纵切一刀，深达木质部(以切断砧木皮层为宜)，横切口长度不要超过砧木直径的一半，竖口长度1~1.5cm。

接穗切削：在接芽下方约1.5cm处向上斜削，刀要切入木质部，削至超过芽0.3~0.5cm时，在芽上方0.3cm处横切皮层，然后用手抠取盾形芽片。

接合：用刀尖拨开“T”字形切口，左手拿盾形芽片的叶柄，插入“T”字形切口，使芽片的横切口与砧木横切口对齐，并使二者形成层密接，最后用塑料条将其牢固地扎上，最好叶柄露在外面(图8-2)。

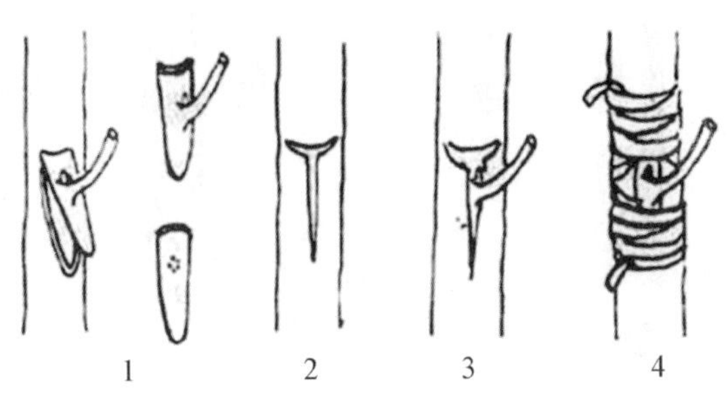

图8-2　“T”字形芽接

1. 取芽片　2. 切砧木　3. 芽片插入　4. 绑扎

② 方块芽接

接穗切削：在接穗上取适当大小的饱满芽片，芽在芽片中央。

砧木处理：用双刃刀在砧木平滑部位横割一刀，深达木质部，然后在左侧边缘处纵切一刀，最后用拇指和食指捏住叶柄基部向右侧稍用力撕下。

接合：将芽片嵌入砧木切口中，使两者形成层对齐，用塑料条捆绑严实。核桃等伤流严重的树种还需在芽接口下方一侧纵割一条1~2cm的放水口，作为引放伤流的出口(图8-3)。

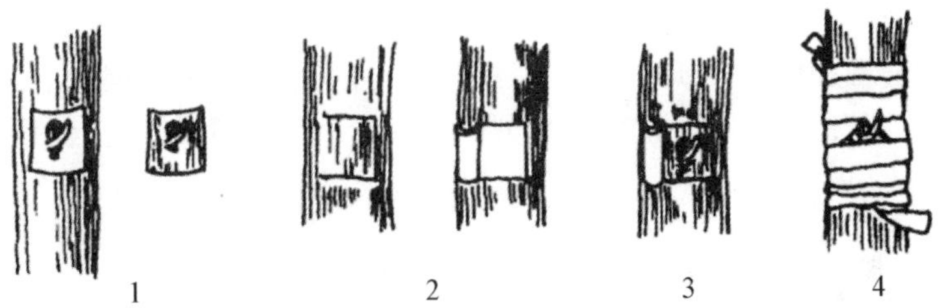

图8-3　方块芽接(丁彦芬，2003)

1. 切削芽片　2. 切砧木　3. 芽片嵌入　4. 绑扎

③ 嵌芽接

接穗切削：接穗的切削应先在接芽下部向下斜切一刀，再在芽上部自上而下削到刀口处，两刀相遇取下芽片，应带一部分木质部，其大小应与砧木切口相等。

砧木处理：在砧木离地10~15cm的光滑处自上而下地斜切一刀，稍带木质部，再从下端斜切，去掉切块。

接合：将削好的芽片迅速嵌入砧木切口，使双方接口的形成层对齐，并采用塑料薄膜带进行捆绑，用力要适中，如果捆绑过紧，可能压坏接穗和砧木的薄壁细胞，影响嫁接成活率；绑扎太松，接穗与砧木的空间较大，不利于两者的愈合，降低芽接的成活率(图 8-4)。

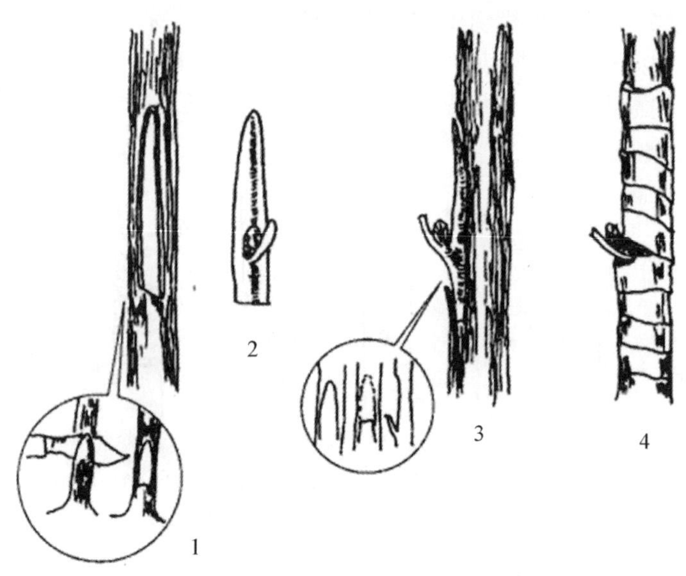

图 8-4　嵌芽接(丁彦芬，2003)

1. 取芽片　2. 芽片形状　3. 嵌贴芽片　4. 绑扎

④ 套芽接

接穗切削：从接穗芽上方 lcm 处剪断，再从芽下方 1cm 处用刀环切一圈，深达木质部，然后用手轻轻扭动接穗，使树皮与木质部脱离，由下而上抽出完整的筒状芽套。

砧木处理：选择砧木与接穗同等粗度的部分，剪去砧木上部，然后条状剥离树皮，撕皮的长度约为 3cm。

接合：把芽套套在砧木木质部上，对齐切口，再将砧木上的皮层由下住上翻，盖住砧木与接芽的接合部，保护接穗，以减少水分的散失，用塑料薄膜绑扎上即可(图 8-5)。

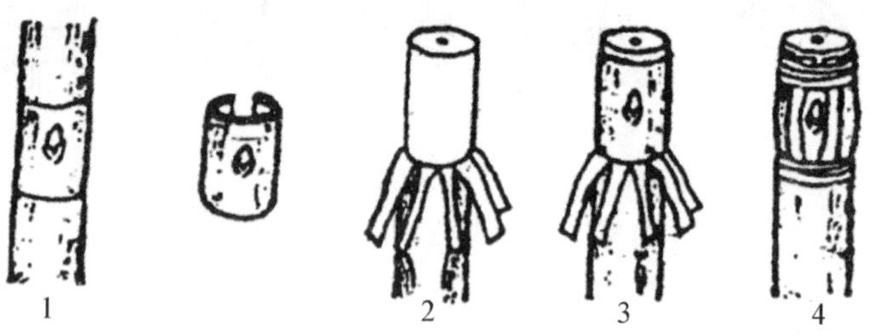

图 8-5　套芽接(柳振亮，2001)

1. 取套状芽片　2. 削砧木树皮　3. 接合　4. 绑扎

(2)枝接

① 劈接

接穗切削：接穗剪成 5～10cm 长的小段，应具有 2～3 个饱满芽，削接穗时应使削面呈平滑的扁楔形。

砧木处理：小砧木在离地面5~10cm处剪断，于断面中央进行垂直纵切；大砧木在树皮平滑处锯断，用劈刀在断面中央纵劈，形成劈口。

接合：小砧木与接穗之间，最好左右两边的形成层均能对齐；大砧木的劈口要用楔子撑开，劈口两边可插2个接穗，使接穗外侧的形成层与砧木形成层对齐，并抹泥将劈口堵住。接穗插入砧木后需露白1~3mm，然后用塑料条沿劈开砧木的最下端裂缝处自下向上绑紧，同时把接口断面包严，一般接后15~20d即可萌芽(图8-6)。

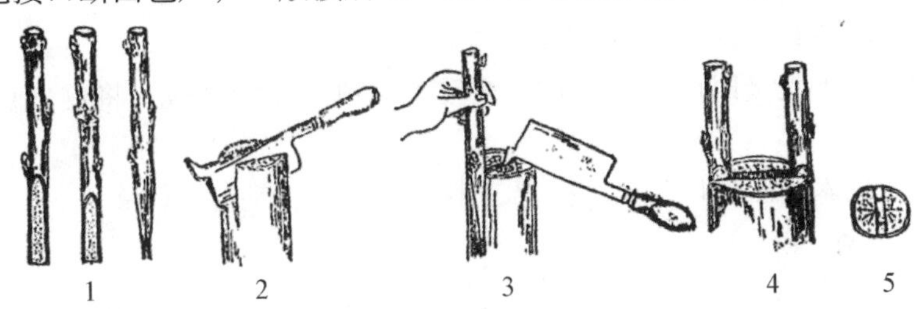

图8-6　劈接(丁彦芬，2003)

1. 削接穗　2. 劈砧木　3. 插入接穗　4. 双穗插入　5. 形成层结合断面

② 切接

接穗切削：选择生长健壮、具2~3个饱满芽的小段接穗，蜡封后在接穗下端一侧削1个平滑的长斜面，并在其背面削1个短斜面，使接穗下端呈扁楔形，削面必须平滑。

砧木处理：在距地面5~10cm处剪断砧木的树冠，保持截面的光滑平整，树皮不受损伤。在断面一侧稍带一部分木质部处，用刀垂直下切，使其宽度大致和接穗粗度相等，深度比接穗的长斜面略短1~3mm。

接合：将削好的接穗立即插入砧木的切口内，使砧木形成层与接穗形成层左右两边都对齐。若砧穗粗细不同，至少使一侧的形成层对齐。接穗的削面可不全部插入切口，留白1~3mm。用塑料薄膜带将接口包严，必要时在接口处封泥，以达到保湿的效果(图8-7)。

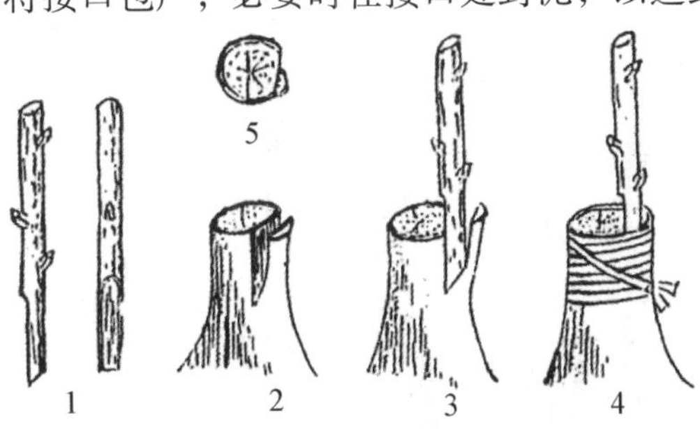

图8-7　切接(丁彦芬，2003)

1. 削接穗　2. 纵切砧木　3. 砧穗结合　4 绑扎　5. 形成层结合断面

③ 腹接　指在砧木腹部进行的枝接，可增加树木内膛的枝量，嫁接时砧木不去头，嫁接后剪砧或不剪砧均可，常用于针叶树的繁殖。腹接可分为普通腹接和皮下腹接两种。

a. 普通腹接

接穗切削：采用蜡封的接穗，上端具有2~3个芽，下端削成扁楔形，长削面长3cm

左右，背面短削面长 2.5cm 左右，削面要平而渐斜。接穗长削面应与砧木切口长度与相当。

砧木处理：砧木切削应在适当的高度，选择平滑部位，自上而下斜切一刀，切口深入木质部，但切口下端不宜超过髓心。

接合：将接穗插入砧切口，接穗形成层和砧木形成层两边或至少一边对齐，用塑料薄膜带绑扎。

b. 皮下腹接

接穗切削：将蜡封后的接穗削成楔形。

砧木处理：皮下腹接即在砧木需要补充枝条的树皮光滑部位，将皮层切成“T”字形或“Π”字形切口。

接合：撬开砧木皮层切口，插入接穗，用塑料薄膜带绑扎(图 8-8)。

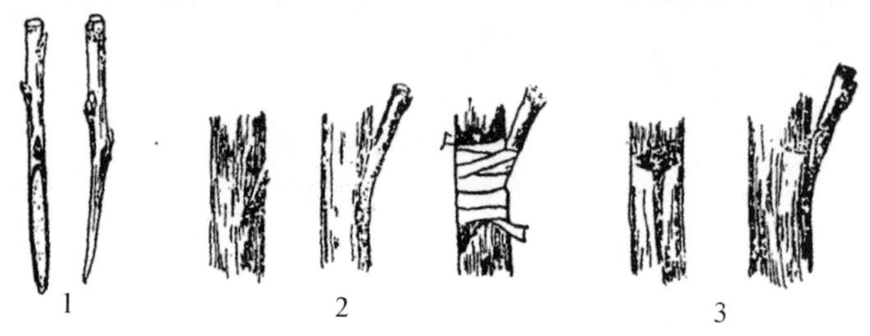

图 8-8　腹接(丁彦芬，2003)

1. 接穗切削正、侧面　2. 普通腹接　3. 皮下腹接

④ 插皮接

接穗切削：将蜡封的接穗下端削 1 个 3~4cm 的长切面，其背后削一个短削面。

砧木处理：距地面适宜的高度断砧，在截面选择砧木光滑处，将砧木皮层自上而下垂直划一刀，深达木质部，长约 3~4cm，并用刀尖挑开皮层。

接合：接穗的木质部插入砧木的木质部和皮层之间，长削面朝向木质部，并使接穗皮层紧贴在砧木皮层的削面上，接穗上端注意适当“留白”，用塑料条包严捆紧(图 8-9)。

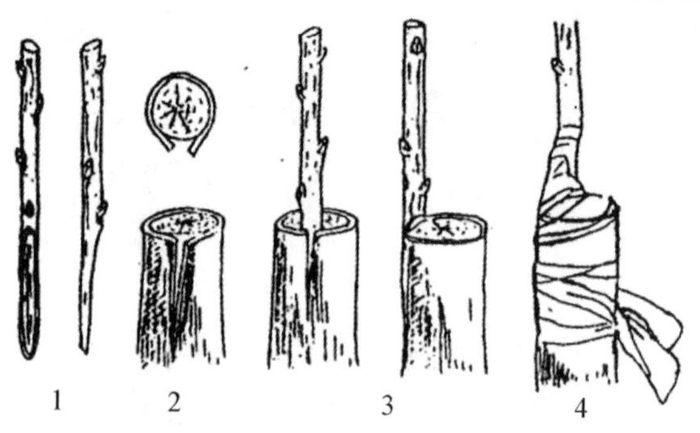

图 8-9　插皮接(丁彦芬，2003)

1. 削接穗　2. 剪砧木　3. 插入接穗　4. 绑扎

⑤ 靠接

接穗切削：接穗和砧木都带根系。

砧木处理：选择粗细相当的接穗和砧木，将接穗和砧木分别朝结合方向弯曲，各自形成“弓背”形状。用嫁接刀在接穗和砧木的弓背上分别削1个大小相同的长椭圆形平面，削面长3～5cm，深达木质部，露出形成层。

接合：将接穗和砧木的削面形成层对齐，用塑料条绑缚。待愈合后，分别将砧木从接口上方剪除，接穗从接口下方剪去，即成一棵独立的嫁接苗(图8-10)。

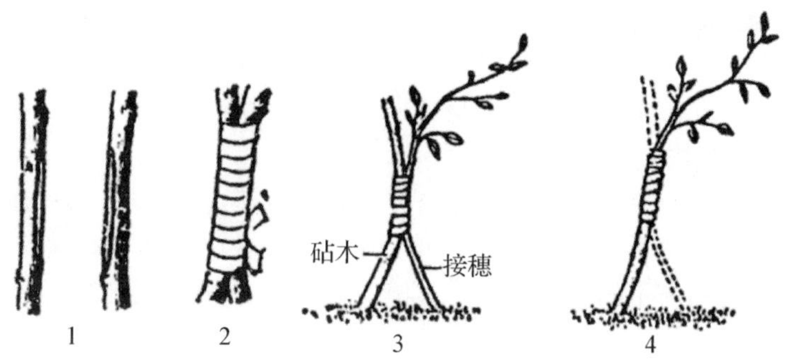

图8-10　靠接(柳震亮，2001)

1. 砧、穗削面　2. 绑扎　3. 靠接后植株情况　4. 剪去砧木上端和接穗下端形成一棵嫁接树

⑥ 芽苗砧(子苗)嫁接　指利用尚未展叶的胚苗作为砧木，以具2～3个芽的枝条作为接穗进行嫁接的方法。芽苗砧嫁接可缩短育苗时间，且芽苗无伤流现象，不含单宁、树胶等物质，嫁接成活率较高，现已广泛应用于伤流较严重的植物稼接育苗。

接穗切削：根据芽苗粗度选择接穗，接穗长6～10cm，有2～3个饱满芽，下部削成光滑楔形，削面长1.5cm。

砧木处理：选择颜色白净，根、芽生长旺盛的健康砧木，最好有一定数量的须根，在子叶柄上方1.5cm处切断砧苗，并在横切面的中心纵切1道深为1～2cm的切口，但不要切伤子叶柄。削砧时应尽量保证原种子壳不脱落，其中含的大量养分可为苗木愈合提供营养。

接合：将接穗置入砧木切口中，紧密结合，用塑料薄膜条绑紧，但不能挤伤胚苗(图8-11)。

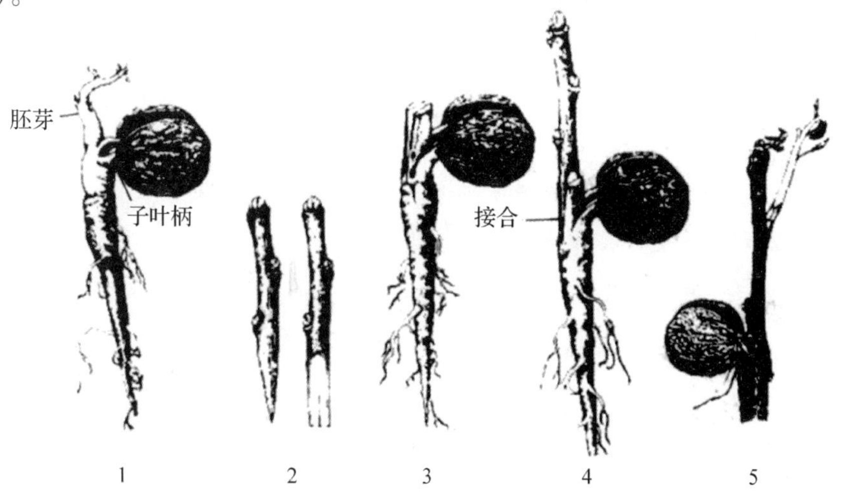

图8-11　芽苗砧(子苗)嫁接(张运山，2007)

1. 芽苗　2. 接穗削面　3. 芽苗砧木切口　4. 插入接穗　5. 愈合成活

8.2.3.7 接后管理

嫁接苗的管理工作包括检查成活、补接、解除绑缚物、剪砧、立支柱、肥水管理和病虫害防治。

(1)检查成活率与补接

芽接7~15d、枝接20~30d后进行成活率检查，成活接穗上的芽新鲜、饱满，接口处产生愈伤组织，随着温度的升高，芽逐渐开始展叶。待新梢长至20~30cm时，可解除全部绑扎物，秋季芽接当年不发芽，则应至第二年萌芽后解套，有利于保护接芽过冬。对于未成活的嫁接苗木，在砧木尚能离皮时及时进行补接，如错过时间，可在来年进行补接。

(2)抹芽、剪砧与扶直

砧木上的芽生长快，会消耗过多的养分和水分，若不及时抹除，会影响接穗上芽的生长，甚至可能导致嫁接苗木因养分供应不足而死亡。因此，必须及时抹除砧木的萌发芽，以促进接穗芽的萌发和新梢的迅速生长。若接穗上的芽不能萌发，可在砧木的不同方位保留2~3个芽，以便恢复树冠，待下次嫁接，否则会导致砧木死亡。春季芽接可在嫁接时或芽接成活后剪砧，剪砧时剪口要平滑，距接芽上部1cm左右，剪口过高影响接芽萌发生长，过低则伤害接芽，不利于其萌发和新梢的生长。夏、秋季开展的芽接应在翌年春季萌芽前剪砧。新梢生长旺盛，由于嫁接口处并未完全愈合，易被风吹折，当长至15~30cm时，应设立支柱扶绑新梢。

(3)水肥管理与摘心摘果

嫁接成活后，要加强嫁接苗木的水肥管理，及时清除杂草，避免其与苗木争夺养分。苗木生长发育需要大量的水分和肥料，应及时进行施肥，可以农家肥为主，辅以适量的氮、磷、钾等化肥，以满足嫁接苗木的生长需要。当新梢生长到30cm时，应对枝条及时摘心，抑制高生长，促进加粗生长，同时也可以增加分枝。嫁接成活后若接穗有果实发育，要及时摘果，使新梢快速生长。秋后注意控水，促使接穗芽体萌发的新梢木质化，以保证苗木安全越冬。

(4)病虫害防治

嫁接成活后，病虫害会随之发生，应及时进行防治。由于新梢较嫩，打药时要减少药量和浓度，避免对新梢产成药害。

【技能训练】

一、芽接育苗

[目的要求]了解芽接育苗的重要意义，掌握芽接育苗的操作方法。

[材料用具]砧木、接穗、修枝剪、芽接刀或单面刀、塑料薄膜条(宽2cm左右，长30cm)等。

[实训场所]苗圃。

[操作步骤]

(1)砧木选择。用与接穗亲和力强的、生长健壮、抗逆性强的乡土树种的播种苗或扦插苗，砧木最好选择1~2年生实生苗，地径粗度达1~1.5cm即可芽接。

(2)接穗选择。选择成年期树形完整、生长健壮的母树，在树冠外围中上部选择1年生粗壮枝条。

(3)嫁接时间和方法。嵌芽接是带木质部芽接的一种方法，当不便于切取芽片时常采用此法。适合春、秋进行嫁接，可比枝接节省接穗，成活良好。适用于大面积育苗。

① 取芽。取接芽，保留叶柄，自接穗由上而下切取。具体操作是从芽的上方 1cm 处向下方斜切一刀，稍带一些木质部长 1.5cm 左右，再在芽的下方 0.5~1 cm 处呈 45°角斜切一刀，即可取下带木质部芽片。一般芽片长 2~2.5cm，宽度不等，依接穗粗细而定。

② 砧木接口的切削。砧木的切削，是在选好的与接穗等粗或略粗于接穗的部位由上向下切出与接芽大小相应或稍大的芽片，去除砧木芽片，露出砧木切口。

③ 插接。将接穗芽片嵌入砧木切口对齐形成层，尽量使两个切口大小相近，形成层左右部分都能对齐或一边对齐，砧木切口的上端露出一点皮层(露白)。

④ 缠绑。用塑料条由下而上将接口处缠绑紧实，但芽的部位不缝、露出。

⑤ 补接。接后一周检查成活情况，有叶柄的接芽如果成活，则用手一触及叶柄时，叶柄会轻易脱落；无叶柄的芽则透过塑料薄膜条查看接芽是否干落，干的没成活，可补接。

⑥ 解绑剪砧。时间视芽生长情况而定，接芽萌发生长到 5~10cm 以上时可解绑剪砧。

[**注意事项**]嫁接操作技术要领：齐、平、快、紧、净；嫁接刀具锋利；切削砧、芽时不撕皮和不破损木质部。

[**实训报告**]提交实训报告一份，内容包括芽嫁接操作过程。

二、枝接育苗

[**目的要求**]了解枝接育苗的重要意义，掌握枝接育苗的操作方法。

[**材料用具**]砧木、接穗、修剪枝、切接或芽接刀、磨刀石、塑料薄膜等。

[**实训场所**]苗圃。

[**操作步骤**]

(1)砧木与接穗的选择。

① 砧木选择。选择播种圃中的 1~2 年生实生苗。

② 接穗选择。选择成年期树形完整、生长健壮的母树，在树冠外围中上部选择 1 年生粗壮枝条。

(2)嫁接。

① 削穗。在已选好的母树树冠中上部采取接穗，常绿树种及时剪去叶片，并用湿布包裹，保湿。然后到苗圃现场削穗，按照规定标准削成切接或劈接的接穗。

a. 切接法削穗。接穗以保留 2~3 个芽为原则，长度 10~15cm。把接穗正面削一长 2cm 的斜切面，在长削面背面再削一长 1cm 的短切面，接穗上端的第一个芽应在小切面的一边。

b. 劈接法削穗。适用于大部分落叶树种。接穗保留 2~3 个芽，长度 10~15cm，接穗下端两侧切削，呈两面一致的楔形，切口长 2~3cm。

② 剪砧。在砧木离地面 5~10cm 高度处进行剪砧。切砧：削平切面后，在砧木一侧垂直下刀略带木质部，在断面上约为直径的 1/5~1/4，深度 2~3cm。劈砧：在横切面上的中央垂直下切，劈开砧木，深度 2~3cm。

③ 插接。切砧或劈砧后将接穗插入，并使形成层对准，至少保证有一边的形成层对准砧、穗的削面紧密结合。

④ 绑扎。接好后立即用塑料条包扎严实，使砧、穗紧密结合。

⑤ 保湿。土壤干燥应在嫁接前一天对苗圃进行洒水，接好后可用行间土堆在嫁接行上，盖到接穗顶部，防止水分蒸发。一般接后用套塑料袋来保持湿度。

[**注意事项**]刀要磨快，速度要快，形成层要对准，接触面要大，适当露白，绑扎要紧，接后保湿，及时除萌、加强管理。

[**实训报告**]提交实训报告一份，包括选穗及嫁接操作过程。

【任务小结】

如图 8-12 所示。

图 8-12 嫁接育苗知识结构图

【拓展提高】

一、髓心形成层对接

接穗切削：剪取长 8~10cm 带顶芽的 1 年生枝作为接穗，除保留顶芽以下 10 余束针叶和 2~3 个轮生芽外，其余针叶全部摘除。然后从轮生芽以下沿髓心向下直削，削面的长、宽与砧木削面相同，在其背面斜削一个 1~2cm 的小削面。

砧木处理：选择树干顶端 1 年生枝条作为砧木，在略粗于接穗的部位摘掉 7cm 左右的针叶，然后从上至下垂直对该部位进行纵切，削面长为 4~6cm，宽与接穗粗度相近，稍带木质部。在切口的下端保留 1~2cm 的皮层，绑缚时可辅助砧穗对齐。

接合：将接穗下部插入砧木切口的凹槽中，使接穗长削面与砧木削面的形成层对齐，用塑料薄膜条绑紧嫁接口，待接穗成活后再将砧木顶端部位去掉(图 8-13)。

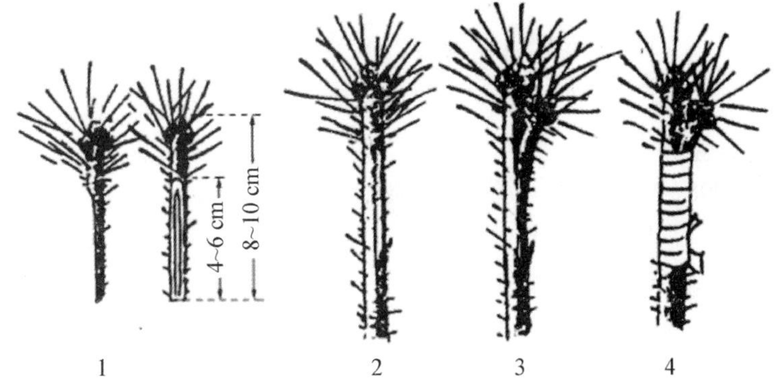

图 8-13　髓心形成层对接(丁彦芬，2003)

1. 削接穗　2. 削砧木　3. 接合　4. 绑扎

二、桥接

当树木的枝干或树皮遭受大面积伤害时，自身难以愈合，需人为地将接穗嫁接于伤口两端，以恢复该部位的输导机能和树势，达到对树木补救的目的，该嫁接形状及功能均似桥，故称为桥接。桥接多采用腹接法进行。如果树木的伤口下方有萌发的新枝，可在新枝高于伤口的部位进行腹接；若没有新枝，可采集长于树木伤口的 1 年生枝条作为接穗，在树木伤口的上下两个部位均进行腹接，以新的接穗进行水分和光合产物输导(图 8-14)。

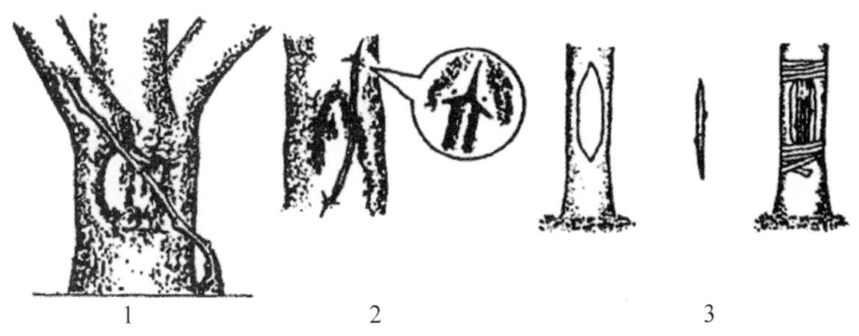

图 8-14　桥接(柳震亮，2001)

1. 桥接法的一头接　2. 桥接法的两头接　3. 多枝桥接

三、根接

利用根段作为砧木进行嫁接的方法被称为根接。砧木粗度大于或近似等于接穗粗度，可采用劈接、切接、插皮接、靠接等方法；若接穗较根段粗，则采用倒劈接或倒插皮接法。倒劈接即从接穗下部横切面的中间切开，将砧木削成楔形插入接穗。倒插皮接即从接穗下部光滑皮层处纵划一刀，深达木质部，用刀尖挑开皮层，将砧木削成楔形后插入接穗的木质部与皮层之间，长削面朝向木质部，用塑料薄膜绑好嫁接口(图8-15)。

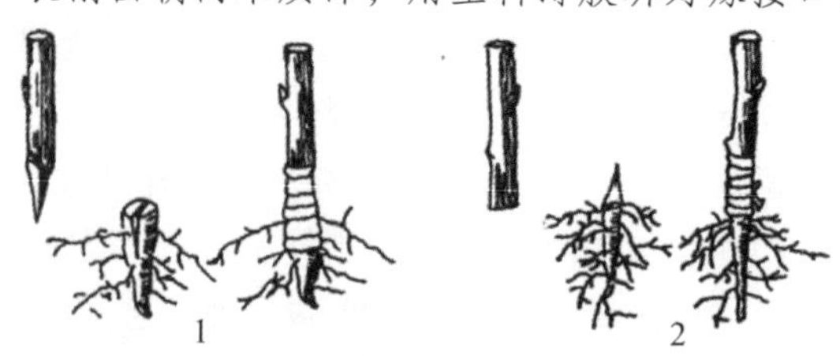

图8-15 根接(丁彦芬，2003)

1. 正接 2. 倒接

四、课外阅读题录

GB/T 9659—1998，柑桔嫁接苗分级及检验.

LY/T 2031—2012，麻风树嫁接技术规程.

LY/T 2204—2013，油茶高干嫁接技术规程.

周鸿彬，高本旺，张双英，等.2005. 苗木枝接保湿方法研究[J]. 湖北林业科技，(1)：12－14.

马勤，刘德海. 芽接嫁接技术[J].2012. 现代农业科技，(14)：85－86.

刘湘林，阳金华，王少容，等.2009. 核桃枝接新方法——双嵌接和嵌腹接[J]. 经济林研究，27(2)：150－152.

高新一，王玉英.2009. 林木嫁接技术图解[M]. 北京：金盾出版社.

【复习思考】

1. 嫁接育苗的优点有哪些？
2. 嫁接育苗的方法有哪些？
3. 比较枝接与芽接的特点。
4. 嫁接后的管理措施有哪些？

任务 8.3 组织培养育苗

【任务介绍】

植物组织培养即植物无菌培养技术，是根据植物细胞全能性的原理，利用植物体离体的器官、组织或细胞以及原生质体等，在无菌和适宜的人工培养基及光照、温度等条件下，诱导出愈伤组织、不定芽、不定根，最后形成完整植株的过程。植物组织培养有占用空间小、培养周期短、短期繁殖量大、繁殖方式多、试用品种多等优点，且不受地区、季节限制，经济效益高，可诱导分化成需要的器官(如根和芽)及解决有些植物产种子少或无的难题。目前组织培养在无性系繁殖、植物育种、植株脱病毒、种质资源保存以及工厂化育苗方面有着广泛应用。

知识目标

1. 了解植物组织培养的原理及相关知识。
2. 了解组培室的构建内容。
3. 掌握组织培养育苗的主要技术要点。

技能目标

1. 能正确配置母液和 MS 培养基。
2. 能正确进行无菌操作。
3. 能根据 LY/T 1882—2010《林木组织培养育苗技术规程》标准进行试管苗的初代培养、继代培养和生根培养。

【任务实施】

8.3.1 组织培养育苗的基本设施

8.3.1.1 组培室构建

① 准备室 面积一般为 20m^{2}左右。准备室主要完成器具的洗涤、干燥、存放，蒸馏水的制备，培养基的配制、分装、包扎、高压灭菌，试管苗的出瓶、清洗与整理，药品的存放，天平的放置及各种药品的配制等工作。

② 缓冲室 面积一般为 5m^{2}左右。主要在无菌操作室和准备室之间起缓冲作用。在进入无菌室前需要在该室换上经过灭菌的服装，戴上口罩。缓冲室可安装一盏紫外灯，用于灭菌。

③ 接种室 面积一般 20m^{2}左右。主要完成材料的消毒、外植体的接种、无菌材料的继代、壮苗、生根等工作。要求干爽、清洁、明亮，墙壁光滑平整不易积染灰尘，地面平坦无缝，使室内保持良好的无菌或者低密度有菌状态。门窗要紧闭，一般使用移动门窗。接种室一般配备空调，室内温度保持在 25℃左右。

④ 培养室　面积以实际情况而定。主要是培养接种物及试管苗的场所。实验及小规模培养可用人工气候培养箱培养，但一般生产上和商业性实验室采用光照培养架培养。培养室要求清洁、干燥，必须具备照明、控温设备。一般配置空调机以保持室内温度恒温条件，培养温度要求在25℃左右。一般采用40W日光灯作为光源，每天光照时间长短由自动计时器来控制。

⑤ 组培苗移植室(大棚)　面积以实际情况而定。主要作为组培苗移植后的生长场所。实验及小规模培养可建小型温室，但一般生产上和商业性实验可构建大棚。移植室应配备调温、调湿、通风、喷雾、调光照装置，杀菌、杀虫工具。

8.3.1.2　常用仪器设备

① 天平　主要使用药物天平(精度0.1g，用来称取蔗糖和琼脂等)、扭力天平(精度0.001g，用来弥补药物天平和分析天平各自的不足)、分析天平(精度0.000 1g，用来称取微量元素和植物激素及微量附加物)、电子天平(精度高，称量准确可靠、显示快速清晰并且具有自动检测系统、简便的自动校准装置以及超载保护等装置)。

② 烘箱　洗净后的玻璃器皿，如需迅速干燥，可放在烘箱内烘干，温度以80~100℃为宜。若需要干热灭菌，温度以150~160℃，持续1~3h即可。

③ 冰箱　某些试剂、药品和母液需低温保存，有些材料需低温处理，需要使用冰箱，一般家庭用冰箱即可。

④ 蒸馏水发生器　水中常含有无机和有机杂质，如不除去，势必影响培养效果。植物组织培养中常使用蒸馏水或去离子水，蒸馏水可用金属蒸馏水器大批制备，若要求更高的纯度则用硬质玻璃蒸馏水器制备，去离子水用离子交换器制备。

⑤ 酸度计　培养基中的pH值十分重要，因此配制培养基时，需要用酸度计来测定和调整。一般用小型酸度测定仪，既可在配制培养基时使用，也可测定培养过程中pH值的变化。若不做研究，仅用于生产，也可使用pH值为4~7的精密试纸来代替。测定培养基pH值时，应注意搅拌均匀后再测。

⑥ 显微镜　包括双目实体显微镜(解剖镜)、倒置显微镜和电子显微镜。显微镜上要求能安装或带有照相装置，以便对所需材料进行摄影记录。

⑦ 空调机　接种室的温度控制、培养室的控温培养，均需要用空调机。培养室温度一般要求常年保持25℃±2℃，空调机可以保持室内温度均匀、恒定，安置在室内较高位置，以使室温均匀。

⑧ 超净工作台　超净工作台是组织培养中最通用的无菌操作装置，由鼓风机、过滤板、操作台、紫外线灯和照明灯等组成。其操作台面是半开放区，有方便、操作舒适的优点，通过过滤的空气连续不断吹出，使>0.03μm直径的微生物很难在工作台的操作空间停留，保持了较好的无菌环境。由于过滤器吸附微生物，使用一段时间后过滤网易堵塞，因此应定期更换。

⑨摇床与转床　植物组织培养中有时需要液体培养。为改善浸于液体培养基中的培养材料的通气状况，加快细胞或组织的生长速度，可用摇床(振荡培养机)或转床(旋转培养机)来振动培养容器，摇床的振动速率为100次/min左右，冲程为3cm左右，通常组织培养用1r/min的慢速转床，悬浮培养需用80~100r/min的快速转床。冲程过大或转速过高，会使细胞震破。

⑩除湿机 培养室湿度一般保持70%~80%。湿度过高易滋生杂菌，湿度过低培养器皿内的培养基会失水变干，从而影响外植体的正常生长。

⑪高压蒸汽灭菌锅 是一种密闭良好又可承受高压的金属锅，用于培养基、玻璃器皿以及其他可高温灭菌用品的灭菌。

⑫水浴锅或电炉(或电磁炉) 水浴锅可用于溶解难溶药品和溶化琼脂。可用电炉或电磁炉加热制备培养基。

⑬培养箱(又称恒温箱) 多用于外植体分化培养和试管苗生长，亦可用于植物原生质体和酶制剂的保温，也用于组织培养材料的保存。培养箱内一般配备日光灯，可调节温度、光照和湿度，可进行温度和光照实验。

⑭培养架 进行固体培养和试管苗大量繁殖，制作培养架时应充分考虑使用方便、节能、安全可靠并且能充分利用空间。培养架一般设6层，总高度2m，最上面一层距离地面1.7m，每0.3m为一层，最下一层距离地面0.2m。架宽0.6m，架长1.26m。每层架安装2盏40W日光灯管，每管相距20cm。最好每盏灯安装一个开关，每个架子安装一个总开关，以便调节光照强度。年产4万~10万株苗需培养架4~6个；年产苗10万~20万株约需8~10个。

8.3.1.3 必要的器皿

① 培养器皿 包括各种规格的培养皿、三角瓶、试管、培养瓶。玻璃容器一般用无色且并不产生颜色且折射的硼硅酸盐玻璃材质。塑料容器材质轻、不易破碎、制作方便，使用广泛，一般为聚丙烯、聚碳酸酯材料。

② 盛装器皿 配制培养基时，各种药品的溶解、贮备均需要各种规格的烧杯、试剂瓶等。大烧杯用于培养基的溶化，成本高，易破，可用搪瓷烧杯或脸盆代替。

③ 计量器皿 母液的配制、药液的分装、吸取需要玻璃计量器皿，如10mL、25mL、50mL、100mL、200mL、500mL、1000mL的量筒，5mL、50mL、100mL、200mL、500mL、1000mL、2000mL的容量瓶，以及0.1mL、0.2mL、0.5mL、1mL、5mL、10mL的移液管。

④ 其他器具 如离心管、滴瓶、称量瓶、玻璃棒、漏斗、玻璃管、注射器、各种封口膜、盖、塑料盘及其他实验用具。

⑤ 接种工具 组织培养常用的金属器械，可选用医疗器械或微生物实验所用的器械。包括小型尖头镊子、枪状镊子(长约16~25cm)、眼科剪、手术剪、弯头剪(长约18~25cm)、修枝剪、解剖刀、芽接刀、接种针、接种钩、接种铲、酒精灯、双目实体解剖镜和钻孔器等。

8.3.1.4 常用药品

组培所需药品主要用于培养基的配制，也有部分用于外植体消毒。主要有以下几类：

① 消毒药品 次氯酸钙(铝)、过氧化氢、漂白粉、升汞、溴水、硝酸银等。

② 无机盐类 包括大量元素和微量元素两类。大量元素包括植物生长发育所必需的N、P、K、Ca、Mg、S等；微量元素包括Fe、Zn、Cu、B、Mo、Cl等。

③ 有机营养成分 主要有蔗糖、维生素类、氨基酸等。

④ 植物生长调节剂 用于组培的主要有生长素、细胞分裂素及赤霉素。

⑤ 有机附加物 常用的有酵母提取物、椰乳、果汁等及相应的植物组织浸提液。

⑥ 水 培养基用水原则上使用蒸馏水、去离子水。

8.3.2 培养基的制备

8.3.2.1 培养基的种类和成分

培养基分为固体培养基和液体培养基两类。在培养基中加入一定量的凝固剂(如琼脂、明胶等)即为固定培养基，而不加入凝固剂的为液体培养基。上述两种培养基的基本成分是类似的，一般分为两部分，即基本培养基如 MS、B_5、Nitsh、N_6 等和附加成分(如激素和天然附加物等)。

8.3.2.2 培养基的配制

培养基是组织培养的重要基质。选择合适的培养基是组织培养成败的关键。目前国际上流行的培养基有多种，以 MS 培养基最常用。现将 MS 培养基的配制讲述见表 8-1。

表 8-1 MS 培养基母液的配制

母液种类	成分	规定用量(mg/L)	扩大倍数	称取量(mg)	母液定容体积(mL)	配 1 L MS 培养基吸取量(mL)
大量元素	NH_4NO_3	1650	20	33 000	1000	50
	KNO_3	1900		38 000		
	$CaCl_2 \cdot 2H_2O$	440		8800		
	$MgSO_4 \cdot 7H_2O$	370		7400		
	KH_2PO_4	170		3400		
微量元素	$MnSO_4 \cdot 4H_2O$	22.3	200	4460	1000	5
	$ZnSO_4 \cdot 7H_2O$	8.6		1720		
	$CoCl_2 \cdot 6H_2O$	0.025		5		
	$CuSO_4 \cdot 5H_2O$	0.025		5		
	$Na_2MO_4 \cdot 2H_2O$	0.25		50		
	KI	0.83		166		
	H_3BO_3	6.2		1240		
铁盐	$FeSO_4 \cdot 7H_2O$	27.8	200	5560	1000	5
	Na_2~ EDTA	37.3		7460		
有机物质	烟酸	0.5	200	100	1000	5
	盐酸吡哆醇	0.5		100		
	盐酸硫胺素	0.1		20		
	肌醇	100		20 000		
	甘氨酸	2.0		400		

(1)母液的配制

在组织培养工作中，为了减少各种物质的称量次数，一般先配一些浓溶液，用时再稀释，这种浓溶液叫母液。母液包括大量元素母液、微量元素母液、肌醇母液、其他有机物母液、铁盐母液等。母液按种类和性质分别配制，单独保存或几种混合保存。也可配制单种维生素、植物生长素母液。母液一般比使用液浓度高 10~100 倍。为了方便配制不同培养基，以培养不同的组培苗，或进行组培试验，氨基酸和维生素单独配制存放为宜。IAA(吲哚乙酸)、NAA(萘乙酸)、IBA(吲哚丁酸)、2,4-D 等生长调节剂，可先用少量 0.1mol 的 NaOH 或 95% 的酒精溶解，然后再定容至所需体积(1mg/mL)。KT 和 BA 等细胞分裂素母液的配制方法与上述大致相同，不同之处是用 0.1~1mol HCl 加热溶解，然后加水定容。

(2)培养基配制及消毒

先按量称取琼脂，加水后加热，不断搅拌使之溶解，然后从冰箱里拿出配制好的母液，根据培养基配方中各种物质的具体需要量，用量筒或移液管从各种母液中逐项按量吸取加入，再加蔗糖，最后用蒸馏水定容，再用0.1mol/L的NaOH或HCl将培养基的pH值调到5.6~5.8。用分装器或漏斗将配好的培养基分装在培养用的三角瓶中，包扎瓶口并做好标记。液体培养基的配制方法，除不加琼脂外，其他与固体培养基相同。

培养基的消毒灭菌一般采用高温高压消毒和过滤消毒两种方法。

高温高压消毒，一般是将包扎好的装有培养基的三角瓶放入高压锅灭菌15~40min，若灭菌时间过长，会使培养基中的某些成分变性失效，灭菌后放在4~5 ℃的无菌操作室内待用。

过滤消毒，一些易受高温破坏的培养基成分，如IAA、IBA、ZT(玉米素)等，不宜用高温高压法消毒，则可过滤消毒后加入高温高压消毒的培养基中。过滤消毒一般用细菌过滤消毒器，其中的0.4μm孔径的滤膜将直径较大的细菌等滤去，过滤消毒应在无菌室或超净工作台上进行，以免造成培养基污染。

8.3.3　组织培养育苗技术

根据培养所用材料的不同可分为器官培养、组织和细胞培养、原生质体培养和单倍体培养，其中以器官培养在育苗方面的应用最广泛。器官常以茎尖、茎段、叶片、芽等为繁殖材料。

8.3.3.1　器皿的清洗

植物组织培养除了要对培养的实验材料和接种用具进行严格灭菌外，各种培养器皿也要求洗涤清洁。以防带入有毒或影响培养效果的化学物质和微生物等。清洗玻璃器皿用的洗涤剂主要有肥皂、洗洁精、洗衣粉和铬酸洗涤液(由重铬酸钾和浓硫酸混合而成)。新购置的器皿，先用稀盐酸浸泡，再用肥皂水洗净，清水冲洗，最后用蒸馏水淋洗一遍。用过的器皿，先要除去其残渣，清水冲洗后，用热肥皂水(或洗涤剂)洗净，清水冲洗，最后用蒸馏水冲洗一遍。清洗过的器皿晾干或烘干后备用。利用适当浓度的升汞($HgCl_2$)、次氯酸钠(NaClO)进行严格的消毒，能很好地控制因外植体自身带菌所致的污染；继代培养阶段无菌系已经建立，良好的无菌环境和严格的操作是控制污染的最佳途径；利用适当的药剂处理及无糖技术可对细菌、真菌的污染进行控制。

8.3.3.2　接种室的消毒

接种室的地面及墙壁　在接种后均要用1∶50的新洁尔灭湿性消毒，每次接种前还要用紫外线灯照射消毒30~60min，并用70%的酒精在室内喷雾，以净化空气，最后是超净台台面消毒，可用新洁尔灭擦抹及70%酒精消毒。

8.3.3.3　组培材料的选用与消毒

(1)选用

用于组织培养的材料称为外植体，常分为两类。一是带芽的外植体，如茎尖、侧芽、鳞芽、原球茎等，组织培养过程中可直接诱导丛生芽的产生。其获得再生植株的成功率较高，变异性也较小，易保持材料的优良性状。另一类主要是根、茎、叶等营养器官和花药、花瓣、花轴、花萼、胚珠、果实等生殖器官。这一类外植体需要一个脱分化过程，经过愈伤组织阶段，再分化出芽或产生胚状体，然后形成再生植株。外植体的取用与组织部位、植株年龄、取材季节以及植株的生理状态、质量等都对培养时器官的分化有一定影响。一般阶段发育年幼的实生苗比发育年龄老的栽培品种容易分化；顶芽比腋芽容易分化；萌动的芽比休眠芽容易分化。在组织培养中，最常用的外植体是茎尖，通常切块在0.5cm左右，太小产生愈伤组织的能力差，太大则在培养瓶中占据空间太多。培养脱毒种苗，常用茎尖分生组织部位，长度为0.1cm以下。应选取无病虫害、粗壮的枝条，放在纸袋里，外面再套塑料袋冷藏(2~3℃)。接种前切取茎尖或茎段并对外植体进行表面消毒。

(2)消毒

植物组培必须在无菌条件下进行。由于培养的植物材料大都采集于田间栽培植株，材料上常附有各种微生物，一旦被带入培养基，即会迅速繁殖，造成污染，导致培养失败。所以培养前必须对外植体进行严格的消毒处理，消毒以能全部杀灭外植体上附带的微生物，但又不伤害材料的生活力为宜。因此，必须正确选择消毒剂和使用的浓度、处理时间及消毒程序。目前，常用的消毒剂有次氯酸钙、氯化汞、次氯酸钠、双氧水和酒精(70%)等。具体消毒方法和效果见表8-2。

表8-2 常用消毒剂消毒效果比较表

消毒剂	使用浓度(%)	去除难易	消毒时间(min)	效果	备注
次氯酸钙	9~10	易	5~30	很好	—
次氯酸钠	2	易	5~30	很好	能分解产生氯气(杀菌)，易除去，对组织无毒害
漂白粉	饱和溶液	易	5~30	很好	最高活性率可达39%，避光、干燥保存，随配随用
溴水	1~2	易	2~10	很好	—
过氧化氢	10~12	较易	5~15	好	能分解为无害的化合物
升汞	0.1~1	较难	2~10	最好	有剧毒，消毒后有残余汞，消毒后要多次冲洗
酒精	70~75	易	0.2~2	好	穿透力强。但杀菌不彻底。一般不单独使用
抗菌素	4~5(mg/L)	中	30~60	较好	—
硝酸银	1	难	5~30	好	—

① 茎尖、茎、叶片的消毒　消毒前先用清水漂洗干净或用软毛刷将尘埃刷除，茸毛较多的用皂液洗涤，然后再用清水洗去皂液，洗后用吸水纸吸干表面水分，用70%酒精浸数秒，取出后及时用10%次氯酸钙饱和上清液浸泡10~20min或用2%~10%次氯酸钠溶液浸泡6~15min。消毒后用无菌水冲洗3次，用无菌纱布或无菌纸吸干接种。

② 根、块茎、鳞茎的消毒　这类材料大都生长在土中，常带有泥土，挖取时易遭损伤。消毒前必须先用净水清洗干净，在凹凸不平处以及鳞片缝隙处用毛笔或软刷将污物清除干净，用吸水纸吸干后，在70%酒精中蘸一下，然后用6%~10%次氯酸钠溶液浸5~15min，或用0.1%~0.25%氯化汞消毒5~10min，最后用无菌水清洗3~4次，用无菌纱布或无菌纸吸干后接种。

③ 果实、种子的消毒　这类材料有的表皮上具有茸毛或蜡质，消毒前先用70%酒精浸泡2~10min，然后用饱和漂白粉上清液消毒10~30min或2%次氯酸钠溶液浸10~20min，消毒后去除果皮，取出内部组织或种子接种。直接用种子或果实消毒，经消毒后的材料均须用无菌水多次冲洗后接种。

④ 花药、花粉的消毒　植物的花药外面常被花瓣、花萼包裹，一般处于无菌状态，只需采用表面消毒即可接种。通常先用 70% 酒精棉球擦拭花蕾或叶鞘，然后将花蕾剥出，在饱和漂白粉上清液中浸泡 10~15min，用无菌水冲洗 2~3 次，吸干后即可接种。

8.3.3.4　外植体接种

接种是把经过表面灭菌后的植物材料切碎或分离出器官、组织和细胞，转放到无菌培养基上的全部操作过程，整个接种过程均需无菌操作。具体操作是将消毒后的外植体放入经烧灼灭菌的不锈钢或瓷盘内处理，如外植体为茎段的，在无菌条件下用解剖刀切取所需大小的茎段，用灼烧过并放凉的镊子将切割好的外植体逐段(或逐片)接种到已装瓶灭菌的培养基上，包上封口膜(或盖子)，放到培养架上进行培养。培养脱毒苗需在双目解剖镜下剥离切取大小约 0.2~0.3mm 的茎尖分生组织。

8.3.3.5　外植体培养

(1)增殖

接种后的培养容器置放培养室进行分化培养，培养温度以 22~28℃ 为宜，光照度为 1000~3000 lx，光照时间为 8~14 h。在新梢形成后，为了扩大繁殖系数，还需进行继代培养，也称增殖培养。把材料分株或切段后转入增殖培养基中，增殖培养约 1 个月后，可视情况再进行多次增殖，以增加植株数量。增殖培养基一般在分化培养基上加以改良，以提高增殖率。

(2)壮苗

是移栽成活的首要条件，但培育壮苗的方法因材料和情况的不同而异，在 1/2 或 1/4 MS 培养基中加入一定数量的生长延缓剂(如多效唑、比久或矮壮素等)是培育壮苗的一项有效措施。有时细胞分裂素会出现延续效应，从培养基中除去几周后，仍不能停止增殖。遇到这种情况，就需延长壮苗。一些生长细弱的嫩茎也需要延长壮苗时间，便于诱导生根和以后的种植。

(3)生根

诱导生根继代培养形成的不定芽和侧芽一般没有根，要使试管苗生根，必须转移到生根培养基上，生根培养基一般采用 1/2 MS 培养基，因为降低无机盐浓度有利于根的分化。切取增殖培养瓶中的无根苗，接种到生根培养基上进行诱根培养。有些易生根的植物在继代培养中通常会产生不定根，可以直接将生根苗移出进行驯化培养，或者将未生根的试管苗长到 3~4cm 长时切下来，直接栽到以蛭石为基质的苗床中进行瓶外生根，效果好，省时省工，降低成本。不同植物诱导生根时所需要的生长素种类和浓度不同。一般诱导生根时所需要的生长素常用 IAA、NAA、IBA3 种。一般在生根培养基中培养 1 个月左右即可获得健壮根系。

8.3.3.6　炼苗与移植

(1)炼苗

组培苗的移栽生根或形成根原基的试管苗从无菌及温度、光照、湿度稳定环境中进入到自然环境中，从异养过渡到自养过程，必须经过一个炼苗过程。首先要加强培养室的光照强度和延长光照时间，进行 7~10d 的光照锻炼，然后打开试管瓶塞放置在阳光充足处让其锻炼 1~2d，以适应外界环境条件。

(2)移植

组培苗移植前，要选择好种植介质，并严格消毒，防止菌类大量滋生。然后取出瓶中幼苗用温水将琼脂冲洗掉，移栽到泥炭、珍珠岩、蛭石、糠灰等组成的基质中，移植到塑料大棚后，要保持较高空气湿度，温度维持在25℃左右，勿使阳光直晒，组培10d后要注意通风和补水，以后每7~10d追肥1次。约20~40d，新梢开始生长后，小苗可转入正常管理。

【技能训练】

一、组织培养实验室的卫生与灭菌

[目的要求]能对组培中涉及的各种仪器和器皿用具进行操作；能对组培实验室进行房间的灭菌及各种器皿的灭菌。

[材料用具]超净工作台、空调、纯水发生器、高压灭菌锅、低温冰箱、普通冰箱、微波炉、电炉、显微镜、天平、恒温箱、烘箱、各种培养器皿、分注器、移液器、各种器械用具、2%新洁尔灭、高锰酸钾、甲醛、70%酒精、扫帚、拖把、水桶、工作服、口罩、手套等。

[实训场所]组织培养实验室。

[操作步骤]

(1)打扫卫生。

(2)地面、墙壁和工作台的灭菌，用2%新洁尔灭喷雾。注意事项：不要有遗漏的地方，注意安全，防止药液喷入眼睛。

(3)无菌室和培养室的灭菌，用甲醛和高锰酸钾熏蒸，每年熏蒸1~2次。方法：以每立方米空间用甲醛10mL加高锰酸钾5g的配比液进行熏蒸。首先房子要封闭，然后在房中放一口锅，将称好的高锰酸钾放入锅内，再把已称量的甲醛溶液慢倒入锅内，完毕后，人迅速离开，并关闭房门，密封3d。

(4)在已经熏蒸的房间里，用70%酒精擦洗培养架、工作台面。

(5)用紫外灯照射20~30min。

(6)使用前再用70%酒精喷雾，使空间灰尘落下。

[注意事项]灭菌时注意安全。

[实训报告]要求每人整理完成本次实训内容。

二、MS培养基母液的配制及保存

[目的要求]能够对组织培养常用MS培养基的母液进行配制并保存。

[材料用具]配制MS培养基所需的各种药品、生长调节物质，各类天平、烧杯、容量瓶、量筒，蒸馏水、95%酒精或0.1mol/L的NaOH、0.1mol/L的HCl、母液瓶、标签、冰箱等。

[实训场所]组织培养实验室。

[操作步骤]

(1)母液的配制(表8-1)。

(2)激素的配制。

① 称量。用电子天平准确称取生长素或细胞分裂50~100mg。

② 溶解。生长素(如IAA、IBA、NAA、2，4－D)用少量95%酒精或0.1mol/L的NaOH溶解。细胞分裂素(如KT、ZT、6－BA)用0.1mol/L的HCl加热溶解。

③ 定容。将溶解有生长调节物质的液体逐滴滴入装有蒸馏水的小烧杯中，然后用100mL的容量瓶定容，即配成浓度为0.5~1mg/mL的激素溶液。

(3)母液的保存。

① 装瓶。配好的母液分别倒入瓶中，贴好标签，注明母液名称、配制倍数与配制日期。

② 储藏。放入4℃冰箱保存。

[注意事项]不同母液配制放大倍数不同，要求量测方法正确并注意各指标之间的关系。

[实训报告]每人写一份操作实训报告，要求称量药品准确，定容精确，浓度计算无误。

三、MS固体培养基的配制及灭菌

[目的要求]学会MS固体培养基的配制及灭菌技术。

[材料用具]MS培养基的各种母液、生长调节物质、琼脂、蔗糖、蒸馏水、量筒、容量瓶、电炉或电磁炉、酸度计或pH试纸、0.1mol/L NaOH、0.1mol/L HCl、培养瓶、标签、高压灭菌锅等。

[实训场所]组织培养实验室。

[操作步骤]

(1)MS固体培养基的配制。

① 按母液顺序和规定，用吸管提取母液、放入盛有一定量的蒸馏水的烧杯中(表8-1)。

② 加入生长调节物质(本次实验不加生长调节物质)。

③ 加入固化剂。加入琼脂粉6g，并加热使之熔化。

④ 加糖。加入蔗糖30g。

⑤ 定容至1000mL。

⑥ 调节pH。pH调至5.8~6.0。

⑦ 培养基分装。配好的培养基分装到培养瓶中。分装后立刻加盖，贴上标签，注明培养基名称和配制时间。

(2)培养基的灭菌。

① 加水。在高压灭菌锅内加入适量的水(需淹没电热丝)。

② 将待灭菌的培养基加入锅内，如有其他器械需要灭菌，应洗净并用牛皮纸包扎好后放入锅内。

③ 灭菌。打开电源加热，当锅内压力达到0.05MPa时，打开排气阀放气两次后关闭排气阀；继续加热维持压力在0.1~0.15MPa，并持续15~20min；切断电源，让其自然冷却。

④ 冷却后，将培养基从中取出置于温度<30℃、没有强光的地方储存备用。

[注意事项]各母液的量取准确；高压灭菌锅使用要注意安全。

[实训报告]每人提交一份操作实训报告。

四、无菌操作技术

[目的要求]会无菌操作的基本技术。

[材料用具]超净工作台、70%酒精、95%酒精、盛有培养基的培养瓶、接种工具、酒精灯、甘蓝种子、0.1%升汞、无菌水等。

[实训场所]组织培养实验室。

[操作步骤]

(1)超净工作台的开启及灭菌。

① 打开超净工作台的紫外灯与风机。

② 20min后将超净工作台的紫外灯关闭。

(2)外植体的预处理。甘蓝种子用流水冲洗干净。

(3)服装的更换。

① 先用水和肥皂洗净双手。

② 穿上灭菌过的专用工作服、帽子与鞋子，进入接种室，关闭紫外灯，打开照明灯。

(4)工作台面的灭菌。

① 用蘸有70%酒精的棉球或纱布擦拭工作台、双手及装有培养基的培养器皿，并将其放入工作台。

② 把接种器械浸泡于95%酒精中，然后在酒精灯火焰上灼烧灭菌，放于器械架上(器械架事先灼烧灭菌)。

(5)外植体的消毒处理。

① 外植体灭菌(70%酒精浸泡30s，滴加0.1%升汞浸泡10min，浸泡时不时搅动，然后用无菌水冲洗3~5次)。

② 酒精火焰烧瓶口，转动瓶口使各部分都烧到，打开瓶口。

③ 把外植体接入培养瓶，盖上瓶盖。操作期间应常用70%酒精擦拭工作台和双手，接种器械反复在95%酒精中浸泡并在火焰上灭菌。

(6)清理和关闭工作台。

[注意事项]严格按照无菌操作方法进行操作，紫外灯关灯30min后人才能进入接种室操作。

[实训报告]一周后观察污染情况，两周后观察长势，并提交一份实验报告。

五、茎尖和茎段培养

[目的要求]能利用茎尖和茎段进行花椒的无菌苗诱导。

[材料用具]花椒健康的茎段、启动培养基、超净工作台、70%酒精、酒精灯、无菌纸、接种器具(剪刀、镊子等)。

[实训场所]组织培养实验室。

[操作步骤]

(1)外植体的消毒与灭菌。

① 预处理。去除花椒茎段上的所有叶片，用去污剂清洗干净后，用流水冲洗20min。

② 杀菌剂浸泡消毒。先用70%酒精浸泡30s，滴加0.1%升汞浸泡8min，然后用无菌水冲洗3~5次。

(2)启动培养无菌操作。在超净工作台上，按无菌操作的要求，将消过毒的花椒的茎段，剪成2~3cm长的小段，每段保留2~3个节，正向插入启动培养基中。

[注意事项] 接种用的酒精灯火焰不要调得太高，接种的速度要快，动作熟练。

[实训报告] 一周后观察污染情况，并提交实验报告一份。

六、继代培养

[目的要求] 通过不断增殖并进行继代培养，学会植物体的修剪和无菌操作技术。

[材料用具] MS培养基母液、生长调节物质(NAA、6-BA)、蔗糖、琼脂、搪瓷缸、电磁炉、纯净水、量筒、移液管、玻璃棒、pH试纸、0.1mol/L HCl，0.1mol/L NaOH、培养瓶、封口器、皮筋等。

[实训场所] 组织培养实验室

[操作步骤] 以花椒的继代培养为例。

(1)花椒继代培养基的配方。MS+2.0 mg/L 6-BA+0.4 mg/L NAA+ 3%蔗糖+0.6琼脂。

(2)继代培养无菌操作。

① 无菌操作同以前的要求。需要注意的事项有：进入无菌室前洗手、先烧器械架再烧镊子与剪刀等器械、开培养瓶后烧瓶口、分清无菌的部分与有菌的部分，有菌的部分不要与无菌的部分接触，也不要在无菌部分的上方晃动。

② 继代的要求。取出花椒无菌苗，剪去大部分叶片，茎剪成几段，每段保留2~3茎节，正插入培养基中。

[注意事项] 修剪要迅速准确，并严格按照无菌操作方法进行操作。

[实训报告] 每人提交一份实验报告。

七、生根培养

[目的要求] 能够诱导植物离植体培养物(无菌试管苗)根的发生。

[材料用具] MS培养基母液、生长调节物质(IBA)、蔗糖、琼脂、搪瓷缸、电磁炉、纯净水、量筒、移液管、玻璃棒、pH试纸、0.1mol/L NaOH、培养瓶、封口器、皮筋等。

[实训场所] 组织培养实验室。

[操作步骤]

(1)取材。用经过多次继代繁殖的花椒组织苗丛生芽。

(2)培养基配制及灭菌。1/2 MS+2.0 mg/L IBA+ 2%蔗糖+ 0.6%琼脂(pH 5.8~6.0)。

(3)接种培养。在无菌条件下操作，选取健壮的丛生植株，将其剪成3.5cm大小的茎段，移到生根培养基中，放入培养室进行培养。注意观察根的长势。记录接种数、开始长根的天数、长根数、根的长势等。

[注意事项] 修剪时动作要熟练。

[实训报告] 每人提交一份操作实训报告。

八、试管苗的驯化与移栽

[目的要求] 学会组培苗移栽驯化技术。

[材料用具] 培养架、蛭石和珍珠岩、各种玻璃仪器、金属仪器、营养钵、镊子、盆、自来水等。

[实训场所] 实训基地或苗圃。

[操作步骤]

(1)炼苗。将生根的组培苗从培养室取出，放在自然条件下1~2周，然后打开瓶口，再放置1~2d。

(2)基质灭菌。将蛭石和珍珠岩分别用聚丙烯塑料袋装好，在高压灭菌锅中灭菌24min，灭菌后冷却备用。

(3)育苗盘准备。取干净的育苗盘，将蛭石和珍珠岩按1∶1混合，然后倒入育苗盘中，用木板刮平。将育苗盘放入1~2cm深的水槽中，使水分浸进基质，然后取出备用。

(4)试管苗脱瓶。用镊子将试管苗轻轻取出，放入清水盆中，小心洗去根部琼脂，然后捞出，放入干净的小盆中。

(5)移栽。用竹签在基质上打孔，将小苗栽入育苗穴盘中，轻轻覆盖、压实。待整个穴盘栽满后用喷雾器喷水浇平。最后将育苗盘摆入驯化室中，正常管理。

[**注意事项**]开瓶炼苗注意苗木的变化，不能失水过多；移栽时动作轻，注意不要断根。

[**实训报告**]调查移栽成活率，并写一份操作实训报告。

【任务小结】

如图8-16所示。

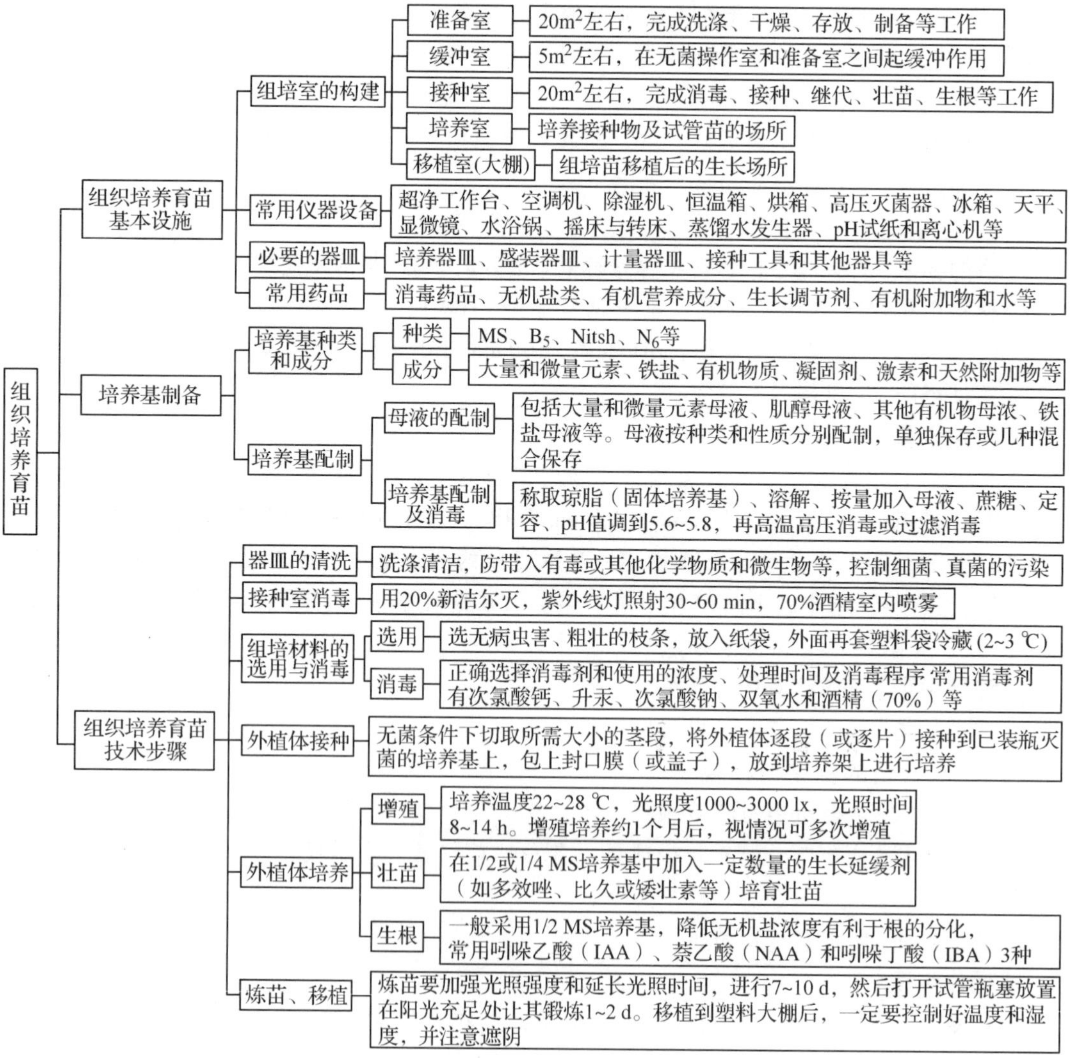

- 组织培养育苗
  - 组织培养育苗基本设施
    - 组培室的构建
      - 准备室：$20m^2$左右，完成洗涤、干燥、存放、制备等工作
      - 缓冲室：$5m^2$左右，在无菌操作室和准备室之间起缓冲作用
      - 接种室：$20m^2$左右，完成消毒、接种、继代、壮苗、生根等工作
      - 培养室：培养接种物及试管苗的场所
      - 移植室(大棚)：组培苗移植后的生长场所
    - 常用仪器设备：超净工作台、空调机、除湿机、恒温箱、烘箱、高压灭菌器、冰箱、天平、显微镜、水浴锅、摇床与转床、蒸馏水发生器、pH试纸和离心机等
    - 必要的器皿：培养器皿、盛装器皿、计量器皿、接种工具和其他器具等
    - 常用药品：消毒药品、无机盐类、有机营养成分、生长调节剂、有机附加物和水等
  - 培养基制备
    - 培养基种类和成分
      - 种类：MS、B_5、Nitsh、N_6等
      - 成分：大量和微量元素、铁盐、有机物质、凝固剂、激素和天然附加物等
    - 培养基配制
      - 母液的配制：包括大量和微量元素母液、肌醇母液、其他有机物母浓、铁盐母液等。母液按种类和性质分别配制，单独保存或几种混合保存
      - 培养基配制及消毒：称取琼脂（固体培养基）、溶解、按量加入母液、蔗糖、定容、pH值调到5.6~5.8，再高温高压消毒或过滤消毒
  - 组织培养育苗技术步骤
    - 器皿的清洗：洗涤清洁，防带入有毒或其他化学物质和微生物等，控制细菌、真菌的污染
    - 接种室消毒：用20%新洁尔灭，紫外线灯照射30~60 min，70%酒精室内喷雾
    - 组培材料的选用与消毒
      - 选用：选无病虫害、粗壮的枝条，放入纸袋，外面再套塑料袋冷藏(2~3 ℃)
      - 消毒：正确选择消毒剂和使用的浓度、处理时间及消毒程序 常用消毒剂有次氯酸钙、升汞、次氯酸钠、双氧水和酒精（70%）等
    - 外植体接种：无菌条件下切取所需大小的茎段，将外植体逐段（或逐片）接种到已装瓶灭菌的培养基上，包上封口膜（或盖子），放到培养架上进行培养
    - 外植体培养
      - 增殖：培养温度22~28 ℃，光照度1000~3000 lx，光照时间8~14 h。增殖培养约1个月后，视情况可多次增殖
      - 壮苗：在1/2或1/4 MS培养基中加入一定数量的生长延缓剂（如多效唑、比久或矮壮素等）培育壮苗
      - 生根：一般采用1/2 MS培养基，降低无机盐浓度有利于根的分化，常用吲哚乙酸（IAA）、萘乙酸（NAA）和吲哚丁酸（IBA）3种
    - 炼苗、移植：炼苗要加强光照强度和延长光照时间，进行7~10 d，然后打开试管瓶塞放置在阳光充足处让其锻炼1~2 d。移植到塑料大棚后，一定要控制好温度和湿度，并注意遮阴

图8-16 植物组织培养知识结构图

【拓展提高】

一、生根培养之瓶外生根

国内外瓶外生根大多采用微体扦插法进行，即将无根苗切下，经过生长素处理后，扦插到基质中，进行保湿管理，来完成生根的方法。微体扦插基质一般采用既透气又保湿的基质如苔藓、蛭石、珍珠岩、泥炭等。具体方法为：用喷壶喷水于基质上，均匀搅拌直到湿度适宜为止(即手攥基质，然后松开，蛭石不松开即可)。将搅拌好的蛭石装入穴盘中并进行压实。准备两桶水，在第一桶水中，用手轻轻洗净黏着在无根苗上的培养基，然后将洗好的苗放入另一桶里进行冲洗。冲洗后移栽前，将洗好的苗迅速放到生长素溶液或1000mL/L ABT生根粉溶液里蘸一下以提高生根几率。用小木棍或竹签在每个穴孔中心位置挖个小洞，然后将组培苗栽入洞中(每个孔栽1棵)其深度是1~2cm左右。种好后轻压基质，使植株能直立，不倒伏。然后用喷壶向小苗喷水，保持较高的湿度。

二、防治褐化方法

(1)选取适宜的外植体。一般组培时木本植物比草本植物更易褐化；外植体的老化程度越高越易褐化；切口越大越易褐化；取材部位上存在幼嫩茎尖的部位较其他部位褐化程度严重。

(2)外植体消毒后，反复用灭菌水多次清洗。

(3)消毒后接种前，外植体用抗氧化剂(抗坏血酸)处理。

(4)暗培养，接种后在暗处培养一周，避免光照。

(5)培养基里加一定比例的活性炭，这样可以减少氧化作用。

(6)材料进行连续转移可以减轻醌类物质对培养物的毒害作用。

三、课外阅读题录

LY/T 2428—2015，杉木组织培养育苗技术规程.

张东旭，周增产，卜云龙，等.2011. 植物组织培养技术应用研究进展[J]. 北方园艺，(6)：209－213.

胡彦，赵艳.2004. 植物组织培养技术的应用以及在培养过程中存在的问题[J]. 陕西师范大学学报(自然科学版)，S1：130－134.

吴丽君.2003. 木本植物组织培养技术在林业科研与生产中的应用与局限[J]. 福建林业科技，17(1)：67－69，74.

【复习思考】

1. 培养基不凝固的原因可能有哪些？影响组织培养成功的几个因素是什么？
2. 超净工作台的除菌原理是什么？杀灭或去除微生物的方法还有哪些？

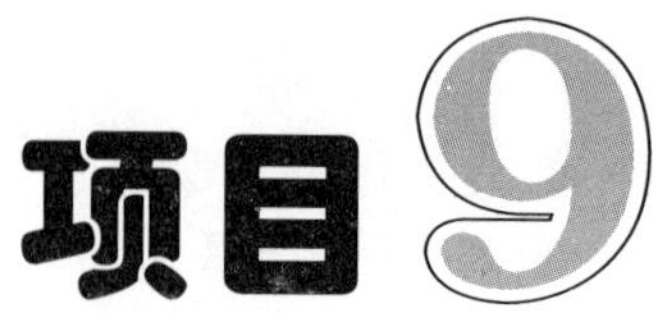

项目9 设施育苗

设施育苗主要是利用温室、塑料大棚或其他设施，改变或控制植物生长发育的环境条件(光、热、水、气、CO_2、O_2和肥等)来培育苗木的方式。它有别于传统的育苗方式，是一种崭新的现代林业生产方式和林业产业，在国外已广泛应用。这些育苗技术可以大幅度缩短育苗周期，提高苗木质量和土地利用率，尤其是在我国自然条件较为恶劣的地区应用有一定的实效性。

任务9.1　容器育苗

【任务介绍】

容器育苗是用不同规格的穴盘、花盆为容器，以草炭、蛭石等材料作为基质，进行精量播种和育苗。它是当代世界林业生产技术的一项重大突破。容器苗主要用于裸根苗栽植成活较难的植物种类和珍稀植物，能形成完整的根团，起苗、包装和运输不伤根，苗木生活力强，造林成活率高，栽植后没有缓苗期，根系不受损伤，适宜远距离运输和机械化移栽，苗木对造林地适应性强。苗木生长迅速，育苗周期短，节省良种，培育的苗木整齐、健壮。与裸根苗造林相比，在干旱气候或困难立地条件下使用容器苗造林，成活率可提高20%以上。

知识目标

1. 了解容器育苗的特点。
2. 掌握容器育苗的方法。
3. 掌握容器育苗管理的技术要点。

技能目标

1. 能开展容器育苗工作。
2. 能进行容器苗管理。

【任务实施】

9.1.1 容器的种类及规格

容器分两大类，一类是可以连同苗木一起栽植的容器，如营养砖、泥炭器、稻草泥杯、纸袋、竹篮等；另一类是栽植前要去掉的容器，如塑料薄膜袋、塑料筒、陶土容器等。目前应用较多的是塑料袋、硬塑料杯、泥容器和纸容器。

① 塑料薄膜袋 一般用厚度0.02~0.04mm的农用塑料薄膜制成，圆筒袋形，靠近底部打孔8~12个，以便排水。一般规格是高12~18cm，口径6~12cm。建议使用根型容器，以利于苗木形成良好的根系和根形，在栽后迅速生长。这种容器内壁有多条从边缘伸到底孔的楞，能使根系向下垂直生长，不会出现根系弯曲的现象。塑料薄膜容器具有制作简便、价格低廉、牢固、保湿、防止养分流失等优点，是目前使用最多的容器。

② 硬塑料杯(管) 用硬质塑料压制成六角形、方形或圆锥形，底部有排水孔的容器。此类容器成本较高，但可回收反复使用。

③ 泥容器 包括营养砖和营养钵，是直接用基质制成的实心体。① 营养砖，用腐熟的有机肥、火烧土、原圃土添加适量无机肥配制成营养土，经拌浆、成床、切砖、打孔而成长方形营养砖块，主要用于南方培育桉树等苗木。② 营养钵，用具有一定黏滞性的土壤为主要原料，加适量沙土及磷肥压制而成，主要用于华北低丘陵地区培养供雨季造林的油松、侧柏等小苗。

④ 纸容器 目前使用效果较好的是蜂窝纸杯。该容器是用纸浆或合成纤维制成的无底六角形纸筒，侧面用水溶性胶黏结，多杯连结成蜂窝状，可以压扁和拆开。栽植后纸杯分解，不阻碍新根向外伸展。

⑤ 无纺布袋 较新型的容器，具有其他容器育苗的优点。与纸容器一样栽植后自行分解，且苗木的根系可以从育苗袋任何位置穿出，空气切根后形成愈伤组织，入土后会爆发性生根，同时地上部分生长快。适宜于一年内出售的苗木，若长时间育苗，易造成苗木根系太发达和串根。

容器的大小取决于苗木种类、苗木规格、育苗期限、运输条件及造林地的立地条件等。在保证造林成效的前提下，尽量采用小规格容器，以便形成密集的根团，搬动时不易散坨。但在土壤干旱、立地条件差或杂草繁茂的造林地要适当加大容器规格。

9.1.2 营养土的配制

9.1.2.1 营养土的要求

营养土的配制要因地制宜，就地取材，并应具备下列条件：① 配制材料来源广，成本低，具有一定的肥力；② 不沙不黏，有较好的保湿、通气、排水性能；③ 重量较轻，不带病原菌和杂草种子。

9.1.2.2 配制营养土的材料

要求所用的材料具有较好的物理性质，尽量不要用自然土壤作基质。目前常用材料有：黄心土、火烧土、泥炭土、蛭石、珍珠岩、腐殖土、森林表土、锯末等，不宜用黏重土壤或纯砂土，严禁用菜园地及其他污染严重的土壤。

9.1.2.3 营养土配方

各地不同，常用的有：

① 腐殖土、黄心土、火烧土和泥炭土中的1种或2种，约占50%~60%；细砂土、蛭石、珍珠岩或锯末中的1种或2种，约占20%~25%；腐熟的堆肥20%~25%。另外营养土中加1kg/m^{3}复合肥。

② 黄心土30%、火烧土30%、腐殖土20%、菌根土10%、细河沙10%，再加已腐熟的过磷酸钙1kg/m^3。此配方适合培育松类苗。

③ 火烧土80%、腐熟堆肥20%。

④ 泥炭土、火烧土、黄心土各1/3。

9.1.2.4 配制方法及步骤

① 根据营养土配方准备好所需的材料(包括所需的复合肥或氮、磷肥)；

② 按比例将各种材料混合均匀；

③ 配制好的营养土再放置4~5d，使土肥进一步腐熟；

④ 进行土壤消毒，一边喷洒消毒剂(30%硫酸亚铁溶液用量为30mL/m^3)，一边翻拌营养土。也可在50~80℃温度下熏蒸或者火烧，保持20~40min。

9.1.3 容器装土与置床

① 装土 把配制好的营养土装入容器中，边填边压实。装土不宜过满，一般离袋口1~2cm。

② 置床 苗床包括普通苗床和置苗架，应选择背风、向阳、水源方便的地方做苗床。在多雨区应建高床，少雨区建平床，干旱区建低床，床面平整无杂物，苗床长度因地块大小而定，一般不宜超过15m，床宽1~1.2m，沟(埂)宽0.4~0.5m。先将苗床整平，然后将已盛营养土的容器排放于苗床上。容器要排放整齐，成行成列，直立、紧靠，苗床四周培土，以防容器倒斜。

9.1.4 播种与植苗

(1)播种

将经过精选、消毒和催芽的种子播入容器内，每个容器播种粒数视种子发芽率高低而定(一般1~5粒)。播种时，营养土以不干不湿为宜，若过干，提前1~2d淋水。播种后用黄心土、火烧土、细沙、泥炭、稻壳等覆盖，厚度一般不超过种子直径的2倍，并浇透水。亦可直接在营养土上挖浅穴播种，播后用容器内营养土覆盖。苗床上覆盖一层稻草或遮阴网。若空气温度低、干燥，最好在覆盖物上再盖塑料薄膜，待幼苗出土后再撤掉，亦可搭建拱棚。

(2)植苗

稀有、珍贵、发芽困难及幼苗期易感病发病的种子，可先在苗床上密集播种，进行精心管理，待幼苗长出2~3片真叶后，再移入容器培育。容器内的营养土必须湿润，若过干，在移植前1~2d淋水。移植时，先用竹签将幼苗从种床内挑起，幼苗要尽量多带宿土，然后用木棒在容器中央引孔，将幼苗栽入孔内压实。栽植深度以刚好埋过幼苗在苗床时的埋痕为宜。栽后浇透定根水，若太阳光太强，需遮阴。

9.1.5 苗木管理

(1)浇水

营养土干燥时要及时浇水。在出苗期和幼苗期要勤灌、薄灌，保持营养土湿润；在幼苗生长稳定后，要减少灌水次数，加大灌水量，把营养土浇透。灌溉方式最好使用细水流的喷壶式灌溉，尽量不要使用水流太急的水管喷，以免将容器中的种子和土冲出。到生长后期和出圃前要适当控制浇水量，对苗木进行抗旱锻炼，可有效提高水分利用率和造林成活率。

(2)间苗和补苗

在幼苗长出2~4片真叶时进行。每个容器保留1株健壮苗，其余的拔除。间苗和补苗同时进行，将间出的健壮苗种植在缺苗的容器内。间苗和补苗前要浇一遍水，以防损伤苗木根系，补苗后再浇一遍定根水，使苗木根系与基质紧密结合。

(3)松土除草

除草要做到“除早、除小、除了”，不要等杂草长大、长多后再除；除草时结合松土，增加基质的透气性和透水性。

(4)施肥

在幼苗期，若底肥不足要追肥，以追施氮肥和磷肥为主，要求勤施、薄施，每隔14~28d追肥1次，浓度一般不超过0.3%，追肥后要及时淋水。在速生期，追肥以氮肥为主，每隔28~42d追肥1次，浓度可适当大一些，追肥后及时浇水。在苗木硬化期应提高磷钾肥比例，并适时停施氮肥，以利苗木在入冬前能充分木质化，提高抗性。此外，在苗木生长的过程中，还可利用0.2%的磷酸二氢钾溶液进行叶面施肥，以增强苗木抗性。

(5)鸟兽及病虫害防治

如发现有鸟兽或病虫害，要及时驱赶或喷洒对应的农药进行防治，做到“预防为主，防治结合”。为防止苗期腐烂型、猝倒型、立枯型等病害的发生，可在出苗后每隔1~2周喷施1次百菌清、多菌灵、甲基托布津等药剂，不同药物交替使用，以免产生抗药性。及时清理枯叶和病株，防止病菌感染，营造有利于苗木生长的条件。

9.1.6 苗木出圃

苗木应达出圃标准，地上部枝条健壮，木质化程度较高，芽饱满，根系健全，无病虫害。在出圃时应注意保护容器的完整性，以免破坏容器后，造成苗木根系的损伤。出圃时间最好在从秋季落叶到翌年春季树液开始流动之间，如需在其他季节造林，则最好在雨季起苗。

【技能训练】

容器播种育苗

[目的要求]了解露地容器育苗常用的容器种类及规格，营养基质配制的基本要求。掌握容器播种育苗的操作技术。

[材料用具]林木种子、农用塑料薄膜、穴盘等育苗容器、黏合机、旧报纸、糨糊、小铲、锄头、肥料、蛭石、草炭土、黄心土、珍珠岩等。

[实训场所]实习苗圃。

［**操作步骤**］

（1）生产调查。调查生产单位容器育苗生产现状，了解容器的种类、营养基质的配制等技术。

（2）苗床准备。根据容器育苗要求整地作苗床，苗床作成平床或低床。

（3）营养基质准备。

① 因地制宜地选择营养基质配方，准备各种配方材料。

② 按比例混合各种营养土材料，打碎，混拌均匀，并进行消毒。

（4）营养基质装填、排床。营养基质装填不能过满，应距容器口 lcm，以便播种、覆土。将装好营养基质的容器整齐排于苗床上，填好缝隙，将床边四周培土打紧。

（5）播种育苗。

① 根据种粒大小，每个容器播种 1~2 粒种子，覆土适当。

② 浇水、覆膜。

［**注意事项**］做到床面平、播面平、覆土平。

［**实训报告**］按就地取材的要求设计几种营养土配方，说明苗床播种育苗适宜的容器及规格、营养土的配制方法和容器播种方法，完成实训报告。

【任务小结】

如图 9-1 所示。

【拓展提高】

课外阅读题录

LY/T 1000—2013，容器育苗技术.

戚连忠，汪传佳. 2004. 林木容器育苗研究综述［J］. 林业科技开发，18(4)：10－13.

乌丽雅斯，刘勇，李瑞生，等. 2004. 容器育苗质量调控技术研究评述［J］. 世界林业研究，17(2)：9－13.

【复习思考】

1. 容器育苗的优点是什么？
2. 容器育苗的方法有哪些？
3. 容器育苗的管理技术要点有哪些？

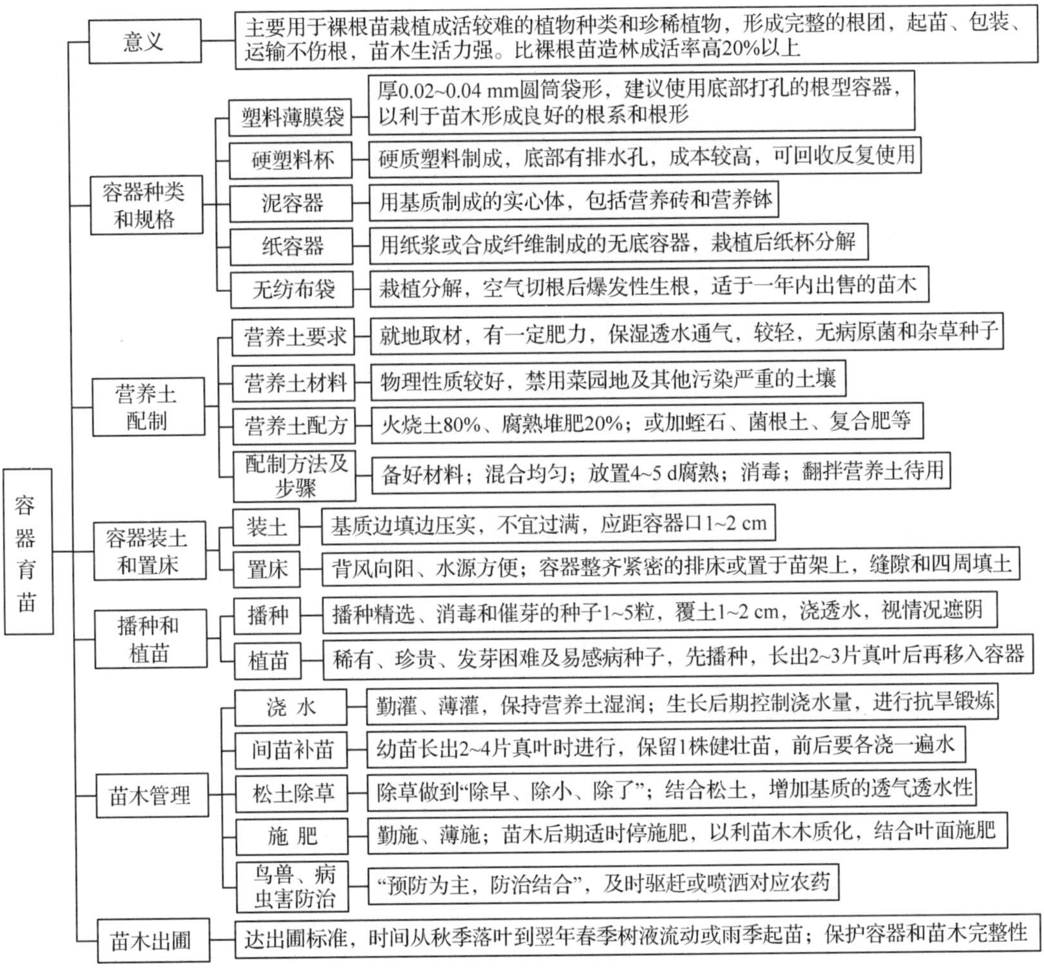

- 容器育苗
  - 意义：主要用于裸根苗栽植成活较难的植物种类和珍稀植物，形成完整的根团，起苗、包装、运输不伤根，苗木生活力强。比裸根苗造林成活率高20%以上
  - 容器种类和规格
    - 塑料薄膜袋：厚0.02~0.04 mm圆筒袋形，建议使用底部打孔的根型容器，以利于苗木形成良好的根系和根形
    - 硬塑料杯：硬质塑料制成，底部有排水孔，成本较高，可回收反复使用
    - 泥容器：用基质制成的实心体，包括营养砖和营养钵
    - 纸容器：用纸浆或合成纤维制成的无底容器，栽植后纸杯分解
    - 无纺布袋：栽植分解，空气切根后爆发性生根，适于一年内出售的苗木
  - 营养土配制
    - 营养土要求：就地取材，有一定肥力，保湿透水通气，较轻，无病原菌和杂草种子
    - 营养土材料：物理性质较好，禁用菜园地及其他污染严重的土壤
    - 营养土配方：火烧土80%、腐熟堆肥20%；或加蛭石、菌根土、复合肥等
    - 配制方法及步骤：备好材料；混合均匀；放置4~5 d腐熟；消毒；翻拌营养土待用
  - 容器装土和置床
    - 装土：基质边填边压实，不宜过满，应距容器口1~2 cm
    - 置床：背风向阳、水源方便；容器整齐紧密的排床或置于苗架上，缝隙和四周填土
  - 播种和植苗
    - 播种：播种精选、消毒和催芽的种子1~5粒，覆土1~2 cm，浇透水，视情况遮阴
    - 植苗：稀有、珍贵、发芽困难及易感病种子，先播种，长出2~3片真叶后再移入容器
  - 苗木管理
    - 浇水：勤灌、薄灌，保持营养土湿润；生长后期控制浇水量，进行抗旱锻炼
    - 间苗补苗：幼苗长出2~4片真叶时进行，保留1株健壮苗，前后要各浇一遍水
    - 松土除草：除草做到“除早、除小、除了”；结合松土，增加基质的透气透水性
    - 施肥：勤施、薄施；苗木后期适时停施肥，以利苗木木质化，结合叶面施肥
    - 鸟兽、病虫害防治：“预防为主，防治结合”，及时驱赶或喷洒对应农药
  - 苗木出圃：达出圃标准，时间从秋季落叶到翌年春季树液流动或雨季起苗；保护容器和苗木完整性

图 9-1 容器育苗知识结构图

任务 9.2 温室育苗

【任务介绍】

温室育苗是利用透明塑料膜或玻璃等作为覆盖材料，形成密闭的可控环境，达到植物生长对环境的要求，进行批量生产苗木的方法。可方便地控制环境条件，增温增湿，使苗木培育工作不受栽培季节或外界环境条件的影响，可防止自然灾害。温室能有效延长苗木的生长期，室内温度、湿度、光照等条件均匀，保证了出苗的均匀性和苗木生长的一致性，提高苗木质量，便于规模化生产和管理。该技术可节省育苗时间，提高资源利用率，是现代化育苗的必然趋势和发展方向。

知识目标

1. 了解温室育苗的概念及特点。
2. 掌握温室育苗的选择条件和建立方法。
3. 掌握温室育苗的主要技术要点。

技能目标

1. 能调控温室内环境条件。
2. 能进行温室育苗和管理。

【任务实施】

9.2.1 温室建造

温室是以采光覆盖材料作为部分或全部围护结构材料，可在冬季或其他不适宜露天生长的季节为植物提供栽培环境，一般建在地势平坦、背风向阳、有灌溉条件、排水良好、便于管理的地方。温室的种类很多，从规模上可分为单栋温室、连栋温室；从屋面形状可分为平面温室、曲面温室；从覆盖材料可分为塑料薄膜温室、玻璃温室。在此主要对应用较广泛的塑料薄膜温室(又称塑料大棚)的建造进行介绍。

9.2.1.1 小拱棚的建造

小拱棚的形式多为拱圆型，高40~80cm，跨度70~120cm，不同地区采用的小拱棚高度、宽度、长度各不相同，可根据当地的气候条件、栽培方式、土地面积等实际情况进行尺寸调整。小拱棚由拱棚架和塑料薄膜组成，一般拱棚架材料为竹片等。

整地作畦后，在畦面上每隔60~80cm插一个弓条，拱架应上下、左右一致。弓条插好后即可用薄膜覆盖，覆膜时应注意拉紧，边覆边用湿土压紧封严。在棚膜上每隔3~5个拱间插一道压膜弓，或用细绳在棚膜上边呈“之”字形勒紧，细绳拴在畦面两侧木桩上，以防薄膜被风吹起。

9.2.1.2 一般塑料大棚温室的建造

一般塑料大棚温室可使用竹木结构建造临时性塑料大棚，也可用钢筋水泥结构建成半永久性固定大棚。目前我国采用的大多是棚顶半圆型大棚，长8~50m，棚中央高2~2.6m，宽3~5m，侧高1.2~1.8m，在不影响苗木生长和人工作业的情况下，高度应尽量降低，以便于管理。一般塑料大棚温室宜选用透光性好、保温性强的塑料薄膜作为覆盖材料，棚的两端应设置大门，棚顶和两侧设置窗户，以便换气和调节棚内温度。

9.2.1.3 智能塑料温室的建造

智能塑料温室应选择在宽敞、背风向阳、没有高大建筑物或树木遮光的地方，建设地应具有充足的水源、优良的水质、便捷的交通和稳定的电源，为温室提供采暖、降温、人工光照、营养液循环等方面的支持。

智能塑料温室一般顶高4.8~5.8m，肩高2.5~3m，宽6~9m，可采用铝合金或镀锌钢材结构，配置外遮阳系统、内保温系统、风机—湿帘降温系统、加温系统、循环系统、开窗系统、补光系统、灌溉系统、苗床及自动控制系统等，利用现代化手段实现对温室内部温度、相对湿度和光照的调节，采用电脑自动控制植物所需的最佳环境条件。

9.2.2　温室管理

9.2.2.1　温度管理

温度是影响苗木生长的重要因素，一般15～30℃是适合林木苗期生长的最佳环境条件，控制好苗期的温度条件有利于提高苗木的成活率和质量。气温和地温均不能低于5℃或高于35℃，如果温度过低，苗木生长缓慢，容易产生弱苗或僵苗；温度过高，幼苗生长过快，易成为徒长苗，当温度超过40℃时苗木就会受到严重危害，甚至灼死。此外，保持一定的昼夜温差对于培育壮苗至关重要，白天维持苗木生长的最适温度，有利于增加光合作用；夜间温度可比白天低10℃左右，以减少呼吸消耗。

温室的温度调控可分为粗放型手工、半自动化机械或全自动温度调控。粗放型手工或半自动化机械控制方式一般指控制阈值温度，在设定上、下限温度后，依靠人工管理经验。当温度过高时，粗放手工控制一般采用搭建遮阳网或卷帘的方式来减少阳光直射，开窗或采用风扇通风，空气的流动有利于能量的损失，是拱棚和非全自动温室降温的重要方式。在冬季温度过低时，应进行增温处理，如关闭门窗以形成密闭环境，在温室顶部遮盖草席或棉被，采用燃煤、暖气或电热线等进行加温，亦可增施动物粪便、谷糠等有机肥材料，通过微生物的降解作用释放热量，以达到增温目的。

9.2.2.2　光照管理

光照是作物生长发育的关键因素之一，对温室作物生长主要有两个方面的作用：其一是为作物的光合作用提供能量；其二是为温室的气候环境提供热量。幼苗生长过程中的向光性严重影响其生长，均匀合理的光照条件和时间是影响苗木培育的重要因素。为促进光合作用和生长，日光照时间应达12h。冬季日照强度和时数不足时，会导致光照质量下降。因此，为增强光合作用和生长发育，可采用白炽灯、荧光灯、高压汞灯、金属卤化物灯、高压钠灯等进行补光。

9.2.2.3　湿度管理

湿度也是温室环境控制中非常重要的参数之一。空气湿度影响作物蒸腾作用，进而影响根系对矿质养分的吸收。在夜间空气湿度可达到90%左右，白天一般为50%～80%。旱生作物根系发达、吸水能力强，白天湿度可控制在50%～65%之间；而非旱生作物，白天湿度可控制在60%～80%之间。当温室内湿度过高时，可采用通风换气、控制灌水和加温等方式进行快速降湿；湿度过低时，宜采用喷雾、灌溉和控制通风等措施进行增湿。

9.2.2.4　CO_2管理

CO_2是绿色植物进行光合作用的主要原料之一，植物每生成100g干物质，需要吸收150g CO_2。温室大气中充足的CO_2可以提高叶片的光合速率、促进苗木生长发育、有效抵抗病虫害的发生、提高苗木质量；反之，CO_2不足则会在一定程度上限制苗木光合作用，浪费光热资源，影响苗木的生长。

为避免温室密闭结构的CO_2亏缺，可采用增施有机肥、硫酸－碳铵法、液态CO_2钢瓶、CO_2颗粒气肥或燃烧释放等方式进行CO_2施肥，能有效增强苗木光合速率。但过高的CO_2浓度则会引起苗木的生长异常，表现为叶片失绿黄化、卷曲畸形和坏死等症状。

从光合作用的角度来看，接近饱和点的CO_2浓度为最适施肥浓度，一般以800～1500 mg/L作为多数植物的推荐施肥浓度，具体应依据植物的种类、生育阶段、光照强度及温度条件等因素判定。晴天应在光温条件最好的时间进行 CO_2 施肥，这时光照强度较大，光合作用加强，室内 CO_2 消耗增多，急需补充 CO_2。当温室内温度低于 15 ℃时，不宜施用 CO_2，以免发生 CO_2 气体中毒现象。

9.2.2.5 苗木管理

(1)水分管理

土壤水分含量对植物的生长具有重要影响，在育苗过程中控制好浇水量，对于促进苗木生长、增强抗性、提高苗木质量等均有重要作用。浇水是温室育苗管理的重要环节，包括喷壶洒水、小型微喷、滴灌、潮汐式灌溉等方式。苗期水分管理应注重少量多次，保持基质湿润，不能大水漫灌。

(2)施肥

在生长期，苗木会消耗大量的养分，可采用营养液或其他肥料进行施肥，施后应马上用水喷洒叶面，防止肥料污染叶面，损伤苗木。

(3)病虫害防治

由于温室环境相对高温高湿，病虫害防治一直是育苗工作中的一大难题，立枯病、猝倒病、根腐病和炭疽病等较为严重，一旦发病，苗木之间病菌传播速度快，传染率高，极易造成成片苗木死亡。在基质配制时，需用多菌灵、杀虫剂等药物进行病虫害防治，出苗后每隔 7~10d 喷洒 1 次多菌灵或甲基托布津，不同药物宜交替使用，以免产生抗药性。同时，应及时清除病株，避免病害的传播和扩散。

(4)除草

在苗木培育过程中杂草会严重影响苗木的生长，最好进行人工除草，遵循“除早、除小、除了”的原则，除草还可以对基质表面起到松土作用。

(5)修剪

在苗木生长过程中，要及时摘除基部老叶、黄叶、病叶和贴地叶，并抹去腋芽及抽生的侧枝，维持主枝的生长发育。

(6)炼苗

温室与造林地的环境条件相差大，如果直接把苗木移到野外栽培，苗木难以适应突变的条件。炼苗指通过加强室内通风、降低室内温度、减少水分供应、增加室内光照等措施，逐渐使棚内外的环境条件一致，促进苗木组织老熟。温室内的苗木生长至一定规格后，可于春季或秋季移栽到造林地。

【技能训练】

一、全竹结构塑料大棚的建造

[**目的要求**]掌握全竹结构塑料大棚建造的关键技术。

[**材料用具**]竹竿、竹片、铅丝、聚乙烯无滴膜、沥青等，建棚图纸。

[**实训场所**]实习苗圃。

[**操作步骤**]

(1)埋立柱。按 120cm 间距一列一列地埋立柱。作立柱的竹竿中部粗度应达到4.5cm，将一端蘸沥青的竹竿埋入地下，深约 50cm。为了加固大棚，可在距离立柱底部 25~30cm 处绑拉杆，将各列立柱连在一起，用钳子将拉杆拧在立柱上(图 9-2)。

(2)绑拱杆。每排立柱上有一道拱杆，每道拱杆由4根竹竿和2块竹片组成。位于大棚两侧的竹竿将较粗的一端朝向大棚外侧，竹竿连接处可用一根2m长的细竹竿加固。拱杆压在立柱的正上方，铅丝穿过立柱顶端的钻孔加固，并在其上缠绕一些废旧塑料条，以防铅丝腐蚀薄膜(图9-2)。

(3)建棚头。大棚东西两端的拱杆和立柱用于建棚头，对于每根立柱再绑一根立柱，一端伸向棚内，一端插入地下，立柱与地面成45°，绑上拉杆，用铅丝固定好并缠上废旧塑料。在棚头立柱上绑3道竹片，棚头中间留小门(图9-2)。

(4)覆盖薄膜。选用聚乙烯无滴膜在生产时开始覆盖，如遇大风大雨天气，不宜覆盖，薄膜宽度和长度自行决定。采用扒缝放风方式，留3道通风口，中央和两侧各1道。压膜线可用钢丝芯的压膜线或耐高温塑料绳，每道拱杆间设1道压膜线，两端固定在地锚上。棚头部分的薄膜下部埋入地下。

[**注意事项**]如果竹竿和竹片茎节处有许多尖锐的刺，用小型的型材切割机或刀具将其去除；按设计要求确定露在地面以上部分高度，同一列立柱高度要一致，各列、各排要分别对齐；插入地下的立柱和竹片都要蘸沥青，以防腐。

[**实训报告**]完成全竹结构塑料大棚建造实训报告。

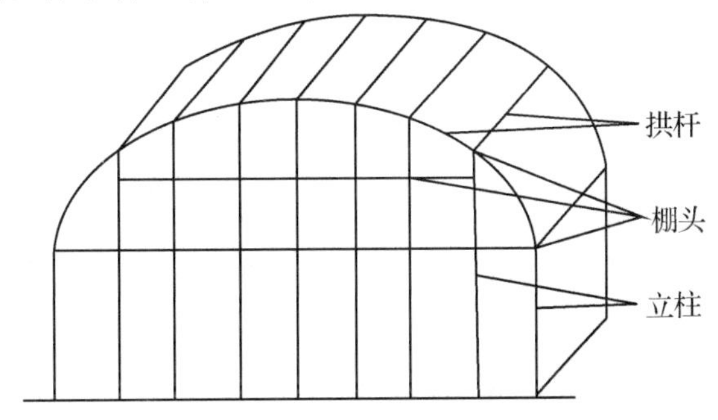

图9-2　全竹结构塑料大棚示意图

二、设施性能观测

[**目的要求**]了解温室(大棚)内温度、光照、湿度的分布特点及日变化规律，掌握小气候特点及其对苗木的影响，学会小气候的观测方法。

[**材料用具**]日光温室或塑料大棚、通风干湿球温度计、湿度计(均为日记)、照度计、曲管地温表、地面温度表、最高最低温度表、水银或酒精温度计、自记温度计、线绳、纱布、竹竿、钢卷尺、铁铲等。

[**实训场所**]有温室或大棚的实习苗圃。

[**操作步骤**]

(1)观测温度

① 温度分布情况观测。包括气温和地温测量，按东中西、南中北3点排列，在温室空中离地面50、100和150cm等高度设置气温计，在土表以下5、10和15cm处埋入地温计，观测时间为8:00、14:00和20:00。气温观测时按正反顺序各观测1次，抵消时间差引起的误差。

② 温度日变化观测。取设施和露地100cm处的温度值，记载2:00、6:00、10:00、14:00、18:00和22:00的温度，如果仪器条件好的可每小时记录1次。

(2)湿度测量

参照气温温度观测方法，在相同位置设置干湿球通风表或1支干球温度表和1支湿球温度表，并设置自记湿度。观测时间：8:00、14:00及20:00。

(3)观测光照强度

① 光照分布观测。测点选择、观测时间(夜间除外)与温湿度观测一样，观测时间也可在正午进行。观测时，各点来回各测1次，2次读数均记入表内，求出平均值。

② 光照日变化观测。在设施内部以及露地同时测量光照，如有条件，最好每小时测量1次。光照强度变化迅速的节点可每半小时观测1次，绘制变化曲线。

[**注意事项**]观测变化较大或较快的指标，如气温和光照强度时，正反顺序各观测1次，抵消时间差引起的误差。

[**实训报告**]绘制温室大棚断面气温和地温等温线；温度和光照的日变化曲线(表9-1)。

表9-1 温室育苗温度、光照、湿度观测记录表

观测部位			南部				中部				北部				室内	露地
			东	中	西	平均	东	中	西	平均	东	中	西	平均	平均	
气温	50cm	1 2														
	100cm	1 2														
	150cm	1 2														
	200cm	1 2														
	250cm	1 2														
地温	0cm	1 2														
	5cm	1 2														
	10cm	1 2														
	15cm	1 2														
光照	1 2															
空气湿度	干球 湿球 湿度(%)															

【任务小结】

如图9-3所示。

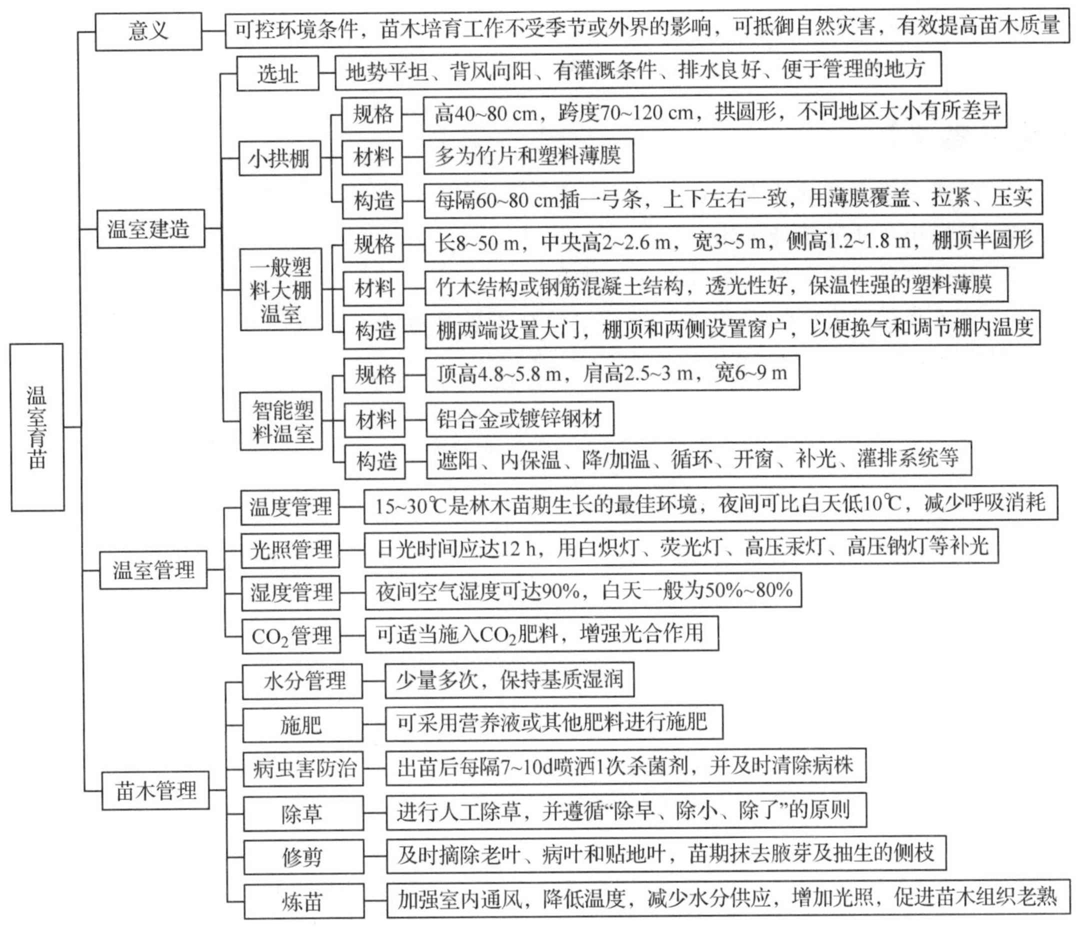

图 9-3 温室育苗知识结构图

【拓展提高】

一、温室的几种分类

(1) 根据覆盖材料，分为玻璃温室、塑料薄膜温室和塑料板材温室 3 种。

(2) 根据热量来源，分为加温温室和日光温室 2 种。

(3) 根据温室用途，分为展览温室、栽培温室和生产温室 3 种。

(4) 根据屋面数量，分为单屋面温室和多屋面温室 2 种。

二、温室的附属设施

包括温室环境自动化控制设备、加温系统、保温系统、降温系统、通风系统、灌溉与施肥系统、CO_2施肥装置和光照系统。一般以光照为始变条件，温度、湿度、CO_2浓度等为随变条件，使这 4 个主要环境要素始终处在最佳的组配状态。

三、课外阅读题录

GB/T 29148—2012，温室节能技术通则.

GB/T 19165—2003，日光温室和塑料大棚结构与性能要求.

LY/T 1451—2007，温室通风设计规程.

NY/T 2133—2012，温室湿帘——风机降温系统设计规范.

王乃江.2008. 现代温室技术与应用[M]. 杨凌：西北农林科技大学出版社.

【复习思考】

1. 简述温室育苗的优点及应用现状。
2. 简述小拱棚的建造方法。
3. 简述塑料温室大棚育苗常规管理技术。
4. 为了降低温室(大棚)内温、光、湿的分布差异对苗木造成的负面影响，生产上应采取哪些措施?

项目 10

苗木出圃

在苗圃中，所培育的各类苗木达到造林规格要求后，即可起苗出圃造林。苗木出圃是育苗的最后一道工序，包括苗木调查、起苗、分级、统计、假植、包装运输等内容。这些工作不仅影响全年的育苗工作，而且关系到造林质量。因此，苗木出圃时要少伤根系、护好苗根、严防失水，只有这样才能保证苗木质量，为造林工作提供良好的物质基础。

任务 10.1　苗木调查

【任务介绍】

出圃前为了掌握苗木的产量和质量，做好苗木出圃、移植和生产计划等工作，需要进行苗木调查，为总结育苗经验提供科学依据。一般在苗木生长停止后，按树种或品种、育苗方式、苗木种类和苗木年龄分别进行苗木的产量和质量调查，为制定生产计划和调拨、供销计划提供依据。

知识目标

1. 了解标准地法、标准行法及准确调查法的适用对象和基本方法。
2. 掌握抽样调查的步骤及内业计算方法。
3. 理解苗木质量评定指标。

技能目标

1. 能正确进行抽样调查。
2. 能测量苗木质量指标、计算苗木产量和可靠性、精度等指标。

【任务实施】

10.1.1　苗木调查的地点和时间

苗木调查在原苗圃进行。

调查时间根据具体情况而定，可在苗木硬化期起苗前或起苗后进行，如果起苗前或起苗后均来不及进行苗木检测，则应在造林地进行补测。

10.1.2 苗木调查方法及内容

10.1.2.1 标准地法

适用于苗木数量大的撒播育苗区。方法是在育苗地上，每隔一段距离均匀地设置若干块面积为 1 m^2的小标准地，在小标准地上调查苗木的数量和质量(苗高、地径等)，并计算出每平方米苗木的平均数量和各等级苗木的数量，然后再推算全生产区的苗木总产量和各等级苗木的数量。

10.1.2.2 标准行法

适用于移植苗区、嫁接苗区、扦插苗区和条播、点播苗区。方法是在苗木生产区中，每隔一定的行数(如 5 的倍数)，选出一行或一垄做标准行，在标准行上进行苗木调查。或全部标准行选定后，再在标准行上选出一定长度有代表性的地段，在选定的地段量出苗高和地径(或冠幅、胸径)，并计算调查地段苗行的总长度、每米苗行上的平均苗木数和各等级苗木的数量，以此推算出全生产区的苗木和各等级苗木的数量。

应用标准行和标准地调查时，一定要从数量和质量上选择有代表性的地段进行调查，否则调查结果不能代表全生产区的情况。调查的标准地或标准行总面积一般占总面积的 2%~4%。

调查时要按树种、育苗方法、苗木种类和苗龄等项分别进行调查和记载(表 10-1)，调查内容包括苗高、地径(或胸径、冠幅)，统计汇总后填入苗木调查汇总表(表 10-2)。

表 10-1 苗木调查记载表

树种________ 苗木种类________ 育苗方式______ 苗龄______ 面积________ 调查比例________

标准地或标准行号	调查株号	高度(cm)	地(胸)径(cm)	冠幅(cm)	标准地或标准行号	调查株号	高度(cm)	地(胸)径(cm)	冠幅(cm)

调查人______________ 调查日期________年______月______日

表 10-2 苗木外业调查表

______________省(市)______________县

树种______________ 苗龄______________ 苗木种类______________ 育苗方式______________

育苗地总面积_____ m^2，育苗地净面积_____ m^2，垄(床)_____条(个)，育苗净面积占总面积_____%，样地(样群)面积____ m^2，每公顷产苗量____万株，总产苗量____万株，平均苗高____ cm，平均地径____ cm

调查床序号	苗床净面积(m^2)						样群(样地)株数					样群(样段)苗木质量调查[每隔株调查，1株苗高(H)cm，地径(D)cm，H/D=]	其他
	床长(m)	床(垄)宽(m)				面积	序号	株　数					
		左端	中间	右端	平均			1 样方	2 样方	3 样方	合计		
合计													
平均													

注：① 其他栏记载苗数或有价值的调查内容，废苗包括：病虫害及针叶树有明显二次生长、双顶苗、无顶苗、生长不正常的苗木。② 育苗的总面积包括临时步道、垄沟或临时所占地面积；育苗地净面积指苗木实际生长占地面积。③ 苗高测量精度为小数后 1 位，地径测量精度为小数后 2 位。④ 如进行根系调查时，可依据平均高、平均地径，随机抽取 5 ~ 10 株标准株，调查其根系长度和侧根数量等。

10.1.2.3　准确调查法

又称逐株调查法，计数统计法。常应用于苗木数量不多的育苗区。方法是逐株调查苗木数量，逐株调查苗高、地径(或胸径、冠幅)。

10.1.2.4　抽样调查法

为了保证苗木调查的精度，苗木数量大的育苗区可采用抽样调查法。要求达到90%的可靠性、90%的产量精度和95%的质量精度。这种调查方法工作量小，又能保证调查精度。具体步骤如下：

(1)外业调查

① 测量调查区的施业面积　将树种、育苗方式、苗木种类和苗龄等都相同的育苗地划分为一个调查区，进行抽样调查统计。当调查区内苗木密度和生长情况差异显著，而且连片有明显界限时，应从施业面积中减去连片无苗的面积，同时对垄或苗床编号、记数、绘制平面示意图，以便抽取样地。

② 确定样地的形状和大小　样地是随机抽样的地段。样地的形状、面积必须在调查前确定。样地面积根据苗木密度确定，在调查区内选苗木密度平均的地段，以平均株数20~50株苗木的占用面积作为样地面积，较大的苗一般以平均株数至少15株来确定样地面积。样地形状，一般用长方形。实际调查中苗木成行的(如条播)采用样段，苗木不成行的(如撒播)采用样方。

为了提高调查精度，可在主样地(随机抽中的样地)的两侧，以相等距离设辅助样地。辅助样地与主样地的中心距离宜近不宜远，如针叶树播种苗样段长度20m时，辅助样地与主样地的中心距为0.5~1 m。

③ 确定样地数量　样地数多少取决于苗木密度的变动大小，如苗木密度变动幅度较大，则样地数应适当增加，相反，则样地数可适当少些。估算样地数量可用下列公式：

$$n = \left(\frac{t \times C}{E}\right)^2 \tag{10-1}$$

式中　n——样地数量(个)；

t——可靠性指标(可靠性指标规定为90%时，$t=1.7$)；

C——密度变动系数；

E——允许误差百分数(精度规定为90%时，允许误差百分数为10%)。

由式(10-1)可知样地数是由C、t、E三者决定的，其中t、E是给定的已知数，只有变动系数C是未知数，可依据以往的资料确定。如缺乏经验数据，也可根据极差来确定。具体做法是按已确定的样地面积在密度较大和较小的地段设置样地，调查样地内苗木数量，两个样地苗木株数之差为极差。

【例】　油松2年生移植苗，以密度中等处株数16株所占面积0.25 m^{2}定为样地面积，经调查，较密处样地内株数为23株，较稀处样地内株数为11株。则：

极差：$R = 23 - 11 = 12$(株)

根据正态分布的概率，极差一般是标准差的5倍，故：

粗估标准差：$S = \dfrac{R}{5} = \dfrac{12}{5} = 2.4$

粗估样地内平均株数：$\overline{X} = 16$

粗估变动系数：$C = \frac{S}{\overline{X}} \times 100\% = \frac{2.4}{16} \times 100\% = 15\%$

粗估需设样地数：$n = \left(\frac{t \times C}{E}\right)^2 = \left(\frac{1.7 \times 15}{10}\right)^2 \approx 7$（块）

上述方法做起来较复杂，生产中一般先设 10 个样地，调查后若精度达不到要求，再用调查得出的变动系数计算应设样地数(n)，补设 $n-10$ 个样地进行调查。

④ 样地的设置　样地的布点一般有机械布点和随机布点两种方法，生产中常采用机械布点。机械布点是根据苗床(垄)总长度和样地数，每隔一定距离将样地均匀地分布在调查区内。其优点是易掌握，故应用较多。

设置样地前要测量苗床(垄)长度及两端和中间的宽度，求平均宽度后乘长度为净面积。机械布点还要求测量苗床(垄)总长度。用随机抽样法在抽中的床(垄)上确定样地的中心点，并向左右两侧延长，即为样段长度。垄作样地宽度就是垄的平均宽，床作样地的长度和宽度由包括 20~25 株苗木所占的面积来决定。

⑤ 样地内的苗木调查　样地布设后，统计样地内的苗木株数，并每隔一定株数测量苗木的苗高和地径(或胸径、冠幅)，填入调查表(表 10-1)。根据经验，当苗木生长比较整齐时，测量 100 株苗木的苗高和地径(或胸径、冠幅)，质量精度可达 95% 以上的精度要求。生产中一般先测 100 株，调查后若精度达不到要求，再用调查得出的变动系数计算应测株数(公式与样地数计算公式相同)，补设 $n-100$ 株进行调查。如假设抽 12 块样地，粗估每块样地内平均苗木数为 50 株，需要测 100 株时，则$(50 \times 12) \div 100 \approx 6$(株)，即在 12 块样地连续排列约 600 株苗木内，每隔 5 株测定 1 株。

⑥ 精度计算　外业调查后，应立即进行产量和质量精度计算。只有当计算结果达到规定的精度(可靠性为 90%，产量精度为 90%，质量精度为 95%)时，才能计算调查区的苗木产量和质量指标。精度计算公式如下：

a. 平均数($\overline{X}$)

$$\overline{X} = \frac{\sum_{i=1}^{n} x_i}{n} \tag{10-2}$$

b. 标准差(S)

$$S = \sqrt{\frac{\sum_{i=1}^{n} x_i^2 - n\overline{X}^2}{n-1}} \tag{10-3}$$

c. 标准误($S_{\overline{X}}$)

$$S_{\overline{X}} = \frac{S}{\sqrt{n}} \tag{10-4}$$

d. 误差百分数(E)

$$E(\%) = \frac{t \times S_{\overline{X}}}{\overline{X}} \times 100 \tag{10-5}$$

e. 精度(P)

$$P(\%) = 1 - E(\%) \tag{10-6}$$

计算后若精度没有达到规定要求，则需补设样地进行补充调查，直到调查苗木株数达到精度要求为止。然后用同样方法计算苗木质量(苗高和地径)精度，若质量精度也达到要求，才能计算苗木产量和质量指标。否则需补测苗木质量株数，其方法和补设样地的方法相同，直到达到精度要求。

(2)苗木产量和质量计算

① 计算调查区的施业面积(毛面积)、净面面积：

$$\text{施业面积(亩)} = \text{调查区长} \times \text{宽}$$

$$\text{垄作净面积}(\text{m}^2) = \text{被抽中垄的平均垄长} \times \text{平均垄宽} \times \text{总垄数}$$

$$\text{床作净面积(}\text{m}^2 = \text{被抽中床的平均床长} \times \text{平均床宽} \times \text{总床数}$$

② 计算调查区总产苗量和单位面积产苗量：

$$\text{垄作总产苗量} = \frac{\text{垄的净面积}}{\text{样地面积}} \times \text{样地平均株数}$$

$$\text{床作总产苗量} = \frac{\text{床的净面积}}{\text{样地面积}} \times \text{样地平均株数}$$

$$\text{施业单位面积产苗量} = \frac{\text{净面积总产苗量}}{\text{施业面积}}$$

$$\text{每平方米产苗量} = \frac{\text{净面积总产苗量}}{\text{净面积}}$$

$$\text{每米产苗量} = \frac{\text{净面积总产苗量}}{\text{苗行总长度}}$$

③ 苗木的质量计算：

首先进行苗木分级，并分别计算出各级苗木的比例、平均苗高和平均地径，最后将调查的苗木产量及质量结果填入苗木调查汇总表(表 10-3)。

表 10-3　苗木调查汇总表

树种	苗木种类	育苗方式	年龄(年)	面积(m^2)	总产苗量(株)	合格苗数										留圃		
						合计	Ⅰ级苗(cm)			Ⅱ级苗(cm)			Ⅲ级苗(cm)			计	$\overline{H}$	$\overline{D}$
							计	$\overline{H}$	$\overline{D}$	计	$\overline{H}$	$\overline{D}$	计	$\overline{H}$	$\overline{D}$			

填表人＿＿＿＿＿＿＿＿　　　　填表日期＿＿＿年＿＿＿月＿＿＿日

注：$\overline{H}$ 表示苗木平均苗高；$\overline{D}$ 表示苗木平均地径。

10.1.3　苗木质量评价

苗木质量是指苗木在其类型、年龄、形态、生理及活动等方面满足特定立地条件下实现造林目标的程度。其目的是了解和掌握苗木品质状况，从而向用苗者说明苗木状况、决定起苗和贮藏的措施、评价苗圃栽培措施合适与否、决定该批苗木适宜栽植的造林地条件(适地适苗)、制定合适的苗木处理和栽植措施、避免用苗不当的损失等。质量是对使用立地条件和经营目的而言。根据目前的研究情况看，苗木形态指标、生理指标和苗木活力的表现指标是评价苗木质量的 3 个主要方面。

10.1.3.1　评价指标

① 形态指标　主要有地径、苗高、高径比、根系指标、重量指标、茎根比、顶芽状

况，以及综合的质量指数等。形态指标在生产上简便易行、用肉眼可观测、用简单仪器可以测定[如地径用游标卡尺在实生苗根颈处(土痕处)、插条和插根苗萌发主干的基部、嫁接苗接口以上正常粗度处测量即可；苗高用钢卷尺等从苗木根颈处(土痕处)量到顶芽基部(无顶芽则到最高处)即可；根系测长度、量幅度、数数量、秤重量，各类比值简单计算，顶芽用利刃切下卡尺测量等]、便于直观控制，而且各形态指标都与苗木生理生化状况、生物物理状况、活力状况及其他状况等有相关关系(如苗茎有一定的粗度可使苗木直立挺拔、有适当的根量保证向苗木提供水分和养分等)。因此，形态指标始终是研究和生产上都特别关注的苗木质量指标。

② 生理指标　是指通过测定苗木的生理状况来反映其质量水平，常用的指标有苗木水分、导电能力、矿质营养、碳水化合物储量、叶绿素含量、TTC 染色法测定根系活力、芽休眠状况等。

③ 活力指标　指苗木被栽植在最适宜生长环境条件下使其成活和生长的能力。根生长潜力是目前评价苗木活力最可靠的方法，它不仅能反映苗木的死活，更重要的是能指示不同季节苗木活动的变化情况，对于判断种苗活力大小、抗逆性强弱，选择最佳起苗和绿化时期有重要意义。

10.1.3.2　优良苗木应具备的条件

优良的苗木简称壮苗。表现出生根能力旺盛、抗性强、移植和造林成活率高、生长较快的特点。壮苗应具备的条件是：

① 苗干粗壮，通直均匀，色泽正常，充分木质化，并具有一定高度，高径比适当。同一树种苗木，在同龄、同高的情况下，地径越粗，木质化程度越高，越没有徒长现象，苗木的质量越高。

② 根系发达，侧根须根多，具有一定长度，主根短而直。在同树种、同苗龄的情况下，茎根比值小、重量大的苗木质量好。所谓“茎根比”是指苗木地上部分茎、叶的鲜重与地下部分根系的鲜重之比。比值小，说明根系发达。但茎根比过小的苗木，因地上部分生长小而弱，质量不好。根系的长度对造林成活率和生长影响很大。根系不宜过长，否则给起苗和栽植带来困难。一般说来，当正常出圃年龄时，针叶苗以 15~25cm，阔叶苗以 20~40cm 为宜。

③ 顶芽发育正常饱满。顶芽对萌芽力弱的针叶苗来说尤为重要。

④ 无检疫对象病虫害和机械损伤。

【技能训练】

苗木产量和质量调查

[目的要求]熟悉优良苗木应具备的条件，掌握苗木产量和质量的调查和计算方法。

[材料用具]苗圃地内未出圃的苗木、测绳、皮尺、钢卷尺、游标卡尺、计算器、调查记录本和统计表等。

[实训场所]苗圃。

[操作步骤]

采用机械抽样法进行苗木的产量、苗高和地径的调查，并进行计算。最后根据各个样方调查结果计算整个调查区的产量和质量指标。

(1)外业调查。

① 划分调查区。

② 确定样地面积。

③ 确定样地数量或估算样地数量。

④ 样地的设置。

⑤ 苗木调查。样地布设后，统计样地内的苗木株数，并每隔一定株数测量苗木的苗高和地径(或胸径、冠幅等)，填入调查表。

(2)内业计算。

① 精度计算。当计算结果达到规定的精度(可靠性为90%、产量精度为90%、质量精度为95%)时，才能计算调查区的苗木产量和质量指标。

② 苗木的产量计算：

a. 调查区的施业面积(毛面积)、垄作净面积、床作净面积。

b. 调查区垄作总产苗量、床作总产苗量、每公顷产苗量、每平方米产苗量、每米长产苗量。

c. 苗木的质量计算。先进行苗木分级，再分别计算出各级苗木的比例、平均苗高和平均地径，最后将调查的苗木产量及质量结果填入苗木调查汇总表。

[**注意事项**]要严格按照抽样要求进行抽样调查，保证所调查苗木具有代表性；苗木质量指标及分级要考虑多种指标综合评价。

[**实训报告**]做好统计工作，计算调查结果，交一份实训报告。

【任务小结】

如图10-1所示。

【拓展提高】

一、苗木年龄表示方法

苗木经历一个生长周期作为一个苗龄单位，即每年从地上部分开始生长到生长结束为止，完成一个生长周期为1龄，称1年生。完成两个生长周期为2龄，称2年生。以此类推，移植苗的年龄包括移植前的苗龄。苗木的年龄用阿拉伯数字表示，第1个数字表示苗木在原地上生长的年龄，第2个数字表示第1次移植后培育的年限，第3个数字表示第2次移植后培育的年限，依次类推。

1-0表示1年生播种苗；

2-0表示2年生留床苗；

1-1表示2年生移植苗，经过一次移植；

1-2-1表示4年生移植苗，经过2次移植，共培育3年；

$1_{(2)}$-1表示3年的根，2年生的干，移植一次培育1年的扦插移植苗；

2/3-1表示3年的根，2年生的干，移植一次培育1年的嫁接移植苗。

二、课外阅读题录

李高潮，张庆伟，宋晓敏，等．2011. 陕西省苹果苗木质量现状调查分析[J]. 西北农林科技大学学报(自然科学版)，39(8)：158-164.

张丽华.2012. 苗木调查方法研究[J]. 河北林果研究，27(1)：31－33.

【复习思考】

1. 苗木出圃前，为什么要进行苗木调查？
2. 生产上指的壮苗条件是什么？
3. 试述苗木出圃检测方法和检验误差允许范围。
4. 苗木调查的步骤和方法是什么，如何计算苗木的产量与质量？

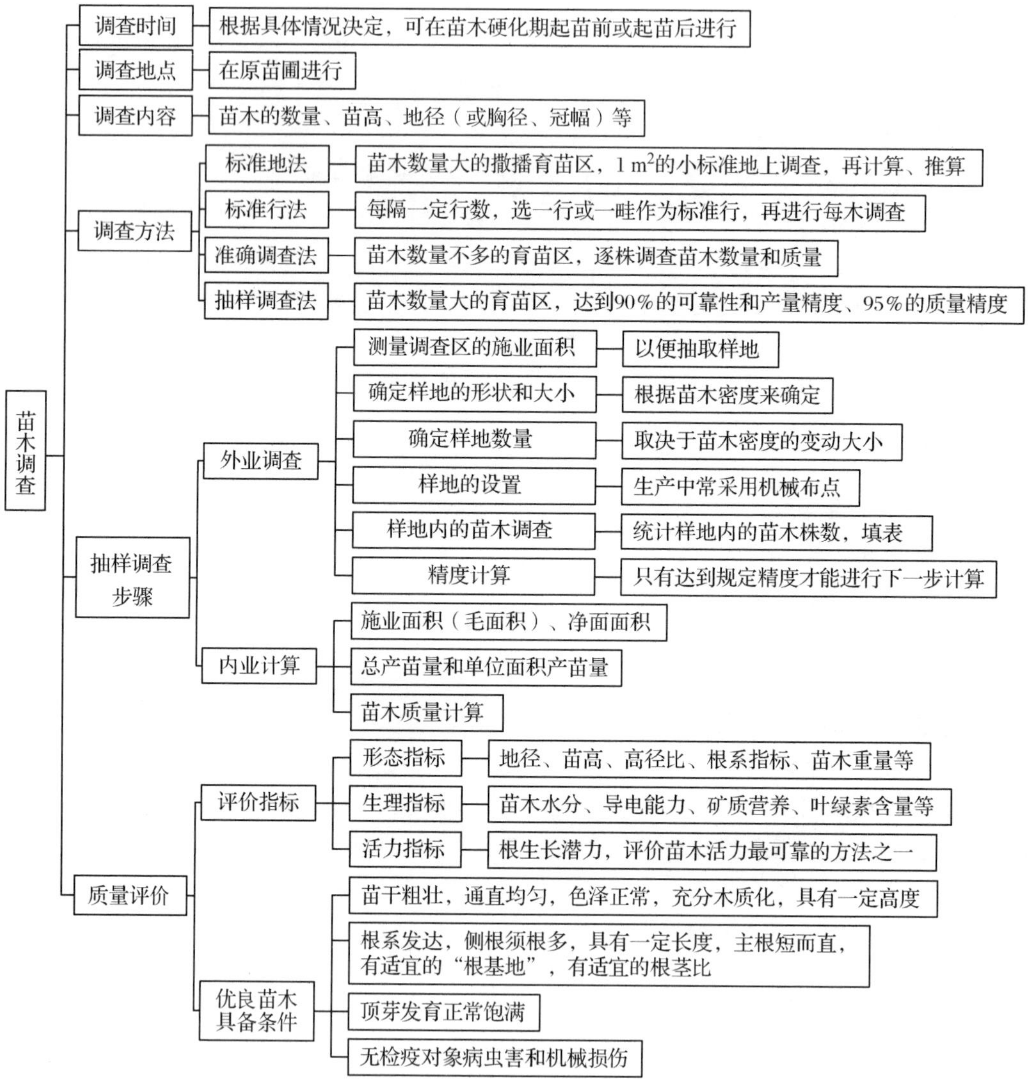

- 苗木调查
  - 调查时间
    - 根据具体情况决定，可在苗木硬化期起苗前或起苗后进行
  - 调查地点
    - 在原苗圃进行
  - 调查内容
    - 苗木的数量、苗高、地径（或胸径、冠幅）等
  - 调查方法
    - 标准地法
      - 苗木数量大的撒播育苗区，1 m^2的小标准地上调查，再计算、推算
    - 标准行法
      - 每隔一定行数，选一行或一畦作为标准行，再进行每木调查
    - 准确调查法
      - 苗木数量不多的育苗区，逐株调查苗木数量和质量
    - 抽样调查法
      - 苗木数量大的育苗区，达到90%的可靠性和产量精度、95%的质量精度
  - 抽样调查步骤
    - 外业调查
      - 测量调查区的施业面积
        - 以便抽取样地
      - 确定样地的形状和大小
        - 根据苗木密度来确定
      - 确定样地数量
        - 取决于苗木密度的变动大小
      - 样地的设置
        - 生产中常采用机械布点
      - 样地内的苗木调查
        - 统计样地内的苗木株数，填表
      - 精度计算
        - 只有达到规定精度才能进行下一步计算
    - 内业计算
      - 施业面积（毛面积）、净面面积
      - 总产苗量和单位面积产苗量
      - 苗木质量计算
  - 质量评价
    - 评价指标
      - 形态指标
        - 地径、苗高、高径比、根系指标、苗木重量等
      - 生理指标
        - 苗木水分、导电能力、矿质营养、叶绿素含量等
      - 活力指标
        - 根生长潜力，评价苗木活力最可靠的方法之一
    - 优良苗木具备条件
      - 苗干粗壮，通直均匀，色泽正常，充分木质化，具有一定高度
      - 根系发达，侧根须根多，具有一定长度，主根短而直，有适宜的“根基地”，有适宜的根茎比
      - 顶芽发育正常饱满
      - 无检疫对象病虫害和机械损伤

图 10-1　苗木调查知识结构图

任务10.2　苗木出圃

【任务介绍】

培育的各类苗木质量达到造林、绿化要求的标准，即可出圃。苗木出圃是育苗作业的最后一道工序，此时工作完成的好坏，不仅直接影响苗木质量和合格苗产量，而且还影响到造林后苗木的成活与生长。本任务包括起苗、分级统计、假植、包装与运输、检疫消毒几个部分。

知识目标

1. 掌握苗木起苗的方法和季节。
2. 掌握苗木包装的方法。

技能目标

1. 能根据苗木种类选择合适的起苗方法。
2. 能根据GB 6000—1999《主要造林树种苗木质量分级》要求进行苗木分级和统计。
3. 能正确进行苗木包装和假植。

【任务实施】

10.2.1　起苗

起苗又称掘苗。起苗作业质量的好与坏，对苗木的产量、质量和栽植成活率影响很大，必须重视起苗环节，确保苗木质量。

10.2.1.1　起苗季节

起苗季节原则上在苗木休眠期进行，即从秋季落叶到第二季春4月上旬以前。生产上常分为春季起苗、秋季起苗和雨季起苗。

春季是最适宜的植树季节，适合于绝大多数树种起苗。起苗后可立即造林，苗木不需贮藏或假植，便于保持苗木活力。同时造林地气温逐渐升高，苗木受冻害的可能性小。春季起苗宜早，在苗木开始萌动之前起苗，若芽苞开放后起苗，成活率会降低。

秋季起苗，地上部分生长虽已停止，但起苗移栽后根系还可以生长一段时间。若随起随栽，翌春能较早开始生长，且利于秋耕制，减轻春季的工作量。秋季起苗一般在地上部分停止生长开始落叶时进行。起苗的顺序可按栽植需要和树种特性的不同进行合理安排，一般是先起落叶早的树（如杨树），后起落叶晚的树（如落叶松等）。起苗后可栽植，也可假植。在比较温暖、冬天土壤不结冻或结冻时间短、天气不太干燥的地区，冬季也是起苗植树的适宜时期。

雨季起苗，对于我国许多季节性干旱严重的地区，春秋季的降水较少，土壤含水量低，不利于一些树种苗木造林成活。在雨季造林，土壤墒情好，苗木成活有保证，适宜的树种有侧柏、油松、云南松、水曲柳、樟树等。

10.2.1.2 起苗方法

分人工起苗和机械起苗2种，人工起苗方法简单，但效率低，需要劳动力多，劳动强度大；机械起苗在大型苗圃采用较多，如弓形起苗犁、床式起苗犁等，其效率高、质量好、成本低。不论人工还是机械起苗，都要保持一定深度和幅度，使根系有一定长度和数量，一般针叶苗根系要保证15~25cm，阔叶苗20~40cm。注意勿伤顶芽和树皮。取苗时不要用力拔苗，以防损伤苗木的侧根和须根。另外要注意起苗天气，不在阳光强、风大的天气和土壤干燥时起苗。起苗工具要锋利，避免在起苗时根系劈裂。

为了避免根系损伤和失水，圃地土壤干燥时，应在起苗前3~4d适当灌溉，使土壤湿润；适当修剪过长根系，阔叶树还应修剪地上部分枝叶，最好选择无风阴天起苗，此外还要做好组织工作，对起出苗木及时分级和假植。

10.2.2 分级和统计

为了使出圃苗达到国家规定的标准，保证用壮苗造林，造林后减少苗木分化现象，提高造林成活率，起苗后应立即进行苗木分级和统计工作。

10.2.2.1 苗木分级

苗木分级又叫选苗，即按苗木质量标准把苗木分成等级。分级的目的，一是为了保证出圃苗符合规格要求；二是为了栽植后生长整齐美观，更好地满足设计和施工的要求。

苗木种类繁多，主要依据苗木质量的形态指标和生理指标。形态指标包括地径、苗高和根系状态（根系长度、根幅、>5cm长的Ⅰ级侧根数量）等；生理指标包括苗木颜色、木质化程度、苗木长势和根系生长潜力等。优质壮苗应苗茎（干）粗壮，有一定高度，充分木质化；根系发达，顶芽饱满，无病虫害和机械损伤。为保证苗木活力，将生理指标作为分级控制条件，凡生理指标不能达标者作为废苗处理。

依据国家标准（GB 6000—1999），对一批合格苗木进行分级和统计。合格苗木是在控制条件指标的前提下，以地径、根系、苗高3项指标来确定的。目前我国采用2级制，即将合格苗分为Ⅰ级苗和Ⅱ级苗，等外苗不得出圃，应作为废苗处理。分级时，先看根系指标，以根系所达到的级别确定苗木级别，如根系达Ⅰ级苗要求，苗木可为Ⅰ级或Ⅱ级，如根系只达到Ⅱ级苗的要求，该苗木最高也只为Ⅱ级，在根系达到要求后按地径和苗高指标分级，在苗高、地径都属同一等级时，以地径所属级别为准。在分级的同时，计数统计各级苗木的数量和总产苗量，计算合格苗的产量占总产苗量的百分比。

10.2.2.2 苗木统计

苗木的统计，一般结合苗木分级进行，统计时为了提高工作效率，小苗每50株或100株捆成捆后统计捆数，或者采用称重的方法，由苗木的重量折算出其总株数；大苗逐株清点数量。

10.2.2.3 注意事项

苗木的分级统计工作应在背阴避风处进行，分级统计速度要快，并做到随起随分级假植，以防风吹日晒或损伤根系。

10.2.3 苗木包装与运输

苗木分级后，通常按级别，以25株、50株、100株等数量捆扎、包装或贮藏。为便于搬运，每包重量一般不超过30kg。苗木包装后，要附以标签，注明树种、种源、苗木种类、年龄、等级、数量、起苗日期、批号、检验证号、苗圃名称等。

10.2.3.1　苗木包装

(1)包装材料

苗木运输时间较长时，要进行细致的包装，一般用的包装材料有：草包、蒲包、聚乙烯袋、涂沥青不透水的麻袋和纸袋、集运箱等。

(2)包装方法

可用包装机或手工包装。对于大苗如落叶阔叶树种，大部分起裸根苗。包装时先将湿润物放在包装材料上，然后将苗木根对根放在上面，并在根间加些湿润物(苔藓、湿稻草、湿麦秸等)；或者将苗木的根部蘸满泥浆。这样放苗到适宜的重量，将苗木卷成捆，用绳子捆住。小裸苗也用同样的办法即可。而针叶和大部分常绿阔叶树种因有大量枝叶，蒸腾量较大，而且起苗时损伤了较多的根系，起苗后和定植初期，苗木容易失去体内的水分平衡，以致死亡。因此，这类树木的大苗起苗时要求带上土球，为了防止土球碎散，从而减少根系水分损失，所以挖出土球后要立即用塑料膜、蒲包、草包和草绳等进行包装，对特殊需要的珍贵树种的包装有时用木箱。

10.2.3.2　苗木的运输

城市交通情况复杂，而树苗往往超高、超长、超宽，应事先办好必要的手续；运输途中押运人员要和司机配合好，尽量保证行车平稳，运苗途中提倡迅速及时，短途运苗中不应停车休息，要一直运至施工现场。长途运苗应经常给树根部洒水，中途停车应停于有遮阴的场所。

(1)装车方法及要求

对于裸根苗木，装车不宜过高过重、压得太紧，以免压伤树枝和树根；树梢不准拖地，必要时用绳子围拴吊拢起来，绳子与树身接触部分，要用蒲包垫好，以防伤损干皮。卡车后箱板上应铺垫草袋、蒲包等物，以免擦伤树皮，碰坏树根，装裸根乔木应树根朝前，树梢向后，顺序排码。长途运苗最好用苫布将树根盖严捆好，这样可以减少树根失水；对于带土球苗木，2m以下(树高)的苗木，可以直立装车，2m高以上的树苗，则应斜放，或完全放倒，土球朝前，树梢向后，并立支架将树冠支稳，以免行车时树冠晃摇，造成散坨。土球规格较大，直径超过60cm的苗木只能码1层；小土球则可码放2~3层，土球之间要码紧，还须用木块、砖头支垫，以防止土球晃动。土球上不准站人或压放重物，以防压伤土球。

(2)运输过程中注意的问题

短距离运输，苗木可散在筐篓中，在筐底放上一层湿润物，筐装满后在苗木上面再盖上一层湿润物即可。以苗根不失水为原则。长距离运输，则裸根苗苗根一定要蘸泥浆，带土球的苗要在枝叶上喷水，再用湿苫布将苗木盖上。

运输过程中，要经常检查包内的湿度和温度，以免湿度和温度不符合植物运输。如包内温度高，要将包打开，适当通风，并要换湿润物以免发热，若发现湿度不够，要适当喷水。另外，运苗时应选用速度快的运输工具，以便缩短运输时间；有条件的还可用特制的冷藏车来运输。

10.2.4　苗木的假植

将苗木根系用湿润土壤进行临时性的埋植，称为假植。目的是防止根系干燥或遭其他损害，保证苗木的质量。当苗木分级后，如果不能立即造林，则需要进行假植。

假植分临时假植和长期假植2种。临时假植指起苗后或造林前进行的假植，也称短期假植。由于时间不长，可成捆埋植。切忌认为暂时放置1~2d就不需要假植了。如果秋季起苗，春季栽植，需要越冬的假植，称为越冬假植，也称长期假植。由于时间较长，需要散开捆，按10~20cm间距单株埋在假植沟内。

假植的方法是选择排水良好、背风、荫蔽的地方挖假植沟，沟深超过根长，迎风面沟壁呈45°。将苗成捆或单株排放于沟壁上，埋好根部并踏实，如此依次将所有苗木假植于沟内，即“疏排、深埋、实踩”，使根土密接。假植期间要经常检查，发现覆土下沉时要及时培土。土壤过干时需适当淋水。越冬假植需覆盖以便保湿、保温，北方春季化冻前要消除积雪，以防雪水浸苗。

10.2.5　苗木检疫和消毒

10.2.5.1　苗木检疫

苗木检疫的目的是防止危害植物的各类病虫害、杂草随同植物及其产品传播扩散。苗木，在省与省之间调运或与国外交换时，必须经过有关部门的检疫，对带有检疫对象的苗木应进行彻底消毒。经消毒仍不能消灭检疫对象的苗木，应立即销毁。所谓“检疫对象”，是指国家规定的普遍或尚不普遍流行的危险性病虫及杂草。具体检疫措施可参考有关书籍。

10.2.5.2　苗木消毒

带有“检疫对象”的苗木必须消毒，有条件的，最好对出圃的苗木都进行消毒，以便控制其他病虫害的传播。消毒的方法可用药剂浸渍、喷洒或熏蒸。一般浸渍用的杀菌剂有石硫合剂(浓度为4°~5°)、波尔多液(1.0%)、升汞(0.1%)、多菌灵(稀释800倍)等。消毒时，将苗木在药液内浸10~20min，或用药液喷洒苗木的地上部分，消毒后用清水冲洗干净。

用氰酸气熏蒸，能有效地杀死各种虫害。先将苗木放入熏蒸室，然后将硫酸倒入适量的水中，再倒入氰酸钾，人离开熏蒸室后密封所有门窗，严防漏气。熏蒸结束后打开门窗，待毒气散尽后方能入室。熏蒸的时间依树种的不同而异(表10-4)。

表10-4　氰酸汽熏蒸树苗的药剂用量及时间(熏蒸面积100m²)

树种	药剂处理			
	氰酸钾(g)	硫酸(mL)	水(mL)	熏蒸时间(min)
落叶树	300	450	900	60
常绿树	250	450	700	45

【技能训练】

起苗、分级、统计、包装、假植

[**目的要求**]掌握起苗、分级、统计及假植的方法及技术要点。

［**材料用具**］铁锹、锄头、枝剪、卡径尺、钢卷尺、湿稻草、草绳、标签、起苗犁、针叶树播种苗、阔叶树插条苗、带土的针叶树大苗。

［**实训场所**］实习苗圃。

［**操作步骤**］

(1)起苗。

① 人工起苗：首先在床的一侧挖一条沟，沟深取决于起苗根系的长度，一般播种苗深度为20~25cm，插条苗、移植苗25~30cm。然后从两行苗的行间垂直向下切断侧根，主根从沟壁下部斜向切断。带土坨的针叶树移植苗，起苗前首先应将侧枝绑紧，以保护顶芽和侧枝。起大苗时根系长度一般应由地径的粗度决定，具体规定见表10-5。

② 机械起苗：利用起苗犁起苗后，再进行人工分级、修剪、过数、包装、假植等。

表10-5　起苗时根系长度规定表

地径(cm)	根幅(cm)	垂直根长度(cm)
3~4	40~60	30~40
5~6	60~70	40~50
7~8	70~80	50

(2)分级。苗木起出后，应马上在背风处进行分级；如来不及分级，应暂时埋湿土以保护根系。分级后，合格苗可以出圃，不合格苗可以继续留圃培养，对病虫害、严重损伤的废苗要剔除销毁。各树种质量分级标准，参照GB 6000—1999《主要造林树种苗木质量分级》或地区质量标准。

(3)统计。计数法：按苗木级别统计苗木数量(50或100株为一捆)。称重法：随机称取一定数量的苗木，统计株数，再称某树种苗木的总重量，即可计算苗木的总株数。

(4)包装。为防止在运输过程中苗根干燥、运输前应做好包装工作。裸根苗可先将湿润物放在蒲包内或草袋内，放入苗木，用湿润物包裹根系，将蒲包从根颈处绑好。带土坨针叶树包装时，按照规格将土坨起出后，应立即放入蒲包内，再将蒲包拉紧，然后用草绳绕过底部绑紧。落叶阔叶树大苗包装较困难时，可在装车后用湿润物覆盖，保护好根系。

(5)假植。临时假植：起苗、修剪后及分级后来不及运输时都要及时进行临时假植，严防风吹日晒。越冬假植：在秋季起苗后进行。可以在教师的指导下参观或实践越冬假植的操作过程。

［**注意事项**］起苗时根系长度要长于规定起苗根长的5cm以上；要求起苗犁刀锋利，苗木根系无劈裂；要保护好顶芽和侧枝；带土坨的苗木，起苗时切勿松散土坨；如果圃地干燥，起苗前要提前灌水；起苗后，应按要求进行修根与修枝。注意在背风庇荫的室内或荫棚内进行；严防风吹暴晒，造成根系失水。根系要包严；顶芽要保护好，尤其是针叶树顶芽；应附有标签；注明树种、苗龄、育苗方法、苗木株数和级别等。

［**实训报告**］写出实训报告，包含起苗、分级、统计、假植、包装时为保证苗木质量的关键措施，苗木分级方法和假植方法技术要点。

【任务小结】

如图10-2所示。

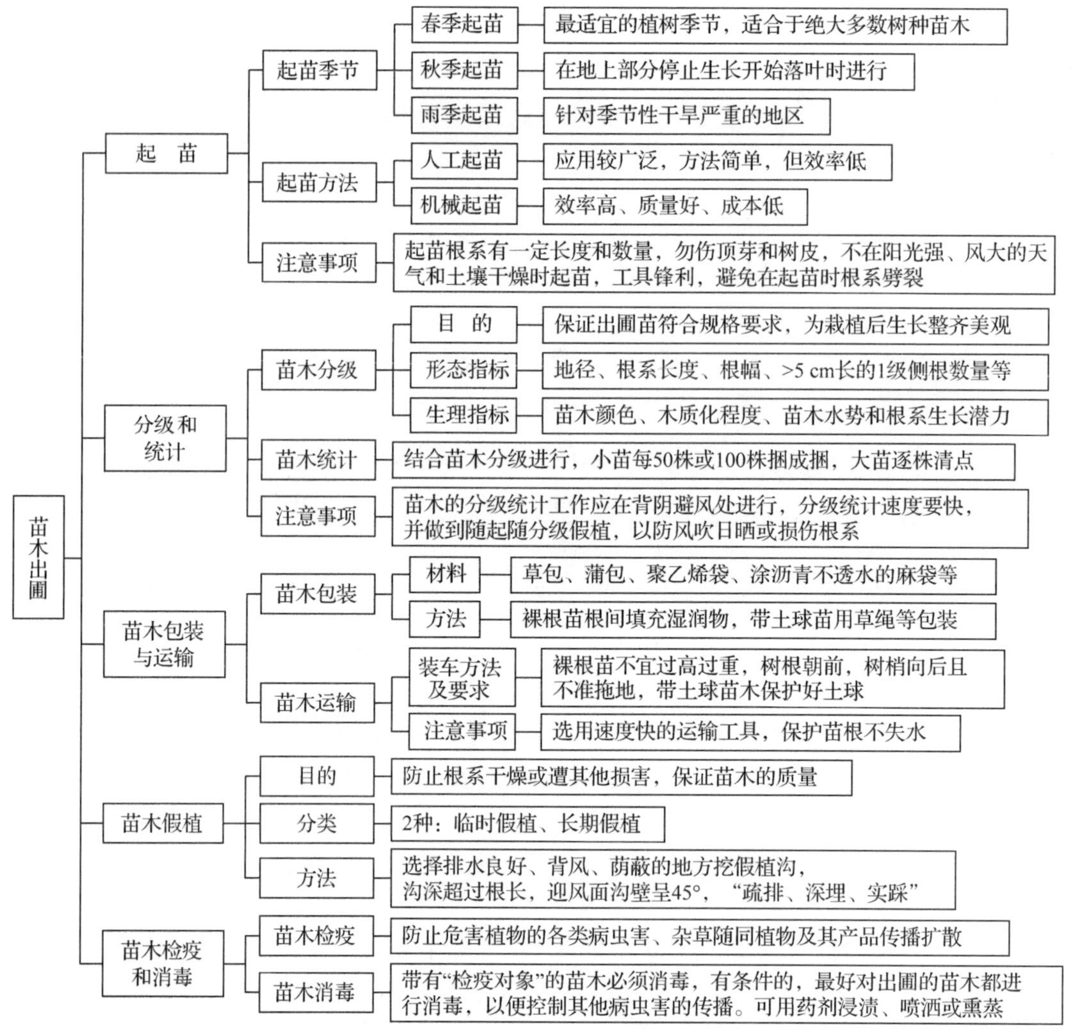

图 10-2　苗木出圃知识结构图

【拓展提高】

一、国外苗木分级机械化方法的应用

国外许多林业发达国家，苗木从苗圃地起苗后将苗木用容器运入室内，在苗木分级传送带上进行分级。一般传送带的一端是进苗口，两侧是分级人员，分级人员根据要求对苗木进行逐一分级，带的另一端是苗木包装。分级室内温度较低，并保持较高的空气湿度，以免苗木失水。

二、参观各类苗圃

选择布局比较合理，机械化水平较高，育苗技术先进，有特色的苗圃进行参观学习。

三、课外阅读题录

LY/T 1730—2008，油茶良种育苗技术及苗木质量分级.

LY/T 1890—2010，雪松绿化苗木质量分级.

GB/T 26907—2011，油茶苗木质量分级.

LY/T 1729—2008，香樟绿化苗木培育技术规程和质量分级.

GB 15569—1995，农业植物调运检疫规程.

GB 6000—1999，主要造林树种苗木质量分级.

尚秀华，谢耀坚，张沛健，等.2011. 不同轻基质桉树出圃苗木质量评价[J]. 桉树科技，28(1)：23－26.

李玉莲，张亚楠，王子奕. 2007. 评价出圃苗木质量的几个主要指标[J]. 林业科技，32(4)：12，22.

【复习思考】

1. 起苗的方法和技术要点有哪些？
2. 苗木包装和运输方法是什么？有什么要求？
3. 怎样进行苗木假植？
4. 怎样进行苗木消毒？

单元3

森林营造

森林营造是指按既定的方案用人工种植方法营造森林达到郁闭成林的过程，无论是在无林地或原不属于林业用地的土地上造林，还是在原来生长森林的迹地(采伐迹地、火烧迹地等)上造林(也称人工更新)都属于森林营造的范畴。对其进行科学的抚育管理，达到以最少的投入获得量多、质优的森林资源以及最佳的森林生态服务功能，实现森林可持续经营。

项目 11

造林作业设计

造林作业设计是为完成植树造林的地块预先编制出的技术文件，是林业工程项目建设程序中不可缺少的重要环节，直接关系到建设工程的质量和投资效果。造林作业设计一般是以批准的初步设计(总体设计)为基础，其设计深度与施工图设计相当，应完全满足施工准备和施工要求。设计者通过作业设计说明书、作业设计表和作业设计图把意图和全部设计结果表达出来，并将造林任务、技术要求和建设资金落实到山头地块(小班)。造林作业设计的作用主要有 5 个方面：一是造林工程施工的依据；二是造林工程招投标的依据；三是造林工程监理和检查验收的依据；四是造林工程综合评估的重要组成部分；五是建立造林工程技术档案的原始资料。

任务 11.1　造林作业设计准备

【任务介绍】

造林作业设计涉及很多技术资料、文件的收集和阅读，需要准备器具材料并掌握其使用方法，熟悉相关专业知识，组织配备相关专业技术人员。因此，造林作业设计准备是开展作业设计的基础工作，是作业设计能否有序开展的前提，准备工作是否充分关系到作业设计质量的好坏，也关系到作业设计成本的高低。

知识目标

1. 了解作业设计前期工作的主要内容和作用。
2. 掌握造林作业设计需要准备的主要基础资料、仪器设备。

技能目标

1. 能独立完成准备工作。
2. 能阅读各类项目前期工作资料。

【任务实施】

11.1.1 资料准备与阅读

11.1.1.1 项目前期工作资料

按国家基本建设程序，作业设计之前的项目前期工作资料包括项目建议书、项目可行性研究报告、项目初步设计(总体设计)等。开展作业设计之前对这些资料都要认真阅读，并掌握其核心内容，用其指导作业设计工作。

(1)项目建议书

项目建议书是项目周期中的最初阶段，是对项目的初步选择，它对拟建项目提出轮廓设想。主要从宏观层面考察项目建设的必要性、建设条件的可行性和项目建设的可能性，并作出项目投资建议和初步设想，作为国家选择投资项目的初步决策依据和开展可行性研究的基础。因此，项目建议书是建设某一具体项目的建议性文件。其主要作用有以下两方面：① 项目立项的依据文件。从宏观上考察拟建项目是否符合国家长远规划、宏观经济政策和国民经济发展的要求，初步说明项目建设的必要性；从建设条件方面分析人力、物力、财力投入的可能性和条件的具备程度。以此分析论证供决策部门作出是否立项的决定。② 开展可行性研究工作的基础文件。

(2)可行性研究报告

在投资管理中，可行性研究是指对拟建项目有关的自然、社会、经济、技术等进行调研、分析比较以及预测建成后的经济、社会和生态效益。在此基础上，综合论证项目建设的必要性，技术上的先进性和适应性，以及建设条件的可能性和可行性，经济的合理性，效益的显著性，为投资决策提供科学依据。其作用为：建设项目投资决策和编制初步设计(总体设计)的依据，项目建设单位筹集资金的重要依据，建设单位与各有关部门签订各种协议和合同的依据，可行性研究是建设项目进行工程设计、施工、设备购置的重要依据，向当地政府、规划部门和环境保护部门申请有关建设许可文件的依据，国家各级计划综合部门对固定资产投资实行调控管理、编制发展计划、固定资产投资、技术改造投资的重要依据，项目考核和评估的重要依据。

(3)初步设计(总体设计)

根据批准的可行性研究报告编制初步设计(总体设计)，明确工程规模、建设目的、投资效益、设计原则和标准，深化技术方案，提出设计中存在的问题、注意事项及有关建议，其深度应能控制工程投资、满足土地征(占)用要求，满足作业设计、主要设备、材料订货、招标及施工准备的要求，满足环保和资源综合利用“三同时”(与主体工程同时设计、施工、投产)的要求。

11.1.1.2 技术标准、规程规范

技术标准、规程规范是作业设计的技术指南，根据具体项目，准备相应的技术标准并学习，对与作业设计有关的条款必须熟悉和掌握，以使作业设计成果符合标准、规程规范。主要有 LY/T 1601—2003《造林作业设计规程》、GB/T 15782—2009《营造林总体设计规程》、GB/T 15576—2016《造林技术规程》、LY/T 1706—2007《速生丰产用材林培育技术规程》；LY/T 1760—2008《长江、珠江流域防护林体系工程建设技术规程》、LY/T 1557—

2000《名特优经济林基地建设技术规程》、GB 7908—1999《林木种子质量分级》、GB 6000—1999《主要造林树种苗木质量分级》、LY/T 1821—2009《林业地图图式》等。

11.1.1.3　相关资料

与作业设计相关的资料很多，为做好作业设计工作必须认真收集并学习，掌握其与作业设计相关的内容，使其为作业设计服务。相关资料包括：

① 项目所在区域森林资源规划设计调查（森林资源二类调查）成果资料。

② 项目所在区域林业发展规划、林地保护利用规划资料。

③ 项目所在区域土地利用规划资料。

④ 项目区社会经济状况资料。包括国民经济主要指标、统计年报，人口、劳力、农民收入、经济来源、结构；农村能源；林业生产水平、经营习惯、营造林经验与存在的问题；所有制结构，林地承包、租赁、拍卖及土地流转情况；农村专业组织及产业发展情况；各级政府制定的综合发展规划，生态公益林、商品林、森林旅游、农牧业、水利及交通能源等建设规划资料。

⑤ 项目区营造林规划设计成果资料，包括过去的规划设计、经营方案、造林设计、森林经营模型设计和立地分类成果等资料。

⑥ 相关的营造林的科研成果。

⑦ 项目区地貌、土壤、气候、植被等自然地理资料。

⑧ 项目区主要造林树种的生物学生态学特性、生长规律；新选育的、新引种的树种及无性系的进展情况。

⑨项目区育苗情况(含苗圃地状况、种苗供应状况等)。

⑩项目区造林技术经济指标。主要造林树种的造林密度，不同林地状况，不同土壤特性，不同苗木规格的林地清理、整地规格、用工量，植苗、补植、幼林抚育、修枝等用工量定额；灌溉、施肥量；林分生长量、生长率、出材率、产品产量等。

⑪物资设备指标。物资设备的型号、规格、性能与价格，运材能力、运费等。其他指标如税种税费、利率、劳务价格等。

⑫项目区林产品市场供需情况，木材及经济林市场供应情况、产品价格现状与走势。

⑬项目区图面资料。地形图、卫星影像、林相图、土地类型分布图、森林分布图、土壤分布图、植被图、地质图等专题图。林业规划及相关规划布局图，林业区划图、综合农业区划图、气候区划图等。

11.1.1.4　相关文件

相关文件是指造林作业设计的政策依据文件，必须认真学习掌握，以使造林作业设计符合相关政策。包括立项文件、可研报告批复文件、初步设计(总体设计)批复文件、计划下达文件、上级对项目的要求文件和业主的委托(合同)等。在实际工作中，还可直接根据上级下达的计划文件或业主的委托开展作业设计，如近年来开展的国家财政造林补贴试点项目。

11.1.2　器具材料和调查表、图纸准备

11.1.2.1　器具材料及要求

器具包括罗盘仪、经纬仪、差分 GPS、手持 GPS、视距尺、花杆、测绳、皮尺、钢卷

尺、锄头、记录板、绘图工具、记录笔等。

材料有土壤袋、指示剂、比色板等。

熟悉这些器具和材料的使用方法，检查器具是否能正常使用。

11.1.2.2 调查表、图纸准备

准备足够的造林作业设计现状调查表，掌握调查表的填写，必要时可编写填表说明。另外，准备收集各种数据的表格，如社会经济现状数据表、土地利用现状数据表、森林资源现状数据表、苗圃及种苗供需现状表、技术经济指标调查表等。图纸包括 1:10 000(一般≥1:25 000，以 1:5000 最好)地形图、卫星影像。检查地形图是否满足作业设计要求，若是复印图，检查是否有胀缩现象；卫星影像是否清晰，能否满足区划或目视解译的要求。

【技能训练】

造林作业设计准备

[**目的要求**]掌握造林作业设计的准备工作包含的各项内容。

[**材料用具**]无。

[**实训场所**]实验室/实训室。

[**操作步骤**]

(1)组织管理。造林作业设计一般在县(市、区)林业主管部门统一领导下，由建设单位(业主)组织设计。造林作业设计由具有造林作业设计资质的单位或机构承担。作业设计实行项目负责人制，项目负责人具有对造林作业设计文件的终审权并承担相应的责任。

(2)召开准备会议。听取项目业主对作业设计的要求及有关情况的介绍，明确作业设计任务(地点、范围、完成期限等)，学习有关方针政策、技术规程和工作细则，编制造林作业设计计划。

(3)搜集资料。1:10 000(或 1:25 000)的地形图或林业基本图、山林定权图册、森林资源调查簿、森林资源建档变化登记表、造林调查设计记录用表、林业生产作业定额参考表、各项工资标准、造林作业设计规程、造林技术规程等有关技术规程和管理办法，造林作业区的气象、水文、土壤、植被等资料，造林作业区的劳力、土地、人口居民点分布、交通运输情况、农林业生产情况等资料。

(4)其他工具准备。准备仪器、工具及各种表格等造林设计的必需品。

[**注意事项**]注意收集各类资料的时效性和准确性。

[**实训报告**]无。

【任务小结】

如图 11-1 所示。

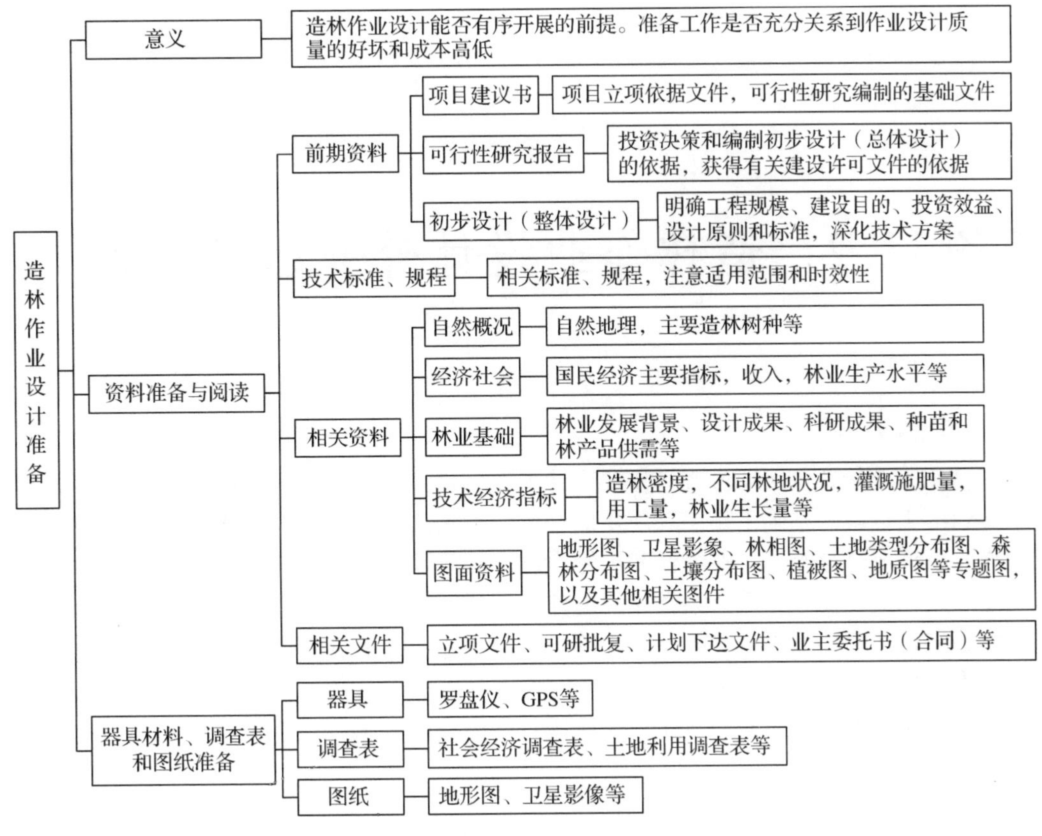

图 11-1　造林作业设计准备知识结构图

【拓展提高】

一、手持 GPS 及其使用

近年来，手持 GPS 以其操作简便、便携、性价比高受到了人们的喜爱，已经被广泛应用于定位、导航、气象、农林水利、交通、地质、遥感、科学考察等各个领域。其基本功能包括：

定位——测出一个点的位置坐标；

导航——指引你到达目的地；

测距——测量地面两点的水平距离；

测面积——测量大规模不规则面积；

记录轨迹。

二、课外阅读题录

潘学东．2003．如何做好造林地作业设计[J]．天津林业科技，(2)：22－24.

史久西，胡炳堂．2000．通用图形工具在造林作业设计中的应用[J]．浙江林业科技，(3)：48－50.

【复习思考】

1．造林作业设计需要准备哪些资料和器具材料？请举例说明。

2. 简述造林作业设计准备工作的意义。
3. 简述作业设计前期工作资料的作用。

任务 11.2 造林作业设计外业区划调查

【任务介绍】

造林作业设计外业区划调查是作业设计工作重要的组成部分，是将造林任务和各项措施落实到山头地块的基础工作。其质量的好坏，直接关系到造林作业设计质量的优劣，关系到作业设计成果是否具有科学性和可操作性。外业区划调查是造林作业设计的难点和重点，要顺利完成该任务，需要具备相关的外业区划调查知识，充分掌握项目的前期工作资料，熟悉项目区的环境资料，具备测绘的基础知识和掌握基本技能。

知识目标

掌握外业区划调查的主要内容。

技能目标

1. 能开展外业区划调查。
2. 能准确记录各项调查因子。

【任务实施】

11.2.1 造林地区划

11.2.1.1 区划等级

一般采用县(市、区)—乡、镇(林场)—村(林班)—小班区划，在较大的项目中，造林作业设计以乡(镇)为单位编制，因此，在区划时首先区划出乡(镇)、村界线，在村内开展小班区划。

11.2.1.2 小班区划

小班是造林的基本单位，如果作业设计是在初步设计(总体设计)基础上开展，可沿用原来的小班界线，或在原小班基础上细划、修正，若没有初步设计(总体设计)，则应全面重新区划。

11.2.1.3 小班编号

小班以村为单位编号，采用阿拉伯数字从左至右，自上而下，按顺序1、2、3……编排，不能重号、漏号。

11.2.1.4 小班区划的条件

小班区划应以明显的地形地物为界，兼顾施工和经营管理的需要考虑以下基本条件：

①权属不同。权属包括林地、林木所有权和使用权(经营权)。林地所有权分为国有、集体，使用权分为国有、集体、个人、其他。林木所有权和使用权分为国有、集体、个

人、其他(合资、合作、合股、联营、独资等)。

②造林地地类不同。可用于造林的林地地类有无立木林地中的采伐迹地、火烧迹地和其他无立木林地，宜林地中的宜林荒山荒地、宜林沙荒和其他宜林地。一些工程按国家政策或地方政府的规划，可利用非林地造林，如退耕还林工程就是利用大于25°的坡耕地造林，其造林前地类为耕地。

③立地类型不同。

④坡向不同。

⑤坡位不同。

⑥坡度级不同。

⑦土层厚度不同。

⑧造林树种或造林类型不同。

⑨经营目的不同。上述任何一个“不同”均应划分为不同的小班。

11.2.1.5　小班面积控制

小班面积不宜过大，一般来说集约经营程度高的造林地小班应小一些，反之可大一些。用材林、经济林、特种用途林(除自然保护林外)小班，一般不超过13.3hm^2(原四川省速生丰产用材林标准)，防护林、薪炭林一般不超过20 hm^2。小班最小面积根据不同成图比例尺而不同，一般不小于图面2×2mm。

11.2.1.6　小班面积测量

实测：平坦、形状规则且面积较小的小班可用皮尺、测绳测量。小班形状不规则时，可采用罗盘仪闭合导线测量法测量，闭合差不大于1/100；或用经过差分校正的全球定位系统接受机测量。面积误差不超过5%。

图面量测：在区划清绘好的地形图上用网点板或求积仪量算面积，目前运用较多的是将小班矢量化后，在GIS系统中直接求算面积。

11.2.2　小班调查

小班调查是设计的基础，只有在小班现状清楚的情况下开展的设计，设计成果才具有科学性和可操作性。

11.2.2.1　小班基本因子调查

调查小班所处的乡(镇)、村、小地名，并填记小班号、小班面积、有效面积，面积根据实测或室内求算填记；填记地形图图幅号、比例尺、GPS坐标等图面信息；调查填记权属和土地利用类型(地类)。

11.2.2.2　地形因子调查

调查记载小班所处置的地形状况。

(1)地貌调查

地貌指小班所处的大地貌类型，根据绝对海拔高度和相对高差，地貌分为平原、丘陵、山地(低山、中山、高山、极高山)、台地和山原：

① 平原　平坦开阔，起伏很小，相对高差不超过50m；

② 丘陵　起伏不大，相对高差一般在50~100m；无明显脉络，坡地占地面积较大；

③ 低山　海拔500~1000m；

④ 中山　海拔1000~3500m；

⑤ 高山　海拔3500~5000m的山地；
⑥ 极高山　海拔高度>5000m的山地；
⑦ 台地　外貌特征与平原一致，只是范围较平原小；
⑧ 山原　指具有山脉的高原。

(2)坡度调查

调查小班的平均坡度：

① Ⅰ级为平坡0°~5°；
② Ⅱ级为缓坡6°~15°；
③ Ⅲ级为斜坡16°~25°；
④ Ⅳ级为陡坡26°~35°；
⑤ Ⅴ级为急坡36°~45°；
⑥ Ⅵ级为险坡≥46°。

调查时填记坡度数值，若有必要可室内按上述标准分级。

(3)坡向调查

调查小班的主要朝向：

① 北坡　方位角338°~22°；
② 东北坡　方位角23°~67°；
③ 东坡　方位角68°~112°；
④ 东南坡　方位角113°~157°；
⑤ 南坡　方位角158°~202°；
⑥ 西南坡　方位角203°~247°；
⑦ 西坡　方位角248°~292°；
⑧ 西北坡　方位角293°~337°；
⑨无坡向　坡度<5°的地段。

(4)坡位调查

调查小班所在山(丘)体的位置。分脊(顶)、上、中、下、谷、平地6个坡位：

① 脊(顶)部　山脉的分水线及其两侧各下降垂直高度15 m的范围；
② 上坡　从脊部以下至山谷范围内的山坡三等分后的最上等分部位；
③ 中坡　三等分的中坡位；
④ 下坡　三等分的下坡位；
⑤ 山谷(或山洼)　汇水线两侧的谷地，若小班处于其他部位中出现的局部山洼，也记为山谷；
⑥ 平地　处在平原和台地上的小班。

11.2.2.3　土壤调查

调查造林和与林木生产有关的各项土壤因子，利于树种选择和有针对性地设计造林技术措施。

① 土壤种类调查　根据中国土壤分类系统记载到土壤亚类(表11-1)，也可根据当地土壤普查成果资料调查记载。

② 土壤厚度调查　在小班内选择有代表性的地段，挖掘土壤剖面调查土层厚度，一个小班内一般应挖掘3~5个剖面，分别量测土层厚度，取平均值。

土壤的A+B层厚度，当有BC过渡层时，应为A+B+BC/2的厚度，厚度等级：厚层≥60cm，中层30~59cm，薄层<30cm。

③ 腐殖质层厚度调查　土壤的A层厚度，当有AB层时，应为A+AB/2的厚度，厚度等级：厚层≥5cm，中层2~4.9cm，薄层<2cm。与土层厚度调查同时进行。

④ 枯枝落叶厚度调查　枯枝落叶层的厚度调查与土层厚度调查同时进行，厚度等级：厚层≥10cm，中层5~9cm，薄层<5cm。

⑤ 土壤 pH 值调查　用试剂试纸现场测定。分为 7 个等级：

强酸性，pH 值 <4，一般土壤不会出现；

酸性，pH 值 4～6；

微酸性，pH 值 6～6.5；

中性，pH 值 6.5～7.5；

微碱性，pH 值 7.5～8；

碱性，pH 值 8～10；

强碱性，pH 值 >10。

⑥ 土壤质地调查　土壤质地分为黏土、壤土、砂壤土、砂土。

黏土：湿时能搓成约 3mm 的细条，并能弯曲成环而无裂纹，用手捻之，湿时有滑腻感，干时坚硬，用小刀能划出光滑的线条。

壤土：湿时能搓成约 3mm 的细条，但不能弯曲成环，干时用小刀能划出粗糙的条痕。

砂壤土：湿时只能搓成团，不能搓成细条，含有较多的砂粒。

砂土：湿时不能搓成团，干时散成单粒。

⑦ 土壤母岩调查　指发育土壤的主要基岩类型，主要有花岗岩、砂岩、页岩、砾岩、紫色页岩、板岩、千枚岩、石灰岩、冲积母质等。

⑧ 土壤石砾含量　土壤石砾含量划分为无石质、轻石质、中石质、重石质、石质。

无石质（或角砾、石粒）土：石块（或角砾、石粒）含量为 20% 以下。

轻石质（或角砾、石粒）土：石块（或角砾、石粒）含量为 20%～40%。

重石质：石块（或角砾、石粒）含量为 61%～80%。

中石质（或角砾、石粒）土：石块（或角砾、石粒）含量为 41%～60%。

表 11-1　中国土壤分类系统（中国土壤，1998）

<table>
<tr><th>土　纲</th><th>亚　纲</th><th>土　类</th><th>亚　类</th></tr>
<tr><td rowspan="14">铁铝土</td><td rowspan="10">湿地铁铝土</td><td rowspan="2">砖红壤</td><td>砖红壤</td></tr>
<tr><td>黄色砖红壤</td></tr>
<tr><td rowspan="3">赤红壤</td><td>赤红壤</td></tr>
<tr><td>黄色赤红壤</td></tr>
<tr><td>赤红壤性土</td></tr>
<tr><td rowspan="5">红壤</td><td>红壤</td></tr>
<tr><td>黄红壤</td></tr>
<tr><td>棕红壤</td></tr>
<tr><td>山原红壤</td></tr>
<tr><td>红壤性土</td></tr>
<tr><td rowspan="4">湿暖铁铝土</td><td rowspan="4">黄壤</td><td>黄壤</td></tr>
<tr><td>漂洗黄壤</td></tr>
<tr><td>表潜黄壤</td></tr>
<tr><td>黄壤性土</td></tr>
</table>

（续）

土　纲	亚　纲	土　类	亚　类
淋溶土	湿暖淋溶土	黄棕壤	黄棕壤
			暗黄棕壤
			黄棕壤性土
		黄褐土	黄褐土
			黏盘黄褐土
			白浆化黄褐土
			黄褐土性土
	湿暖温淋溶土	棕壤	棕壤
			白浆化棕壤
			潮棕壤
			棕壤性土
	湿温淋溶土	暗棕壤	暗棕壤
			白浆化暗棕壤
			草甸暗棕壤
			潜育暗棕壤
			暗棕壤性土
		白浆土	白浆土
			草甸白浆土
			潜育白浆土
	湿寒温淋溶土	棕色针叶林土	棕色针叶林土
			漂灰棕色针叶林土
			表潜棕色针叶林土
		漂灰土	漂灰土
			暗漂灰土
		灰化土	灰化土
半淋溶土	半湿热半淋溶土	燥红土	燥红土
			褐红土
	半湿暖温半淋溶土	褐土	褐土
			石灰性褐土
			淋溶褐土
			潮褐土
			塿土
			燥褐土
			褐土性土

（续）

土　纲	亚　纲	土　类	亚　类
半淋溶土	半湿温半淋溶土	灰褐土	灰褐土
			暗灰褐土
			淋溶灰褐土
			石灰性灰褐土
			灰褐土性土
		黑土	黑土
			草甸黑土
			白浆化黑土
			表潜黑土
		灰色森林土	灰色森林土
			暗灰色森林土
钙层土	半湿温钙层土	黑钙土	黑钙土
			淋溶黑钙土
			石灰性黑钙土
			淡黑钙土
			草甸黑钙土
			盐化黑钙土
			碱化黑钙土
	半干温钙层土	栗钙土	暗栗钙土
			栗钙土
			淡栗钙土
			草甸栗钙土
			盐化栗钙土
			碱化栗钙土
			栗钙土性土
	半干暖温钙层土	栗褐土	栗褐土
			淡栗褐土
			潮栗褐土
		黑垆土	黑垆土
			黏化黑垆土
			潮黑垆土
			黑麻土

（续）

土　纲	亚　纲	土　类	亚　类
干旱土	干温干旱土	棕钙土	棕钙土
			淡棕钙土
			草甸棕钙土
			盐化棕钙土
			碱化棕钙土
			棕钙土性土
	干暖温干旱土	灰钙土	灰钙土
			淡灰钙土
			草甸灰钙土
			盐化灰钙土
漠土	干温漠土	灰漠土	灰漠土
			钙质灰漠土
			草甸灰漠土
			盐化灰漠土
			碱化灰漠土
			灌耕灰漠土
		灰棕漠土	灰棕漠土
			石膏灰棕漠土
			石膏盐盘灰棕漠土
			灌耕灰棕漠土
	干暖温漠土	棕漠土	棕漠土
			盐化棕漠土
			石膏棕漠土
			石膏盐盘棕漠土
			灌耕棕漠土
初育土	土质初育土	黄绵土	黄绵土
		红黏土	红黏土
			积钙红黏土
			复盐基红黏土
		新积土	新积土
			冲积土
			珊瑚砂土
		龟裂土	龟裂土
		风沙土	荒漠风沙土
			草原风沙土
			草甸风沙土
			滨海风沙土

（续）

土 纲	亚 纲	土 类	亚 类
初育土	石质初育土	石灰(岩)土	红色石灰土
			黑色石灰土
			棕色石灰土
			黄色石灰土
		火山灰土	火山灰土
			暗火山灰土
			基性岩火山灰土
		紫色土	酸性紫色土
			中性紫色土
			石灰性紫色土
		磷质石灰土	磷质石灰土
			硬盘磷质石灰土
			盐渍磷质石灰土
		石质土	酸性石质土
			中性石质土
			钙质石质土
			含盐石质土
		粗骨土	酸性粗骨土
			中性粗骨土
			钙质粗骨土
			硅质粗骨土
半水成土	暗半水成土	草甸土	草甸土
			石灰性草甸土
			白浆化草甸土
			潜育草甸土
			盐化草甸土
			碱化草甸土
	淡半水成土	潮土	潮土
			灰潮土
			脱潮土
			湿潮土
			盐化潮土
			碱化潮土
			灌淤潮土

（续）

土 纲	亚 纲	土 类	亚 类
半水成土	淡半水成土	砂姜黑土	砂姜黑土
			石灰性砂姜黑土
			盐化砂姜黑土
			碱化砂姜黑土
			黑黏土
		林灌草甸土	林灌草甸土
			盐化林灌草甸土
			碱化林灌草甸土
		山地草甸土	山地草甸土
			山地草原草甸土
			山地灌丛草甸土
水成土	矿质水成土	沼泽土	沼泽土
			腐泥沼泽土
			泥炭沼泽土
			草甸沼泽土
			盐化沼泽土
			碱化沼泽土
	有机水成土	泥炭土	低位泥炭土
			中位泥炭土
			高位泥炭土
盐碱土	盐土	草甸盐土	草甸盐土
			结壳盐土
			沼泽盐土
			碱化盐土
		滨海盐土	滨海盐土
			滨海沼泽盐土
			滨海潮滩盐土
		酸性硫酸盐土	酸性硫酸盐土
			含盐酸性硫酸盐土
		漠境盐土	漠境盐土
			干旱盐土
			残余盐土
		寒原盐土	寒原盐土
			寒原草甸盐土
			寒原硼酸盐土
			寒原碱化盐土

（续）

土　纲	亚　纲	土　类	亚　类
盐碱土	碱土	碱土	草甸碱土
			草原碱土
			龟裂碱土
			盐化碱土
			荒漠碱土
人为土	人为水成土	水稻土	潴育水稻土
			淹育水稻土
			渗育水稻土
			潜育水稻土
			脱潜水稻土
			漂洗水稻土
			盐渍水稻土
			咸酸水稻土
	灌耕土	灌淤土	灌淤土
			潮灌淤土
			表锈灌淤土
			盐化灌淤土
		灌漠土	灌漠土
			灰灌漠土
			潮灌漠土
			盐化灌漠土
高山土	湿寒高山土	草毡土（高山草甸土）	草毡土（高山草甸土）
			薄草毡土（高山高原草甸土）
			棕草毡土（高山灌丛草甸土）
			湿草毡土（高山湿草甸土）
		黑毡土（亚高山草甸土）	黑毡土（亚高山草甸土）
			薄黑毡土（亚高山草原草甸土）
			棕黑毡土（亚高山灌丛草甸土）
			湿黑毡土（亚高山湿草甸土）
	半湿寒高山土	寒钙土（高山草原土）	寒钙土（高山草原土）
			暗寒钙土（高山草甸草原土）
			淡寒钙土（高山荒漠草原土）
			盐化寒钙土（高山盐渍草原土）
		冷钙土（亚高山草原土）	冷钙土（亚高山草原土）
			暗冷钙土（亚高山草甸草原土）
			淡冷钙土（亚高山荒漠草原土）
			盐化冷钙土（亚高山盐渍草原土）

（续）

土 纲	亚 纲	土 类	亚 类
高山土	半湿寒高山土	冷棕钙土（山地灌丛草原土）	冷棕钙土（山地灌丛草原土）
			淋淀冷棕钙土（山地淋溶灌丛草原土）
	干寒高山土	寒漠土（高山漠土）	寒漠土（高山漠土）
		冷漠土（亚高山漠土）	冷漠土（亚高山漠土）
	寒冻高山土	寒冻土（高山寒漠土）	寒冻土（高山寒漠土）

11.2.2.4 植被调查

分别乔木层、灌木层、草本调查。乔木层调查主要乔木种类、平均高、平均胸径、郁闭度、每公顷株数等。灌木层、草本层调查主要植物种类、平均高、盖度和分布状况，种类一般应调查 2~5 种，如有指示意义的种类则必须调查记载。

一般地区造林作业设计按上述内容调查，也可根据具体情况适当增减。特殊地区造林作业设计现状调查要增加反映其特殊性的相关因子，如在沙区的造林作业设计要增加沙化土地类型、沙化程度等，石漠化地区要增加岩溶地貌类型、石漠化程度等。

11.2.2.5 设计建议

在小班现场，调查人员应根据现场情况，并结合对当地人员的访问，对设计提出建议，供内业设计时参考。主要包括林种、适宜树种、混交方式、整地方式、种植点配置、是否需要施肥和灌溉等。

11.2.2.6 总体评价

通过前述因子的调查和调查人员现场的直观感受对小班作出评价，包括立地条件好坏、造林难易程度、有无需要保护的对象、权属是否清楚、交通是否方便等。填写人工造林作业设计小班现状调查表 11-2。

【技能训练】

造林设计外业调查

[目的要求] 掌握造林作业设计外业调查的方法，能进行各项操作并准确记录。

[材料用具] 各类调查工具和材料、1∶10 000 地形图、造林作业设计规程、造林作业设计调查记录用表等。

[实训场所] 实习林场。

[操作步骤]

(1) 测量区划。造林调查设计工作一般采用 1∶10 000 比例尺的地形图或平面图，如果调查地区已有这种图面材料或航测材料，可全部或部分的免去测量工作。否则，应重新测量。测量的精度要求在“规程”中有具体规定。在图面材料上或测量时，把调查地区划分为若干分区，在每一分区内再分成若干个林班。

① 分区。它是一个经营管理单位。主要根据山脊、河流、道路等自然地形和行政界划分，如无明显自然界限，可结合人工区划。分区图幅的大小一般为 50cm × 70cm，分区名称一般采用地名。

② 林班。林班是调查统计及施工管理单位。林班界尽量采用自然地形界限，必要时，

结合人工区划。林班用一、二、三……表示，按调查区统一编号，如果分区面积不大，可不区划林班。

③ 小班。小班是造林设计的基本单位，也是造林施工经营管理的基本单位。每一小班应具有基本一致的立地条件和土地利用方向。小班边界一般应为自然边界，也可结合经营措施划分。小班最小面积以不少于0.33 hm^2为宜。如条件复杂，小班面积过小，可划分混合小班。小班一般用1、2、3……数字编号，在图面上，应按自上而下、自左而右的顺序编排。

(2)土壤调查。其目的在于查清调查地区的土壤种类和分布情况，为造林设计提供依据。调查时，划分土壤小班，必要时可勾绘土壤分布图，对土壤简要说明并对土壤分析提出意见(表11-2)。

(3)植被调查。调查了解造林地植被种类和分布情况等有关因子，为造林设计如整地方法、抚育措施等提供依据(表11-2)。

(4)外业资料的整理和外业设计。在外业调查期间，应每天检查当天调查材料，发现错误及遗漏需立即修订补充。在外业调查基本结束后和离开调查地以前，应整理所有外业调查材料，按分区和林班装订成册。外业设计包括确定林种、树种、划分立地条件类型等。

[注意事项]注意野外调查人身安全；注意不要对林场内树木造成损害。

[实训报告]根据调查数据完成实训报告。

表11-2　人工造林作业设计小班现状调查表

工程(项目)名称：

基本因子	乡(镇)：　村：　地名：　小班号：　小班面积：　有效面积：
	地形图图幅号：　比例尺：　GPS坐标：
	土地权属：　土地利用类型(地类)：
地形因子	地貌：　海拔：　m　坡向：　坡位：　坡度：
土壤因子	土壤种类：　母岩：　土层厚度：　cm　石砾含量：　%
	腐殖质层厚度：　cm　枯落物厚度：　cm　质地：　pH值：
植被因子	乔木层　树种：　平均高：　m　平均胸径：　cm　郁闭度：　每公顷株数：　株
	灌木层　主要种类：　高度：　cm　盖度：　%　分布状况：
	草本层　主要种类：　高度：　cm　盖度：　%　分布状况：
设计建议	适合的林种：　适宜树种：　混交方式：　整地方式： 种植点配置：　是否需要施肥：　是否需要灌溉：
总体评价	(立地条件好坏、造林难易程度、有无需要保护的对象、权属是否清楚、交通是否方便等)

调查人________　　　　调查日期______年_____月_____日

【任务小结】

如图 11-2 所示。

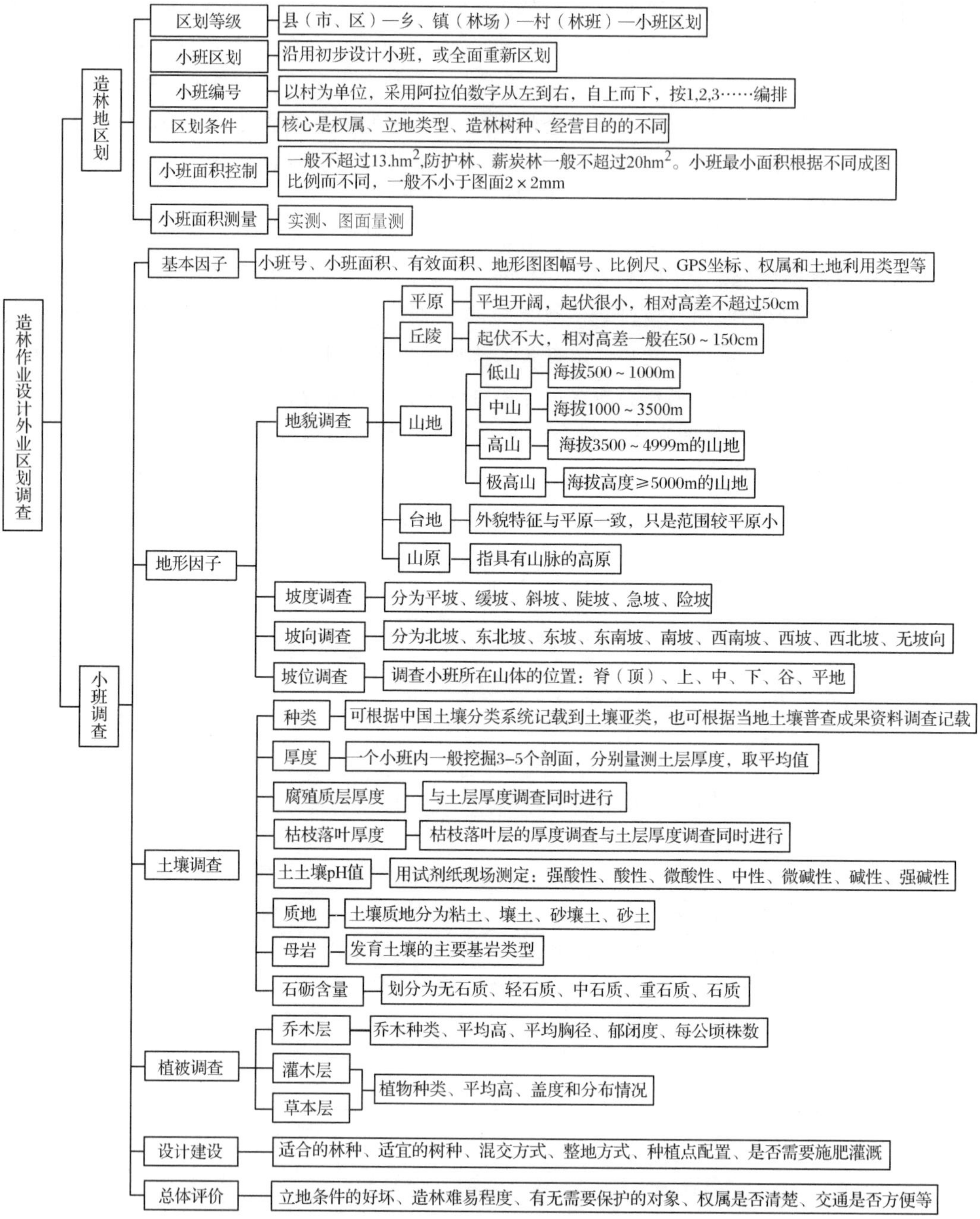

- 造林作业设计外业区划调查
  - 造林地区划
    - 区划等级 — 县（市、区）—乡、镇（林场）—村（林班）—小班区划
    - 小班区划 — 沿用初步设计小班，或全面重新区划
    - 小班编号 — 以村为单位，采用阿拉伯数字从左到右，自上而下，按1,2,3……编排
    - 区划条件 — 核心是权属、立地类型、造林树种、经营目的的不同
    - 小班面积控制 — 一般不超过13.hm^2,防护林、薪炭林一般不超过20hm^2。小班最小面积根据不同成图比例而不同，一般不小于图面2 × 2mm
    - 小班面积测量 — 实测、图面量测
  - 小班调查
    - 基本因子 — 小班号、小班面积、有效面积、地形图图幅号、比例尺、GPS坐标、权属和土地利用类型等
    - 地形因子
      - 地貌调查
        - 平原 — 平坦开阔，起伏很小，相对高差不超过50cm
        - 丘陵 — 起伏不大，相对高差一般在50 ~ 150cm
        - 山地
          - 低山 — 海拔500 ~ 1000m
          - 中山 — 海拔1000 ~ 3500m
          - 高山 — 海拔3500 ~ 4999m的山地
          - 极高山 — 海拔高度≥5000m的山地
        - 台地 — 外貌特征与平原一致，只是范围较平原小
        - 山原 — 指具有山脉的高原
      - 坡度调查 — 分为平坡、缓坡、斜坡、陡坡、急坡、险坡
      - 坡向调查 — 分为北坡、东北坡、东坡、东南坡、南坡、西南坡、西坡、西北坡、无坡向
      - 坡位调查 — 调查小班所在山体的位置：脊（顶）、上、中、下、谷、平地
    - 土壤调查
      - 种类 — 可根据中国土壤分类系统记载到土壤亚类，也可根据当地土壤普查成果资料调查记载
      - 厚度 — 一个小班内一般挖掘3–5个剖面，分别量测土层厚度，取平均值
      - 腐殖质层厚度 — 与土层厚度调查同时进行
      - 枯枝落叶厚度 — 枯枝落叶层的厚度调查与土层厚度调查同时进行
      - 土土壤pH值 — 用试剂纸现场测定：强酸性、酸性、微酸性、中性、微碱性、碱性、强碱性
      - 质地 — 土壤质地分为粘土、壤土、砂壤土、砂土
      - 母岩 — 发育土壤的主要基岩类型
      - 石砺含量 — 划分为无石质、轻石质、中石质、重石质、石质
    - 植被调查
      - 乔木层 — 乔木种类、平均高、平均胸径、郁闭度、每公顷株数
      - 灌木层、草本层 — 植物种类、平均高、盖度和分布情况
    - 设计建设 — 适合的林种、适宜的树种、混交方式、整地方式、种植点配置、是否需要施肥灌溉
    - 总体评价 — 立地条件的好坏、造林难易程度、有无需要保护的对象、权属是否清楚、交通是否方便等

图 11-2　造林作业设计外业区划调查知识结构图

【拓展提高】

一、林班的区划及其方法

在林场的范围内按不同的地形条件把林场划分为许多具有固定界限、面积大致相同的地块的工作称作林班区划。其作用是便于识别方向，便于测量统计森林蓄积量，便于开展护林防火、林政管理和经营利用活动(表 11-3)。

表 11-3　林班区划方式表

区划方式	定　义	优　点	缺　点	适用条件
人工区划法	以方形或矩形进行的人工区划，林班的形状呈较为规整的图形。林班线需用人工伐开	设计简单，林班面积大小基本一致，有利于调查统计和开展各种经营活动	在起伏较大的山区会大大增加伐开林班线的工作量，而林班线起不到对经营管理有利的作用	平坦地区及丘陵地带的林区及部分人工林区
自然区划法	以林场内的自然界线(河流、沟谷、山脊等)及永久性标志(道路)作为林班线划分林班。如面积过大时，可以一个坡面作一个林班	可不伐开林班线，节省工作量，在山区，便于经营活动	林班面积大小不一，走向不同，不利于调查统计及识别方向	适用于地形起伏较大的山区
综合区划法	自然区划与人工区划两种方法的综合	克服了人工区划法和自然区划法的不足，面积虽然不相等但可以调到大致相同	组织实施时技术要求较高	实际工作中最常用的方法

二、造林地种类

用于造林的地类主要有宜林地和无立木林地(部分)两类。

(1)无立木林地包括采伐迹地和火烧迹地。

采伐迹地：采伐后保留木达不到疏林地标准，尚未人工更新或天然更新达不到中等等级的林地。

火烧迹地：火灾后活立木达不到疏林地标准，尚未人工更新或天然更新达不到中等等级的林地。

(2)宜林地是经县级以上人民政府规划为林地的土地。包括宜林荒山荒地、宜林沙荒地、其他宜林地。

宜林荒山荒地：无森林植被覆盖，或森林植被在多年前遭破坏，未达有林地、疏林地、灌木林地、未成林造林地标准的荒山、荒滩、荒沟、荒地。

宜林沙荒地：未达有林地、疏林地、灌木林地、未成林造林地标准，造林可以成活的沙化土地(流动沙地、半固定沙地、固定沙地、露沙地等)、有明显沙化趋势的土地。

其他宜林地：经县级以上人民政府规划用于发展林地的其他土地，如耕地。

三、课外阅读题录

高飞，吴保国，郭恩莹，等. 2011. ArcPad 在营造林外业调查系统中的应用[J]. 农业网络信息，(6)：41 −43.

谷万祥，曹林，刘思. 2005. 森林资源规划设计调查中小班区划方法探讨[J]. 吉林林业科技，34(5)：42－44.

【复习思考】

1. 小班区划的条件有哪些？
2. 地形因子、土壤因子的调查内容有哪些？
3. 简述宜林地的标准。

任务 11.3　立地分类

【任务介绍】

立地分类是科学分析林木生长环境条件的主要方法，是造林作业设计的重要基础工作。将不同的造林地块划分成不同的立地类型，便于选择适宜的造林类型、设计不同的林种、树种和不同的造林技术措施，以实现作业设计能准确地实施应用，确保造林成效和质量。在外业调查的基础上，结合以前的立地分类成果，开展立地分类，划分立地类型。

知识目标

1. 了解立地分类基本知识。
2. 掌握立地分类的原则、等级、依据和方法。

技能目标

能开展立地分类工作。

【任务实施】

11.3.1　基本概念

① 立地　指造林地或林地地块的具体环境，即与树木或林木生长发育有密切关系并能为其所利用的气候、地质、地貌、土壤、水文、植被等条件的总和，构成立地的各个因子称为立地条件。

② 立地类型　地域上不连续，但立地条件基本相同，林地生产潜力水平基本一致的地段的组合，称为立地类型，是立地分类中最基本的单位。

③ 立地分类　在自然界，立地条件总是千变万化的，严格地讲，地球上没有两块绝对相同的造林地或林地地块，总是有某些微小差别。但这种变化总还有一定的变化范围，而且在许多情况下还不足以引起树种选择及造林技术措施方面有质的差异，完全可以将其界线划分出来。将立地条件及生产潜力水平相似的林地地块归并到一起，即为立地分类。

11.3.2　立地分类的原则

① 分区分类原则　分区分类是同一立地分类系统中不同水平级的划分。分区具有地

域区划的特征和特定的地理位置和空间，是分类系统中高级控制单位。分类是对相似和相异地段进行归并和划分，这些地段可重复出现，在地域上不连接。

② 主导因素原则　与林木生长有关的因素有自然因素，也有社会因素，以自然因素为立地分类的依据已广泛被人们接受和采用，包括地貌条件、地形条件、土壤条件、气候条件等。按不同的分类等级确定 1～2 个主导因素，划分各级立地单元。

③ 相关性原则　选择的立地因子必须与林木生长有关，能客观地反映立地生产力水平。

④ 科学实用原则　选择的立地因子必须具有明确的科学含义，且可以直观识别，易于掌握和判定，具有一定的空间尺度。

11.3.3　立地分类的等级

分类等级遵循实用性原则，即确定的分类单位应适用于造林技术的实施。根据区域自然地理特点，在立地分类原则指导下，一般采用以下 3 级分类单位，即：

① 一级　立地区[立地亚区(必要时)]。立地区是立地分类系统中的最高分类单位，它是较大范围的地理区域划分，划分主要依据能反应不同区域特征的因子。划分出的具体区域是一个较大的、完整的生态系统，不同立地区之间彼此毗连或相离。立地区代号用罗马数字表示，如Ⅰ、Ⅱ、Ⅲ……

② 二级　立地类型组[立地类型亚组(必要时)]。立地类型组是分类系统中分类的重要单位，是立地类型的组合，没有特定的地理位置，在同一立地区内可能重复出现。立地类型组代号在立地区代号后加两位数的阿拉伯数字表示，如"Ⅰ-01"表示第Ⅰ立地区第 1 立地类型组。

③ 三级　立地类型。立地类型是立地分类的基本单位，也是落实造林技术措施的基本单位，立地类型之间的差异，就是生态系统的局部差异。一个立地类型代表一个小生境，同一个立地类型，其小地形、土壤特征，小气候、适宜树种及限制条件都基本相同，并具有相似的生产力。立地类型代号在立地类型组代号后加两位数的阿拉伯数字表示，如"Ⅰ-01-01"表示第Ⅰ立地区第 1 立地类型组第 1 立地类型。

11.3.4　立地分类的依据

立地分类的关键是寻找确定分类的依据。立地分类包括立地类型组和立地类型的划分。

立地生产力是气候条件、土壤条件和人类的经营活动等综合作用的结果，各种因子在林木生长发育过程中都不可或缺，但有些因子的作用大，有些因子作用小。在实际工作中要善于从这些复杂且众多的因子中找出主导因子作为划分立地类型的依据。

气候因素对林木生长有很大的作用，但在同一区域范围内，大气候条件是基本相似的，所以在一个县或一个经营单位(如林场)这样一个不大的地理范围内，不宜把气候因子作为划分立地类型的依据。

地形因子虽不是林木生活的基本因子，但它通过对光、热、水等基本因子的再分配，引起土壤状况和小气候的变化，如阴坡比阳坡日照时间短、温度低、空气湿度大、土壤较湿润，坡度越大土层越薄，坡位不同[顶(脊)、上、中、下(谷)]光、热、水等影响林木生长的因子也不同。

有时，在同一个经营单位内，即使采用相同的经营措施，仍然可以看到林木生长存在极大的差异。这种差异既不是气候条件，也不是经营措施引起的，而是土壤条件不同造成的。因此，在一定区域内一定要抓住土壤这个因子。

造林地上的植被生长状况也是立地分类的参考依据，尽管在人为活动较频繁的地方，原生植被已遭破坏，但只要仔细调查，仍然可以发现某一植物指示土壤某种特性。如芒萁、石松、山茶、映山红等就是酸性土壤的指示植物；碱性土壤的指示植物有蜈蚣草、柏木。

综上所述，划分立地类型主要依据地形和土壤因子，植被作为参考。

11.3.5 立地分类的方法

立地分类的关键是寻找影响立地质量的主导因子，以主导因子划分立地类型组、立地类型。

(1)定性分析确定主导因子

一是依据过往资料和经验，确定某县或某一区域立地分类的主导因子。二是依据前述小班现状调查资料或专业调查资料综合分析筛选立地分类的主导因子。地形因素方面，一般有坡位、坡度、坡向、海拔高度。土壤因素方面，一般有土壤种类(土壤亚类)、土层厚度、腐殖质层厚度、石砾含量、土壤 pH 值等。在生产实践中主导因子不宜太多，一般地形因子选择 2~3 个，土壤因子选择 2~3 个。依据选择的主导因子及其不同组合划分出不同的立地类型组、立地类型。以四川盆地岩溶区立地分类为例加以说明。

在四川岩溶区立地类型中，岩溶地貌和土壤种类具有较大的尺度，且在该区内有显著的差异。区域有岩溶槽谷、岩溶丘陵、岩溶山地，这完全是不同的岩溶地貌类型。土壤类型有黄壤、黄色石灰土，这两类土壤性质完全不同，黄壤是酸性土，而黄色石灰土偏碱。因此，把岩溶地貌和土壤类型作为划分立地类型组的依据。同样地，基岩裸露度影响种植点配置，土层厚度影响树种选择和树木长势，将其作为划分立地类型的依据较为合适(表 11-4)。

表 11-4 四川盆地盆东平行岭谷岩溶立地区立地类型表

立地类型组		立地类型	
名称	代号	名称	代号
岩溶槽谷黄壤组	Ⅲ-01	岩溶槽谷轻度裸露中厚层黄壤型	Ⅲ-01-01
		岩溶槽谷轻度裸露薄层黄壤型	Ⅲ-01-02
		岩溶槽谷中度裸露中厚层黄壤型	Ⅲ-01-03
		岩溶槽谷中度裸露薄层黄壤型	Ⅲ-01-04
		岩溶槽谷重度裸露极薄层黄壤型	Ⅲ-01-05
岩溶槽谷黄色石灰土组	Ⅲ-02	岩溶槽谷轻度裸露中厚层黄色石灰土型	Ⅲ-02-01
		岩溶槽谷轻度裸露薄层黄色石灰土型	Ⅲ-02-02
		岩溶槽谷中度裸露中厚层黄色石灰土型	Ⅲ-02-03
		岩溶槽谷中度裸露薄层黄色石灰土型	Ⅲ-02-04
		岩溶槽谷重度裸露极薄层黄色石灰土型	Ⅲ-02-05

（续）

立地类型组		立地类型	
名称	代号	名称	代号
岩溶丘陵黄壤组	Ⅲ-03	岩溶丘陵轻度裸露中厚层黄壤型	Ⅲ-03-01
		岩溶丘陵轻度裸露薄层黄壤型	Ⅲ-03-02
		岩溶丘陵中度裸露薄层黄壤型	Ⅲ-03-03
		岩溶丘陵中度裸露极薄层黄壤型	Ⅲ-03-04
		岩溶丘陵重度裸露极薄层黄壤型	Ⅲ-03-05
岩溶丘陵黄色石灰土组	Ⅲ-04	岩溶丘陵轻度裸露中厚层黄色石灰土型	Ⅲ-04-01
		岩溶丘陵轻度裸露薄层黄色石灰土型	Ⅲ-04-02
		岩溶丘陵中度裸露薄层黄色石灰土型	Ⅲ-04-03
		岩溶丘陵中度裸露极薄层黄色石灰土型	Ⅲ-04-04
		岩溶丘陵重度裸露极薄层黄色石灰土型	Ⅲ-04-05
岩溶山地黄壤组	Ⅲ-05	岩溶山地轻度裸露中厚层黄壤型	Ⅲ-05-01
		岩溶山地轻度裸露薄层黄壤型	Ⅲ-05-02
		岩溶山地中度裸露薄层黄壤型	Ⅲ-05-03
		岩溶山地中度裸露极薄层黄壤型	Ⅲ-05-04
		岩溶山地重度裸露极薄层黄壤型	Ⅲ-05-05
岩溶山地黄色石灰土组	Ⅲ-06	岩溶山地轻度裸露中厚层黄色石灰土型	Ⅲ-06-01
		岩溶山地轻度裸露薄层黄色石灰土型	Ⅲ-06-02
		岩溶山地中度裸露薄层黄色石灰土型	Ⅲ-06-03
		岩溶山地中度裸露极薄层黄色石灰土型	Ⅲ-06-04
		岩溶山地重度裸露极薄层黄色石灰土型	Ⅲ-06-05

(2)定量分析

用定量方法筛选主导因子，以此作为分类的依据。

多元回归(逐步回归)方法。以立地因子作为自变量(X)，以林木生长指标(立地指数)作为因变量，建立多元回归模型。依据偏相关系数的大小判定是否是影响林木生长的主导因子。也可采取逐步回归方法，逐步淘汰次要因子，直至剩余3~4个因子。

数量化理论Ⅰ是与多元回归方法类似的一种方法。以立地因子作为自变量(X)，以林木生长指标(立地指数)作为因变量，将定性变量的立地因子(X)通过数学处理转变为定量数据，通过运算后得到偏相关系数、得分范围、方差比3项指标。三者绝对值越大，该因子对因变量的影响越大，是主导因子。若有一个因子两个指标大于另一个因子，则两指标大者为主导因子。

在主导因子确定后，与定性分析一样，按因子尺度的大小确定其是用于划分立地类型组还是立地类型。不同组合就是划分出的立地类型组、立地类型。值得注意的是，有的组合结果可能在区域范围内根本没有，需将其删除。

在盆中丘陵立地亚区立地类型划分中，分别采用了数量化理论Ⅰ和逐步回归方法，以指标树种柏木立地指数为因变量，立地因子为自变量，筛选立地分类的主导因子。结果表明：地貌、土壤种类、坡位、土层厚度是影响立地指数的主导因子。在这4个因子中，地貌和土壤种类具有较大的尺度，作为划分立地组的依据较为合适，而坡位、土层厚度作为划分立地类型的依据更能体现小生境的局部差异(表11-5)。

表11-5 四川盆地盆中丘陵立地亚区立地类型表

立地类型组		立地类型	
名称	代号	名称	代号
丘陵(低山)钙质紫色土组	131	丘陵(低山)顶、脊部薄层钙质紫色土型	1311
		丘陵(低山)顶、脊部中、厚层钙质紫色土型	1312
		丘陵(低山)坡部薄层钙质紫色土型	1313
		丘陵(低山)坡部中、厚层钙质紫色土型	1314
		丘陵(低山)谷坝中、厚层钙质紫色土型	1315
丘陵(低山)中性紫色土组	132	丘陵(低山)顶、脊部薄层中性紫色土型	1321
		丘陵(低山) 顶、脊中、厚层中性紫色土型	1322
		丘陵(低山)坡部薄层中性紫色土型	1323
		丘陵(低山)坡部中、厚层中性紫色土型	1324
		丘陵(低山)谷坝中、厚层中性紫色土型	1325
丘陵(低山)酸性紫色土组	133	丘陵(低山)坡部薄层酸性紫色土型	1331
		丘陵(低山)坡部中厚层酸性紫色土型	1332
丘陵(低山)石骨子地组	134	丘陵(低山)顶、脊部石骨子地型	1341
		丘陵(低山)坡部石骨子地型	1342
河谷阶地(坡)冲积黄壤组	135	河谷阶地(坡)泥质老冲积黄壤型	1351
		河谷阶地(坡)石砾质老冲积黄壤型	1352
		河谷阶地(坡)姜石黄壤型	1353
河谷阶地河漫滩新积土组	136	河谷阶地(坡)新积土型	1361
		河谷河漫滩石砾质新积土型	1362
		河谷河漫滩沙、泥质新积土型	1363

【技能训练】

立地质量评价

[目的要求]了解立地质量评价的过程、立地因子数量化得分表的编制和用法，掌握立地因子数量化评价方法。

[材料用具]选择不同立地条件的林分，最好是以不同坡向、坡位的各龄人工纯林作为实验林分，以总数量不少于30块为宜；测绳、皮尺、测径尺、测高器、记录夹、数据本、记录用铅笔、铁锹、GPS或罗盘仪、计算器(或电脑)、彩色粉笔等。

[实训场所]实习林场。

[操作步骤]

(1)标准地调查。在选定的待测林分中，设置临时调查样地，调查每个样地内优势木的平均高、年龄、胸径，以及易于测量的环境因子，如坡向、坡位、坡度、土壤有机质层厚度、土壤湿度等，并进行记录。

用测高器测 5 株优势木的树高、胸径；用铁锹挖一个 1 m 深的土壤剖面，测定土壤有机质层厚度；用 GPS 测定坡向、坡位、海拔等因子，填写表 11-6。

表 11-6　人工林标准地调查表

地点＿＿＿＿＿＿　调查时间＿＿＿＿＿＿　树种＿＿＿＿＿＿　林龄＿＿＿＿＿＿

样地面积＿＿＿＿＿＿　记录者＿＿＿＿＿＿

样地号	林龄	坡向	坡位	坡度	树号	优势木高(m)	土壤有机质层厚度(cm)
1	20	西向	坡上	13	1	10.6	
	20				2	11.7	
	20				3	12.1	
	20				4	10.9	
	20				5	11.3	
2	15				1	9.6	
	15				……	……	
	13		坡下	4	1	7.7	
	13				……	……	
	16		坡上	11	1	9.2	
	16				2	9.8	

注：表中数据为虚拟数据。

(2)建立立地指数与立地因子之间的函数关系。采用数量化理论 I 的方法建立立地指数与立地因子之间的函数关系，并填写立地指数数量化得分表。

① 通过 Chapman-Richard 方程，将不同标准地的林分优势木平均树高统一成标准年龄时的对应树高。转换标准年龄时对应树高的方法较多，如采用胡希(B. Husch)公式，但是目前来看 Chapman-Richard 方程对树高生长过程的描述具有更强的生物学意义，拟合精度也最好。

② 对调查的林地条件进行分级，将环境因子中的定性变量转化为定量变量，区分项目与类目，例如，可把坡位划分为项目，坡上、坡中、坡下则为类目。详细的转化结果见示例(表 11-7)。

表 11-7　某树种林分立地因子分级表

项　目	类目(级别)		
	1	2	3
坡向	阴坡	阳坡	
坡位	下	中	上
坡度(°)	≤5	6~15	≥15
土壤有机质层厚(cm)	≤30	≥30	

注：表中数据为虚拟数据。

③ 按照数量化理论Ⅰ的要求，将不同的立地条件和对应优势木平均高编入反映表(表11-8)。数量化模型理论Ⅰ方程可做如下表述，这里假定各项目、类目与立地指数呈线性关系。

表11-8　某树种林分立地因子反映表

标准地号	立地指数 Y_i	坡向 X_1		坡位 X_2			坡度 X_3			土壤有机质层厚度 X_4	
		阴坡 X_{11}	阳坡 X_{12}	下 X_{21}	中 X_{22}	上 X_{23}	≤5 X_{31}	6－15X_{32}	≥15 X_{33}	≤30 X_{41}	≥30 X_{42}
1	11.1	1	0	1	0	0	0	0	1	1	0
2	13.8	0	1	0	1	0	0	1	0	0	1
3	14.2	0	0	1	0	0	1	0	0	0	1
4	15.7	1	0	1	0	0	0	0	1	1	0
5	11.6	0	1	0	1	0	0	1	0	0	1
…	…	…	…	…	…	…	…	…	…	…	…

注：表中数据为虚拟数据。

$$y_1 = \sum_{j=1}^{m}\sum_{k=1}^{r_1}\varphi_{jk}x_{i(j,k)} + e_i \tag{11-1}$$

式中　φ——依赖于j项目k类目的常数；

e——第i次抽样中的随机误差；

$x_{i(j,k)}$——第i个样本第j个项目的反映系数，该系数由下式给出：

$$x_{i(j,k)} = \begin{cases} 1 & \text{第 } i \text{ 个样本中第 } j \text{ 项目是 } k \text{ 类目时} \\ 0 & \text{否} \end{cases} \tag{11-2}$$

(3)建立立地指数与环境因子之间的回归关系。通过相应的统计软件(如SPSS，SAS)，可建立立地指数(y)与环境因子(x)之间的回归关系，如：

$$y = ax_1 + bx_2 + cx_3 + dx_4 + C \tag{11-3}$$

式中　C——常数。

除了采用数量化理论Ⅰ的方法来建立回归模型，还有多元逐步回归的方法。有研究表明，不同的模型构建方法，对总回归方程的复相关系数影响并不是很大。

(4)运算得到立地指数的数量化得分表(表11-9)。在给定的立地条件下，通过将不同因子等级对应的得分值相加，可以得到该立地条件下的立地指数，即优势木平均高。例如，在阴坡坡上，<5°坡位，有机质层不足30cm时，对应的标准年龄树高(H)为：

$$H = 4.944 + 0.343 + 0.721 + 0.669 = 6.667(\text{m})$$

因此，从某种意义上说数量化立地指数评价方法，可以同时对有林地和无林地进行评价，在国内外的研究中都得到了更多的重视。

表11-9　某树种林分立地指数量化得分表

项　目	类　目	各项目得分表				偏相关系数/数值范围
		1	2	3	4	
坡位	上	6.158	5.706	5.215	4.944	
	中	5.184	5.092	4.722	4.131	0.502/4.944
	下	0	0	0	0	

（续）

项　目	类　目	各项目得分表				偏相关系数/数值范围
		1	2	3	4	
坡向	阴坡		1.236	0.696	0.343	……
	阳坡		0	0	0	
坡度(°)	≤5			0.892	0.721	
	6～15			0.721	0.664	……
	≥15			0	0	
土壤有机质层厚度(cm)	≤30				0.669	
	≥30				0	……
复相关系数		0.67	0.69	0.72	0.73	
标准差		……	……	……	……	

(5)结果分析。描述回归函数和立地指数数量化得分表构建的过程，并且指出哪些立地条件下，实验林分具有最高的生产力；通过偏相关系数等指标，判断哪些因子对树木生长有重要的影响。

[**注意事项**]注意各项计算和分析的准确性。

[**实训报告**]完成实训报告。

【任务小结】

如图 11-3 所示。

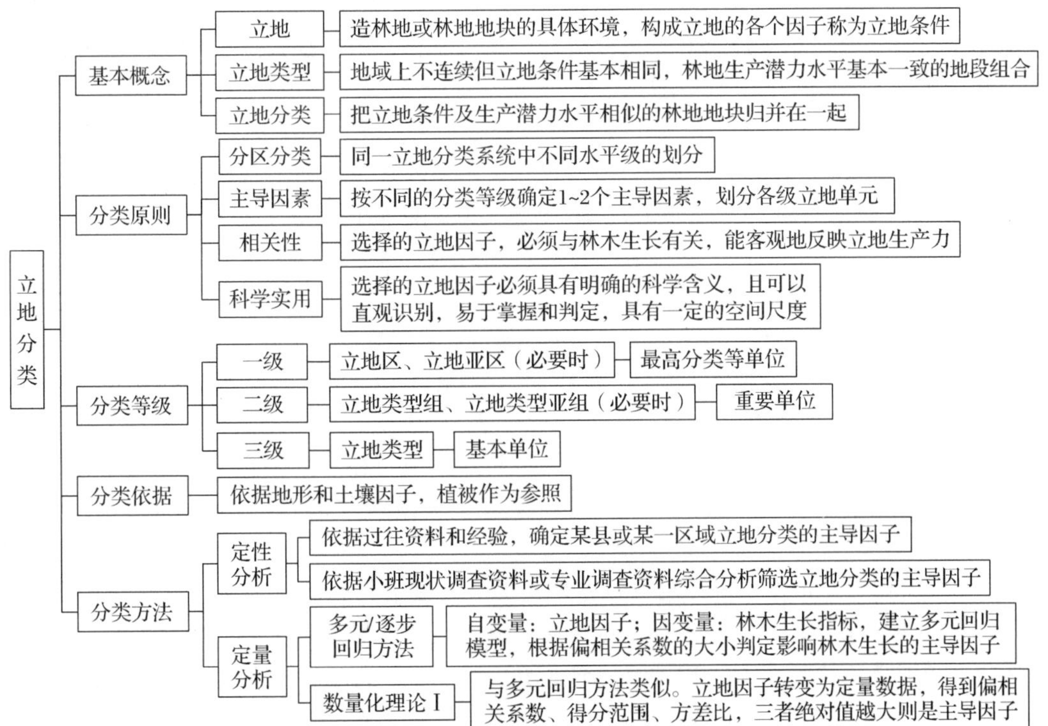

图 11-3　立地分类知识结构图

【拓展提高】

一、立地分类系统

分类系统共分5级，立地亚型为可选级别。县级单位在实际工作中，高级分类单位可能仅有1类，立地分类成果不必列出仅有1类的分类单元。

立地系列(site series)
　立地纲(site typeclass)
　　立地目(site order)
　　　立地类型组(site type group)
　　　　立地类型(site type)
　　　　　(立地亚型)(site subtype)

(1)立地系列。是立地分类的最高级单位，巨地貌尺度上的立地形态结构相同或相近的诸分类单元的集合。中国造林适宜区域的立地系列分山地、平原两大系列。山地系列如大兴安岭，小兴安岭，长白山等山系，及江南丘陵，南岭山地等。平原系列有东北平原，华北平原，长江中下游平原等。

(2)立地纲。在同一立地系列内，生物气候条件相似，主要是水热条件大致相同，具有共同的气候演替顶极，林分潜在生产力相同的分类单元划为同一立地纲。经纬度和海拔高度是造成立地纲分异的主因，原生植被的植被型是划分立地纲的指示者，造林适宜区域的山地可含有下列立地纲：① 寒温性湿润山地；② 温性湿润山地；③ 暖温性湿润山地；④ 次亚热性湿润山地；⑤ 典型亚热性湿润山地；⑥ 过亚热性湿润山地；⑦ 热性湿润山地。

(3)立地目。是立地纲的进一步划分，反映气候肥力在不同大地貌之间的差异。为了便于识别立地目的命名可加上自然地理名称，如天目山低山丘陵，天目山中山，大兴安岭北部低山丘陵等。

(4)立地类型组。是立地分类系统中的一个重要分类单位。在立地目之下，根据立地基底不同，划分不同的立地类型组。例如，在山地系列中，按立地基底的功能可划分如下几类：① 第四纪红色或黄色黏土类；② 花岗岩类，包括花岗岩、片麻岩等岩石；③ 页岩、砂页岩类，包括各种泥岩、页岩和粉砂质泥页岩；④ 砂岩类；⑤ 紫色砂页岩类，包括各种紫色页岩、砂岩及砂砾岩；⑥ 板岩、千枚岩等页岩变质岩；⑦ 石灰岩类，包括各种碳酸岩类，如石灰岩、大理岩、白云岩等；⑧ 玄武岩类，包括玄武岩、辉长岩等基性岩。在平原立地系列中，则依据冲积物，冰积物的种类，土壤夹沙层的有无，地下水位的高低等划分。

(5)立地类型。主要根据中小尺度的立地形态结构划分。用来命名的术语有坡上部，坡中部，坡下部，山脊部，山鞍部，山洼，坡地，坡麓缓坡，阳向陡坡，阴向缓坡，台地，阶地，溪旁，沿海长堤，墚峁顶部，川地坪坝等。

(6)立地亚型。作为立地类型的补充分类单位，但不是必备的单位。当立地表层特征的差异导致生境变异，足以影响群落结构及林分生产力时划分亚型。例如，在山区可划分厚层土、薄层土、腐殖质土、粗骨土、薄层石灰土、多石岗地、腐殖质沼泽谷地，具踏头的薹草沼泽谷地，梯田等亚型；平原可划分沙土、盐碱化等亚型。

二、课外阅读题录

滕继超，万文生，王凌晖. 2009. 森林立地分类与质量评价研究进展[J]. 广西农业科学，40(8)：1110－1114.

何瑞珍，李小勇，孟庆法. 2011. 基于3S的森林立地分类决策支持系统设计[J]. 西北林学院学报，26(4)：172－174.

张万儒，盛炜彤，蒋有绪，等. 1992. 中国森林立地分类系统[J]. 林业科学研究，5(2)：251－262.

【复习思考】

1. 立地分类的原则是什么？
2. 立地分类的依据是什么？
3. 立地分类有哪些方法？

任务 11.4　造林作业内业设计

【任务介绍】

造林作业内业设计是造林作业设计的核心环节，在全面审查外业调查资料的基础上，根据任务书的要求，进行林种和树种选择、树种混交、造林密度、整地、造林方法、灌溉和施肥、幼林抚育等设计，必要时还要进行苗圃、种子园、母树林、病虫害防治以及护林防火等设计。

知识目标

1. 熟悉各项设计的理论知识。
2. 掌握设计的主要内容。
3. 掌握各项技术设计方法。

技能目标

1. 能开展内业设计。
2. 能编制造林类型设计表。

【任务实施】

11.4.1　各林种造林树种的选择

《中华人民共和国森林法》第四条规定，森林分为防护林、特种用途林、用材林、薪炭林和经济林 5 类。

11.4.1.1　用材林树种的选择

① 速生性　树种生长快速、成材早是选择用材林树种的重要条件。如桉树、杨树、

相思类、杉木、刺槐、泡桐、桤木、枫香、香椿、红椿、毛竹等都是很有前途的速生用材树种。

② 丰产性　即树种单位面积的蓄积量高。一般树种树形高大，相对长寿，材积生长的速生期较长，冠幅小，又适于密植，是获得单位面积木材丰产的重要条件。

③ 优质性　良好的用材树种应该具有树干通直、圆满、分枝细小，整枝性能良好等优良特性，且应具有良好的材性。木材的用途不同，要求木材的材性也不一样。如一般的用材要求材质坚韧、纹理通直均匀、不翘不裂、不易变形、便于加工、耐磨、抗腐蚀等；家具用材还进一步要求材质致密、纹理美观、具有光泽和香气等；造纸用材则要求木材的纤维含量高、纤维长度长等。

在营造人工林时，应尽量选择具有速生、丰产、优质特性的树种，但没有一个树种是十全十美的。因此，在选择用材树种时应作全面分析比较，也可根据立地条件选择一些木材质量优良，但不具有速生性的珍贵树种，并重视优良种源的选择。

11.4.1.2　经济林树种的选择

经济林必须选择生长快、收益早、产量高、用途广、价值大、抗性强、收获期长的优良树种。由于利用部位不同，选择时应着重考虑产品的具体要求，注意选择具有良好经济性状的品种或类型。如木本油料林必须要求结果早、产量大、含油量高和油质好的树种；对木栓树种如栓皮栎、杜仲等，要求其木栓层厚，易于剥取及恢复，木栓质量好。总之，经济林树种选择既要重视“早实性”，更要重视“丰产性”和“优质性”。与用材树种一样，经济林树种选择也应重视品种或类型的选择。

11.4.1.3　薪炭林树种的选择

薪炭林树种要求速生，生物量大，繁殖容易，萌蘖力强，易燃，火旺，适应性强，还应考虑其木材燃烧时不冒火花，烟少，无毒气产生等特点。

11.4.1.4　防护林树种的选择

防护林树种一般应具有生长快、郁闭早、寿命长、防护作用持久，根系发达，耐干旱瘠薄，繁殖容易，落叶丰富，能改良土壤条件。但由于防护对象不同，选择树种的要求也不一样。营造农田、草(牧)场防护林主要树种应具有树体高大、树冠适宜、深根性等特点；果园等防护林树种应具有隔离防护作用且没有与果树有共同病虫害或是其中间寄主；风沙地、盐碱地和水湿地区树种应分别具有相应的抗性；在干旱、半干旱地区可分别优选耐干旱瘠薄的灌木、小乔木树种；严重风蚀、干旱区，要选择根系发达、耐风蚀和干旱的树种。

11.4.1.5　特种用途林树种的选择

特种用途林树种应根据不同造林目的选择。实验林和母树林可根据实验和采种(条)的需要分别选择适宜的树种。名胜古迹和革命圣地也应根据不同的特点选择造林树种。疗养区周围最好选择能挥发具有杀菌物质和美化环境的树种，大部分松属及桉属的树种都具有这种功能。厂矿周围，特别是有毒气体(二氧化硫、氟化氢、氯气等)产生的厂矿周围，注意选择抗污染性能强又能吸收污染气体的树种。在城市周围，为了给人民提供旅游休憩的场所，除了树种的保健功能外，还应考虑美化、香化、彩化的要求及游乐休憩的需要，且能用不同树种交替配置，相映成趣，而不要形成呆板的景观。环境保护林、风景林树种，除了具有上述特性外，同时还应具有较高的经济价值，使园林绿化与经济效益紧密结合起来。

11.4.2　造林密度与种植点配置设计

11.4.2.1　造林密度

造林密度是指单位面积造林地上栽植点或播种点(穴)数，通常以每公顷株(穴)树表示。造林密度影响林木的生长、发育和林分的稳定性，也影响林分的产量、质量和生态效益，对造林成本、种苗量、整地工程量、后期抚育管理工作量以及资金投入都有较大的影响。充分了解各种密度所形成的群体，以及该群体内个体之间的相互作用规律，从而使林分整体在发育过程中在人为措施控制之下始终形成合理群体，使各个个体有充分的发育空间，最大限度地利用营养空间，又使影响环境、协调各生态因子相互作用的优势得到充分发挥，达到林分高生产力、高稳定性、高生态效益的目的。

(1)确定造林密度的原则

以密度的作用规律为基础，以经营目的、造林树种、立地条件为主要考虑因素，使林木个体之间对生活因子的竞争抑制作用达到最小，个体得到最充分的发育并在较短的时间内林分的生物量达到最大，保证树种在一定的立地条件和培育条件下，能取得最大经济效益、生态效益和社会效益。

① 经营目的　经营目的体现在林种和材种上。林种、材种不同，在培育过程中所需的群体结构不同，林分的密度也应不同，故确定造林密度应考虑不同林种、材种对群体结构的需要。

用材林需要林分形成有利于主干生长的群体结构，要根据材种确定适宜的造林密度。培育大径材造林密度宜低，或先高后低，使林木个体有较大的营养空间；培育中小径材，应适当密植。

果用经济林要求树冠充分见光且原则上在培育过程中不间伐，造林密度宜低；皮用经济林的产量与树干的大小相关，密度要求与用材林相似；叶用经济林要求密植，以迅速获得较大的生物量；薪炭林也要求迅速获得较大的生物量，应密植。

防护林要求迅速获得较大的生物量，以更好地发挥防护作用，通常应密植。但随防护林类型不同而所有不同。水土保持林和防风固沙林要求林分迅速覆盖地表，宜形成乔灌混交的复层林，乔木、灌木的总密度要大；农田防护林应根据林带疏透度的要求确定适当的密度。

② 树种特性　一般而言，喜光树种宜稀，耐阴树种宜密；速生树种宜稀，慢生树种宜密；干形通直树种宜稀，干形不良树种宜密；分枝小、自然整枝良好树种宜稀，分枝大、自然整枝不良树种宜密；树冠宽阔树种宜稀，树冠狭窄树种宜密；根系庞大树种宜稀，根系紧凑树种宜密。在生产实践中，合理确定密度应综合考虑树种的喜光性、速生性、干形、分枝特点、树冠大小和根系特征。

③ 立地条件　从经营的角度来看，立地条件好的地方林木生长快，且适宜培育大径材，造林密度应小些；反之，在立地条件差的地方造林密度应大些。北方没有灌溉条件的干旱、半干旱地区的造林，干热(干旱)河谷等生态环境脆弱地带和风沙危害严重地区的造林，因降水少应适当疏植；湿润、半湿润水土流失严重地区，热带、亚热带岩溶地区，降水较丰富可适当密植。

④ 造林技术　整地细致、苗木质量好、抚育管理能及时到位，林木生长快，应相对稀植；反之，林木生长就慢，应相对密植。但采用短轮伐期培育纤维材和能源林，虽采取高度集约的栽培措施，还是要密植。

⑤ 经济因素　选择合理密度时应计算投入产出比，选择投入产出比最合理的造林密度。这需要投资者根据现代技术经济分析的原理，采用动态分析方法预测各种造林密度林分未来的经济效益。如小径材有销路，也有实施早期间伐的交通、劳力及机械条件，经济上也合算，那么就可采用较大的造林密度；如小径材间伐经济上不合算或条件不能满足，则密度应小些，甚至以主伐时的密度作为造林密度。如果是农林结合、立体经营则造林密度的大小还必须以林产品和农产品的综合效益最大作为权衡的标准。

(2)确定造林密度的方法

① 经验法　对过去人工造林的密度进行调查，判断其合理性和进一步调整的方向和范围，从而确定在新的条件下采用的初植密度和经营密度。此法随意性较大，需要有丰富的理论知识及生产经验才能准确的确定。

② 试验法　通过不同密度的造林试验结果来确定合适的造林密度及经营密度，此法准确，但受时间和树种多样性的影响，不易普及，只能对几个主要造林树种在其典型的条件下进行密度试验，且通过密度试验得出的是密度作用的生物规律，实际指导生产的密度，还要作进一步的经济分析。

③ 调查法　调查不同密度下林分的生长发育状况，取得大量数据后进行统计分析，计算各种参数确定造林密度。此法较易操作，使用较广泛，已取得不少的成果。调查项目有：树冠扩展速度与郁闭期限的关系，密度与直径关系，初植密度与第一次疏伐开始期及当时的林木大小的关系，密度与树冠大小、直径生长、个体材积生长的关系，密度与现存蓄积量、材积生长量和总产量的相关关系等。掌握这些规律之后，就不难确定造林密度了。

④ 密度管理图(表)法　某些主要造林树种，已进行了大量的密度规律的研究，并制定了各种地区性的密度管理图(表)，可通过查阅相应的图表来确定造林密度。例如，第一次间伐时要求达到的径级大小，在密度管理图上查出长到这种大小且疏密度 >0.8 以上时对应的密度，以此密度再增加一定数量，以抵偿生长期可能出现的平均死亡株数。

11.4.2.2　种植点的配置和计算

种植点的配置指栽植点或播种点在造林地上的间距及其排列方式。同一造林密度可以以不同的配置方式来体现，从而形成不同的林分结构。合理的配置方式，能够较好地调节林木之间相互关系，充分地利用光能，使树冠和根系均衡地生长发育，达到速生、丰产的目的，因此，配置方式同样具有一定的生物学和经济上的意义。

(1)种植点的配置

① 行状配置　这种配置可使林木较均匀地分布，能充分地利用营养空间，树干发育较好，也便于抚育管理，应用最为普遍。平地造林时宜南北走向，坡地造林时宜沿等高线走向，风害严重地区造林时宜与主风向垂直。行状配置又可分为以下 3 种方式(图 11-4)。

正方形配置：株、行距相等，种植点位于正方形的顶点。这种配置栽植和管理都较方便，植株分布和林木生长发育比较均匀、整齐，适用于平地或缓坡地营造用材林和经济林。

长方形配置：行距大于株距。这种配置有利于行间抚育和间作，便于施工和机械作业，但株间郁闭早，行间郁闭晚，在株行距相差悬殊的情况下，往往出现偏冠，影响树干的圆满度。

三角形配置：也称品字形配置，其行间的种植点彼此错开。营造水土保持林、防风固沙林，往往采用三角形配置。这种配置有利于树冠均匀发育，利于发挥防护作用。特别是正三角形配置，株与株之间的距离最均匀，对光照的利用最充分，并且行距小于株距，在行距相同的条件下，株数可比正方形配置多栽 15%。正三角形配置最适用于平地和不进行间伐的经济林、果树栽培和园林绿化等。

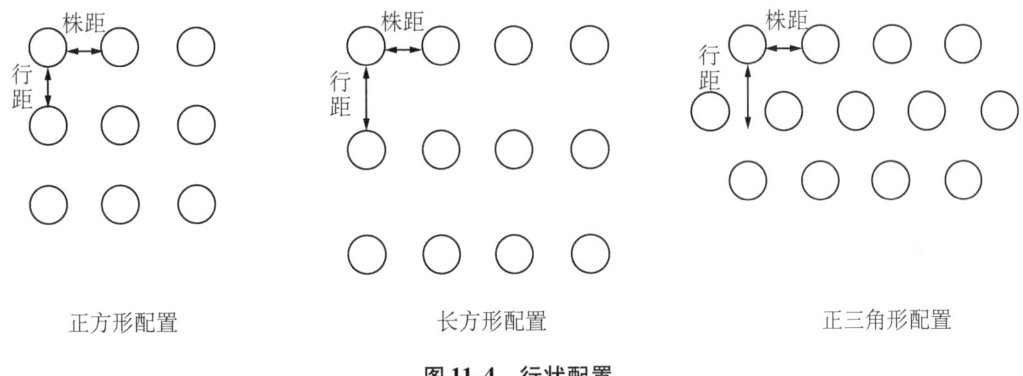

图 11-4 行状配置

② 群状配置 也称簇式配置、植生组配置(图 11-5)。植株在造林地上呈不均匀的群(簇)分布，群内植株密集(间距很小)，而群与群之间的距离较大。群的大小从 3~5 株到十几株或更多。群的排列可以是规则的，也可以是不规则的。这种配置方式可使群内植株迅速郁闭，有利于抗御外界不良环境的危害，但对光能利用及林木生长发育等方面均不如行状配置。一般在防护林营造、立地条件很差的地区造林、迹地更新及低价值林分改造、风景林的营造和岩石裸露度较高的土地上造林有一定的应用价值。

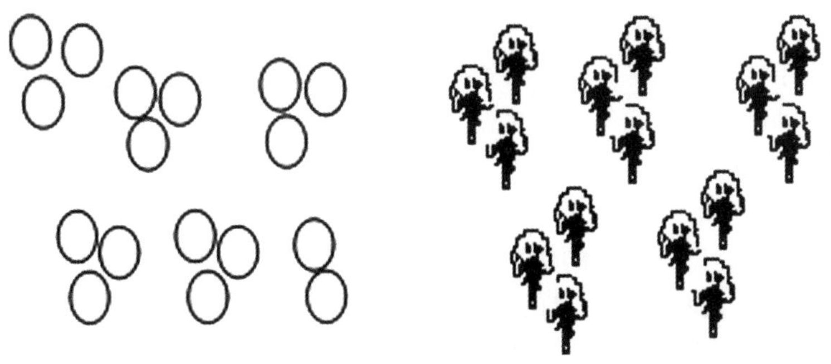

图 11-5 群状配置

(2)种植点数的计算

种植点的配置方式及株行距确定以后，单位面积种植点的数量可以根据株行距大小和配置形式用表 11-10 的公式计算。坡地造林以水平面计算，故造林定点前先应按地面坡度加以调整。

表 11-10 单位面积种植点数量的计算公式

配置方式	正方形	长方形	正三角形	说明
计算公式	$N = \frac{A}{a^2}$	$N = \frac{A}{ab}$	$N = \frac{A}{0.866a^2} = 1.155 \times \frac{A}{a^2}$	N：株数 A：面积 A：株距 B：行距

如果采取群丛植树法，则分别用上述公式再乘以每一群的株数。

11.4.3 混交林培育技术

11.4.3.1 混交林的特点及应用条件

混交林是指由两个或两个以上树种组成，其中主要树种的株数或断面积或蓄积量占总株数或总断面积或总积量≥80%的森林。

混交林能充分利用营养空间、有效改善立地条件、提高林分产量、生态效益和社会效益良好、抗各种灾害的能力强、提高造林成效的特点。与纯林相比，混交林造林技术复杂、对立地条件要求较高。

在营造混交林时，应考虑下列具体条件：

① 造林目的　生态公益林强调最大程度地发挥森林的防护作用和观赏价值，应营造混交林；用材林要求将木材收益与生态效益很好地结合起来，所以用材林只要条件允许应尽量多造混交林；果用经济林要求树冠充分见光，一般不宜营造混交林(除非是短期混交)。

② 立地条件　特殊的造林地，如沙荒地、盐碱地、水湿地、高寒山区或极端贫瘠的地方，只有少数树种能够适应，一般不适合营造混交林。

③ 树种特性　某些树种直干性强，生长稳定，天然整枝能力良好，单产高，甚至在稀植条件下，这些优良特性也能表现得很突出，对这类树种可营造纯林，也可营造混交林；有些树种造纯林容易发生虫害(如马尾松、檫木等)，还有一些阔叶树种纯林树干分杈多、干形较差，则应营造混交林，特别应营造针阔混交林。

④ 经营条件　集约经营人工林，可通过人为的措施来干预林分生长，故不宜多造混交林；而在经营条件差的地区，则主要通过生物措施来促进林分生长，如防止病虫害、防火，改良土壤、抑制杂草生长等，应多营造混交林。

11.4.3.2 混交类型

(1)混交林中的树种分类

混交林中的树种，依其所起的作用可分为主要树种、伴生树种和灌木树种3类。

① 主要树种　是人们培育的目的树种，根据林种不同，或防护效能好，或经济价值高，或景观价值高。它在混交林中一般数量最多，种类有时是1个或2~3个，是林分中的优势树种。

② 伴生树种　是在一定时期与主要树种相伴而生，并为其生长创造有利条件的乔木树种，伴生树种是次要树种，在林内数量上一般不占优势，主要起辅佐、护土和改良土壤等作用，同时也能配合主要树种实现林分的培育目的。

③ 灌木树种　是在一定时期与主要树种生长在一起，并为其生长创造有利条件的灌木。灌木树种也是次要树种，在林内的数量依立地条件的不同而异，一般立地条件差灌木

数量多，立地条件好则灌木数量少，主要作用是护土和改土，同时也能配合主要树种实现林分的培育目的。

(2)树种的混交类型

指主要树种、伴生树种和灌木树种人为搭配而成的不同组合，主要有以下 4 种类型。

① 主要树种与主要树种混交(又称乔木混交类型)　它是两种或两种以上的目的树种混交。这种混交搭配组合，可以充分利用地力，同时获得多种经济价值较高的木材，并发挥其他有益效能。种间矛盾出现的时间和激烈程度，随树种特性、生长特点等而不同。当两个主要树种都是喜光树种时，多构成单层林，种间矛盾出现得早而且尖锐，竞争进程发展迅速，调节比较困难，也容易丧失时机。营造此种混交林应采用带状或块状混交，适当加大株行距，并及时调节种间关系。当两个主要树种分别为喜光和耐阴树种时，多形成复层林，如喜光树种生长快，种间的有利关系持续时间长，矛盾出现得迟，且较缓和，一般只是到了人工林生长发育的后期，矛盾才有所激化，因而这种林分比较稳定，种间矛盾易于调节。但是，如果喜光树种生长速度慢，则会受到压抑。

② 主要树种与伴生树种混交(又称主伴混交类型)　这种树种搭配组合，林分的生产率较高，防护效能较好，稳定性较强，多为复层林。主要树种一般居第一林层，伴生树种位于其下，组成第二林层或次主林层；也有伴生树种居上层，主要树种居下层的，如杉木与檫木混交。此类型种间关系比较缓和，即使随着年龄的增大种间矛盾变得尖锐时，也比较容易调节。

③ 主要树种与灌木树种混交(又称乔灌混交类型)　由主要树种与灌木树种构成的搭配组合，目的是利用灌木起到保持水土和改良土壤的作用。这种树种搭配组合，树种种间关系缓和，林分稳定。初期，灌木可以给主要树种的生长创造各种有利条件，郁闭以后，因林冠下光照不足，耐阴的灌木仍可继续生长，而当郁闭的林冠重新疏开时，灌木又可能在林内大量出现。主要树种与灌木之间的矛盾易于调节，在主要树种生长受到妨碍时，可对灌木进行平茬，使之重新萌发。多用于立地条件较差的地方，而且条件越差，越应适当增加灌木的数量。

④ 主要树种、伴生树种与灌木树种混交　可称为综合性混交类型，兼有上述 3 种混交类型的特点。这种类型形成多林层的复层结构，防护效益好，多用于防护林。

以上 4 种混交类型各有特点，下面从经济价值、生态价值、营造难易程度、对立地的要求和应用 5 方面进行分析(表 11-11)。

表 11-11　不同混交类型应用性分析比较

项　目		4 种混交类型的排列顺序(降序排列)
经济价值		乔木混交类型 > 主伴混交类型 > 综合混交类型 > 乔灌混交类型
生态价值		综合混交类型 > 乔木混交类型、主伴混交类型 > 乔灌混交类型
难易程度		乔木混交类型 > 综合混交类型 > 主伴混交类型 > 乔灌混交类型
立地要求		乔木混交类型 > 综合混交类型 > 主伴混交类型 > 乔灌混交类型
应用	用材林	乔木混交类型、主伴混交类型
	防护林	综合混交类型、乔灌混交类型
	经济林	主伴混交类型、乔灌混交类型
	薪炭林	综合混交类型、乔木混交类型、主伴混交类型、乔灌混交类型

(3)混交树种的选择

混交树种泛指伴随主要树种生长的所有树种，包括与主要树种混交的另一主要树种、伴生树种和灌木树种。混交树种的选择是营造混交林的关键，应遵循生态要求和生长特点与主要树种协调一致的原则。

混交树种的选择条件：应与主要树种有不同的生态要求；充分利用天然成分(更新幼树、灌木等)；有较高的经济价值和生态、美学价值；具有良好的辅佐、护土和改土作用(选择时可侧重于某一方面)，为主要树种生长创造良好的环境条件；具有较强的适应性、耐火和抗病虫害性，不与主要树种有相同病虫害；最好萌芽力强，容易繁殖，以便于调整和伐后恢复。

据南方 14 省(自治区)混交林科研协作组报道，1980 年以来，在营造混交林试验中效果较好的有：与杉木混交的有马尾松、柳杉、香樟、木荷、火力楠、毛竹等；与马尾松混交效果好的有杉木、栎类、栲类(如黧蒴栲)、木荷、台湾相思、红锥(赤黧)、黄连木、桉树等。

在北方的混交林营造试验中，混交效果较好的有：红松与水曲柳、胡枝子等；油松与侧柏、栎类、刺槐、椴树、桦树、山杨、紫穗槐、沙棘、黄栌、胡枝子等；杨树与刺槐、沙棘、紫穗槐、胡枝子等。

(4)混交比例的合理确定

混交林中各树种所占的百分比称为混交比例。混交比例直接关系到种间关系的发展趋向、林木生长状况及混交效果、经济效益、生态效益、社会效益的发挥。如檫木和杉木混交比例 1∶1，混交效果较差，原因是檫木早期速生，树冠扩展而抑制杉木生长。如杉木和檫木 3∶1 混交，效果就不错。一般来说，针叶树比例大则经济效益高，而生态和社会效益相对较低；反之，生态和社会效益高，而经济效益相对较差。因此，在营造混交林时，应确定合理的混交比例，使混交林后期各阶段的组成符合造林的要求，才能兼顾三方面效益，既取得较高的经济效益，又获得较高的生态和社会效益。

在确定混交比例时，应估计到未来混交林的发展趋势，保证主要树种始终处于优势。为此，主要树种的比例要大，因为个体数量是竞争的基础之一。对于竞争力强的树种，在不降低林分产量的前提下，可适当缩小混交比例。如以杉木、马尾松为主要树种的混交林较适合的混交比例有 7∶3、8∶2 或 6∶4。

(5)混交方法

混交方法是指混交林中各树种在造林地上的排列形式。同一比例的混交林，可以采用不同的混交方法。混交方法由于影响到种间关系，因此是很重要的混交林营造技术手段。

① 星状混交　一个树种的植株分散地与其他树种大量植株栽种在一起，或栽植成内隔株(或多株)的一个树种与栽植成行状、带状的其他树种依次配置的混交方法(图 11-6)。

这种混交方法既能满足喜光树种扩展树冠的要求，又能为其他树种创造适度庇荫的生长条件和改良土壤环境，种间关系比较融洽，可以获得较好的混交效果。

目前星状混交应用的树种有：杉木或锥栗造林，零星均匀地栽植少量檫木；刺槐造林，适当混交一些杨树；侧柏造林，稀疏地点缀在荆条等天然灌木林中。

② 株间混交　又称行内混交、隔株混交，是在同一种植行内隔株种植两个或两个以上树种的混交方法(图 11-7)。株间混交，不同树种间开始出现相互影响的时间较早，如果树种搭配适当，能较快地产生辅佐等作用，种间关系以有利作用为主；若树种搭配不当，种间矛盾就比较尖锐，种间关系难调节。

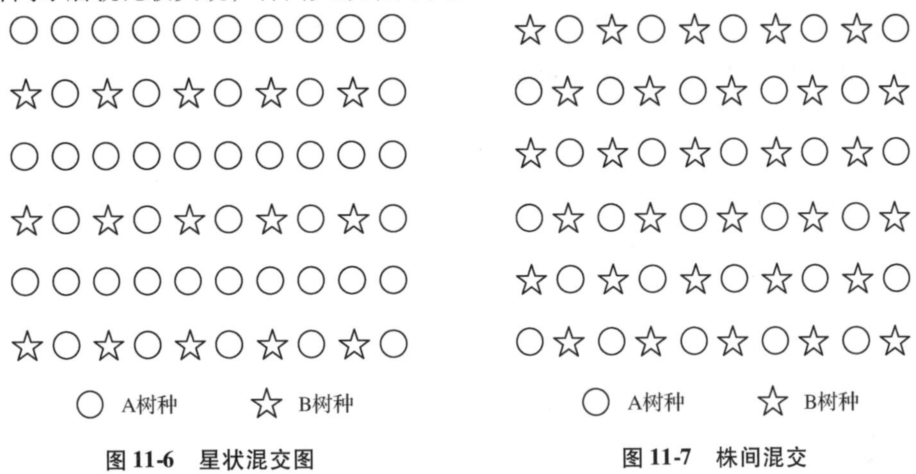

图 11-6　星状混交图　　图 11-7　株间混交

③ 行间混交　又称隔行混交，是一树种的单行与其他树种的单行依次种植的混交方法(图 11-8)。这种混交方法树种间的有利或有害作用一般多在人工林郁闭以后才明显出现。种间矛盾比株间混交容易调节，施工也较简便，是常用的一种混交方法。

④ 带状混交　一个树种连续种植 3 行以上构成的“带”，与其他树种构成的“带”依次种植的混交方法(图 11-9)。带状混交的各树种种间关系最先出现在相邻两带的边行，带内各行种间关系则出现较迟。这样可以防止在造林之初一个树种就被另一个树种压抑，但也正因为如此，良好的混交效果一般也多出现在林分生长后期。带状混交的种间关系容易调节，栽植、管理也较方便。不同树种种植带的行数可以相同，也可以不同。

图 11-8　行间混交　　图 11-9　带状混交

⑤ 行带混交　一个树种连续种植 2 行以上构成的“带”，与其他树种的种植行依次种植的混交方法。这种介于带状和行间混交之间的过渡类型。它的优点是保证主要树种的优势，削弱伴生树种(或主要树种)过强的竞争能力(图 11-10)。

⑥ 块状混交　又称团状混交，是将一个树种栽成一小片，与另一树种栽成一小片依次配置的混交方法(图 11-11)。一般分成规则的块状混交和不规则的块状混交两种。块状混交可以有效地利用种内和种间的有利关系，种间关系融洽，混交的作用较明显，造林施工比较方便。

规则的块状混交，是将平坦或坡面整齐的造林地划分为正方形或长方形的块状地，在相邻的地块上栽植不同的树种。块状地面积原则上不小于成熟林中每株林木占有的平均营养面积，一般其边长可为 5~10 m。

不规则的块状混交，是将山地按小地形的变化，在不同的地形部位分别成块栽植不同树种。这样既可以使不同树种混交，又能够因地制宜地安排造林树种，更好地做到适地适树。块状地的面积目前尚无严格规定，一般多主张以稍大为宜，但不能大到足以形成独立林分的程度。

图 11-10　行带混交　　　图 11-11　块状混交

⑦ 植生组混交　种植点群状配置时，在一小块地上密集种植同一树种，与相距较远的地块密集种植另一个树种的小块状地依次配置的混交方法。这种混交方法，块状地内同一树种，具有群状配置的优点，块状地间距较大，种间相互作用出现迟，且种间关系容易调节，但造林施工比较麻烦。

(6)控制造林时间

混交林营造和抚育成功的关键，是处理好种间关系，使主要树种始终多受益少受害。因此，其培育过程的主要技术措施都要围着这个中心进行。慎重地选好主要树种、伴生树种及灌木树种，采取适宜的混交类型和方法，造林时通过控制造林时间、造林方法、苗木年龄、株行距等措施，调节种间关系。对竞争力强的树种，可用推迟造林或用苗龄小的苗木造林，甚至采用播种造林，都可取得明显的效益。研究和实践证明，生长速度相差过于悬殊的树种，或耐阴性显著不同的树种，采用相隔时间或长或短的分期造林方法，可以收到良好的造林效果。如营造柠檬桉、窿缘桉等喜光速生树种时，可以先期以较稀的密度造林，待其形成林冠，能够遮蔽地面时再栽红锥、樟树、木荷等耐阴树种，使得这些树种得到适当庇荫，并居于林冠下层。

(7)抚育调控种间关系

通过以上控制调节，在相当长的时间可使种间关系维持相互有利的状态。但是随着年龄的增长，种间及个体之间的竞争将加剧，耐阴树种也仍有可能超过喜光树种而居于上层，影响混交林的稳定性和混交效果。因此，栽植后除了与纯林一样加强常规抚育管理之外，还要根据具体情况，有针对性地进行抚育调节，在生长过程中也可采用平茬、抚育伐、环剥等方法来抑制次要树种的生长，以保证主要树种的正常生长，使种间关系继续维持相互有利状态，保证混交成功。

【技能训练】

造林作业内业设计

[目的要求]掌握造林作业设计内业设计的方法，能根据造林作业设计的工作方法和各项操作技术独立编制当地主要树种的造林作业设计。

[材料用具]计算机、绘图工具、计算器等，GB/T 15776—2016《造林技术规程》、LY/T 1607—2003《造林作业设计规程》，造林作业区现状资料，林业生产作业定额参考表，各项工资标准，造林作业区的气象、水文、土壤、植被等资料。

[实训场所]实习林场或实训基地。

[操作步骤]

(1)造林技术设计。

① 林种、树种(草种)设计。满足国民经济建设对林业的要求，根据森林主导功能和经营目标，根据项目宗旨和工程区实现情况因地制宜地进行林种设计。树种(草种)设计应遵循生态、经济、林学、稳定、可行性原则，进行适地适树的调查研究，掌握“地”和“树”的本质，通过“选树适地或选地适树”“改地适树”“改树适地”等途径，科学选择树种。

② 种苗设计。造林必须做好种苗设计，按计划为造林提供足够的良种壮苗，才能保证造林任务的顺利完成。造林所需种苗规格、数量，应根据造林年任务和所要求的质量进行设计和安排。营造速生丰产用材林，应选用优良种源基地的种子培育的、并达到 GB 6000—1999《主要造林树种苗木质量分级》规定的Ⅰ级苗木以及优良无性系苗木。其他造林应使用 GB 6000—1999《主要造林树种苗木质量分级》规定的Ⅰ、Ⅱ级苗木。营造经济林，执行 LY/T 1557—2000《名优特经济林基地建设技术规程》和《主要造林树种苗木质量分级》规定。容器苗执行 LY/T 1000—2013《容器育苗技术》的规定，未制定国家标准的树种，应选用品种优良、根系发达、生长发育良好、植株健壮的苗木。

③ 造林方法设计。一般应根据林种、树种、苗木规格和立地条件选用适宜的栽植时间和栽植方法。穴植可用于栽植各种裸根苗和容器苗，缝植一般用于新采伐迹地、沙地栽植松柏类小苗，沟植主要用于地势平坦、机械或畜力拉犁整地的造林地造林。栽植时要保持苗木立直，栽植深度适宜，苗木根系伸展充分，并有利于排水、蓄水保墒。

④ 造林密度和种植点设计。乔灌木树种与草本、藤本植物的栽植配置(结构、密度、株行距、行带的走向等)，应依据林种、树种和当地自然经济条件合理设计。一般防护林密度应大于用材林，速生树种密度小于慢生树种，干旱地区密度可较小一些。密度过大固然会造成林木个体养分、水分不足而降低生长速度，但密度过小又会造成土地浪费，单位收获量下降。造林密度确定后，应依据造林作业区自然条件和林种、树种合理设计配置方式，促进形成合理林分结构。

⑤ 整地方式与规格。整地设计要根据林种、树种不同，视造林地立地条件差异程度，因地制宜地设计整地方式、整地规格等。除南方山地和北方少数农林间作造林需要全面整地外，多为局部整地。在干旱地区，一般应在造林前一年雨季初期整地。通过整地保持水土，为幼树蓄水保墒，提高造林成活率。整地规格应根据苗木规格、造林方法、地形条件、植被和土壤等状况，结合水土流失情况等综合决定，以求满足造林需要而又不浪费劳力为原则。

(2) 幼林抚育设计。幼林抚育管理设计主要包括幼林抚育、造林灌溉、防止鸟兽危害、补植补种，其中主要是幼林抚育。

① 幼林抚育。根据树种特性及气候、土壤肥力等情况拟订具体措施，如除草方法、松土深度、连续抚育年限、每年次数与时间，施肥种类、施肥量等。培育速生丰产林，一般要求种植后连续抚育 3~4 年，前两年每年 2 次，以后每年 1 次；珍贵用材树种和经济林木应根据不同树种要求，增加连续抚育年限及施肥等措施。

② 造林灌溉。对营造经济林或经济价值高的树种以及在干旱地区造林，需要采取灌溉措施的，可根据水源进行开渠、打井、引水喷灌或当年担水浇苗等，进行造林灌溉设计。

③ 防止鸟兽危害。造林后，幼苗以及幼树常因鸟兽危害而失败。因此，除直播造林应设计管护的方法及时间外，在有鼠、兔及其他动物危害地区造林，应设计防止鸟兽危害的措施。

④ 补植。由于种种原因，造林后往往会造成幼树死亡缺苗，达不到造林成活率要求标准。为保证成活率，凡成活率 41% 以上而又不足 85% 的造林地，均应设置补植。对补植的树种、苗木规格、栽植季节、补植工作量和苗木需要量也要做出安排。

(3) 辅助工程设计。指造林作业区中林道、灌溉渠、水井、喷灌、漫灌、塘堰、梯田、护坡、支架、护林房、防护设施、标牌等辅助项目的结构、规格、材料、数量与位置等的设计；沙地造林种草设置沙障的数量、形状、规格、走向、设置方法与采用的材料的设计；辅助工程要做出单项设计、绘制结构图，其他位置要标示在设计图上。

[**注意事项**] 注意资料的全面收集和妥善保管，防止丢失；注意安全。

[**实训报告**] 完成造林作业区内业设计实训报告。

【任务小结】

如图 11-12，图 11-13 和图 11-14 所示。

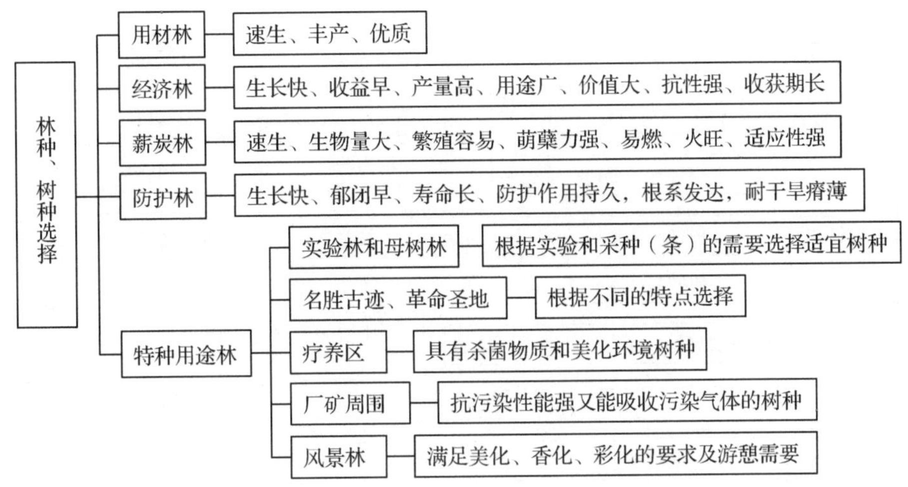

图 11-12　林种、树种选择知识结构图

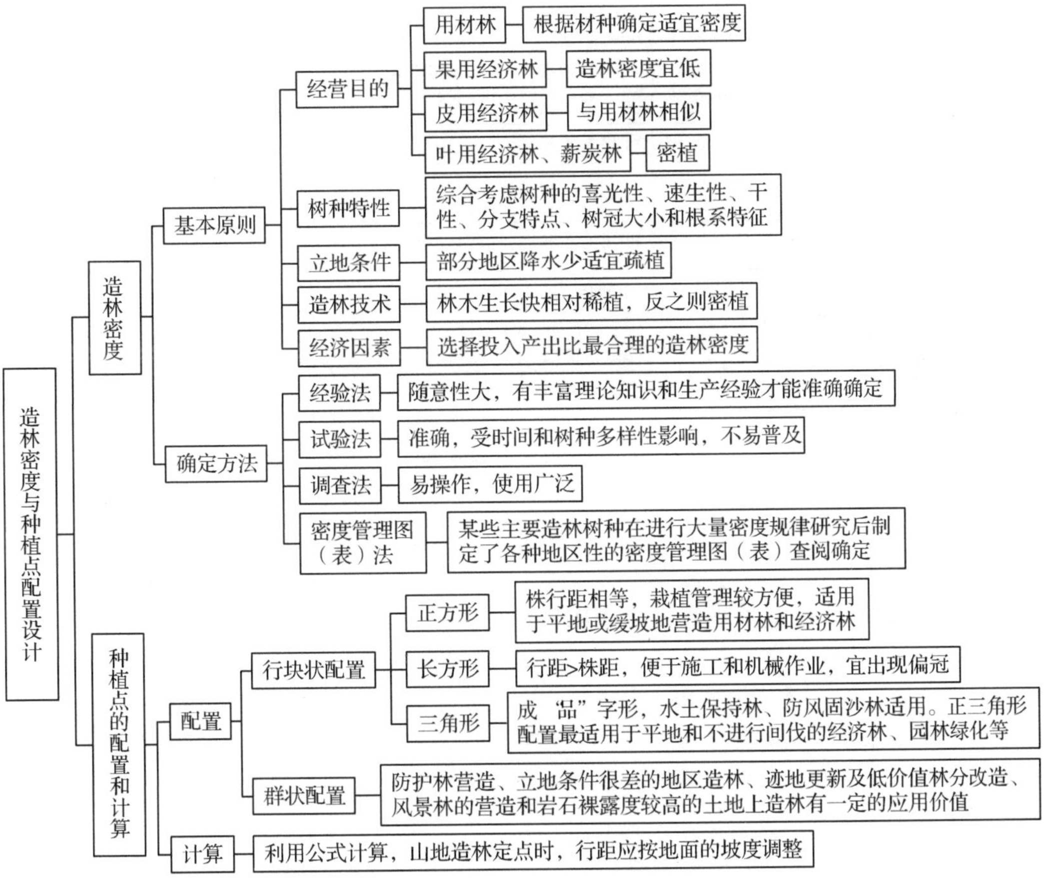

- 造林密度与种植点配置设计
  - 造林密度
    - 基本原则
      - 经营目的
        - 用材林 — 根据材种确定适宜密度
        - 果用经济林 — 造林密度宜低
        - 皮用经济林 — 与用材林相似
        - 叶用经济林、薪炭林 — 密植
      - 树种特性 — 综合考虑树种的喜光性、速生性、干性、分支特点、树冠大小和根系特征
      - 立地条件 — 部分地区降水少适宜疏植
      - 造林技术 — 林木生长快相对稀植，反之则密植
      - 经济因素 — 选择投入产出比最合理的造林密度
    - 确定方法
      - 经验法 — 随意性大，有丰富理论知识和生产经验才能准确确定
      - 试验法 — 准确，受时间和树种多样性影响，不易普及
      - 调查法 — 易操作，使用广泛
      - 密度管理图（表）法 — 某些主要造林树种在进行大量密度规律研究后制定了各种地区性的密度管理图（表）查阅确定
  - 种植点的配置和计算
    - 配置
      - 行块状配置
        - 正方形 — 株行距相等，栽植管理较方便，适用于平地或缓坡地营造用材林和经济林
        - 长方形 — 行距>株距，便于施工和机械作业，宜出现偏冠
        - 三角形 — 成"品"字形，水土保持林、防风固沙林适用。正三角形配置最适用于平地和不进行间伐的经济林、园林绿化等
      - 群状配置 — 防护林营造、立地条件很差的地区造林、迹地更新及低价值林分改造、风景林的营造和岩石裸露度较高的土地上造林有一定的应用价值
    - 计算 — 利用公式计算，山地造林定点时，行距应按地面的坡度调整

图 11-13　造林密度与种植知识结构图

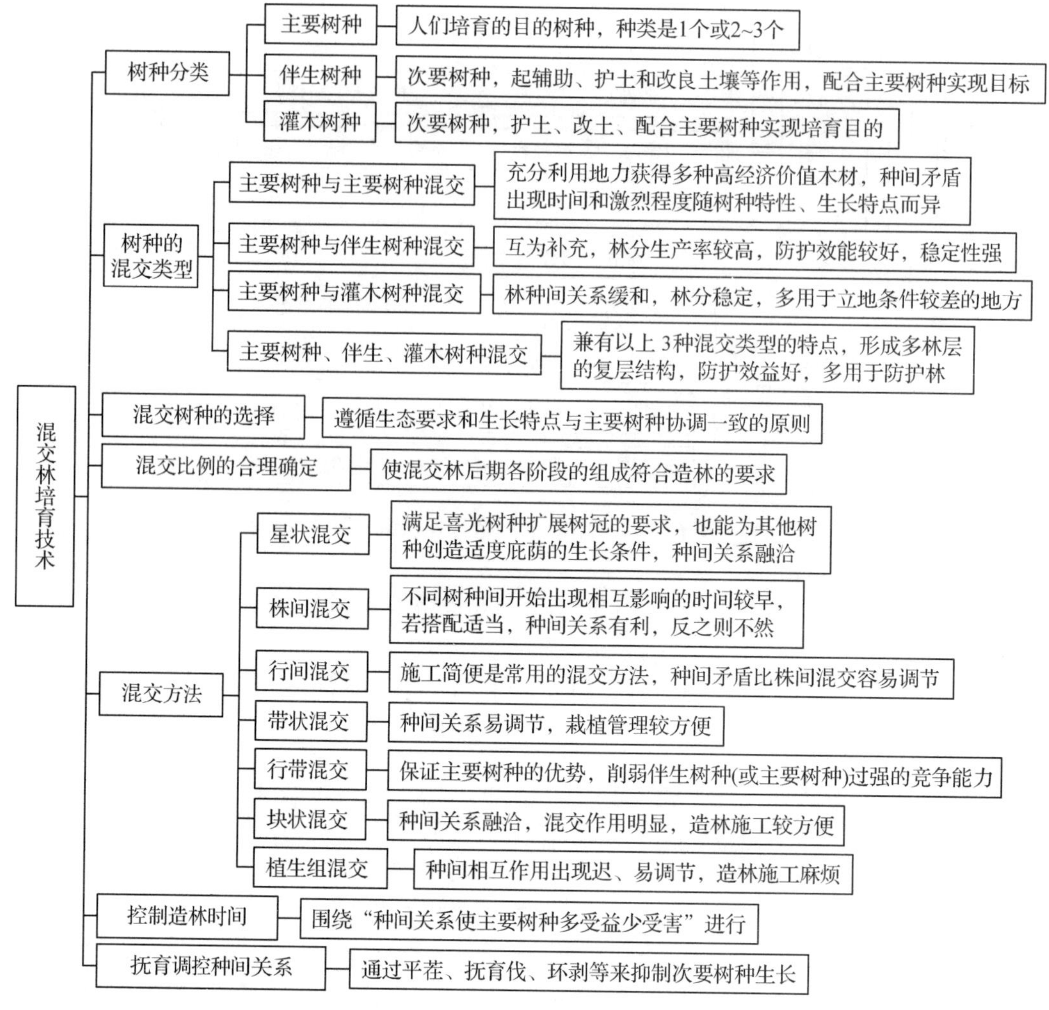

图 11-14 混交林培育技术知识结构图

【拓展提高】

一、MAPGIS 在造林规划设计制图中的应用

MAPGIS5.32 是由中国地质大学(武汉)研制的应用软件，由数据输入、数据处理、数据库管理、空间分析及数据输出 5 部分组成。运用手扶游标跟踪数字化法和扫描数字化法编绘数字化基本图，做好数字专题制图的预备工作，然后生成拓扑关系，根据调查的资料和专题图的目的和要求修改线和面的相关参数，输入和编辑所需要的点图元，最后进行图面整饰便完成了对立地类型图、土地利用现状图和造林规划设计图的制绘。

MAPGIS 在林业上的应用较为常见，在一定比例尺的限制下，从 GIS 的应用目标出发，对数据进行抽象和概括，生成各种专题用途的空间数据和属性数据集，其制图的效率和精度大大高于手工制图。

二、课外阅读题录

吴永平，张瑜，林辉. 2007. ViewGiS 在造林设计中的应用[J]. 株洲师范高等专科学校学报，12(2)：51－55.

罗细芳.2011. 海岛山体绿化营造林作业设计案例探讨[J]. 华东森林经理，25(2)：11－14.

【复习思考】

1. 内业设计包括哪些主要设计内容？
2. 树种选择的原则是什么？简述不同林种树种选择的条件。
3. 确定造林密度的原则和方法是什么？
4. 混交林有什么特点？简述混交林的应用条件。
5. 简述混交方式。

任务11.5 造林物资、工程量、用工量测算和投资预算

【任务介绍】

本任务是造林作业设计的重要环节，是准备造林物资、安排劳力、筹集资金的依据，也是编制施工招标文件的重要依据。在技术设计的基础上，对造林物资、工程量和用工量作出测算。造林物资包括种苗、肥料、农药、保水剂等；工程量包括造林面积、林地清理面积、整地穴个数、肥料和农药使用量，辅助工程的数量与相应物资、材料的用量，以及车辆、农机具等设备的数量与台班数等；用工量包括林地清理、整地、栽植、施肥、灌溉、病虫防治、幼林抚育等工序发生的劳务用工。以物资、工程量和用工量为计算依据，结合相应的技术经济指标对造林经费作出预算。

知识目标

1. 掌握造林物资、工程量、用工量测算和投资预算的主要内容。
2. 掌握造林物资、用工量测算和投资预算的方法。

技能目标

1. 能开展造林物资、用工量测算和投资预算。
2. 能规范地填写各类表格。

【任务实施】

11.5.1 种苗需求量计算

若采用直播造林，种子的需求量参照苗木需求量表计算。

根据各造林类型设计的造林树种、株行距、混交比例、种苗类型和相应的造林面积计算各树种种苗需求量，包括初植和补植种苗需求量。计算宜落实到村或林班，便于种苗供

给(表 11-12)。

表 11-12　种苗需求量表

单位：株

用苗单位	苗木类型	合计			树种 1			树种 2			……		
		计	初植	补植	计	初植	补植	计	初植	补植	计	初植	补植
单位 1	类型 1												
	类型 2												
	……												
……	类型 1												
	类型 2												
	……												
合计	类型 1												
	类型 2												
	……												

11.5.2　工程量测算

分单位(村)分别计算统计工程量，以各造林树种或造林类型的面积及设计指标为基础，计算林地清理、整地挖穴的数量、肥料、农药等造林所需物资数量，辅助工程项目的数量与相应物资、材料的用量，以及车辆、农机具等设备的数量与台班数(表 11-13)。

表 11-13　工程量统计表

用苗单位	造林面积(hm^2)	林地清理(hm^2)	整地穴(个)			肥料(t)			农药(kg)			其他
			计	规格 1	规格 2	计	种类 1	种类 2	计	种类 1	种类 2	
单位 1												
……												
合计												

11.5.3　用工量测算

分单位(村)分别测算，根据各造林类型造林面积、各造林类型的设计指标和劳动定额，测算造林各环节用工量(含辅助工程用工量)(表 11-14)。

表 11-14　用工量测算表

单位：工日

用苗单位	林地清理	整地	栽植	施肥、灌溉	病虫防治	幼林抚育	其他
单位 1							
……							
合计							

11.5.4　投资预算

分单位(村)分别预算，按苗木、物资、劳力和其他 4 大类作出预算。参照国家林业局《防护林造林工程投资估算指标》，结合当地的苗木市场价、运输费用、物资、劳力市场平均价(收集的技术经济指标)计算。包括各树种各苗木种类苗木单价，各肥料、农药种类单价，单位工日工资标准，以及其他发生了投资的单价指标。以此乘以相应的工程量或用工量，即得出投资预算表(表 11-15)。

表 11-15　投资预算表　　单位：万元

用苗单位	合计	种苗	肥料	农药	用工	其他
单位 1						
……						
合计						

【技能训练】

造林物资、工程量、用工量测算和投资预算

[**目的要求**]系统掌握造林物资、工程量、用工量测算和投资预算的相关知识。

[**材料用具**]各类表格、计算机、计算器等。

[**实训场所**]实验室。

[**操作步骤**]

(1)种苗需求量计算。按树种配置、造林密度及造林作业区面积，并考虑苗木损耗及补植量，计算各树种的需苗(种)量，并落实种苗来源。

(2)工程量统计。按工程项目的数量与相关技术指标，计算林地清理、整地挖穴的数量，肥料、农药等造林所需物资数量，辅助工程项目的数量与相应物资的需要量，以及车辆、农机具等设备的数量。

(3)用工量测算。按造林面积、辅助工程数量及其相关的劳动定额，计算用工量。

(4)单价指标。确定工价、种苗单价及各物资单价指标等。

(5)施工进度安排。按季节、种苗、劳力、组织状况做出施工进度安排。

(6)经费预算。分苗木、物资、劳力和其他 4 大类分别计算。种苗费用按需苗量、苗木市场价、运费测算；物资、劳力以当地市场平均价计算。

[**注意事项**]注意各项计算的标准性，不要有疏漏。

[**实训报告**]完成实训报告。

【任务小结】

如图 11-15 所示。

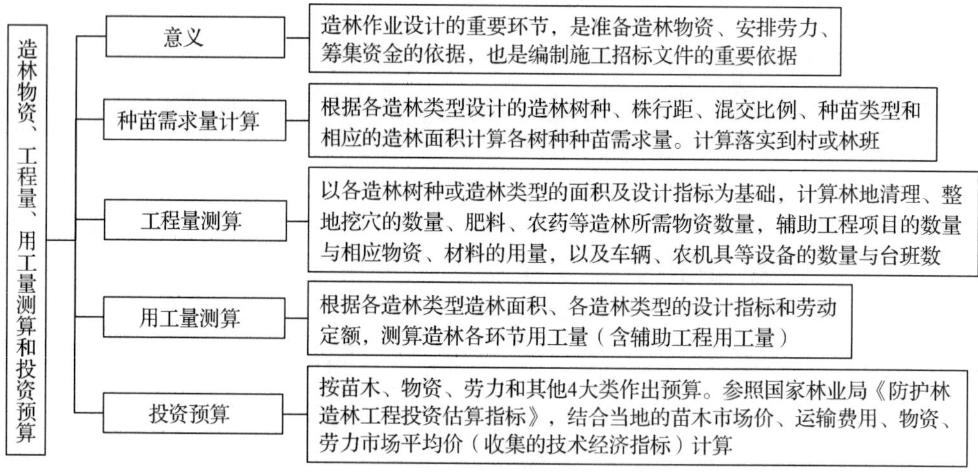

图 11-15 造林物资、工程量、用工量测算和投资预算知识结构图

【拓展提高】

一、投资预算应用实例

在东南沿海及热带区浙闽粤沿海丘陵平原类型区的山地及滩涂，营造人工防护林工程项目，规模为 1000hm^2，其中营造海岸防护林 700hm^2，水源涵养林和水土保持林 200hm^2，护路林 100hm^2。在海岸防护林中，有 100hm^2 需要施基肥(复合肥)。按以上规模，其造林投资估算如下：根据项目可行性研究方案，按《防护林造林工程投资估算指标(试行)》提供的造林模型，该造林工程采用造林模型 7 个，分别为海岸防护林的模型 2(规模 200hm^2)，模型 3(规模 100hm^2)，模型 5(规模 200hm^2)，模型 8(规模 200hm^2)；水土保持林、水源涵养林的模型 1(规模 100hm^2)，模型 2(规模 100hm^2)；护路林的模型 2(规模 100hm^2)。其防护林造林工程投资见案例表 11-16。

表 11-16 东南沿海及热带区 1000hm^2 人工造林工程实例 单位：万元

项目名称		数量(hm^2)	单价(元/hm^2)	投资估算			
				合计	建安	设备	其他
直接工程费用	模型 2(海防林)	200	7969	159. 38	159. 38		
	施肥	100	1632. 5	16. 33	16. 33		
	模型 3(海防林)	100	6467	64. 67	64. 67		
	模型 5(海防林)	200	18568	371. 36	371. 36		
	模型 8(海防林)	200	5432	108. 64	108. 64		
	模型 1(水保林)	100	8163	81. 63	81. 63		
	模型 2(水保林)	100	8513	85. 13	85. 13		
	模型 2(护路林)	100	7663	76. 63	76. 63		
	合计			963. 77	963. 77		

（续）

项目名称		数量（hm^2）	单价（元/hm^2）	投资估算			
				合计	建安	设备	其他
工程建设其他费用	建设单位管理费	工程费用的 1.50%		14.47			14.47
	勘查设计费	工程费用的 4.07%		39.50			39.50
	科研咨询费	工程费用的 0.97%		9.60			9.60
	设计费	工程费用的 3.10%		29.90			29.90
	工程监理费	工程费用的 2.81%		27.09			27.09
	招投标费	工程费用的 0.66%		6.35			6.35
	竣工验收费	工程费用的 0.50%		4.82			4.82
	合计			92.23			92.23
基本预备费		工程费用和其他费用之和的 5%		52.80			52.80
	合计			52.80			52.80
合计				1108.80	963.77		145.03

二、课外阅读题录

徐天蜀 . 2008. 监理规划设计系统的设计与实现[J]. 四川林勘设计，(2)：71－74.

【复习思考】

简述造林物资、工程量、用工量测算和投资预算的主要内容和方法。

任务 11.6　造林作业设计文件编制

【任务介绍】

造林作业设计文件是造林作业设计成果的最终体现，前述任务的各项成果均反映在设计文件中，作业设计是否具有科学性和可操作性，是否满足造林施工和施工管理、前期准备的需要就体现在作业设计文件中。因此，作业设计文件的编制是极其重要的一项工作，包括造林作业设计说明书、造林作业设计图和造林作业设计表等一整套文件的编制。

知识目标

1. 掌握造林作业设计文件组成。
2. 掌握造林作业设计各文件的编制方法。

技能目标

1. 能编写造林作业设计说明书。
2. 能计算、填写各类设计表。

3. 能绘制各类设计图。

【任务实施】

11.6.1 造林作业设计文件的组成

造林作业设计文件以乡(镇)为单元编制，有特殊规定时从其规定，每个乡(镇)编制一套设计文件，文件由造林作业设计说明书、造林作业设计表和造林作业设计图 3 部分组成。

11.6.2 造林作业设计文件的编制要求

(1)依据科学、内容完整

以 GB/T 15776—2016《造林技术规程》、LY/T 1607—2003《造林作业设计规程》和造林总体设计(初步设计)为指导进行设计，确保科学性。每个乡(镇)编制一套作业设计文件，各设计文件应按所规定的项目填列齐全、完整，无遗漏。

(2)设计合理、可行适用

坚持生态效益优先，兼顾经济、社会效益；坚持因地制宜，讲求实效的原则；坚持以提高质量为重点的原则；坚持科技兴林的原则，加大营造林的科技含量，合理进行造林作业设计，确保设计可行适用。

(3)简明扼要、通俗易懂

编制的造林作业设计说明书文字不宜过多，重点阐述“是什么”“怎么做”，尽量少论述“为什么”，采用常用的专业词汇和语言，如有新的专业用语则应加以说明。各类设计图主题应明确，如位置图主要反映项目区的位置，总体设计平面图主要反映造林小班的状况。各种界线清楚，图例与图面要素一一对应，同时图面要素要完全符合 LY/T 1821—2009《林业地图图式》。各类表格内容完整，内容符合逻辑，没有统计计算错误。

11.6.3 编制造林作业设计文件

(1)造林作业设计说明书

以造林作业区为单元，按以下提纲编写。

(2)造林作业设计表

包括造林作业设计小班现状调查表(表 11-2)、造林作业设计表(表 11-17)、造林工程量、用工量及投资概算一览表(表 11-18)、造林作业设计一览表(表 11-19)。

造林作业设计说明书提纲

一、总论

(一)项目提要(项目名称、项目建设单位、项目法人代表、项目主管单位、项目性质、项目区范围、项目建设目标、项目主要建设内容及规模、项目建设进度、项目投资规模与资金来源等。)

(二)设计依据(项目前期规划、可研报告、初步设计、审批文件、引用的法律法规、引用的技术标准，以及其他参考引用过的资料。)

(三)设计的指导思想

(四)主要技术经济指标(单位面积综合成本、用工指标、日工资标准、种苗单价指标、肥料单价指标、农药单价指标，以及其他在项目设计中用到的指标，如辅助工程用到的指标。)

二、项目区基本情况

(一)自然地理条件　　(二)社会经济情况

(三)森林资源概况(重点是土地资源)　　(四)林业经营状况

(五)项目建设条件分析

三、项目布局与区划调查

(一)项目布局与规模　　(二)区划系统、区划条件、区划方法

(三)小班调查(调查内容、调查方法)　　(四)区划结果

四、技术措施设计

(一)立地类型划分

(二)造林类型设计[树种选择，造林密度设计，混交设计，种植点配置设计，林地整理(清林、整地)设计，造林方式、时间设计，苗木设计，施肥、灌水设计，抚育设计，管护设计。根据设计编制造林类型设计表。]

(三)辅助工程设计及机具与设备设计

(四)环境保护设计

五、项目建设进度

六、物资、工程量、用工量测算

七、招标方案

(一)招标范围　　(二)招标方式

(三)招标的组织形式

八、投资预算与资金来源

(一)预算编制说明(说明预算原则、依据和取费标准)

(二)预算结果　　(三)资金来源

九、项目效益分析

表 11-17　造林作业设计表

编号________ 乡(镇、场)________ 村(工区)________ 林班________ 大班(小班)________
地名________ 小班面积________ 造林面积________ 培育目标________
林种树种________ 更新改造方式________ 山权________ 经营权________
设计单位________ 资质________ 设计负责人________ 职称________
作业设计________ 参加人员________ 工日单价________

内容	设计要求(年度、季节、次数方式、规格等)	物资量				用工量		
		定额	数量	单位价格	投资额	定额	数量	投资额
林地清理								
整地与挖穴								
种苗								
施基肥								
造林时间、方法								
造林密度及株行距								
混交方式、比例								
幼林抚育								
追肥								
病虫害防治措施								
防火设施设计								
辅助工程								
林带宽度或行数								
其他								

表 11-18　造林工程量、用工量及投资概算一览表

统计单位	小班面积(hm^2)	造林面积(hm^2)	种苗(株或 kg)		物资(kg)		用工量(d)	投资概算(元)								
								种苗	物资	劳力	其他					合计
			种苗 1	种苗 2	物资 1	物资 2					设计费	管理费	管护费	科研培训费	不可预见费	

表 11-19　造林作业设计一览表

＿＿＿＿县　＿＿＿＿乡(镇)　　　　　　　　　　年度＿＿＿＿

村	小班号	小班面积	有效面积(hm²)	权属	地类	立地类型号	造林类型号	林种	造林树种	混交		种植点配置	株行距(m)	造林株数(株)		种苗					林地清理		整地			造林		灌水(次)	施肥(t)		前3年抚育		用工量(工日)	投资(元)
										方式	比例			初植	补植	类别	等级	苗龄	苗高(cm)	地径(cm)	方法	时间	方法	规格	时间	方法	时间		种类	数量	方式	次数		

注:此表以乡(镇)为单位,按村(林班)填写,保留小数点后一位数。本表可与现状调查一览表合并为“造林调查设计一览表”。

填表人＿＿＿＿　填表日期＿＿＿＿

(3)造林作业设计图

满足发包、承包、施工、工程监理、结算、竣工验收、造林核查的需要。图种包括项目区位置示意图、作业设计总平面图、造林图式图和辅助工程单项设计图4类。

① 项目区位置示意图　对作业设计而言位置示意图以县级行政区划图为基本图，主要反映项目区在某县的位置，图面要素包括主要道路，河流和乡(镇)、村界线，项目所在乡、村着色突出。项目区位置示意图一般装订在说明书目录之前。

② 作业设计总平面图　以乡(镇)为单位或以项目区为单位成图，比例尺一般为1:5 000，如果项目区较大可按A3打印纸分幅成图。图面要素包括行政界线、明显的地物标(道路、河流、溪流、沟渠、桥梁、涵洞、独立屋、孤立木等)，重点反映造林小班的位置、形状和设计状况(小班注记)，以及辅助工程的布设位置。

$$\text{小班注记式为：小班号}\frac{\text{面积 - 造林类型号或造林树种}}{\text{立地类型号}}$$

③ 造林图式图　包括栽植配置平面图、立面图、透视图(效果图)以及整地样式图(图11-16)。栽植配置平面图表示水平方向种植点的配置关系，立面图表示种植点在坡面的配置关系，透视图反映成林后的效果。整地样式图表示整地穴的形状、规格。造林图式应绘制2种以上，以保证设计人员不在场的情况下，其他人员按图式作业不会产生歧义。其中栽植配置平面图与立面图为必备图式，其他图式可选。

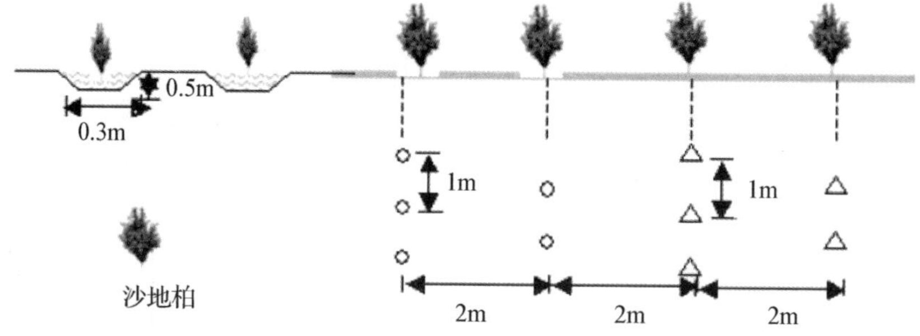

图11-16　穴状种植平面立面示意图

④ 辅助工程单项设计图　按照相关国家标准、行业标准绘制单项设计图。

(4)文件装订顺序

① 设计单位资质证书；② 造林作业设计责任者名单，加盖设计单位资料章或公章；③ 位置示意图；④ 目录；⑤ 造林作业设计说明书；⑥ 各类表格；⑦ 各类图件。如果图件因分幅而造成页数太多，可单独成册。作业设计文件按以上顺序排列后装订，加封装面，合并成册。封面题写《××乡镇××年度造林作业设计》

【技能训练】

造林作业设计文件编制

[目的要求] 会编写造林作业设计说明书，能设计填写各类造林作业设计表，会绘制造林作业设计平面图和栽植配置平面图。

[材料用具] 计算机、绘图工具、计算器等，造林小班、各类调查工具和材料，1:10 000地形图，造林作业设计规程、表格等。

[实训场所]实习林场。

[操作步骤]

(1)编写造林作业设计说明书。

(2)填写造林作业设计表。

(3)绘制造林作业设计图。

(4)装订文件。

详见11.6.3编制造林作业设计文件。

[注意事项]造林作业设计文件应完整，注意规范性、科学性和可行性。

[实训报告]完成某林场某年度绿化工程造林作业设计文件编制。

【任务小结】

如图11-17所示。

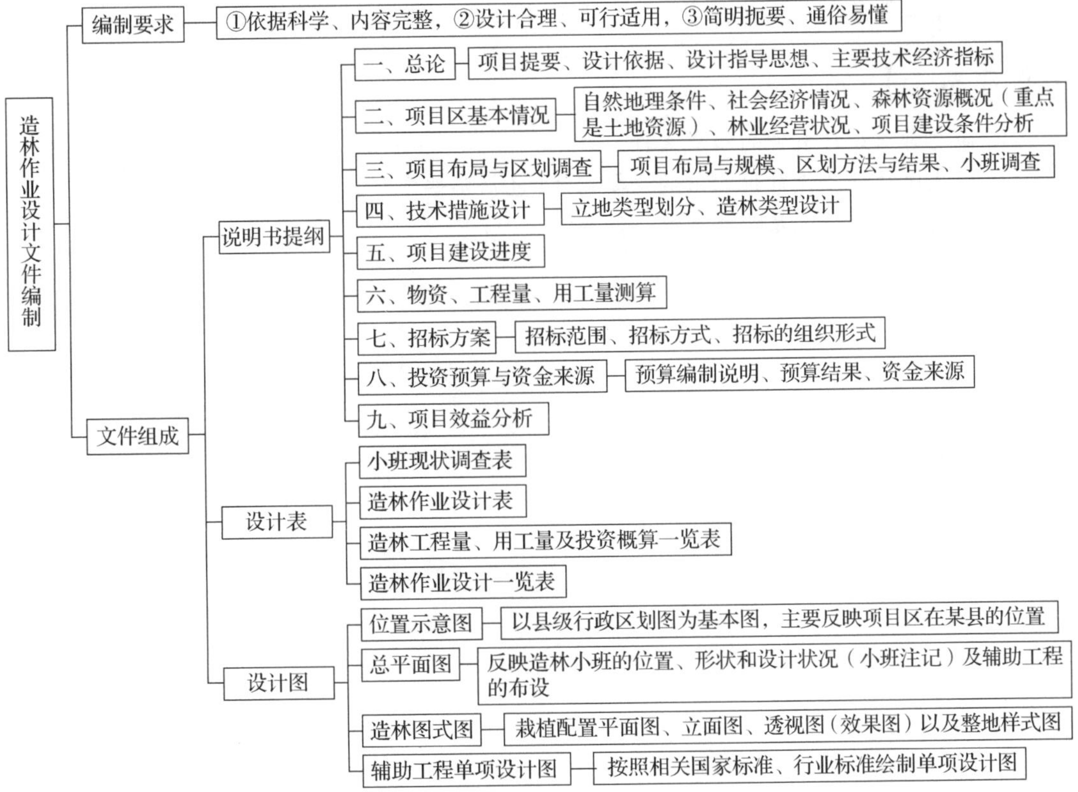

图11-17　造林作业设计文件编制知识结构图

【拓展提高】

一、图件打印

(1)造林总体设计位置示意图。图幅为A4或A3打印纸大小。主要图素有：地形、地貌(水系、山脊线、山峰等)、行政区划界、经营区划界、道路、居民点等。

(2)现状图。以小班调绘图为蓝本，主要图素有：地形、地貌(水系、山脊、山峰等)、行政区划界、经营区划界(最小区划单元为小班)、居民点、道路、桥梁、瞭望台、苗圃、种子园、母树林和建筑物位置，以及小班编号、小班面积、地类。以不同填充色、图案区分地类。

现状图以建设区域为单位分幅。当图幅过大时也可以区划系统的次级单元为单位分幅。打印输出比例尺为 1∶25 000 或 1∶5000。当造林面积 $<6\times10^4$ hm^2 时，比例尺可为 1∶10 000。当造林面积 $>4\times10^5$ hm^2，且地类简单、图班较大时，比例尺可为1∶100 000。

(3)立地类型图。主要图素、分幅与现状图相同，地类代码改为立地类型代码。以不同填充色、图案区分立地类型。分幅、比例尺与现状图相同。

(4)总体设计图。除主要地形、地物、原有道路与居民点外，要标示新增设的道路、桥梁、瞭望台、苗圃、种植园、母树林以及建筑物。以不同填充色、图案标出各小班的造林模型、森林经营模型，并标注其代码。分幅、比例尺与现状图相同。

二、课外阅读题录

详见数字化资源库中的造林作业设计实例(http：//202. 113. 245. 38：8081/kczypt/)。

【复习思考】

1. 简述作业设计文件的组成文件。
2. 简述造林作业设计说明书的主要内容(包括哪些章节)。
3. 造林作业设计包括哪些表格、图件?

项目 12

造林施工

造林施工是施工单位实施造林调查规划设计和施工作业设计方案的过程，它关系到造林的成败和质量的高低，因此，必须严格按照设计方案进行施工。造林施工前应做好充分准备，包括造林地准备、种苗供应、劳力安排、工具和物料准备等。

任务 12.1　造林地的清理

【任务介绍】

造林地清理是指在翻垦土壤前，清除造林地上的灌木、杂草、杂木、竹类等植被，或采伐迹地上的采伐剩余物(枝桠、梢头、伐根、站杆、倒木等)的造林地整理工序。造林地清理适用于杂草灌木丛生、堆积有采伐剩余物，不进行清理无法整地或整地很困难的造林地。主要目的是为了改善造林地上的卫生状况，同时为土壤翻垦和其后的造林施工、幼林抚育等作业创造便利条件。

知识目标

1. 了解造林地清理的概念和意义。
2. 了解造林地清理方式。
3. 掌握造林地清理方法的技术要点及其适用条件。

技能目标

1. 能根据造林地的具体情况，选择适当的清理方式。
2. 能采用不同的清理方法按时保质保量完成造林地的清理任务。

【任务实施】

12.1.1　造林地清理的方式

12.1.1.1　全面清理

全面清理是在整块造林地上全部清除杂草灌木和采伐剩余物的清理方式。使用的清理方法可以用割除、火烧及化学方法。全面清理的清理效果好，但用工量大。同时，清除了造林地上所有植被，使造林地失去了保护，易造成水土流失。全面清理仅适用于病虫害比较严重的造林地和集约经营的商品林造林地，如速生丰产林。

12.1.1.2 团块状清理

团块状清理是以种植点为中心呈块状地清理周围植被或采伐剩余物的清理方式。使用的清理方法主要是割除和化学药剂处理。清理团块一般为圆形，半径为0.5 m。团块状清理用工量小、成本低，但效果差。所以在生产上仅用于病虫害少、杂草灌木稀疏的陡坡造林地或营造耐阴的树种。

12.1.1.3 带状清理

带状清理是以种植行为中心呈带状地清理其两侧植被，并将采伐剩余物或被清除植被在保留带(不清理带)堆成条状的清理方式。使用的清理方法主要是割除和化学药剂处理。带状清理能够产生良好的造林地清理效果，同时保留带的存在可以防止水土流失，保护幼苗幼树，提高造林成活率，有利于幼树的有效生长，在生产上应用广泛。

12.1.2 造林地清理的方法

造林地清理方法就是清理时所使用的手段和措施。它可分为割除清理法、火烧清理法、堆积清理法和化学药剂清理法4种方法。

12.1.2.1 割除清理法

割除清理就是将造林地上的杂木、杂草、灌木、竹类等割除、砍倒，并烧除或堆积处理的造林地清理方法。有利用价值的小径木则要运出利用，杂草、灌木也可以运出用作薪柴或其他加工原料。

割除清理法劳动强度大、费时费工，但简单易行，应用广泛。主要用于幼龄的杂木林、灌木、杂草繁茂的荒山荒地及植被已经恢复的采伐迹地。割除的工具有多种，目前在我国使用较多的是手工工具(镰刀、砍刀等)和割灌机。国外大面积作业经常采用推土机、切碎机、割灌机和安装剪切刀片的履带式拖拉机。

割除的时间应选择植物营养生长旺盛、尚未结实或种子尚未成熟、地下积累的物质少、茎干容易干燥的季节进行。这样可以减少杂草灌木的萌生，提高清理的效果。清理的具体时间可在春季或夏末秋初。

割除清理法常常与带状清理结合进行，称为“割带”或“打带”。割带在幼林抚育中也常作为除草方法，称为“刀抚”。

12.1.2.2 火烧清理法

火烧清理法就是将被清除物焚烧的造林地清理方法。火烧可以提高地温，增加土壤灰分和速效性营养元素含量，减轻或消灭病虫害，清理彻底，便于更新作业，并且省工省时。但火烧清理直接烧毁了生态系统长期积累起来的采伐剩余物，破坏土壤结构，大量养分元素以气态、飞灰等形式流失，降低林地的保水保肥能力；在雨量大、坡度陡的造林地上，容易造成水土流失，且使林地暴露于全光照下，不利于耐阴树种(如楠木、福建柏等)的造林成活；火烧植被也使动物丧失栖息场所，减少鸟、兽、昆虫和微生物的种类，破坏了生物多样性。

火烧清理的利弊尚有争论，应该慎用。在一些地区已经明令禁止。

火烧清理法多用于南方杂草、灌木较多的山地，部分北方地区也有火烧清理造林地的习惯。火烧清理一般分劈山和炼山两步进行。劈山就是将杂木、灌木、杂草砍倒的施工过程。一般以盛夏的7~8月较为适宜。这一时期，杂草灌木生长旺盛，地下部分所积累的养分较少，劈除后萌生能力弱，杂草种子尚未成熟，易于消灭。此时光照强烈，杂草灌木砍倒后易于干燥。对于杂草较多的造林地，也可以在干燥季节直接点火炼山，而不必劈山。炼山就是将砍倒的杂草灌木烧掉。炼山一般在劈山后1个月左右，杂草灌木适当干燥后进行。炼山之前应将周围的杂草灌木适当向中间堆积，并打出8~10 m的防火线，选择无风阴天的清晨或晚间，从山上坡点火，以减缓火势，防止火灾的发生。炼山时必须有人看管火场，防止走火引起火灾。

12.1.2.3　堆积清理法

堆积清理就是将采伐剩余物和割除的杂草灌木按照一定方式堆积在造林地上任其腐烂和分解的清理方法。堆积清理不破坏有机质和各种营养元素，对于土壤的改良性能好。但是如果堆积的时间过长或者剩余物的直径较大，这些剩余物为鼠类和可能损伤健康树木的病虫提供了栖息场所。

堆积清理法主要适用于需要人工更新的采伐迹地，但在所采伐剩余物较多和病虫害较严重的造林地上应慎用。

12.1.2.4　化学药剂清理法

化学药剂清理就是采用化学药剂(主要是化学除草剂)杀除杂草和灌木的清理方法。清理效果显著且省时省工，不易造成水土流失，使用比较方便。化学清理也有不利的方面。例如，化学药剂的运输不方便、不安全；用量和用法掌握不当会造成环境污染或对人畜造成毒害；残留的药剂对更新幼苗幼树造成毒害、杀死有益的动物；有时使用会受到限制，如干旱地区缺少配制药剂所需要的水源等。

目前使用比较广泛的化学药剂主要有：2, 4-D, 2, 4, 5-T、草甘膦、茅草枯、五氯酚钠、阿特拉津、西玛津等。使用时应根据植物的特性、生长发育状况以及气候等条件决定。

使用化学除草剂应注意选用适当的化学药剂种类、浓度、用量以及喷洒时间，以防止造成环境污染。目前，在我国造林地的化学清理研究还不多，基本处于试验阶段。

【技能训练】

造林地的清理

[目的要求]了解造林地清理的意义，明确造林地清的工作内容，掌握割除法清理造林地操作过程与技术要求。

[材料用具]镰刀2把或割灌机1台及汽油适量，皮尺、钢卷尺各1把等。

[实训场所]实习林地。

[操作步骤]

(1)清理带和保留带宽度的确定。带状清理时，一般根据“宽割窄留”的原则确定带的宽度。带的宽度有如下规格：

① 窄带　割带1m，保留1m。适用于灌丛矮、密度小的阳坡及营造耐阴性树种的造林地。

② 中带　割带3m，保留1m。适用于缓坡、斜坡，灌木中等密度的造林地。

③ 宽带　割带4m以上，保留带不宽于3m。适用于灌丛较高、密度大或营造喜光树种。

(2)清理带方向的设置。清理带的方向依造林地的地形地势和水土流失情况而定。

① 平地　清理带的方向一般南北向设置，以增加清除带内的光照，有利于苗木生长。

② 山地　一般根据坡度大小，水土流失强度决定清理带的方向。

顺山带：清理的方向与山坡的方向平行。这样方便施工人员通行，在坡度较缓的山地使用也不会加剧水土流失。

横山带：清理带的方向与等高线平行。由于保留带的方向与地表径流的方向垂直，能有效地降低水土流失强度，在坡度较大的造林地上使用可以防止水土流失。但横山带对施工人员通行不便，较少使用。

斜山带：清理带的方向与等高线方向成45°夹角。这样既可以防止水土流失，又方便施工人员通行，多在坡度较大的造林地上应用。

③ 施工　使用割除工具(割灌机或手工刀具)割除清理带上的灌木、杂草和杂木，并按规定将灌木、杂草在保留带上堆放好。杂草、灌木的堆放高度1m，宽度按规定执行。

[**注意事项**]注意严格控制清理带和保留带的宽度；注意安全实习，避免使用工具不当造成人身伤害。

[**实训报告**]完成书面实训报告，着重写明实训项目的操作过程与技术要求，说明理论依据，必要时绘图加以说明。

【任务小结】

如图12-1所示。

【拓展提高】

一、采伐剩余物清理机械

目前，在我国多采用人工方式清理采伐剩余物，特别是在山区，由于地形复杂，作业条件差，很少使用机械进行采伐剩余物清理。这里只简要介绍几种采伐剩余物清理机械。

(1)枝桠收集机

这类机械多以集材拖拉机为主机，装配相应集材装置，将采伐剩余物(枝桠)收集起来运出加以利用，或按一定方式堆于造林地任其腐烂。常用的机械有枝桠收集打捆机、抓钩式枝桠收集机、ST－30型人工林间伐集材机和带状清林机等。

(2)刀辊式碎木机

以集材拖拉机为主机，装配一个刀辊式碎木装置。作业时靠刀辊及其自身的质量，将枝桠和灌木切碎并压入地中，任其腐烂。

二、伐根清理机械

通常可采用爆破法、化学腐蚀法、铣削法、火烧法、机械拔除法清除伐根。常用的拔根机有钳式拔根机、杠杆式拔根机、推齿式拔根机。这些机械均悬挂在拖拉机上，利用专门机构将伐根拔除。另有一种手动绞盘拔根机则是利用绞盘机直接将伐根拔除。

- 造林地清理
  - 概念：翻耕土壤前，清除造林地上的灌木、杂草、杂木或采伐迹地上采伐剩余物的工序
  - 作用：改善造林地卫生状况，为土壤翻垦和其后的造林施工、幼林抚育等作业创造便利条件
  - 清理方式
    - 全面清理
      - 范围：整块地上全部清除杂草和采伐剩余物
      - 特点：效果好，但用工量大，易造成水土流失
      - 适用对象：病虫害严重的造林地和集约经营的商品林造林地
    - 团块状清理
      - 范围：以种植点为中心清理周围植被和采伐剩余物
      - 特点：用工量小，成本低，但效果差
      - 适用对象：病虫害少、杂草灌木稀疏的陡坡造林地或营造耐阴树种
    - 带状清理
      - 范围：以种植行为中心呈带状清理两侧植被和采伐剩余物
      - 特点：清理效果和防治水土流失效果好，能提高造林成活率
      - 适用对象：适用广泛
  - 清理方法
    - 割除清理法
      - 定义：杂木(草)、灌木和竹类等割除，烧除或堆积处理掉的方法
      - 特点：劳动强度大、费时费工、但简单易行，应用广泛
      - 适用对象：幼龄杂木林，灌木、杂草繁茂的荒山荒地及采伐迹地
    - 火烧清理法
      - 定义：将被清理物焚烧的方法
      - 特点：能提高地温，减轻病虫害、清理彻底；但降低保水保肥的能力，不利于耐阴树种的造林成活，破坏生物多样性
      - 适用对象：多用于南方杂草、灌木较多的山地，部分北方地区也适用
    - 堆积清理法
      - 定义：将采伐剩余物和杂草灌木堆积任其腐烂分解的方法
      - 特点：对土壤的改良性能良好，但可能为病虫鼠提供栖息场所
      - 适用对象：需人工更新的采伐迹地
    - 化学药剂清理法
      - 定义：用化学药剂（除草剂）杀除杂草和灌木的方法
      - 特点：效果显著省时省工、不易水土流失、使用比较方便；但会产生毒害，杀死有益动物、使用受到限制
      - 适用对象：应用不多，处于试验阶段

图 12-1　造林地清理知识结构图

三、灌木清除机械

(1)灌木铲除机

以拖拉机为动力，在拖拉机前方安装灌木铲。灌木铲由铲刀、铲壁、铲架、护栅及滑撬组成。作业时铲刀下降，并由滑撬保持一定高度，拖拉机前进将灌木切断。铲刀的切灌高度和锋利程度直接影响除灌质量，因此，作业时要注意调节铲刀的高度和磨刃，以防止产生树干弯曲、撕裂和折断现象。灌木铲除机主要适用于地势平缓的造林地。

(2)割灌机

它是一类利用旋转式工作部件切割灌木的机械。这类机械在生产上应用普遍，不仅用于造林地清理，还可用于幼林抚育。

灌割机的常见类型主要有以下几种：① 背负式割灌机。以小型汽油或柴油发动机为动力，由人背负作业，具有质量轻、机动灵活、结构简单、使用维修方便等特点，应用广

泛，分为侧背式割灌机、后背式割灌机、背负式割灌机3种。② 悬挂式割灌机。悬挂在拖拉机上，并以拖拉机为动力驱动工作部件工作，一般用于大面积割灌作业。③ 手扶式割灌机。以发动机为动力，由行走轮支撑，由人推动前进作业。

四、课外阅读题录

杨国群．2012. 竹造林地不同清理方式对造林效果的影响[J]. 福建林业科技，39(4)：34－37.

林晓芳．2012. 尤溪县造林地类型及清理方式研究[J]. 林业科技，37(6)：35－37.

【复习思考】

1. 什么叫造林地清理？它的作用有哪些？
2. 常见的造林地清理方式有哪些？
3. 常见的造林地清理方法有哪些？

任务 12.2　造林整地

【任务介绍】

造林整地就是翻垦林地土壤、改善造林地条件的工序，是造林前处理造林地的重要技术措施。其目的是为了改善立地条件、增强水土保持效能、减少杂草和病虫害、便于造林施工和提高造林成活率，促进幼林生长。正确、细致、适时整地，是实现人工林速生丰产的基本措施之一。

知识目标

1. 了解造林整地的概念和作用。
2. 掌握当地造林整地的主要方式方法、技术要点及其适用条件。

技能目标

1. 能正确确定造林地整地方式。
2. 能正确确定整地时间和季节。
3. 能正确进行整地操作。

【任务实施】

12.2.1　造林整地季节的确定

选择适宜的时间整地是充分利用外界有利环境条件，回避不良因素，取得较好整地效果的一项措施。在分析造林地自然条件和社会经济条件的基础上，确定适宜的整地季节，对提高整地质量，节省经费开支，减轻劳动强度，降低造林成本，以及确保苗木成活、促进幼苗生长具有重要意义。

12.2.1.1 按季节确定

就全国多数地方而言，一年中任何时间都可以整地，但在我国北方冬季天寒地冻，无法进行整地施工。因气候条件的变化，不同季节的整地效果也明显不同。

(1)春节整地

在北方，春天气温高，空气干燥，风速较高，土壤水分蒸发量大，易造成土壤板结，整地效果差。同时，春季整地与农业争劳力，较少采用。

(2)夏季整地

夏季气温高，且雨量充沛，翻垦有利于草木残体的腐烂分解，土壤改良性能好，易于蓄水和提高肥力；此时杂草灌木正处于旺盛的生长阶段，萌生力较弱，种子也尚未成熟，将有利于消灭杂草灌木的危害。因此，夏季(伏天)整地效果最好。夏季整地，在伏天之前进行，以便在杂草种子成熟前被埋入土壤，在高温下加快腐烂。

(3)秋季整地

秋季整地后，经过一个冬天的冻结风化，使土壤疏松，孔隙度增加。同时，秋天整地使杂草灌木的根系被切断，把种子埋入深土中，幼虫和虫卵翻到地表，使其冻死，对减轻或消灭杂草灌木和病虫害有较好的效果。在林区，秋季还便于劳力安排，较为常用。秋季整地，翻垦后的土壤不要耙平，耙平后即可造林。

12.2.1.2 按整地时间与造林时间的关系确定

(1)随整随造

也称现整现造，就是整地之后立即造林，甚至一边整地一边造林。因整地与造林的时间间隔较短或基本上没有间隔，整地的有利作用还没有来得及充分发挥，在一般情况下较少采用。在北方一些地区禁止现整现造。但在土壤深厚肥沃、植被盖度较小的新采伐迹地，以及风蚀比较轻的沙地或草原荒地，随整随造也能取得较好的造林效果。这主要是因为新采伐迹地立地条件优越，土壤的肥、水、热条件都有利于林木生长，而过早整地反而会造成水分散失，带来不利影响；沙地提前整地也会造成风蚀的可能性。

(2)提前整地

也称为预整地，指较造林提前至少一个季节进行整地。提前整地有利于植物残体的腐烂分解，增加土壤有机质，改善土壤结构；有利于改善土壤水分状况，尤其是在干旱半干旱地区的提前整地，可以做到以土蓄水，以土保水，对提高造林成活率起重要作用；便于安排农事季节，一般春季是主要的造林季节，也是各种农事活动集中的季节，提前整地可以错开这个农忙季节。

提前整地的提前量应当适宜，一般为3~12个月。春季造林，可在前一年的夏季或秋季整地。雨季造林，可在前一年的秋季整地，没有春旱的地区也可以在当年春季整地。秋季造林最好在当年春季整地。春季整地后，可以种植豆科作物，这样既可以避免杂草丛生，还能改善土壤条件，并增加一定收入。

总之，整地季节和造林季节的配合既有生物学的问题，也有技术问题，在实施中需要根据具体情况确定。

12.2.2 整地的方式、方法

12.2.2.1 全面整地

全面整地是翻垦造林地全部土壤的整地方法。这种方法改善立地条件的作用显著，清除灌木、杂草彻底，便于实行机械化作业及进行林粮间作，苗木容易成活，幼林生长良好。但花工多、投资大，易发生水土流失，在使用上受地形条件(如坡度)、环境状况(如岩石、伐根及更新林木)和经济条件的限制较大。适用于平原、无风蚀的沙荒地和坡度15°以下水土流失轻微的缓坡地，以及林农间作或用来营造速生丰产林的造林地。北方草原、草地可实行雨季前全面深耕，耕深30~40cm，秋季复耕，当年秋季或翌春耙平；盐碱地可在利用雨水或灌溉淋盐洗碱、种植绿肥植物等措施的基础上深耕整地。

12.2.2.2 局部整地

局部整地是翻垦造林地部分土壤的整地方式。局部整地又可分为带状整地(带垦)和块状整地(块垦)2种方法。

(1)带状整地

带状整地是呈长条状翻垦造林土壤，并在翻垦部分之间保留一定宽度原有植被的整地方法。此法改善立地条件的作用较好，预防土壤侵蚀的能力较强，便于机械或畜力耕作，也较省工。带状整地主要用于地势平坦、无风蚀或风蚀轻微的造林地，坡度平缓或坡度虽陡但坡面平整的山地和黄土高原，以及伐根数量不多的采伐迹地、林中空地和林冠下的造林地。一般带状整地不改变小地形，如平地的带状整地(图12-2)及山地的环山水平带状整地(图12-3)。为了更好地保水保肥，促进林木生长，在整地时也可改变局部地形，如平地可采用高垄整地(图12-4)、犁沟整地(图12-5)，山地则可采用水平阶(条)整地(图12-6)、反坡梯田整地(图12-7)、水平沟整地(图12-8)、撩壕整地(图12-9)等整地方法。

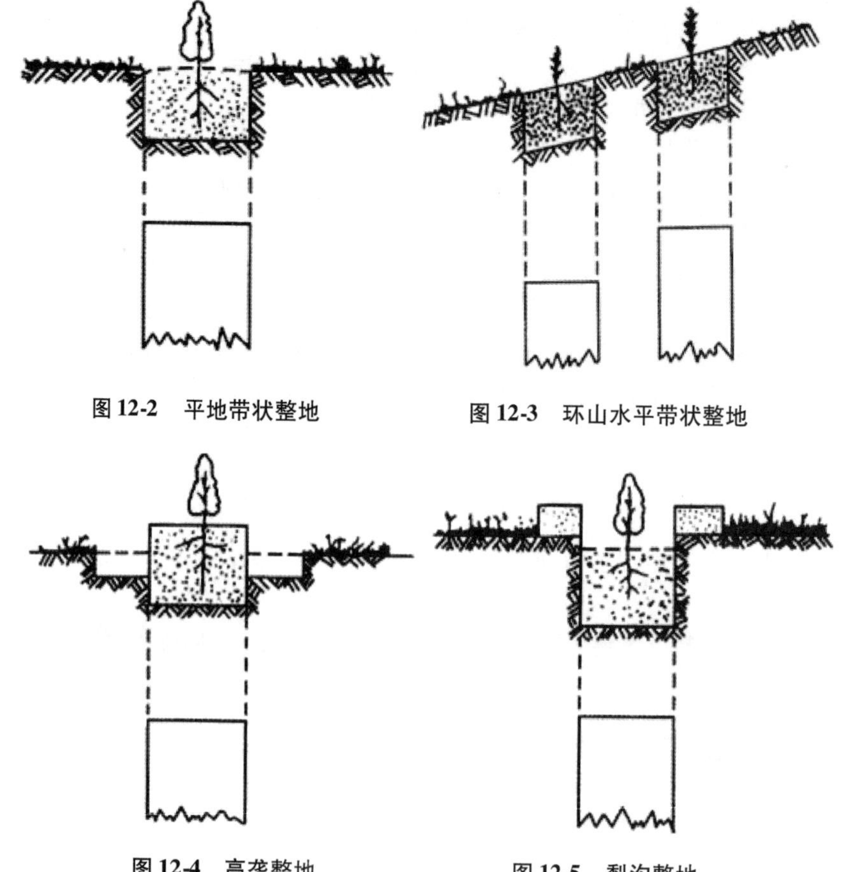

图12-2　平地带状整地

图12-3　环山水平带状整地

图12-4　高垄整地

图12-5　犁沟整地

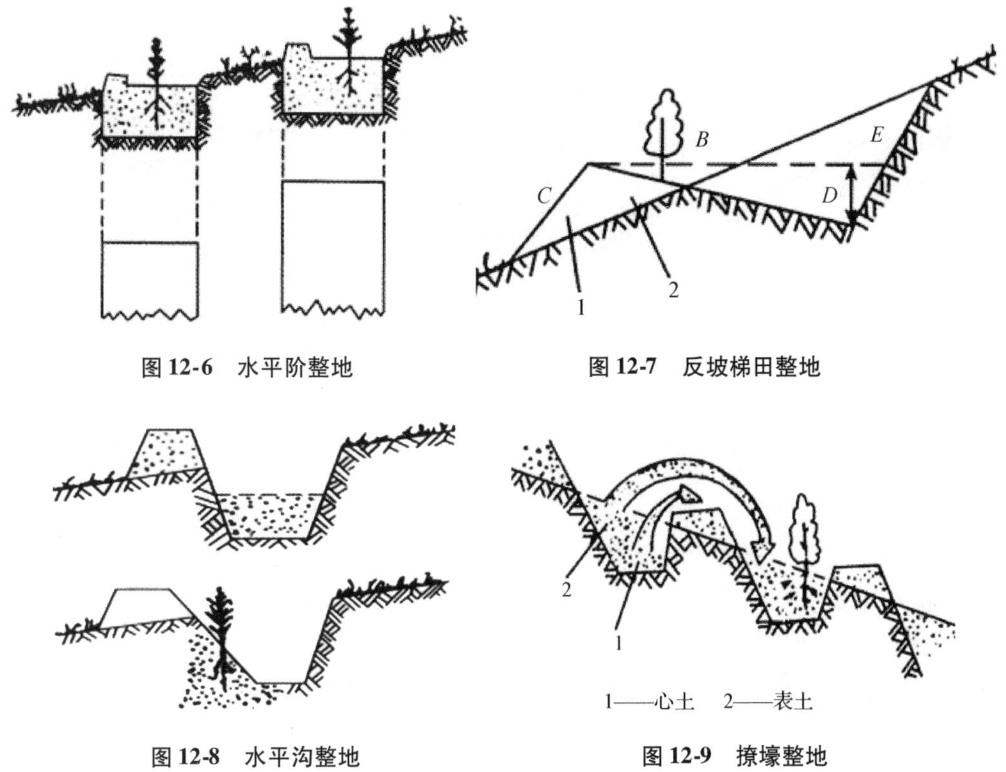

图 12-6　水平阶整地

图 12-7　反坡梯田整地

图 12-8　水平沟整地

图 12-9　撩壕整地

(2)块状整地

块状整地是呈块状翻垦造林地土壤的整地方法。块状整地灵活性大，可以因地制宜应用于各种条件的造林地，整地比较省工，成本较低，是目前普遍采用的整地方法，广泛应用于山区、丘陵或平原、沙荒、沼泽地等。块状整地面积大小，应根据立地条件和树种特性以及苗木规格而定，植被稀疏、土质疏松，可采用小苗造林，整地规格可小些；反之，宜稍大些。一般边长或穴径都在 0. 3 ~ 0. 5 m。块状整地有穴状整地(图 12-10 ~ 图 12-12)、鱼鳞坑整地(图 12-13)、高台整地(图 12-14)等整地方法。

此外，在土层浅薄、岩石裸露、过于贫瘠的石质山地，或土壤较差的平地或山地(图 12-11、图 12-12)，可采用客土整地的方法，从其他地方取肥土堆入种植穴内。

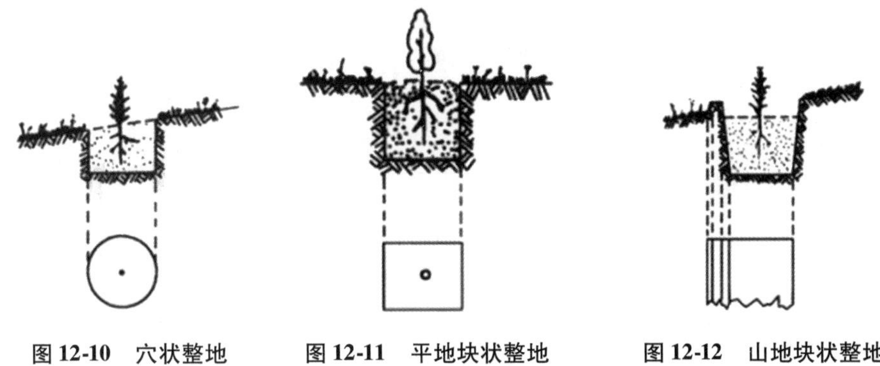

图 12-10　穴状整地

图 12-11　平地块状整地

图 12-12　山地块状整地

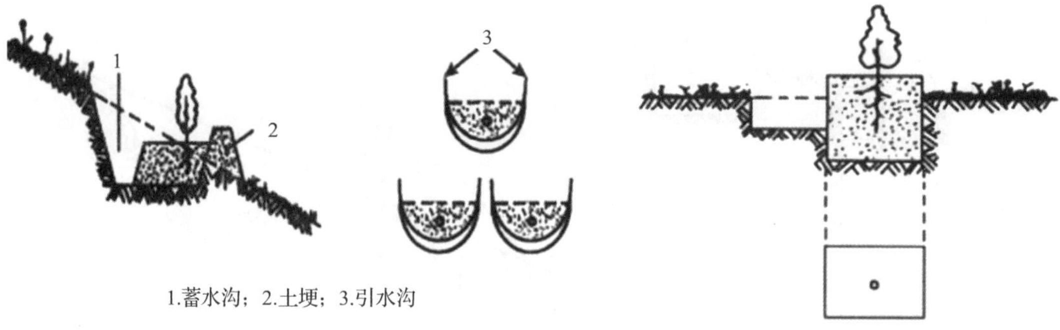

1.蓄水沟；2.土埂；3.引水沟

图 12-13　鱼鳞坑整地

图 12-14　高台整地

12.2.3　整地技术规格要求

为了保证整地效果，有利于幼林生长，除了因地制宜地选择整地方法外，还要强调整地的质量要求，尤其应保证整地深度、宽度和断面形式的规格质量。

(1)整地深度

整地深度是整地各种技术中最重要的指标。确定整地深度时，应考虑地区的气候特点，造林地的立地条件，林木根系分布的特点，以及经济和经营条件等。一般来说，在干旱地区、阳坡、低海拔、水肥条件差的地方，深根性树种或速生丰产林，经营强度较大时，整地深度宜稍大，通常在 50cm 左右。相反，可适当小些。但整地深度的下限，应超过造林常用苗木根系的长度，一般为 20～30cm。

(2)破土宽度

局部整地时的破土宽度，应以在自然条件允许和经济条件可能的前提下，力争最大限度地改善造林地的立地条件为原则。具体应根据发生水土流失的可能性、灾害性气候条件、地形条件、植被状况以及树种要求的营养面积和经济条件等综合考虑。在风沙地区和山区，容易发生风蚀和水蚀，整地宽度不宜过大，但还应综合考虑其他条件，如山区坡度不大、杂灌木高大茂密、在经营条件可能的情况下，破土宽度可较大。

(3)断面形式

断面形式是指破土面与原地面(或坡面)所构成的断面形式。一般多与造林地区的气候特点和造林地的立地条件相适应。在干旱地区，破土面可低于原地面(如高垄、高台整地等)。介于干旱和过湿类型之间的造林地，破土的断面也应采用中间类型(如穴状、带状等整地)。

此外，整地时应捡尽松土范围内的石块、草根，地埂或横埂要修得牢固，肥沃的表土要集中在预定的种植点附近。

【技能训练】

造林整地

[目的要求]了解造林整地的意义，明确造林整地的工作内容，掌握主要造林整地方式方法和技术要点。

[材料用具]镐、铁锹各 1 把，皮尺、钢卷尺各 1 只，标杆 3 根。

[实训场所]实习林场或其他教学实训基地的造林小班。

[操作步骤]

(1)带状整地。

① 山地带状整地。山地带状整地时，按照带的断面形态可分为水平带、水平阶(带宽度较大时称为水平梯田)、反坡梯田及水平沟。

a. 环山水平带状整地。带面与坡面基本持平，带宽0.4~3m，整地深度2.3~3m(图12-3)。此方法适用于植被茂密、土层较深厚、肥沃、湿润的迹地或荒山，坡度比较平缓的地段。

b. 水平阶(条)整地。阶面水平或稍向内倾，阶宽随立地条件而异，石质山地0.5~0.6m，土石质山地和黄土地区可达1.5m，阶长随地形而定，深度>3~3.5cm，阶外缘培修土埂(图12-6)。

c. 反坡梯田整地。田面向内倾斜成3°~15°反坡，面宽1~3m，每隔一定距离修筑土埂，以防汇集水流，深度>40cm(图12-7)。此法适用于坡度不大，土层较深厚的地段，以及黄土地区地形破碎的地段。整地投入劳力多，成本高，但抗旱保墒和保肥的效果好。

d. 水平沟整地(堑壕式整地)。沟底面水平但低于坡面，沟的横断面可为矩形或梯形，梯形水平沟的上口宽度0.5~1m，沟底宽0.3~0.6m，沟长4~10m，沟长时，每隔2m左右应在沟底留埂，沟深>40cm，外缘有埂(图12-8)。

e. 撩壕整地。又称抽槽整地、倒壕整地。壕沟的沟面应保持水平，宽度和深度根据不同的要求有大撩壕和小撩壕之分，其中大撩壕宽度约为0.5m，深度>0.5m，小撩壕宽度0.5m左右，深度约0.3~0.35m，壕间距2m左右，长度不限(图12-9)。

② 平原带状整地。平原带状整地应用的方法主要有：带状、高垄和犁沟等。平原地区进行带状整地时，带的方向一般为南北向，在风害严重的地区，带的走向应与主风方向垂直。带宽与山地带状整地基本相同，但可稍宽些。带长不受限制，以充分发挥机械化作业的效能。

a. 平地带状整地。为连续长条状，带面与地面平。带宽0.5~1.0m或3~5m，带间距等于或大于带面宽度，深度25~40cm，长度不限(图12-2)。带状整地是平原地区整地常用的方法，适用于无风蚀或风蚀不严重的地区沙地、荒地、采伐迹地、林中空地以及地势平缓的山地。

b. 高垄整地。为连续长条状，垄宽30~70cm，垄面高于地表面20~30cm，垄间的确定应有利于垄沟的排水(图12-4)。适用于水分过剩的采伐迹地和水湿地，水湿地和盐碱地常用类似于高垄整地的高台整地。高台整地的台面高度根据水湿情况和地下水位的高度确定。

c. 犁沟整地。为连续长条状，沟宽30~70cm，沟底低于地表面20cm左右。适用于干旱半干旱地区(图12-5)。

(2)块状整地。块状整地的排列方式，应与种植点配置方式一致。

① 穴状整地。为圆形坑穴，穴面与原坡面基本持平或水平，穴直径40~50cm，整地深度>20cm(图12-10)。

② 块状整地。为正方形或长方形坑穴，坑面与原坡面持平或水平，或稍向内侧倾斜。边长>40cm，深>30cm，外侧筑埂(图12-11~图12-12)。

③ 鱼鳞坑整地。为近于半月形的坑穴，坑面水平或稍向内侧倾斜。长径(横向)0.8~1.5m，短径(纵向)0.6~1.0m，深约40~50cm，外侧用生土修筑半圆形边埂，高于穴面20~25cm的土埂。在坑的内侧可开出一条小沟，沟的两端与斜向的引水沟相通(图12-13)。

鱼鳞坑主要适用于坡度比较大、土层较薄或地形比较破碎的丘陵地区，水土保持功能强，是水土流失地区造林常用的整地方法，也是坡面治理的重要措施。

④ 高台整地。为正方形、矩形或圆形平台，台面高于原地面25~30cm，台面边长或直径30~50cm或1~2m，台面外侧开挖排水沟(图12-14)。高台整地一般用于土壤水分过多的迹地或低湿地，排水作用较好，但是比较费工，整地成本高。

[注意事项] 严格控制造林整地的规格；回填土时，注意不要将心土沙石置于表面；注意安全实习，避免使用工具不当造成人身伤害。

[实训报告] 完成实训报告。

【任务小结】

如图12-15所示。

【拓展提高】

一、造林整地机械

造林整地是一个土壤的疏松、破碎、平整的过程，是一项相当繁重的工作，整地的费用在造林总开支所占的比重也很大。因此，为了减轻劳动强度、降低造林成本和提高劳动生产率，需要不断改革整地工具，逐步实现机械作业。在平原和地势平缓、土层深厚的造林地上进行全面整地或带状整地，多使用铧式犁、圆盘整地机、旋耕机、弹齿整地机等大型整地机械。如我国北方使用较多清理机械，如DG2型、DG3型割灌机及FBG-13型软油割灌机；整地机械主要有：ZB-3型穴状整地机、ZW-5型和FW-5型挖坑机等；但在山地因地形复杂、作业条件差，采用机械整地的经验还不多，有待进一步研究发展。

二、课外阅读题录

施友文.2005. 不同整地和施肥方式对马尾松幼林生长的影响[J]. 福建林业科技，32(3)：43-46.

赵允格，邵明安.2004. 不同整地方式下施肥对夏玉米产量及水氮利用效率影响[J]. 农业工程学报，20(4)：40-43.

【复习思考】

1. 造林地整地的方法有哪些？各有何优缺点？
2. 块状整地各种方法的操作过程与技术要求是什么？
3. 山地带状整地的方法包括哪些？

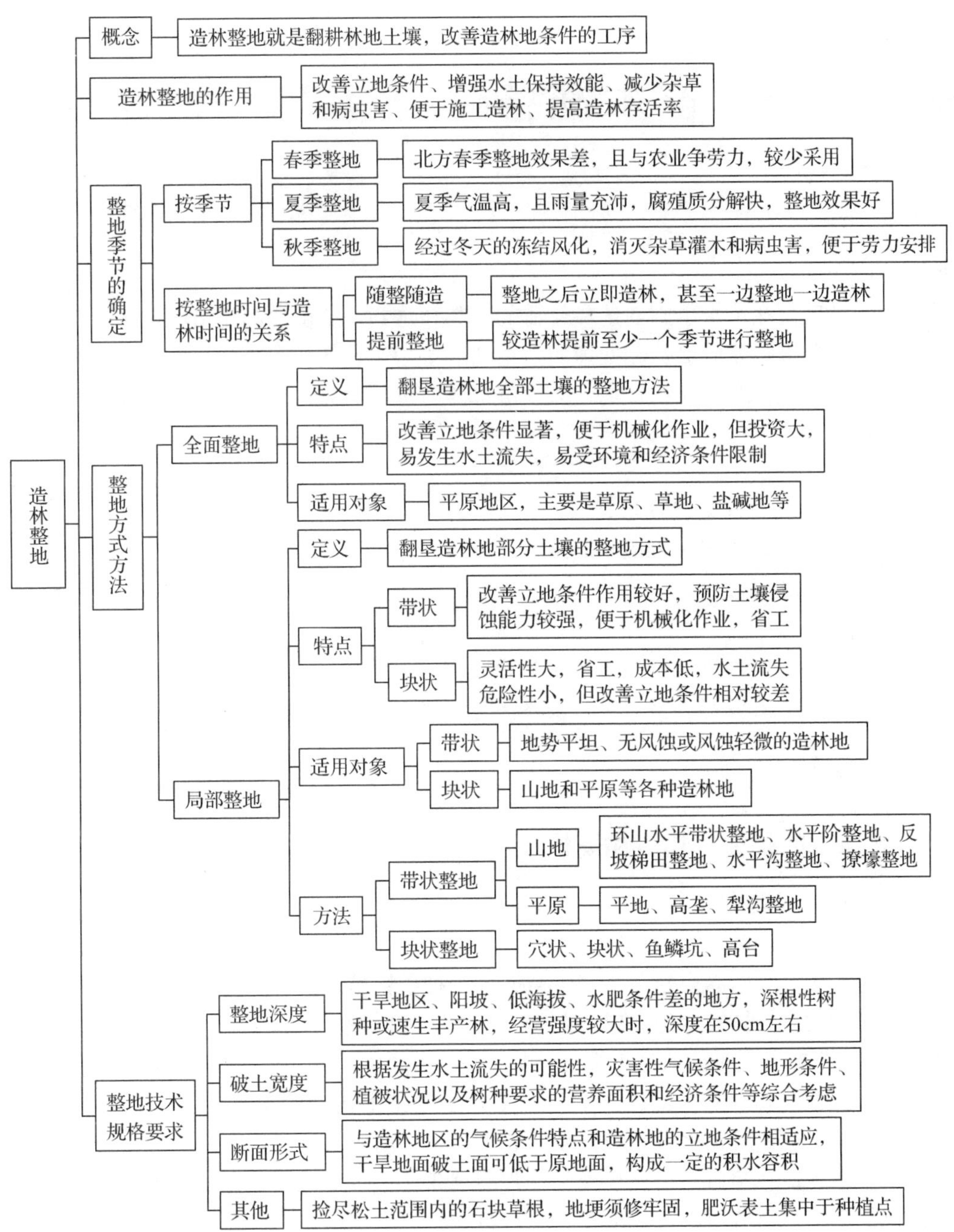

图 12-15　造林地整地知识结构图

任务 12.3　苗木准备

【任务介绍】

苗木准备就是在苗木出圃前选择合适的种类和达到一定苗龄和规格的苗木，并在苗木出圃后到造林前进行相应保护和处理的一系列准备工作。其目的是为了保证苗木质量，不让其受损伤和干燥，避免风吹日晒，减少苗木体内水分消耗，缩短栽植后的缓苗期，提高造林成活率。

知识目标

1. 了解苗木保护和处理技术。
2. 掌握苗木保护和处理的技术措施。
3. 掌握苗木假植技术。

技能目标

1. 能对苗木进行截干、修剪等地上部分处理。
2. 能对苗木进行修根、蘸泥浆、浸水等地下部分处理。

【任务实施】

12.3.1　苗木的种类、年龄和规格

12.3.1.1　苗木种类

(1)根据苗木的培育方式分类

可分为实生苗和营养繁殖苗：实生苗就是用种子繁殖的苗木，多为针叶树种；营养繁殖苗是用树木的营养器官繁殖而成的苗木，多为阔叶树种。

(2)按照苗木出圃时根系是否带土分类

可分为裸根苗和带土坨苗：裸根苗就是根系裸露不带土的苗木，它起苗容易，重量小，包装、运输、贮藏都比较方便，栽植省工，是目前生产上应用最广泛的一类苗木，但起苗时容易伤根，栽植后遇不良环境条件常影响成活；带土坨苗就是根系带有宿土，根系不裸露或基本不裸露的苗木，包括各种容器苗和一般带土苗，这类苗木能够保持完整的根系，栽植成活率高，但重量大，搬运费大，造林成本比较高。

(3)按苗圃培育年限及移植情况分类

可分为移植苗和留床苗：移植苗就是在苗圃中经过一次或多次移植栽培的苗木，多为大苗，根系发达，用移植苗造林见效快，营造农田防护林、“四旁”植树等多用移植苗；留床苗就是从育苗到出圃始终生长在原播种地的苗木。

不同种类苗木的适用条件，依据林种、树种和立地条件的不同而异。一般用材林用经过移植的裸根苗，速生丰产林可用带土坨苗，经济林多用嫁接苗，防护林多用裸根苗，

“四旁”绿化和风景林多用移植的裸根苗或带土坨苗，针叶树苗木和困难的立地条件下造林用容器苗。

12.3.1.2　苗龄和苗木规格

(1)苗龄

苗圃培育的苗木要求达到一定的苗龄和规格才能出圃造林。苗过小、过大都会影响造林成活率。苗龄小，适应性强，但抵抗力弱；苗龄大，抵抗力强，栽后生长快，但适应性相对差。山地大面积造林多用 1~2 年生小苗，如速生树种杨树、泡桐等，常用 1 年生苗木；慢生的树种和针叶树种多用 2~3 年生苗，如落叶松、油松为 2 年生，樟子松 2~3 年生，云杉 3~4 年生；营造速生丰产林和防护林常用 2~3 年生的移植苗，也可用 3~4 年生的移植大苗，这样造林后，苗木生长更快，发挥防护效益早；经济林可用 3~4 年生的嫁接苗；“四旁”绿化和风景林常用 3~4 年生以上的移植大苗。

(2)苗木规格

苗木规格，应参照 GB 6000—1999《主要造林树种苗木质量分级》和地方的苗木标准确定。苗木分级是以地径为主要指标，苗高为次要指标。一般应采用Ⅰ、Ⅱ苗造林。如栽植油松 2 年生苗，地径 >0.5cm，苗高 >0.8 m，根系长 >22cm，侧根数 >8 根。

12.3.2　苗木的保护和处理

12.3.2.1　苗木保护

苗木保护的目的是保持苗木体内水分平衡，提高植苗造林成活率。因此从起苗到栽植各工序要尽量减少苗木失水，尽量缩短从起苗到造林的时间，保护好苗木根系，不让其受损伤和干燥，同时要防止芽、茎、叶等受到机械损伤。要做到随起苗、随分级、随蘸泥浆(或浸水)，随包装，随运输，随假植，随栽植，避免风吹日晒，使苗木始终保持湿润状态。具体保护措施如下：

① 细致起苗　土壤干燥时起苗前 2~3d 灌水，使土壤松软，减少对根系的损坏。起苗后，不摔打苗根，尽量保持根系完整，茎芽不受损伤。

② 及时分级、蘸泥浆、包装　起苗后，在阴凉处，及时分级，分级后的苗木捆为 50 株或 100 株的小捆，边捆，边蘸泥浆，边用湿润物包装或假植。

③ 及时假植　苗木从苗圃起出后，不能及时运走，或运至造林地后不能在短时间内栽植完时，要在背阴的地方挖假植沟，将苗木的根系甚至整株苗木用湿土、沙等材料覆盖，并浇水，以保持苗木体内的水分平衡。

④ 注意保湿　苗木长途运输过程中，要覆盖，勤检查，避免苗木发热、发霉，要及时洒水，保持苗木湿润。

⑤ 用桶装苗　造林时用盛水桶提苗，以保持苗木根系湿润。但已蘸泥浆的苗木，提苗桶不要放水或少放一点水，栽植时，边栽边取苗。

⑥ 及时浇水　栽植后，有条件的地方要立即浇水。

12.3.2.2　苗木处理

为了保持苗木体内的水分平衡，在栽植前需对苗木地上部分和地下部分进行适当的处理。

(1)地上部分处理

① 截干　截去苗木大部分主干，仅栽植带有根系和部分苗干的苗木。截干是干旱、半干旱地区造林常用的重要技术措施之一。其目的在于减少苗木地上部分的水分蒸发，可以避免植株由于地上部分干枯而造成整个植株的死亡；在苗木质量较差的情况下，截干对提高苗木质量有一定作用；苗干弯曲或受到损伤时截干有助于培养干形。截干造林适用于萌芽能力强的树种，如杨树、刺槐、元宝枫、黄栌等，可将苗干截掉，使主干保留5~15cm长，以减少造林后地上部分的水分散失。

② 修枝和剪叶　对常绿阔叶树进行修枝剪叶，可减少地上部分蒸腾失水。

③ 喷洒蒸腾抑制剂　蒸腾抑制剂的作用是在茎叶表面形成一层薄膜，在不影响光合作用和不过高增加体表温度的前提下，阻止水分从气孔逸散。此类物质主要有叶面抑蒸保湿剂、PVO和京2B等，还有石蜡乳剂、橡胶乳剂、十六醇、抑蒸剂等。也可通过喷洒化学药剂如有机酸(苹果酸、柠檬酸、脯氨酸、丙氨酸、反烯丁二酸)和B_9等，无机类药剂如硝酸铵、磷酸二氢钾、氯化钠等减少水分蒸腾，增加束缚水含量，提高原生质黏滞性和弹性，增加苗木生活力及抗旱能力。

(2)地下部分处理

① 修根　剪除发育不正常的根、过长的根和起苗时受伤的根，修剪时，剪口要平。使其栽植后剪口能迅速愈合，恢复吸水功能，同时也便于包装、运输和栽植。

② 蘸泥浆　利用吸湿性强的黏土附在根系表面，使根系在较长时间保持湿润、防止风干。为达到保持苗木生活力的目的，泥浆稀稠要适宜，过稀挂不在根系上，过稠挂泥过多，会增加重量，还可能在根系上形成泥壳，影响根系的生理活动，使苗木根系腐烂。一般苗木放入后能蘸上泥浆，以不黏团为宜。主要适用于针叶树裸根苗以及阔叶树、灌木小苗。

③ 水凝胶蘸根　利用吸水剂加适量水配置成水凝胶蘸根，可以促进根系的恢复和新根的萌发。这种方法具有保水效果好，重量轻，费用低等特点。另外，也可以用一定浓度的植物生长调节剂溶液蘸根，常用的植物生长调节剂有：NAA、IAA、IBA、GAs及其复合剂等。植物生长调节剂处理苗木所用的浓度和时间因树种、药剂种类而定，一般使用较高浓度时浸蘸的时间宜短，较低浓度浸蘸的时间较长。

④ 浸水　造林前将苗木根系放在水中浸泡，增加苗木含水量，经过浸水的苗木，耐旱能力增强，发芽早，缓苗期短，有利于提高造林成活率。浸泡时间一般为1~2d，杨树要全株浸水2~4d，最好用流水或清水浸泡苗木根系。

⑤ ABT生根粉处理根系　苗木栽植前，将1kg ABT生根粉用少量酒精溶解后加水20kg，浸根1.5~2h即可。平均1g ABT生根粉水溶液可处理苗木500~1000株。

⑥ 接种菌根菌　菌根是真菌与植物根系的共生体。菌根能扩大根系的吸收面积，有利于苗木根系从土壤种吸水、吸肥，提高林木的抗逆性如耐干旱、耐瘠薄、耐极端温度和盐碱度，抗有毒物质的污染，增强和诱导林木产生抗病性，提高土壤的活性，改善土壤的理化性质。接种菌根菌可以采取如下方法：一是使用菌根剂处理苗木，所用的菌根剂可以从市场上直接购得，按说明书施用即可；二是用带有造林树种菌根菌的土壤处理苗木，菌土可以取自该树种的林地或培育该树种苗木的苗圃地。

【技能训练】

苗木准备

[目的要求]了解苗木准备的意义；明确苗木准备的工作内容；掌握苗木准备操作过程与技术要求。

[材料用具]苗木3~5捆，修枝剪2把，铁锹1把，植苗桶1个。其他材料视实训内容确定。

[实训场所]实习林场、苗圃。

[操作步骤]

(1)截干。截干高度一般为5~10cm，不超过15cm。

(2)苗木修剪。

① 去梢。用枝剪将苗木的顶梢剪掉。去梢的强度一般为树高的1/4~1/3，不要超过1/2，具体部位可在饱满芽之上。

② 剪除枝叶。用枝剪将苗木的部分叶子剪掉。一般可去掉侧枝全长或叶量的1/3~1/2，主要用于已长出侧枝的阔叶树种苗木。

③ 修根。用枝剪将苗木过长、受伤和感染病虫害的根系剪掉。修根的强度务必适宜，注意保持一定数量的细根，只要不过长，可不必短截；枝剪一定要锋利，保证剪口整齐、平滑。

(3)苗木造林地假植。将假植场设在造林地的中心，离水源较近的地方。然后就地挖坑(坑的深度必须保证将根全部埋入土中)，将苗木集中埋入土中，用土盖严，浇水，随用随取。

(4)选做内容。苗木根系蘸泥浆、生根粉处理、保水剂处理、镶活性炭等。

[注意事项]注意截干、修剪枝叶的适用对象只能是具有较强萌生能力的树种；修剪用工具必须锋利、无锈，防止切口劈裂；注意安全，避免使用工具不当对人员造成伤害。

[实训报告]完成苗木准备的实训报告。

【任务小结】

如图12-16所示。

【拓展提高】

一、大树移栽

大树移栽是指移植胸径在10cm以上，且维持树木冠形完整或基本完整的大型树木的移栽工作。在城市绿化中，为了提高树木的造景效果而经常采用大树移栽这一重要手段和技术。大树移栽能在最短时间内改善环境景观，较快地发挥园林树木的功能效益，及时满足重点工程、大型市政建设绿化、美化等要求。大树移植见效快、成活率低、施工困难、成本高。

大树移植的适用条件：主要适用于园林绿化和城市林业建设工程。

大树移植的季节选择：大树移植原则上不受时间限制，特别是在南方。在北方，则常在冬季挖掘大树，春天栽植。这样土坨不易破裂，运输方便，成活率高。

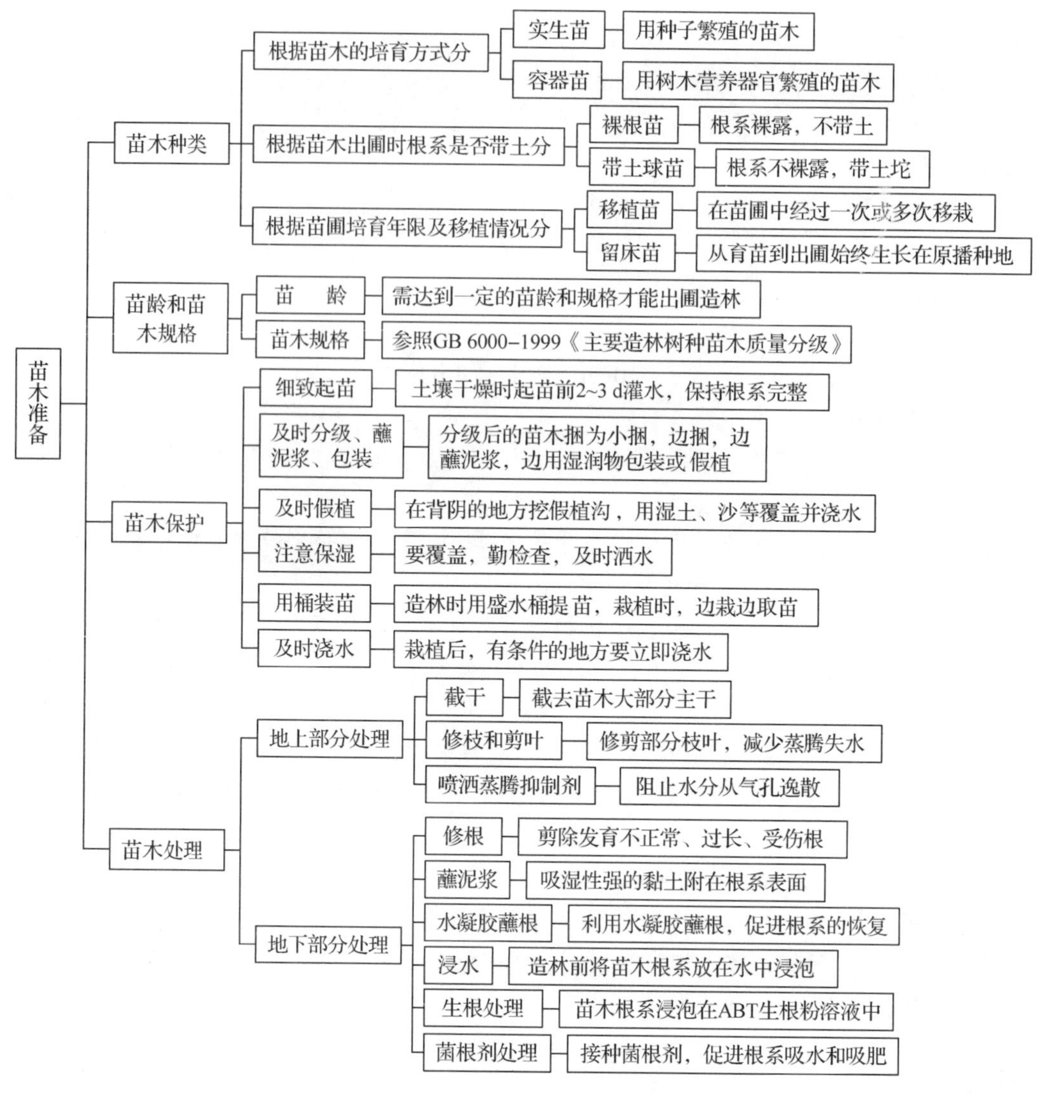

图 12-16 苗木准备知识结构图

大树移植的操作程序：大树选择→围根缩坨→大树挖掘→大树栽植→栽后管理。

二、课外阅读题录

LY/T 1933—2010，林业机械自行式苗木移植机.

【复习思考】

1. 简述植苗造林前期苗木准备工作的内容和技术要求。
2. 苗木保护措施有哪些?
3. 苗木处理包括哪些内容?

任务 12.4　造林方法

【任务介绍】

造林方法是指造林的具体方法，一般按造林所使用的材料分为植苗造林、播种造林和分殖造林三种。造林方法是影响造林成败的关键措施之一，因此，造林时应根据立地条件、树种繁殖特性和经营条件，选择适宜的造林方法，确保造林获得成功。

知识目标

1. 了解植苗造林、播种造林、分殖造林的特点及其适用条件。
2. 掌握造林的操作过程和技术要点。

技能目标

1. 能根据年度造林计划、造林作业设计、造林地林地条件和造林树种特性合理选择造林季节。
2. 会根据造林作业设计、造林树种特性和造林地林地条件独立从事植苗造林。

【任务实施】

12.4.1　植苗造林

12.4.1.1　定义、特点及应用条件

植苗造林又称植树造林或栽植造林，是将苗木栽植在造林地上，使其生长成林的方法。

其优点是苗木根系完整，生理机能旺盛，栽植后恢复生长快，对不良环境有较强的抵抗力，生产较稳定，幼林郁闭早，可缩短抚育年限。同时节省种子。但植苗造林工序复杂，费用较大，在起苗、运输、移栽的过程中造成根系损伤，一定程度影响苗木的生长发育。植苗造林工作几乎不受树种和立地条件限制，是一种应用最普遍、效果较好的造林方法。

尤其在干旱、水土流失或杂草繁茂、冻害和鸟兽害比较严重的地方，植苗造林都是比较安全可靠的造林方法。

12.4.1.2　造林季节

造林是季节性很强的工作，造林季节适宜，有利于苗木恢复生长和提高造林成活率。最合适的栽植季节，应该是种苗具有较强的发芽生根能力，而且易于保持苗木体内水分平衡的时期，即苗木地上部分生长缓慢或处于休眠期，苗木茎叶的水分蒸腾量最少，根的再生能力最强的时候。同时，外界环境应是无霜冻、气温低、湿度大，适合苗木生根所需要的温度和湿度条件。此外，还要考虑鸟、兽、病、虫危害的规律及劳力情况等因素。我国地跨寒、温、热三个地带，各个地区地形、地势不同，小气候千差万别，再加上造林树种繁多，特性各异，因此，在确定造林季节时，必须因地因树制宜。从全国来看，一年四季

都有适宜的树种用于造林。

春季是我国多数地区的主要造林季节。这时，气温回升，土温增高，土壤湿润，有利于苗木生根发芽，造林成活率高，幼林生长期长。春季造林宜早，一般来说，南方冬季土壤不冻的地方，立春后就可以开始造林；北方只要土壤化冻后就应开始造林(即顶浆造林)。早春，苗木地上部分还未生长，而根系已开始活动，所以早栽的苗木早扎根后发芽，蒸腾小易成活。但早春时间短，为抓紧时机，可按先栽萌动早的树种，如松树、柏树、杨树、柳树等，后栽萌动迟的树种，如杉木、榆树、槐树、栎树等；先低山，后高山；先阳坡，后阴坡；先轻壤土，后重壤土的顺序安排造林。

在冬春干燥多风，雨雪少，而夏季雨量比较集中的地区(如华北，西南和华南沿海等地)，可进行雨季造林。雨季造林天气炎热多变，时间较短，造林时机难以掌握，过早过迟或栽后连续晴天，苗木都难以成活，因此，雨季造林应在连续阴雨天，或透雨后的阴天进行。雨季造林的树种以常绿树种及萌芽力强的树种为主，如樟树、相思树、桉树、木麻黄、柳树及油松、侧柏等。造林宜用小苗，阔叶树可适当剪叶修枝或带土栽植，尽量做到就地取苗，就地造林，妥善保护苗木，防止枯萎。近些年，随着容器苗造林的发展，应用百日苗、半年生苗或1年半生针叶树容器苗雨季造林已取得成功的经验。

秋季气温逐渐下降，土壤水分状态较稳定。由于苗木落叶或体内生理活动不活跃，地上部分蒸腾大大减少，而在一定的时期内，根系尚有一定的活动能力，栽后容易恢复生机，来春苗木生根早。因此，在春季比较干旱、秋季土壤湿润且气候温暖、鼠兽等动物危害较轻的地区，可以秋季栽植。但秋植不可过早或过迟。过早，树叶未落，蒸腾作用大，易使苗木干枯；过迟则土壤冻结，不但栽植困难，而且根系不能恢复，对栽植成活不利。在秋冬雨雪少或有强风吹袭的地区，秋季截干栽植萌蘖力强的阔叶树种，能提高成活率。

在冬季土壤不冻结或结冻期很短、气候寒冷干燥不很明显的南方，可在冬季植苗造林，这是春季造林的提前或秋季造林的延续。因此，湿润的地方，除冬季严寒和土壤干燥时期应停止造林，一般从秋末到早春期间均可栽植。冬季造林，北方以落叶阔叶树为主，南方林区适合冬季造林的树种很多，有些地方也可以栽竹。

造林季节确定后，还要选择合适的天气。一般多选择雨前、雨后，毛毛雨天或阴雨天植苗造林，避免在西北大风、南风天气造林。因这种天气，气候干燥，蒸腾量大，造林成活率低。晴天，应尽量避免在阳光强烈、气温高的中午造林。

12.4.1.3 栽植方法

植苗造林可分为裸根苗栽植和带土苗栽植两大类，大面积栽植主要采用裸根苗。

(1)裸根苗栽植

即苗木根部不带土的栽植方法。目前，除部分平原地区、草原和沙地采用机械化植苗外，大部分地区多用手工栽植。手工栽植常用的方法有穴植、靠壁植和缝植等方法。

① 穴植法　即在经过整地的造林地上挖穴栽植。它是生产上应用最普通的一种方法，常用于栽植侧根发达的苗木。栽植前，应认真挖好栽植穴，表土和心土分别放置。栽植时根系放入穴中，使苗根舒展，苗茎挺直，然后填入肥沃表土、细土，当填到2/3时，将苗木稍向上轻提，使苗根伸直，防止窝根或栽植过深；然后踩紧，再将余土填满，再踩实；最后覆盖松土，以减少水分蒸发，这个过程叫“三埋二踩一提苗”。同时，栽时要注意栽植深度适当，不能太深或过浅。一般适宜的深度应比苗木在苗圃地时的根颈处深2~3cm，

具体栽植深度因树种、苗木大小、造林季节、土壤质地而异；穴植法栽苗成活的技术关键是穴大根舒、深浅适当、根土密接。

② 靠壁栽植 又称小坑靠边栽植，类似穴植法。但穴的一壁要垂直，栽植时使苗根紧贴垂直，从另一侧填土培根踩实，栽植工序如穴植。此法省工并可使部分苗根与未被破坏毛细管作用的土壤密接，能及时供应苗木所需水分，有利苗木成活，所以常用于较干旱地区针叶树小苗的栽植。

③ 缝植法 指在植苗点上开缝栽植苗木的方法。栽植时先用锄头(镐)或植苗锹开一缝穴，并前后退挖，缝穴深度略比苗根长，随手将苗木根系放入窄缝中使苗根和土壤紧贴，防止上紧下松和根系弯曲损伤。缝植法栽植效率高，如按操作技术认真栽植，可保证质量。但缝植法只适用于疏松的沙质土和栽植侧根不多的直根系树种的小苗。

(2)带土苗的栽植

指起苗时根系带土，将苗木连土团(球)栽植在造林地上的方法。由于根系有土团包裹，能保持原来分布状态，不受损伤，且栽植后根系不易变形，容易恢复吸水吸肥等生理机能，所以，苗木成活率高，成林快，能尽快达到绿化目的。但此法起运苗木困难，栽植费工，大面积造林不宜采用。带土苗栽植常用于容器苗造林、城市绿化、四旁植树或珍贵树种大苗栽植。

容器苗造林具有栽植技术简便、不受造林季节限制、能延长造林期限、便于调配劳力、造林成活率高等优点。采用容器苗造林，从起苗到栽植整个过程都要认真细致，保持营养土的完整。凡苗根不易穿透的容器(如塑料容器)，应撤除。栽植时，应注意将容器苗周围的覆土分层压实，而不损坏原带土团，覆土厚度一般应盖过容器2cm左右，并在苗木根兜周围盖草，减少土壤水分蒸发。

12.4.2 播种造林

12.4.2.1 定义、特点及应用条件

播种造林也称直播造林，即将种子直接播于造林地上，使其发芽生长成林的造林方法。

播种造林不经过育苗，省去了栽植工序，是造林方法中操作简便、费用低、节约劳力、易于机械化的一种方法。同时，直播造林与天然下种相似，植株能形成完整而发育均衡的根系，比移植苗自然。幼树从出苗之初就适应造林地的环境，生长良好，能提高林分质量。但直播造林耗种量大、成活率低、成林慢，特别在造林地差，动物危害严重的地方，直播造林难于成功。因此，生产上不如植苗造林应用广泛。

应用条件一是气候条件好，土壤比较湿润疏松，杂草较少，鸟兽危害较轻或植苗造林和分殖造林困难地；二是播种造林树种应是种源丰富，发芽力强的松类、紫穗槐、柠条、花棒、梭梭等，以及大粒种子，如栎类、核桃、油桐、油茶等。移植难成活的树种，如樟树、楠木、文冠果等也可采用播种造林。边远地区、人烟稀少地区播种造林更为适宜。

12.4.2.2 播种季节

(1)春播

春季气温、地温、土壤水分等条件都适宜播种造林，特别是松类等小粒种子。春播宜早不宜迟，早播发芽率高，幼苗耐旱力强，生长旺盛。但有晚霜危害的地区，春播不宜过

早，应使幼苗在晚霜过后出土。

(2)秋播

秋季气温逐渐下降，土壤水分较稳定，适宜大粒种子播种，如核桃、油桐、油茶等秋播不需贮藏种子，种子在地下越冬，不具有催芽作用，翌年发芽早，出苗齐。但要注意不宜过早播种，防止当年发芽越冬遭冻害。此外，要防鸟类和鼠类危害。

(3)雨季播种

在春旱较严重的地区，可利用雨季播种。此时气温高，湿度大，播种后发芽出土快，只要掌握好雨情，及时播种，也容易成功。通常较稳妥的办法是用未经催芽的种子，在雨季到来前播种，遇雨则发芽出土。雨季播种还应考虑幼苗在早霜到来以前充分木质化。

某些适宜秋播的树种也可在立冬前后(11 月上旬)播种造林。

12.4.2.3 播种造林方法

播种造林方法有穴播、缝播、条播和撒播等。其中，撒播用于飞机播种造林。

(1)人工播种造林

① 种子处理 播种前种子处理包括精选消毒、浸种和催芽。处理方法与育苗时种子处理相同。

② 播种方法 有穴播、缝播、条播和撒播几种方法。

a. 穴播：在经过整地的造林地上，按设计的株距挖穴播种，施工简单，是人工播种造林中应用最多的一种。一般穴径 33cm × 33cm，深 25cm 左右，穴内石块草根要捡净，挖出的土要打碎填回穴内。先填入上层湿润肥沃的土壤，播大粒种子填到距地面 7cm 左右；播小粒种子填到与地面平，整平踩实后播种。小粒种子可适当集中，以利幼苗出土；大粒种子可分散点播，并宜横放，有利生根发芽出土。播种量，大粒种子每穴 2~5 粒；中粒种子每穴 5~8 粒；小粒种子每穴 10~20 粒。覆土后用脚轻轻踩实。

b. 缝播：又称偷播。在鸟兽危害严重，植被覆盖度不太大的山坡上，选择灌丛附近或有草丛、石块掩护的地方，用镰刀开缝，播入适量种子，将缝隙踩实，地面不留痕迹。这样可避免种子被鸟兽发现，又可借助灌丛、高草庇护幼苗，但不便于大面积应用。

c. 条播：在经过带状或全面整地的造林地上，按一定的行距开沟播种。一般行距 1~2 m，在播种沟内连续行状播种，或断续行状穴播。多用于采伐迹地更新及次生林改造(引进针叶树种)，也可用在水土保持地区或沙区灌木树种。但受地形限制，一般应用不多。

d. 撒播：在造林地上均匀地撒播种子的造林方法。适用于地广人稀，交通不便的大面积荒山荒地(包括沙荒、沙漠)及皆伐迹地。此法播种前一般不整地，是一种最简单较粗放的造林方法，常用于播种针叶树种和灌木树种。

③ 覆土 其目的在于蓄水保墒，为种子的发芽出土创造条件，同时还可以保护种子避免遭鸟兽危害，因此覆土是播种造林成败的重要因素之一。覆土厚度可根据种子大小、播种季节和造林自然条件确定。一般大粒种子覆土厚 5~8cm，中粒种子 2~5cm，小粒种子 1~2cm。注意秋播覆土宜厚，春播宜薄；土壤黏重、湿度较大的情况下宜薄，沙质土覆盖时可适当加厚。

(2)飞机播种造林

简称飞播造林，即在飞机上安装播种器(种子箱)，利用飞机将种子撒播到宜播地上的一种造林方法。飞播造林具有速度快、省劳力、成本低、能深入人烟稀少、交通不便的边远山区、沙漠腹地造林等特点，是加快绿化速度，提高我国森林覆盖率的一条有效途径。

12.4.3　分殖造林

12.4.3.1　定义、特点及应用条件

分殖造林是直接利用树木的营养器官及竹子的地下茎为材料造林的方法。

由于分殖造林是直接利用树木的营养器官作为造林材料，所以，能节省育苗的时间和费用，造林技术比较简单，造林成本低；幼林初期生长较快，能提早成林，缩短成材期和迅速发挥各种有益效能，可保持母树的优良特性。

分殖造林要求造林地土壤湿润疏松，以地下水位高，土层深厚的河滩地、潮湿沙地、渠旁岸边地等较好。分殖造林适用的树种，必须是无性繁殖能力强的树种，如杉木、杨树、柳树、泡桐、漆树和竹类等。分殖造林受树种和立地条件的限制较大，分殖造林材料的来源较困难，形成的林分生长较早衰退，因而，分殖造林不便于大面积造林时应用。

12.4.3.2　分殖造林季节

春季气温回升，土壤温度增高，相对湿度大，适宜分殖造林。分殖造林一般先发根或生根与发芽同时开始，能保持水分平衡，成活率高，幼苗发育良好。秋季气温逐渐下降，土壤水分趋于稳定，地上部分蒸腾大为减少，树叶刚刚脱落，枝条内的养分尚未下降至根部以前进行插条造林，翌春插条生根早，有利成活。但插时要深埋，以免冬季低温及干旱危害。另外，在冬季不结冻的地区，也可以插木造林。

12.4.3.3　分殖造林的方法

根据分殖造林采用营养器官的部位(如干、枝、根等)和栽植方法的不同，分为插木、埋干、分根、分蘖和地下茎等造林方法。

(1)插木造林

即从母树上切取枝干，直接插入造林地、生出不定根、培育成林的方法。插木造林在分殖造林中应用最广泛。根据插穗的粗细、长短和操作差异，又分为插条法和插干法两种。

① 插条法　用1~2年生、粗1~1.5cm左右的萌条，截成大约50cm左右的插穗，直接造林。扦插深度，常绿树种插穗长度可达1/3~1/2以上；落叶树种在土壤水分较好的造林地上，地上部分可留5~10cm，在干旱地区可全部插入土中。秋季扦插时，为了保护插穗顶部不致早春风干，扦插后及时用土埋住插穗的切口，可防插穗失水。

② 插干法　利用幼树树干和苗干等直接插在造林地上成林的方法，多用于四旁绿化、低湿地和沙区。适用于萌芽生根力强的树种，如柳树、杨树等。插干法又分为高干造林和低干造林两种。

a. 高干造林：干长为2~3.5m，栽植深度因造林地的土壤质地和水分条件而异，原则上要使苗干的下切口处于能满足生根所要求的土壤温度和通气良好的层次，一般为0.4~0.8m。

b. 低干造林：干长为0.5~1.0m，如果单株栽植不易成活，每穴可栽2~4株，以保证栽植点的成活率。

插干造林要填湿润土壤、深埋、踩实、少露头，并要挖深坑、底土翻松、栽植时填土踩实、基部培松土。在风蚀沙地，宜深埋不露；易被沙埋时，插干宜长，地上外露部分也可长些。

(2)分根造林

即从母树根部挖取根段，直接埋入造林地，萌发新根，长成新植株的造林方法。适用于根的再生能力强的树种，如泡桐、漆树、刺槐、香椿、文冠果等。具体做法：从根部挖取2~3cm粗的根条，并剪成15~20cm长的根段，倾斜或垂直插入土中，注意不可倒插。上端微露并在上切口封土，防止根段失水，有利成活。如果插植前，用生长素处理，可促进生根发芽，提高成活率。分根造林成活率高，但根穗难以采集，插后还应细致管理，因而不适宜大面积造林。

(3)分蘖造林

从毛白杨、山杨、刺槐、枣树等根蘖性强的树种根部长出的萌蘖苗连根挖出用来造林。

(4)地下茎造林

即靠母竹的竹鞭(地下茎)在土中蔓延，并抽笋成竹，是竹类的特殊造林方法。竹类造林方法很多，但最好采用移栽母竹，即竹鞭连同竹秆移栽，成活率高，成林快，在生产上应用最普遍。

综上所述，分殖造林的方法多种多样，各地方根据自然条件及造林树种，因地制宜地确定合适的方法。

【技能训练】

一、植苗造林

[目的要求]了解各种苗木栽植方法的特点和使用条件，学会苗木栽植主要方法及操作过程，并掌握其技术要点。

[材料用具]每株配备苗木3~5捆，修枝剪2把、植苗铁锹或镐1把、植苗桶1个。其他材料视实训内容确定。

[实训场所]实习或其他教学实训基地。

[操作步骤]

(1)穴植法。

① 划线定点。按造林作业设计的密度和种植点配置方式确定栽植点的位置(提前经过穴状整地的造林地除外)。

② 开穴。穴的大小要根据苗木的根系状况决定，穴的底部与上部应大小一样，防止底部成锅底形，挖穴时应将表土与心土分别放于穴旁。

③ 植苗。栽植时一手拿苗木的根茎部，一手整理根系，将苗直立于穴中，使根系舒展不窝根；然后把细碎的表土填入穴中，填至2/3时，把苗木向上略提一下，达到适宜栽植深度，使根系舒展后踩实，把余土填上，再踩实；最后在上面撒一层细土或枯枝落叶，以防止水分蒸发。这种操作过程简称为“三埋二踩一提苗”，技术要求根系舒展、深浅适宜、根土密接。

(2)缝植法。

① 划线定点。按造林作业设计的密度和种植点配置方式确定栽植点的位置。

② 开缝植苗。1人拿植苗铲在已扒开枯枝落叶层但未松土的块状地上(地的大小为50×50cm)作窄缝，其深度应比苗根稍深1~2cm；然后手拿苗木，理直根系，放入窄缝中，再轻轻往上提一下，使根系伸直，并使苗木根系处在低于地表1~2cm的位置。接着把铲取出，再从距离窄缝10cm的地方以同样深度垂直插锹，然后先向里面拉铲，使前一个窄缝的底部孔隙闭塞压紧苗根的下部，再往外推铲，使上部的孔隙闭塞压紧苗木上部。为了使第二个窄缝的土壤不至干燥通风，在距离第二个窄缝10cm的地方，再把铲插入土中，前拉后推，拔出后使第二个窄缝上部与下部紧密闭塞，然后把第三个窄缝用脚踏实。窄缝栽植的这个过程可以简称为“三铲一踏实一提苗”。

[**注意事项**]严格按规程操作，及时浇水；注意截干、修剪枝叶的适用对象只能是具有较强萌生能力的树种；修剪用工具必须锋利无锈、防止切口劈裂；注意安全。

[**实训报告**]每人写一份书面实训报告，必要时绘图说明。

二、播种造林

[**目的要求**]了解各种播种方法的特点和适应条件，学会播种造林的操作过程与技术要点。

[**材料用具**]每组配备适量种子，铁锹或镐1把，盛种容器1个。

[**实训场所**]实习基地或其他教学实训基地。

[**操作步骤**]

(1)块播。

① 块状密播。首先进行块状整地，整地的面积一般在$1hm^2$以上，然后在块状地上全面撒播和条播。

② 块状簇播。首先进行块状整地，整地的面积一般在$1hm^2$以上，然后在块状地上集中分成几个穴进行密集播种。

(2)缝播。在灌丛附近或杂草石块丛中，用锹或刀开缝，播入适量种子，缝隙踏实，地面不留痕迹。

(3)条播。首先进行全面整地或带状整地，然后按一定的行距进行条带状播种。

(4)穴播。首先进行细致的块状整地，按一定的行间距挖穴(坑)，将种子均匀撒播在穴中。发芽可靠的大粒种子可以点播，小粒种子可以适当集中，以利幼苗出土。大粒种子(如橡子、核桃楸等)最好把种实缝合线垂直于地面(核桃楸)或横卧(橡子)在土中，以便于生根发芽，最后覆土踏实。

(5)撒播。将种子均匀撒播于未经过整地的造林地上即可，播后不覆土。

[**注意事项**]严格按操作规程操作；按造林作业设计规定的播种量施工；注意安全，避免使用工具不当造成人身伤害。

[**实训报告**]每人提交一份书面实训报告。

三、插条造林

[**目的要求**]学会主要分殖造林方法的各种技术要点。

[**材料用具**]每组配备插条1捆，枝剪1把、铁锹1把、水桶1个。其他材料视实训内容确定。

[**实训场所**]实习基地或其他教学实训基地。

[**操作步骤**]

(1)土地准备。根据造林地土壤、地形等条件，选择适当方式方法进行造林地清理和整地。

(2)插穗准备。

① 采条。插条宜在中、壮年母枝上选取，也可在采穗圃或苗圃采取。最好用根部或干基部萌生的粗壮枝条。枝条的适宜年龄随树种而不同，一般以1~3年生为宜，柳杉、垂柳、旱柳等2~3年；杉木、小叶杨、花棒、柽柳等1~2年；紫穗槐、杞柳等1年。采集时间选秋季落叶后至春季放叶前。插条要在避风的地方埋入湿沙中储藏。

② 剪穗。插穗粗度1~2cm，长度30~70cm(针叶树30~60cm)，从具有饱满侧芽的枝条中部截取。下切口平或切成马耳形。

③ 插穗催根处理。先用水浸泡插穗12~24 h，然后用50 mg/kg的ABT生根粉浸泡30min即可。

④ 扦插。多用直插，即将插穗垂直于地面插入土壤中。扦插深度以第一个芽刚刚没入土壤为宜，在寒冷的北方应使上切口没入土中。

[**注意事项**]注意繁殖材料的保护，防止插条失水，影响成活率；修剪用工具必须锋利、无锈、防止切口劈裂；注意安全，避免使用工具不当造成人身伤害。

[**实训报告**]每人提交一份书面实训报告。

【任务小结】

如图12-17、图12-18、图12-19所示。

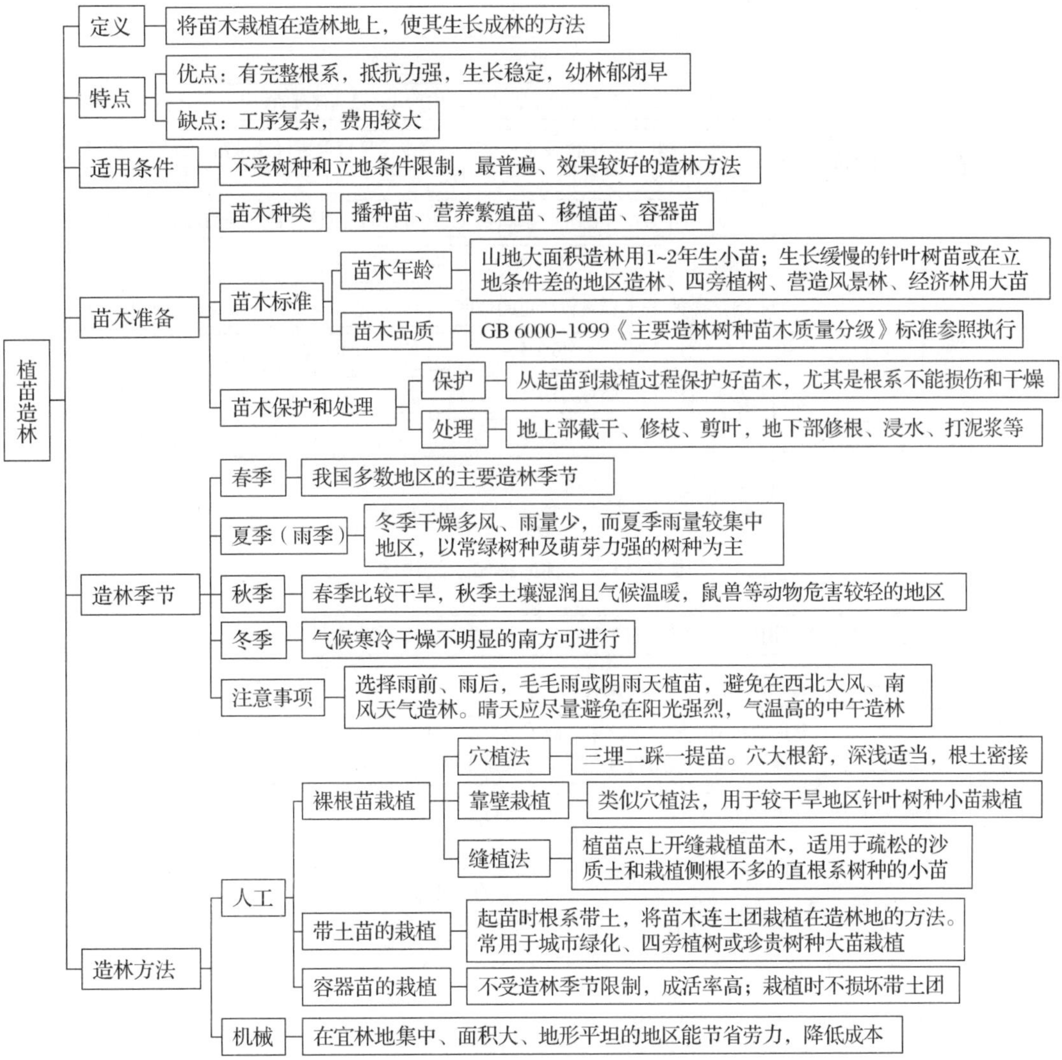

- 植苗造林
  - 定义
    - 将苗木栽植在造林地上，使其生长成林的方法
  - 特点
    - 优点：有完整根系，抵抗力强，生长稳定，幼林郁闭早
    - 缺点：工序复杂，费用较大
  - 适用条件
    - 不受树种和立地条件限制，最普遍、效果较好的造林方法
  - 苗木准备
    - 苗木种类
      - 播种苗、营养繁殖苗、移植苗、容器苗
    - 苗木标准
      - 苗木年龄
        - 山地大面积造林用1~2年生小苗；生长缓慢的针叶树苗或在立地条件差的地区造林、四旁植树、营造风景林、经济林用大苗
      - 苗木品质
        - GB 6000–1999《主要造林树种苗木质量分级》标准参照执行
    - 苗木保护和处理
      - 保护
        - 从起苗到栽植过程保护好苗木，尤其是根系不能损伤和干燥
      - 处理
        - 地上部截干、修枝、剪叶，地下部修根、浸水、打泥浆等
  - 造林季节
    - 春季
      - 我国多数地区的主要造林季节
    - 夏季（雨季）
      - 冬季干燥多风、雨量少，而夏季雨量较集中地区，以常绿树种及萌芽力强的树种为主
    - 秋季
      - 春季比较干旱，秋季土壤湿润且气候温暖，鼠兽等动物危害较轻的地区
    - 冬季
      - 气候寒冷干燥不明显的南方可进行
    - 注意事项
      - 选择雨前、雨后，毛毛雨或阴雨天植苗，避免在西北大风、南风天气造林。晴天应尽量避免在阳光强烈，气温高的中午造林
  - 造林方法
    - 人工
      - 裸根苗栽植
        - 穴植法
          - 三埋二踩一提苗。穴大根舒，深浅适当，根土密接
        - 靠壁栽植
          - 类似穴植法，用于较干旱地区针叶树种小苗栽植
        - 缝植法
          - 植苗点上开缝栽植苗木，适用于疏松的沙质土和栽植侧根不多的直根系树种的小苗
      - 带土苗的栽植
        - 起苗时根系带土，将苗木连土团栽植在造林地的方法。常用于城市绿化、四旁植树或珍贵树种大苗栽植
      - 容器苗的栽植
        - 不受造林季节限制，成活率高；栽植时不损坏带土团
    - 机械
      - 在宜林地集中、面积大、地形平坦的地区能节省劳力，降低成本

图 12-17 植苗造林知识结构图

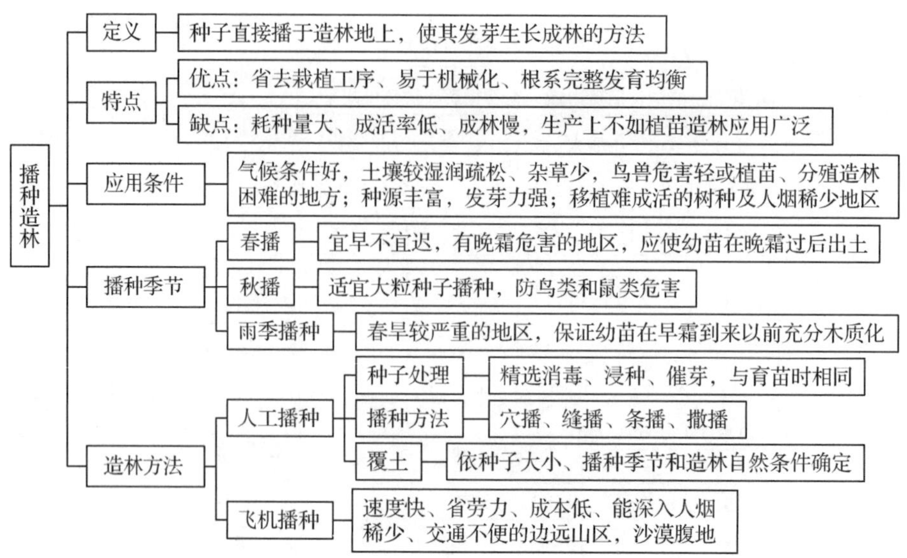

图 12-18　播种造林知识结构图

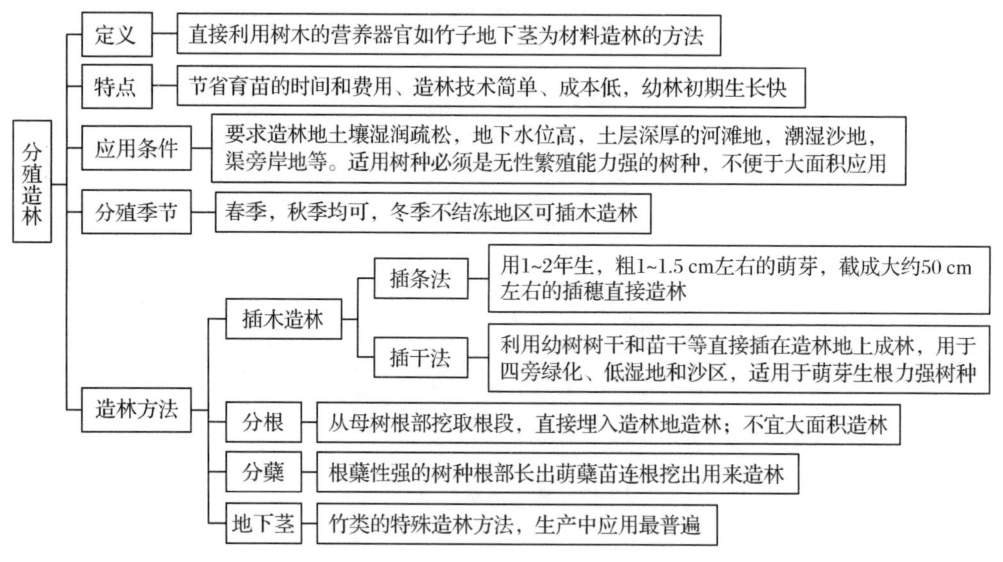

图 12-19　分植造林结构图

【拓展提高】

一、飞机播种造林

飞机播种造林时利用飞机把林木种子直接播种在造林地上的造林方法。飞播造林具有活动范围大、造林速度快、投资少、成本低、节省劳力等特点。多用于人烟稀少、交通不便、劳力缺乏的大面积荒山、沙荒地造林。选择集中连片，便于飞行作业的区域，播区附近应有符合使用机型要求的机场。要求树种种源丰富，种子吸水力强，发芽容易，鸟兽危害较轻，适应性强，耐旱性强，耐高温，对周围灌草有较强的竞争力。我国试播过的树种、草种不下数十种，其中效果好、成林面积大的有马尾松、云南松，油松。另外，华山松、黄山松、思茅松、黑松、台湾相思以及灌木树种踏郎、半灌木沙蒿和多年生植物沙打旺等，也都有相当的发展前途。还有侧柏、臭椿、漆树、赤杨、桦木、乌桕、马桑、花棒、沙棘和梭梭等都曾进行过试播，并取得一定的效果。飞播造林的用种量，应根据造林地区的气候、土壤、种子质量及经营条件加以确定。各地不同树种的播种量大致如下：油松、云南松约3.75~7.5kg/hm^2，黑松、马尾松、高山松3.75kg/hm^2，侧柏4.5~6kg/hm^2，漆树3.75~4.5kg/hm^2，臭椿3~4.5kg/hm^2，沙棘6~9kg/hm^2。

二、地下茎造林

地下茎是竹类孕笋成竹、扩大自身数量和范围的主要结构。来自同一地下茎系统的一个竹丛或一片竹林，本质上是同一个"个体"，我们可以把地下茎看成该个体的主茎，竹秆则是主茎的分枝。

竹类的造林方法可分为6种：移母竹法、移鞭法、诱鞭法、埋节法、扦插法和种苗法。前5种为分殖造林法，但仅前3种属于地下茎造林方法。

(1)移母竹造林。包括母竹选择、母竹挖掘、运输和栽植等环节。母竹的优劣是造林成功与否的关键，优良的母竹成活率、发笋率高，成林快。母竹的选择要把好年龄、大小和长势三关。散生竹造林的母竹以1~2年生为佳，因1年生的母竹所连的竹鞭一般都处于壮龄鞭阶段，鞭上着生的健壮饱满的芽多，竹鞭根系发达。母竹的粗细以胸径3~4cm(毛竹等大径竹)或2~3cm(小径竹)为宜。过粗，因竹子高大，挖掘、运输、栽植均困难，造林后易受风吹摇动，影响成活与生长；过细则生长不良，不能作母竹。母竹应是分枝较低、枝叶茂盛、竹节正常、无病虫害的健康立竹。

(2)移鞭造林。指从成年的竹林中挖取根系发达、侧芽饱满的壮龄鞭，以竹鞭上的芽抽鞭发笋长竹成林。移植的竹鞭要求年龄2~5年生，鞭段长度30~50cm，每个鞭段必须有不少于5个具有萌芽能力的健壮侧芽。所挖的鞭段要求保持根系完整，侧芽无损，多带蓄土。远距离运输需进行包装。穴应大于鞭根，栽植时将解除包扎物的竹鞭段平放，让其根系摆放舒展，再填土、压实、浇水，然后盖表土略高于地面。移鞭造林取鞭简单，运输方便，适合于交通不便的地区造林和长距离引种。

(3)诱鞭造林。由于散生竹的竹鞭在疏松的土壤中即可延伸，所以，在其附近创造适宜延伸的土壤条件就能达到造林目的。具体做法是：清除林缘的杂草和灌木，翻耕土壤，在翻耕松土时，将林缘健壮的竹鞭向外林牵引，覆以肥土。

(4)埋节育苗造林。丛生竹分殖造林的重要方法之一。利用大多数丛生竹竹秆和枝芽上的部分尚未萌发的隐芽，在适当条件下能萌发生根长竹的特性育竹造林的方法。具体做法是：将母竹竹秆截成段，每段最好有2个竹节，直埋、斜埋或横埋在深20~30cm的沟内，节上的枝芽向两侧摆放，覆土、压实、盖草。

三、课外阅读题录

莫竹承，范航清.2001. 红树林造林方法的比较[J]. 广西林业科学，30(2)：73－75.

解建强，魏天兴，朱金兆.2011. 北京土石山区保育基盘法植苗造林技术[J]. 山西农业科学，39(8)：34－837.

孙雁居，景峰，朱金兆.2012. 滨海泥质盐碱地种基盘播种造林的应用研究[J]. 水土保持研究，19(4)：172－175.

【复习思考】

1. 植苗造林的方法主要有哪3个?
2. 播种造林的播种方法有几种?如何操作?
3. 分殖造林的技术要点是什么?

任务12.5 幼林抚育

【任务介绍】

幼林抚育管理是造林后到幼林郁闭成林这段时间(一般3~5年),人为调节林木生长发育与环境条件之间的相互关系,提高造林成活率,促进幼林适时郁闭,加快林木生长的重要环节,包括对幼林的松土除草、水肥管理、林农间作、幼林管理、幼林保护等。

知识目标

1. 了解土壤管理的作用和幼林管理的目的、意义。
2. 掌握土壤管理的内容及技术要点。
3. 掌握幼林管理和幼林保护的内容及技术要点。

技能目标

1. 能根据林种、树种和生产任务要求完成幼林地土壤管理和幼树管理工作。
2. 会进行幼林抚育管理的技术指导。
3. 会进行幼林抚育管理计划。

【任务实施】

12.5.1 幼林地土壤管理

12.5.1.1 松土除草

松土除草是幼林抚育最重要的一项工作,在松土的同时清除杂草。松土的作用在于切断土壤表层与底层的毛细管联系、减少水分的物理蒸发,改善土壤的通气性、透水性和保水性,促进土壤微生物的活动、加速土壤有机物的分解和转化,从而有利于幼林的成活与生长。除草的作用在于清除与幼树竞争的各种植物,保证幼树成活和生长的空间,满足其对水分、养分和光照的需要,使其度过成活阶段并迅速进入旺盛生长时期。松土和除草一般可同时进行,但在实际工作中,有时以某一项为主。

(1)年限、次数和时间

松土除草的持续年限应根据造林树种、立地条件、造林密度和经营强度等具体情况确定。一般情况下,应从造林后开始,连续进行到幼林全部郁闭为止,大约需要3~5年。在培育速生丰产林和经济林时,松土除草要长期进行,不以郁闭为限。

每年松土除草的次数受造林地区的气候、立地条件、树种、幼林年龄和当地经济条件等因素制约。通常造林的当年就要松土除草，第1、2年2~3次，第3、4年1~2次，第5年1次，以后视杂草和林木生长情况决定松土除草的次数。

松土除草的季节要根据杂草灌丛的生态特征和生活习性、幼树年生长规律和生物学特性以及土壤的水分、养分动态确定。一般在幼树高生长旺盛期来临前和杂草生长旺盛季节进行松土除草，以减少杂草和灌丛对水分和养分的争夺，促进幼树生长。秋季除草，应在杂草和灌丛结籽前进行，以减少翌年杂草和灌丛的滋生。

(2)方式和方法

松土除草的方式依据整地方式和经济条件不同而有差异。在全面整地的情况下，可以进行全面翻土除草；也可以第1年头1次进行带状和块状松土除草、培土整地，第2次进行全面松土除草；有机械化条件的，行间可用机械中耕，株蔸处松土除草。局部整地的幼林，采取人工松土除草并逐步扩大松土范围，如采用块状、穴状整地的，通过1~2次扩穴连成水平带。原为带状整地的，可逐年扩带培土，以满足幼林对营养面积日益扩大的需要。

松土除草要做到“三不伤，二净，一培土”。三不伤是不伤根、不伤皮、不伤梢；二净是杂草除净、石块捡净；一培土是疏松的土壤培到幼树根部。

松土除草的深度应根据幼林生长情况和土壤条件确定。造林初期浅，随幼树年龄增大逐步加深；土壤质地黏重、表土板结或幼林长期失管，而根系再生能力又较强的树种，可适当深松；特别干旱的地方，可再深松一些。总之，松土除草要做到：里浅外深；坡地浅，平地深；树小浅，树大深；沙土浅，黏土深；土湿浅，土干深。尽量不伤害根系。一般松土除草的深度为5~15cm，加深时可加大到20~30cm。

夏季酷热、冬季严寒的地区，夏秋两季除草时，应在不影响幼树生长的前提下，根据杂草和灌丛生长的繁茂情况，适当保留一部分杂草和灌丛，为幼树遮阴或防寒；长期荒芜、杂草和灌丛较多的幼林地，以及耐阴树种、播种造林的针叶树幼林，应避免在干旱炎热的季节除草，以免幼林暴晒死亡。

目前，人工林松土除草多为手工作业，在条件许可的地方，应尽量采用机械抚育，也可在幼林中间种农作物，实行以耕代抚。为了节省劳动力，促进幼林生长，在幼林中采用化学除草，也是一种比较好的方法。

12.5.1.2　水分管理

(1)灌溉

灌溉是造林时和林木生长过程中人为补充林地土壤水分，提高造林成活率、保存率，促进幼林生长的有效措施，是林地抚育的重要内容。水是土壤肥力的四大要素之一，扩大灌溉面积是加速林业发展的重要措施。因为灌溉后土壤有效水分含量增加，土壤水势增高，有利于植物细胞组织保持紧张状态，加快根系吸收水分的速度和促进新根的形成。水也是组成植物的重要成分，是光合作用的原料。灌溉后能够增加树冠叶片数量、单叶面积和叶面积系数，扩大受光面积，使光合产物较多地向枝条运输，有利于有机物质的积累，从而促进叶片的扩大、树体的增粗和枝条的延长。

林地灌溉要合理，主要考虑灌溉时间和灌溉量。灌溉时期根据气候特点、土壤墒情、林木长势来判断决定。从林木年生长周期来看，幼林可在树木发芽前后或速生期之前灌溉，使林木进入生长期有充分的水分供应，落叶后是否冬灌可根据土壤干湿状况决定；从气候情况看，北方地区7、8、9月这三个月降水集中，一般不需要灌溉；从林木长势看，主要观察叶的舒展状况、果的生长状况。灌水量随树种、林龄、季节和土壤条件不同而异，一般要求灌水后的土壤湿度达到相对含水量的60%~80%即可，并且湿土层要达到主要根群分布深度。

地势比较平缓林区的水源一般采用修渠引水灌溉，水源来自河流和水库。山区地形变化较大的地方或地势较陡的山地，可利用山上的泉水，通过建造蓄水池进行常年的蓄水灌溉。由于林业用地较为复杂，干旱半干旱地区的很多地方不具备引水、取水灌溉条件，可采用汇集天然降水(人工集水)的方式来获得水源。地下水丰富的地区也可打井取水灌溉。在没有自然水源的山地，可利用抽水设备从低处往高处抽水蓄水，以便灌溉之用。

(2)排水

在多雨季节或湖区、低洼地造林，由于雨水过多或地下水位过高，往往会造成林地积水，可采用高垄、高台等降低水位的整体方法造林，同时，在林地内修好排水沟，多雨季节及时排除积水，增加土壤通气性，促进林木生长。

12.5.1.3 林地施肥

林地施肥是林地抚育的重要内容，是集约经营森林的重要技术措施之一。它可改善幼林营养状况和增加土壤肥力，加快幼林郁闭，提高林分质量，缩短成材年限，促进母树结实以及控制病虫害发生、发展。施肥还可使幼林尽快郁闭，增强林木的竞争力和林分抵御灾害的能力。

(1)林地施肥的特点

林地施肥具有以下特点：① 林木系多年生植物，以施长效有机肥为主；② 用材林以长枝叶及木材为主，应施用以氮肥为主的完全肥料，幼林时适当增加磷肥，对分生组织的生长，迅速扩大营养器官有很大作用；③ 林地土壤，尤其是针叶林下的土壤酸性较大，对钙质肥料需要量较多；④ 有些土壤缺乏某种微量元素，在施用氮、磷、钾肥的同时，配合施入少量的锌、硼、铜元素等，往往对林木的生长和结实极为有利；⑤ 幼林阶段林地杂草较多，施肥如与化学除草剂的施用结合起来比较好。

(2)林地施肥的技术要求

林地施肥要注意提高肥料利用率，提高经济效益，做到合理施肥。在实施过程中，要遵循以下5个技术要求：

① 明确施肥目的　以促进林木生长为主要目的时，应考虑林木的生物学特性，以速效养分与迟效养分相配合，适时施肥；以改土为目的时，则应以有机肥为主。

② 按土施肥　依据土壤质地、结构、pH值、养分状况等，确定合适的施肥措施和肥料种类。如果缺乏有机质和氮的林地，以施氮肥和有机质为主；红壤、赤红壤、砖红壤林地及一些侵蚀性土壤应多施磷肥；酸性砂土要适当施钾肥；砂土施追肥的每次用量要比黏土少等。相关知识可从《森林土壤》或《植物营养与肥料》中获取。

③ 按林木营养需求施肥　不同的树木有不同的生长特点和营养特性，同一种林木在不同的生长阶段营养要求也有差别。阔叶树对氮肥的反应比针叶树好；豆科树木大都有根瘤，它们对磷肥反应较好；幼树主要是营养生长，以长枝叶为主，对氮肥的用量较高；母树施以磷、钾为主的氮磷钾全肥，可以提高结实量和种子的质量。

④ 根据气候状况施肥　在气候诸因素中，温度和降水对施肥的影响最大。最适宜根系吸收养分的温度是15~25℃，光照充足，光合作用增强，同时对养分的吸收量也多，随着光照增加可适当增加施肥量。氮肥在湿润条件下利用率高，雨后施追肥宜用氮肥。

⑤ 根据肥料特性施肥　不同肥料的养分含量、溶解性、酸碱性、肥效快慢各不相同，选用时要根据肥料的性质与成分，根据土壤肥力状况，做到适土适肥、用量得当。用量少，达不到施肥的目的；用量过多，不仅浪费资源，还会造成环境污染等副作用。

(3)林地施肥方法

幼林的施肥方法有手工施肥、机械施肥和飞机施肥等多种方法，可以通过撒施、条施、灌溉施肥、根外追肥等方式进行。

林木是多年生植物，栽培周期长，整个生长周期都要对其进行施肥。施肥的时期应以两个时期为主，即造林前后和全面郁闭以后到主伐前数年。造林前施肥可在整地时结合施基肥(撒施或穴施)，直播造林时可用肥料拌种或结合拌菌根土后开沟施肥，也可全面施撒。全面郁闭后到主伐前施肥，可用人工、机械或飞机全面撒肥。

施肥量可根据树种的生物学特性、土壤贫瘠程度、林龄和施用的肥料种类确定。施肥深度一般应使化肥或绿肥埋覆在地表以下约20~30cm或更深一些的地方。

此外，还可通过栽种绿肥作物和保护凋落物对林地培肥。绿肥是中国传统的重要有机肥料之一，在林地上栽种绿肥作物和改良土壤树种，能扩大有机肥源、增加土壤氮素、富集与转化土壤养分、改善土壤结构和理化性质、防止水土冲刷，综合利用效益大。采用单作、间种、套种、混种、播种或复种绿肥等方式种植。森林凋落物及其形成的森林腐殖质是森林土壤的重要组成部分，在森林涵养水源、减缓地表径流、维持土壤肥力、保持生物多样性等方面具有重要作用。因此，在营林中，禁止焚烧或耧取林内凋落物，及时将凋落物与表土混杂，加速分解转化，最大限度地发挥其作用。

12.5.1.4　林农间作

林农间作又称林粮间作、林内间作，是在幼林郁闭前，利用幼林行间的间隙，种植各种作物，通过对间种农作物的中耕管理，抚育幼林，达到以耕代抚(在间作区对间作作物进行中耕、除草、施肥等耕作措施时，也等于对林木进行抚育，达到促进林木生长的效果)。这不仅节省幼林的抚育用工，降低营林成本，增加经济收入，而且能够改良林地土壤，促进林木生长。所以，无论从生物学还是经济收益方面来看，林农间作都有重要的意义。

(1)林农间作注意事项

① 以抚育林木为主　幼林的林农间作是以抚育林木为主的经营措施，其目的在于养地增肥，以耕代抚，加速林木生长，并取得林农双丰收。因此，不能只顾间作，单纯追求农作物产量，而不顾林业抚育，甚至损伤林木。

② 做好规划　幼林的林农间作必须要因地制宜地做好规划。林农间作一般应在林地比较湿润、肥沃的立地条件下进行，山地坡度在25°以上严禁间作农作物，以免引起林地水土流失。在比较干旱瘠薄的林地上进行农林间作时，一般应选用消耗水肥较少，并能改良土壤的豆类或绿肥作物为宜，以免引起与树木争水肥，影响树木的生长。

③ 选好间作植物　以林为主的林农间作成功的关键是在造林适地适树的基础上，根据树种的生物学特性和立地条件，选择适宜的间作植物(作物)和间作方式，并随林龄的

增长正确处理和调节不同植物间的相互关系，以充分发挥植物种间的相互促进作用。

选择的间林作物应是适应性强，矮秆直立，不与林木争夺水肥，最好是早熟、高产的豆类，以及栽培技术简便、经济价值较高的作物；避免选择那些对林木生长不利的高秆、块茎(根)和爬藤攀缘性作物；避免选择同林木有共同病虫害的农作物；南方山地应选择秋收作物，避免选择夏收作物。一般情况下，速生、喜光树种或年龄较大的幼林，宜选择矮秆耐阴作物；慢生、早期耐阴树种或年龄较小的幼林，可选择高杆作物，但只能在造林后1~2年内进行间作；浅根性树种宜间作深根性作物，深根性树种宜间作浅根性作物。

(2)间作的方法

① 实行轮作　在同一块林地上如果连年间作同一种农作物，土壤中的某些养分就会缺乏，造成作物生长不良，且易引起病虫害，采取林地轮作农作物的方法就可避免这些现象。轮作农作物的方法有两种：一是1年1轮作，如第1年种植药草、小麦，第2年种植大豆、绿肥，第3年种植花生、大麦、小麦等；二是1季1轮作，如春季种植豆科植物，秋季种植绿肥作物，第2年春季间种农作物前，把绿肥翻入土壤中作为基肥，这样既有利于农作物的增产，又有利于幼树的生长。

② 掌握距离　林农间作是在幼林的行间进行，要保持林木与间种作物之间的距离，应以树木能得到上方光照但不造成侧方庇荫，且间种作物的根系不与幼树根系争夺水、肥为原则。一般为1~2年生幼林中，应距幼树根际30~50cm间作比较合适。

③ 加强管理　林农间作要及时中耕除草、施肥、灌溉和防治病虫害。在间种作物播、管、收的全过程中，应注意有利于幼树生长，防止对幼树的损伤，坚持做到作物秸秆还地，以增加土壤有机质，促进林木生长。

12.5.2　幼林管理

12.5.2.1　间苗

播种造林，在幼树生长稳定后，应进行1~2次间苗定株，使单位面积株数达到造林密度要求；薪炭林无须间苗。播种造林或丛状植苗造林后，苗木密集成丛，幼林在全面郁闭之前，先达到簇内或穴内郁闭，随着个体的生长，对营养面积的要求不断加大，小群体内的个体开始分化，出现生长参差不齐的现象。因此，必须在造林后及时进行间苗；通过调节小群体内部的密度，保证优势植株更好地生长。间苗的时间、强度及次数，可根据立地条件、树种特性、小群体内植株个体生长情况以及密度确定。若立地条件好，树种生长速度快，小群体内植株个体分化早，密度大，可在造林的第2~3年进行，反之，可推迟到4~5年进行。生长快速的树种林分，间苗强度宜大些；生长中速的树种林分，间苗强度应稍小；生长缓慢的树种林分，间苗强度宜更小。在立地条件差的地方，林木保持群体状态更有利于抗御不良环境，也可以不进行间苗。间苗一般为1~2次，特别是小群体内株数太多时，不可一次全部间掉，以防环境发生急剧变化，反而影响保留植株的生存和生长。间苗要掌握“去劣留优、去小留大”的原则。要把生长比较高大、通直，并且树冠发育良好的优势株保留下来。

12.5.2.2　平茬

对具有萌芽能力的树种，因干旱、冻害、机械损伤或病虫兽危害造成生长不良的，应及时平茬复壮。平茬是利用树种的萌芽能力，截去幼树的地上部分，使其重新萌生枝条，培养成优良树干的一种抚育措施。平茬适用于萌芽能力强的树种，如杨树、泡桐、檫树、刺槐、臭椿、桉树、樟树等。平茬不是必须的抚育措施，只是在造林后，幼树的地上部分由于某种原因(如机械损伤、冻害、旱害、病虫害、动物危害等)不能成活或失去培养前途时才采取的复壮措施。

平茬应紧贴地面，不留树桩，工具要锋利，切口要平滑，平茬后及时覆土，防止茬口冻伤及损失水分。平茬一般在幼林时期进行，灌木树种平茬的期限可适当拖长。平茬时间以在树木休眠季节为宜，不要在晚春树木发芽后，以免伤流量过多，感染病虫害；也不要在生长季节，以防萌条组织不充实，越冬遭受寒害。

12.5.2.3　除蘖

根据林种和树种需要，应适时进行除蘖、修枝、整形等抚育工作。风沙危害严重地区的防风固沙林、农田防护林的树木要控制修枝。除蘖是除去萌蘖性很强的树种(如杉木、刺槐、杨树等)主干基部的萌蘖，以促进主干生长的一项抚育措施。除蘖一般在造林后1~2 年进行，但有时需要延续很长时间，反复进行多次，才能取得良好的效果。

12.5.2.4　抹芽

抹芽是在侧芽形成、芽尖呈绿色而尚未生长时，将其摘除。抹芽是促进幼树生长，培育良好干形的一项抚育措施。当幼树的树干上萌发出来的嫩芽未木质化时，把幼树树干 2/3 以下的嫩芽抹掉。这样可防止树木养分分散，有利于幼树的高生长，同时还可以避免幼树过早修枝，既省工又可以培育无节良材。

12.5.2.5　修枝

修枝是通过人为的措施调整林木内部营养的重要手段。修枝的同时，也给幼树进行了整形，其主要作用是：增强幼树树势，特别是促进树高生长旺盛，增加主干高度和通直度，减少节疤，提高干材质量；培养良好的冠形，使粗大侧枝分布均匀，形成主次分明的枝序；对减少病虫害及火灾的发生也有重要的作用，并可满足一些地区对薪材的需要。修枝时要因地制宜、按需修剪，随树作形、因枝修剪，主从分明、均衡树势，树龄不同、方法有别。要达到合理修枝，必须注意修枝的时间、强度、方法等方面的问题，否则，对幼树的生长会造成不良的影响。

(1)开始修枝的年限

树种不同，开始修枝的年限也不同。以用材林树种为例，一般生长较慢的阔叶树和针叶树，要在高生长旺盛时期后进行修枝，对直干性强的树种，如杉木、落叶松、云杉、水曲柳等，在幼林郁闭前一般不宜修枝，当林分充分郁闭，林冠下出现枯枝时才开始修枝。对于主干不明显，目的在于利用干材的树种和一些速生阔叶树种，如泡桐、白榆、樟树、栎类、黄波罗等，开始修枝要早些，可以提早到造林后 2~3 年内进行。

(2)修枝的季节

修枝应该在晚秋和早春树木休眠期进行。因为这时修枝不易撕裂树皮，且伤流轻，愈合快。但对萌芽力强的树种如刺槐、杨树、白榆、杉木等，也可在夏季生长旺盛期修枝，这时树木生长旺盛，伤口容易愈合，修枝后也能抑制丛生枝的萌生。但切忌在雨季或干热时期修枝，以防伤口渍水感染病害或很快干燥影响愈合。伤流严重的树种，如核桃等，应在果实采收后修枝。

(3)修枝的强度

合理的修枝强度，应当以不破坏林地郁闭和不降低林木生长量为原则。幼树修枝主要是修去树冠下过多而密的分枝，改善林分的通风、透光条件，以集中养分促进主干生长。一般常绿树种、耐阴树种和慢生树种修枝强度宜小；落叶阔叶树种、喜光树种和速生树种修枝强度可稍大。树种相同，立地条件好、树龄大、树冠发育好修枝可稍大；否则修枝宜小。通常情况下，在幼林郁闭前后，修枝强度约为幼树高度的1/3~1/2，随着树龄的增长，修枝强度可达树高的2/3。

(4)修枝的方法

小枝可用锋利修枝剪或砍刀紧贴树干修剪或由下而上进行剃削，保证剪口和切口平滑，以利伤口愈合；对粗大枝条，用手锯由下而上锯开下口，然后从上往下锯，避免撕破树皮或造成粗糙的切口或裂缝，影响树木生长。

12.5.2.6 幼林保护

(1)封山育林

封山育林是幼林成林的重要措施。在造林后2~3年内，幼林平均高度达1.5 m之前，应对幼林进行封山护林。新造林地比较矮小，对外界不良环境的抵抗力弱，容易遭受损伤；人和牲畜对林地的践踏，会使造林林地结构变坏，土壤肥力降低。这一切都会影响幼林的成活和生长。因此，造林后除对林地进行抚育以外，还应对幼林实施封山育林管理，严禁放牧、砍柴、割草，加强宣传教育，建立和健全各项管护制度，把封山护林和育林结合起来，促进幼林迅速生长。

(2)预防火灾

人工幼林多处于人为活动比较频繁的地方，防火具有十分重要的意义。特别是森林防火等级较高的地区和林种，更应该注意防火工作。根据林区和林种的特点，建立健全科学的防火体系(组织、制度、设施、手段和方法等)，做好幼林的护林防火工作。

(3)生物灾害控制

幼林生物灾害控制，必须认真贯彻“预防为主，综合治理”的方针，树立起森林健康的理念，把营林措施贯穿于生物灾害控制的始终，从造林设计和施工时起就应该采取各种预防措施，如营造混交林等；在林木培育过程中，加强抚育管理，改善幼林生长的环境条件和卫生状况，促进幼林健壮生长，增强抗性；因地制宜地保护天敌生物，以生物控制为主，并辅以人工捕杀等物理措施控制林木有害生物，尽量避免药剂防治，特别是要禁止使用高毒、高残留化学药剂。同时，要建立和健全森林有害生物的传播、蔓延和成灾。

(4)防除寒害、冻拔、雪折和日灼的危害

在冬春寒风严重的地区，造林后容易受寒冷影响的树种，可在秋末冬初进行覆土防寒；在排水较差或土壤黏重，容易遭受冻拔危害的地区，可采取高台整地，降低地下水位，林地覆草，以减免冻拔害的发生；在容易发生雪折的地区，应注意合理选择树种或不同树种合理搭配；对容易遭受日灼危害的地区，除注意林分树种组成以外，还应避免在盛夏高温季节进行松土除草。另外，在选择造林地时，应加以注意，选择低海拔山地造林，成林后及时抚育间伐和适当修枝，也可避免各种灾害的危害。

【技能训练】

一、松土除草

[目的要求]掌握树木松土除草的方法。

[材料用具]锄头、镰刀、铁锹等。

[实训场所]学校教学实验基地或校外实习基地。

[操作步骤]

(1)人工清除杂草、灌木，进行松土。

(2)树盘覆盖。

[注意事项]用锄头松土，注意深浅适宜，不伤、少伤树根、树皮等。

[实训报告]每人写一份书面实训报告，包括如何确定松土除草的时期、次数及松土除草的注意事项。

二、树木施肥

[目的要求]通过实际操作掌握树木土壤施肥和根外施肥的方法。

[材料用具]不同类型的树木(大树、幼树等)，若干种肥料，锄头、铁锹、水桶、喷雾器、打孔钻、胶皮管等。

[实训场所]教学实验基地或校外实习基地。

[操作步骤]

(1)地面施肥。对不同的树木分别采用地表施肥、沟状施肥、穴状施肥、打孔施肥等方法，比较分析各种施肥的工作量、施肥量，并预测施肥效果。

(2)根外追肥。使用肥料质量分数为：尿素0.3%~0.5%，过磷酸钙1%~3%，硫酸钾或氯化钾0.5%~1%，草木灰3%~10%，腐熟人尿19%~2%，硼砂0.1%~0.3%，选用以上一种或几种，进行叶面追肥实习。

[注意事项]施有机肥要打碎整细，撒肥须均匀。

[实训报告]每人写一份书面实训报告，包括地面施肥和根外追肥的方法，以及施肥过程中应注意的问题。

三、树木的整形修剪

[目的要求]了解整形修剪的目的、作用，能灵活运用各种工具进行树木整形及修剪。

[材料用具]各种树木材料，修枝剪(锯)、高枝剪、枝剪、打枝机、砍刀、斧头、皮尺等。

[实训场所]学校教学实验基地或校外实习基地。

[操作步骤]

(1)整形修剪的顺序——“一看二剪三检查”。

一看：先了解植物的生长习性、植株的生长势、枝条分布情况及冠形特点，考虑好树冠的整形方式，做到因树制宜、合理修剪；

二剪：对植物按要求或规定进行修剪，由上而下、由内到外、由粗剪到细剪，先剪枯枝、密生枝、重叠枝，再短剪，回缩修剪时先修大枝、再中枝、最后小枝；

三检查：检查修剪是否合理、有无差错或漏剪，这样既能保证修剪质量又可提高速度。

(2)不同类型树木的整形修剪。

① 乔木的整形修剪。修剪的目的主要是维持树木良好的干形和冠形，解决通风透光条件，因此修剪比较粗放。有主干领导枝的树种要尽量保持中央领导干，出现双干时，只选留一个。如果中央领导枝已枯死，应于中央选一个强的侧生嫩枝，扶植培养成新的领导枝，并适时修剪主干下部侧生枝，使枝条能均匀分布在合适的分枝点上。

② 行道树的整形修剪。除人工整形需每年进行冬剪和夏剪外，对自然式树冠每年或隔年将病、枯枝及扰乱树形的枝条剪除，对老、弱枝进行短剪，给予刺激使之增强生长势。对基部发生的萌蘖以及主干上由不定芽萌发长成的冗枝，均应一一剪除。

③ 庭荫树的整形修剪。庭荫树应具有庞大的树冠、挺秀的树形和健壮的树干。这类树木修剪整形时，首先应培养一段高矮适中、挺拔粗壮的主干。树木定植后，尽早将树干上1~1.5m以下的枝条全部剪除，以后随树体的增大，逐年疏除树冠下部的侧枝。一般采用自然式树形，修剪主要是在休眠期间将过密枝、伤残枝、枯死枝、病虫枝及扰乱树形的枝条疏除，也有根据配置要求进行特殊造型和修剪的。

④ 经济林的整形修剪。冬季疏剪和短截一些不需要的枝条(病虫枝、枯枝、密生枝、无法利用的徒长枝等)，培养一定形状的树冠和枝组，促进形成结果枝，调节生长和结果的关系；夏季修剪可抹芽、剪梢，抑制新梢徒长，促进花芽分化，提高果实品质。

⑤ 花灌苗木的整形修剪。重剪更新枝条，轻剪维持树形。

[注意事项]注意安全；抹芽除蘖时不撕裂树皮；大剪口要保护；修剪工具要锋利。

[实训报告]每人写一份书面实训报告，要求把整枝过程写完整，技术要点写清楚，理论依据写明白。

四、冬季防寒

[目的要求]能利用各种越冬防寒的技术保护树木顺利越冬。

[材料用具]各类树木，铁锹、稻草帘子、稻草、草绳、石灰、水、食盐或石硫合剂、桶、定高杆等。

[实训场所]校园教学实验基地或校外实习基地。

[操作步骤]

(1)保护根颈和根系。

① 冬灌。封冻水在封冻前进行。

② 堆土。在树木根颈部分堆土，土堆高40~50cm，直径80~100cm(依树木大小具体确定)。堆土时应选疏松的细土，忌用土块。堆后压实，减少透风。

③ 堆半月形土堆。树木朝北方向，堆向南弯曲的半月形土堆。高度依树木大小而定，一般40~50cm。

④ 积雪。大雪之后，在树干周围堆雪防寒。雪要求清洁，不含杂质，不含盐分。

(2)保护树干。

① 卷干。用稻草或稻草帘子，将树干包卷起来，或直接用草绳将树干一圈接一圈缠绕，直至分枝点或要求的高度。

② 涂白。将石灰、水与食盐配成涂白剂涂刷树干。一般每500g石灰加水400g，为了增加石灰的附着能力和维持其长久性，可再加食盐10g，搅拌均匀后即可使用。涂白时要求涂刷均匀，高度一致。

③ 大雪后对有发生雪压、雪折危害的树种，应打掉积雪。

[**实训报告**]每人写一份书面实训报告。

【任务小结】

如图 12-20 所示。

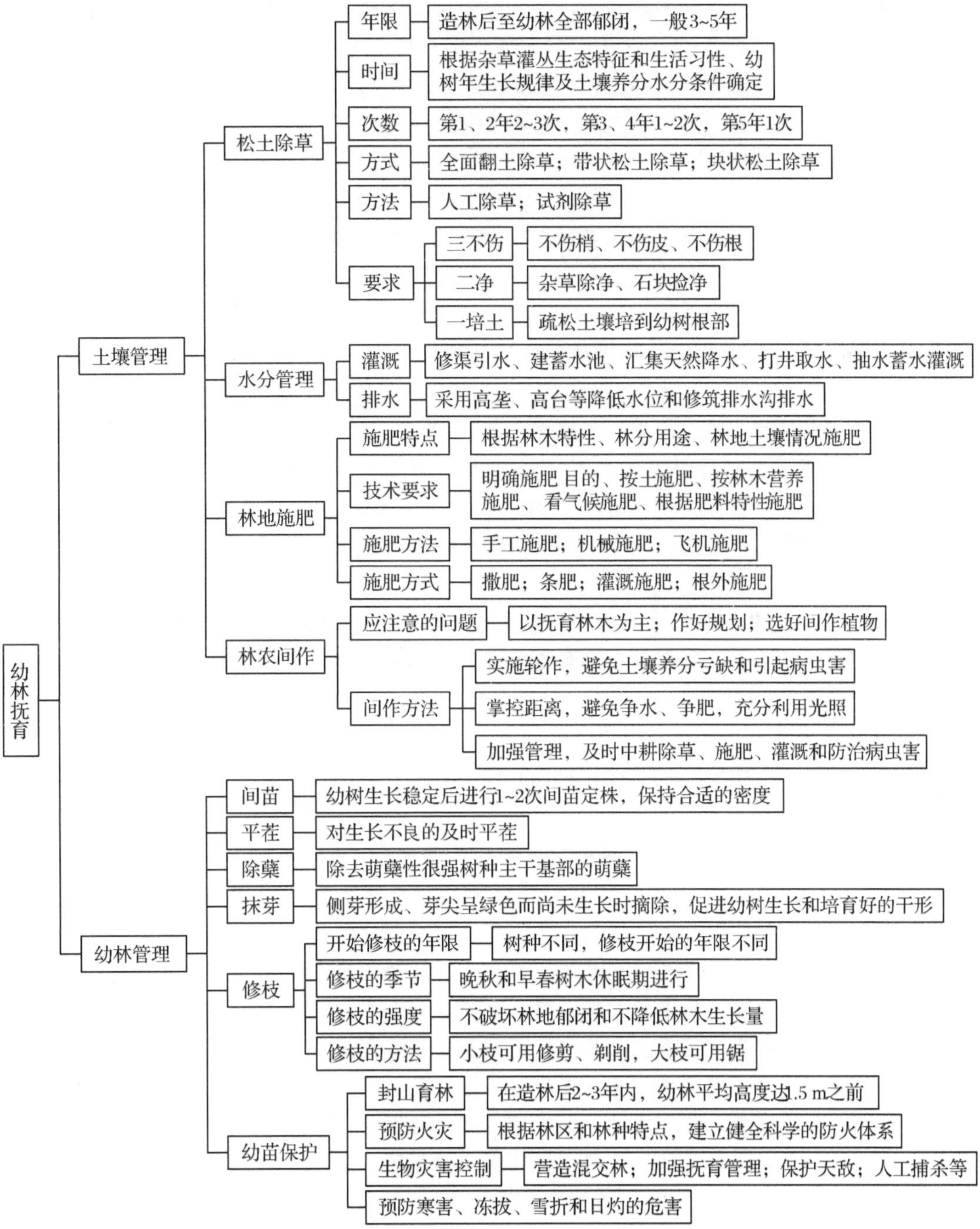

- 幼林抚育
  - 土壤管理
    - 松土除草
      - 年限 — 造林后至幼林全部郁闭，一般3~5年
      - 时间 — 根据杂草灌丛生态特征和生活习性、幼树年生长规律及土壤养分水分条件确定
      - 次数 — 第1、2年2~3次，第3、4年1~2次，第5年1次
      - 方式 — 全面翻土除草；带状松土除草；块状松土除草
      - 方法 — 人工除草；试剂除草
      - 要求
        - 三不伤 — 不伤梢、不伤皮、不伤根
        - 二净 — 杂草除净、石块捡净
        - 一培土 — 疏松土壤培到幼树根部
    - 水分管理
      - 灌溉 — 修渠引水、建蓄水池、汇集天然降水、打井取水、抽水蓄水灌溉
      - 排水 — 采用高垄、高台等降低水位和修筑排水沟排水
    - 林地施肥
      - 施肥特点 — 根据林木特性、林分用途、林地土壤情况施肥
      - 技术要求 — 明确施肥目的、按土施肥、按林木营养施肥、看气候施肥、根据肥料特性施肥
      - 施肥方法 — 手工施肥；机械施肥；飞机施肥
      - 施肥方式 — 撒肥；条肥；灌溉施肥；根外施肥
    - 林农间作
      - 应注意的问题 — 以抚育林木为主；作好规划；选好间作植物
      - 间作方法
        - 实施轮作，避免土壤养分亏缺和引起病虫害
        - 掌控距离，避免争水、争肥，充分利用光照
        - 加强管理，及时中耕除草、施肥、灌溉和防治病虫害
  - 幼林管理
    - 间苗 — 幼树生长稳定后进行1~2次间苗定株，保持合适的密度
    - 平茬 — 对生长不良的及时平茬
    - 除蘖 — 除去萌蘖性很强树种主干基部的萌蘖
    - 抹芽 — 侧芽形成、芽尖呈绿色而尚未生长时摘除，促进幼树生长和培育好的干形
    - 修枝
      - 开始修枝的年限 — 树种不同，修枝开始的年限不同
      - 修枝的季节 — 晚秋和早春树木休眠期进行
      - 修枝的强度 — 不破坏林地郁闭和不降低林木生长量
      - 修枝的方法 — 小枝可用修剪、剁削，大枝可用锯
    - 幼苗保护
      - 封山育林 — 在造林后2~3年内，幼林平均高度达1.5 m之前
      - 预防火灾 — 根据林区和林种特点，建立健全科学的防火体系
      - 生物灾害控制 — 营造混交林；加强抚育管理；保护天敌；人工捕杀等
      - 预防寒害、冻拔、雪折和日灼的危害

图 12-20　幼林抚育知识结构图

【拓展提高】

一、测土配方施肥

测土配方施肥是以肥料田间试验、土壤测试为基础，根据植物需肥规律、土壤供肥性能和肥料效应，在合理施用有机肥料的基础上，提出氮、磷、钾及中、微量元素等肥料的施用品种、数量、施肥时期和施用方法，即国际上通称的平衡施肥，是联合国在全世界推行的先进技术。其步骤为：① 测土，取土样测定土壤养分含量；② 配方，对土壤的养分进行诊断，按照庄稼需要的营养“开出药方、按方配药”；③ 合理施肥，在科技人员指导下科学施用配方肥。

二、林地间作的模式

由于林地间作可以达到以短养长、以耕代抚、加快林木生长等效果，可提高营林收益、部分解决育林资金，所以许多营林单位和个人都把它作为扩大林业生产、发展多种经营的重要形式，积极采用和推广。林地间作主要发展林菌、林药、林粮(油)、林草、林菜等，各地在工作实践中总结出了许多形式，常见的有以下几类：

① 林—林混交型。即用材林树种和经济林树种混交或经济林树种之间混交。常见混交的用材林树种有泡桐、杉木、杨树、侧柏、刺槐、竹子等，经济林树种有橡胶、乌柏、荔枝、板栗、山茱萸、杏、苹果、紫穗槐、黄荆等。

② 林—农间作型。即林木与作物混合种植。冠窄、干通直、枝叶稀疏、冬季落叶、春季放叶晚、根系分布深的树木适宜间作，间作的农作物要选择适应性强、矮杆、较耐阴、有根瘤、根系水平分布的种类，以豆科植物为最好，包括小麦、薏米、豌豆、马铃薯、大豆、绿豆、甘薯等。

③ 林—牧间作型。即在林分内种植牧草。林木能够调节气候、改善环境，给牧草创造良好的生长环境条件，牧草可以发展畜牧业，同时一些牧草可以当作绿肥作物，提高土壤肥力，促进林木生长。

④ 林—菜模式。根据林间光照程度和各种蔬菜的不同需光特性科学地选择种植。可在湿地松、杨树、落叶松等主要造林树种和经济林的林下间作大蒜、青椒、茄类等各类蔬菜和瓜类。

⑤ 林—菌模式。包括竹荪、草菇、白木耳、黑木耳、红菇等。

⑥ 林—药间作型。运用生态学和经济学原理，把林木和药用植物有机地结合起来，对光、热、水、肥、气、时间、空间进行合理互补与优化使用，以达到低投入高产出、维持生态平衡的目的。其特点是林冠遮阴、以耕代抚，节约营林和种药的经济投入；一地多用、立体种植，解决林、药争地矛盾，增加生态系统结构的稳定性，提高生态保护功能；时间上短、中、长结合，空间上上、中、下结合，充分利用土地资源和光热资源；集经济效益、生态效益和社会效益于一身。在耕地资源缺乏、林地资源丰富的地区，发展耐阴性药用植物种植非常适合。常见的中草药有太子参、金线莲、灵芝、田七、金银花、半夏、砂仁、绞股蓝、鸡血藤、黄精、杜仲、板蓝根、黄栀子、铁皮石斛、草珊瑚、百合、三七和茯苓等。

三、课外阅读题录

GB/T 15783—1995，主要造林树种林地化学除草技术规程.

林开敏，洪伟，俞新妥，等.2001. 杉木幼林抚育技术的综合评价和决策[J]. 林业科学，37(5)：49－56.

叶青，徐杰其，毛容武，等.2011. 武义县林场杉木中幼林抚育技术要点[J]. 华东森林经理，25(1)：23－24.

【复习思考】

1. 简述林地施肥的特点。
2. 在幼林中实施林农间作应注意哪些问题？
3. 简述幼树管理中修枝的技术要点。

项目 13

造林检查验收

造林检查验收是评定作业质量，检查成活(保存)率，检验造林、营林工作成果的重要手段。采用何种检查验收办法，其工作精度的高低，对检查验收的结果和质量至关重要。一般造林后3~5年内为一个项目检查验收的主要实施阶段。因此，检查验收的对象大部分为幼龄林，主要验收指标为造林面积和成活率。

任务 13.1　检查验收

【任务介绍】

在造林施工期间，造林项目管理单位应对各项作业随时检查验收，发现问题及时纠正；造林结束后，要根据造林作业设计及时对造林施工质量进行全面检查验收。造林一年后对造林成活率、森林病虫害发生与危害情况、公益林混交林比例进行检查，造林后3~5年进行成林验收和造林保存率检查。

知识目标

1. 了解造林检查验收的内容与意义。
2. 掌握造林检查验收的步骤与方法。
3. 掌握造林成果评价的标准。

技能目标

1. 能评价造林质量是否合格。
2. 具备造林成果评价的能力。

【任务实施】

13.1.1　造林质量检查验收

13.1.1.1　施工作业检查

原则上要在每项造林施工作业(如造林地清理，整地、苗木出圃、播种或植苗造林、幼林抚育和补植等)完成后，都要进行检查，其中关键的是整地及种植造林后的两次检查。检查应在作业完成后立即进行，主要检查播种或栽植的质量。检查工作可以在自检、互检的基础上，由上级单位专业人员会同当地技术人员进行检查。检查要以调查设计、施工设计中的规定及其他技术规程(规范)要求为标准。

(1)整地作业检查的主要内容

整地作业检查的主要内容是整地的规格和质量。在机械化全面整地时，主要检查翻地深度是否合乎设计要求，是否严密，是否留有生格(特别注意地头两端情况)，翻后是否耙平耙细等。在局部整地，特别是山地带状或块状整地时，主要检查整地的长、宽、深的规格，包括地埂或垄沟的规格，是否合乎设计要求，整地范围内土壤是否松碎，石头、树根是否拣尽，松土深度是否均匀一致(避免出现锅底形)等。

(2)造林作业检查的主要内容

造林(播种或植苗)作业检查的主要内容是造林面积和质量。

① 造林面积检查是落实造林面积、防止虚报浮夸、按完成任务量付酬的重要环节。在造林面积不大时，可采用逐块造林地实测检查的方法；在造林面积较大时，可采用抽样实测的抽样方法，一般造林时可用地形图现场勾绘代替实测。抽查时要注意抽样的随机性，并保证抽样数量提供的可靠性。抽样实测面积与上报面积之间的差距不能超过一定的界限(一般定为1%~3%，工程造林从严要求)，如超过此界限，应视为上报数字不实，需更改上报数字或采用其他补救办法。情况严重的要通报批评。造林面积检查可在造林作业完成后进行，也可延缓至幼林成活率检查时结合进行。

② 造林质量检查应在造林作业完成后(甚至在造林施工过程中)立即进行，主要检查播种和栽植的质量。在播种造林时，重点检查播种质量、播种深度(覆土深度)、播种位置及间距是否符合要求，种子质量的好坏及催芽的程度如何，播种后覆盖情况及各项作业是否适时等。在植苗造林时则要重点检查苗木质量(规格及保护情况)好坏，栽植深度是否适宜，苗根是否舒展并踩实，栽植位置及间距是否符合要求，栽植作业是否适时等。种植间距也是质量检查的重点项目，因为它决定了实际的造林密度。如果检查结果发现造林质量上存在重大问题，或造林密度与设计要求有较大出入，就要提出各种改造措施甚至要求返工，责成施工单位去执行。

13.1.1.2　幼林检查验收

(1)成活率调查

新造幼林经过一个完整的生长季后，要进行成活率调查。成活率调查必须遍及每一块造林地(小班)，采用标准地或标准行的方法，随机或机械布点，抽查面积应不小于每个造林地块(小班)面积的2%~5%(造林地 100 亩以下时为5%，500 亩以上时为2%)植苗造林和播种造林，每个种植穴只要有 1 株以上(含 1 株)的苗木成活，即可作为成活穴计数[有时苗仍活着，但从生长、色泽、硬度各方面看，估计存活几率较小，这样的种植点列为可疑，统计时将可疑点(穴)数的50%算成活率]。埋干造林若长达 1m 的间段没有萌条，即算作 1 株死亡。成活株(穴)数占检查总株(穴)数的百分比即为成活率。各级经营单位的平均造林成活率，按各小班面积及成活率作加权平均。

经检查确定，造林成活率低于 40% 的小班，要从统计的新造幼林面积中注销，应列入宜林地重新造林。成活率在 41%~84% 之间的小班，要求进行补植。补植原则应按原设计树种(特殊情况也另作专门安排)用大苗及时完成，以免引起幼林的早期分化。在调查成活率时，还要对苗木死亡和种子不萌发的原因进行调查统计分析，如种苗质量不好，播种或栽植作业上存在问题，病虫害的干扰，不利气象因素，人为干扰(樵采、放牧、践踏等)危害等。

(2)保存率调查

一般幼林经过3年左右的抚育管理，成活已经稳定。此时应再做调查，核实幼林保存面积及保存率，评价其生长状况，提出今后应进一步采用的抚育管理措施。当幼林已达到规定的保存率及生长指标时，可作最后的复查验收，并拨放全部造林投资款项或补助款。当幼林达到郁闭成林时，可划归有林地，小班全部技术档案列入有林地资源档案。

(3)有害生物发生情况调查

包括检疫性有害生物检查和病虫害发生情况检查。

13.1.1.3 造林工程的竣工验收

属于大的、立过项的或受合同约束的造林项目，在其全部工程完成以后，履行竣工验收这个法定手续。验收的主要依据是：① 上级主管部门批准的计划任务书及有关文件；② 建设单位与主管部门签订的工程合同书；③ 转为此项目进行的总体规划设计及有关作业设计的成果材料；④ 国家现行技术规程及成果评价规范。

造林工程的竣工验收工作，由上级林业主管部门组织行政负责人及技术专家组成验收工作组负责进行。竣工验收的标准：① 工程项目按合同规定和规划设计要求全部竣工完毕，达到国家规定的质量标准(平均株数保存率、面积保存率、林木生长指标、经济效益及生态效益等指标)；② 技术档案齐全，包括总体规划设计资料、作业设计资料、阶段性成果评价资料及在此基础上建立的完整的造林技术档案等。除此之外，工程完成的期限也是验收时评价工程的重要因素。

造林工程经由验收工作组检查，如确认完全符合计划任务书及总体规划设计要求，验收合格，即可由工程执行单位向主管部门办理竣工手续。竣工意味着原来签订的工程合同终止，对于施工单位即解除了在合同中所承担的一切法律责任和经济责任。在验收过程中，如发现有些方面上存在缺陷，需要采用重植、补植、林分改造等措施来补救，可视情况及形成这些情况的原因，或按期验收并指明情况，限期更正；或不予以验收，暂缓办理竣工手续。

造林工程竣工后，人工林即进入正常的经营状态，由森林经营单位(有时与造林施工单位为同一单位)接收经营。对所有已郁闭的人工林和尚未郁闭的新造幼林，均需为其建立森林资源档案，纳入森林资源管理系统。各经营单位应尽量使用电子计算数据库及动态模拟等先进技术，管理好森林资源。

13.1.2 检查验收的程序

造林单位先行全面自查，上级林业主管部门组织复查和核查。

(1)县级自查

营造林当年，以各级人民政府及其林业行政主管部门根据下达的营造林计划和营造林作业设计，县级负责组织全面自查，提出检查验收报告，报地级市林业行政主管部门，地级林业行政主管部门审核后，报省级林业行政主管部门。

(2)省级(地级)抽查

在县级上报的检查验收报告的基础上，地级市林业行政主管部门组织抽查，将抽查结果汇总后上报省级林业行政主管部门。根据地级市上报的检查验收报告、统计上报的年度营造林完成面积，省林业行政主管部门组织抽查或组织专项检查，汇总报国务院林业行政主管部门。

(3)国家级核查

根据省级上报的验收报告、统计上报年度造林年完成面积，国务院林业行政主管部门组织对造林进行核查，纳入全国人工造林、更新实际核查体系中，并将核查结果通报全国。

13.1.3　检查验收的方法

13.1.3.1　检查验收的方法

采取随机、机械、分层抽样等方法进行抽样，被抽中的小班以作业设计文件、验收卡等技术档案为依据，按照造林质量标准，实地检查核对，统计评价。

国家级核查比例实行县、省两级指标控制的办法，即以县为基本单元，核查县数不低于10%，抽中县抽查面积不低于上报面积的5%；以省为单位计算，抽查面积不低于上报面积的1%。省级(地级)检查，在保证检查精度的原则下，由各地根据实际情况自行确定。

13.1.3.2　检查验收的内容

作业设计、苗木标准、造林面积、建档情况、混交类型及“五证”(种子生产许可证、种子经营许可证、良种使用证、种子质量检验证、植物检疫证)等。具体考核指标为作业设计率、混交率、保存率、建档率、检查验收率及生长情况、病虫危害情况、森林保护和配套设施施工情况等。

【技能训练】

造林检查验收

[**目的要求**]熟悉造林成活率检查的意义，掌握造林成活率调查方法、造林成活率计算方法和造林质量的评定方法。

[**材料用具**]全站仪(GPS)、皮尺、铁锹、卷尺、游标卡尺、计算器、造林检查验收表等。

[**实训场所**]教学林场或其他教学实训基地的造林小班。

[**操作步骤**]

造林 1 年后对造林成活率进行检查。造林后 3~5 年进行成林验收和造林保存率检查。

(1)造林面积检查。

按作业设计图逐块核实，或用仪器实测，造林面积按水平面积计算。

凡造林面积连续成片在 0.067 hm^2(1 亩)以上的，按片林统计，其他按四旁造林统计。

林带行数在两行及两行以上且乔木林带行距 <4m、灌木林带行距 <2m，连续面积≥0.067hm^2，按片林统计。缺口长度不超过宽度 3 倍的林带按一条林带计算，否则应视为两条林带。单行林带按四旁造林统计。

当造林小班检查面积与作业设计面积差异(以检查面积为分母)在5%(含)以内，以作业设计面积为准。当检查面积与作业设计面积差异在5%(不含)以上，以检查面积为准。

(2)造林成活率检查。

确定标准行，然后在标准行内调查。

以小班或造林地块为单位，采用随机抽样方法检查造林成活率。成片造林面积在6.66hm^{2}及以下、6.67~30hm^2、30.01hm^{2}及以上的，抽样强度分别为造林面积的5%、3%、2%；防护林带抽样强度为10%；对于坡地，抽样应包括不同部位和坡度。

造林成活率按式(13-1)、式(13-2)计算：

$$p = \frac{\sum_{i=1}^{n} S_i \times P_i}{S} \times 100\% \tag{13-1}$$

$$P_i = \frac{n_i}{N_i} \times 100\% \tag{13-2}$$

式中 P——(小班)造林成活率(%)；

S_i——第 i 样地面积(样行长度)；

P_i——第 i 样地(样行)成活率(%)；

S——样地总面积(样行总长度)；

n_i——第 i 样地(行)成活株(穴)数；

N_i——每 i 样地(行)栽植总株(穴)数；

n——样地数或样行数。

造林成活率保留一位小数。

(3)检查造林是否按照作业设计进行施工。

(4)未成林林业有害生物发生情况检查。

检查是否有林业检疫性有害生物及林业补充检疫性有害生物、蛀干类有虫株率、感病指数等指标。

其中感病指数、蛀干类有虫株率分别按式(13-3)、式(13-4)计算：

$$I = \frac{\sum B_i \times V_i}{B \times V} \times 100 \tag{13-3}$$

$$A = \frac{\sum C_i}{\sum N_i} \times 100\% \tag{13-4}$$

式中 I——感病指数；

B——感病总株数；

V——发病最重一级的代表数值；

B_i——第 i 发病等级的株数；

V_i——第 i 发病等级的代表数值；

A——(小班)蛀干类有虫株率(%)；

C_i——第 i 样地(样行)蛀干类有虫株数；

N_i——第 i 样地(行)栽植总株(穴)数。

(5)检查验收结果评价。

① 造林面积核实率 年度实施造林作业的各小班相应的作业设计面积之和与各小班检查面积之和的百分比。造林面积核实率应达到100%。

② 确定造林合格面积和造林合格率 达到造林合格标准的造林面积为造林合格面积。造林合格面积与当年造林总面积的百分比为造林合格率，应对照标准(a. 年均降水量在400mm以上地区，成活率≥85%；b. 年均降水量在400mm以下地区，热带亚热带岩溶地区、干热(干旱)河谷等生态环境脆弱地带，成活率≥70%)进行确定。

经补植的造林合格面积只参加补植前造林年度的造林合格率计算，不同造林年度的造林合格面积不能一起计算造林合格率。

③ 确定造林综合合格面积和造林综合合格率 达到造林综合合格标准的造林面积为造林综合合格面积。

造林综合合格率按式(13-5)计算：

$$G = \frac{D + E + F}{3} \tag{13-5}$$

式中：G——造林综合合格率(%)；

D——造林合格率(%)；

E——未受林业有害生物严重危害率(%)；

F——作业设计符合率(%)。

未受林业有害生物严重危害率(E)、作业设计符合率(F)分别按式(13-7)和式(13-8)计算：

$$E = \frac{\sum_{i=1}^{m} L_i}{S} \times 100\% \tag{13-6}$$

式中：L_i——未受林业有害生物严重危害(小班)面积；

S——年度造林面积；

m——未受林业有害生物严重危害的小班数。

$$F = \frac{\sum_{i=1}^{k} W_i}{S} \times 100\% \tag{13-7}$$

式中 W_i——造林作业符合作业设计的(小班)面积；

S——年度造林面积；

k——造林作业符合作业设计的小班数。

[注意事项]造林成活率<40%为不合格，应进行重新造林；速生丰产用材林，应按树种专业标准进行检查验收。

[实训报告]对外业调查结果进行统计，计算造林完成面积和造林成活率，评定造林质量，完成实训报告。

【任务小结】

如图 13-1 所示。

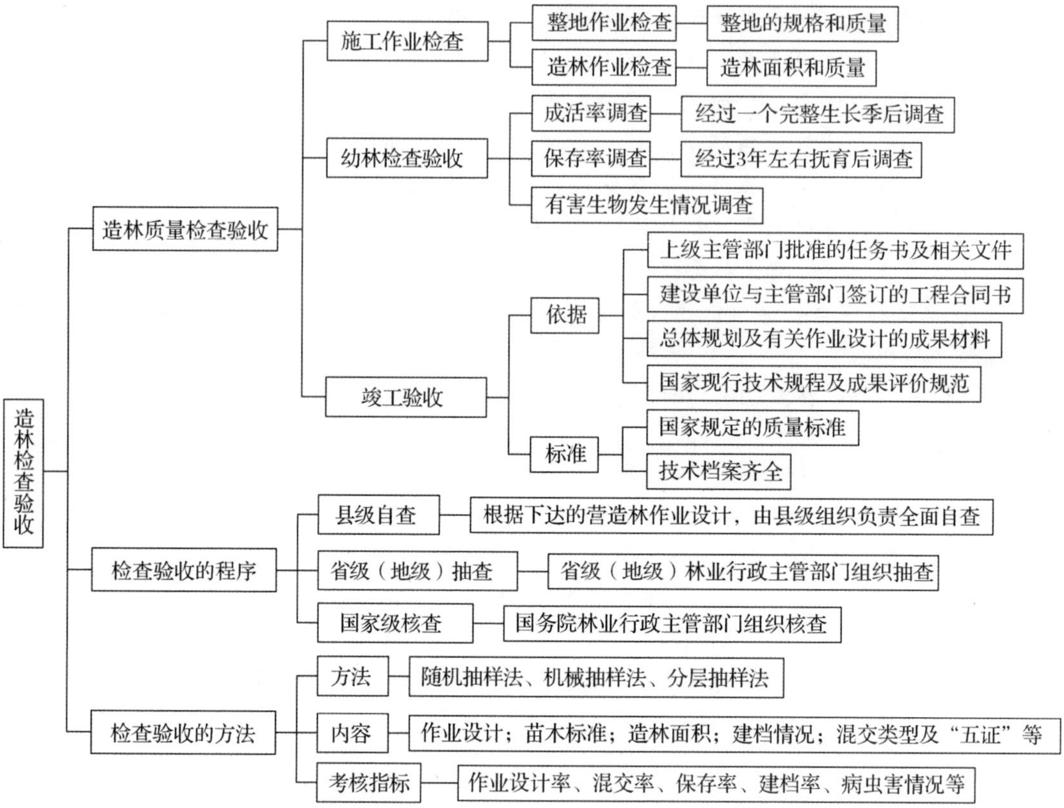

- 造林检查验收
  - 造林质量检查验收
    - 施工作业检查
      - 整地作业检查——整地的规格和质量
      - 造林作业检查——造林面积和质量
    - 幼林检查验收
      - 成活率调查——经过一个完整生长季后调查
      - 保存率调查——经过3年左右抚育后调查
      - 有害生物发生情况调查
    - 竣工验收
      - 依据
        - 上级主管部门批准的任务书及相关文件
        - 建设单位与主管部门签订的工程合同书
        - 总体规划及有关作业设计的成果材料
        - 国家现行技术规程及成果评价规范
      - 标准
        - 国家规定的质量标准
        - 技术档案齐全
  - 检查验收的程序
    - 县级自查——根据下达的营造林作业设计，由县级组织负责全面自查
    - 省级（地级）抽查——省级（地级）林业行政主管部门组织抽查
    - 国家级核查——国务院林业行政主管部门组织核查
  - 检查验收的方法
    - 方法——随机抽样法、机械抽样法、分层抽样法
    - 内容——作业设计；苗木标准；造林面积；建档情况；混交类型及“五证”等
    - 考核指标——作业设计率、混交率、保存率、建档率、病虫害情况等

图 13-1　造林检查验收知识结构图

【拓展提高】

一、造林改进措施

(1)补植。造林成活率满足以下条件的，需要进行补植：① 年均降水量在 400mm 以上地区，造林成活率在 41%~84% 之间；② 年均降水量在 400mm 以下地区，热带亚热带岩溶地区、干热(干旱)河谷等生态环境脆弱地带，造林成活率在 41%~69% 之间。

(2)调整。生态公益林混交林比例达不到 30% 以上的，要调整到 30% 以上。没有按作业设计进行造林施工的，要按照作业设计的要求施工。

(3)未成林林业有害生物防治。发生有害生物危害的，按林业有害生物防治相关技术标准进行除治。

二、课外阅读题录

LY/T 1571—2000，国有林区营造林检查验收规则.

罗胜万，何国业，代华兵. 2006. 3S 集成技术在工程造林验收中的应用[J]. 广西林业科学，35(2)：82－85.

【复习思考】

1. 造林检查验收的流程包括哪些？
2. 如何进行造林面积的检查验收？
3. 如何进行造林成活率的检查验收？
4. 怎样正确评价造林检查验收的结果？

项目 14 工程造林管理

管理在经济生产中发挥着极为重要的作用，它是使理论设计或决策变为实践的关键性环节。工程造林管理与机械工程和建筑工程存在很大区别，它是一类综合性的生物生产工程，是将树木生产作为主要任务的综合性工程，有利于完善和发展现代林业生产，提高造林的经济效益为森林资源的现代化奠定基础。

任务 14.1 工程造林管理

【任务介绍】

工程造林，是指把普通的植树造林纳入国家的基本建设规划，运用现代的科学管理方法和先进的造林技术，按国家的基本建设程序进行植树造林。工程造林是伴随着社会的进步、现代科学技术的发展和林业的发展战略需要而产生并逐步扩大形成的。实行工程造林，有利于从根本上打破林业生产上根深蒂固的粗放经营思想，扭转和改变由于缺乏科学的造林态度而造成的效益差、责任不明确等弊端，使造林质量和造林速度同步提高和增长，逐步扭转我国林业落后的面貌。

知识目标

1. 了解工程造林的概念、意义及内容。
2. 掌握造林工程招标管理与组织管理的程序和内容。
3. 掌握造林工程生产管理的内容与要求。

技能目标

1. 能根据造林工程管理要求，基本懂得造林工程招标管理、组织管理。
2. 会进行造林工程的生产管理。

【任务实施】

14.1.1 工程造林的内容

(1)项目的确定

又称立项。根据项目的级别，分别由执行机构(主要是地方政府或国有林场、集体林场、联合体及个人等)，逐级编制工程造林的项目申报书，由业务指导机构对各项申报书分别进行综合，最后报请项目决策机构进行审批，并下达计划任务书，审批的原则是根据所报请的项目是否符合本地的林业区划、发展战略布局及发展方向等。

(2)方案决策

项目确定后，要拟定各种工程造林实施方案，对各方案所涉及的各项内容进行决策，主要解决工程的规模、范围、技术原则、工程进度、投资概算、效益预测等问题。在此基础上，拿出项目实施的最优方案，编制出工程造林的设计任务书。

(3)总体规划设计

主要是以决策机构对项目的批复文件为依据，并参照执行机构对项目的有关内容决策，由专业设计部门进行设计。

(4)年度施工设计

在工程建设期内，以某一级的执行机构为单位，根据整体规划设计要求，进行年度施工设计。由于林业生产周期长，地域广阔，生产条件多变，年度施工设计原则上限于本年度施工部分，以便按照工程造林的要求，准确地掌握生产条件，指导当年的植树造林工作。但是，在特定的情况下，也可以跨年度进行设计。在不超越整体规划的范围内，把各个年度的施工设计分别设计出来，在具体执行过程中，视当年的自然、经济及社会发展情况而定。

(5)工程管理

包括工程的组织管理、技术管理、质量管理、资金管理、现场管理、目标管理等。管理的方法和手段应灵活多样且要有效。为了使工程顺利实施，要经常进行阶段性成果评价，竣工后，要进行全面的检查验收。

从以上工程造林的内容可以看出，工程造林与一般造林的区别在于：① 造林项目要有一定的规模；② 要有一定的资金补助；③ 有经过批准的总体设计方案和作业设计方案；④ 造林成果必须经过成果评价；⑤ 有系统的工程管理和组织方法。

14.1.2　招标管理

14.1.2.1　工程项目招标投标制

招标投标制是适应市场经济规律的一种竞争方式，对维护工程建设市场秩序、控制建设工期、保障工程质量、提高工程效益具有重要意义，也是与国际惯例接轨的措施。

(1)招标方式

常规的工程招标由项目法人通过公开发表公告等形式，邀请具有一定实力的单位参与投标竞争。通过招标程序，选择具有资质、条件较好的单位承担项目某些部分的工作。

从经常采用的招标方式看。一般有公开招标、邀请招标、邀请议标几种。公开招标是向社会上一切有能力的承建方进行无限制竞争性招标。邀请招标则是项目法人根椐自己的实践经验，承建方的信誉、技术水平、质量、资金、技术、设备、管理等条件和能力，邀请某些承建方参加投标，一般为 5~10 家，议标是一种谈判招标，适合工期较紧、工程投资少、专业性强的工程，一般应邀请 3 个以上的单位参加，择优确定。

(2)招标投标程序

① 招标准备　招标申请经批准后，首先编制招标文件(也称标书)，主要内容包括工

程综合说明，投标须知及邀请书，投标书格式，工程量清单报价，合同协议书格式，合同条件，技术准则及验收规程，有关资料说明等。然后编制标底，即项目费用有预测数。

② 招标阶段　主要过程有发布招标公告及招标文件，组织投标者进行现场勘察，接受投标文件。

③ 决标与签订合同阶段　公开招标后由专家委员会评标，双方进行谈判，最后签订合同。

14.1.2.2　林业生态工程项目招投标制

在长期的计划经济体制下，生态环境建设项目规划设计、施工、材料供应等，多是由行政管理部门指定，使得工程设计质量、施工进度控制及质量、物资供应的时效及质量难以保障。实行招投标将有利于克服这些弊端。

林业生态工程项目的招标投标，主要在项目前期的规划设计，主要设备、材料的供应，工程监理，重点工程的施工等方面。

2002 年国家林业局制定的《造林质量管理暂行办法》，规定要推行造林工程项目招标投标制度或技术承包责任制。规定国家单项投资在 50 万元以上的种植或基础设施等建设项目，实行招标投标，推行有资质的造林专业队(工程队、工程公司等)承包造林，其他造林项目由县级林业行政主管部门做好组织、指导、监督和提供技术咨询服务等工作，实行技术承包。

(1)规划设计招标投标

为保证林业生态工程的科学性、经济性、合理性，国家级、省级重点工程项目均应实行规划设计的招标投标制，由项目法人或行政主管部门负责招标，经公开竞争，择优选择设计单位。

投标单位应具备设计资质，其等级要与项目规模相适应，设计证所属专业主要应为水土保持、林业、环境工程、水利水电等行业的设计资质；以往承担过生态工程项目的规划设计工作，具有较高的信誉，其技术人员的层面较全，高、中级人员齐备；具有计算机、测绘、测试等基本设备和仪器；设计工程在实践中经受考验，质量有保障；中标后能按经济合同履行义务，尽职尽责。

(2)设备材料招标投标

林业生态工程的质量、效益好坏与材料质量关系非常密切，以往没有专门的规定，造成许多项目建设效果不明显。特别是林业生态工程中林草措施占较大比重，由于管理不规范，很多是“人情树”“人情苗”，造成了很多不好的结果：一方面，由于苗木质量不高，其成活率、保存率难有保障，造成年年造林不见林，特别是北方地区显得尤为突出；另一方面，由于苗木品种、规格等未达到要求，因品种不适应及产品不合乎规格使得工程原设计的效益难于正常和全面发挥。因此，无论是哪一级的项目，在材料供应上都必须实行公开招标，国家和省级生态工程项目应实行政府采购，严把材料质量关。

(3)工程监理招标、投标

根据国家对基本建设项目建设管理规定，林业生态工程项目应实行建设监理制，工程监理协助项目法人对项目的设计、施工招标，负责项目的质量、进度、投资控制。在监理单位的选择上，也应公开进行，选择具有监理资质，对生态建设项目进行监理的能力和经验，社会信誉好，能按法律规定履行监理职责的单位承担项目的监理。

(4)施工招标、投标

现在林业生态工程已列入国家和地方的基本建设中，有许多项目应通过招标落实施工单位。如机修梯田、治沟骨干工程、开发建设项目水土保持工程、经济开发型果园、经济林果等项目的建设完全可以实行招标投标。这样，既可以节约建设资金，又保证了工程质量，效益也能正常发挥。

投标单位的条件，一是要有相应施工资质，没有施工资质不能参与项目的施工；二是要有一定的施工业绩、参与或完成过类似项目的施工，质量合格或优秀，在以往的施工中能较好地履约；三是具有相应的技术人员和设备，特别是有经验丰富资历较高的工地管理负责人，有一定的能投入工程施工的机械、设备；四是具有一定的经济实力，要有足够的资金承担工程建设，大型项目的施工招标，投标单位应开具银行的资信证明。

国家林业局明确规定，造林合同一经签订，不允许擅自转包或分包。要求各级林业行政主管部门对本辖区内所发现的擅自转包或分包行为及时进行调查处理；不调查、不处理的，其上一级林业行政主管部门要追究该主管部门及其领导人员的责任。合同执行过程中发生合同纠纷时，由双方协商解决；协商不成的，任何一方可以向有管辖权的人民法院提起诉讼。

14.1.3　组织管理

组织管理是指建立一个适当的、有效的管理体系，把人、财、物合理地组织起来，并建立起相应的管理机构，明确相互间的关系和责任，使之充分发挥应有的作用。组织既是一种机构，也是一种行为：组织机构主要指管理的组织设施，如工程决策单位的种子设施、工程建设单位的组织设施等(林场、林班、小班等组织)；组织行为是指对经济活动中人、财、物等各要素进行合理的组织、发挥组织职能的作用；组织管理是工程造林管理中的关键环节，从工程项目的确定到具体施工，组织工作将一直贯穿始终。组织工作做得好，工程就能顺利地实施，反之，其后果则不堪设想。

14.1.3.1　组织的职能作用

(1)建立系统的科学职能，规范组织机构

工程造林不同于一般性质的造林，它要求生产科学化、管理现代化、经营集约化，所以工程决策机构必须按照社会化大生产的组织原则，实行职能标准化和规范化，只有这样，才能有利于建立责任制度，使管理组织系统正常运转，提高管理组织水平。建立健全的工程造林管理组织机构，分清管理层次，明确管理职能和管理权利。

(2)建立健全生产责任制

要使管理组织系统正常运转，协调各类人员在工程造林中的行动，就必须制订出一整套符合客观实际的生产责任制和工作细则。没有一定的行之有效的生产责任制及各项工作细则，就难以协调组织内各管理人员和工作人员的基本行动，也难以组织系统内各环节围绕工程造林项目的协调行动，也就发挥不出来各级各类人员的主观能动性。

(3)配备好各类人员，并适时地进行调整

根据实际情况，调整不适应的各级各类人员，保证项目的成功。

14.1.3.2　工程造林的人员培训

在工程造林过程中，要不断地对各级有关人员进行技术与管理培训，提高劳动生产率，提高工程造林效益。

(1)领导干部的组织培训

从工程预建到竣工，各级领导干部要胜任本职工作，并能率领本行业人员开创出一流的工作局面，可以举办不同类型的业务讲座和短期轮训班，聘请有关专家、教授及有一定工作实践经验的业务人员进行讲课，在有条件的地方还可以选派一定数量的干部外出进修或委托高等学校、学术团体开设学习班、研究班及短训班等培训形式。

(2)技术人员的组织培训

为工程造林工作的开展提供高素质的人才，必须加强工程造林技术人员的培训，使他们有先进的林业发展理念为指导，有先进的管理经验，掌握与应用现代造林技术，提高自身造林方面的技术水平，提高劳动效率。

(3)林业两户、林业站人员、林场职工的组织培训

林业两户是指“专业户”和“重点户”，是社会主义农村商品经济产生的、新的经营机制。在造林季节和抚育阶段，加强对林业“两户”的技术培训，帮助他们科学地掌握造林、育苗、抚育管护等方面的应用技术。

林业站人员主要培训林业法律法规、林业经营与管理、林业基本技术等内容。定期组织林业站站长和林业管理人员进行培训。林业站也可聘请林业院校及科研院所专家、教授，以及在林业生产中具有一定影响力的一线专业技术人员进行专门化的培训，不断提高林业站各类人员的职业素质和专业技能。

根据林场生产产业结构调整与现代林业的要求对林场职工进行培训，围绕解决林业企业职工年龄偏大、素质偏低，观念趋于老化、知识过于陈旧，与现代林业的发展难以接轨等问题；抓紧抓好职工业务素质和技术技能素质的提高。职业技能和业务素质的提高，应分层次、因人而异，可以通过学历教育和职业资格教育提高业务素质。

14.1.4 造林生产管理

包括施工设计、苗木准备、整地、栽植、幼林调查、补植、幼林抚育、造林技术档案建立等多项内容。

14.1.4.1 造林检查验收

在造林施工期间，造林项目管理单位应对各项作业随时检查验收，发现问题及时纠正；造林结束后，要根据造林作业设计及时对造林施工质量进行全面检查验收。造林一年后对造林成活率、森林病虫害发生与危害情况、公益林混交林比例进行检查，造林后3～5年进行成林验收和造林保存率检查。其中，公益混交林比例通过检查造林施工是否符合造林作业设计确定。

14.1.4.2 人工造林评定

(1)造林合格面积和造林合格率

① 造林合格面积指达到造林合格标准的造林面积。造林合格面积与当年造林总面积的百分比为造林合格率。

② 经补植的造林合格面积只参加补植前造林年度的造林合格率计算，不同造林年度的造林合格面积不能一起计算造林合格率。

(2)造林综合合格面积和造林综合合格率

造林综合合格面积是指达到造林综合合格标准的造林面积。当生态公益林混交林比例在 30%(含)以上时，按要求计算造林综合合格率、质量健康率和作业设计符合率。当生态公益林混交林比例在 30%(不含)以下时，综合造林合格率为零。

14.1.4.3　造林整改措施

① 补植造林成活率满足以下条件的，需要进行补植。年均降水量在 400mm 以上地区，造林成活率在 41%~84% 之间；年均降水量在 400mm 以下地区，热带亚热带岩溶地区、干热(干旱)河谷等生态环境脆弱地带，造林成活率在 41%~69% 之间。

② 调整生态公益林混交林比例达不到 30% 以上的，要调整到 30% 以上；没有按作业设计进行造林施工的，要按照作业设计进行调整。

③ 成林验收和造林面积保存率。在造林后达到成林年限时，进行成林验收。当郁闭度达到 0.2(含)以上或盖度达到 30%(含)以上、质量健康，进入成林。根据成林面积和与成林面积相对应的造林年度的造林总面积计算造林面积保存率。

14.1.4.4　造林技术档案建立

① 造林技术档案是分析造林生产活动，评价造林成效，拟定经营措施的依据，各造林小班均要纳入造林技术档案管理。

② 国有林场造林、重点工程造林和各种所有制投资的工程造林，均要建立造林技术档案，纳入造林技术档案管理。

③ 造林技术档案主要内容。造林作业设计文件、图表，造林面积，整地方式和规格，林种，造林树种，立地条件，造林方法，密度，种苗来源(包括产地、植物检疫证书、质量检验合格证书和标签等)、规格和处理，保水材料和肥料，未成林抚育管护，病虫兽害种类和防治情况，造林施工单位、施工日期，监理单位、监理人员、监理日期，施工、监理的组织、管理、检查验收和成林验收情况，各工序用工量及投资等。

④ 县级林业主管部门、乡林业站和国有林场，要建立造林技术档案，并确定专门人员负责，坚持按时填写，不要漏记和中断，不得弄虚作假。

⑤ 造林技术档案归档前要经主管业务领导和档案管理人员审查签字，否则不能归档。

⑥ 国有林场、森林公园等森林经营单位和县级林业主管部门应建立造林技术档案信息管理系统，实行档案自动化管理与更新。

【技能训练】

造林工程管理

[目的要求]掌握造林工程的生产管理内容与要求。

[材料用具]全站仪(GPS)、皮尺、铁锹、卷尺、游标卡尺、计算器、各种记录表及资料。

[实训场所]工程造林现场或林场模拟训练。

[操作步骤]

(1)造林检查验收(详见 14.1.4.1)。

(2)人工造林评定(详见 14.1.4.2)。

(3)造林施工整改(详见 14.1.4.3)。

(4)造林技术档案建立(详见 14.1.4.4)。

[**注意事项**]无。

[**实训报告**]完成造林工程生产管理结论性实训报告。

【任务小结】

如图 14-1 所示。

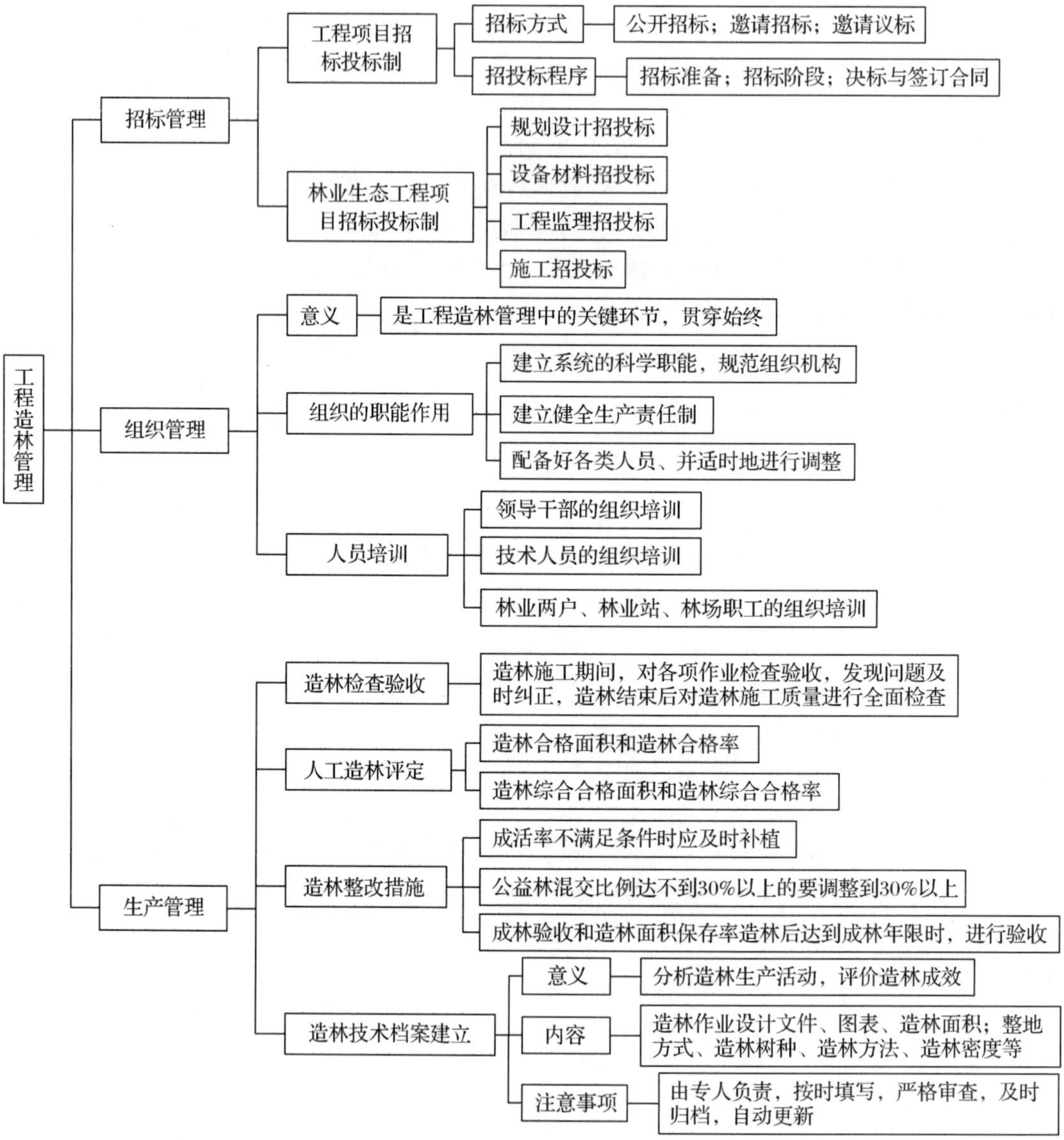

- 工程造林管理
  - 招标管理
    - 工程项目招标投标制
      - 招标方式
        - 公开招标；邀请招标；邀请议标
      - 招投标程序
        - 招标准备；招标阶段；决标与签订合同
    - 林业生态工程项目招标投标制
      - 规划设计招投标
      - 设备材料招投标
      - 工程监理招投标
      - 施工招投标
  - 组织管理
    - 意义
      - 是工程造林管理中的关键环节，贯穿始终
    - 组织的职能作用
      - 建立系统的科学职能，规范组织机构
      - 建立健全生产责任制
      - 配备好各类人员、并适时地进行调整
    - 人员培训
      - 领导干部的组织培训
      - 技术人员的组织培训
      - 林业两户、林业站、林场职工的组织培训
  - 生产管理
    - 造林检查验收
      - 造林施工期间，对各项作业检查验收，发现问题及时纠正，造林结束后对造林施工质量进行全面检查
    - 人工造林评定
      - 造林合格面积和造林合格率
      - 造林综合合格面积和造林综合合格率
    - 造林整改措施
      - 成活率不满足条件时应及时补植
      - 公益林混交比例达不到30%以上的要调整到30%以上
      - 成林验收和造林面积保存率造林后达到成林年限时，进行验收
    - 造林技术档案建立
      - 意义
        - 分析造林生产活动，评价造林成效
      - 内容
        - 造林作业设计文件、图表、造林面积；整地方式、造林树种、造林方法、造林密度等
      - 注意事项
        - 由专人负责，按时填写，严格审查，及时归档，自动更新

图 14-1　工程造林管理知识结构图

【拓展提高】

课外阅读题录

LY/T 1844—2009.《人工造林质量评价指标》.

韦泽华 . 2013. 浅谈林业工程造林管理的方法和意义[J]. 林业科技情报, 45(1): 8 –9.

董晖 . 2006. 我国工程造林管理模式的发展与比较分析[J]. 辽宁林业科技, (3): 26 – 29.

【复习思考】

1. 什么是工程造林的组织管理，其作用是什么?
2. 什么是公开招标、邀请招标、邀请议标?
3. 简述造林技术档案的内容和建立意义。

任务 14.2　造林工程项目监理

【任务介绍】

造林工程项目监理是指在造林工程项目建设中，设置专门机构，指定具有一定资质的监理执行者，依据营造林行政法规和技术标准，运用法律、经济或技术手段，对造林工程项目建设参与者的行为及其责、权、利进行必要的约束和调整，保证造林工程项目有序、顺利进行，达到造林工程项目建设的目的，并能取得最大投资效益、最佳工程质量的一项专门性工作。执行这类职能的机构称为监理机构，主要进行投资控制、质量控制和进度控制。

知识目标

1. 了解造林工程项目管理的相关政策法规、行业标准。
2. 熟悉掌握造林工程项目监理的内容和方法。
3. 掌握造林工程项目施工阶段的投资控制、进度控制和质量控制。

技能目标

1. 能进行工程概算审查和造林工程计量、造林工程竣工决算。
2. 能撰写造林工程项目监理大纲等文件。

【任务实施】

14.2.1　造林工程的投资控制

14.2.1.1　设计阶段的投资控制

(1)单位工程概算的审查

首先，熟悉当地和林业部门编制概算的有关规定，了解其项目划分及其取费规定，掌握其编制依据、程序和方法；其次，要从技术经济指标入手，根据初步设计图纸、概算定额、工程量计算规划和施工总设计要求进行工程量的审查；第三，审查定额或指标的适用范围，定额基价或指标的调整，定额或指标中缺项的补充；第四，对造林材料原价、运输费用进行造林材料价格审查；最后，结合项目特点，弄清各项费用所包含的具体内容，避免重复或遗漏。

(2)综合概算和总概算的审查

① 审查概算的编制是否符合政策、法规的要求。

② 审查概算文件的组成。概算文件所反映的设计内容必须是完整的，概算所包括的工程项目必须按照设计要求确定，设计文件内的项目不能遗漏，设计文件外的项目不能列入；概算所反映的建设规模、林分结构、树种组成、苗木规格、造林施工等投资是否符合设计任务书和设计文件的要求；非生产性建设项目是否符合规定的比例和面积；概算投资是否完整地包括建设项目从筹建到竣工投产的全部费用等。

③ 审查规划设计图和施工流程。规划设计图的布局应根据生产和施工过程的要求，全面规划，紧凑合理，按照生产要求和施工流程合理安排造林项目。

④ 审查生态经济效果。对投资的生态经济效果要进行全面考虑，从施工建设、周期、生态经济等因素综合考虑，全面衡量。

⑤ 审查项目对区域生态系统可能产生的影响和各项技术经济指标是否满足生产的要求。

(3)推选限额设计，推广标准设计

限额设计是指按照批准的设计任务书及投资估算控制初步设计，按照批准的初步设计总概算控制技术设计和施工图设计，在保证达到建设目标的前提下，按分配的投资限额进行设计，严格控制建设过程中技术设计和施工图设计的不合理变更，保证总投资限额不被突破。在项目建设工程中，采用限额设计是我国工程建设领域控制投资、有效使用建设资金的有力措施。限额设计包括了尊重实际、实事求是、精心设计和保证设计科学性的实际内容，限额设计体现了设计标准、规模、原则的合理确定及有关概预算指标等各方面控制。

设计标准是国家的重要技术规范，是进行工程建设勘察、设计、施工验收的重要依据，各类建设的设计都必须制定相应的标准规范。标准设计(也称为定型设计、通用设计、复用设计)是工程建设标准化的组成部分，各类工程建设只要有条件的都应编制标准设计，推广使用。

14.2.1.2 施工阶段的投资控制

(1)造林工程项目施工阶段投资控制的基本原理

把计划投资额作为投资控制的目标值，在工程施工过程中定期地进行投资实际值与目标值的比较，通过比较发现并找出实际支出额与投资控制目标值之间的偏差，然后分析产生偏差的原因，并采用有效措施加以控制，以保证投资控制目标的实现。

(2)造林工程项目施工阶段投资控制的主要内容

① 了解工程全貌，掌握招标文件及施工合同内容。进入施工现场后，要迅速掌握和熟悉工程的全部状况、招标文件及施工合同的内容细节，包括承包范围、施工工期(包括定额工期和招标工期)、标底及投标价格、各种材料用量、工程现场情况、布置、施工技术力量、劳务情况等。

② 审核施工单位编制的施工组织设计和施工方案。施工组织设计和施工方案是施工单位有计划、有步骤地进行施工准备和组织施工的重要依据，是指导施工的规范性经济技术文件。监理工程师要结合工程项目的性质、规划、要求工期的长短，考虑人力、设备、

材料、技术等优化组合，认真审核施工单位编制的施工组织设计和施工方案，提出改进意见，使之在施工组织设计和施工方案中体现施工进度安排上的均衡性、作业高效的原则，并通盘考虑、抓住施工的主要矛盾，预见薄弱环节；对工程资金流动计划(含预付款、工程进度款、预定设备和主要大宗材料付款计划)、物资供应和劳动力计划、临时设施和大型机械购置计划以及施工总进度计划等逐步审查，使施工建立在科学合理的基础上，从而实现优质、高效、低耗、环保施工。

③ 对工程预算进行审查。对已经进行招标的工程，监理工程师进行投资控制的主要工作是按时审核月报量。如果建设单位为赶时间，未严格按照基本建设程序进行招标工作，在这种情况下建设单位把审查工程预算的工作也交给了监理工程师，在没有标底的情况下，认真审查工程预算是控制工程造价的有力措施，是对施工单位进行工程拨款和工程结算的准备工作和依据，对合理使用人力、物力、资金也起到积极作用。

④ 做好设计变更的控制工作。施工过程中发生设计变更往往会增加投资。监理工程师为了把投资控制在预定的目标值内，必须严格控制和审查设计变更，对变更的原因和依据及设计变更要由监理工程师进行审查，并报建设单位同意后，监理工程师才能发出设计变更通知或指令。

(3)造林工程竣工决算

在工程项目完成时，监理工程师进行投资控制的主要工作是协助建设单位正确编制竣工决算；正确核定项目建设新增固定资产价值，分析考核项目的投资效果；进行项目后评价。

竣工决算由竣工决算报告和竣工财务情况说明书两部分组成。对建设项目竣工决算的审核，要以国家有关方针政策、基本建设计划、设计文件和设计概算等为依据，着重审核基本建设概算的执行情况，审核结余物资和资金情况，审核竣工决算说明书的内容。

新增资产是由各个具体的资产项目构成。按照新的财务制度和企业会计准则，新增资产按资产性质可分为固定资产、流动资产、无形资产、递延资产和其他资产五大类。资产性质不同，其计量方法也不同。

① 新增固定资产价值的确定。新增固定资产又称交付使用的固定资产，它是投资项目竣工投产后所增加的固定资产价值，它是以价值形态表示的固定资产投资最终成果的综合性指标。新增固定资产价值的内容包括已投入生产或交付使用的建筑、安装工程造价，达到固定资产标准的设备、工器具的购置费用，增加固定资产价值的其他费用。

② 新增流动资产价值的确定。流动资产是指可以在一年内或者超过一年的一个营业周期内变现或者运用的资产，包括现金及各种存款以及其他货币资金、短期投资、存货、应收及预付款项以及其他流动资产等。

③ 新增无形资产价值的确定。无形资产是指企业长期使用但没有实物形态的资产，通常包括专利权、非专利技术、生产许可证、特许经营权、租赁权、土地使用权、矿产资源勘探权和采矿权、商标权、版权、计算机软件及商誉等。无形资产的计价，原则上应按取得时的实际成本计价。

④ 递延资产和其他资产价值的确定。递延资产是指不能全部计入当年损益，应当在以后年度内分期摊销的各项费用，包括开办费、租入固定资产的改良支出。其他资产包括特准储备物资等，按实际入账价值核算。

14.2.2 造林工程的进度控制

14.2.2.1 设计阶段的进度控制

(1)设计进度控制的目标

保证施工前期各项准备工作的开展，保证工程项目年度计划尽早编制，保证施工能按计划顺利进行，实现工程项目的工期目标。

(2)设计进度控制的工作内容

包括协助建设单位与设计单位签订勘测、设计、试验和设计文件以及各类设计图纸编制的进度计划；督促设计单位按合同和设计要求及时供应质量合格、满足施工需要的造林作业设计文件及施工图纸；复核各项设计变更，并提出确认和修改意见，发现问题及时与设计单位联系，上报建设单位，同时对设计进度进行必要的修改；签发设计文件、图纸、进度控制通知等。

(3)设计进度计划的编制

① 对工程项目的设计进行分解。工程项目设计可以分解为若干个单项工程及分部分项工程的设计，对分解后的单项工程及分部分项工程进行设计，根据设计的内容及工作量编制设计进度计划。

② 设计工作进度计划的编制步骤。工程项目设计的进度计划应根据设计工作量，所需的设计工时及设计进度要求等进行编制，设计进度必须遵循规定的设计工作程序进行安排，避免出现因违背设计工作程序引起设计的修改和返工，造成设计工时的浪费，而影响设计进度目标的实现。为使设计进度计划更有效地执行，可根据以下几个步骤，制订出一套系统化的方法来进行设计进度计划的编制。用逐年积累同类工程项目的统计数据，来安排人力计划、营造林材料物资供应计划和确定建设周期，提供具有参考价值的定额数据；根据工程项目规模、市场价格的变化、投资来源与投资额等情况，确定工程项目估算的投资费用；根据工程项目估算的投资费用，按有关标准估算出该工程项目所需的设计工时和设计周期；确定工程项目设计组的设计人员组成和安排计划。

③ 设计进度控制的网络计划。设计工作的网络计划可用分级网络计划编制。第一级网络计划为设计总进度控制网络计划；第二级网络计划有设计准备工作网络计划、初步设计网络计划、施工图设计网络计划等；第三级网络计划按单项工程编制的各专业设计的网络计划。

(4)设计进度控制措施

设计单位在接受监理单位对设计进度的监理后，监理单位应按监理合同严格控制设计工作的进度，所采取的主要措施有：在编制和实施设计进度的计划过程中，加强设计单位、建设单位、监理单位、科研单位以及施工单位的协作和配合；定期地检查计划，调整计划，使设计工作始终处于可控状态；严格控制设计质量，尽量减少施工过程中的设计变更，尽量将问题解决在设计过程中；尽量避免“边设计、边准备、边施工”，坚持按营造林工程项目建设程序办事。

14.2.2.2 施工阶段的进度控制

(1)影响施工进度的因素

要有效地控制进度，必须对影响施工进度的因素进行分析，事先采取措施，尽量缩小计划进度与实际进度的偏差，实现对工程项目的主动控制。影响进度的因素主要有：人为因素、技术因素、种苗因素、资金因素、地形因素、土壤因素、气候因素、社会环境因素等。

(2)实际进度与计划进度的比较分析

其目的是检查是否发生偏差，一旦进度出现偏差，则必须认真分析产生偏差的原因，并确定对总工期和后续工序的影响，以便采取必要措施，确保进度目标的实现。

① 分析产生进度偏差的原因。影响工程项目施工进度的因素纷繁复杂，因此，任何一个施工进度计划在执行过程中均会出现不同程度的偏差，进度控制人员必须认真分析这些影响因素，从中找出产生进度偏差的真正原因，以便采取相应的调整措施。了解产生进度偏差原因的最好方法是深入现场、调查研究。

② 分析进度偏差对总工期和后续工作的影响。当出现进度偏差时，进度偏差的大小及其所处的位置对后续工作及总工期的影响程度是不同的，调整措施亦会有差异，因此，必须认真分析进度偏差对后续工作的影响。具体方法为找出产生进度偏差的工序、判断进度偏差是否大于总时差、判断进度偏差是否小于自由时差。如果某项工作进度偏差大于自由时差，则必然会影响后续工作，如果此偏差小于或等于该工作的自由时差，则此偏差不会对后续工作产生影响，也不会影响总工期，原计划可不调整。

(3)施工进度控制的工作内容

包括事前、事中和事后进度控制。

① 事前进度控制　就是工期控制，其主要工作内容有：编制施工进度控制工作细则；编制施工进度计划，包括施工总进度计划，单项工程施工进度计划，主要分部分项工程施工进度计划等；落实用于营造林工程项目的苗木、种子、农药、配药等施工材料的供应计划和准备情况；建立健全的进度控制工作制度等。

② 事中进度控制　是指施工进度计划执行中的控制，这是施工进度控制的关键过程，其工作内容有：建立现场办公室，了解进度实施的动态；严格进行进度检查，及时收集进度资料；对收集的进度数据进行整理和统计，并将计划进度与实际进度进行比较，从中发现是否出现进度偏差；分析进度偏差对后续施工活动及总工期的影响，并进行工程进度预测，从而提出可行的修改措施；重新调整进度计划并付诸实施；组织现场协调会等。

③ 事后进度控制　是指完成整个施工任务进行的进度控制工作，其主要内容有：及时组织验收工作；整理工程进度资料；总结工作经验，为以后工程的进度控制服务。

(4)施工进度计划实施过程中的检查与监督

① 施工进度计划的检查与监督。在工程项目实施过程中，由于外部环境和条件的变化，使得进度计划在执行中往往会出现进度偏差不能及时得到解决，工程项目的总工期必将受到影响，因此监理工程师应经常、定期对进度的执行情况进行跟踪检查，发现问题，及时采取措施加以解决。施工进度的检查与监督主要包括对进度执行中的跟踪检查、对收集的数据进行整理、统计和分析以及实际进度与计划进度的比较几项工作。

② 网络计划图的检查与监督。网络计划的检查应定期进行。检查周期的长短应视进度计划工期的长短和管理的需要决定，一般可按周、旬、半月、一月等为周期，当计划执行突然出现意外情况时，应进行“紧急检查”，防止造成不可挽回的损失。检查网络计划首先必须收集网络计划的实际情况，并进行记录。

③ 实际进度与计划进度的图形比较。用直观、易懂的方式反映工程项目进度实际进展状况。一般采用横道图比较法和 S 形曲线比较法。

(5)施工进度计划实施过程中的调整方法

通过对实际进度与计划进度的比较，可从中了解到工程项目进展的实际状况，具体来说，就是在观察实际进度与计划进度相比是超前、拖后还是与计划一致，一旦出现进度偏差，运用改变工作间的逻辑关系和改变工作持续时间的方法认真寻找产生偏差的原因，分析进度偏差对后续施工活动的影响，并采取必要的调整措施，以确保进度目标的实现。

14.2.3 造林工程的质量控制

14.2.3.1 设计阶段的质量控制

(1)设计质量控制的依据

设计质量直接影响工程质量、进度、投资三大目标实现。设计质量控制的依据主要是国家有关部门批准的设计任务书和设计承包合同。设计任务书规定了工程的质量水平及标准，提出了工程项目的具体质量目标，是开展设计工作质量控制的直接依据。

此外，有关林业工程及质量管理的法律、法规、技术标准，各种设计规范规程、设计标准，有关设计参数定额指标、限额设计规定、可行性研究报告、项目评估报告，反映工程项目过程及使用期内有关自然、技术、经济、社会等方面情况的数据资料等，都是设计质量监理的依据。

(2)设计单位的质量体系

就是为达到一定质量目标，通过一定的规章制度、程序、方法、机构，把质量保证活动加以系统化、程序化、标准化和制度化。质量体系是对设计全过程的质量保证，它是以保证和提高设计质量为目标，运用系统工程的原理和方法设置统一协调的组织机构，把各个部门、各个环节的质量职能严密地组织起来，把各个环节的工作质量和设计质量联系起来，形成一个有明确任务、职责、权限，互相协调、互相促进的质量管理有机整体，按照规定的标准，通过质量信息反馈网络，进行动态的质量控制活动。监理单位应审核设计单位的质量体系，保证设计单位的质量体系，保证设计工作的顺利进行。

设计单位质量体系的内容主要包括明确的质量方针、质量目标和质量计划；严密的、相互协调的职责分工；一个有职有权的、认真负责的质量管理权威机构，负责组织、协调各部门开展质量活动，并对设计质量进行检查评价；高效灵敏的质量信息管理系统，保证质量信息传递及时、准确；保证质量目标实现的各类指标(技术标准、工作标准、管理标准)和各项规章，并对执行情况进行考核评估；设计全过程要遵循 PDCA 循环管理程序，不断提高设计质量。

(3)设计方案的审核

对设计方案审核时，应对设计的有关问题提出咨询及具体的修改意见，要求设计单位作出解释或进行修正，以保证通过方案审核使工程项目设计符合设计任务书的要求，符合国家有关造林设计的方针、政策，符合现行造林施工设计标准及规范等。设计方案的审核一般包括总体方案和各专业设计的审核两部分。

① 总体方案审核　主要在初步设计阶段进行，重点审核设计依据、设计规模、施工劳动力、施工流程、林种树种组成及布局、设施配套、种苗机具准备、占地面积、生态环境保护、防灾抗灾、建设期限、投资概算等的可靠性、合理性、生态性、经济性、先进性及协调性是否满足决策质量目标和水平。

② 专业设计方案的审核　重点是审核设计方案的设计参数、设计标准、树种林种选择、生态经济功能是否满足要求。

(4)设计图纸的审核

设计图纸是设计工作最终结果，设计质量主要通过设计图纸的质量来反映。因此，监理单位应重视设计图纸的审核。设计图纸的审核主要由工程项目总监理工程师负责组织各专业监理工程师，审查设计单位提交的各种设计图纸和设计文件内容是否正确完整、是否符合造林施工各阶段的要求，如果不能满足要求，应提出监理审查意见，并督促设计单位解决。监理工程师对设计图纸的审核是按设计阶段顺序依次进行的。

14.2.3.2　施工阶段的质量控制

(1)施工阶段质量控制的要求

① 坚持以预防为主，重点进行事先控制。按设计要求和国家有关林业生态工程质量标准，对可能出现的质量问题及可能出现问题的地段或环节进行事前有意识地严格控制，减少出现质量问题的可能。

② 结合施工实际，制订实施细则。施工阶段质量控制的工作范围、工作方式等应根据工程施工实际需要，结合工程项目特点、承包商的技术力量、管理水平等因素拟定质量控制的监理要求，用以指导施工阶段的质量控制。

③ 坚持质量标准，严格检查。监理工程师必须按合同和设计图纸的要求，严格执行国家有关营造林工程项目质量检验评定标准，严格检查，对于技术难度大、质量要求高的地段和环节，提出保证质量的措施等。

④ 处理质量问题原则。在处理质量问题的过程中，应尊重事实、尊重科学、立场公正。

(2)施工阶段质量的依据

合同文件及其技术规程，以及根据合同文件规定编制的设计文件、图纸和技术要求及规定；合同规定采用的有关施工规范、操作规程和验收规程；工程项目中所用的种苗等材料要具备“两证一签”；工程项目所使用的有关材料和产品技术标准；有关抽样调查的技术标准和试验操作流程。

(3)施工阶段质量控制的内容

施工阶段监理工程师对工程质量的控制是全过程的控制，施工阶段质量控制内容包括事前质量控制、事中质量控制和事后质量控制。

事前质量控制包括建立监理单位的质量控制体系、施工队伍技术资质的审核、营造林材料的质量控制、营造林材料购销过程质量控制、施工设备的质量控制、造林新技术的审核、组织设计图纸会审及技术交底、施工组织设计及施工方案的复核、造林典型设计的审核、开工报告审核。

事中质量控制包括工序质量控制、质量资料和质量控制图标审核、设计变更和图纸修改审核、施工作业监督和检查、造林工程项目分阶段的检查验收、组织质量信息反馈。

事后质量控制包括工程项目质量文件的审核、工程项目的验收、竣工图的审批、组织工程项目的试运行、组织竣工验收。

(4)施工阶段质量控制的程序

向承包单位明确工程项目施工质量标准，协助建设单位组织技术交底；审查承包单位提交的工程项目开工报告，检查施工劳动力、机具、苗木、种子、施工地块的准备情况及施工质量保证措施；对工程项目施工过程实行质量控制；检验施工工序质量，签署工序质量检验凭证；组织工程项目完工初验；参加建设单位组织的完工验收；做好监理总结。

(5)施工阶段质量控制的方法

① 技术报告及技术文件审核。对技术报告及技术文件的审核是全面控制工程项目质量的手段，因此，监理工程师要对诸如开工、材质检验、分项分部工程质检、质量事故处理等方面的报告以及施工组织设计、施工方案、技术措施、技术核定书、技术签证等方面的技术文件按一定的施工顺序、进度监理规划及时审核。

② 质量监督与检查。监理工程师或其他代表应常驻施工现场，执行质量监督与检查。监督检查的内容：主要是开工前的检查、工序操作质量的巡视检查；工序交接检查、施工中的整地、回填土、造林时间、苗木质量、造林密度、树种配置、林种的比例、抚育等。

监督检查的方法：主要有见证、旁站、巡视检查、抽样调查等。见证，是由监理人员对某工序进行全过程的现场监督；旁站，是监理人员对施工中的关键工序(如种子选用、苗木分级、整地、植苗等)进行现场监督；巡视检查，是监理人员对正在进行施工的作业内容按规程质量要求，进行定期或不定期的检查；抽样调查，是监理单位利用一定的检查、检测手段，在施工单位自查的基础上，按照一定的比例独立进行检查或检测。

(6)工序质量控制的内容

营造林工程项目施工过程中，监理人员采取旁站与巡视相结合的质量控制方式，巡视检查地块达100%。工序控制的主要内容有：宜林地植被处理，整地，种苗(包括种苗的来源、购销环节、苗木等级、质量、价格、品种、数量以及是否具备“两证一签”)，栽植，补植播种，抚育，防火线(包括位置、宽度、长度、质量等)，病虫鼠害防治，工序活动条件的控制(包括人为因素、造林设备、造林材料质量、施工方案、环境因素等)。

(7)现场质量控制

在施工过程中，监理人员应对施工过程进行巡视检查，对重要工序和关键部位，应采取旁站方式进行监理，如果发现种子、苗木质量不合格，施工操作不规范等问题，应及时指令承包单位采取措施进行处理，必要时指令承包单位进行停工整改。

当承包单位对已批准的施工组织设计进行调整、补充或变动时，必须按有关规定进行审批。承包单位应严格每道工序的自检，填写工序质量自检表，监理人员检验合格后方可进入下一工序。

进行现场质量检验时，承包单位应会同监理人员检验，检验工序质量和成效合格，签订工程检验认可书。同时，要科学合理地选择并设置质量控制点。

① 质量控制点的选择　应根据工程项目的特点，结合施工难易程度、施工单位水平等进行全面分析确定。一般情况下，选择对工序质量具有重要影响的工程和薄弱环节，如苗木出圃，整地，栽植等环节；对工序质量具有不稳定和不合格率较高的内容或工序；对下一道工序的施工有重要影响的内容或工序。

② 质量控制措施的设计　选择了质量控制点以后，就需要对每个质量控制点进行控制措施的设计，其内容包括制订工序质量表，对各支配要素规定明确的控制范围和控制要求；编制保证质量作业指导书等，监理工程师要参与质量控制点的审核。

③ 质量控制点的实施　质量控制点的实施要点有：进行控制措施交底，使工人明确

操作要点；监理人员在现场进行重点指导、检查和验收；按作业指导书进行操作；认真记录，检查结果；运用数理统计方法不断分析与改进，以保证质量控制点验收合格。

(8)工程质量评定与竣工验收

正确地进行工程项目质量的评定和验收，是保证工程项目质量的重要手段。监理工程师必须根据合同和设计图纸要求，严格执行国家颁发的有关工程项目质量检验评定标准和验收标准，及时地组织有关人员进行质量评定和办理竣工验收交接手续。工程项目质量等级，均分为"合格"和"优良"两级，凡不合格的工程项目则不予验收。

工程项目的竣工验收是建设全过程的最后一道程序，也是建设监理活动的最后一项工作。凡是委托监理工作项目，在项目竣工之前，均应由监理单位牵头，及时组织竣工验收。

① 竣工完成条件包括以下要求：完成批准的工程项目可行性研究报告、初步设计和投资计划文件中规定的各项建设内容，能够满足使用及功能的发挥；所有技术文件材料分类立卷，会计档案、技术档案和实施管理资料齐全、完整；造林工程项目质量经工程项目质量监督机构备案；主要工艺设备及配套设施能按批复的设计要求运作，并达到工程项目设计目标；保护环境、劳动安全卫生及消防设施已按设计要求与主体工程同时建成并经相关部门审查合格；工程项目或各单项工程已经建设单位初步验收合格；编制完成工程结算和竣工财务决算，并委托有相应资质的中介机构或审计机构进行了造林审查或财务审计。

② 竣工验收程序主要包括竣工预验、审查验收报告、现场初验、正式验收。在监理工程师初验合格的基础上，即可由监理工程师牵头，组织建设单位、设计单位、施工单位等参加，在限定期限内进行正式验收。

③ 工程资料的验收是工程项目竣工验收的重要内容之一，施工单位应按合同要求提供全套竣工验收所需的工程项目资料，经监理工程师审核，确认合格后，方能同意竣工验收。

【技能训练】

营造林工程监理大纲的编制

[目的要求]熟悉营造林工程监理大纲的主要内容，学会营造林工程项目监理大纲的编写方法。

[材料用具]国家有关林业政策法规、标准，有关营造林工程项目设计文件、技术资料，纸、笔等。

[实训场所]营造林工程现场或林场(模拟训练)。

[操作步骤]

(1)监理大纲编制依据查阅与编写。编写要点：国家林业工程项目的法律法规；本工程项目的条件依据；适用于本工程项目的国家规范、规程、标准和政府行政主管部门文件。

(2)营造林工程项目的概况编写。编写要点：工程项目名称、施工地点、工程项目环境；工程项目建设单位名称；设计、工程项目地质勘查合作单位名称；工程项目的性质与规模；资金来源；工程项目工期要求和质量要求。

(3)营造林工程项目监理工作的内容和目标值编写。依据监理招标文件中的要求编写工程项目进度、质量、投资、施工安全和其他管理、协调工作的目标值。工程项目质量控制，按国家有关法律和各专业施工质量验收规范的规定，应达到规范规定的合格标准。但是如果招标文件提出本工程项目要实现地方目标或整体工程争取获得地方(或国家)奖，监理大纲应作出全力支持并积极配合的姿态。

(4)监理机构人员配备编写。项目监理机构人员的组成一般为两类：总监理工程师、专业监理工程师和必要的辅助工作人员；总监理工程师、总监理工程师代表、专业监理工程师和监理员、专职或兼职的安全监督员、合同管理员、资料管理员以及必要的辅助工作人员。

(5)营造林工程项目控制工作编写。

① 质量控制编写。编写要点：质量控制目标的描述，设计质量控制目标、材料质量控制目标等；质量控制的工作流程与措施(工作流程图、质量控制的具体措施)；质量目标实现的风险分析；质量控制状况的动态分析。

② 进度控制编写。编写要点：总进度目标分解，年度、季度、月度的进度目标，各阶段目标，各子项目的进度目标；进度控制的工作流程与措施(工作流程图、进度控制的具体措施)；进度目标实现的风险分析；进度控制的动态比较，工程项目进度目标分解值与项目进度实际值的比较，工程项目进度目标值预测分析；进度控制表格。

③ 投资控制编写。编写要点：投资目标的分解，按基本建设投资费用的组成分解，按年度、季度分解，按工程项目实施的阶段分解等；投资使用计划；投资控制的工作流程与措施，工作流程图；投资目标控制分析；投资控制的动态比较；投资控制表格。

④ 安全控制编写。营造林工程项目安全控制监理，必须以国家法律法规和政府文件为依据。《关于落实建设工程安全生产监理责任的若干意见》(以下简称《若干意见》)，已将国务院《建设工程安全生产管理条例》具体化，明确规定了监理施工安全控制的内容和方法，具有极大的规范性，监理文件中列出的监理单位安全控制工作的范围和内容，不应超出《若干意见》的规定：

a. 应列出本工程项目中属于国务院《条例》和有关国家林业局或农业部文件规定“危险性较大的工程项目”，然后对属于“危险性较大的工程项目”提出可行的监理工作方案。

b. 对于不属于“危险性较大的工程项目”但可能发生施工安全事故的施工工序，提出日常施工安全监督管理措施，依据国家林业局或农业部有关工程的条文规定。

c. 有关政府文件的依据，强调施工单位对工人的经常性的安全生产教育，杜绝违章作业，并监督施工单位的专职施工安全管理人员尽职尽责。

d. 监理人员编制相关施工安全监理规划或安全监理实施细则依据。

(6)监理合同信息管理资料编写。

① 合同管理。编写要点：合同结构可以以合同结构图的形式表示；合同目录一览表；合同管理的工作流程与措施(工作流程图、合同管理的具体措施)；合同执行状况的动态分析；合同争议调解与索赔程序；合同管理表格。

② 信息资料管理。编写要点：信息流程图；信息分类表；信息管理工作的工作流程与措施(工作流程图、信息管理的具体措施)；信息管理表格。

[**注意事项**]监理大纲应与国家有关林业政策、法规、标准符合，具有生产实践中的可行性。

[**实训报告**]完成编写规范的监理大纲实训报告。

【任务小结】

如图14-2所示。

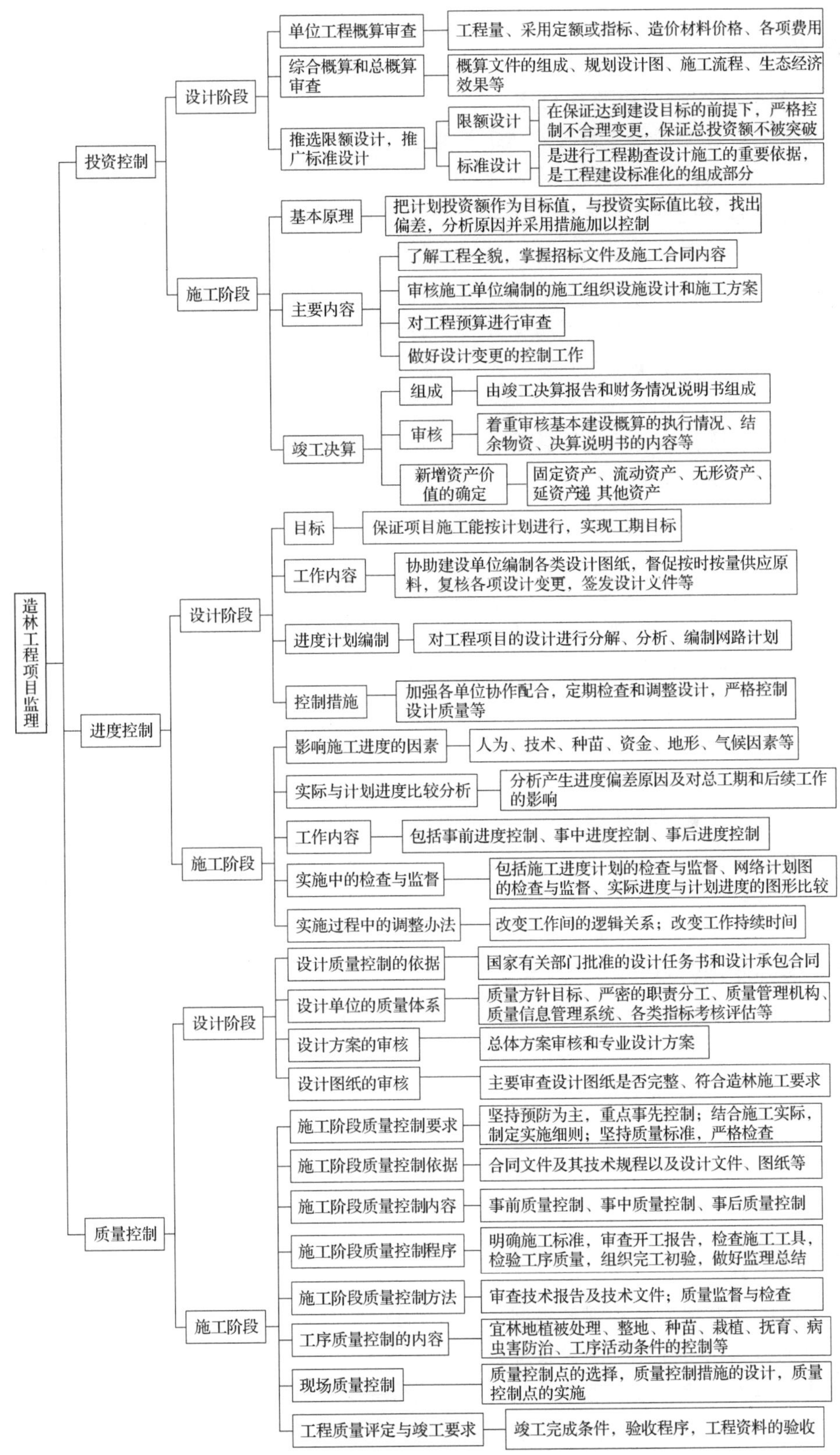

图 14-2　造林工程项目监理知识结构图

【拓展提高】

一、营造林工程项目监理日志

监理日志是监理工程师对营造林工程监理的原始记录，也是建设工程监理不可或缺的建立文件之一。它是评价工程建设从设计到施工的每一个环节完成情况的主要依据，是监理单位向建设单位提供的主要资料文件，是建设单位监督监理工作的一种有效方式。

监理日志的编写应以监理大纲、监理规划和营造林工程本身的工序特点为依据；监理日志所反应的进度、质量等问题必须以国家有关法规、政策、标准为依据。

监理日志是监理工作的历史档案资料，因此凡主要事件、重大的施工活动、其他技术资料中未反映的工程细节都是监理日志记载的主要内容。其主要内容应当包括：

① 日期、气象条件(风力、天气、温度、降水量等)。气象条件是营造林工程施工、成活率等主要影响因素，这是由营造林工程本身的特点所决定的，因此，在记录时必须把气象情况记录清楚详细。

② 施工情况概述。内容包括工程进度、施工人员分布、操作部位、形象进度、合理化建议等。

③ 隐蔽工程施工、检验情况。主要内容包括造林整地、种苗来源、回填土工程等。

④ 工程质量情况。主要内容包括工程质量存在的问题及如何解决、整改。对于已经通知整改的质量问题，要记录整改情况、整改验收是否符合要求、参加验收的人员情况等。

⑤ 验证、抽样、检测等试验结果及所采取的各种标准。主要内容包括整地情况、整地质量、种子苗木品质。

⑥ 其他内容。主要内容包括当天协调反馈的问题，是否有结果；施工现场各种材料进场及检验情况；施工现场例会记录；施工现场一般情况的简单记录；对各种工程文件的审阅记录等。

监理日志应按专业分项，一个专业设立一本，由专业监理工程师填写；监理日志应真实、准确、全面且简要地记录与工程相关的问题；所用的词语必须专业、规范、严谨。

二、课外阅读题录

LY/T 5302—2002，林产工业工程建设监理实施办法.

GB 50319—2000，建设工程监理规范.

张茂祥，廖清贵，张建明 . 2007. 四川营造林工程监理初探[J]. 四川林业科技，28(6)：80 - 82.

宋法生，何齐发 . 2006. 造林工程监理质量控制研究[J]. 华东森林经理，20(1)：61 - 64.

【复习思考】

1. 施工阶段监理实施细则的编制依据有哪些？
2. 营造林工程项目施工阶段投资控制的主要内容是什么？
3. 营造林工程项目设计进度控制的主要内容是什么？
4. 影响营造林工程项目施工进度的主要因素有哪些？
5. 施工阶段质量控制的要求是什么？

森林经营

森林经营指从幼龄林开始，根据经营目的，对森林实行的各种抚育、改造、保护、采伐更新等技术措施的总称。其目的就是要切实抚育、保护、利用好现有森林，扩大森林资源，充分发挥森林的各种功能与多种效益，不断满足国家建设和人民生活对环境保护、生态建设、木材及林副产品等多方面的需要。因此，要熟悉我国森林资源的特点，经营好森林，发挥森林的生态效益、经济效益和社会效益。

项目 15 森林抚育间伐

森林抚育的目的是调整树种组成与林分密度，平衡土壤养分与水分循环，改善林木生长发育的生态条件，缩短森林培育周期，提高木材质量和工艺价值，发挥森林多种功能。它是在未成熟的林分中促进保留木生长的一种营林措施。

抚育间伐具有双重意义，既是培育森林的措施，又是获得部分木材的手段，但其重点是培育森林。抚育间伐目的：一是按经营目的调整林分组成，防止逆行演替；二是降低林分密度，改善林木生长环境条件；三是促进林木生长，缩短林木培育期；四是清除劣质林木，提高林木质量；五是实现早期利用，提高木材总利用量；六是改变林分卫生状况，增强林分的抗逆性；七是建立适宜的林分结构，发挥森林多种效益。

任务 15.1 林分抚育间伐

【任务介绍】

抚育间伐也称抚育采伐，从幼林开始郁闭到近熟林时期是林分生长的主要时期，这个过程有时会很长，这期间抚育间伐是森林培育的主要方式。通过调整林分密度和组成，达到提高林分质量、缩短林分成熟年龄的目的，实现早期利用和发挥森林多种效能的目标。

知识目标

1. 了解抚育间伐种类划分及其原因，熟悉林分抚育间伐的概念、种类，了解抚育间伐的任务、作用和目的；掌握抚育间伐的理论依据。

2. 掌握抚育间伐的种类和方法。

3. 掌握林分各种分类级法及各级林木的标准。

4. 掌握抚育间伐强度的计算方法。

技能目标

1. 熟练掌握 3 种透光抚育方法、3 种清除措施，能正确利用化学除草剂清除幼龄林中影响目的树种生长的非目的树种及杂草。

2. 会根据林分生长状况确定抚育间伐的种类和方法。

3. 会运用克拉夫特分级法和三级木分级法对林木进行分级。

4. 会计算抚育间伐的株数强度和蓄积强度。

【任务实施】

15.1.1 抚育间伐的理论基础

15.1.1.1 生物学基础

(1)森林生长发育时期

森林由生长、发育到衰老，经历几十年、上百年的时间。在整个生长发育过程中，可以分成几个不同的生长发育时期。在每个不同时期，森林与环境的关系及林木个体间的相互关系有着不同的特点。所以在不同的生长发育时期，森林呈现出形态和结构方面的差异，根据各个时期的差异特点，采用不同的经营措施。一般分为以下几个时期：

① 森林形成期　林木以个体生长为主，未形成森林环境，受杂草的影响大。此期主要以林地抚育为主，促使根系发育，帮助林木战胜不良环境。

② 森林速生期　此期林木生长迅速，特别是高生长很快。林内光照强度减弱，林地阴湿，开始形成稳定的森林群体。由于高度郁闭，个体林木侧方光照减少，林分愈加密集，进入分化分级和强烈自然稀疏阶段。在该时期主要进行抚育间伐。

③ 森林成长期　速生期后森林结构基本定型，但仍然生长旺盛。特别是直径生长和材积生长依次出现高峰。森林具有最大的叶面积和最强的生命力。自然稀疏仍在进行，应继续实施强力抚育间伐，保持适当营养面积，缩短成材期。

④ 森林近熟期　林木的直径生长趋势减慢，开始大量开花结实。自然稀疏明显减缓，但生长尚未停止，为获得大径材，可进行生长伐。

⑤ 森林成熟期　林木大量结实，林木自然下种更新，生长明显缓慢，自然稀疏基本停止，林冠开始疏开。此时以用材为目的的林分应进行主伐利用。

⑥ 森林衰老(过熟)期　林木生长停滞甚至出现负生长。林冠更加疏开，结实量减少，种子质量降低，出现枯枝和死亡木，病虫害及心腐病蔓延。用材林采用适宜的主伐更新，公益林注意伐除病腐木，减少火灾险情，引进其他树种，保护生物多样性。

(2)森林自然稀疏

在森林的生长发育过程中，随着植物之间竞争关系的不断加剧，必然会出现一部分被压木逐渐被淘汰，使林分随着年龄的增长，单位面积上的株数却逐渐减少，这种现象称为森林的自然稀疏。它与森林生长发育中林木之间的竞争关系、分化现象密切相关。竞争和分化是森林自然稀疏的前提，而强烈的竞争和分化，加速了林木的自然稀疏。自然稀疏是林分内的个体因竞争有限的营养面积而引起的。林木生长发育需要一定的营养面积，并且随着年龄的增长，需要更大的空间、更多的水分和营养物质。如果林木植株最初比较稠密，到一定时期，就会由于对营养的竞争，而使较弱的林木逐渐死亡。

森林树种的组成、年龄阶段、森林最初的密度、环境条件等的不同，自然稀疏的强度也不相同。认识林木分化与自然稀疏的规律，是为了通过抚育间伐及进行人工稀疏，减少无效的自然竞争消耗，促使保留木健康、加速生长，使森林始终由目的树种和干形良好的林木形成合理的密度。

(3)林木分级

林木是培育森林的主要对象，林木分化是普遍的自然现象，在林业生产上，常根据林木分化程度对林木进行分级，以便为森林的经营管理提供依据。林木分级方法很多，现就比较普遍使用的克拉夫特生长分级法(又称生长分级法或五级分级法)、三级分级法进行介绍。

① 克拉夫特林木分级法　本法是根据林木生长势将林木分为五级(图 15 - 1)。

Ⅰ级木(优势木)：树高和胸径最大，树冠很大，且伸出一般林冠之上，受光最好。

Ⅱ级木(亚优势木)：树高和胸径略次于Ⅰ级木，树冠向四周发育且较均匀对称，树冠略小于Ⅰ级木，并与Ⅰ级一起构成林分的主林层。

Ⅲ级木(中等或中庸木)：树高和胸径生长较前两级立木为差，属于中等，树冠位于Ⅰ、Ⅱ级木之下，位于林冠的中层，树干的圆满度较Ⅰ、Ⅱ级为大。

Ⅳ级木(被压木)：树高和胸径生长落后，树冠窄小，受压挤。又分为：

$Ⅳ_a$级木：冠狭窄，侧方被压，部分树冠仍能伸入林冠层中，但侧枝均匀；

$Ⅳ_b$级木：偏冠，侧方和上方被压，只有树冠顶梢尚能伸入林冠层中。

Ⅴ级木(濒死和枯死木)：生长极落后，树冠严重被压，完全处于林冠下层，分枝稀疏或枯萎。又分为：

$Ⅴ_a$级木：生长极落后，但还有部分生活的枝叶的濒死木；

$Ⅴ_b$级木：基本枯死或刚刚枯死。

图 15-1　克拉夫特林木分级法

从克拉夫特林木分级法中可以看出，林分主要林冠层是由Ⅰ、Ⅱ、Ⅲ级木组成，Ⅳ、Ⅴ级木则组成从属林冠层。随着林分的不断生长，林木株数逐渐减少，而减少的对象主要是Ⅳ、Ⅴ级木。而主林层中的林木株数也会减少，这是这些林木因为林木竞争从高生长级下落到低生长级的结果。处于从属林冠的林木，往往被自然稀疏掉。

在未经间伐和人为尚未干扰的林分内，五级木的数量分布呈常态曲线，即Ⅱ、Ⅲ级木数量最多，Ⅰ、Ⅳ、Ⅴ级木数量较少。这种分级法简单易行，可用来作为控制抚育间伐强度的依据，但缺点是这种分级方法主要是根据林木的生长势和树冠形态分级，没有照顾到树干的形质缺陷。主要应用于壮龄以后的单层同龄林，也可参照用于混交林，但不宜用于幼龄林，因为幼龄林中，林木分化不明显，不能分级。

② 三级分级法　主要根据林木在林内所起的作用以及人们对森林的经营要求划分为3类(图15-2)：

Ⅰ级：优良木(或称保留木、培育木)。在生长发育上最合乎经营要求的林木，是培育对象。一般情况下，优良木多数处在林冠上部或中部，但在目的树种被压的情况下，优良木也可在林冠下部的林木中选出。

Ⅱ级：有益木(或称辅助木)。能促进优良木的天然整枝和形成良好的干形，并能起到保护和改良土壤的作用。当这些林木妨碍优良木生长时，就应该在抚育间伐过程中逐渐除掉。

Ⅲ级：害木(或称砍伐木)。是妨碍优良木和有益木生长的林木，或干形弯曲、多叉，枯立木，感染病虫害的林木，这些林木均应砍伐。

三级分级法在天然混交林中比较适用，因为天然混交林基本呈钟状分布，可在各群团先划分植生组(生长位置比较接近，树冠之间有密切关系的一些树木，称为一个植生组)，在各个植生组中再划分出上述三级木，然后进行抚育间伐。

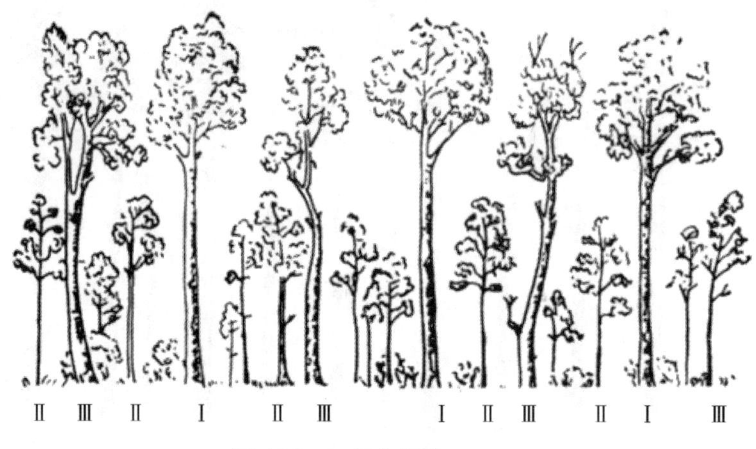

图15-2　三级分级法

15.1.1.2　经济学基础

抚育间伐的技术措施是以经济条件、经营目的、预期生产量等作为前提的。抚育间伐是否实施，首先取决于该地区和经营单位的经济条件，其中主要是交通、劳力和产品的销售状况。一般来说，只要交通和劳力条件具备，就可以开展抚育间伐工作。只要从生物学角度是合理的、长远利益是合算的，有时在短期亏损的情况下也应进行抚育间伐。

15.1.2　抚育间伐的种类和方法

在树种组成和生长发育时期不同的林分，抚育间伐的目的也不相同。根据2015国家颁布的 GB/T 15781—2015《森林抚育规程》规定，我国森林抚育间伐分为透光伐、疏伐和生长伐，特殊林分还可采用卫生伐。

15.1.2.1　透光伐

幼林时期林冠尚未完全郁闭或已经郁闭、林分密度大、林木受光不足时，或者有其他阔叶树或灌木树种妨碍主要树种的生长时，需要进行透光伐。主要是解决树种间、林木个体之间、林木与其他植物之间的矛盾，保证目的树种不受非目的树种或其他植物的压抑。

(1)透光伐的主要对象

① 抑制主要树种生长的次要树种、灌木、藤本，甚至高大的草本植物；

② 在纯林或混交林中，主要树种幼林密度过大，树冠相互交错重叠、树干纤细、生长落后、干形不良的植株；

③ 实生起源的主要树种数量已达营林要求，伐去萌芽起源的植株，在萌芽更新的林分中，萌条丛生，择优而留，伐去其他多余的萌条；

④ 在天然更新或人工更新已获成功的采伐迹地或林冠下造林，新的幼林已经长成，需要砍除上层老龄过熟木，以培育下层新一代的目的树种。

(2)透光伐的方法

根据林地形状和大小，透光伐有 3 种实施方法。

① 全面抚育　按一定的强度对抑制主要树种生长的非目的树种普遍伐除。在交通便利、劳力充足，薪炭材有销路且林分中主要树种占优势，分布均匀的情况下适合这种方法。

② 团状抚育　主要树种在林地上的分布不均匀且数量不多时，只在主要树种的群团内，砍除影响主要树种生长的次要树种。

③ 带状抚育　将林地分成若干带，在带内进行抚育，保留主要树种，伐去次要树种。一般带宽 1~2m，带间距 3~4m，带间不抚育(称为保留带)。带的方向应考虑气候和地形条件，如缓坡地或平地南北设带，使幼林充分接受阳光；带的方向与主风方向垂直，以防止风害；带的方向与等高线平行，以防止水土流失等。

夏初，当落叶的非目的树种处于春梢已长成，叶片完全展开的物候阶段，此时进行透光伐最为适宜，可降低伐根萌芽能力，也容易识别各树种之间的相互关系，此时枝条柔软，采伐时不易砸倒碰断保留木。一般每 2~3 年或 3~5 年进行一次。

在进行透光伐时，还可用化学除草剂除灭非目的树种或灌木，主要用于天然混交林幼林、人工林。应用较广泛的有 2，4－D(二氯苯氧乙酸)，2，4，5－T(三氯苯氧乙酸)。可采用叶面喷洒、涂抹、注射、毒根等方法。但化学除草剂对环境有污染，同时对生物多样性保护也不利。

15.1.2.2　疏伐

疏伐是林木从速生期开始，直至主伐前一个龄级为止的时期内，树种之间的矛盾焦点集中在对土壤水分、养分和光照的竞争上，为使不同年龄阶段的林木占有适宜的营养面积而采取的抚育措施。根据树种特性、林分结构、经营目的等因素，疏伐的主要方法有 4 种。

(1)下层疏伐法

下层疏伐是砍除林冠下层的濒死木、被压木，以及个别处于林冠上层的弯曲、分杈等不良木。实施下层疏伐时，利用克拉夫特林木生长分级最为适宜(图 15-3)。利用此分级法，可以明确地确定出采伐木。一般下层疏伐强度可分为 3 种：弱度下层疏伐，只砍除Ⅴ级木(图 15-4)；中度下层疏伐，砍伐Ⅴ级和Ⅳ$_b$级木(图 15-5)；强度下层疏伐，砍伐Ⅴ级和Ⅳ级木(图 15-6)。

此方法的优点在于简单易行，利用林木分级即能控制比较合理的采伐强度，易于选择砍伐木；砍除了枯立木、濒死木和生长落后的林木，改善了林分的卫生状况，减少了病虫危害，从而提高了林分的稳定性。获得的材种以小径材为主，上层林冠很少受到破坏，基本上是用人工稀疏代替林分自然稀疏，因而有利于保护林地和抵抗风倒危害。但此法基本上是“采小留大”，若采用弱度抚育，则对稀疏林冠、改善林分生长条件的作用不大。在针叶纯林中应用较方便。我国目前开展的疏伐多数采用下层疏伐法，如杉木、松、落叶松等。

(2)上层疏伐法

上层疏伐以砍除上层林木为主，疏伐后林分形成上层稀疏的复层。它应用在混交林中，尤其上层林木价值低、次要树种压抑主要树种时，应用此法。实施上层疏伐时首先将林木分成优良木(树冠发育正常、干形优良、生长旺盛)、有益木(有利于保土和促进优势木自然整枝)、有害木(妨碍优良木生长的分杈木、折顶木、老狼木等)三级(图 15-7)。

疏伐时首先砍伐有害木，对生长中等或偏下的主要树种和伴生树种(有益木)应适当加以保留，当然过密的有益木也应伐除一部分(图 15-8)。上层疏伐法主要是砍伐优势木，这样就人为地改变了自然选择的总方向，积极地干预了森林的生长。砍伐上层林木，疏开林冠为保留木创造与以前显著不同的环境条件，能明显促进保留木的生长。但技术比较复杂，同时林冠疏开程度高，特别在疏伐后的最初一两年，易受风害和雪害。在混交林比较适用。

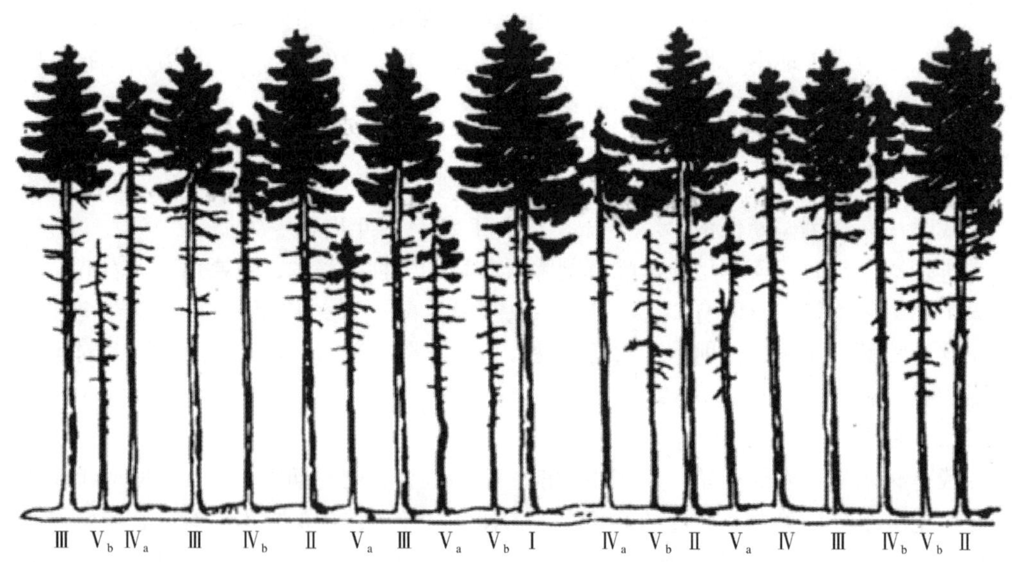

图 15-3　下层疏伐法：疏伐前林分

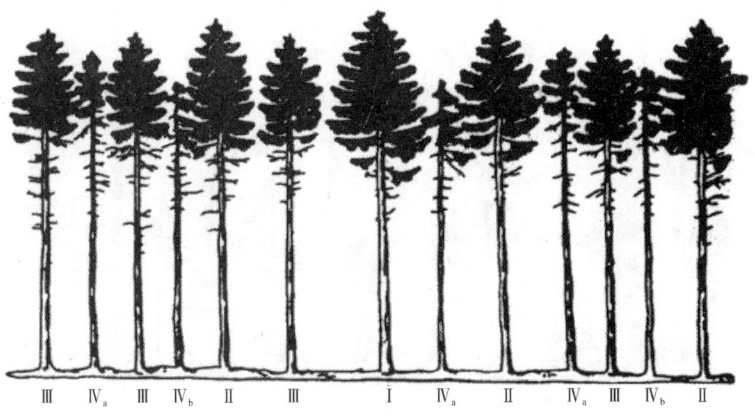

图 15-4　下层疏伐法：弱度疏伐（伐去Ⅴ级木）后的林分

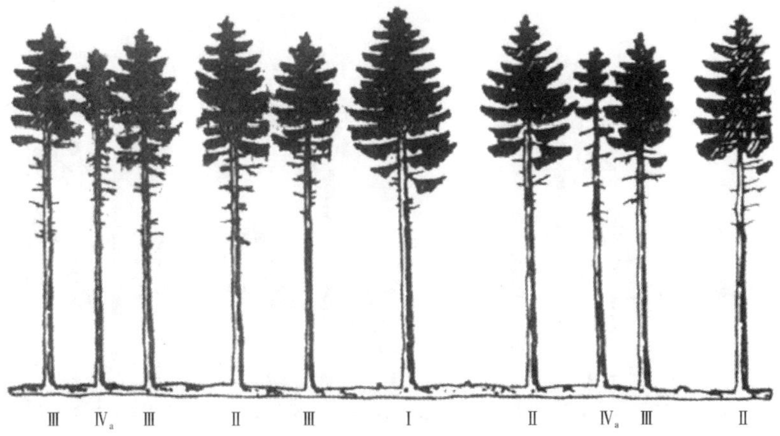

图 15-5　下层疏伐法：中度疏伐（伐去Ⅴ级和$Ⅳ_b$级木）后的林分

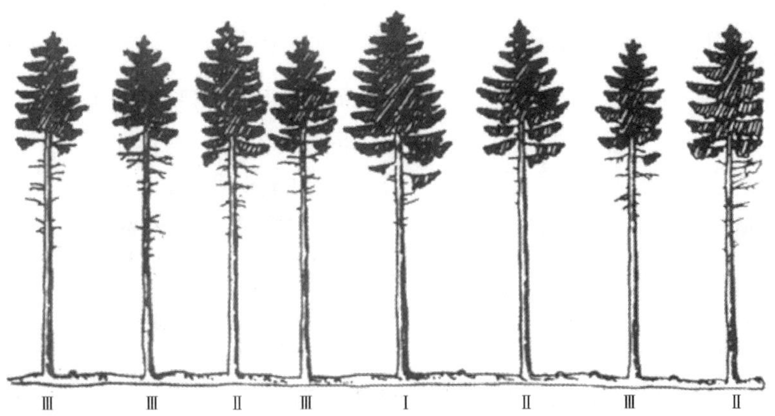

图 15-6　下层疏伐法：强度疏伐（伐去Ⅴ级和Ⅳ级木）后的林分

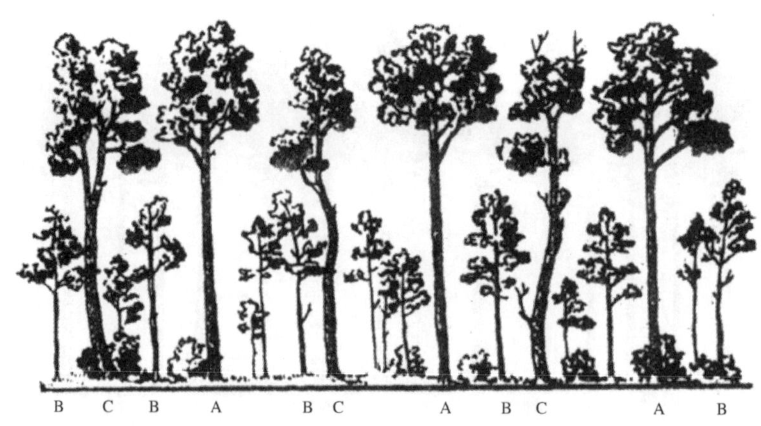

图 15-7 上层疏伐法：疏伐前林分

A. 优良木 B. 有益木 C. 有害木

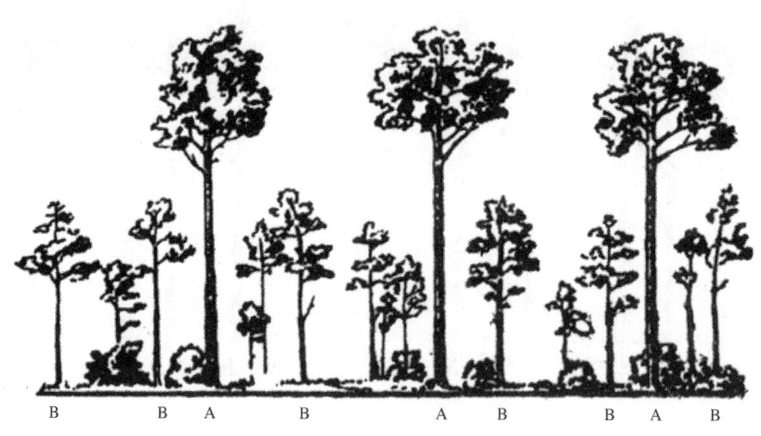

图 15-8 上层疏伐法：疏伐后林分

A. 优良木 B. 有益木

(3)综合疏伐法

综合疏伐法结合了下层疏伐法和上层疏伐法的特点，既可从林冠上层选伐，亦可从林冠下层选伐。可以认为它是上层疏伐法的变形。混交林和纯林均可应用(图 15-10)。

进行综合疏伐时，将在生态学上彼此有密切联系的林木划分出植生组，在每个植生组中再划分出优良木(Ⅰ)、有益木(Ⅱ)和有害木(Ⅲ)(图 15-9)，然后采伐有害木，保留优良木和有益木，并用有益木控制应保留的郁闭度(图 15-10)。在每次疏伐前均应重新划分植生组和林木级别。综合疏伐法是在树木所有的高度和径级中砍伐林木，采伐强度有很大的伸缩性，而且取决于林分的性质、组成、林相和经营目的。采伐后使保留的大、中、小林木都能直接地受到充足的阳光，形成多级郁闭。此法灵活性大，但选木时要求较高的熟练技术，疏伐后对林分生长效果经常并不理想，尤其在针叶林中，易加剧风害和雪害的发生。一般适用于天然阔叶林，尤其在混交林和复层异龄林中应用效果较好。

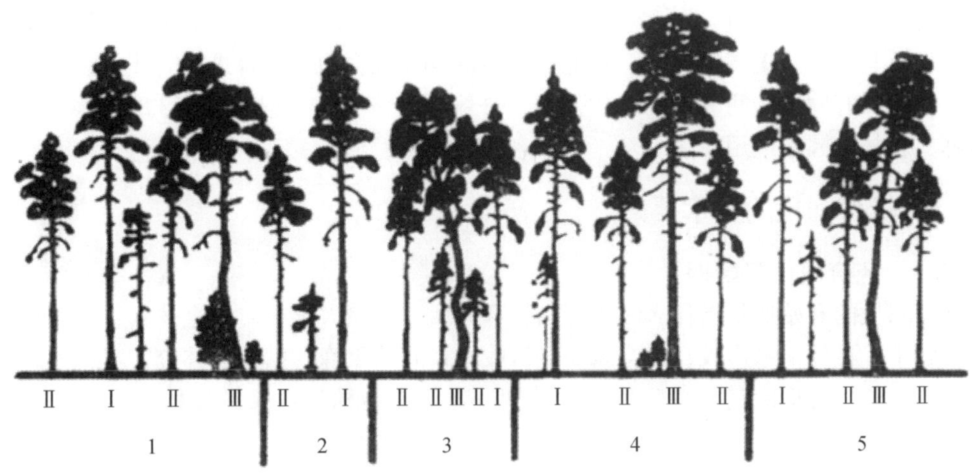

图 15-9　综合疏伐法：采伐前林分

图 15-10　综合疏伐法：采伐后林分

(4)机械疏伐法

又称隔行隔株抚育法、几何抚育法。这种方法用在人工林中，机械地隔行采伐或隔株采伐，或隔行又隔株采伐。此法基本上不考虑林木的分级和品质的优劣，只要事先确定了砍伐行距或株距后，采伐时大小林木统统伐去。

这种方法的缺点是砍伐木中有优质木，保留木中有不良木。它的优点是技术简单、工效高；生产安全，作业质量高；便于清理迹地与伐后松土。多用于在过密的幼林中。

以上几种疏伐法是常用的基本方法。在生产实践中，常以某一种为主，根据实际情况，有时也可结合运用其他方法。如实施下层疏伐时，对林内出现的少数非目的或干形不良的中、上层林木也需伐除；同样，实施上层疏伐时对林下过密的林木也需稀疏。

15.1.2.3　生长伐

为了培育大径材，在近熟林阶段实施一种抚育间伐方法称为生长伐。在疏伐之后继续疏开林分，促进保留木直径生长，加速工艺成熟，缩短主伐年龄。生长伐的方法与疏伐相似。因此，生长伐有时也可与疏伐合成同一范畴进行探讨。

15.1.2.4　卫生伐

卫生伐是为了保持林分的健康和防止森林病虫害的传播与蔓延而进行的一种抚育间伐

方式。由于这些目的通过一般的抚育间伐也能达到，所以只有在某些特殊情况下，如火灾、虫害及其他自然灾害情况下，不能与最近的其他抚育间伐结合进行时才单独实行卫生伐。卫生伐没有固定的间隔期和采伐强度，一般无经济收入。只有在集约林区及防护林、风景林、森林公园中应用较多。

15.1.3 抚育间伐的技术要素

15.1.3.1 抚育间伐起始期

抚育间伐的开始期是指什么时候开始抚育间伐。开始太早，对促进林木生长的作用不大，不利于优良的干形形成，也会减少经济收益；开始太晚，则造成林分密度过大，影响保留木的生长。合理确定抚育间伐的开始期，对于提高林分生长量和林分质量有着重要意义。

抚育间伐开始期的确定，根据经营目的、树种组成、林分起源、立地条件、原始密度、单位经营水平等不同而不同。同时，还必须考虑可行的经济、交通、劳力等条件。具体确定可根据以下几种方法：

(1)根据林分生长量下降期确定

林分直径和断面积连年生长量的变化能明显地反映出林分的密度状况。因此，直径和断面积连年生长量的变化，可作为是否需要进行第一次抚育间伐的指标。当直径连年生长量明显下降时，说明树木生长营养空间不足，林分密度不合适，已影响林木生长，此时应该开始抚育间伐。当林分的密度合适，营养空间可满足林木生长的需要则林木的生长量(为了简单可用直径生长量)不断上升。据研究，南方杉木在中上等立地条件下，4 年生为胸径生长最旺盛期，到 5 年生开始下降，6~7 年生时明显下降；断面积生长量在 5 年生达到最高，于 6~7 年时开始下降。因此，可以将 6~7 年生作为该立地条件和造林密度下，杉木林进行首次抚育间伐的时间。

(2)根据林木分化程度确定

在同龄林中林木径阶有明显的分化，当林分分化出的小于平均直径的林木株数达到 40% 以上，或Ⅳ、Ⅴ级木占到林分林木株数 30% 左右时，应该进行第一次抚育间伐。在福建，杉木、马尾松被压木(Ⅳ、Ⅴ级木)株数占总株数 20%~30%；福建柏、柳杉被压木株数占总株数 15%~25%。可进行间伐。

(3)根据林分直径的离散度确定

林分直径的离散度是指林分平均直径与最大、最小直径的倍数之间的距离。不同的树种，开始抚育间伐时的离散度不同。例如，刺槐的直径离散度超过 0.9~1.0 时，麻栎林的直径离散度超过 0.8~1.0 时，应进行第一次抚育间伐。

(4)根据自然整枝高度确定

林分的高密度引起林内光照不足，当林冠下层的光照强度低于该树种的光合补偿点时，则林木下部枝条开始枯死掉落，从而使活枝下高增高。一般当幼林平均枝下高达到林分平均高 1/3(如杉木)或 1/2 时(福建柏、柳杉)，应进行初次抚育间伐。

(5)根据林分郁闭度确定

这是一种较早采用的方法，用法定采伐后应保留的郁闭度为准，当现有林分的郁闭度达到或超过法定保留郁闭度时，即应进行首次采伐。一般树种采伐后应保留的郁闭度为

0.7 左右。如果林分的郁闭度达 0.9(如杉木、福建柏、柳杉)或 0.8(马尾松)时，可进行首次采伐。

有时用树冠长和树高之比来控制(称为冠高比)。一般冠高比达到 1∶3 时，应考虑进行初次抚育间伐。使用这种方式，必须区别喜光树种和耐阴树种，并且要有实际经验或以其他指标加以校正。

(6)根据林分密度管理图确定

林分密度管理图是现代森林经营的研究成果，我国对杉木、落叶松等主要造林树种已建立了比较成功的林分密度管理图。在系统经营的林区，可用林分密度管理图中最适密度与同树种、同年龄、同地位级的实际林分密度对照，实际林分密度高于图表中密度时，表明现有林分应进行抚育间伐。

15.1.3.2　抚育间伐强度

(1)概念和表示方法

抚育间伐时采伐及保留林木的多少，使林分稀疏的程度称为抚育间伐的强度。不同采伐强度对林内环境条件产生的影响不同，反映在林木生长上也有不同的影响。确定适宜的采伐强度，可直接影响抚育间伐的效果，是抚育间伐技术中的关键问题。强度表示的方法有：

① 以株数表示

$$P_n = n/N \times 100\% \tag{15-1}$$

式中　n——采伐株数；

　　N——伐前林分株数。

用株数强度表示，计算比较简单，人工抚育间伐时，常用这种方法表示采伐强度。但反映不出采伐出材量，可能产生以下问题：下层疏伐时是砍伐小径级的；上层疏伐时是砍大径级；机械疏伐是大、小径级均砍，所以常常砍伐的株数的百分率相同，但伐后林分结构却有很大差异。所以一般只在透光伐幼林中和不需要计算材积的采伐中采用。

② 以蓄积量表示

$$P_v = v/V \times 100\% \tag{15-2}$$

式中　v——采伐木总材积；

　　V——伐前总蓄积量。

材积强度可直接反映采伐材的数量，但计算材积比较麻烦，也不能说明采伐后林木营养面积的变化。由于同树种、同立地条件、同年龄时材积和断面积存在着线性关系，所以，有时可用断面积代替材积来计算采伐强度。

以上两种表示方法各有优缺点，在实际工作中为更好地说明抚育间伐强度，上述两种指标往往同时应用。

亦可以用采伐木的平均直径 d_2 与伐前林分平均直径 d_1 之比 d，即 $d = d_2/d_1$，表示 P_v 与 P_n 之间关系。

$$P_v = d^2 P_n \tag{15-3}$$

当 $d>1$ 时，则按材积计算的强度大于按株数计算的强度，出现于采用上层疏伐法；

当 $d<1$ 时，则按材积计算的强度小于按株数计算的强度，出现于采用下层疏伐法；

当 $d=1$ 时，则二者相等，出现于采用机械疏伐法。

综合疏伐法时 3 种情况均可能出现。

在下层疏伐中，不同强度等级所反映的两种指标也不同。如：

弱度采伐强度：$P_n=10\%\sim25\%$，$P_v=10\%\sim15\%$；

中度采伐强度：$P_n=26\%\sim35\%$，$P_v=16\%\sim25\%$；

强度采伐强度：$P_n=36\%\sim50\%$，$P_v=26\%\sim35\%$；

极强度采伐强度：$P_n>50\%$，$P_v>35\%$。

(2)抚育间伐强度的确定原则及分级标准

① 确定原则及依据　确定原则：能提高林分的稳定性，不致因林分稀疏而招致风害、雪害和滋生杂草；不降低林木的干形质量，又能改善林木的生长条件，增加营养空间；有利于单株材积和林木利用量的提高，并兼顾抚育间伐木材利用率和利用价值；形成培育林分的理想结构，实现培育目的，增加防护功能或其他有益效能；紧密结合当地条件，充分利用采伐产物，在有利于培育森林的前提下增加经济收入。

合理间伐强度应考虑经济条件、树种特性、林分年龄和立地条件四个因素。经济条件：主要指经营目的、交通运输、劳力、小径材销路等方面，如经营大径材，运输条件要好；小径材有销路的情况下，可采用较大的间伐强度。树种特性：顶端优势明显的速生树种，可采用较大的间伐强度。林分年龄：壮龄期树木生长旺盛，抚育后恢复较快，可采用较大的间伐强度；中龄期树木生长减弱，间伐强度小些。立地条件：立地条件好，林木生长快，抚育后恢复快，间伐强度可大些。

② 强度分级标准　间伐强度如采用每一次伐木的材积占伐前林分蓄积量的百分率表示，一般分为 4 级：

弱度：砍去原蓄积量 15% 以下；

中度：砍去原蓄积量 $16\%\sim25\%$；

强度：砍去原蓄积量 $26\%\sim35\%$；

极强度：砍去原蓄积量 36% 以上。

抚育间伐时，如采用各次采伐所取得的材积总数占主伐时蓄积量的百分率称为总强度。也可分为 4 级，间伐强度分级参照以蓄积量为依据的下层疏伐强度分级。

(3)抚育间伐强度的确定方法

抚育间伐强度确定的方法，比较理想的是应该通过长期的、不同抚育间伐强度的定位研究，制订出在一定立地条件下，与经营目的相适应的，以及各不同生长发育阶段林分应保留的最适株数，以此作为标准来确定现实林分的采伐强度。抚育间伐强度的确定方法分为定性间伐和定量间伐两大类。

① 定性抚育间伐　根据树种特性、龄级和利用的特点，预先确定某种抚育间伐的种类和方法，再按照林木分级确定应该砍除的林木，由选木的结果计算抚育间伐量。

按林木分级确定抚育间伐强度，利用克拉夫特林木分级法，在下层疏伐中可确定哪一等级或某等级中的哪一部分林木应该砍掉，从而决定抚育间伐强度。通常强度级别可分为：弱度抚育间伐，只砍伐Ⅴ级木；中度抚育间伐，砍伐Ⅴ级和Ⅳ_b级木；强度抚育间伐，砍伐全部Ⅴ级和Ⅳ级木。

根据林分郁闭度和疏密度确定抚育间伐强度，遵照“森林抚育间伐规程”的规定，将过密的林木(起码林分郁闭度或疏密度要 >0.8)进行疏伐后，林分郁闭度下降到预定的郁闭度，一般间伐后林分郁闭度保留在 0.6 和疏密度保留在 >0.7。

不同的间伐强度，间伐后保留的疏密度如下：弱度：0.8~0.9；中度：0.7~0.8；强度：0.6~0.7；极强度：0.5~0.6。

② 定量抚育间伐　根据林分的生长与立木之间的数量关系，在不同的生长阶段按照合理的密度，确定砍伐木或保留木的数量。有以下几种：

根据胸高直径与冠幅的相关规律确定树冠幅度的大小，反映林木的营养面积大小，也影响了林木直径的大小。一般冠幅越大胸径越大，胸径大了，单位面积上的株数就少了。根据直径、冠幅和立木密度的相关规律，推算不同直径时的适宜密度，用此密度指标作为确定间伐强度的依据。由于林木直径便于测定，这种方法应用较为普遍。

根据树高与冠幅的相关规律确定间伐强度。一株树占地面积大致与它的树冠投影面积相等，可用树冠投影面积代表一株树的营养面积。冠幅与树高的比值称为树冠系数。不少树种冠幅直径为树高的 1/5，于是常用$(H/5)^2$代表近似的营养面积。那么单位面积上的合理保留株数，可利用下式求得：

$$N_0 = 10\,000/(H/5)^2 = 250\,000/H^2 \tag{15-4}$$

式中　N_0——每公顷合理保留株数；

H——林分优势木平均高。

采用下列公式求得抚育间伐强度：

$$P_n = (N - N_o)/N \times 100\% \tag{15-5}$$

式中　P_n——抚育间伐株数强度；

N——现有林分株数；

N_o——合理保留株数。

林分密度管理图由等直径线、等树高线、等疏密度线、最大密度线和自然稀疏线组成，用来表示林分的生长与密度之间的变化关系，可作为定量抚育间伐设计的依据。

等直径线：平均直径相等情况下，平均单株材积或单位面积蓄积量随株数变化而变化的关系曲线。

等树高线：上层高相等情况下，平均单株材积或单位面积蓄积量随株数变化而变化的关系曲线。

等疏密度线：森林经营中调节林分密度的线，以各等树高线的最大蓄积量为 1，沿各等树高线以 10 分的比数下降为 0.9、0.8、0.7……将相同点连接成线而得。

最大密度线：当林分在某一生长阶段中，平均单株材积最大、单位面积蓄积量最高、株数最多的关系曲线。

自然稀疏线：林木株数随着林分的生长而日益减少过程的曲线。

【例 1】某人工落叶松林的直径 $D = 10$cm，密度 $N = 2500$ 株/hm^2，要求下层疏伐后疏密度不低于 0.8。求单位面积蓄积量 M，疏密度 P，优势木高 H，采伐株数 n 和采伐材积 m 及伐后直径 d。

查图 15-11 得：

① 根据给定的 D 和 N，在标有 10cm 的等直径线与横坐标为 2500 株/hm^2 的纵线相交处，按其纵坐标的刻度读得蓄积量 $M = 142$m^3/hm^2。

② 由于交点位于标有 0.9 的等疏密度线与饱和密度线之间，所以按其疏密度刻度能

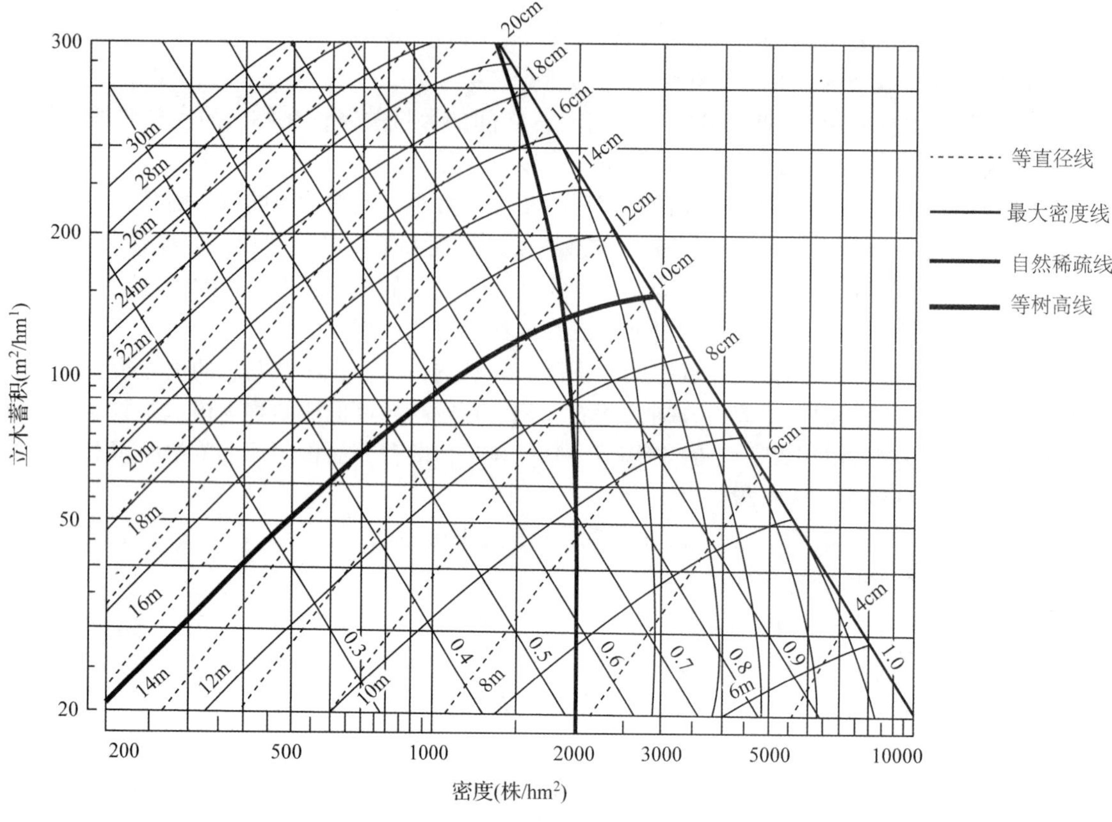

图 15-11　人工落叶松密度控制图

够读出 $P=0.96$。

③ 因为交点落在标有 12m 与 14m 的两条等树高线之间，所按优势高增加的比例，可读取 $H=13.8$m。

④ 根据给定的保留疏密度 0.8 和查得的优势木高 15m，在标有 0.8 的等疏密度线与图中的 13.8m 的等树高线相交处，按纵坐标查出采伐后保留蓄积量 $M_1=126\text{m}^3/\text{hm}^2$，按横坐标查得保留密度 $N_1=1\ 650$ 株/hm²，按相邻等直径线的刻度查得采伐后的直径 $d=11.8$cm。

⑤ 根据抚育间伐前后的蓄积量与密度，求出采伐株数和材积，分别为：

$n=N-N_1=2500-1650=850$(株/hm²)

$m=M-M_1=142-126=16(\text{m}^3/\text{hm}^2)$

15.1.3.3　抚育间伐的间隔期

(1)概念

相邻两次抚育间伐所间隔的年限称作抚育间伐间隔期(重复期)。间隔期的长短主要取决于林分郁闭度增长的快慢，而林分郁闭度增长的快慢与抚育间伐强度、树种特性、立地条件、经营目的、经营水平等有关。

(2)确定因素

① 树种特性及立地条件　一般来说，喜光、速生树种生长速度快，树冠扩展也较快、

较大，间隔期宜短；林龄小的林分要比林龄大的林分间隔期短；壮龄期，林分生长旺盛，树冠恢复郁闭快，间隔期就短，中龄期，林分生长较慢，间隔期可长些；立地条件好的林分，林木生长迅速，郁闭快，间隔期也短。

② 抚育间伐强度　每次间伐强度直接影响着间隔期长短，大强度的抚育间伐后，林木需要较长时间才能恢复郁闭，间隔期相应也长些；透光伐，间隔期短，疏伐、生长伐间隔期较长。可用以下公式确定间隔期：

$$N = \frac{V}{Z} \tag{15-6}$$

式中　N——间隔年数；

V——采伐蓄积；

Z——材积连年生长量。

③ 林分生长量。年平均生长量大，抚育间伐间隔期短些；反之，间隔期可长些。

④ 经济条件。交通方便，劳力充足，缺柴少材，经济条件较好的地方，可执行小强度、短间隔期的抚育间伐，有利于培养干形、充分利用地力、容易提高总产量；反之，交通闭塞，劳力缺乏和采伐材无销路，经济条件不好地方，要求采用强度大而间隔期长的抚育间伐。确定间隔期的方法一般可有材积生长量、郁闭度、树高和直径增长、密度管理图等。如我国南方的杉木林抚育间伐间隔期一般为 5～6 年。

(3)间隔期林分因子变化规律

① 林分各径级分布的变化　同一种抚育间伐方法，径级的分布范围随着间伐强度的增加而减小。采伐后至下一个采伐前的整个间隔期内，林分径级接近于常态曲线。

② 林分平均直径的变化　抚育间伐后，伐去了一定数量的不同直径的林木，因而改变了整个林分的平均直径大小。如果砍伐木平均直径小于伐前林分平均直径，则采伐后整个林分平均直径将增加，说明采用了下层疏伐法；当砍伐木平均直径大于伐前林分平均直径，则采伐后整个林分平均直径将减小，说明采用了上层疏伐法；当砍伐木平均直径等于伐前林分平均直径，则采伐后整个林分平均直径基本不变，说明采用了机械疏伐或综合疏伐法。

采伐后林分平均直径可按以下公式计算：

$$D = [(D_1^{2} - D_2^{2} \times P)/(1 - P)]^{1/2} \tag{15-7}$$

式中　D——保留木的平均直径(cm)；

D_1——采伐前林分平均直径(cm)；

D_2——砍伐木的平均直径(cm)；

P——按株数抚育间伐的强度，以占原株数的百分数表示。

(4)抚育间伐结束期及季节

抚育间伐的结束期一般要进行到主伐利用前的一个龄级为止，如杉木大约在主伐前的 5 年左右；落叶松人工林采伐龄为 51 年，那么最后一次采伐时间只能确定在 40 年左右进行。

抚育间伐后施工季节，从全国来说，全年都可进行，但最好在休眠期。我国北方以冬季为好；南方则以秋末冬初至早春树液流动前(休眠期)进行为好。但需要对采伐木剥皮利用的地方，可在生长季内进行；对萌芽力强的树种，为了抑制萌条旺盛生长，在北方宜在春夏之交，在南方宜在夏季。

15.1.3.4　抚育间伐的选木原则

采伐木的选择是一个很重要的技术环节，因为只有选准间伐木，才能达到抚育间伐的目的。选木时，应注意以下几个方面：

(1)淘汰低价值的树种

这是在混交林中进行抚育间伐时应当首先遵循的原则，树种价值的高低是相对的，应依据各地树种的经济价值、经营目的和森林历史地理条件等确定。

实施抚育间伐时，如果生长不好的主要树种和生长好的非目的树种彼此影响，从发展趋势看，主要树种会日益衰败，则应伐去，保留非目的树种；如因伐去非目的树种而造成林间空地，引起杂草丛生和土壤干燥，则应适当保留；为了改良土壤，在立地条件较差的纯林中生长一些非目的阔叶树种，应适当加以保留，力求维护混交林状态；对促进培育林木干形生长有利的辅助木，应当保留。根据实际情况，非目的树种酌情保留。

(2)砍去品质低劣和生长落后的林木

为了提高林分生长率和木材质量，应该保留生长快、高大、圆满通直、少节、树冠发育良好的林木；砍去双杈木、多梢木、大肚木、老狼木以及弯曲、多节、偏冠、尖削度大、生长孱弱等品质低劣的林木。

(3)伐除有碍林分环境卫生的林木

应经常注意维护森林的良好卫生环境，将已感染病虫害的林木尽快伐去。此外，凡枯梢、损伤以及枝叶稀疏枯黄或凋落的林木也应适量伐除。

(4)维持森林生态平衡

为了给在森林中生活的益鸟和益兽提供栖息繁殖场所，应当保留一些有洞穴但没有感染传染性病害的林木以及筑有巢穴的林木。对于林下的下木及灌木应尽量保留，以增加有机物的积累和转换。让抚育间伐后森林生态系统的功能以及稳定性得到提高。

总之，抚育间伐时，应尽量伐去价值较低、形质不健全、生长落后、有碍森林环境卫生的林木，而保留价值较高、形质健全、生长旺盛的林木。在生产实践中，人们将它总结为“三砍三留”原则，即“砍劣留优、砍小留大、砍密留匀”。选择采伐木的工作，通常在抚育前进行，必须对选定的砍伐木做明显的标记，有利于伐木者识别。选木的季节，则因树种而异。在落叶林内，最好在夏末秋初林木未落叶以前进行，因为树叶的存在有利于判断树冠的形状以及林木之间的相互关系，有助于正确确定采伐木。在常绿林中，一年四季均可进行，但以早春为好。

【技能训练】

一、林木等级确定(克拉夫特分级法)

[目的要求]掌握克拉夫特分级标准；根据林木生长状况，确定林木等级。

[材料用具]皮尺、围尺、测高器、调查表格等。

[实训场所]林木胸径、树高出现严重分离的同龄林林地。

[操作步骤]

(1)标准地选设。在林分中选有代表性地段设置 20×20m 样地。

(2)林分各因子调查。目测或量测样地林木平均胸径与平均树高。

(3)林木分级。详见 15.1.1.1。

(4)内业统计。统计各等级的林木数量和比例。

[注意事项]中龄林以上的林分才能进行林木分级；掌握中等木的分级尺度。

［**实训报告**］根据以上实训内容，整理形成书面材料。

二、不同方法确定抚育间伐强度

［**目的要求**］掌握2~3种确定间伐强度的具体方法。

［**材料用具**］进入竞争分化阶段的幼林龄或中龄林、标杆、经纬仪、测高器、测径尺、生长锥、木桩、角规、游标卡尺、林分多功能测定仪、方格纸、铅笔、橡皮、记录表格、记载板等。

［**实训场所**］实习林场。

［**操作步骤**］

(1)抚育间伐林分选择。年龄(幼龄至壮龄林分)。林分状况(人工纯林，林分内林木个体分化严重且没有进行抚育间伐)。

(2)样地设置。在有代表性林分内，按常规设置样地，面积依据地形而定，一般20 m×20 m。也可依据地形实际情况设置圆形样地。

(3)样地调查。对样地内林木进行每木检尺，测定立木胸径($D_{1.3}$)、冠幅(CW)、树高(H)、枝下高(h)。胸径以2cm为单位进行分组，冠径以0.5m为单位进行分组，胸径、冠幅、树高必须一一对应，记入每木调查表中(表15-1)。

(4)用不同的方法确定间伐强度。

① 依据胸高直径确定间伐强度(乌道特方法)。由林木胸径计算林分适宜密度$N_{适}$(株/hm^2)，由现实林分密度$N_{现}$与$N_{适}$计算间伐强度ΔN。

$$\text{适宜密度}\ N_{适} = \frac{10\ 000}{0.164d^{\frac{3}{2}}} \tag{15-8}$$

$$\text{间伐株数}\quad \Delta N = N_{适} - N_{现}$$

② 依据树冠系数确定间伐强度。由样地资料计算树冠系数(树冠系数$=H/D$)，再由树冠系数计算林分适宜密度$N_{适}$(株/hm^2)，由现实林分密度$N_{现}$与$N_{适}$计算间伐强度ΔN。

$$\text{适宜密度}\quad N_{适} = \frac{10\ 000}{\left(\frac{H}{5}\right)^2} \tag{15-9}$$

$$\text{间伐株数}\quad \Delta N = N_{适} - N_{现} \tag{15-10}$$

③ 依据冠幅大小确定间伐强度。依据样地资料，求出林分的平均树冠大小，进而计算林分适宜密度$N_{适}$(株/hm^2)，由现实林分密度$N_{现}$与$N_{适}$计算间伐强度ΔN。

$$\text{平均树冠}\quad CW = \frac{\sum_{i=1}^{n} CW_i}{n} \tag{15-11}$$

$$\text{平均树冠面积}\quad S = \frac{\pi \cdot CW^2}{4} \tag{15-12}$$

$$\text{适宜密度}\quad N_{适} = \frac{10000}{S} \tag{15-13}$$

$$\text{间伐株数}\quad \Delta N = N_{适} - N_{现}$$

ΔN可为正值，表示每公顷砍伐株数；ΔN也可为负值，表示每公顷补植株数。

(5)间伐强度论证。根据立地条件、造林目的、树种特性、生长阶段、林分特性、集约经营程度、轮伐期、劳力、小径材销路、交通等因素综合进行论证，最终确定采伐方式与最适合的间伐强度。

表 15-1 标准地每木调查表

__________乡镇(林场)__________村(林班)__________小班　标准号__________ 标准地面积__________

<table>
<tr><td>树种</td><td colspan="4"></td><td colspan="4"></td><td colspan="4"></td><td></td></tr>
<tr><td rowspan="2">径阶</td><td colspan="2">保留木</td><td colspan="2">有害木</td><td colspan="2">保留木</td><td colspan="2">有害木</td><td colspan="2">保留木</td><td colspan="2">有害木</td><td>调查结论</td></tr>
<tr><td>株数</td><td>材积</td><td>株数</td><td>材积</td><td>株数</td><td>材积</td><td>株数</td><td>材积</td><td>株数</td><td>材积</td><td>株数</td><td>材积</td><td></td></tr>
<tr><td>6</td><td></td><td></td><td></td><td></td><td></td><td></td><td></td><td></td><td></td><td></td><td></td><td></td><td rowspan="19">一、林分现状
1. 树种组成______
2. 林龄______年
3. 平均树高______m
4. 平均胸径______cm
5. 郁闭度______
6. 公顷株数______
7. 公顷蓄积______m^3
二、间伐强度
1. 按株数______%
2. 按蓄积______%
三、保留
1. 树种组成______
2. 平均胸径______cm
3. 郁闭度______
4. 公顷株数______株
5. 公顷蓄积______m^3</td></tr>
<tr><td>8</td><td></td><td></td><td></td><td></td><td></td><td></td><td></td><td></td><td></td><td></td><td></td><td></td></tr>
<tr><td>10</td><td></td><td></td><td></td><td></td><td></td><td></td><td></td><td></td><td></td><td></td><td></td><td></td></tr>
<tr><td>12</td><td></td><td></td><td></td><td></td><td></td><td></td><td></td><td></td><td></td><td></td><td></td><td></td></tr>
<tr><td>14</td><td></td><td></td><td></td><td></td><td></td><td></td><td></td><td></td><td></td><td></td><td></td><td></td></tr>
<tr><td>16</td><td></td><td></td><td></td><td></td><td></td><td></td><td></td><td></td><td></td><td></td><td></td><td></td></tr>
<tr><td>18</td><td></td><td></td><td></td><td></td><td></td><td></td><td></td><td></td><td></td><td></td><td></td><td></td></tr>
<tr><td>20</td><td></td><td></td><td></td><td></td><td></td><td></td><td></td><td></td><td></td><td></td><td></td><td></td></tr>
<tr><td>22</td><td></td><td></td><td></td><td></td><td></td><td></td><td></td><td></td><td></td><td></td><td></td><td></td></tr>
<tr><td>24</td><td></td><td></td><td></td><td></td><td></td><td></td><td></td><td></td><td></td><td></td><td></td><td></td></tr>
<tr><td>26</td><td></td><td></td><td></td><td></td><td></td><td></td><td></td><td></td><td></td><td></td><td></td><td></td></tr>
<tr><td>28</td><td></td><td></td><td></td><td></td><td></td><td></td><td></td><td></td><td></td><td></td><td></td><td></td></tr>
<tr><td>30</td><td></td><td></td><td></td><td></td><td></td><td></td><td></td><td></td><td></td><td></td><td></td><td></td></tr>
<tr><td>32</td><td></td><td></td><td></td><td></td><td></td><td></td><td></td><td></td><td></td><td></td><td></td><td></td></tr>
<tr><td>34</td><td></td><td></td><td></td><td></td><td></td><td></td><td></td><td></td><td></td><td></td><td></td><td></td></tr>
<tr><td>36</td><td></td><td></td><td></td><td></td><td></td><td></td><td></td><td></td><td></td><td></td><td></td><td></td></tr>
<tr><td colspan="2">平均直径</td><td></td><td colspan="2"></td><td colspan="2"></td><td colspan="2"></td><td colspan="2"></td><td colspan="2"></td></tr>
<tr><td colspan="2">平均树高</td><td></td><td colspan="2"></td><td colspan="2"></td><td colspan="2"></td><td colspan="2"></td><td colspan="2"></td></tr>
<tr><td colspan="2">每公顷蓄积</td><td></td><td colspan="2"></td><td colspan="2"></td><td colspan="2"></td><td colspan="2"></td><td colspan="2"></td></tr>
</table>

计算__________　检查__________　______年______月______日

[**注意事项**]做好树种调查的原始记录。

[**实训报告**]完成实训报告。

【任务小结】

如图 15-12，图 15-13 所示。

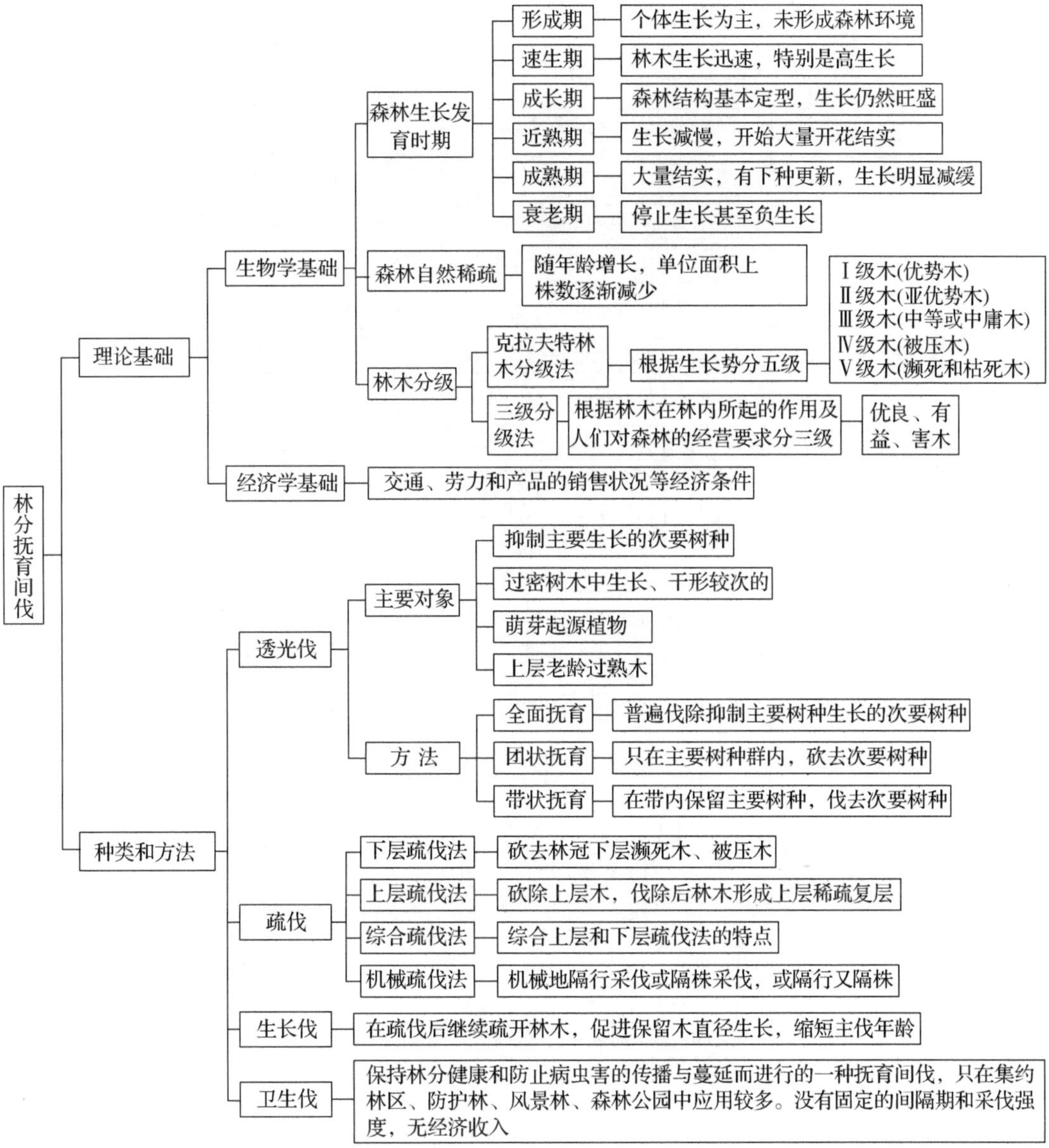

- 林分抚育间伐
  - 理论基础
    - 生物学基础
      - 森林生长发育时期
        - 形成期 — 个体生长为主，未形成森林环境
        - 速生期 — 林木生长迅速，特别是高生长
        - 成长期 — 森林结构基本定型，生长仍然旺盛
        - 近熟期 — 生长减慢，开始大量开花结实
        - 成熟期 — 大量结实，有下种更新，生长明显减缓
        - 衰老期 — 停止生长甚至负生长
      - 森林自然稀疏 — 随年龄增长，单位面积上株数逐渐减少
      - 林木分级
        - 克拉夫特林木分级法 — 根据生长势分五级 — Ⅰ级木(优势木)　Ⅱ级木(亚优势木)　Ⅲ级木(中等或中庸木)　Ⅳ级木(被压木)　Ⅴ级木(濒死和枯死木)
        - 三级分级法 — 根据林木在林内所起的作用及人们对森林的经营要求分三级 — 优良、有益、害木
    - 经济学基础 — 交通、劳力和产品的销售状况等经济条件
  - 种类和方法
    - 透光伐
      - 主要对象
        - 抑制主要生长的次要树种
        - 过密树木中生长、干形较次的
        - 萌芽起源植物
        - 上层老龄过熟木
      - 方 法
        - 全面抚育 — 普遍伐除抑制主要树种生长的次要树种
        - 团状抚育 — 只在主要树种群内，砍去次要树种
        - 带状抚育 — 在带内保留主要树种，伐去次要树种
    - 疏伐
      - 下层疏伐法 — 砍去林冠下层濒死木、被压木
      - 上层疏伐法 — 砍除上层木，伐除后林木形成上层稀疏复层
      - 综合疏伐法 — 综合上层和下层疏伐法的特点
      - 机械疏伐法 — 机械地隔行采伐或隔株采伐，或隔行又隔株
    - 生长伐 — 在疏伐后继续疏开林木，促进保留木直径生长，缩短主伐年龄
    - 卫生伐 — 保持林分健康和防止病虫害的传播与蔓延而进行的一种抚育间伐，只在集约林区、防护林、风景林、森林公园中应用较多。没有固定的间隔期和采伐强度，无经济收入

图 15-12　林分抚育间伐知识结构图

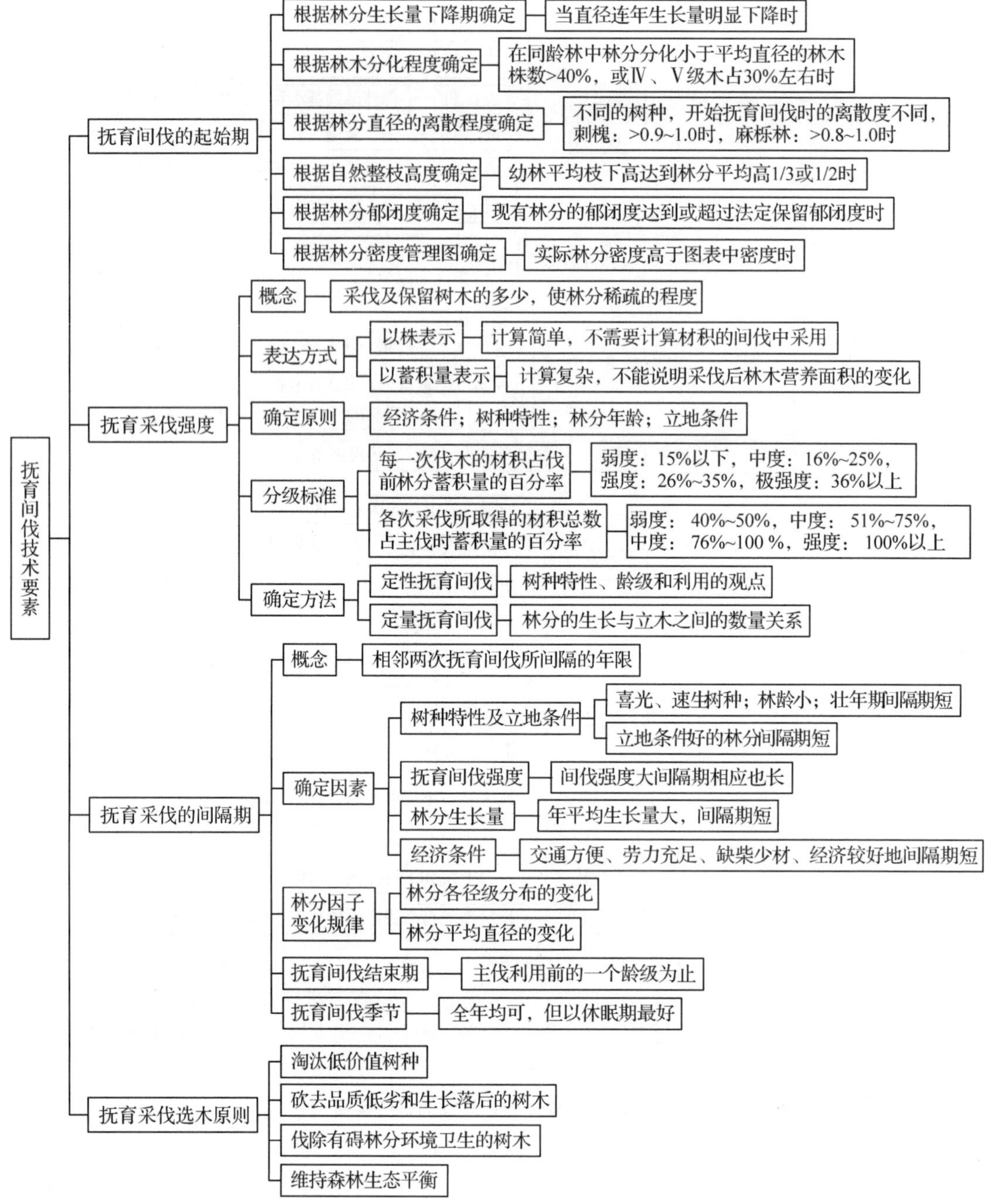

图 15-13　抚育间伐技术要素知识结构图

【拓展提高】

一、寺崎分级法

此方法是日本人寺崎制订的一套林木分级标准。首先根据林冠的优劣区分两大组，然后再按树冠形态，树干缺陷细分（图 15-14）。

优势木——组成上层林冠的总称，可分为 1 级木和 2 级木：

1 级木：树冠发育匀称，不受相邻林木的妨碍。有充分生长发育空间，树干形态也无缺陷的林木。

2 级木：树冠、树干有如下缺陷：树冠发育过强，冠形扁平；树冠发育过弱，树干细长；树冠受挤压，得不到充分发展余地；形态不良的弯曲木或瘤节，或分杈多；病害木。

劣势木——组成下层林冠的总称，又可分为 3 级木、4 级木、5 级木：

3 级木：树势减弱，生长迟缓，但树冠尚未被压，处于中间状态。

4 级木：树冠被压，但还有绿冠维持生长。

5 级木：衰弱木、倾倒木、枯立木。

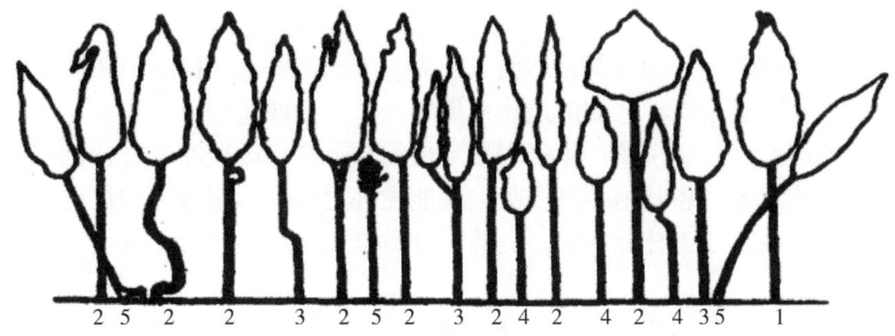

图 15-14　寺崎分级法

这种方法克服了克拉夫特分级法忽视树干形态的缺点，但较为复杂，在现实林分中有时较难判断。

二、课外阅读题录

黄斌. 2010. 采伐限额管理制度对农户抚育间伐行为的影响分析[J]. 林业经济问题，30(1)：60－64.

吕亚亚，李英杰，金娟，等. 2015. 不同抚育间伐方式对兴安落叶松林倒木分布格局影响研究[J]. 中国农学通报，31(1)：30－37.

李祥，朱玉杰，董希斌. 2015. 抚育间伐后兴安落叶松的冠层结构参数[J]. 东北林业大学学报，43(2)：1－5.

【复习思考】

1. 比较克拉夫特生长分级法（又称生长分级法或五级分级法）、三级分级法及寺崎分级法各方法的优缺点。
2. 目前我国森林抚育间伐有哪几种？简述其做法。
3. 抚育间伐的开始期如何确定？
4. 确定抚育间伐强度的依据有哪些？
5. 抚育间伐强度的计算方法有几种？
6. 生产上常用的疏伐方法有哪几种？简述其做法。

项目 16 林分改造

林分是按森林内部特征和经营目地而区划成若干内部特征相同且与四周相邻部分有显著区别的小块森林，它是森林区划的最小地域单位。林分改造是对在组成、林相、郁闭度与起源等方面不符合经营要求的产量低、质量次的林分进行改造的综合营林措施，使其转变为能生产大量优质木材和其他多种产品，并能发挥更好的生态效能的优良林分。通过林分改造调节林分结构，改善林分组成，提高林分质量和林地生产力，从而实现森林资源的可持续发展。

国家林业局林业行业标准 LY/T 1690—2007《低效林改造技术规程》中，将低效林定义为：受人为因素的直接作用或诱导自然因素的影响，林分结构和稳定性失调，林木生长发育衰竭，系统功能退化或丧失，导致森林生态功能、林产品产量或生物量显著低于同类立地条件下相同林分平均水平的林分总称。根据低效林起源不同，可分为低效人工林和低效次生林，其中，低效人工林包括低效纯林、树种(种源)不适林、病虫危害林、经营不当林和衰退过熟林；低效次生林包括残次林、劣质林和低效灌木林。

我国第八次全国森林资源清查结果显示，全国森林面积 $2.08\times10^8hm^2$，其中，天然林面积 $1.22\times10^8hm^2$，人工林面积 $0.69\times10^8hm^2$，人工林面积仍居世界首位，但人均森林面积仅为世界人均水平的 1/4，人均森林蓄积只有世界人均水平的 1/7，森林资源总量相对不足、质量不高，说明我国存在着大面积的生产力低、质量差与密度小的低效人工林和低效次生林。因此，低效林改造已成为我国森林经营工作中的一项重要任务，科学合理的林分改造对提高低价值森林的生态、经济和社会效益具有重要的意义。

任务 16.1 低效人工林改造

【任务介绍】

低效人工林是指人工造林及人工更新等方法营造的森林，因造林或经营技术措施不当而导致的低效林。由于长期以来缺乏可持续经营科学理论的指导，人工林树种组成简单、结构单一，常常存在林地生产力衰退、病虫害严重、火灾潜在风险大等一系列问题。在当前我国以生态建设为主的发展阶段，提高森林的生态质量，开展低效人工林改造显得尤为重要。

知识目标

1. 了解低效人工林的基本概念及形成的原因。
2. 熟悉低效人工林改造的意义及原则。

技能目标

1. 能区分低效人工林的主要类型。
2. 能掌握低效人工林改造的主要方法。

【任务实施】

16.1.1　低效人工林的形成原因

16.1.1.1　造林树种选择不当

由于造林时，对造林立地条件或树种特性没有充分了解，使立地条件不能满足造林树种的生态学特性的要求，导致人工林虽然成活，但生长缓慢，难以成林、成材。如中国北方干旱与半干旱地区水分条件很差的造林地上营造的杨树林，在南方低丘的阴坡、山脊与多风低温的高海拔地上营造的杉木林，在东北山地逆温严重的沟谷地带营造水曲柳林，其中有不少变成了“小老头”林，原因就是树种选择不当，盲目追求“集中成片”或者“有什么苗栽什么树”，没有考虑适地适树。

对这类低效人工林，一般应根据“适地适树”原则，更换树种，重新造林。例如，用樟子松与油松来改造沙地上小青杨的“小老头”林。据辽宁省林业科学研究所的调查材料，16年生的樟子松和油松，树高分别为5m和4m，胸径为7cm和6cm，而22年生的小青杨树高和胸径则相应只有3m和5cm。

在更换树种时，也可适当保留一些原有树种，以便形成混交林。保留比例不宜过大，以不超过50%为宜。有的林分由于调整了树种组成，取得了较好的效果。如有些地区在贫瘠沙地上造杨树纯林生长不良，但引进刺槐混交后，杨树生长也有了明显转变。又如在沿海地区杉木人工林中引入柳杉，在较干旱瘠薄地段的杉木人工林中引入马尾松或相思树，都能使杉木的生长条件有所改善，促进杉木的生长。

对树种选择不当的低效人工林分，还可用当地适宜的速生型树种进行嫁接。据辽宁省阜新市林业科学研究所在风沙干旱地区试验，以小叶杨“小老树”作砧木，嫁接适于当地生长的优良杨树品种，如加拿大杨、北京杨、彰武小钻杨、群众杨、赤峰杨等，高生长提高1.6倍，直径生长提高2.4倍，但要注意嫁接后尚需辅以抹芽、除蘖、深翻、施肥等措施，才能获得较好的效果。

16.1.1.2　整地与栽植技术不当

细致整地和精心栽植是造林达到成林的关键环节之一。然而在造林时，人们常常忽视整地的作用，采用不整地造林或选择不正确的整地技术影响成林。在整地时，如不把土壤中的杂灌木的根系挖除，或整地太浅，松土面积太小，都将影响幼林生长。同是2年生的杉木，挖大穴整地造林的，林分平均高为挖小穴造林的6.3倍，根系重量是它的20倍。在挖大穴整地的样方剖面中，杂草根极少，仅占0.54%，杉木根占69.46%；而挖小穴整地的样方剖面中，杂草根丛生，占总根量的97.19%，而杉木根只占2.8%。杂草根分布最多的地方，也是杉木根群密集的地方，严重地与杉木争夺养分、水分和生存空间，大大地影响了杉木生长。可见在造林前粗放整地是形成“小老头”林的重要原因之一。造林时，如果栽得过浅，培土不够或覆土不实，不但降低保存率，而且会严重影响林木生长。

16.1.1.3 造林密度偏大或保存率太低

在干旱、土壤瘠薄以及人兽危害严重的地点造林时，常采用较高的造林密度，造林后林木成活、保存良好，形成较大密度的林分。由于密度过大，营养面积与生长空间就不能满足幼树的需要，必然导致林木生长不良，并且易遭病虫害与其他自然灾害的危害。保存率低则长期得不到郁闭，林木难以抵抗不良环境条件与杂灌木的欺压。

对于密度过大的林分，应尽快进行抚育采伐，并且结合松土，使生长衰退的幼林得以复壮。间伐时最好能把萌芽力强的树种的根也清除掉，以免萌生条与林木争水争养分。对这些林分应采取抚育与改造相结合的措施。保存率小的人工林应加以补植，于大块空地上补栽原有树种，小块空地应补栽耐阴树种，补植后要做好幼树抚育措施。

16.1.1.4 缺少抚育或管理不当

俗话说得好，"三分造，七分管"，这充分表达了造林后抚育管理的重要性。造林后不及时抚育，或抚育过于粗放，管护不好，林地杂草和灌木滋生，苗木生长受到严重影响，幼树则生育孱弱或受破坏，致使保存率低。补救措施可采取：

① 深翻土壤 深翻土壤是生产上广泛应用的有效方法。松土的时间，在北方以雨季前进行最好；在南方最好在秋、冬季。深松土的适宜深度，在北方一般为20~25cm，南方为30~40cm。深松土的间隔期一般为3~4年，但在间隔期内还应每年进行1~2次一般性土壤管理。

② 开沟埋青、施肥 开沟本身就是一种深翻改土的措施，而埋青又是一种以肥促林的改造手段。此方法在杉木林区常用，能有效地使杉木增加根量，尤其在表层40cm处，细根量明显增加。这就可促进地上部分的生长，使"小老树"返老还青。开沟埋青的做法，是在行间挖开宽50~60cm的壕沟，先将表层30cm的土壤挖出置一旁，再用锄在沟底松土20~30cm，然后在其上撒放青草、杂肥，再将沟上存放的表土填回沟内。

③ 平茬复壮 因为缺乏管护，遭受人、畜破坏而形成的低价值人工林，如果树种具有较强的萌芽能力时，常采用平茬的办法。树木平茬后，可大大加速林木生长。

④ 封禁林地 离居民点近的中幼林，由于过度放牧、过度整枝、过度搂取枯枝落叶与任意砍柴等活动，而形成的低价值次生林，应尽快封禁，制止破坏活动，如能辅以一些其他育林措施，则能较好地恢复地力，提高林分生产力。

此外，还有适度修枝、及时除蘖、实行林粮间作等多种措施，只要选用得当，就可在一定程度上，将低产、劣质的林分改造为优质、高产的林分。

16.1.1.5 种苗质量低劣

苗木是造林的物质基础，苗木质量是影响造林成效的重要因素之一，质量好坏直接决定着造林成活率的高低和林分生长量的大小。保证苗木质量优良是整个营林工作中最基本、最经济、最有效的增产措施。在苗木生产实践中，经常会遇到一些不合格苗或劣质苗，弃之有些可惜，用之则会大大降低造林成活率。科学地对苗木质量进行相关的评定和控制，以便在造林时能够对苗木等级进行区分，并且能够使用有质量保证的一级苗和二级苗，进而提高造林的质量，促进当前营林产业的快速稳定发展。

苗木生长发育一方面受苗木本身生物学特性影响；另一方面受外部环境条件的控制。因此，科学地评定苗木质量，必须同时注重这两个因素。为了保证造林的质量，提高造林的成活率，既要做到适时适地适树、适种源适宜苗，同时要保持较高的存活力。

16.1.2　低效人工林的改造措施

低效人工林的改造早期更注重其产量的提高，尤其在我国对低效人工林改造重点放在提高产量上。人工林的近自然化改造也是目前国际上低效人工林改造的发展趋势。针对低效人工林生产原因，制定出针对性的改造措施。

(1)重新造林

对树种选择不当而形成的低效人工林，因树种生态学特性和林地立地条件不适应，只有更换树种重新造林才能解决问题。对因地力、气候等自然环境改变而导致生长特性发生明显变化的树种或选择树种不当的，应及早更换树种。改造时根据“适地适树”的原则，全部或部分伐去原有树木，然后选择适合该立地条件的树种重新造林。

(2)补植

主要适用于造林成活率和保存率较低，或经人为破坏形成的疏林。原林分虽密度较低，但保留的树木生长良好，可通过补植提高林分密度，达到提高单位面积产量目的。根据保存目的树种的分布现状确定补植方法，当现有树种分布均匀时，可采用均匀补植，当现有树种团状分布时，可在林中空地或林窗进行局部补植。

(3)深翻抚育

对因缺乏管理而形成的低效人工林，可采用深翻林地、疏松土壤，促进根系的生长，可结合林地实际，采用除草、松土、施肥、改善土壤理化性质等措施，抑制杂草生长，改善目的树种生长条件和生存环境；对造林成活率、保存率和密度偏低的林分，按照适地适树的原则，采用补植、补播、清除迹地残余物等做法，在有需要的林地增加珍贵树种和目的树种，保留优势树种以改善林分的结构；对因造林密度偏高造成地力不足，致使林木互相抑制、生长不良的，可进行抚育间伐。通过这些措施去劣存优、除杂扶壮，促进目的树种的生长。

(4)抚育采伐

主要适用于因造林密度过大，没有及时进行抚育采伐的低效林，可采用强度采伐，间伐后深翻林地。

(5)平茬复壮

树种具有较强萌芽能力的低产林，通过平茬，让其萌芽更新，次年在萌条木质化之前定株，培土护根。杉木幼林受破坏而变成枝多、早熟、树干弯曲或无明显主干，平茬后萌芽更新，次年在萌条木质化之前定株、培土。

(6)近自然化改造

近自然化改造的目标是要把单一树种组成调整为多个树种组成的状态，把同龄结构调整为异龄结构，把单层结构调整为多层结构。改造的指标包括持续的天然更新、主林层的郁闭度、林分的径级结构和改造计划的持续时间。

对低效人工林进行近自然化改造的模式有 3 种：一是直接进行择伐作业的改造模式。应用的对象应该是由适应立地的乡土树种构成主林层的林分，它已经构成了一定的垂直结构，具备一定的林下更新能力，并可能持续保持或改进。二是以现有林分的主林层为对象的改造模式。应用的对象是典型的单一树种和结构的纯林，主林层由基本稳定且有培育前途的优质林木构成。三是重点在培育下一代更新层的改造模式。应用的对象是当前林分没有足够的优势林木来形成主林层，在这种情况下应该把改造的目标一开始就集中在下一代林木的更新和生长上，通过一切可能的措施促其取代主林层的林木。

【技能训练】

低效人工林调查

[目的要求]掌握低效人工林改造的主要技术要点。

[材料用具]皮尺、测绳、围尺、测树仪、罗盘仪、铁锹、环刀、锄头、记录表等。

[实训场所]低效人工林区。

[操作步骤]

(1)低效人工林立地条件和林分现状调查。对低效人工林小班先进行立地条件调查，然后进行每木调查。填写低效人工林小班现状调查表(表 16-1)。

(2)低效人工林小班改造设计。根据低效人工林的成因和经营培育方向确定改造方式及具体的技术措施。在现场进行初步设计的基础上，根据室内计算、分析与整理，完成各项内容、技术措施的设计，填写低效人工林小班改造设计表(表 16-2)。

(3)低效人工林改造。根据低效人工林林分调查及改造设计，综合运用人工补造、土壤深翻、补充施肥、平茬复壮、抚育间伐等措施进行林分改造，并掌握其改造技术要点。

[注意事项]调查期间，必须要认真听取林场技术人员的讲解，详细了解低效人工林的成因、改造的目标与方向等，遵守林场的有关规定，不得随意走动，损坏树木。

[实训报告]每人完成低效人工林改造设计报告，在综合考虑改造区域林种、树种及空间布局与配置的基础上，充分总结林分改造技术要点。

表 16-1　低效人工林小班现状调查

<table>
<tr><td>改造单位(乡镇)</td><td></td><td colspan="2">林班号(村)</td><td></td><td>小班号</td><td colspan="2"></td></tr>
<tr><td>图幅号</td><td></td><td colspan="2">分类经营区划</td><td></td><td>小班面积(hm^2)</td><td colspan="2"></td></tr>
<tr><td rowspan="11">林分现状</td><td>营造时间</td><td></td><td>树种</td><td></td><td>经营目标</td><td colspan="2"></td></tr>
<tr><td>林分组成</td><td colspan="2"></td><td>主要树种</td><td colspan="3"></td></tr>
<tr><td>林层</td><td></td><td>林龄</td><td></td><td>每公顷株数</td><td colspan="2"></td></tr>
<tr><td>郁闭度</td><td></td><td>植被覆盖度</td><td></td><td>林分布状况</td><td colspan="2"></td></tr>
<tr><td rowspan="2">树种</td><td colspan="6">生长指标</td></tr>
<tr><td>平均树高(m)</td><td>平均胸径(cm)</td><td>蓄积(m^3/ hm^2)</td><td>经济树种产品</td><td>年产量(kg/ hm^2)</td><td>品质</td></tr>
<tr><td></td><td colspan="6"></td></tr>
<tr><td></td><td colspan="6"></td></tr>
<tr><td></td><td colspan="6"></td></tr>
<tr><td>主要病虫害</td><td></td><td>受害株数(株/hm^2)</td><td></td><td colspan="2">死亡濒死木株数(株/hm^2)</td><td></td></tr>
<tr><td>具有天然更新能力的树种</td><td></td><td>优良母树株数(株/hm^2)</td><td></td><td colspan="2">幼树(苗)株数(株/hm^2)</td><td></td></tr>
<tr><td></td><td>其他说明(1)</td><td colspan="6"></td></tr>
<tr><td rowspan="4">立地条件</td><td>地貌类型</td><td></td><td>海拔</td><td></td><td colspan="2">坡位</td><td></td></tr>
<tr><td>坡度</td><td></td><td>坡向</td><td></td><td colspan="2">土壤类型</td><td></td></tr>
<tr><td>土层厚度(cm)</td><td></td><td>pH 值</td><td></td><td colspan="2">土壤质地</td><td></td></tr>
<tr><td>地下水位(m)</td><td></td><td>侵蚀类型</td><td></td><td colspan="2">侵蚀强度等级</td><td></td></tr>
</table>

（续）

类型与评价	低效人工林类型(2)		主要成因	
	林分评价(3)			

调查者__________　　　　　　　　　　　　　　调查日期__________年__________月__________日

注：1. 除表中林分现状所列因子外，对评判低效林或改造设计有指示参考的说明；

2. 根据 LY/T 1690—2007《低效林改造技术规程》中低效人工林类型进行划分；

3. 根据 LY/T 1690—2007《低效林改造技术规程》中低效林评判标准进行林分评价。

表 16-2　低效人工林小班改造设计

改造设计	改造年度		改造面积(hm^2)		改造方式	
	改造(调整、抚育)方法		补植树种		补植株数	
	保留树种			保留株数		
	采(疏)伐树种		采伐株数		采伐蓄积(m^3)	
	其他措施设计(1)					
作业要求	树种配置要求					
	水土保持措施					
	病(虫)源木处理					
	土壤改良措施					
	复壮技术措施					
	珍稀物种保护					
	环境保护措施					

设计者__________　　　　　　　　　　　　　　设计日期__________年__________月__________日

注：根据改造方式、方法确定的其他改造措施。

【任务小结】

如图 16-1 所示。

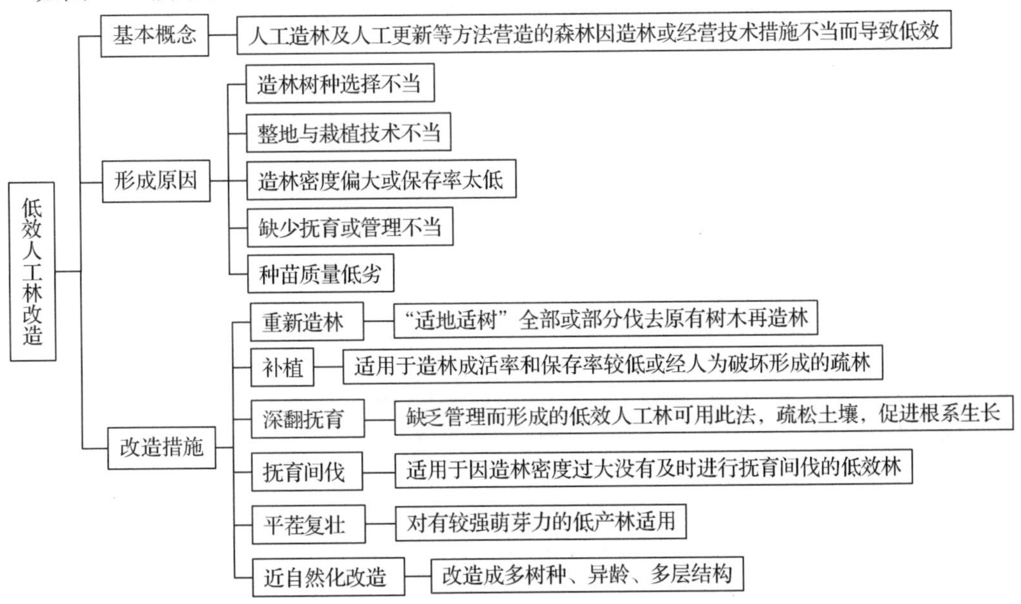

图 16-1　低效人工林改造知识结构图

【拓展提高】

一、林分改造的理论基础

林分改造的主要理论基础是潜在顶极植被和演替理论。Clement 认为，群落演替意味着物种以一定的顺序成批出现和消失，后面种的出现必须以前期种对群落环境的改变为基础，直到群落达到顶极。自然条件下顶极植被的形成是相当缓慢的，需要几百到几千年。目前对森林植被的恢复主要有两条途径：一是自然恢复，二是人工造林。自然恢复速率极其缓慢，大面积退化和受损的森林生态系统靠自然恢复显然难以满足当前社会与经济发展的需求。因此，人工造林成为森林植被恢复的主要手段。林分改造的实质是人们按照森林演替的规律，人为地对现有林分进行结构改造，以促进群落的演替。林分改造作为促进森林植被的恢复、重建和提高人工林和次生林质量的重要方式，对提高森林生态系统的三大效益具有重要意义。

中国南方和北方都有一些生产力低、质量差与密度太小的人工林与天然次生林。在这些林分中有的由于密度小，树种组成不合理，而不能充分发挥地力；有的生长不良，树干弯扭，枯梢，或遭病虫害与自然灾害后生长势衰退，它们成林不成材。这些林分不能按经营要求提供用材，或产量很低，也不能较好地发挥防护作用，没有培育前途。

二、改造对象及方式

(1)改造对象

①“小老头”人工林；② 生长衰退无培育前途的多代萌生林；③ 非目的树种组成的林分；④ 郁闭度在0.2以下的疏林地；⑤ 遭受严重自然灾害的林分；⑥ 生产力过低的林分；⑦ 天然更新不良、低产的残破近熟林；⑧ 大片灌丛。

(2)改造方式

①“适地适树”，变低产林为高产林；② 改萌生林为实生林；③ 改疏林为密林；④ 改低价值阔叶林为高价值阔叶林或针阔混交林，改灌丛为乔林。

三、课外阅读题录

王斌. 2013. 兵团低效人工林形成的原因及改造方法[J]. 农林科技，2：64－65.

【复习思考】

1. 试述低效人工林的概念。
2. 低效人工林的成因及其改造措施有哪些？

任务16.2 低效次生林改造

【任务介绍】

低效次生林是指原始林或天然次生林因长期遭受人为破坏而形成的、不合乎经营要求的低效林，其对象为多代萌生林、非目的树种杂木林、郁闭度较低的阔叶林、灌丛矮林、遭受严重病虫害和自然灾害的林分。具有复杂多样、不稳定、旱化、速生、镶嵌的特性。我国次生林分布广、面积大，在保持水土、涵养水源、保持生物多样性、维护生态系统平衡和森林重建等方面发挥了重要作用。但由于人为破坏、不合理经营和立地条件差等方面的原因，部分次生林已经退化为结构差、生产力低、效能低下的低效次生林。

知识目标

1. 了解低效次生林的基本概念及形成原因。
2. 熟悉低效次生林的林学特征。
3. 熟悉低效次生林改造的模式和方法。

技能目标

1. 能正确分析低效次生林形成的主要原因。
2. 能综合运用各种方法开展低效次生林改造。

【任务实施】

16.2.1　低效次生林产生的原因

探明低效次生林的形成原因是确定其改造模式的理论依据，直接关系到改造的效果。目前人们已充分利用计算机等先进手段，应用系统科学的基本原理和系统工程方法，能够对低效次生林的成因进行系统诊断和层次划分。从社会经济等因素分析低效次生林产生的原因，主要表现在以下几个方面：

(1)乱砍滥伐和不合理经营

尽管低效次生林形成的原因是复杂的、多方面的，但归纳起来主要为：强大的自然干扰和人为的干扰破坏，且人为干扰破坏是导致形成大量低效次生林的主要原因。森林采伐是我国天然林受到的最主要人为干扰方式之一，不合理的采伐方式(如皆伐)，导致森林组成、结构和功能遭到毁灭性的破坏，若更新不良，则形成低效林。有时虽未采用皆伐，但反复对同一林分进行超量采伐，也会严重破坏林分的结构和功能，最终形成低效林。经营者采取多得不如现得的短期经营行为，缺乏长期经营和集约经营思想，对林分的经营表现为乱砍滥伐和采取“拔大毛”等不合理经营行为，致使林分结构差、林龄小、价值低，从而导致大面积低效次生林的形成。

(2)不重视次生林的经营、缺乏科学经营的技术标准

在林业生产科研工作中，研究人工纯林的经营技术多，研究次生林的经营技术少。人们普遍把次生林当作低质低价的薪柴林看待，对林分的价值计量也还是以传统的蓄积量作为唯一标准，没有认识到它巨大的生态效益和社会效益，因而对次生林的科研和生产的投入少。由于次生林分布范围广，结构复杂，类型多样，各类型都有其自身发生发展和演替的规律，对经营技术的要求相对较高。到目前为止，对次生林的经营，从森林分类、更新方式、抚育间伐技术至主伐更新利用方式，都缺乏相应的技术标准，缺乏对森林生态系统功能进行综合计量和评价的技术，经营者无章可依，对次生林的经营带有很大的盲目性和随意性，基本上没有采取管护措施，只能维持低水平的生产经营。

(3)过度放牧

放牧是人类对自然生态系统形成的重要干扰之一。在农林牧交错区，放牧改变草地的生产力，牲畜啃食更新的幼苗幼树，导致森林更新不良，林分树种组成、结构以及生长受到严重影响。长期放牧的结果，导致林下植被稀少，森林土壤板结，林地生产力下降，最终形成树冠低矮、林分稀疏的低效林。

(4)林地开垦

为了满足人口增长对粮食的需要，在过去的一段时间我国开垦了大量的林地，特别是农民非法烧荒耕作，刀耕火种，严重损害了森林植被再生和恢复能力，据估计，热带地区半数以上森林采伐是烧荒开垦造成的。在经过开垦的土地上，一旦停止农耕作业，经过自然过程恢复起来的森林更新不良，生长较慢，转变成低效林。

(5)森林火灾

火灾是威胁森林的主要自然灾害。中度和重度森林火灾可以使原有的植被在顷刻间荡然无存，森林功能消失，如不及时采取人工措施促进更新，在火烧迹地上将形成组成、结构和生产力都较差的低效林。

此外，病虫害、风害等自然灾害也可能导致森林成为低效林，而且低效林成因有时不是一种因素，也可能是多种因素共同作用的结果。

目前天然林资源仍然是中国森林的主体，在维护生态安全方面起着重要作用，但由于长期不科学、不合理的经营，使天然林资源的结构和生态功能受到严重破坏，对我国的生态安全带来了严重影响。为迅速遏制并扭转我国生态状况日益恶化的趋势，进一步发挥森林在保护我国生态安全中的主体作用，保障国民经济和社会可持续发展，必须建立起完备的林业生态体系和较发达的林业产业体系。建立完备的生态体系，首要的就是要保护好现有的天然林，其中绝大部分是次生林。

16.2.2 低效次生林的改造模式

我国大部分的次生林的生长较好，生产力较高，但也有部分次生林生长不良，甚至完全没有培育前途。因此，有必要对生长过早衰退(生长量很低)、干形不良、材质很次、郁闭度太小、林木分布不均、以非目的树种占优势以及患有严重病虫害的次生林进行改造。目前林业生产实践中总结出了5种较为成熟的低效次生林改造模式：

① 全面改造模式　适用于全部林木无培养前途，无多大利用价值且立地条件较好，林地生产潜力高，以培养用材林、经济林为经营目标的次生林。

② 局部改造模式　以带状皆伐改造为主，利用保留带的树种与引进的树种自然形成针阔混交林，有利于水源涵养和水土保持。

③ 抚育改造模式　适用于树种组成复杂多样，既有目的树种，也有非目的树种，林木生长潜力不一，疏密不均，甚至郁闭度很大的林分。

④ 择伐改造模式　适用于林龄和径级分布差异较大且不连续的林分和中大径木、成熟木、零星散生的过伐林，有生长潜力，合乎经营要求的幼、中龄林分。

⑤ 封禁管护模式　分布于岗脊和山地顶部、坡度 $>35°$ 的次生林，对水土保持有很大作用，应实行封禁管理，严格控制人为破坏。

16.2.3　低效次生林的改造方法

(1)全部伐除

这种方法适用于非目的树种占优势，而无培育前途的残破林分，林木绝大多数为弯曲、多杈、受病虫危害，难以培育成材的林分，改造的目的在于改变主要组成树种与整个林分状况。实施时，首先伐除全部树木，但对目的树种的幼树应当保留，然后在采伐迹地上选用适宜的树种进行造林。这种方法一般适用于地势平坦或植被恢复快的地方，在坡地则易引起水土流失。

这种方法又可根据改造面积的大小，分为全面改造与块状改造。全面改造的最大面积为 $10hm^2$，块状改造的面积则更小，每块控制在 $5hm^2$ 以下，呈品字形排列，块间要保持一定的距离，待改造新植幼林开始郁闭时，再改造保留区。在次生林区，次生林多分布在山地，不同坡向、坡位往往分布着不同类型的次生林，对某一片低价值次生林进行改造时，采用块状改造更为适用，因而也是较常用的方法。利用这种方法进行改造的关键是要按照立地条件正确地选择造林树种，特别要避免形成针叶纯林，这样才能提高林分对自然灾害的抵抗能力与森林的防护效能。

(2)清理活地被物

林冠下造林。这种方法是先清除稀疏林冠下的灌木、杂草，然后进行小块整地、造林。在林冠下进行人工造林，一般用植苗造林法或播种造林法。此法一般适用于郁闭稀疏的低价值林分。林冠下用补植补播造林的优点是：森林环境变化小，苗木易成活，杂草与萌条受抑制，可以减少幼林抚育次数。在采用这种造林法时，必须注意对上层林冠适时地疏开，以利于幼树的生长。在砍伐上层林木时，必须严格控制树倒方向，以免砸伤幼树。采伐时间最好在春、夏两季，因为这时幼树枝干比较软，不易折断。

(3)抚育采伐，伐空造林

这是一种将抚育采伐与空隙地造林相结合的方法。这种方法适用于郁闭度大，但其组成树种有一半以上属经济价值低劣，而目的树种不能占优势或处于被压状态的中幼龄林；也常用于屡遭人为或自然灾害破坏，造成林相残破、树种多样、疏密不均但尚有一定优良目的树种的劣质低产林分。

具体改造实施时，首先对林分进行抚育伐，伐去压制目的树种的次要树种，伐去弯扭多杈的、受病虫危害的、生长衰退的、无培育前途的林木。然后在树木间隙与林窗内栽植适宜的目的树种。有的林分呈群团状分布，其中有的群团系多代萌生，生长过早衰退，则在抚育时可进行群团采伐，然后造林。有的林分分布得不均匀，有很多林中空地，则应对群团抚育采伐，在林中空地补植目的树种。在选择造林树种时，除了要考虑与立地条件相适应，还应根据树间空隙、林中空地的大小，考虑造林树种的耐阴性。林间空地小的用中性或耐阴树种，空地大的(大于3倍树高以上)，可选用喜光树种。在阔叶次生林中，宜选用针叶树，使其形成复层异龄针阔混交林。在立地条件较差的低价值次生林中，应特别注意引进能改良土壤的树种，使其提高地力。

(4)带状采伐，引入珍贵树种

此方法主要应用于立地条件好，但由非目的树种形成的低价值次生林。这种改造方式，是在被改造的林地上，间隔一定距离，呈带状地伐除带上的全部乔灌木，然后秋整地春造林，待幼苗在林墙(保留带)的庇护下成长起来后，根据幼树对环境的需要，逐次将保留带上的林木全部伐除，最终形成针阔混交林或针叶纯林。

这种改造方式在生产上运用比较普遍，能保持一定的森林环境，减轻平流霜冻危害；侧方庇荫有利于幼苗幼树的生长发育；并发挥边行优势作用。施工也比较容易掌握，便于机械化作业。如在日本北海道，次生林采取树高幅的带状采伐，采伐带中央栽柳杉，林缘栽冷杉，收到良好效果。

(5)局部造林，提高密度

这种方法适用于主要树种，但密度较小(郁闭度在0.5以下)，甚至为疏林或疏密不均的次生林，主要措施是在稀疏处或林中空地通过补播、补植的方式，来提高林分的密度。通常用块状法进行局部造林。块状法是在林中空地上清除灌木，进行大块整地(每块整地面积1m×1m或1m×2m)，在块状地上进行密集造林，即种植点密集成群，每块播种5~9穴，或栽植苗木5~9株，使幼树在块内尽早郁闭，增强了对外界不良条件和原有林木的竞争能力，从而提高保存率，并可减轻幼林抚育工作量。另外，选用树种比较灵活，未来的林分可以成为团状混交林。采用的树种一般是比较耐阴的、生长速度中等或稍慢的种类，强喜光树种是不适宜的。当然还得考虑立地条件，如果采用的树种与立地不相适应，生长很慢，则会在以后被原有林木所压，达不到补植目的。

(6)封山育林，自然恢复

封山育林是对疏林地与具有一定数量的伐根萌芽、具有根蘖更新能力和天然下种母树条件的地区，实行不同形式的封禁，并借助林木的天然更新能力与辅以抚育管理措施，来逐渐恢复和改造次生林的一种有效手段。这一方法的显著特点是：用工省、成本低、收效快、应用面广，并且综合效益高。我国现有的大部分次生林，都是经过封山育林发展起来的。经过封山育林，不仅扩大了次生林的面积，而且在改造残、疏低价值林分方面也起到很好的作用。

【技能训练】

低效次生林调查

[**目的要求**]掌握低效次生林改造的主要技术要点。

[**材料用具**]皮尺、测绳、围尺、测树仪、罗盘仪、铁锹、环刀、记录表等。

[**实训场所**]林场低效次生林区。

[**操作步骤**]

(1)低效次生林立地条件和林分现状调查。对低效次生林小班先进行立地条件调查，然后进行每木调查。填写低效次生林小班现状调查表(表16-3)。

(2)低效次生林小班改造设计。在林分现场调查和界定的基础上，室内计算、分析与整理，完成各项内容、技术措施的设计，根据不同立地条件因地制宜制定低效林改造设计方案，填写低效次生林小班改造设计表(表16-4)。

(3)根据低效次生林改造设计，结合森林经营目标，采取科学的封山育林、局部改造、抚育采伐、林冠造林等具体措施对低效次生林改造，达到增加林分密度和提高林分生产力的目的，并掌握低效次生林改造技术要点。

[**注意事项**]实训期间，认真听取林场技术人员的讲解，详细了解低效次生林的起源

与成因、改造的目标与方向等，遵守林场的有关规定，不得随意走动，损坏树木。

[实训报告]每人完成低效次生林改造设计报告，在综合考虑改造区域林种、树种及空间布局的基础上，总结低效次生林改造技术要点。

【拓展提高】

表16-3　低效次生林小班现状调查

改造单位（乡镇）		林班号（村）		小班号			
图幅号		分类经营区划		小班面积（hm^2）			
林分现状	营造时间		树种		经营目标		
	林分组成			主要树种			
	林层		林龄		每公顷株数		
	郁闭度		植被覆盖度		林分布状况		
	树种	生长指标					
		平均树高（m）	平均胸径（cm）	蓄积（m^3/hm^2）	经济树种产品	年产量（kg/hm^2）	品质
	主要病虫害		受害株数（株/hm^2）		死亡濒死木株数		
	具有天然更新能力的树种		优良母树株数（株/hm^2）		幼树（苗）株数（株/hm^2）		
	其他说明(1)						
立地条件	地貌类型		海拔		坡位		
	坡度		坡向		土壤类型		
	土层厚度（cm）		pH值		土壤质地		
	地下水位（m）		侵蚀类型		侵蚀强度等级		
类型与评价	低效人工林类型(2)		主要成因				
	林分评价(3)						

调查者＿＿＿＿＿＿　　　　调查日期＿＿＿＿年＿＿＿＿月＿＿＿＿日

注：1. 除表中林分现状所列因子外，对评判低效林或改造设计有指示参考的说明；

2. 根据LY/T 1690—2007《低效林改造技术规程》中低效次生林类型进行划分；

3. 根据LY/T 1690—2007《低效林改造技术规程》中低效林评判标准进行林分评价。

表16-4　低效次生林小班改造设计

改造设计	改造年度		改造面积（hm^2）		改造方式	
	改造（调整、抚育）方法		补植树种		补植株数	
	保留树种			保留株数		
	采（疏）伐树种		采伐株数		采伐蓄积（m^3）	
	其他措施设计(1)					

（续）

作业要求	树种配置要求	
	水土保持措施	
	病（虫）源木处理	
	土壤改良措施	
	复壮技术措施	
	珍稀物种保护	
	环境保护措施	

设计者________　　设计日期______年______月______日

注：根据改造方式、方法确定的其他改造措施。

【任务小结】

如图 16-2 所示。

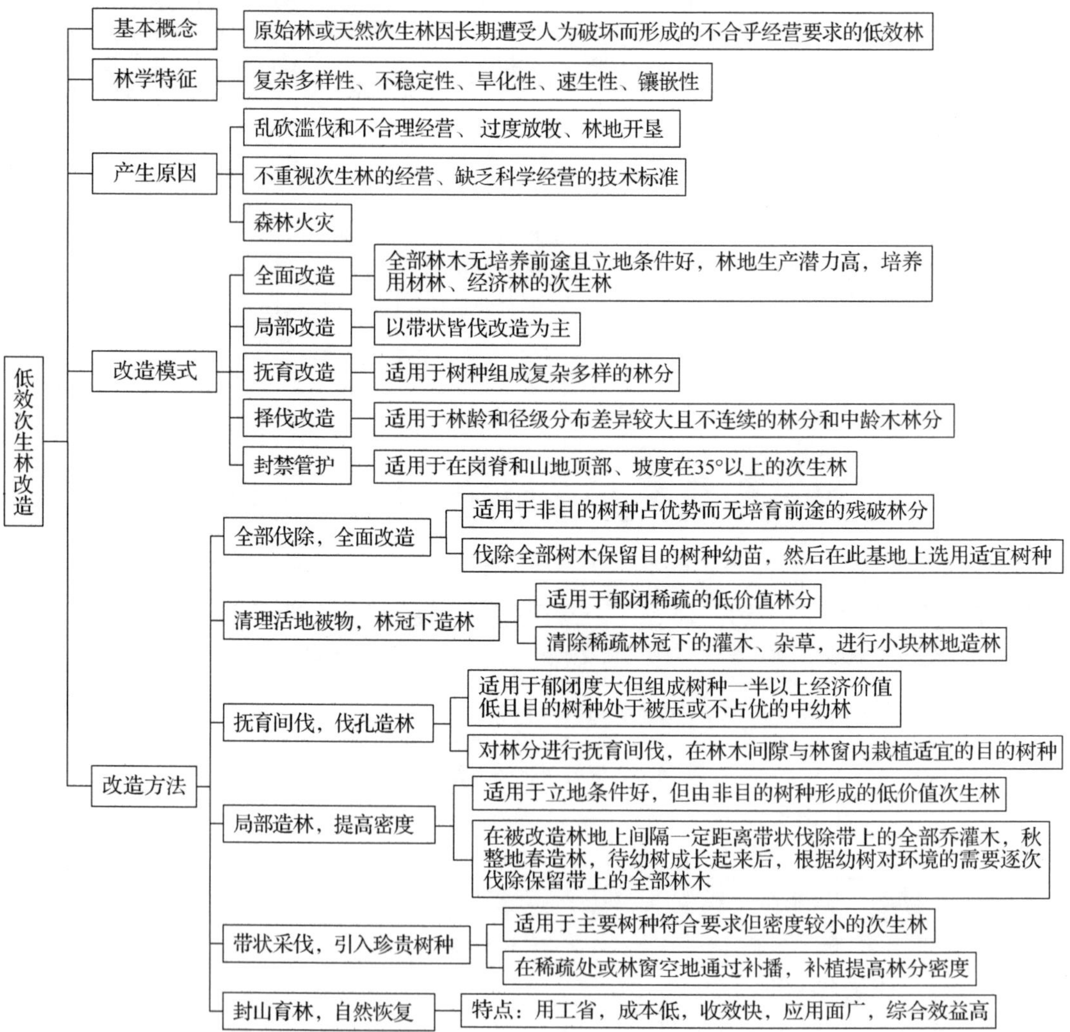

图 16-2　低效次生林改造知识结构图

一、次生林的特点

种类成分单纯，多为喜光与中性树种；中、幼龄林与同龄林较多；无性繁殖起源的林分多；林木早期生长迅速，但衰退也早；群落层次结构简单，水平结构多样；林分的稳定性差；林分呈镶嵌性分布；次生林多病虫害。

二、课外阅读题录

王清平. 2012. 浅谈低价格次生林改造[J]. 黑龙江科技信息, 18: 235.

孙洪志, 屈红军, 郝雨, 等. 2004. 次生林改造的几种模式[J]. 东北林业大学学报, 32(3): 103－104.

【复习思考】

1. 试述低效次生林的概念。
2. 试述低效次生林的林学特征及其形成的原因。
3. 低效次生林如何实施科学改造?

项目 17

森林主伐更新

森林主伐更新是指将森林培育成熟时，对成熟林木采伐利用的同时，培育新一代幼林的全部过程。对成熟林木的采伐利用，在采伐迹地上(或在近、成熟林分内)培育或形成新一代幼林，二者在人们的营林实践上是基本分开的两部分内容，前者可称为森林采伐，后者可称为森林更新。森林主伐更新的作用，一是收获木材，满足国民经济需求；二是改善森林的有益效能，如水源涵养、防风固沙等；三是在采伐利用成熟林木后，培育新一代幼林。森林主伐更新主要包括皆伐更新、间伐更新、择伐更新、矮林作业和中林作业。

任务 17.1 森林的皆伐更新

【任务介绍】

皆伐更新是将伐区上的林木在短期内一次伐完或者几乎伐完(后者指保留母树)，并于伐后采用人工更新或天然更新(母树或保留带天然下种)恢复森林的一种作业方式。皆伐的基本目的是伐去成熟林木以后重新长成同龄林，具有采伐方式简单、采伐时间短、出材相对集中、便于进行机械化作业、木材生产成本较低等特点，但皆伐后环境变化剧烈，森林的防护作用在采伐后的一定时间内受到较大的削弱。

知识目标

1. 了解皆伐更新的概念。
2. 了解皆伐更新的优点与缺点。
3. 掌握皆伐更新的种类与方法。

技能目标

1. 能确定皆伐更新林分的一般标准。
2. 能完成皆伐更新的设计。

【任务实施】

17.1.1 皆伐的种类

根据伐区面积的大小，分为大面积皆伐和小面积皆伐；根据伐区形状的不同，可分为带状皆伐和块状皆伐；根据伐区排列方式的差异，可分为间隔带状皆伐、连续带状皆伐、品字形皆伐。间隔带状皆伐根据伐区宽度相等与否，又分为等带间隔皆伐和不等带间隔皆伐等。

17.1.1.1 块状皆伐

块状皆伐是我国目前应用较广泛的一种主伐方式。它是一种小面积皆伐，适于山区森林采用。它的伐区形状不规则、伐区面积大小不一定相等，伐区形状、伐区面积常根据地形条件而确定，但每个伐区的面积大都不超过 $5hm^2$。伐区形状可近方形、近长方形、近台形、近扇形等。伐区的排列方式最好是品字形，品字形排列方式有利于森林更新，也能减缓水土流失现象。但在地形复杂的山区实行块状皆伐，有时很难规整地划分伐区，在这种情况下，要求同一次采伐的块状伐区，较均匀地分散在预定要采伐的森林中。

如我国南方山区总结出的隔沟沟状小块皆伐(图 17-1)，适应南方山区地形起伏、沟坡交错的特点，将每个坡面划分成几个伐区，每个伐区尽量包括小山沟及其两侧，伐区呈不规则块状，面积 $3\sim5hm^2$。大沟两面坡的各个伐区尽量按品字形交错排列，以尽量减少环境的剧烈变化，有利于保持水土和天然更新。有时要因地势设置伐区，顺其自然而成为交互带状或块状相结合的排列方式。

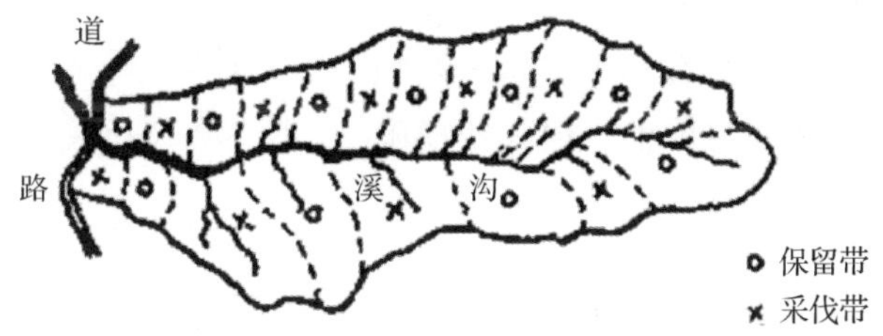

图 17-1 隔沟沟状小块皆伐示意

17.1.1.2 间隔带状皆伐

间隔带状皆伐是将预定要采伐的成熟林区划为若干个带状伐区，在同一时间内，每隔一个伐区，采伐一个伐区。这种方法又称交互带状皆伐。先采伐的伐区称采伐带，它们统称为第一组伐区；后采伐的伐区称保留带，它们统称为第二组伐区(图 17-2)。若干年后当采伐带更新完毕，形成新一代幼林时，再采伐剩余的保留带。当作业区为一条山沟，伐区配置在沟谷两侧的坡面上时，采伐带宜按坡面交错相间排列(图 17-3)，这样可以减缓环境条件的变化。

采伐带与保留带等宽的称等带间隔皆伐；不等宽的称为不等带间隔皆伐。不等带间隔皆伐是等带间隔皆伐的一种变形(图 17-2)。实际工作时，根据林分的状况，可将第一组伐区设计得宽些、第二组伐区设计得窄些；也可相反，将第一组伐区规划得窄些、第二组伐区规划得宽些。

使用这种方法，第一组伐区的每个采伐带，因有两面保留带天然下种、庇护幼林，天然更新效果较好，鉴于此，间隔带状皆伐的保留带又称作林墙。意为保留带就像林墙一样对采伐带起到保护作用。第二组伐区采伐后，因没有林墙下种和庇护，天然更新比较困难，常采用人工更新。另外，第二组伐区在第一组伐区采伐后突然暴露，易造成风折、风倒，在采伐保留带时，常会损伤第一组伐区上的幼树，影响更新质量，这些问题需引起注意。

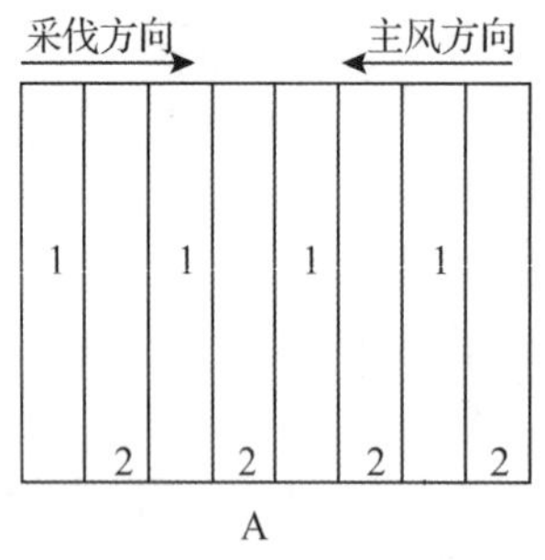

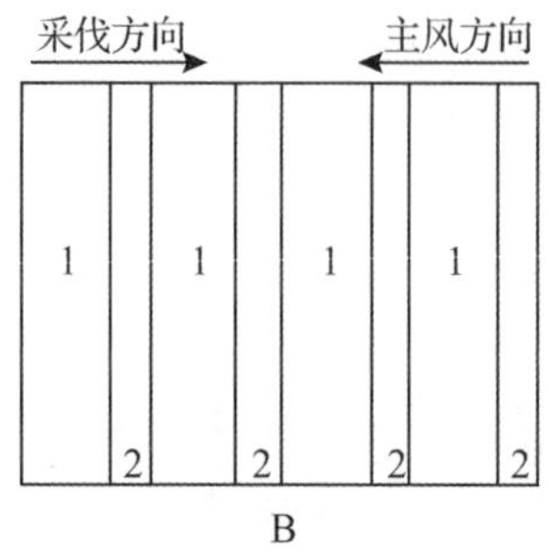

A. 等带间隔皆伐(伐区宽度相等) B. 不等带间隔皆伐(第一列伐区较宽，第二列伐区较窄)

1. 为第一次采伐的伐区(采代带)；2. 为第二次采伐的伐区(保留带)

图 17-2 间隔带状皆伐示意图

17.1.1.3 连续带状皆伐

连续带状皆伐是将预定要采伐的成熟林规划成若干个伐区，从一端开始采伐，按顺序每次采伐一个伐区，直至全林采伐完毕(图 17-4)。这种方式的特点是伐区规划简单，有利于天然更新和人工更新，有利于采伐和集材作业。但采伐期限过长，如 1km 长的成熟森林，伐区宽度按规定设计为 100m，采伐间隔期为 3 年，则需 30 年才能伐完。连续带状皆伐优越性不如间隔带状皆伐，现应用得较少。为了加快采伐速度，缩短采伐更新期限，常在大面积成熟林区，将林分规划为若干个采伐列区(通常每个列区为 3 个以上伐区)。在各采伐列区中，同时进行连续带状皆伐。即在所有采伐列区中伐区顺序号一样的同时采伐，且依次采伐，当第一个伐区达到满意的森林更新以后，紧接着采伐第二个伐区，依此类推，直至采伐更新完毕。

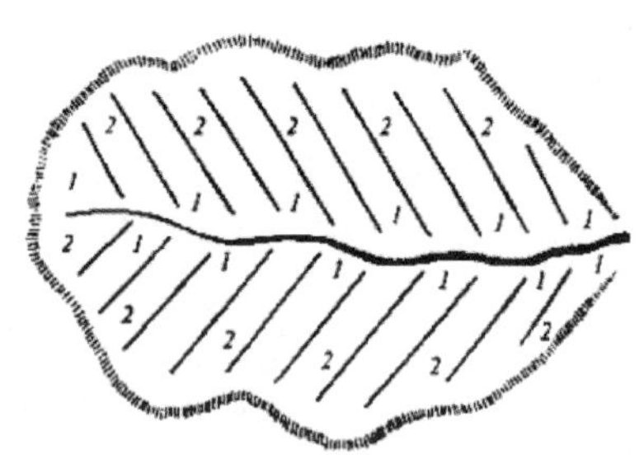

1 为第一列采伐带，2 为第二列采伐带

图 17-3 山沟间隔带状皆伐示意

17.1.2 皆伐区技术要求

带状皆伐伐区受以下 5 个技术要素的约束，块状皆伐伐区受以下大部分技术要素约束。下边简述各个技术要素的实际意义。

17.1.2.1 伐区的形状

决定伐区形状要考虑 3 方面因素，即有利于提高林墙传播种子的效果、有利于对成长起来的幼苗幼树的庇护、有利于水土保持和维护森林环境。在较平坦地区，通常将伐区规划成长方形，实行带状皆伐，伐区宽度(带宽)25~100m 比较合适，这个宽度可以使绝大多数树种种子能够传播到采伐伐区中心(种子传播能力：华山松、油松、云南松 30~60m，

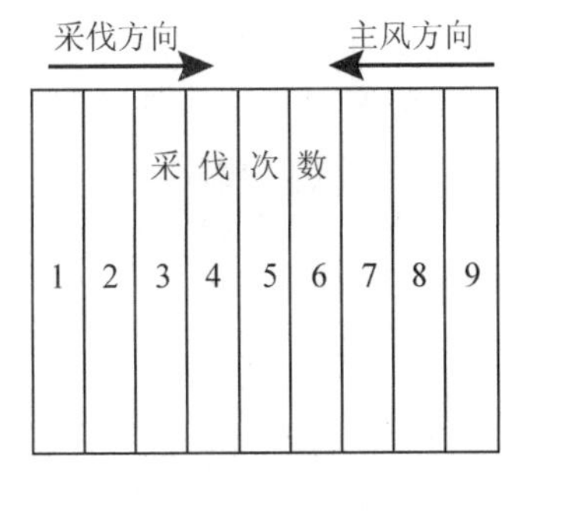

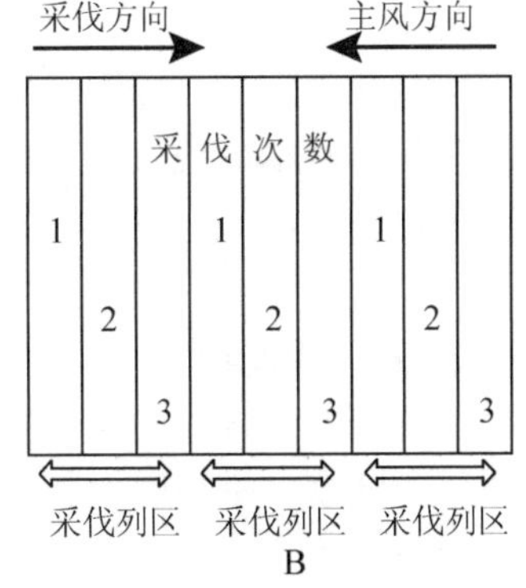

A分九次采伐　B分三次采伐

1为第一次采伐的伐区，2为第二次采伐的伐区，
3为第三次采伐的伐区，……9为第九次采伐的伐区

图 17-4　连续带状皆伐示意

云杉、冷杉、落叶松、鹅耳枥 100～250m，山杨、桦木 1000～2000m）；在地形复杂或成熟林分呈镶嵌分布的山地，应将伐区设计成不规则的块状，实行块状皆伐，当先采伐的块状伐区的更新幼树郁闭成林以后，方可采伐邻近的块状伐区。

17.1.2.2　伐区的面积

我国《森林采伐更新管理办法》规定："皆伐面积一次不得超过 $5hm^2$，坡度平缓、土壤肥沃、容易更新的林分，可以扩大到 $20hm^2$。在采伐带、采伐块之间，应当保留相当于皆伐面积的林带、林块。"规程中"皆伐面积"指的是皆伐伐区面积。各地森林资源和立地条件不一样，可结合本地情况，规定适合本地区的采伐面积。如辽宁规定皆伐伐区一般不超过 $3hm^2$，立地条件好的可扩大到 $10hm^2$；河南要求皆伐伐区一般不超过 $2.5hm^2$；黑龙江则规定皆伐伐区面积最大可达 $20hm^2$。

17.1.2.3　伐区的方向

伐区方向指伐区长边的方向。在地势平缓的林区，伐区方向应与种子散落期的主风方向垂直，这样一是为了天然下种，二是为了减少风害；在山区，伐区方向一般应平行于等高线，以减少地表径流，这样的伐区俗称横山带；在坡度比较缓、坡长比较短的丘陵，为了便于采伐作业，伐区方向也可考虑垂直于等高线设置，这样的伐区俗称顺山带；若为了既便于采伐作业，又避免造成严重的水土流失，可将伐区方向规划成与等高线成一定的交角，这样的伐区称为斜山带。在河流旁、道路旁的林区，伐区方向应垂直于河岸和道路，以减免因采伐对森林护路、护岸作用的破坏，有时还要留出护路护岸的保留带。

伐区方向还影响到伐区自身的气温、土温和湿度状况。如东西向伐区，南北边缘的温度、湿度状况不一样，南北边缘的融雪早晚不一样、早晚霜危害不一样，这些都会影响到更新效果与幼树的生长，设计伐区方向时应予考虑。

17.1.2.4　采伐方向

采伐方向是指伐区采伐的先后顺序指向。采伐方向要和伐区方向同时考虑。为了使伐区能获得充分的种子和避免幼苗、幼树受强风危害，通常伐区方向与种子飞散期的主风方向相垂直，且采伐方向与种子飞散期的主风方向相反。

当旱风侵袭成为森林更新的障碍时，为保护幼树，伐区方向应与旱风方向垂直，采伐方向则与旱风方向相反。在干旱地区，为了使伐区免受强烈日光的照射，伐区方向可为东西向，采伐方向则应自北向南；在冷湿地区，为了使伐区尽可能多地接受阳光，伐区方向可为南北向。垂直于河流两岸的伐区，采伐方向应与水流方向相反。山区采伐方向一般的要求是：缓坡、短坡可由下而上，以保护幼林为主；陡坡、长坡可由下而上，以便利森工采伐为主。

17.1.2.5 相邻伐区的采伐间隔期

相邻两个伐区所间隔的采伐时间叫伐区采伐间隔期，亦称采伐间隔期。采伐间隔期的长短，影响取得木材的速度，进而影响到工效和木材成本。确定采伐间隔期首先要考虑的就是森林更新。一般不能采伐完前一个伐区紧接着就采伐后一个伐区。从实现好更新的角度考虑：如果采用天然下种更新为主，采伐间隔期要等于一个种子年的周期。种子年周期指相邻两个种子年间隔的长短。种子年是种子产量高、质量好的年份，又称大年、丰年。一般松类树木种子年为3~4年，云杉、冷杉为4~5年。如果采用人工更新，则要看播种或栽植苗木需要林墙庇护的年限，需待幼林成活率达到要求或幼林郁闭后才能采伐相邻伐区。《森林采伐更新管理办法》规定："对保留的林带、林块，待采伐迹地上更新的幼树生长稳定后方可采伐。"通常情况下，北方林区采伐间隔期为3~5年，南方为2~4年。

17.1.3 皆伐迹地更新

17.1.3.1 天然更新

当种子具有一定的借风传播能力，且种子在自然状态下能够长成树木，宜采用天然更新。皆伐迹地天然更新，主要是依靠天然下种实现更新，俗称"飞籽成林"。

(1)天然更新的种源

① 来自邻近伐区　主要靠风传播，一般是靠近林墙的地方种子数量多，越向伐区中心数量越少。更新幼苗也是离林墙越近越密，越远越稀。东北的落叶松、樟子松，南方的马尾松、云南松及其他种子有一定传播能力的树种均适用这种更新办法。

② 来自采伐木　当在合适的年份(种子年)、合适的时间(种子成熟期)时进行采伐作业，大量种子从树上脱落，客观上起到天然下种的作用。这种办法适用于各种喜光树种，更新幼苗一般比较均匀一致。

③ 来自地被物　森林土壤和枯枝落叶层中经常储存有大量的种子。有些树种种子能在地被物内保存数年仍不失发芽力。如油松、云南松林地上经常有较多种子。红松种子可在枯枝落叶层内保留2~3年甚至更长时间，而不失发芽能力。成熟木采伐后，这些种子在环境条件改变了的情况下，很容易萌发长成新一代树木。

(2)保证更新成功的措施

① 保留母树　《森林采伐更新管理办法》中规定："皆伐迹地依靠天然更新的，每公顷应当保留适当数量的单株母树或者母树群。"当母树完成下种更新任务后，应及时伐除，越早越好。因为早伐除，不需遮阴的幼树可得到较充足的光照，有利于生长。伐除保留母树的时间，应视具体情况而定，一般须经过一二个种子年后伐去。选留母树的条件是：无病、少节、抗风力强；树冠扩展，具有丰富结实能力；干形、冠形优良，生长发育好；优先保留稀有、珍贵树种。保留母树的数量，优良母树(树冠扩展的)分布比较均匀时，每公顷要有8~10株，如树冠较小或分布不匀时，则要15~20株，如果留群状母树(每群3

株左右），可留 3~5 群。

② 采伐迹地清理和整地　森林采伐、集材后，堆积着大量的采伐剩余物，加上灌丛、杂草都是更新的障碍，所以及时清理显得非常重要。清理的方法可以将枝桠堆集于低洼处，或伐区为坡地时，将枝桠截断散铺于地面，有条件者可将枝桠运出利用。此外，林地还覆盖着较厚的枯枝落叶层，同样也阻碍着更新的顺利进行。促进更新采用整地的办法，通常有两种：一是人力或机械整地，二是火烧整地。火烧整地一般结合清理迹地，火烧枝桠堆，这种办法通常也能取得良好效果。但火烧整地若技术不当或控制不严，都会导致严重后果，必须经小范围试验取得经验后，才可在大范围中应用。

③ 保留前更幼树　成熟林的林冠下，常有较多的幼树。采伐之后保留下来的前更幼树，由于得到充足光照，生长良好。因此保存幼树是一项重要更新措施。如东北地区的落叶松和樟子松都是喜光树种，皆伐后幼树得到解放，生长加快，平均年生长量比林冠下提高 2~4 倍。这不仅可保证天然更新获得成功，而且可以大大缩短森林培育期。大兴安岭地区把这种皆伐上层林木、保留前更幼树获得更新的办法，称为“保幼皆伐法”。

④ 补植与补播　当更新效果不理想时，即单位面积上的幼树株数太少或分布不均时，应采用人工促进天然更新措施，及时进行补植与补播，使之达到更新要求的密度，促使尽快郁闭成林。

17.1.3.2　人工更新

如果树种天然更新能力弱或林分需要更换树种，则应实行人工更新。

人工更新通常采用的方法有：植苗更新和直播更新。通常比较稳妥和最常用的是植苗更新。植苗更新具有节省种子，保存率高，幼林郁闭早，抚育管理较容易，且成林、成材较快等优点。中国南方杉木林早在 800 多年前就有皆伐后人工更新的记载：“种植在山区的杉木林，当采伐之后的第二年，放火烧山，用牛耕犁土壤，将烧成的草木灰翻入土内，增进土壤的肥力，然后进行插条造林”(《汝南圃史》)。

保障人工更新成功的措施有：

① 皆伐迹地的更新应充分利用新迹地杂草、灌丛较少和土壤疏松的条件，及时采用人工更新，最好当年采伐当年更新，最迟应在第二年更新。

② 采用人工更新必须根据立地条件类型、树种特性，要做到“适地适树”，以确保成活、成林、成材。人工更新树种的选择，应根据需要，根据立地条件及树种习性确定。一块迹地由于造林技术不当，连续植苗 3~4 年仍未成活的事例经常发生。过去出现一些更新失败的事例，其中有相当一部分是没有根据采伐迹地的土壤、气候等条件选择更新树种，例如，将不耐旱的树种栽植在干燥的山脊上，将要求空气湿度大的树种栽在空气湿度低的地区。

③ 人工更新要把握好更新季节。在北方林区，绝大部分地区适于春季更新。春季更新宜早不宜迟，因为北方地区春季，气温上升快，苗木放芽迅速，需水量骤增，一定要尽快在解冻时的最短期内更新，做到顶浆栽植(即当土壤化冻到 15~20cm 左右栽植)，稍一拖延就会降低成活率。在南方林区虽然更新基本不受季节限制，也要根据温度、降水等气象条件选择适宜时间，如在降水前栽植成活率一般比较高。

④ 人工更新在栽苗顺序上要做到“五先五后”：先沟外后沟内；先栽已整地后栽现整地；先阳坡后阴坡；先栽萌动早的树种后栽萌动晚的树种；先小苗后大苗。

⑤ 人工更新应注意培植针阔混交林。纯林容易发生病虫害。针叶纯林发生森林火灾的可能性大，并且发生森林火灾后扑灭的难度大。针叶纯林还容易使土壤恶化、肥力衰退。在我国东北的寒温带针叶林区，更新的树种一般以落叶松、红松、樟子松、油松、云杉等针叶树为主，以水曲柳、黄菠萝、核桃楸等硬阔叶贵重树种为辅。在南方林区，更新的树种针叶树有马尾松、黄山松等，阔叶树有栾树、樟树等。混交方式宜采用块状或带状混交较为方便，多样树种成块或成带混植不仅提高了抗御病虫害的能力，还能出产多样的木材，而且提供了各种野生动物的栖息条件。

17.1.4 皆伐更新的选用条件

① 皆伐最适用于全部由喜光树种组成的成、过熟同龄林。如樟子松林、落叶松林、油松林、马尾松林、云南松林等都可以选用皆伐。

② 对于耐阴树种组成的林分，在采取保留伐前更新幼树的前提下，可采用皆伐方式，皆伐后也能获得良好的天然更新。

③ 在预定进行人工更新的林分，或拟更换树种的林分，或准备利用萌芽更新和根蘖更新的林分，均宜采用皆伐。

④ 皆伐不适应沼泽水湿地的林分，不适应水位较高排水不良土壤上的林分。因为这里原有林木的生存和生长，可以蒸腾大量的水分，皆伐后蒸腾量大大减少，土壤会变得更湿，造成天然更新、人工更新都很困难。

⑤ 在山地凡陡坡和容易引起土壤冲刷或处在崩塌危险地段的林分，严禁皆伐。为了保护山区的生物资源，珍稀鸟兽经常栖居的地方，应禁止皆伐。

⑥ 森林火灾危险性大的地域，如沿铁路和公路干线两侧，也不宜选用皆伐。这里应建立一个异龄林保护带，避免因皆伐带来大量易燃的采伐剩余物。

⑦ 水源涵养林、水土保持林、护岸林、护路林以及其他具有重要防护意义的林分，不应采用皆伐。

17.1.5 对皆伐更新的评价

17.1.5.1 优点

① 皆伐作业在时间上和空间上都很集中，适于机械化作业，节省人力、财力，降低生产成本。

② 皆伐不需要像渐伐和择伐那样进行选择采伐木和确定间伐强度等复杂的工作，而是一次将伐区上的林木伐光，是 3 种主伐更新方式中最简便易行的一种。并且伐木和集材、运材比较便利，不考虑损伤幼树。

③ 皆伐更新期短，在多数情况下形成同龄林，且林相比较整齐，树木干形圆满，木材的材质较高。

④ 皆伐改变了迹地光照条件，有利于休眠芽萌发和不定芽形成，宜于进行萌芽和根蘖更新。

⑤ 皆伐便于林分改造和引进新树种。北方的落叶松人工林、南方的杉木人工林宜于采用皆伐方法，伐后可更换新品种。

⑥ 速生丰产林普遍适宜采用皆伐更新。

17.1.5.2　缺点

① 皆伐后迹地小气候条件发生显著变化，尤其是温度变幅增大，增加了幼苗、幼树遭受日灼和霜冻危害的可能性。

② 皆伐不利于保持水土，伐后降低森林涵养水源能力。

③ 皆伐更新后林相单调，从风景美化角度看，比其他采伐方式显得逊色。

④ 不宜于耐阴树种林分、异龄林、混交林采用。

⑤ 一次将林木伐尽或几乎伐尽，干扰了森林群落的生态平衡，影响了野生动物的栖息和野生植物的繁衍，不利于生物多样性保护。

【技能训练】

伐区宽度、伐区方向、采伐方向的确定

[**目的要求**]能根据树种、地形等因素确定皆伐伐区宽度，掌握设计伐区方向与采伐方向的技术要领。

[**材料用具**]森林主伐更新设计表、林分地形图(或林相图)、皮尺、测高器、指南针、风速仪、采种工具(或采种机)、当地气象、水文和地理资料。

[**实训场所**]一片预计采用皆伐更新的成熟林分。

[**操作步骤**]

(1)观察地形，确定皆伐类型。地形平坦、整齐，或坡度平缓，宜采用带状皆伐；地形不整齐或不同年龄的林分成片状混交，宜采用块状皆伐。

(2)确定更新类型。如果林分的主要树种是适地适树的优良树种，可确定采用天然下种更新；如果需要更换树种，可确定采用人工更新。

(3)测量成熟树木平均高，采集树种并观察检验种子的飞行能力。种子小而轻且具飞行构造，成熟树木较高，带状皆伐伐区宽度可设计为 50~100m，块状皆伐伐区的面积可适当大些；如种子较大或无飞行构造，成熟树木较低，带状皆伐伐区宽度可设计为 25~50m，块状皆伐伐区面积可适当小些。另外，设计伐区宽度时要考虑伐区面积因素。我国采用的皆伐伐区面积一般不超过 $5hm^2$。

(4)用指南针判定方向，查当地种子飞散期主风方向，设计带状皆伐伐区方向与采伐方向。为了使伐区能获得充分的种子，避免幼苗、幼树受风的危害，伐区方向应与采伐方向互相垂直，并且采伐方向与主风方向相反。

(5)设计带状皆伐伐区方向与采伐方向时，还应参考当地自然条件及是否利于采伐作业等，权衡利益关系与利益程度进行适当调整。如为便于采伐作业，伐区方向可考虑与林道相垂直，可方便搬运木材，且搬运木材时不必通过其他林地或已更新的幼林地，既可保护林地、保护幼树，又可提高效益。

[**注意事项**]实习时要边观察边测量，边讨论边记录。

[**实训报告**]每人完成一份皆伐伐区宽度、伐区方向、采伐方向的设计方案。

【任务小结】

如图 17-5 所示。

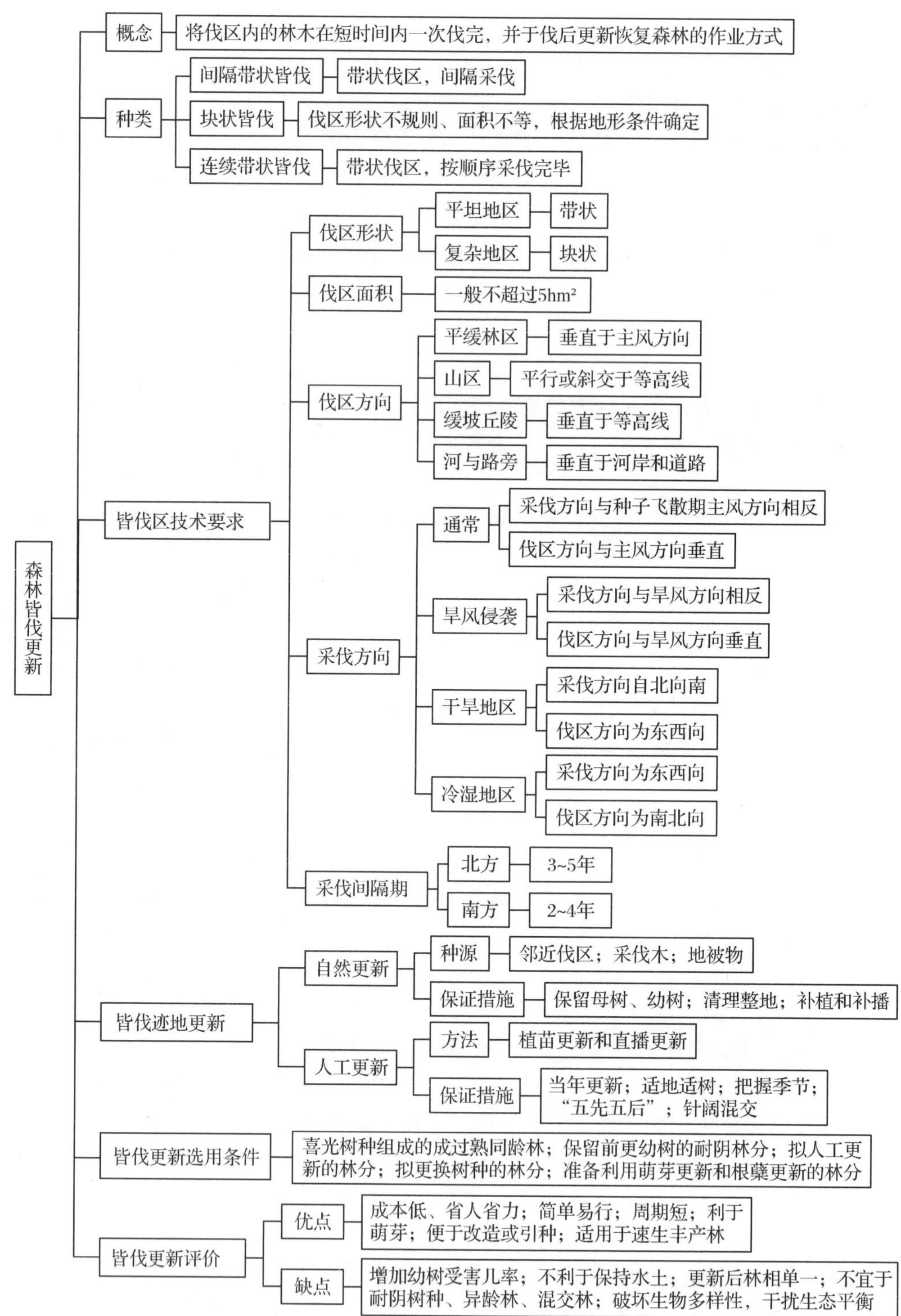

图 17-5　森林皆伐更新知识结构图

【拓展提高】

一、皆伐作业在生产中的应用

一些商品林经营管理水平高的国家比较重视皆伐，因为皆伐迹地便于人工更新。人工林特别是速生丰产林，对林分生产力要求比较高，树种更换速度快，采用皆伐很普遍。但是，在皆伐伐区面积上要有严格的控制。一般是森林集约经营程度越高，皆伐伐区面积越小。

我国西南高山林区，山高路险，坡陡谷深，分布着云杉、冷杉、云南松、高山松为主的森林，这些林分林下中幼龄小径木很少。这些树种的成过熟林分，如要采伐更新，多采用块状皆伐，并且山顶与山脊要留保护带，但在坡缓地段可采用带状皆伐。1998年已在该林区全面停止天然林采伐，并大力进行荒山造林，陡坡地退耕还林。人工林特别是速生丰产林可采用皆伐更新。

华北林区有较多的山杨、桦木、栎类次生林，这些林分宜进行块状皆伐，以得到较好的萌芽或萌蘖更新，在迹地上栽植落叶松、油松后，就可成为针阔混交林。在实施天然林保护工程后，只在缓坡的成过熟林地段才可进行小面积皆伐。

二、阅读《森林采伐更新管理办法》

http://www.forestry.gov.cn/portal/main/3950/content-459873.html

三、课外阅读题录

任卫岭，郭剑芬，吴波波，等.2015. 米槠天然更新次生林皆伐地采伐剩余物叶分解及其化学组成变化[J]. 应用生态学报，26(4)：1077-1082.

缪宁，周珠丽，史作民，等.2014. 岷江冷杉林皆伐后次生群落结构和物种多样性的演替动态[J]. 生态学报，34(13)：3661-3671.

吕海龙，董希斌.2011. 基于主成分分析的小兴安岭低质林不同皆伐改造模式评价[J]. 林业科学，47(12)：172-178.

【复习思考】

1. 为什么要进行皆伐更新?
2. 进行皆伐更新需要考虑哪些条件?
3. 皆伐更新有何优劣之处?
4. 进行皆伐更新要注意什么?

任务17.2 森林的渐伐更新

【任务介绍】

渐伐更新又称遮阴木法或伞伐法，是在一定期限内(指一个龄级期以内)将伐区上的全部成熟林木分几次伐完，同时形成新一代幼林的主伐更新方法。在采伐过程中留有较多的母树提供种源，更新效果比较好，而且最适合在大多数林木均达到采伐年龄的同龄林(包括相对同龄林)中应用。渐伐更新以后，形成的林分基本上仍为同龄林，林木间年龄相差不超过一个龄级期。

知识目标

1. 了解渐伐更新的概念。
2. 了解渐伐更新的优点与缺点。
3. 掌握渐伐更新的种类与方法。

技能目标

1. 能确定渐伐更新林分的一般标准。
2. 能完成渐伐更新的设计。

【任务实施】

17.2.1 渐伐的种类

不同地区林况、气候、地形等自然条件不同，不同林分、不同树种更新要求也存在着差异，所以渐伐有多种采伐方式。

17.2.1.1 按采伐次数划分

(1)典型渐伐

对于生长正常、林相较好、郁闭度较高的成熟林分宜采用典型渐伐。典型渐伐分4次将成熟林木全部采伐完。这4次分别为预备伐、下种伐、受光伐和后伐(图17-6)。每次采伐均应按一定的更新要求进行。

① 预备伐　在成熟林分中为更新准备条件而进行的采伐。应在郁闭度大、树冠发育较差的林分中进行，或林木密集而抗风力弱和活、死地被物层很厚妨碍种子发芽和幼苗生长的林分中进行。首先伐去病腐和生长不良的林木，目的是为促进伐区上保留的优良林木的结实和加速林地死地被物的分解，改善土壤的理化性质，为种子发芽和幼苗生长创造条件。一般伐去林木蓄积的25%~30%，采伐后林分郁闭度应降到0.6~0.7，如果成熟林林分平均郁闭度为0.5~0.6，则不必进行预备伐。进行过系统采伐抚育的林分，到成熟期林分已适当疏开，也不必进行预备伐。

② 下种伐　预备伐几年后，为了疏开林冠促进结实和创造幼苗生长的条件而进行的采伐。下种伐最好结合种子年进行，这样可以使更新所需的种子尽量多地落在渐伐林地上。伐后可在林冠下进行带状或块状松土，增加种子与土壤的接触机会。下种伐的间伐强度一般为10%~25%，伐后林分郁闭度应保持0.4~0.6，以保护林冠下的幼苗免受高温、早晚霜和杂草的危害。如果伐前林分郁闭度只有0.4~0.5并且目的树种的幼苗、幼树已有一定数量，就可以不进行下种伐。预备伐到下种伐的间隔期，主要取决于树种的生物学特性，一般耐阴树种可长些(5~6年)，喜光树种可短些(3~4年)。

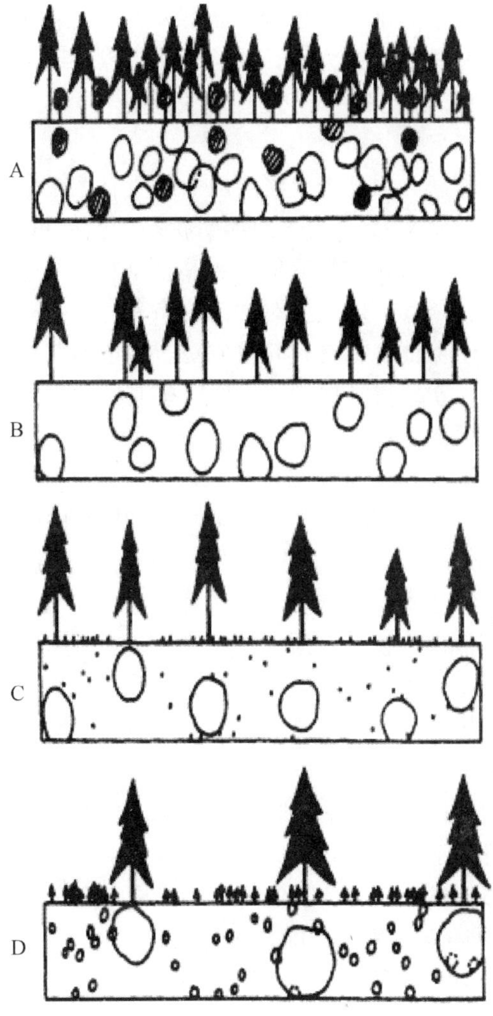

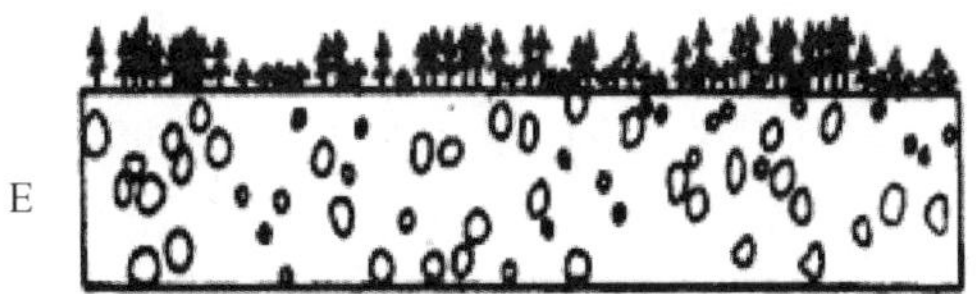

A. 需要采伐更新的林分(未伐前林分) B. 预备伐后的林分
C. 下种伐后的林分 D. 受光伐后的林分 E. 后伐后的林分

图17-6 渐伐的林相0.4~0.5

③ 受光伐 受光伐是给下种伐后生长起来的幼树增加光照而进行的采伐。下种伐之后，林地上逐渐长起许多幼苗、幼树，它们对光照的要求越来越多，但此时幼树仍需一定的森林环境给予保护，因此林地上还需保留少量的林木。间伐强度可为10%~25%，伐后郁闭度保持在0.2~0.4。这一期间间伐强度可以适当提高，因为保留较多林木至后伐时，对幼苗幼树的损害将会增加。从下种伐到受光伐的间隔期，如果林下的幼苗、幼树为耐阴

树种，生长缓慢，对高低温差等不良气候因素比较敏感，需要较长时间(4～6 年)；如果林下的幼苗、幼树为喜光树种，抵抗力强，幼苗、幼树生长迅速，如油松、落叶松，间隔期可以短些(2～4 年)，甚至可以将受光伐省略，直接进行后伐。

④ 后伐　受光伐后 3～5 年，幼树由于得到充足的光照生长加速，这时老树继续存在，已经成为幼林生长的障碍，因此需要将林地上的所有老树全部伐去，这就是后伐。这次采伐不得延迟，因为新林逐渐接近或达到郁闭状态，且能抵抗日灼、霜冻和杂草的危害，已不需要老树的保护，且采伐越推迟幼树越高，幼树在伐木、集材过程中受害越大。在北方，可考虑在冬季进行采伐，以减少对幼树的伤害。

渐伐的主要目的，在于保证森林更新获得成功。为了不使林下幼苗、幼树的生长条件发生急剧变化，并使幼苗、幼树得到保护，一般应按典型渐伐的 4 个步骤将成熟木采伐完并实现更新。但在某些情况下，不一定按部就班分 4 次采伐完成熟木。

(2)简易渐伐

在实际工作中，通常会对典型渐伐进行简化，省略掉其中的 1 次或 2 次采伐，而成为 2 次或 3 次采伐的简易渐伐。要根据进行渐伐的林分状况和更新特点决定采伐次数。如当林分郁闭度较低，林分已经开始大量结实，或者林下已生长大量目的树种的幼苗、幼树，这时就可将预备伐以至下种伐省去。当预备伐后林木较长时间不能大量结实，因而无法顺利地进行下种伐，而必须在林冠下进行人工更新时，也可以将下种伐省略，待人工更新幼树成活后，直接进行受光伐。同样，如果更新起来的幼树已经郁闭成林，或虽未郁闭，幼树已能抵抗裸露环境所带来的各种不良危害，也可以将受光伐省掉，直接地进行后伐。在上述情况下，不按照典型渐伐的 4 个采伐阶段逐次采伐，而以简易渐伐取而代之，不仅是非常必要和合理的，也可省工省力。另外，采伐次数越多，木材生产成本越高。所以，在实践中采用简易渐伐能够达到采伐更新目的时，不采用典型渐伐。

《森林采伐更新管理办法》规定：上层林木郁闭度较小，林内幼苗幼树株数已经达到更新标准的，可进行 2 次渐伐，第一次采伐林木蓄积量的 50%；上层林木郁闭度较大，林内幼苗幼树株数达不到更新标准的，可进行 3 次渐伐，第一次采伐林木蓄积量的 30%，第二次采伐保留木蓄积的 50%，第三次采伐应当在林内更新起来的幼树接近或者达到郁闭状态时进行。

17.2.1.2　按采伐方式划分

伐区排列方式不同，渐伐又可分为均匀渐伐、带状渐伐和群状渐伐 3 种形式。

(1)均匀渐伐

均匀渐伐又称广状渐伐，它是在预定要进行渐伐的全林范围内，同时均匀地进行分次采伐。可根据林分的具体情况，选用 2 次、3 次或 4 次渐伐。均匀渐伐适应于面积较小地区采用，也常在急需大量木材的地区及自然条件较好的林分中应用。带状渐伐和群状渐伐的基本原则与均匀渐伐相似。

(2)带状渐伐

带状渐伐是将预定进行渐伐的林分规划成若干个带状伐区(若采伐森林面积大时，为了缩短采伐更新期，可规划成几个采伐列区)，按一定方向分带采伐。在一个采伐列区上由一端开始，在第一个伐区上(即采伐基点)首先进行预备伐，其他带保留不动。经过几年以后，在第一个伐区上进行下种伐，同时在相邻伐区上进行预备伐。再经几年，在第一

个伐区上进行受光伐的同时，于第二个伐区上进行下种伐，在第三个伐区上进行预备伐。以此类推，直至全林伐完为止(图 17-7)。若希望加快采伐速度，可在采伐列区上设立若干个采伐基点，从采伐基点开始，同时进行采伐。采伐次数可根据具体情况，选用 4 次、3 次或 2 次渐伐。

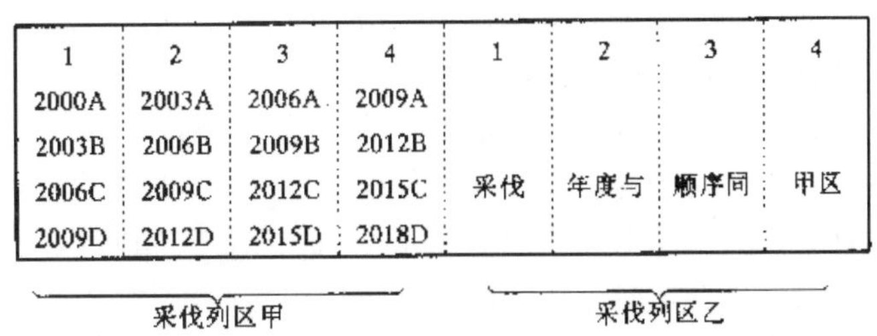

1	2	3	4	1	2	3	4
2000A	2003A	2006A	2009A				
2003B	2006B	2009B	2012B				
2006C	2009C	2012C	2015C	采伐	年度与	顺序同	甲区
2009D	2012D	2015D	2018D				

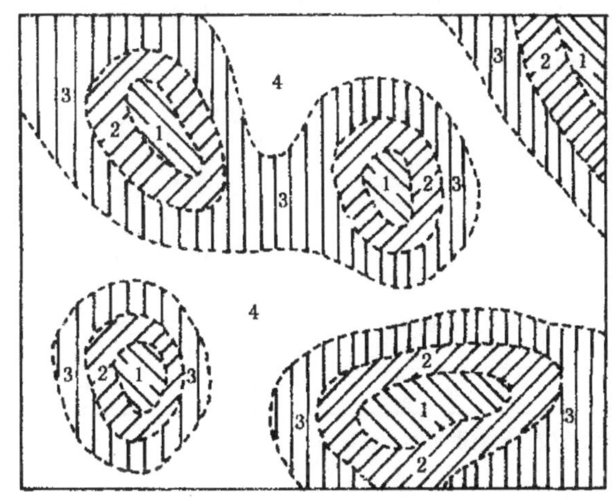

图 17-7　带状渐伐的采伐程序示意

A. 预备伐　B. 下种伐　C. 受光伐　D. 后伐

与均匀渐伐相比，带状渐伐更有利于保持森林环境、更有利于保持水土。带状渐伐由于有未采伐林分的侧方保护，在渐伐的伐区上进行第一、二次采伐以后，保留木风倒危险性大大减少；在进行下种伐的伐带上创造了较好的下种条件；为避免采伐时损伤幼苗，可以通过下种伐的伐带进行集材；带状渐伐能把大面积林地上的林木蓄积分配在一个较长的时期内采伐；带状渐伐的真正目的，是为目的树种的更新提供必需的初始条件，既可提供适宜的光照，促进更新，同时又可防止更新的幼苗幼树在过度裸露的条件下生长遭到危害，还可避免对幼苗幼树有危害作用的杂草的侵入。在中欧地区应用带状渐伐的较多，其重要目的之一，是对当地主要目的树种云杉、冷杉、山毛榉幼苗幼树提供良好的生长条件。

带状渐伐的伐区宽度、伐区方向，可根据坡向、坡度、受害风侵袭程度，以及幼苗幼树需要侧方庇护的情况来确定。伐区宽度一般可为树高的 1~3 倍，如果坡度过陡或风害严重，其宽度可窄些。通常要求伐区方向与害风方向垂直，采伐方向应与害风方向相反；在比较平缓地区，为避免强烈阳光的危害，可将伐区方向设置为东西向，从北端开始采伐；在山区，伐区一般应水平设置，采伐方向与集材方式均为由上而下；有时为了便于采伐作业，在无水土流失的情况下，也可顺山坡或斜山坡设置伐区，但不能由山坡下方向上推进。

(3)群状渐伐

群状渐伐一般是将林冠已疏开、林木较稀疏、林下生长有幼苗幼树的地段作为基点，先进行采伐，然后由此向四周逐渐分次采伐，至最后老林伐尽时，林地上出现一个或多个金字塔形的新一代幼林树群(表 17-1、图 17-8)。

施行群状渐伐的林地上，如果没有伐前更新的基点，也可以人工选择几个适当地点作为基点，并使这些基点能够均匀地分布于全林分内。这种方法更适合于耐阴树种，但不适合对霜害敏感的树种，因为孔状的采伐点容易形成“霜洼地”(霜穴)，使穴内幼苗幼树易遭受霜害。采伐过程是：先在 1 号采伐地段(采伐基点)进行后伐(实施二次渐伐时，则为第二次采伐)，同时在相邻的 2 号采伐地带进行第一次采伐；几年以后，当 2 号采伐地带进行第二次采伐时，同时在 3 号采伐地带进行第一次采伐；依次由内向外扩展，直至采伐更新完毕。群状渐伐的作业比较复杂，一般应用的较少。

表 17-1 群状渐伐采伐顺序

采伐种类	采伐地段号			
	1	2	3	4
	各伐区采伐年度			
预备和下种伐相结合		2000	2005	2010
受光伐		2005	2010	2015
后伐	2000	2010	2015	2020

注：采伐前在采伐段 1 号已有较多的前更幼树，故只需后伐。

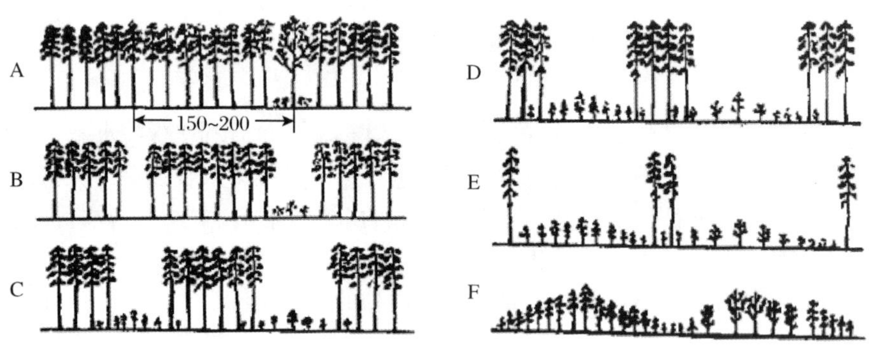

图 17-8 群状渐伐林相图

A. 伐前林相 B. 预备伐后林相 C. 下种伐后林相 D. 受光伐后林相 E. 后伐后林相 F. 采伐结束后的幼林林相

17.2.2 采伐木的选择

渐伐的采伐过程长、次数多，又要靠保留木天然下种实现更新，所以采伐时需要审慎地选择砍伐木和保留木。在选择采伐木时，应考虑以下几点：

① 使生长发育健壮、具有优良遗传性状的树木能得到更多繁殖下一代的机会，避免生长发育不良、有病虫害、遗传性状差的树木繁殖后代，以提高幼林的质量。

② 在混交林中，必须使主要树种特别是珍贵树种和稀有树种，得到繁衍和发展；要尽量抑制次要树种的繁殖，使新形成的幼林能尽可能多地增加主要树种的比例。

③ 使保留木均匀的散布在采伐地段，以便伐区内能普遍获得天然下种的种子，并给林冠下的幼苗、幼树以适度的庇护。

④ 照顾到木材生产的需要，要注意保留后期生长快的林木，以增加单位面积上木材产量。

前 1~3 次或 1~2 次采伐中都有选木问题。选木采伐的顺序也要认真考虑，一般砍伐木顺序为：① 次要树种；② 病腐木、损伤木；③ 过于庇荫妨碍种子发芽的灌木；④ 偏冠、平顶、弯曲和易风倒的树木；⑤ 树冠过于庞大和为保持均匀疏开树冠而位置不当的树木。从预备伐开始，结合每次间伐强度逐次砍伐上述各类树种，并照顾用材的要求。

17.2.3　渐伐的更新

渐伐一般依靠天然更新获得新林。在天然更新难以获得预期的效果时，需采用人工促进更新的措施。如有些渐伐林分可能由于林冠疏开，以致杂草繁茂，阻碍了种子发芽和幼苗的生长；有时可能出现林冠下更新幼树分布不均，部分地区有缺苗现象；有时林下更新幼树的组成不符合森林经营要求等。对于上述情况，可采取松土、整地、补播、补植等人工促进更新的措施。

在天然更新难以成功，或需要加速更新进程，或需要更换树种的渐伐林分，也可采用人工更新。采用人工更新的林分，通常宜进行二次渐伐，第一次采伐后，在林冠下进行植苗，待上层林木的遮阴逐渐成为下层幼树生长的累赘时，即进行第二次采伐，伐尽全部上层成熟木。

17.2.4　渐伐的选用条件

① 天然更新能力强的成过熟单层林，应当实行渐伐。

② 坡度陡、土层薄、容易发生水土流失的地方或具有其他特殊价值的森林，以及容易获得天然更新林分，宜采用渐伐。

③ 渐伐对于幼年需要遮阴树种形成的林分最适宜。另外，由于渐伐的采伐次数和间伐强度具有一定的灵活性，所以除强喜光树种外，其他树种形成的林分也可选用渐伐更新。

17.2.5　渐伐的评价

17.2.5.1　优点

① 渐伐因有丰富的天然种源和上层林冠对幼苗的保护，所以森林更新一般既省力又有质量上的保证。目的树种种粒大，不易传播，或幼树需要老林庇护时，渐伐是最适宜的作业方式。

② 渐伐在山地条件下，森林的水源涵养作用和水土保持作用不会由于采伐而受到很大影响，能保持森林环境的稳定性。渐伐适宜在自然条件不良地区、防护林、风景林、卫

生保健林、草原林区应用。

③ 渐伐可以有效地利用优良林木增加优质木材产量。在第一、二次采伐以后保留下的优良林木，由于林冠疏开，能加速直径生长成为大径材。

④ 与择伐相比，由于渐伐主要用于单层林与同龄林，施工较简单。

⑤ 由于对成熟林木分几次采伐，每次采伐后的剩余物较少，林下有机物容易分解，既提高了土壤肥力，又降低了火灾发生的危险性。

17.2.5.2 缺点

(1)渐伐是分2~4次将成熟木砍完，采伐和集材时对保留木和幼树的损伤率较大。每次采伐前，要对集材道、采伐技术和集材技术认真研究、合理设置与选择，否则会使前更幼树由于遭受到严重破坏而不能成林。

(2)渐伐既需要选木，又需要确定各次的间伐强度，所以技术要求较高，采伐、集材费用较高，木材生产成本也较高。

(3)林分稀疏强度较大时(如简易渐伐)，保留木由于骤然暴露，容易发生风倒、风折和枯梢等现象，尤以一些耐阴树种较为严重。

(4)渐伐不便于实行机械化。因为它的每次采伐不是要求注意保护保留木，就是要求注意保护幼树，所以施工速度较慢。

【技能训练】

简易渐伐的确定

[目的要求]熟悉典型渐伐与简易渐伐的区别，掌握确定简易渐伐的方法。

[材料用具]罗盘仪、皮尺、测绳、标杆、标准地每木调查表等。

[实训场所]实习林场。

[操作步骤]

渐伐分典型渐伐与简易渐伐。典型渐伐分4次采伐完采伐木，简易渐伐分2次采伐完成熟木。如果用简易渐伐能够完成森林更新，就不必采用典型采伐，这样可以节省成本、节约劳力、提高效益。

(1)目测预定进行渐伐的近、成熟林的林相，根据层次分布、树冠开张状况，初步划分典型渐伐区域与简易渐伐区域。

(2)在初步划分为简易渐伐的区域内确定若干个标准地，在标准地上测量郁闭度，进行每木调查，计算林下幼苗幼树数量。

(3)如果推算出该林分郁闭度为0.6~0.7，结合目测，判定成熟林林冠已经疏开，林冠不仅具备了大量结实的条件，且林下已经有一些小树长出，可确定该林分进行3次渐伐，即省去预备伐。

(4)如果某林分不仅成熟林林冠已经疏开，而且有些地方林下稀少，林间空地较多，郁闭度在0.4~0.6，林下已有足够数量的幼苗幼树(以在该地树种造林密度的80%以上为准)，可确定为二次渐伐，即省去预备伐、下种伐。

[注意事项]可与渐伐伐区设计结合进行。

[实训报告]每人写一份简易渐伐确定的实习报告。

【任务小结】

如图 17-9 所示。

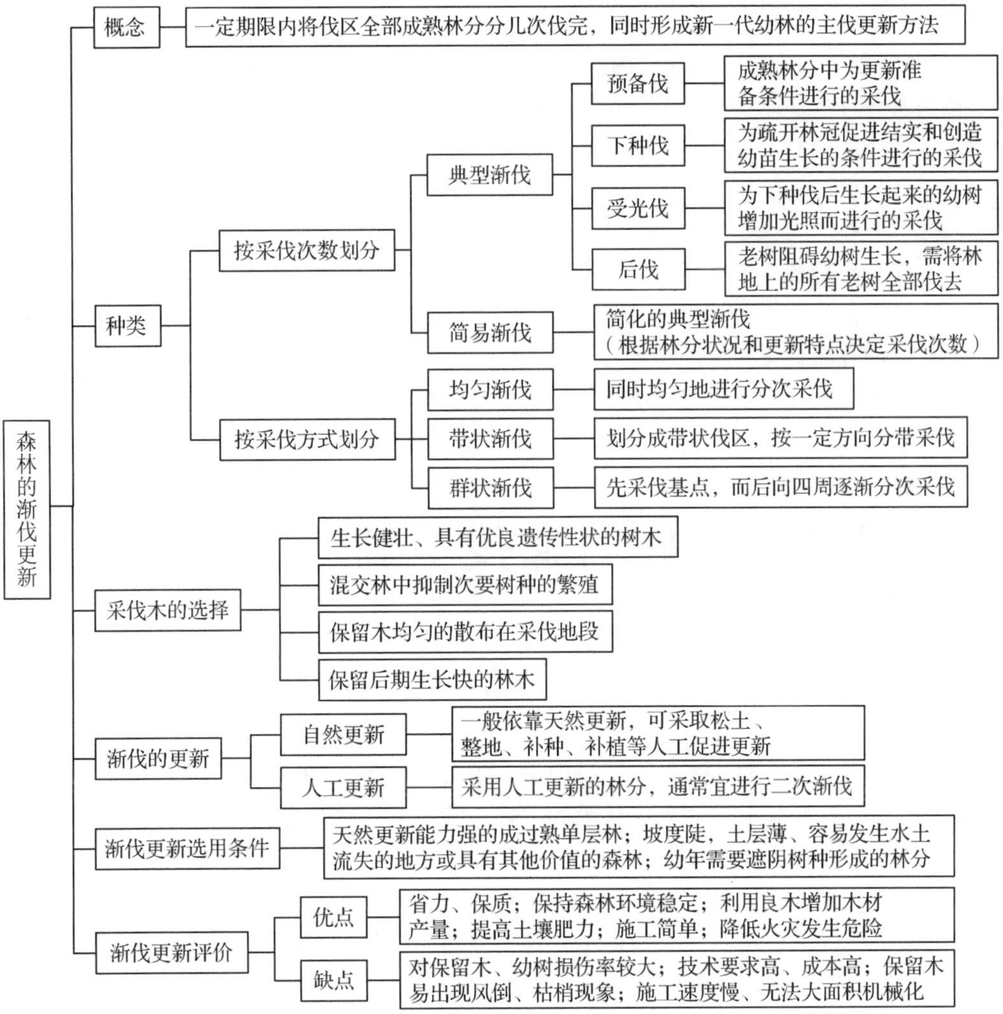

- 森林的渐伐更新
  - 概念——一定期限内将伐区全部成熟林分分几次伐完，同时形成新一代幼林的主伐更新方法
  - 种类
    - 按采伐次数划分
      - 典型渐伐
        - 预备伐——成熟林分中为更新准备条件进行的采伐
        - 下种伐——为疏开林冠促进结实和创造幼苗生长的条件进行的采伐
        - 受光伐——为下种伐后生长起来的幼树增加光照而进行的采伐
        - 后伐——老树阻碍幼树生长，需将林地上的所有老树全部伐去
      - 简易渐伐——简化的典型渐伐（根据林分状况和更新特点决定采伐次数）
    - 按采伐方式划分
      - 均匀渐伐——同时均匀地进行分次采伐
      - 带状渐伐——划分成带状伐区，按一定方向分带采伐
      - 群状渐伐——先采伐基点，而后向四周逐渐分次采伐
  - 采伐木的选择
    - 生长健壮、具有优良遗传性状的树木
    - 混交林中抑制次要树种的繁殖
    - 保留木均匀的散布在采伐地段
    - 保留后期生长快的林木
  - 渐伐的更新
    - 自然更新——一般依靠天然更新，可采取松土、整地、补种、补植等人工促进更新
    - 人工更新——采用人工更新的林分，通常宜进行二次渐伐
  - 渐伐更新选用条件——天然更新能力强的成过熟单层林；坡度陡，土层薄、容易发生水土流失的地方或具有其他价值的森林；幼年需要遮阴树种形成的林分
  - 渐伐更新评价
    - 优点——省力、保质；保持森林环境稳定；利用良木增加木材产量；提高土壤肥力；施工简单；降低火灾发生危险
    - 缺点——对保留木、幼树损伤率较大；技术要求高、成本高；保留木易出现风倒、枯梢现象；施工速度慢、无法大面积机械化

图 17-9　森林的渐伐更新知识结构图

【拓展提高】

一、渐伐作业在生产中的应用

由于渐伐对技术力量与设备条件要求较高，因而在林业发达国家应用较多，在我国应用不够广泛。大兴安岭林区曾对落叶松林进行渐伐，在更新方面取得较好的结果，得到生产单位的肯定。在缺乏人工更新条件的地段(如沼泽地、塘地、陡坡与土层薄的落叶松林)可进行二次渐伐。西南高山地区的云南松林，长江流域的马尾松林，华北与西北的油松林、华山松林以及云杉林都可进行渐伐。尤其在难以人工更新和采用皆伐后有发生水土流失危险的林区采用渐伐，在保证更新与发挥防护作用方面更具有突出的优点。

中国森林多分布在山区，而且有较多的林分分布在陡坡、土薄地段，因此，在我国应更多地推广应用渐伐。

二、课外阅读题录

田洪顺，王娜娜，包文锐，等.2013. 杨树密度造林与渐伐在实践中的应用[J]. 防护林科技，(4)：70－71.

王飞，张秋良，马秀枝，等.2012. 渐伐对草类——兴安落叶松林下植被多样性的影响[J]. 生态环境学报，21(5)：813－817.

LY/T 1646—2005，森林采伐作业规程.

【复习思考】

1. 渐伐更新的标准有哪些？
2. 选用渐伐更新有什么选择条件？
3. 如何评价渐伐更新？
4. 渐伐更新设计需要注意什么？

任务 17.3　森林的择伐更新

【任务介绍】

择伐更新指每隔一定的时期在林分中将单株或呈群团状的成熟木采伐，并在伐孔中更新，始终保持伐后林分中有多龄级林木的一种主伐更新方式。采用择伐更新的林地上永远有林木庇护，土壤和小气候条件因采伐变化甚小，从而使森林的多种效能得以保持，能够兼顾经济收益、森林质量和生态效益。择伐更新的采伐木多数处于林冠上层的成熟木，将其采伐后不仅提供了更新空间，为种子发芽、幼苗、幼树成林创造了条件，也使下层未成熟木获得充分光照，从而能够加速生长。但在采伐成熟木的同时，也必须伐掉病腐木、虫害木、弯曲木，以及严重影响下层木生长的霸王木，以改善林中卫生状况，促使更新取得良好的效果、促进保留木的健康正常生长。由于择伐更新是渐次连续进行的，林内的天然更新亦随之连续发生，因此，经过择伐的林分必定为复层异龄林。复层异龄林的形成与维持是择伐更新的基本特点。

知识目标

1. 了解择伐更新的标准。
2. 掌握择伐更新的种类与方法。
3. 掌握择伐更新采伐木的确定。

技能目标

1. 能对择伐更新作业进行评价。
2. 能进行择伐间伐强度、间隔期、采伐年龄的确定和设计。

【任务实施】

择伐更新作业用于形成或保持复层异龄林的育林过程。实行择伐的林分处在有规律地不断采伐、不断更新的过程中，林分的林相基本保持完整，林内始终保持有多龄级或各个龄级的林木(图 17-10)。

图 17-10　择伐林的林相

17.3.1　择伐更新作业的种类

17.3.1.1　按其经营的集约程度划分

(1)集约择伐法

集约择伐为经营集约度高的择伐方法，它要求很高的作业技术与管理水平，适用于各种森林公园、风景林及防护林(水源涵养林、水土保持林、护坡林、护岸林等)，适用于经营水平高的用材林。为了使一个林分的采伐量不超过间隔期内林木的生长量，并维持生态环境，应严格控制间伐强度，而且应将蓄积间伐强度与株数间伐强度结合起来考虑。它又可划分为单株择伐与群状择伐。

① 单株择伐　即在林地上伐去单株散生的已达伐期龄的林木和劣质的林木。采伐后，林地上所形成的每块空隙面积较小，因此只有较耐阴的树种才能得到更新。单株择伐虽然对森林环境的影响不大，但在每块空隙地上更新起来的新林木会受毗邻树木延伸树冠的压抑。

② 群状择伐　即在林分中采伐呈小团状或小块状的成熟木，每块可包括两株或更多的林木，团、块的最大直径可达周围树高的 2 倍。采伐团、块的大小可根据树种对光照的要求来确定，喜光树种可大些，耐阴树种可小些。在实行群状择伐的林分中，每一片块状林是由同龄的树木所组成，但从全林来看，仍是异龄的。此种择伐一般采用天然更新，但天然更新不良时，也可用人工更新措施加以辅助。

实行集约择伐，无论是单株择伐或群状择伐，采伐木的选择应本着“采大留小、采劣留优”的原则，并要维持各种大小林木的均匀分布。要严格掌握间伐强度，使采伐量与林木净生长量保持平衡。间隔期长短决定于采伐量与生长量。伐后林冠郁闭度要 >0.5，用材林可小些，防护林宜大一些。

(2)粗放择伐法

粗放择伐的采伐量较大，间隔期较长，偏重于当前木材的利用，至于采伐以后对森林的产量与质量的影响不多考虑。目前，在世界上一些国家的边远林区，由于交通条件的限制，所采用的径级择伐，即为一种粗放择伐。一些发达国家在南亚、南美、非洲等一些发展中国家购租林地经营森林，多采用粗放择伐法。他们往往施用很大的择伐强度，取材成为主要的目的，而且只采好的与大径级的林木，这势必对森林产生一些破坏作用。

① 径级择伐　是根据对木材规格的要求，采伐规定径级以上林木的主伐更新方式。往往根据对木材的要求，决定最低的采伐径级，凡在最低采伐径级以上的林木就全部采伐，其他林木全都留下。这种择伐是一种很粗放的择伐方式，它往往是从森林工业的观点出发，只考虑取得一定规格的木材与经济收入，很少考虑采伐过后的林地状况，也很少考虑伐后的更新问题。抗日战争时被日本侵占的东北林区，就是采用这样的主伐方式，俗称"拔大毛"式的采伐。新中国成立初期，为了获得急需的大量木材，对红松林、云杉林的采伐，也沿用了此种方法，采伐时常常去大留小，采优留劣。径级择伐的后果多是不良的，伐后易引起林相残破，一般说来径级择伐的间伐强度为伐前林分蓄积的30%~60%，甚至更高，伐后林分郁闭度较低。

② 采育择伐　是我国东北林区为纠正20世纪五十年代采用的，不利于森林更新的大面积皆伐和不合理的径级择伐而提出来的一种主伐更新方式。采伐过程中要考虑伐去病腐木、弯扭木、站杆与其他无培育前途的林木；要伐去原生次生林中的霸王树，解放被压木，为目的树种的中小径级林木和幼树生长创造条件。这种择伐的出发点是采伐与更新育林相结合，既可在单位面积上比较集中的取得较多木材，又能促使林木尽快生长，还要保证及时更新，有生产木材和培育森林二者兼顾的含义。这种择伐也曾称为采育兼顾伐，后因其仍属于择伐的范畴，因而改称为采育择伐。采育择伐伐后郁闭度维持在0.4以上，间伐强度低于伐前立木蓄积量的60%。

17.3.1.2　根据经营目的和对采伐木的要求不同划分

(1)更新择伐法

更新择伐是以保证林分健康的发展，并获得良好的更新为主要目的，只采伐已经衰老、即将死亡的成熟木、过熟木以及各径级的病腐木、虫害木和其他即将死亡的林木的主伐更新方式。这一采伐方法，基本按照树木自然衰老、自然更新的规律，只是在林木老死之前，将其采伐利用，同时注意改善林分的卫生状况，以利于更新。更新择伐的采伐量较小，采伐量与采伐时间均由林木成熟的程度、天然更新状况及森林需要抚育的程度来确定。通常只在不允许采用其他主伐方式的防护林、供旅游观赏的风景林以及其他具有特殊意义的林分中应用，以避免防护性能的减弱、观赏价值的降低。

(2)经营择伐法

经营择伐是以培育森林、维持森林环境为主要出发点而采伐利用成熟林木的主伐更新方式。它的间伐强度较小，通常为30%左右，采伐后郁闭度保留在0.5以上。实行经营择伐，对有珍贵树种的林分和采伐后容易引起岩石裸露、水土流失及更新困难的林分，其间伐强度不大于伐前蓄积量的30%，伐后林分郁闭度保持在0.5以上。经营择伐采伐木的选择除成熟木外，还包括未成熟的病腐木、虫害木和无生长前途的林木；还要对过密处进行稀疏，伐去一些质量差的林木和次要树种。因此，在预定采用经营择伐的林分，不必再进行抚育采伐。经营择伐的间隔期一般较短。

17.3.2 择伐采伐木的确定

如何选择采伐木决定着择伐作业的质量和效果。确定采伐木与留存木的重要性，在于它影响着采伐所得木材的材种和质量，影响着留存林木的生长速度以及森林更新后的树种组成。如果只采主要树种中大径级的优良木，而将病腐木、站杆木、虫害木、双杈木和次要树种的林木留下，虽可取得优质木材、降低采伐成本，但将降低伐后林分的质量和生长速度；如果尽伐主要树种，留下的全是次要树种，则更新后的林分将是以次要树种占优的低劣林分。合理的择伐应该是将采伐与育林紧密结合。在选择采伐木时，应遵循以下原则：

① 在上层林内，除伐去符合择伐年龄的成熟木外，同时伐去影响幼壮龄林木生长的径级较大的病虫害木、弯曲木、枯腐木和霸王树，形成有利于幼壮龄林木生长发育的伐后环境。

② 在中层林内，应将濒死、枯立、干形不良或冠形不好的树木伐去，这类似于抚育间伐，以利于保留木的生长发育。中层林木是培育对象，在这一林层不可过度疏伐。

③ 在下层林内，伐去不能成材的受害木、弯曲木和多余的非目的树种树木，形成有利于中下层木的树种林木生长的良好条件，起到对幼苗幼树更好的庇护作用。

④ 在林木较稀的林分中，间伐强度可以小些，保留木的径级和年龄可以比一般林木稍大些，避免森林环境变化过大对林木生长产生不利影响。

⑤ 无论是什么类型的林分，都要注意保护生物多样性，保留珍稀树种，保留有助于益鸟、益兽、珍稀动物栖息和繁殖的林木。

总之，择伐采伐木的选择可概括为“采坏留好、采老留壮、采大留小、采密留匀”。

17.3.3 间伐强度、间隔期与采伐年龄的确定

择伐的间伐强度是指每次的采伐量与伐前蓄积量的比值。一般由年生长量的大小和间隔期的长短来决定间伐强度的大小。年生长量大的林分每次采伐量可以大一些，即间伐强度就大一些；间伐强度又与间隔期的长短密切相关，间隔期短则采伐量宜小些，间隔期长则采伐量宜大些。

间隔期是指相邻两次择伐之间所间隔的年数。择伐属不整齐乔林作业法，与整齐乔林作业法(皆伐作业法、渐伐作业法)比，没有轮伐期而有间隔期。择伐一般按6~10年的周期反复进行，这个周期称为间隔期，也称为回归期或回归年。通常以年生长量去除一次采伐的采伐量，可算出择伐间隔期。这样做的目的就是要保持森林有稳定的蓄积量，不因采伐而使蓄积量减少。

择伐虽无轮伐期，但可以规定采伐年龄。采伐年龄是指直径达到采伐要求的一定数量树木的平均年龄。

在对一个具体的林分确定采伐量与间隔期时，要参考林分的成熟木的数量、卫生状况、优势树种生长快慢、林分的郁闭度与立地条件等情况。当林分的立地好、郁闭度高、成熟木比例大、卫生状况不良、优势树种生长快，采伐量可以大些，反之则小些。采伐量大，间隔期就长。另外，生产单位的综合条件也影响间伐强度与间隔期，经济状况、技术力量、劳力等条件好的，采伐量宜小一些，间隔期宜短些，这样可以较好地保持森林环

境，也有助于森林更新和更有效的利用地力。

各种防护林与风景林进行择伐时，采伐量宜小，并且以单株择伐为主，使其既改善林分状况，又能维持防护效能与观赏游憩价值，还能加强对生物多样性的保护。

17.3.4 择伐的更新

择伐主要靠天然更新，并且以天然下种更新为主。因为择伐后形成的伐孔周围有大量的壮龄树，可以比较充足地提供天然下种所需的种子。择伐后林地上仍存在大、中、小各径级林木，在这些林木的庇护下，给伐孔更新地造成了种子发芽，幼苗、幼树生活的良好环境，所以常能获得比较满意的天然更新。有的树种具有萌芽性和根蘖性，老树伐后会产生萌芽更新苗与根蘖更新苗，这些苗木往往呈丛状或簇状分布，对此要进行定株，每丛或每簇只保留 1~2 株，这些苗木在周围林木的庇护下，也能健康生长。

由于受自然条件的限制，当采伐以后林冠下目的树种的天然更新不能令人满意，或林地条件较差，如土层较薄、岩石裸露，或大量杂草侵入等，使天然更新受到影响时，就要采取人工整地、松土、补播种子、补植苗木以及除草、砍伐竞争植物等人工促进更新的措施，以保证森林更新的成功。当实行择伐的林分缺乏合乎经营要求的目的树种种源，特别是珍贵树种的种源时，可以人工引种，以优化更新林分的树种组成，提高林分质量。在阔叶林，特别是在次生阔叶林中进行择伐时，常需要人工引进针叶树种，以便培育合乎经营要求的针阔混交林。为了保证更新效果、保护幼苗幼树生长，在采伐时要严格控制树倒方向。集材时要尽量避免损伤中小径木与幼树。集材后要对迹地进行清理，按规定堆积枝桠或将枝桠运出利用。

17.3.5 择伐作业的评价

17.3.5.1 优点

择伐与皆伐和渐伐比，有许多优越性，主要表现在：

① 能长期不间断地发挥各种有益效能。实行择伐作业以后，森林始终保持着较完好的林相，从而能持续地维护森林环境，能较好地涵养水源，防止土壤侵蚀、滑坡与泥石流的发生。同其他采伐方式相比，择伐林的环境保护作用是最好的。

② 有助于保护生物多样性。森林生态系统的平衡状态不会因采伐而受到破坏，森林中各种生物协调平衡，林内的各种动物、植物群落一般不会出现突发性的灾难，很少发生严重的灾难，生物种类不会减少。

③ 能充分利用森林的自然更新能力，大大降低更新费用。择伐的天然更新与原始林的自行更新过程相似，林内存在着永久的母树种源，幼苗、幼树在老林的庇护下很容易更新成功。

④ 森林对光能的利用率高，林分的生产力较高、生物量大。伐后林分为多级郁闭，具有异龄多层的特点，对太阳辐射的总利用率高。

⑤ 择伐林的林木具有大小参差不齐的多层性，并有单株与群团采伐后形成的林隙，因而风景和美化作用保持得好，旅游与保健价值更高。

⑥ 由于择伐作业法始终是边采伐利用、边更新、边抚育，而成为在所有森林收获作业法中最适于走森林资源可持续经营之路的作业方法。

17.3.5.2 缺点

与皆伐和渐伐比，择伐也有一定的局限性和不足：

① 对采伐木的选择比较复杂、费劲，需要格外慎重，否则林分难以逐渐转为平衡异龄林或保持为平衡异龄林。

② 由于伐木是在林分中进行，必须严格选择和掌握树倒方向，不然容易砸伤周围的保留木和幼树，容易产生树木搭挂现象。

③ 择伐的采伐木比较分散，难以发挥机械效能，伐木和集材的工作复杂、费用高，再加上间伐强度小、间隔期短，使得木材生产成本较高。

④ 择伐林分不适于选用喜光树种，虽然在大的伐孔中，喜光树种可以更新，但生长受限制，欲使成林成材难度大、效果差；择伐作业难以在速生丰产林中应用。

【技能训练】

择伐采伐木的确定与林隙更新

[**目的要求**]学会选择择伐采伐木，掌握林隙更新技术。

[**材料用具**]照度计、温度计、湿度计、测高器、皮尺、围尺、粉笔等。

[**实训场所**]需要进行择伐的异龄林。

[**操作步骤**]

(1)确定采伐记号，在需择伐的森林地段进行。

① 首先根据林分属性用粉笔在采伐木脚径处标上2~3cm高的圆环，使采伐时在各个方向均能清楚地看见，避免误采、漏采。

② 林分上层选择阻碍幼壮龄林木生长的径级较大的病虫害木、弯曲木、枯腐木和霸王树；在中层林内选择濒死、枯立、干形不良或冠形不好的树木；在下层林内选择不能成材的受害木、弯曲木和多余的非目的树种，树木均用粉笔标上采伐记号。

(2)林隙确定，在刚实施过择伐的森林地段进行观察，并讨论林隙概念。

林隙的面积一般在4~1000m^2。小于4m^2，间隙与林分中的树枝间隙难于区分，故不作林隙处理；大于1000m^2，当作林间空地看待。人工更新应选择适宜的更新树种、大小不同的苗木，确定适宜的密度、合理的栽植点，减少死亡率，提高生产力。

(3)生态指标的测定。分组选择不同地段的林隙，进行林隙内不同方位光照强度、气温、地温、空气湿度、土壤湿度的测量，做好记录。

(4)林隙更新设计。一般冠林隙宜栽较喜光树种和较大的苗木，冠林隙面积以外的扩展林隙宜栽较耐阴树种、较小的苗木；林隙南部宜栽耐阴树木，林隙北部宜栽较喜光树木。

[**注意事项**]注意林隙更新树种的选择。

[**实训报告**]每人写一份林隙微环境状况调查及林隙更新设计讨论的实习报告。

【任务小结】

如图 17-11 所示。

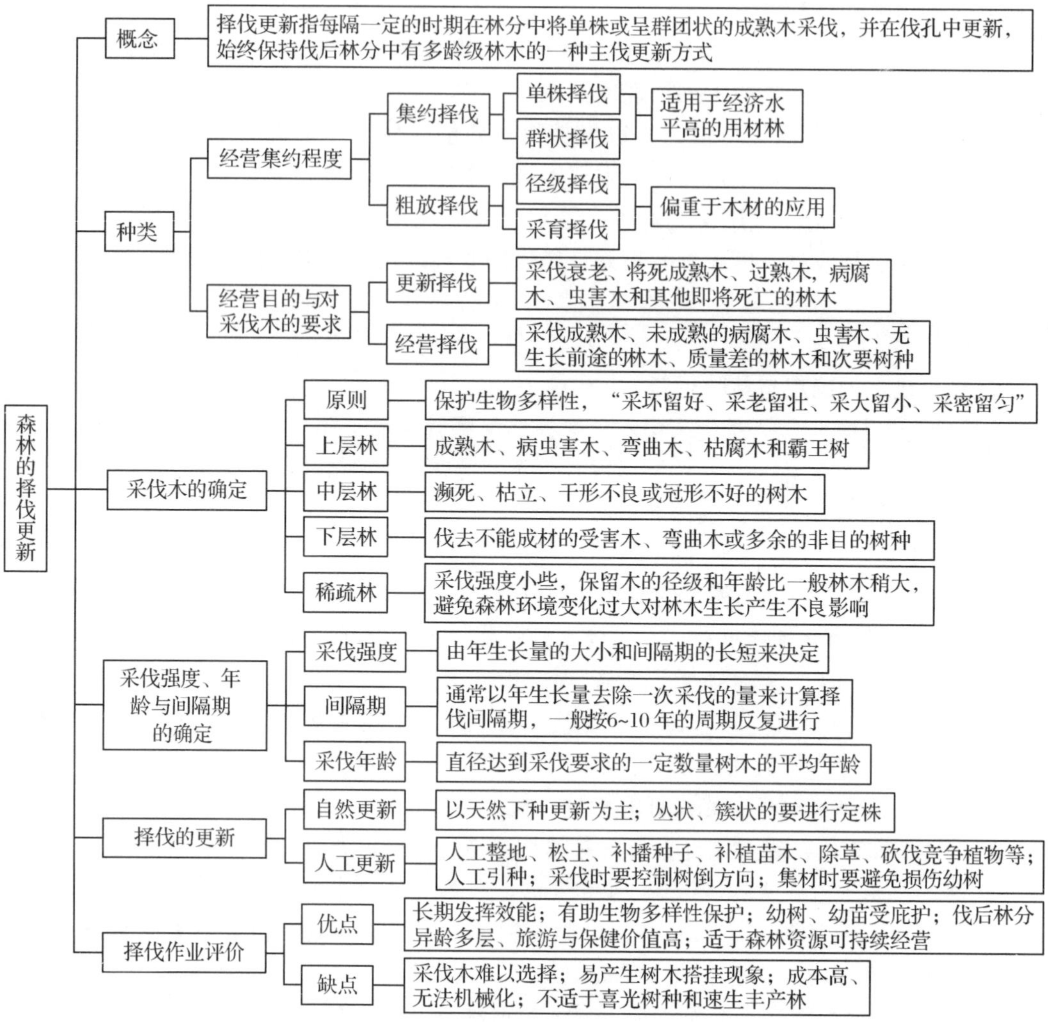

- 森林的择伐更新
  - 概念
    - 择伐更新指每隔一定的时期在林分中将单株或呈群团状的成熟木采伐，并在伐孔中更新，始终保持伐后林分中有多龄级林木的一种主伐更新方式
  - 种类
    - 经营集约程度
      - 集约择伐
        - 单株择伐
        - 群状择伐
        - 适用于经济水平高的用材林
      - 粗放择伐
        - 径级择伐
        - 采育择伐
        - 偏重于木材的应用
    - 经营目的与对采伐木的要求
      - 更新择伐：采伐衰老、将死成熟木、过熟木，病腐木、虫害木和其他即将死亡的林木
      - 经营择伐：采伐成熟木、未成熟的病腐木、虫害木、无生长前途的林木、质量差的林木和次要树种
  - 采伐木的确定
    - 原则：保护生物多样性，“采坏留好、采老留壮、采大留小、采密留匀”
    - 上层林：成熟木、病虫害木、弯曲木、枯腐木和霸王树
    - 中层林：濒死、枯立、干形不良或冠形不好的树木
    - 下层林：伐去不能成材的受害木、弯曲木或多余的非目的树种
    - 稀疏林：采伐强度小些，保留木的径级和年龄比一般林木稍大，避免森林环境变化过大对林木生长产生不良影响
  - 采伐强度、年龄与间隔期的确定
    - 采伐强度：由年生长量的大小和间隔期的长短来决定
    - 间隔期：通常以年生长量去除一次采伐的量来计算择伐间隔期，一般按6~10年的周期反复进行
    - 采伐年龄：直径达到采伐要求的一定数量树木的平均年龄
  - 择伐的更新
    - 自然更新：以天然下种更新为主；丛状、簇状的要进行定株
    - 人工更新：人工整地、松土、补播种子、补植苗木、除草、砍伐竞争植物等；人工引种；采伐时要控制树倒方向；集材时要避免损伤幼树
  - 择伐作业评价
    - 优点：长期发挥效能；有助生物多样性保护；幼树、幼苗受庇护；伐后林分异龄多层、旅游与保健价值高；适于森林资源可持续经营
    - 缺点：采伐木难以选择；易产生树木搭挂现象；成本高、无法机械化；不适于喜光树种和速生丰产林

图 17-11　森林的择伐更新知识结构图

【拓展提高】

一、择伐作业在生产上的应用

除了强喜光树种构成的纯林与速生人工林外，其他的林分都应大力提倡采用择伐。只是在有些条件下必须采用择伐，而在有些条件下，可以选用择伐，也可选用其他作业法。

(1)择伐最适于由耐阴树种所形成的异龄林。无论是用材林、风景林或防护林等，均应根据林分的培育目的、年龄结构、层次结构与林分组成的特点，来确定间伐强度与合理选择采伐木。所采用的更新方式为天然更新。但在天然更新的幼苗幼树达不到更新标准时，应采取人工措施促进天然更新，进行补播补植等。

(2) 由耐阴性不同的树种构成的复层林，针阔混交的复层林，以及有一定数量的珍贵树种的阔叶混交林，一般只能采用择伐。这些类型的林分采用择伐作业后，能使保留的目的树种生长得更好，择伐作业不但获得了木材，而且能较好地对保留木进行抚育。

(3) 现在全国进行天然林保护，不但保护原始林，同时也大力保护次生林。但保护不等于禁伐，特别是对次生林中那些成熟的林分也应进行采伐，采伐方式主要是择伐。通过择伐既可获得木材等经济收益，又可提高林分质量，从而在更高层次上对森林起到保护作用。有些从事多种经营的次生林，可采用择伐与其他作业法相结合的方法对成熟的林分采伐、培育、利用。

(4) 在陡坡、土层薄、岩石裸露、森林与草原的交错区、河流两岸、铁路与公路两侧的森林，无论是防护林或用材林、防护兼用材林，都只能采用小间伐强度的择伐，使森林能较好地发挥保护生态环境的作用，防止水土冲刷，防止林地沼泽化或草原化。

(5) 自然保护区与森林旅游区的成熟的森林，为了维持其生物多样性、风景价值与生态效能，需要采伐时，只适宜采用小强度的单株择伐。

(6) 雪害与风倒严重地区的林分，采用择伐可以减轻自然灾害的发生，防止林地环境恶化。

(7) 择伐不宜在由极阳性树种组成的林分、速生丰产林中采用。

二、课外阅读题录

LY/T 1594—2002，中国森林可持续经营标准与指标.

刘琦，蔡慧颖，金光泽. 2013. 择伐对阔叶红松林碳密度和净生产力的影响[J]. 应用生态学报，24 (10): 2709 – 2716.

贾呈鑫卓，李帅锋，苏建荣，等. 2014. 择伐对思茅松天然林乔木种间与种内关系的影响[J]. 植物生态学报，38 (12): 1296 – 1306.

汤孟平，唐守正，雷相东，等. 2004. 林分择伐空间优化模型研究[J]. 林业科学，40 (5): 25 – 31.

【复习思考】

1. 择伐更新有什么特点和优缺点？
2. 择伐更新时如何选择采伐木？
3. 择伐更新作业需要注意什么？
4. 什么样的林分适合择伐更新？

任务 17.4 矮林作业

【任务介绍】

矮林并非表示林内树木生长不高，而是指它的起源属于无性更新。通常人们按林分起源将森林分为乔林(以播种或植实生苗方法形成的森林)和矮林(以无性更新方法或营养繁殖法形成的森林)。与乔林相比，矮林的主要特点是早期生长迅速但衰老快，能高效地提供薪材、编织条材、纸浆材、提取物用材，矮林的枝叶是养殖业的饲料，可被生产为农用材、矿柱等，是优秀的水土保持林分。

知识目标

1. 了解矮林的形成与矮林作业法，经营矮林的作用和效益。
2. 熟知矮林的类型和矮林经营观。
3. 掌握矮林与乔林、中林的不同之处。

技能目标

能运用正确的理论作指导，采取合理的技术措施对不同类型的矮林进行经营管理。

【任务实施】

17.4.1 矮林的形成

矮林的形成，通常采用直播造林形成第一代乔林苗木，到矮林的工艺成熟龄将其砍伐，之后让伐根或根蘖萌生形成矮林。这样采伐几代，等到四代左右萌芽、萌蘖林生产力衰退，清除伐根，重新直播造林，长到第一代采伐后重新形成矮林，继续实行矮林作业。如此循环往复，这样的林分就是矮林。形成矮林可采用的无性更新方法很多，如萌芽更新、萌蘖更新、压条更新、人工插条和埋干造林等。但常用的是萌芽更新和萌蘖更新形成矮林的方法。

萌芽更新，是依靠伐根上的休眠芽或不定芽生长出萌芽条，发育成植株，实现更新。大多数阔叶树种均有这种萌芽力，如栎类、铁刀木。林木萌芽力的强弱既取决于树种，又取决于林木年龄。有萌芽能力的树种，其萌芽力总是在一定年龄时达到最强，往往在第四代、第五代开始减弱。绝大多数针叶树萌芽能力都很弱，只有少数例外，如杉木与落羽杉具有较强的萌芽力。

根蘖更新，是由根部不定芽生成的植株形成新林。具有根蘖能力的树种在采伐后或损伤后，都可生出根蘖苗。刺槐、山杨、泡桐等都具有根蘖能力。由根蘖形成的林木要比从伐桩上萌生形成的好得多，这些根蘖条间隔均匀，树干较通直，几乎没有心腐病。

17.4.2　经营矮林的技术措施

17.4.2.1　采伐方式

皆伐是矮林经营的主要采伐方式。因为皆伐后迹地上光照条件比其他采伐方式都好，充足的光照可促使休眠芽和不定芽萌发，以形成量多质优的萌芽条。在矮林作业中采用皆伐时，其皆伐的各个技术指标的确定和在乔林作业中是类似的，只是由于不借助天然下种更新，因而伐区不一定成带状，伐区也可宽些。伐区方向和采伐方向的确定，主要考虑保持水土、克服风害和维持森林环境的作用。

矮林采伐有时也用择伐方式。矮林择伐常用于立地贫瘠、有水土流失的山地，或由中性、耐阴树种形成的林分。喜光树种不适于采用择伐方式。因为择伐会使林内萌芽条得不到较好的生长发育条件而衰亡。萌芽力较强的树种如柳、杨、桦木、刺槐、栎、杉木、蓝桉等形成的林分，适于皆伐；千金榆、椴、桤木、水青冈等树种组成的林分可考虑择伐(要根据立地、气候等条件综合考虑决定)；在护堤、护路、护岸林中，为维持防护作用和观赏价值，也可采用择伐。

矮林采伐可根据当地具体情况选用不同的方式。平原地区可采用割灌机作业，以提高采伐效率；山地、堤岸多采用手工作业。

17.4.2.2　采伐季节

采伐季节的确定要遵循 2 个原则：一是在该季节采伐后产生的萌芽条数量多、质量好，能顺利实现更新；二是在该季节采伐有利于培养目标的实现。

矮林的采伐季节一般应选在树木休眠期，这是因为此时树木储藏物质多，早春能很快产生萌芽条，新条的生长经过了整个生长季，到冬季来临时木质化程度高，可有效抵御冬季的严寒，减少冻害损伤，确保更新质量。另外，由于采伐是在非生长季进行，一切病菌的活动受到抑制，感染病害的可能性大大减少。如果在生长期采伐，萌芽条或许会多，但易感染病害，而且新条木质化程度不足，到冬天极易遭受冻害侵袭。

如果是特定目的经营的矮林，如为了获取单宁，则生长季采伐为好，因为生长季树皮易于剥落，树皮中的单宁含量也较高。南方杉木林区的矮林，可采用夏季采伐，据研究，杉木夏季采伐其萌芽力不会降低。另外，要注意不同树种、不同年龄采伐后萌芽条出现的时间和速度，以便采取措施，确保更新质量。幼树伐后出现萌芽条快，成年树木采伐后出现萌芽条较慢；林木采伐后一般 2~4 个月出现萌芽条。

17.4.2.3　采伐年龄

矮林的伐期龄往往依据培育目的或矮林的生长发育规律而定。为获得编织条类的矮林，采伐年龄 1~3 年；生产农具柄或燃料用材，2~3 年内采伐；生产小规格材的矮林，采伐年龄一般在 5~10 年；立地条件好，培育较大径级用材的林分，可以以其工艺成熟龄来确定采伐年龄；经营薪炭林的矮林采伐年龄，应根据其数量成熟龄采伐。矮林的数量成熟龄比同树种乔林要小。从生长发育规律来看，矮林的伐期龄应选在萌芽力减弱前的时间。如果采伐过晚，不仅林木生长慢，而且病腐率增高。

17.4.2.4　伐根高度

伐根高度的确定，要考虑多种因素。一般情况下，伐根高度为伐根直径的 1/3 为宜，这样以后可逐次略微提高，以便从新桩上再产生萌芽条。在一定高度范围内，伐根越高，萌芽条数目越多。但高伐根上的萌芽条不健壮，容易遭受风折、雪压等灾害，而且不能形成自己的新根。低伐根上发生的萌芽条较少，但可塑性大，生活力强，而且可有自己的新根系。从发育阶段理论看，越靠近伐根下部长出的萌芽条，年龄上越年轻。

确定伐根高度时，要慎重考虑气候条件。在暖湿气候地区，伐根应稍高些，以使伐根保持合理的温湿条件；在干燥、风大、寒冷地区，伐根就应低些，并用土覆盖伐根断面，避免伐根顶端干枯、冻伤。

17.4.2.5 伐根断面

伐根断面要平滑微斜，以防雨水在上面停留引起伐根腐烂。伐根断面倾斜的方向，应避风、避光。直径大的伐根，其断面可向多个方向倾斜。伐根断面不能劈裂和脱皮，因为劈裂和脱皮的伐根不仅易干枯导致休眠芽死亡或不能正常萌发，而且劈裂处的萌芽条容易风折。另外，要想获得较多的萌芽条，可采用斧伐。

17.4.3 经营矮林的特殊形式——头木作业和截枝作业

头木作业是指定期将距地面一定高度的树冠完全砍去利用，使之在砍伐断面周围萌发新枝条、形成新树冠，经过几次砍伐、几次伤口愈合，砍伐断面的愈伤组织逐渐增大成瘤状，形似“人头”的作业方法。截枝作业是在分枝上截断枝条利用。

头木作业和截枝作业，主要生产编织原料、栅栏杆、椽材、农具柄、薪炭材或用作饲料、肥料，此外紫胶的寄主树和提取樟脑的樟树林一般采用头木作业。采伐间隔期较长的头木林也可以生产径级较大的木材。头木作业和截枝作业的采伐年龄一般为1~10年，截枝作业短一些，头木作业长一些。为了培育较大径级的用材，一般要经过疏枝抚育措施。头木作业和截枝作业的林分，到母株生长势衰退时应及时进行母株更新。母株更新时期的长短，因树种和立地条件而异，但最晚不要等到母株空心或腐朽时再更新，以便利用母株的干材。

大面积经营头木林和截枝作业林的不多，但在农村的四旁，却经常见到零散经营的这种林分或林木。这两种作业，适宜河岸、渠边的防护林；长期被水淹没的低洼地、河滩地；易被牲畜啃伤的村旁、路旁和牧场林地。行道树采用头木作业，不仅有方便交通、增加美观的作用，还可放慢树木生长速度减少更新次数，抑制树木根系生长，减少根系生长过快对路况的破坏。我国常用头木作业和截枝作业的树种有：柳、杨、榆、桑、悬铃木、铁刀木、菩提树、钝叶黄檀、云南樟等。

17.4.4 常见的矮林类型

矮林作业根据经营目的划分有许多类型。依其主要培养用途，现就最常见的几种分别列举如下：

17.4.4.1 编织材料林

其目的是为了生产编织条，用作编制箱、笼、篓、筐、笆的原料。各地以生产柳条的矮林见多。

编织条林可以当年扦插，当年采条。也可以5~10年后截去主干或分枝，利用根株萌芽产生新枝条，以后每年采条1次。

以柳树为例。柳树喜湿，柳条林多在河旁、池旁、溪边、堤岸和河滩地经营。为了产生细长富有弹性的好条，柳条林的栽植密度宜大。一般杞柳类插条距离：行距40~50cm，株距10~20cm。常利用成年母树进行头木作业或截枝作业，在长期受水淹的低洼地、河滩地经营头木作业和截枝作业更为适宜。经营过程中要采取措施促使多生萌条，禁止疏枝(条)抚育。柳条林更新或复壮可借邻近植株压条。柳条林采条季节多在秋末，如用去皮条，则在生长季采条。

可从事矮林经营、生产编织条的树种除杨柳科的柳属树种外，还有柽柳科的柽柳、豆科的紫穗槐、木犀科的雪柳及白蜡树、马鞭草科的荆条、杨柳科的杨树等。

17.4.4.2 柞蚕、桑蚕林

柞蚕是靠食栎树叶子而生的一种昆虫，柞蚕蚕茧可以缫丝织丝绸。柞蚕林是饲养柞蚕而经营的栎树矮林，因麻栎叶子硬化迟，且较其他柞叶营养丰富，所以树种主要是麻栎。柞蚕林常兼作薪炭林，因为栎树的萌条是很好的燃料，也是烧炭的上等材料。我国劳动人民饲育柞蚕历史悠久、经验丰富，且从东北到云南等许多省份都有饲养柞蚕的栎树矮林。

栎树择地不严，一般山地均可成林。柞蚕林宜选在地势较高、坡度较缓的阳坡或半阳坡，直播造林或育苗栽植均可。造林前认真整地，清除其他植物，每穴植苗3~4株，每公顷3300穴，水平等高成行，上、下成品字形排列，待苗木地径达2~3cm时，进行第一次砍伐，可在冬季用镰刀紧贴地面从根颈处砍去，俗称“小柞剃头”，这样成树快。

柞蚕林常培养成不同的树型。有的采用伐根萌芽更新，当萌出若干枝条后，根据地区不同，生长到2~6年生时，进行轮伐更新。采伐时应于休眠期从树干基部距地面3~7cm处，将柞树枝条全部伐去，使其萌发出丛生枝条，用于饲蚕。有的培养成放拐树型，利于放蚕。有的培养成头木作业，通常待柞树生长到2~5年生时，保留干高40~80cm，砍去上梢，使其萌发新枝，以后每隔数年，将桩干上的枝条砍去更新。

桑蚕林是为采摘桑叶喂蚕而培育的桑树林。常采用矮林作业，有头木作业、截枝作业、鹿角桩作业等。

17.4.4.3 薪炭林

以生产薪炭材为主要目的的矮林称为薪炭林。薪炭林生产木材作燃料具有可再生性、产量高、污染小的特点。适于经营薪炭林的树种很多，许多阔叶树种都宜经营薪炭林，但以麻栎、青冈栎、蒙古栎、铁刀木、刺槐等树种较常见。

经营薪炭林，多采用一般矮林形式，即自根际附近截干，因为这样便于每年砍伐。薪炭林栽植密度较大，培育方法相对简单，如麻栎薪炭林每公顷接近10 000株，生长至3~4年时进行平茬，每墩留条1~2株，每隔10~15年采伐更新，如此循环反复。薪炭林生长衰弱后应及时进行母株更新。

薪炭林采伐年龄不严格，如兼获其他材种，应以工艺成熟龄为采伐年龄。例如，麻栎、青冈栎、蒙古栎不仅萌芽力强，而且木材致密、耐烧，多用来烧炭，炭的质量也较高，采伐年龄应以烧炭要求确定；铁刀木矮林，可以采薪，可以培育修房舍用的中小径材，可以经营用材林和防护林，采伐年龄应根据不同材种要求确定。

我国现有超过$300\times10^4hm^2$薪炭林。今后薪炭林经营目的不仅仅是给山区、林区居民直接提供生活燃料，还有可能作为林业生物质能源的原料林开发利用。

17.4.4.4 小规格材林

小规格材指椽材、矿柱、农具用材等。培育小规格材的林分，常经营为矮林。萌芽力强的阔叶树种都宜培育为小规格材的矮林。小规格材林的采伐年龄，主要以目的材种的工

艺成熟龄为准。培育方法以铁刀木为例，植苗后3~5年，树高达5m，胸径达6~7cm时进行定干，定干高度为40~60cm。砍伐后，每个树桩可萌发出几个至十几个枝条，以后可根据需要，每隔若干年采伐更新。

17.4.5 对矮林作业的评价

17.4.5.1 优点

生长快，伐期龄短。可以得到比乔林更多的薪材和小径材，适于需要小径材和燃料的农村经营；更新容易，木材成本低，技术简单。可充分利用空地，便于四旁栽植；经营年限适当，可提高林地生产力；土壤瘠薄的地段，不宜培育大径材，可以经营矮林；采伐面积不受限制。

17.4.5.2 缺点

不适于培育大径材，后期生产力低；木材质量较差，材种价值低，容易出现弯曲、病腐现象；长期经营矮林会因生长迅速消耗营养多，导致土壤肥力下降；选用树种受到限制，只适于具有无性更新能力的树种(一般多为阔叶树)；要将一片矮林换成一个改良品系比较困难，因为旧有的根、桩会继续萌发。

【技能训练】

矮林采伐技术

[目的要求]熟悉矮林采伐方式及采伐季节，掌握矮林采伐技术。

[材料用具]油锯、镰刀、双刃刀锯、皮尺、围尺、绳子、铅笔、纸张等。

[实训场所]有多种矮林经营形式的实习林场。

[操作步骤]

(1)踏查矮林林分生长状况，了解矮林经营目的与方式。

(2)讨论确定矮林的采伐季节、伐根高度、采伐年龄的原则与要求。

(3)选择皆伐作业获得矿柱材、头木作业获得椽材、截枝作业获得编制条材3块林分。

(4)根据不同收获目的采取不同作业方式。

① 对矿柱材林实施皆伐作业的采伐：伐根高度为伐根直径的1/3为宜，越靠近伐根下部长出的萌芽条，年龄上越年轻，可塑性大、生活力强，且伐根低一些出材率又可减少集材时的阻滞作用；采伐时先锯下楂，后锯上楂；伐根断面要平滑微斜，以防雨水在上面停留引起伐根腐烂，伐根断面不能劈裂和脱皮，因为劈裂和脱皮的伐根不仅易干枯，损失休眠芽，而且劈裂处的萌芽条容易风折。另外，要想获得较多的萌芽条，可采用斧伐。

② 头木作业的采伐：如为第一次，则要合理确定干高，一般为1~4 m，具体可根据经营目的在此范围内选定，如为后续采伐，要注意保护瘤状物的愈伤组织。无论第一次还是后续采伐，均要注意使采伐断面平滑、不挂皮。

③ 截枝作业的采伐：剪枝时，要使剪刀平面与枝条断面保持垂直状态时用力剪断，不要斜剪。如枝条较大，需上下转动剪刀先割断枝条表层，再剪断，不要斜撇，这样做一是保护剪刀，更重要的是可保持枝条断面的平滑，以利于萌发新枝。

[注意事项]若实习场地有限，可以讲解演示为主。

[**实训报告**]每人写一份矮林采伐过程的实习报告。

【任务小结】

如图 17-12 所示。

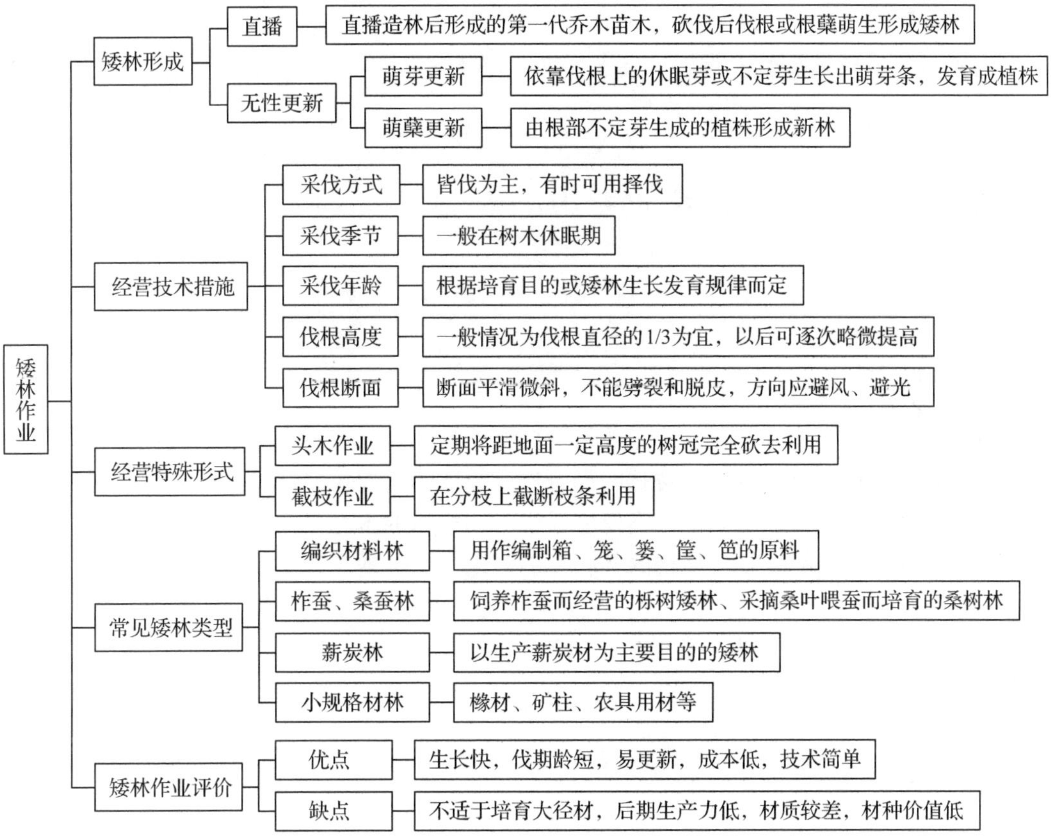

- 矮林作业
  - 矮林形成
    - 直播 — 直播造林后形成的第一代乔木苗木，砍伐后伐根或根蘖萌生形成矮林
    - 无性更新
      - 萌芽更新 — 依靠伐根上的休眠芽或不定芽生长出萌芽条，发育成植株
      - 萌蘖更新 — 由根部不定芽生成的植株形成新林
  - 经营技术措施
    - 采伐方式 — 皆伐为主，有时可用择伐
    - 采伐季节 — 一般在树木休眠期
    - 采伐年龄 — 根据培育目的或矮林生长发育规律而定
    - 伐根高度 — 一般情况为伐根直径的1/3为宜，以后可逐次略微提高
    - 伐根断面 — 断面平滑微斜，不能劈裂和脱皮，方向应避风、避光
  - 经营特殊形式
    - 头木作业 — 定期将距地面一定高度的树冠完全砍去利用
    - 截枝作业 — 在分枝上截断枝条利用
  - 常见矮林类型
    - 编织材料林 — 用作编制箱、笼、篓、筐、笆的原料
    - 柞蚕、桑蚕林 — 饲养柞蚕而经营的栎树矮林、采摘桑叶喂蚕而培育的桑树林
    - 薪炭林 — 以生产薪炭材为主要目的的矮林
    - 小规格材林 — 椽材、矿柱、农具用材等
  - 矮林作业评价
    - 优点 — 生长快，伐期龄短，易更新，成本低，技术简单
    - 缺点 — 不适于培育大径材，后期生产力低，材质较差，材种价值低

图 17-12　森林的择伐更新知识结构图

【拓展提高】

一、矮林作业发展趋势

矮林作业在山区林场、山区农村采用较多，它生产周期短、技术较简单。但编织条、小规格材产生经济效益较小，所以这种作业方式在民间采用较普遍，理论上重视度低、研究较少。最近十几年，国内、国外有人尝试在药用价值较高、萌芽能力不强的树种上，采用生根粉涂抹等技术手段促使在伐根上萌生壮苗，进行矮林作业，但还没有成熟的经验、定型的技术。随着我国森林分类经营的广泛推广、林业两大体系建设的不断扩展、林业在发展国民经济上的作用的增强，矮林作业会在作业对象、作业技术上有新的突破。国内《林业科技》《林业科技推广》杂志上有这方面的研究文章。

二、课外阅读题录

时富勋，王宜文，杨长群，等. 2004. 栎类矮林作业法[J]. 林业实用技术，(4)：19.

龙光远，彭招兰，郭德选，等. 2000. 龙脑樟矮林作业技术和效益分析[J]. 林业科技开发，14 (6)：30－31.
石永理，俞定会，张彦军，等. 2006. 桑树矮林作业技术[J]. 林业实用技术，(8)：32.

【复习思考】

1. 矮林有哪些特点？矮林作业的意义是什么？
2. 常见的矮林类型有哪些？它们各自的主要用途是什么？

任务 17.5　中林作业

【任务介绍】

中林指在同一块林地上既有一定数量有性繁殖的林木，又有一定数量无性繁殖的林木组成的林分。中林作业是乔林和矮林的混合作业，适用于农村个体林、需要保护土壤及美化环境的森林。一方面，中林作业不仅能提供不同规格的木材，而且矮林层伐期龄短、获材快；另一方面，异龄、复层结构的林相光能利用率、林地利用率、林地生产力高。

知识目标

1. 了解中林作业的含义、类型和特点。
2. 熟悉中林的经营技术措施。

技能目标

1. 能将矮林改为中林、乔林改为中林。
2. 能运用正确的理论作指导，对不同类型的中林使用相应的经营技术措施。

【任务实施】

17.5.1　中林的类型

中林作业适于土地面积较少、土壤肥沃、劳力充裕、技术力量强，且有多种规格用材需求的地区。根据乔林层和矮林层的数量及分配状态，可把中林分为以下4种类型：

① 乔林状中林　上木很多，均匀分布，下层矮林数量较少。

② 矮林状中林　上木数量很少，下层矮林数量较多。

③ 块状中林　森林成小块状分布，仍分乔林和下层矮林，同时经营。

④ 截枝中林　上层林主要为下层林庇荫，下层林用于截取枝条。

另外从树种组成上的不同可分为，乔木型中林和乔灌型中林，乔木型中林又可分为单树种中林和多树种中林。

17.5.2　形成中林的途径

某一块林地欲从事中林作业，选择合适的树种是最基本、最要紧的工作。中林作业是乔林作业和矮林作业的混合作业，所以选择的树种必须是有性繁殖能力和伐根萌芽能力同样强的树种才适宜，如壳斗科的栎类树种。

17.5.2.1　在无林地上建造中林

在无林地上培育中林，先用植苗或播种造林法营造实生同龄林。到一定年龄(一般为矮林的轮伐期)，将大部分林木砍去，均匀地保留部分优良木作为第一代上木，采伐的同时还要植苗或播种造林。经过一个矮林的轮伐期，再将上次采伐后萌生的全部伐去，把第二次造林栽植的大部分乔林树木砍去，而保留其中一部分优良木作为第二代上木，同时再进行植苗或播种造林。依次继续进行采伐和造林，直至形成第三代、第四代等代上木。这期间下层矮林的轮伐期不变，每次采伐矮林的同时，采伐新一代乔林树木、选留新一代上木及造林的方法不变。当到达上木伐期龄时，采伐矮林及选留新一代上木的同时，采伐第一代上木并进行造林，至此中林完全建成。以后每次采伐矮林时，均同时采伐一代上木并进行造林。

17.5.2.2　乔林改为中林

如原林分密度大，可逐渐疏伐上木，引进栽植适宜经营矮林的树种，按照矮林的轮伐期采伐、选上木、造林，使其逐步形成既具有各代乔林上木又有下层矮林的理想林分，只要主要树种是价值高、生长速度适中、树冠稀疏的喜光树种都可选作上木。如果原林分密度小，就要引进树种，并按照矮林的轮伐期采伐、种植、选上木，逐渐营造起不同世代的乔林上木，下层则为矮林。我国山地、平原的栎林等具有无性更新能力树种组成的森林，绝大多数都可以改造成为中林。

17.5.2.3　矮林改为中林

原为矮林的林分，要改建为中林，必须在每次采伐矮林时，逐次种植、选上木，逐步营造起各世代的乔林上木。当各世代林木形成后，即可按上述中林作业的方法，每次既采伐矮林获得小径材，又采伐一代上木，获得大径材。原则上各代上木必须是实生的，以获得优质的大径材。

17.5.3　中林的采伐更新

一个成型的系统经营的中林，矮林层和乔林层树木往往同时采伐。乔林实行带有抚育采伐性质的择伐，这种择伐一方面是将成熟的、年龄最大的一代上木伐去；另一方面伐去年龄最小的那代乔林的大部，并选好保留木。矮林采取皆伐，即将达到伐期龄的一代上木全部伐掉。采伐的同时进行植苗或播种造林，营造新一代乔木。

乔林的间伐强度，决定于树种性状和经营要求。如为了得到较多的大径材，则间伐强度宜小，保留上木宜多，使中林成为乔林状中林；如以培育矮林为主，则间伐强度宜大，保留上木宜少，使中林成为矮林状中林。有时中林的上木为一些特殊用途的经济树种，这时的采伐要为培育特殊用途的经济价值服务，上木要稀疏，伐期龄要长，以收获特殊经济价值为主获得木材为辅。

经过系统中林作业的林分，林冠的郁闭状态有自己的特点。当矮林层刚刚采伐后，则呈现一个稀疏的异龄乔林林相，如图 17-13(A)所示(规定矮林层轮伐期 25 年，上木轮伐期 100 年，树上面数字为上木年龄)。

中林作业的采伐和上木的保留不一定是均匀的，也可以是群状的或带状的，加之上木保留数目的变动范围又很大(每公顷几十株到数百株)，致使中林林相经常是多样的，并非全如图 17-13(B)所示，图 17-13 仅做一般示意。

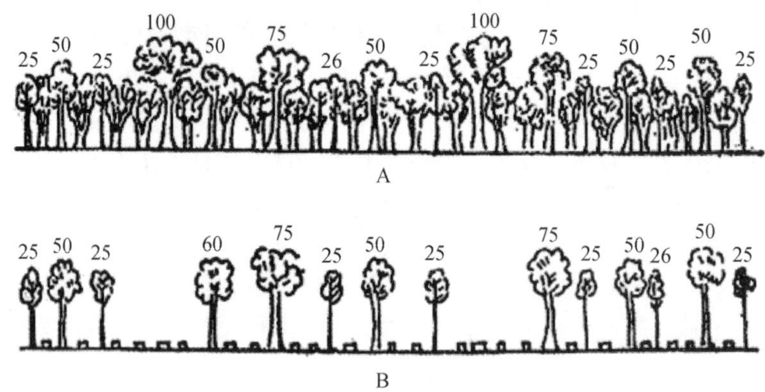

图 17-13 中林采伐前后的林相

A. 采伐前的林相 B. 采伐后的林相

17.5.4 对中林作业的评价

经营中林可获取不同材种和多种效益，能满足更广泛的社会需要。在 17 ~ 18 世纪，中林作业在西欧国家非常盛行。后来随着对大径材的需要和机械化作业的发展，中林经营减少了。中林作业适于分散、小片林地。现今我国个体经营林分较多，适于采取中林作业，这不仅可获得多种规格木材，也节省土地、保护环境。城市公园、风景林也适于中林经营，因为中林不同起源的林木及独特的复层林相可增加观赏价值。

17.5.4.1 优点

① 能同时获得不同规格、不同种类的木材，适于拥有小面积林分的林农或经营主采用此作业方式。

② 林地上始终保留着较多数量的林木，森林环境稳定，有利于防风、防冻和防止水土流失，也利于保护野生动物。

③ 中林林相美观，适于作风景林、卫生保健林和城市绿化林。

④ 中林内近熟、成熟上木(乔林树木)分布稀疏，光照条件好，种子质量高，可供采种或天然更新。

⑤ 中林生产力一般较高，由于处于异龄复层状态，光能利用率高，矮林的前几代往往比同树种同年龄的乔林生长快。

17.5.4.2 缺点

① 经营中林的技术复杂。往往在锯材、薪炭材、纸浆材、小规格材有销路时，或者立地条件较好、技术力量强，需要保护环境，又要长短结合取得林产品时，才从事中林作业。

② 中林的木材质量相对低一些。上木由于过于稀疏，树冠扩张，枝下高低，干形通直圆满上差些，大径级优质材的出材量较大幅度的低于同树种的乔林；中林内矮林的木材质量不如单纯矮林，因为矮林层的生长发育常受到上木的抑制。

【技能训练】

栎树的乔林改中林

[目的要求]熟悉栎树乔林改为中林的技术要点。

[材料用具]粉笔、锯、楔子、测高器、皮尺、围尺、绳子、栎树种子、锄、斧头、铅笔、纸张。

[实训场所]选择一片栎树有性繁殖形成的异龄林，该林内有各个龄级的林木且林分密度较大。

[操作步骤]

(1)树种识别和立地选择。根据生物学特性确认林内树种，根据栎树生态学特性及当地立地条件确认此地可从事中林作业，并做好记录。

(2)龄级划分。以栎树胸径达到 12cm 为小规格材标准、达到 30cm 为大规格材标准。一般情况下，栎树在较差的立地条件下生长胸径达到 12cm、30cm 分别需要 25 年、100 年，在较好的立地条件下生长胸径达到 12cm、30cm 分别需要 20 年、80 年。本次实习以第二种，即在较好立地条件下为准，测定树高和胸径将林内栎树按 20 年为一个龄级划分为Ⅰ、Ⅱ、Ⅲ、Ⅳ龄级。接着在每棵树胸径部位用粉笔标上已鉴定的龄级，粉笔龄级标志面向同一个方向(即以采伐方向为准)，以免采伐时出错。

(3)采伐树木。将林内所有Ⅰ、Ⅳ龄级树木全部伐掉，Ⅳ龄级树木作为大径材、Ⅰ龄级树木作为小径材全部运出。之后在林间空地进行栎树直播造林。采伐时要根据运材位置确定采伐方向和树倒方向，要用绳子、楔子、留弦等方式控制树倒方向确保安全，要先锯下楂、后锯上楂。树伐倒后要进行修枝、造林和清林。

(4)后续工作说明。上述的工作只是乔林改为中林的第一步工作。20 年后再进行第二步工作，即将林内达到Ⅳ龄级的林木全部伐掉，将上次直播造林长到Ⅰ龄级的树木选好作为新一代上木的苗木予以保留，剩余的全部伐掉，在林间空地直播造林。再过 20 年即 40 年后将林内达到Ⅳ龄级的林木全部伐掉，并将第二次直播造林长到Ⅰ龄级的树木选好作为新一代上木的苗木予以保留，剩余的全部伐掉，同时将第一代矮林全部伐掉(伐矮林时要遵循伐根高度和伐根断面等技术要求)。再过 20 年即 60 年后作业方法同 40 年时相同。再过 20 年即 80 年后将林内达到Ⅳ龄级的林木全部伐掉，并将第三次直播造林长到Ⅰ龄级的树木选好作为新一代上木的苗木予以保留，剩余的全部伐掉，同时将一、二、三代矮林全部伐掉，这时要注意须将第一代矮林的伐根清除掉，因为矮林的第四代生产力衰退、材质要较大幅度下降。以后的工作类似。

[注意事项]乔林改为中林需要很长时间，本次实训只是整个作业过程中的第一个环节。

[实训报告]每个学生提交一份《乔林改为中林的过程及采伐时的技术要求》的实训报告。要求把乔林改为中林的过程写完整，把采伐技术要点写清楚。

【任务小结】

如图 17-14 所示。

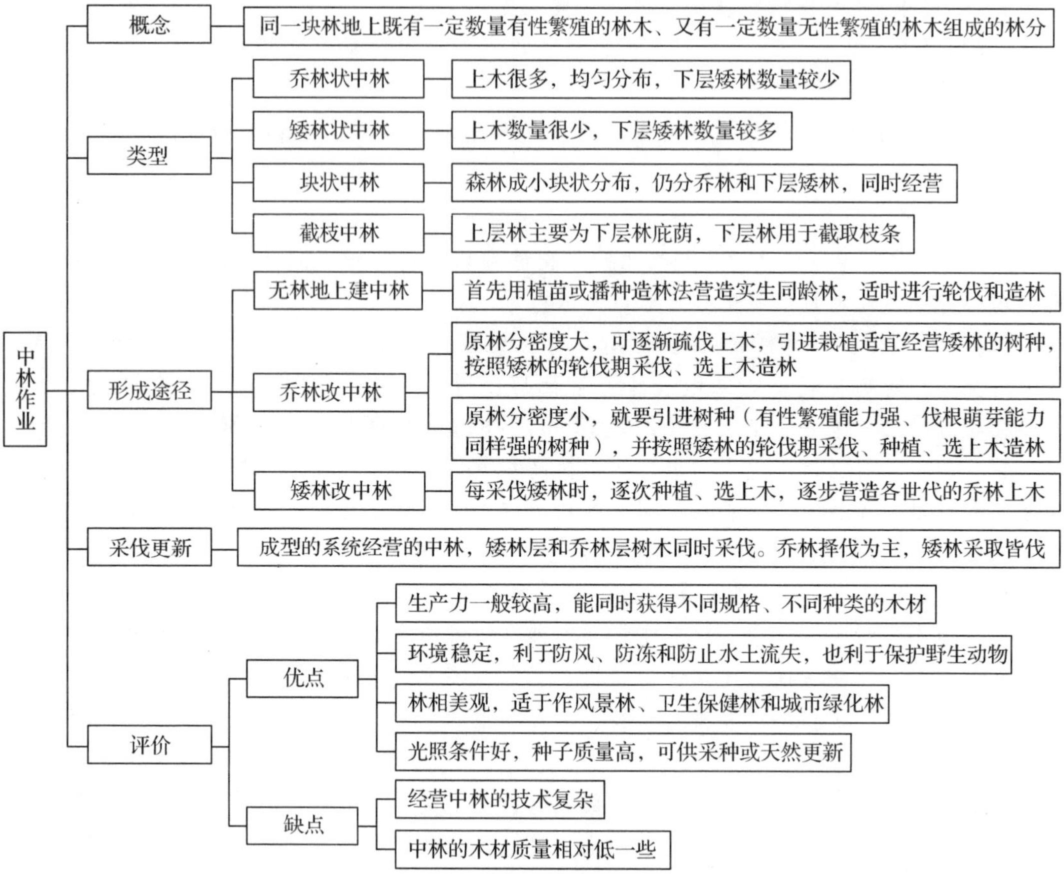

- 中林作业
  - 概念
    - 同一块林地上既有一定数量有性繁殖的林木、又有一定数量无性繁殖的林木组成的林分
  - 类型
    - 乔林状中林
      - 上木很多，均匀分布，下层矮林数量较少
    - 矮林状中林
      - 上木数量很少，下层矮林数量较多
    - 块状中林
      - 森林成小块状分布，仍分乔林和下层矮林，同时经营
    - 截枝中林
      - 上层林主要为下层林庇荫，下层林用于截取枝条
  - 形成途径
    - 无林地上建中林
      - 首先用植苗或播种造林法营造实生同龄林，适时进行轮伐和造林
    - 乔林改中林
      - 原林分密度大，可逐渐疏伐上木，引进栽植适宜经营矮林的树种，按照矮林的轮伐期采伐、选上木造林
      - 原林分密度小，就要引进树种（有性繁殖能力强、伐根萌芽能力同样强的树种），并按照矮林的轮伐期采伐、种植、选上木造林
    - 矮林改中林
      - 每采伐矮林时，逐次种植、选上木，逐步营造各世代的乔林上木
  - 采伐更新
    - 成型的系统经营的中林，矮林层和乔林层树木同时采伐。乔林择伐为主，矮林采取皆伐
  - 评价
    - 优点
      - 生产力一般较高，能同时获得不同规格、不同种类的木材
      - 环境稳定，利于防风、防冻和防止水土流失，也利于保护野生动物
      - 林相美观，适于作风景林、卫生保健林和城市绿化林
      - 光照条件好，种子质量高，可供采种或天然更新
    - 缺点
      - 经营中林的技术复杂
      - 中林的木材质量相对低一些

图 17-14　中林作业知识结构图

【拓展提高】

一、中林未来发展趋势

由于中林的建立、乔林改为中林、矮林改为中林及整个中林作业的时间长、过程复杂，所以很多地方不愿采用，对这方面的研究鲜有所见。随着林权制度改革的深化、森林集约经营程度的提高、森林保护、美化环境作用的加强，中林作业的面积会逐步扩大、对中林作业的研究也会增多。研究的方向主要是中林作业对立地条件选用的广泛性、中林作业树种选择范围的增加、某些树种中林作业伐期龄及整个作业周期的缩短与效益的提高。另外，要加强对中林作业的宣传和推广。

二、课外阅读题录

黄晨，王洁，吴伟，等. 2006. 中林 46 速生杨丰产栽培技术[J]. 农村科技，(10)：43.

朱志初. 1984. 户营中林作业法好[J]. 陕西林业科技，(1)：47－48.

【复习思考】

1. 如何在无林地上建中林？
2. 中林作业的优点有哪些？简要论述其理由。

项目18

森林采伐作业

森林采伐是森林经营措施中的重要手段之一。合理的采伐，不仅可以获得木材，而且可以使森林的生态环境得到保护和加强，达到青山常在，永续利用的目的。森林采伐必须严格执行森林采伐技术规程，按照伐区调查设计的要求，因地、因林制宜，合理地组织和安排伐区木材生产工作。

任务 18.1　采伐作业

【任务介绍】

森林采伐作业的工艺过程一般为伐木、打枝、造材、集材、伐区清理及装车作业。每一道工序在施行中，不仅关系着劳动生产率的高低，而且直接影响着采伐迹地更新的条件与前更幼树的保存程度。伐木作业是采伐作业的第一道工序，必须贯彻合理采伐，最大限度地减少木材损伤，保证安全生产，为后续工序和更新创造良好条件。

知识目标

1. 了解伐木的基本要求和伐木顺序。
2. 了解打枝、造材、集材和清理伐区的基本概念及其意义。
3. 掌握伐木的方法和步骤。
4. 掌握打枝、合理造材、集材和清理伐区的基本方法。

技能目标

1. 伐木时能安全操作。
2. 能打枝、造材、集材和清理伐区。

【任务实施】

18.1.1　伐木

18.1.1.1　基本要求

伐木作业与其他工序有密切关系。伐木的质量首先影响集材机械的生产效率，也影响森林资源的利用率和伐区母树、幼树的保存，因此，伐木作业应达到下列要求：控制倒向、降低伐根、减少木材损伤率、保护母树，促进森林更新、采伐所有应采的树木、保证安全生产。

18.1.1.2 伐木方法

伐木技术是伐木作业中最关键的环节，它不仅影响木材的利用程度，而且影响伐木者自身的安全和伐区森林更新。

(1)判断待伐树木的自然倒向

树倒方向分为自然倒向和控制倒向。自然倒向是树木在自然条件下树冠重心偏向某一方向而形成的倒向；控制倒向是指伐木时按生产要求由伐木工人所控制的倒向。有时两者一致，有时两者不一致，有时甚至根本没有自然倒向(如生长在平坦地上的直立树)。因此，伐木时为了正确掌握树倒方向，首先要根据树木的生长形态和树冠重心垂直于地面的位置，可分为直立树、倾斜树和弯曲树 3 种类型。

① 直立树　是指树干通直，并垂直于水平面的树木。这类树木的自然倒向，应该根据树冠重心偏离的方向来判断。

② 倾斜树　又叫作“切身树”。这类树木的树冠重心的垂线距离树根的中心较远。树冠倾向的一方就是它的自然倒向。树木倾斜越大，重心线和树干中心的距离越远，树冠倾向一方的重力所产生的倾覆力矩也越大，因此，按自然倒向采伐时容易掌握，而按与树木倾斜相反的方向采伐时，则比较困难，有时甚至不可能。

③ 弯曲树　是指树干弯曲的树木。这类树木的生长形状不规则，树干重心倾斜方向不易确定，树木的自然倒向难以判断。一般根据树干弯曲倾向的最大弯度和树冠重心倾向方向的最大程度判断。

另外，采伐病腐树、枯立树时应特别注意，因为病腐树在采伐时容易突然倒下，枯立树由于树冠轻，采伐时倒向不易控制。

(2)确定伐木顺序

从作业范围看，一般应从装车场开始，向远处采伐。对于一个采伐号，伐木顺序是：一采集材道上的树木；二采集材道两侧的树木；三采“丁字树”，应从集材道一侧逐次向里采伐。在采伐集材道两侧树木的同时，在集材道两旁，每隔十几米选留生长健壮的被伐木作为“丁字树”，用来控制集材道的宽度不再扩大，尤其是在集材道转弯的地方更应该保留。

(3)伐木的方法和步骤

伐木的方法可分为斧砍法和锯断法两种。目前，以锯断法为主，斧砍法是我国南方常用的伐木方法。锯断法可用手工锯或动力锯进行，现在多用动力锯——油锯。伐木时先根据树木的自然倒向，然后确定控制倒向和应采取的技术措施，再根据树根的生长情况确定下锯位置。伐木一般按锯下楂、挂耳子、锯上楂、加楔、留弦等几个步骤进行。在具体伐木时，上述步骤不一定都采用，如若确定被伐木没有劈裂危险时，则不需要挂耳子。

① 锯下楂　伐木时必须在预定树倒的一面锯下楂。因为锯下楂可控制被伐木倒向指定的方向，避免根部木材遭到抽心、劈裂等损失，做到安全作业。在任何情况下，都不允许无楂伐木(俗称大抹头)。下楂口距地面越低，伐木时越安全，而且根部木材也得到充分利用。如果下楂口过高，树在倒下时，树干下端可能滑向一侧，以致树木倒向改变，容

易发生技术事故。

下楂口有矩形和三角形两种。矩形楂就在是预定树倒方向一侧的根部，锯两个平行锯口，外厚内薄，并抽出中间的木片。三角形下楂是锯出一道水平口，在其上方或下方锯出一道倾斜口，角度以30°~45°为宜。迎山倒的被伐木最好锯三角形下楂，它可使树木倒时不发生向后蹬出。下楂的上下边合拢时要完全接触，才能压力均匀、不宜劈裂。下楂口的深度，一般为伐根直径的1/4~1/3，两锯口的间距为深度0.4~0.8倍。下楂口的深度和高度(两锯口的间距大小)对树木的倾倒和工作的安全很重要。如果伐木时锯下楂的深度和高度不足，树木倾倒时，容易产生根部劈裂或下楂口顶在伐根上(俗称顶楂)等现象。如果下楂深度过大，就会增加下楂口的高度，从而使伐根过高，造成木材损失。

② 挂耳子　就是在下楂口锯好后，在下楂口一侧或两侧锯个锯口，把边材锯断。前者叫作挂单耳，后者叫作挂双耳。挂耳子是为了防止木材劈裂。因为边材比较坚韧，不易折断，而心材比较脆弱，容易折断，把下楂口的两侧或一侧的木纤维锯断后，树倒时就不容易劈裂了。伐木时挂双耳还是挂单耳，要根据被伐木的生长情况和树倒方向来决定，采伐自然倒向和控制倒向一致的倾斜树时，一般要挂双耳。采伐自然倒向和控制倒向不一致的倾斜树需要借向时，则应挂单耳。向右借向的，要挂在左边；向左借向的，则要挂在右边(图18-1)。

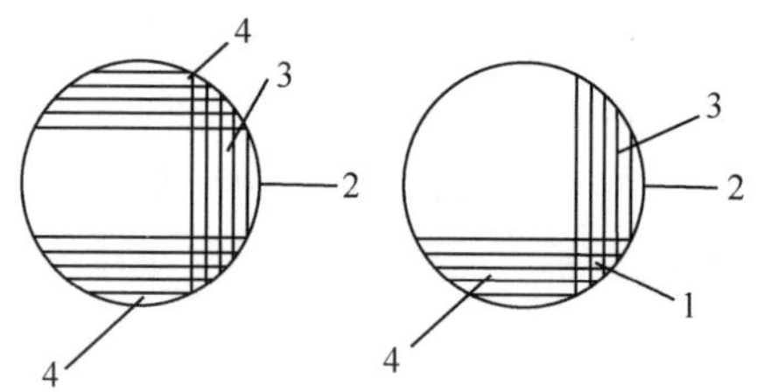

1. 自然倒向　2. 控制倒向　3. 下楂口　4. 耳子

图18-1　挂耳示意(刘进社)

③ 锯上楂　上楂锯口的位置是在下楂口的对面，同下楂的上锯口平行(图18-2)。上楂锯口不能低于下楂的上锯口，否则，容易使树倒方向不正。锯上楂时要使锯板保持水平，并和树干的纤维垂直。伐木时，如果被采伐树木直径小于锯板长度，可以站在面对树倒方向的左侧，从左向右，用一个扇面式的动作把上楂锯完；如果被采伐树木直径大于锯板长度，可以用逐次切入法和转锯法(图18-3)。逐次切入法，就是在第一次下锯的锯导板已经全部进入树干，截断一部分木材后，把锯板从锯口中抽出来，另找一个支点再行下锯，如此循序切削至树倒为止。转锯法就是在第一次下锯的导板全部锯入树干后，不把锯板从锯口中抽出来，而是边切削边转移支点，围绕树干逐次进行切削，直到树倒为止。用转锯法伐木，伐根茬面平齐，但对伐木技术要求较高。

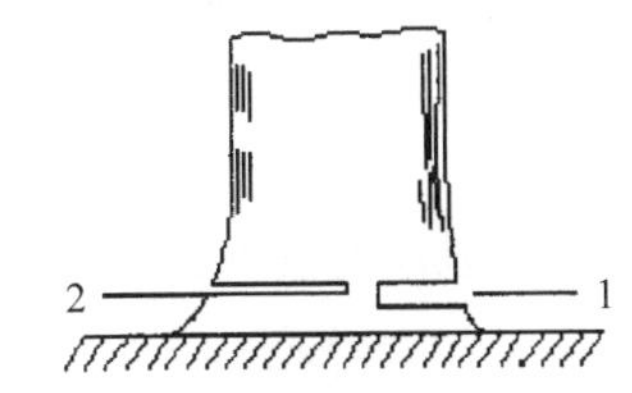

1. 下楂口　2. 上楂口

图 18-2　上楂和下楂(刘进社)

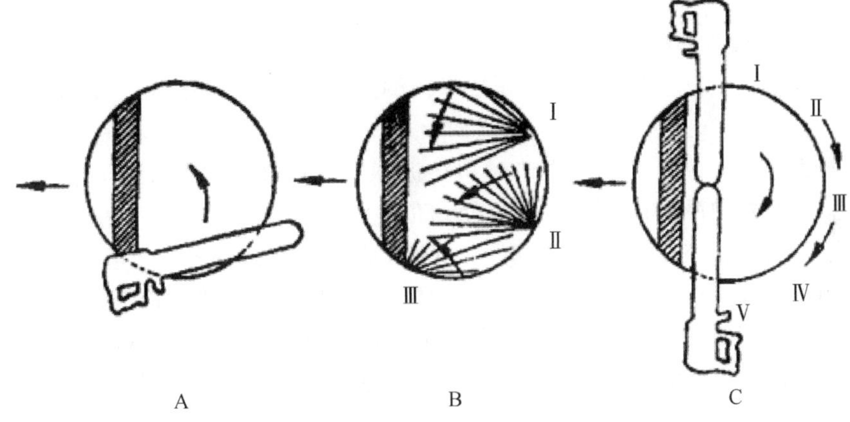

图 18-3　用油锯锯上楂的方法(Ⅰ、Ⅱ、Ⅲ、Ⅳ、Ⅴ为锯支座的先后位置)

A. 一个扇面形式动作锯完上楂　B. 逐次切入法　C. 转锯法

④ 加楔　锯上楂时如果发生夹锯现象，待锯板全部进口后，可以在上楂口打楔子。打楔子不仅能消除夹锯现象，还能起到推树作用，有利于控制树倒方向。但要防止过早地把树推倒，造成材木劈裂。打楔子时不能硬打(特别是冬季)，以防楔子蹦出伤人，应先用小楔子，待锯口略启后继续使用中、小型楔子；夹楔的位置一般选择在与要求倒向相对的地方，不能偏位，否则不能有效的控制树倒方向，还会破坏借向措施。

⑤ 留弦　伐木时在下楂和上楂之间保留一定的宽度暂不截断的木材带。这段不截断的木材带就叫作弦。留弦有利于正确掌握树倒方向，保证安全作业，如果将这部分木材全部锯透，油锯进入前部，树也向前倾倒，下楂口出现过早闭合，将锯导板挤压在锯口，或者出现"大抹头"，压坏锯板、砸坏油锯和严重影响油锯手的安全；若是留弦，树要倒时，以留弦处为锯的支点，下楂口闭合上楂口张开，树就会按要求方向较缓地倒下，油锯从上楂口顺利抽出。

弦的形状、大小和位置，要根据所要求的树倒方向来决定。被伐树的自然倒向和控制倒向一致时，要留出一条等宽的弦，当有风力影响时，可将弦偏向风力作用的方向；需要借向的树，树往哪边倒，哪边留弦就要多。正确留弦是控制树倒方向的重要措施，同时也能延缓被伐木倾倒时间，有利于伐木工人的安全作业，防止扭楂、后坐等事故的发生。弦的宽度根据树木直径的大小来决定，大树多留，小树少留。

为了防止木材劈裂，在树将要起身(树倒)之前，必须控制留弦，加快锯截。树起身时，应立刻把锯抽出，躲入安全道去。在采伐生长不正常的树木时应当特别注意安全作业，除要求正确判断树木的自然倒向外，还必须根据每棵树生长的具体形态和材质情况采取相应的措施，否则，容易发生事故。

(4)伐木注意事项

① 伐前，清除被伐树周围 1~2 m 以内的灌木、杂草和藤条，并在树倒方向的左侧和右侧后方 45°角处开 2 条安全道。

② 根据设计的集材方式，决定伐木顺序。

③ 按生产要求确定控制倒向。从有利于提高劳动生产率，有利于保证生产、减少木材损伤，有利于打枝、集材等生产工序的顺利进行，有利于从森林更新等角度出发确定控制倒向。

④ 基本伐木操作步骤要领：

下锯开楂要正 锯下楂口时要对正要求树倒的方向，里口要拉齐。下楂的深度和高度要适当。

两手端锯要平 一要做到开锯口时锯导板和树干垂直；二要做到两手端平，左手提锯，右手给油；左腿站稳向右蹬，右腿使劲顶住锯，右手、右腿配合好，油门大腿也使劲，油门小劲要轻；三要注意"目视差"，也就是用眼一看是端平了，但实际上没有端平，要把前端稍微抬高一点，做到实际端平；四要注意大树，不端平油锯不能开楂，防止锯成斜形或螺旋形，不但增加切削面积多费劲，而且容易夹锯或发生"坐殿"(不起身)现象。

留弦的位置大小要准 留弦是正确控制树倒方向的关键，要做到准确留弦。弦的拉力大小决定了树倒方向，树要向哪边倒，哪边留弦就要多。在伐大、中径树时，要考虑在左右两边留弦。

树心留弦要小 因树的边材强度大，拉力大，留弦都留在两边，树心留的越小越好，不宜过大，但不能不留；特别是中、小径树，防止折断锯导板。

切削要稳 操纵油锯要平稳切削，逐渐增加负荷量。在锯导板进入树干后加大油门加快进锯提高速度，不要突然加大负荷，以防止卡锯、拉断锯链。在树快要起身时，要紧掏几下加快切削注意留弦，防止劈裂打拌子；如果树是顺山倒，要快削两侧的留弦；如果往左借向，要削好右弦；如果往右借向，要削好左弦。

控制油门要巧 操纵油锯时掌握油门要灵活，该大要大，该小要小，不能老是一样大，要和切削密切配合好。开始下锯时要用小油门，锯导板进入树干后要加大油门，全负荷快进锯用波浪式的大油门，半负荷或要抽锯时用中小油门，树起身叫楂时立即减速恢复小油门，防止给油不均切削偏向、留弦不准，发生意外。

⑤ 降低伐根，伐根高度≤伐根直径 1/3。

⑥ 保护幼树，确定树倒方向时考虑避免砸伤幼树。

⑦ 制定安全技术要求，开辟安全道等，避免树倒时砸伤伐木人。

18.1.2 打枝

立木伐倒后剔除枝桠的作业称为打枝，打枝是树木伐倒后的第一道工序，有人力打枝和机械打枝两种形式。目前，我国多数林区的打枝作业仍采用人力打枝，国外专用打枝机械发展较快，随着联合机的出现，打枝作业开始采用专门的联合机来进行，今后将广泛使用打枝—造材联合机，或伐木—打枝联合机，或伐木—打枝—造材联合机进行打枝作业。

打枝作业要全面考虑作业安全，同时要按照木材合理利用以及有利更新等方面的技术要求进行，如果打枝不彻底会给集材造成困难，如破坏集材道、增大集材阻力、影响装车、破坏集材和运输工具等，也会给以后的造材、选材、归楞等作业带来困难，因此，打枝的基本原则是平、光、净。平是指切口要平整，不留茬，不凹陷；光是指切口面要光滑，不劈裂；净是指打枝时无论大枝小枝，除集材需要外，一律打除干净。

打枝时，要顺着枝桠伸出的方向紧贴树干表面打干净。以便切面光滑，不得打劈，不得深陷下去，保证木材质量。为了确保人员安全，同一伐倒木上只允许一名打枝工进行打枝。打枝工必须选好站位，一般应当站在伐倒木一侧打另一侧的枝桠，同时，打枝工的打枝位置要距伐木工的伐木位置 50m 以上，如伐倒木特别粗大可站在树干上打枝，如为横山倒的伐倒木，应当站立上坡打枝，如遇伐倒木重叠、交错，可从上而下依次进行。打枝顺序一般按照从根部开始，按顺序直到树梢直径 6cm 的地方截断。对粗大枝桠，可进行锯除，同时，对能利用的枝杆应尽量收集利用，提高木材利用率。打枝作业应当结合伐区清理进行。

18.1.3　造材

造材是根据木材的质量及经济价值，按照国家制定的木材标准，将原条截成一定长度的不同等级的原木和需要的材种的作业。造材可在伐区进行，也可以在装车场或贮木场进行，应当根据集材和运材方式决定。造材时必须考虑树身缺陷，量材使用，合理造材，做到材尽其用，提高出材率和木材售价。

18.1.3.1　合理造材的基本原则

合理造材不但在数量上，而且更重要的是在质量上完成材种生产，提高产品质量。因此，合理造材应当遵循以下原则：① 材尽其用。认真做好原条的量尺工作，充分利用原条全长。② 贯彻“三先三后”的原则。先造特殊材，后造一般材；先造长材，后造短材；先造优材，后造劣材。并且做到优材不劣造，好材不带坏材，提高经济材出材率。③ 执行“三要三杜绝”的原则。要做到按计划造材，杜绝按楞造材；要量尺准确，杜绝超长和短尺；要准确下锯，杜绝避让包节等。

18.1.3.2　合理造材的方法

造材必须根据原条的特点以及国家或地方对材种的要求(国家标准或地方标准)进行合理造材。要特别注意造材方法，有时要将原条上存在的缺陷分散，有时需要将其集中到一段原木上，以便提高质量好的材种的出材量，提高经济效益。同时要避免“长材短造、优材劣造”的弊端。不同特点原条的造材方法如下：

(1)正常健全的原条造材

正常健全的原条是指树干通直，尖削度小，节子小而少，无病腐等其他缺陷。这种原条应优先造特殊用材，然后再造一般加工用材。根部径级较大，尽量造长材。梢部径级小及较尖削和多节等原因，应造成坑木、桩木、电柱等。

(2)多节原条造材

节子对木材分等有着很大的影响。据统计，区分木材的等级，70%~90% 取决于节子，节子在树干上的分布是不均匀的，靠近树干根部节子很少或根本没有；中部节子比较少，但死节和漏节往往在这一部位较多；在梢部节子最多。造材时把节子(活节、死节)

最多，且节子直径最大部分尽量造成直接使用原木和枕资。造加工用原木时，根据节子尺寸大小和密集程度，从提高材质的原则出发，应将节子分散在几段原木上或干脆集中在一段原木上。这样，可避免因一个节子而使原木等级降低。因此，将节子分散还是集中，是量材的技术问题，也是经济问题。

(3)腐朽原条造材

腐朽是木材最严重的缺陷之一。树干的外伤、漏节、夹皮、偏枯等是树木内、外腐的外部特征。带病腐的原条，总的造材原则是：尽量把病腐部分集中在一段原木上，不能坏材带好材或好材带坏材，这样做都是在不同程度上浪费了木材。

(4)虫眼和裂纹原条造材

有虫眼时，应根据虫眼的大小和密集程度，适当集中在一根原木上或分散在几根原木上，并尽量造成对虫眼限制较宽的材种，如多造一般用材或一些 5m 长的枕资。有裂纹时，一般造成对裂纹不限或允许限度内的材种。尽量缩短裂纹长度，避免因裂纹降低原木的等级。对不符合等级标准的，可把裂纹部分造在一根短原木上，以便提高下一段原木的等级。对不影响等级的应造成 6m 或 8m 的长材。

(5)干形缺陷造材

干形缺陷是指树干有弯曲、尖削、扭转和双桠等缺陷现象，这些缺陷会影响材质，必须合理造材。

18.1.4 集材

从伐木地点把分散的原木或原条、伐倒木归集到装车场、集材场(山楞)或推河场的作业称为集材。集材是伐区生产中的主要工序，其成本约占伐区生产成本的 1/3 左右，合理选择集材方式，又是保证合理伐区生产计划，提高企业生产水平的重要一环。

18.1.4.1 按集材时木材形态分类

目前我国集材的种类，按集材时的木材形态进行分类可分为原木集材、原条集材、伐倒木集材 3 种。原木集材是树木伐倒后经过打枝、造材，然后再进行集材的作业；原条集材是树木伐倒后只经打枝，不经造材，直接进行集材的作业，造材作业放到山下贮木场进行；伐倒木集材是树木伐倒后既不打枝，也不造材，带树冠进行的集材作业。

原木集材多用在集材机械动力小，伐区内搬运困难的伐区(伐木场)；原条集材和伐倒木集材多用在伐区内搬运条件好，集材机械动力大的伐区(伐木场)。实践证明伐倒木集材是一种较好的方式，它可以减少采伐工作量。由于打枝和造材集中在山楞进行，可改善劳动条件，实现机械化，提高工作质量，充分利用森林资源。

18.1.4.2 按使用的机械设备分类

按照集材方式可分为机械化集材和非机械化集材两大类。机械化集材有拖拉机集材、绞盘机集材、架空动力索道集材、联合机集材及空中集材等；非机械化集材有滑道集材、无动力架空索道集材、畜力集材、人力集材等。几种主要集材方式的适宜条件和优缺点见表 18-1。

表 18-1　几种主要集材方式的适宜条件和优缺点

适宜条件	集材方式				
	拖拉机集材	绞盘机集材	索道集材	冰雪滑道	畜力集材
地势	平坦或起伏不大的伐区	平坦或起伏较大的伐区	陡坡或地形复杂的伐区	严寒、结冰期较长的丘陵区	平坦、地形起伏不大伐区
坡度	25°以下	30°以下	45°以下	6°~20°	16°以下
距离	1000m 以内	400m 以内	900m 以内	不限	2000m 以内
出材量	$60m^3$ 以上	$100m^3$ 以上	$70m^3$ 以上	$60m^3$ 以上	不限
主伐方式	皆、择、渐伐	皆伐	皆、择、渐伐	皆、择、渐伐	皆、择、渐伐
生产方式	原条、伐倒木	原木、原条、伐倒木	不限	原木	原木
主要优点	1. 机动灵活 2. 减少作业工序 3. 生产工人少，劳动强度低，生产率高	不需修专门的集材道，准备作业量少	1. 不受地形坡度限制，适应性强 2. 不破坏地表不损伤幼树，有利于森林更新		
主要缺点	受坡度限制	集材距离短	准备作业复杂，工程量较大移动、搬迁不便		

集材机械的发展较快，自 20 世纪 60 年代后履带式拖拉机逐渐减少，开始采用折腰式或轮式，由于采用液压抓具等专用设备，大大减轻了人力的捆木劳动，从而提高了劳动生产率。近年来由于联合机械的出现，平原及丘陵林区(坡度在 25°以下)正在向着全部机械化方向发展，山地林区则向着架空索道方向发展。

集材方式的选择，总的要求是：要巧用山、川、冰、雪等天然有利条件，充分发挥机、畜、冰、工具等集材方式的作用，在以营林为基础和确保安全的前提下，因林因地因设备能力选择集材方式，以充分利用森林资源、降低成本、提高效率为最终目的。

18.1.5　清理伐区

18.1.5.1　清理伐区的意义

森林采伐后，在伐区里遗留着大量的枝桠、废材、倒木、打伤木等剩余物。对这些剩余物进行及时地清理，有利于防止森林火灾和病虫害发生，便于伐区木材生产，改良林地土壤和卫生状况，为森林更新创造有利条件。伐区清理是伐区木材生产的一道工序，也是为恢复森林而采取的一项重要的森林经营措施。根据进行的时间不同，可分为集前清理和集后清理两种。集前清理是在伐木后，集材前进行的清理；集后清理，就是在集材完了之后，再进行伐区清理。根据许多生产单位的实践，集前清理比集后清理可提高整个伐区生产阶段的综合劳动生产率。因此，只有劳动力不足时才采取集后清理。

18.1.5.2　清理伐区的方法

清理伐区的方法，应根据林分的自然条件(林况、地况)、采伐方式和经济条件而定。

(1)利用法

森林采伐后，对伐区里的小径材、短材及各种剩余物尽量运出伐区加工利用或就地进行化学加工，合理综合利用。这是一种较为经济的清理方法。目前有些国家对采伐剩余物的利用率可达50%，我国对采伐剩余物的利用率还远远低于这个数字。如果能把采伐剩余物充分利用起来，可以为国家提供更多的木材及木材制品。

(2)堆腐法

堆腐法是将采伐剩余物堆成小堆，任其自然腐朽的方法。在潮湿地、水湿地和火灾危险性小的地方以及择伐、渐伐和抚育采伐的地上，幼树较多的皆伐迹地上可采用这种方法，此法经济易行，在生产实践中广泛应用。

(3)散铺法

散铺法是把采伐剩余物截成0.5~1.0m的小段，均匀地散铺在采伐迹地上，任其自然腐烂。采用这种方法能防止土壤干燥和水土流失，有利于改良土壤，增加土壤的肥力，能为种子更新创造有利条件；这种方法适于土壤瘠薄干燥及陡坡、砂石质土的迹地上。有的国家认为，没有利用价值的细小枝桠可不加收集清理，任其散铺在地，或用移动式削片机就地加工成木片，散在林地上，作为改良土壤的肥料。

(4)带腐法

带腐法是将采伐剩余物堆成带状，任其自然腐烂。它与堆腐法相比，具有省工、便于人工更新和有利于保持水土等优点。适用于皆伐迹地。

(5)火烧法

火烧法是把采伐剩余物堆集成堆，然后在适宜的季节用火烧掉。火烧法的优点是：可以有效地防止迹地上的森林火灾和病虫害；可以改良土壤的物理性质和化学性质，促进有机质分解，有利于人工更新。这种方法适用于皆伐迹地。焚烧时要有专人看管，并需在冬、夏两季非防火期内进行，以免引起森林火灾。

【技能训练】

一、油锯的使用和保养

[**目的要求**]学会油锯的启动和关机；掌握油锯的保养方法。

[**材料用具**]油锯、拆装工具、润滑油、机油若干等。

[**实训场所**]伐区或森林经营技术实验室和练习场。

[**操作步骤**]

(1)做好启动前的准备。认真阅读油锯随带的使用说明书，了解结构性能，掌握操作技术，检查各部紧固件是否松动、脱落。加燃油、机油，燃油与机油按规定比例混合，并过滤清洁。卸下火花塞，将停火开关拨至停火位置，关上风门，转动曲轴，排除汽缸内封存的机停油，注意曲轴转动时有无卡碰现象；将停火开关拨至工作位置，火花塞接上高压线，置于缸头上，检查跳火情况。检查油路是否正常，供油系统各部是否有渗漏现象，油箱盖上的零件要装全拧紧，如有渗漏应及时修复。当电路、油路检查正常后，再检查锯链、导板，注意调整锯链的松紧度和锯链的安装方向。

(2)启动及其安全措施。将阻风门关小至1/2开度(热机可不关)，启动后恢复原位。按压化油器加浓杆2~3次(每次3~5s)。注意锯链不应与任何物体接触，也不准靠近自己和他人，防止发生意外事故。锁住扳机，用脚踩住后把手，一手按前把手，一手平稳而迅速地拉启动绳，一般3~5次即可启动。注意当拉出启动绳至启动位置时，不应突然松手，而应顺势送绳回位，以延长启动系统各零部件的使用寿命。启动后应立即松开扳机，让自锁装置跳出，扳机回到怠速位置，并打开阻风门，怠速运转3~5min，使发动机达到正常工作温度。怠速运转时，离合器应分离，锯链不跟转，否则应调整怠速限位螺钉或检查离合器。

(3)运转与停机。加大油门，当转速超过2800r/min时，锯链开始转动。经常注意油锯运转情况，如有杂音，怠速时锯链跟转、锯链过松等情况时，应及时停机检查、调整和排除。严禁空机高速运转和大负荷急停机。停机时应先怠速运转2~3min，然后关上停火开关。

(4)油锯的保养。了解日常保养、50h保养、100h保养、500h保养的内容。

[**注意事项**]油锯在使用过程中经常会发生反弹现象，为保障人身安全，要时刻注意，重视安全操作；油锯启动时，应离加油点约3m远的安全地带，禁止在机身及地面有油情况下启动。启动和锯切时，在10m以内不允许有人和动物，特别是儿童等非有关人员；油锯发动机在运转状态时，严禁用手、脚或其他物品碰撞或阻止锯链转动，以防发生意外。严禁在运转状态时调整锯链。

[**实训报告**]每人写一份油锯的启动、停机和日常保养的操作方法步骤。

二、伐木方法

[**目的要求**]学会掌握伐木方法。

[**材料用具**]手工锯、斧头、砍刀、绳索等。

[**实训场所**]伐区或森林经营技术练习场。

[**操作步骤**]

(1)观察待伐树木的自然倒向。根据树木的生长形态和地势，判断自然倒向。可按直立树、倾斜树和弯曲树三种类型进行判断。判断时，除那些较明显的倾斜树外，在平缓坡要背靠树干，仰头向上，围绕待伐树木转一圈，观察树冠，正确判断自然侧向。

(2)按生产要求确定控制倒向。从有利于提高劳动生产率、保证安全生产、减少木材损伤，有利于打枝、集材等生产工序的顺利进行，有利于森林更新等角度出发确定控制倒向。

(3)伐木。一般按锯下楂、挂耳子、锯上楂、加楔、留弦等几个步骤进行。在具体伐木时，上述步骤不一定都采用，如若确定被伐木没有劈裂危险时，则不需要挂耳子。

[**注意事项**]进入伐区前要戴好安全帽，伐木开始之前，要清理现场，打好安全通道；严格遵守伐木安全技术规程，保证安全作业。为了防止出现意外，可以用绳索拴住树干上边控制倒向；严禁空机高速运转或大负荷时急停机，以免造成零件剧烈磨损或机件飞出伤人。

[**实训报告**]每人写一份伐木操作方法、步骤的实训报告。

三、堆腐法清理伐区

[**目的要求**]熟悉清理伐区的程序、步骤，能够根据实际情况选择常用的清理伐区方法。

[**材料用具**]手套、口罩、砍刀、绳索、铁叉等。

[**实训场所**]林场或工区采伐后的采伐迹地。

[**操作步骤**]

根据伐区面积大小、地形条件以及采伐剩余物的多少，按照每 $50m^2$ 面积一堆的密度打堆，堆的位置宜林中空地、水湿地、岩石裸露的地方和伐根附近，离开幼苗、幼树及保留木。堆垛大小适宜。堆积时，将较粗大的枝桠堆在下面，细而小的枝桠堆在上面，堆好后，上面再用较大的枝桠或石头压好，以便使堆垛紧密，便于腐烂和免于被风吹散。堆的方向以横山堆积为宜，但不要影响小河、小溪的正常排水。

[**注意事项**]堆垛的过程中应当注意安全，避免工具、枝桠碰伤人。

[**实训报告**]每人完成一份堆腐法清理伐区的优缺点并作分析的实训报告。

【任务小结】

如图 18-4 所示。

【拓展提高】

一、森林采伐的管理

国家对森林采伐实行限额采伐制度和凭证采伐制度，并对商品材采伐实行年度木材生产计划制度。经国务院批准并由各省(自治区、直辖市)人民政府分解下达的森林采伐限额，是年度森林采伐的最大限量，属指令性计划，任何单位不得擅自突破和跨年度使用，并且分项限额不得互相串用。森林采伐限额的执行情况是各级政府保护和发展森林资源责任制的主要内容，各市、县(区)长为第一责任人，各级林业主管部门的一把手为主要责任人。

采伐证是采伐(含采挖、移植)森林、林木的法律凭证。采伐证分为《林木采伐许可证》和《特许采伐许可证》两种。采伐一般森林、林木使用《林木采伐许可证》，采伐珍贵树木和古树名木使用《特许采伐许可证》。《林木采伐许可证》的式样由国务院林业主管部门制定，省级林业主管部门统一印制、编号和管理；《特许采伐许可证》由省级林业主管部门统一印制、编号和管理。

国有、集体森林经营单位和集体经济组织申请采伐林木，必须进行伐区调查设计。伐区调查设计必须遵守国家和省的有关规定和技术规程，以年森林采伐限额、年度木材生产计划和森林经营方案确定的采伐顺序为依据。对于采伐毛竹、个人所有林木、农民自用材或烧材、遭受自然灾害林木、经济林、零星林木以及胸高直径 5cm 以下林木进行抚育间伐的可采用简易伐区调查设计。

采伐林木由林权单位或个人提出申请，并提交有关材料。采伐证由县级以上林业主管部门林政资源管理机构或县级林业主管部门交由的乡(镇)林业工作站负责办理。

采伐林木必须按《林木采伐许可证》规定进行。对无证采伐林木或违反采伐证规定采伐林木将依法追究有关责任者盗伐或滥伐林木的责任。

二、森林生态采伐

20 世纪 50~60 年代以粗放皆伐为主的森林主伐方式，导致我国天然林大面积退化，产生了严重的生态问题。特别是天然林中的物种资源一旦丧失，就根本无法完全恢复。怎样在森林经营中保持天然林的原貌？怎样恢复退化了的天然林？为了回答这些问题，林业科技工作者提出了森林生态经营的理念，而生态采伐的理念正是针对生态经营中的关键环

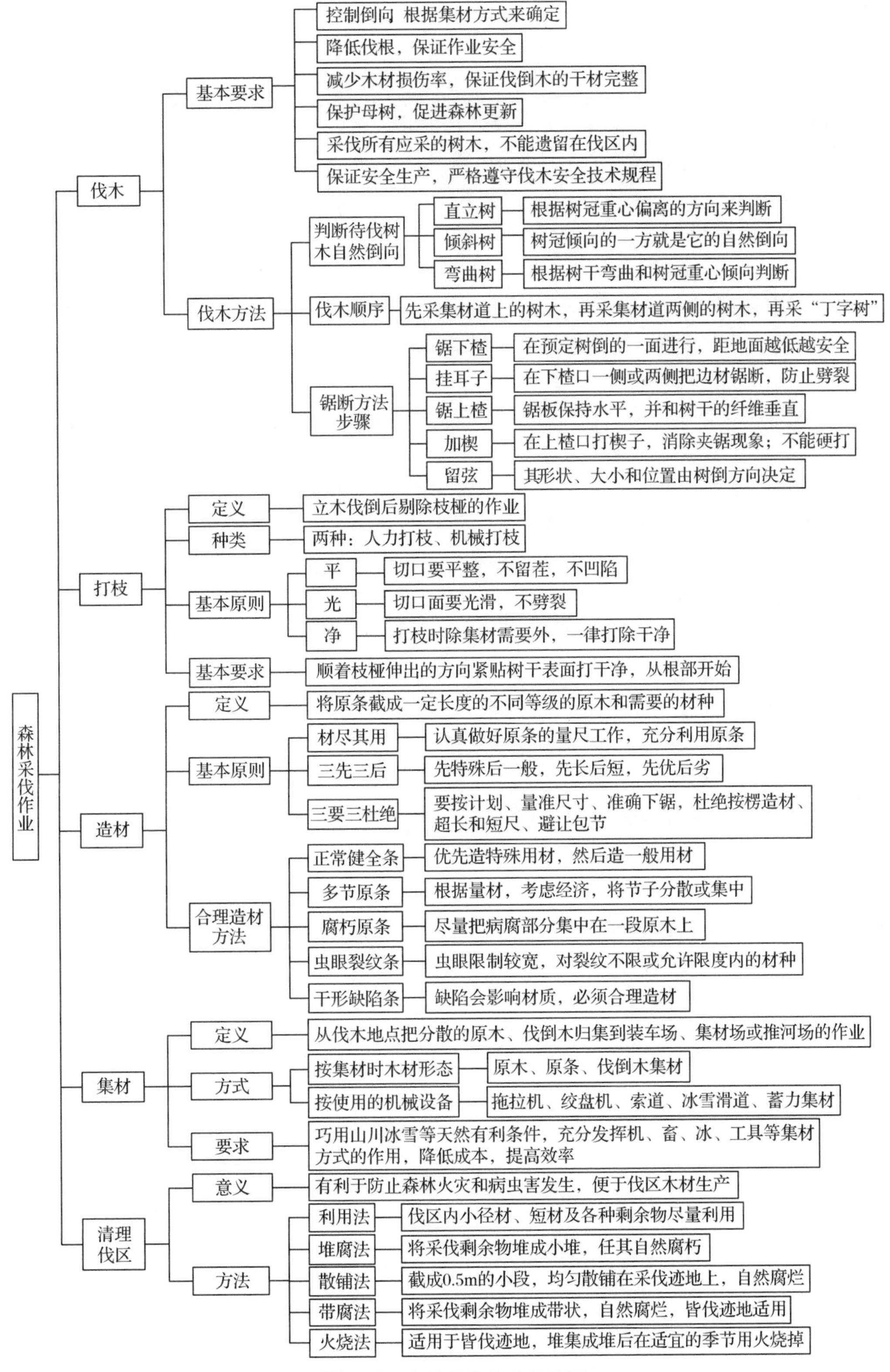

图 18-4　森林采伐作业结构图

节——采伐，提出的一个新概念。

生态采伐的原则是，采伐不影响或尽可能不影响森林生态系统，不造成森林生态系统结构、功能的损伤。其采伐设计不仅考虑木材收获，还要考虑维持天然林固有的生物多样性、树种组成和搭配、林相和森林景观及其功能等因素。这是生态采伐与传统采伐方式的根本区别。详见张会儒、汤孟平等编著的《森林生态采伐的理论与实践》，中国林业出版社 2006 年 12 月出版。

三、AFM 伐木机

AFM 是一家全球知名的伐木机械公司，来自芬兰。其专注于研制单夹持伐木机械(single grip harvester，processor and combi heads)。AFM 的单夹持伐木机推出了 6 大系列。这 6 大系列机种功能相似，处理树的直径从 50cm 到 90cm，抓取重量从 760kg 到 2900kg，相应的工作机(Base machine)从 8t 到 40t。

AFM 森林机械有限公司在森林机械市场上有着良好的声誉。专业提供高质量与操作灵活的伐木方案。AFM 采伐头可在从北极到热带林地的多种环境下进行操作。AFM 机头对于软质树木与硬质树木均可实施高效作业，同时包括对采伐的树木进行剥皮作业。AFM 采伐机头在与广大客户和主机制造商的紧密合作中取得了长足的发展。凭借着在各种主机上的安装经验，在现代化木材采伐中，具有出色的操作特性与高生产率。

四、德国人砍树像撸串一样

http：//www. haokoo. com/decoration/3871941. html

五、课外阅读题录

LY/T 1646—2005，森林采伐作业规程.

邱仁辉，周新年，杨玉盛 . 2002. 森林采伐作业环境保护技术[J]. 林业科学，38 (2)：144 - 151.

蔡斌，周伯煌，刘刚 . 2009. 可持续森林采伐初探[J]. 林业科学，45 (9)：138 - 141.

【复习思考】

1. 森林采伐作业包括哪些环节？
2. 伐木基本要求是什么？
3. 伐区清理方法有哪些？
4. 合理造材需遵守的原则是什么？

项目19

森林经营作业设计

森林经营是林业发展的基础，其目的是开发森林资源，满足人类生产生活需要。森林经营作业设计是各项营林生产的必须步骤和基础性工作，其质量的高低直接影响生产作业的可操作性和经营效果。林业生产工作中根据作业设计来开展森林经营，可避免森林遭受破坏性的无序采伐，从而实现森林经营的可持续目标。

任务19.1 森林经营作业设计

【任务介绍】

森林经营作业设计又称森林经营施工设计，是在各类森林经营作业施工地段进行全面调查研究的基础上，对作业量、施工措施、作业设计以及投资收益等方面进行全面地设计，是提高森林经营质量的重要手段。森林经营作业设计包括抚育采伐作业设计、林分改造作业设计和主伐更新作业设计，其程序主要分为准备工作、外业调查、内业设计、文件编制、评审报批等阶段。森林经营是否进行作业设计，并按照作业设计的要求组织实施，关系到森林经营是否能按其生长的规律生长，最终实现森林可持续经营目标。

知识目标

1. 了解森林经营作业设计的基本概念及其重要作用。
2. 熟悉森林经营作业设计前要做的准备工作。
3. 掌握小班调查的内容与要求。
4. 掌握森林经营作业设计一般程序。

技能目标

1. 能阐述森林经营作业设计的基本程序。
2. 能把握森林经营作业设计外业调查的主要内容。
3. 能进行抚育采伐、低产林改造、主伐更新等单项作业设计。
4. 会编写森林经营作业设计说明书。

【任务实施】

19.1.1 森林经营作业设计的准备工作

这一阶段包括组织准备、技术准备、资料准备和物资准备4个方面的工作。

(1)组织准备

作业设计由县级林业行政主管部门组织专业人员或有资质的林业调查设计单位承担，在作业设计前，设计单位应制订详尽的工作计划和技术方案，包括选定设计负责人，组建调查队伍、分配调查任务等。

(2)技术准备

技术准备是关键环节，主要包括编制立地类型表、作业设计操作细则，组织技术培训等，重点是搞好技术培训，内容以《县级作业设计实施细则》为主，包括GPS使用方法、地形图的使用、小班面积调绘、土壤植被水文专业调查及施工设计技术知识等。

(3)资料准备

① 自然条件资料 作业设计区的地理位置、地形地貌、坡度、坡向、土壤类型、水文条件、气候特征、气象条件、森林植被类型及分布、土地利用、荒山荒地、自然灾害等方面的资料。

② 社会经济情况资料 项目涉及的人口及劳力现状、农民收入、经济来源、经济构成、农村能源以及农林业在当地国民经济中所占比例等。

③ 技术资料 与森林经营作业设计有关的标准、技术规程，林业工程成熟技术、建设模式等资料。如国家林业局《森林抚育补贴试点管理办法》《中幼龄林抚育补贴试点作业设计规定》、GB/T 18337.3—2001《生态公益林建设技术规程》、GB/T 15781—2009《森林抚育规程》、LY/T 646—2005《森林采伐作业规程》、GB/T 15T283—2007《封山(沙)育林技术规程》等标准及省、市(区)等森林经营作业设计的相关规定。

④ 管理资料 作业设计相关的法律法规、政策、管理办法及以往森林经营工作取得的经验和存在的问题等。

⑤ 图面资料 新编地形图、土地利用图、土壤类型图、植被分布图、水系分布图或水土流失情况图和其他有关调查、区划的图面资料。调绘底图要求采用不小于1: 25 000的地形图或航片平面图。

⑥ 森林资源规划设计调查成果资料 应为作业设计期最近5年内调查成果，5年以上的调查成果应进行补充调查。

(4)物资准备

作业设计调查、测量所需仪器、工具、表格以及外业交通工具等。

19.1.2 森林经营作业设计的外业工作

森林经营作业设计的外业调查工作是在搜集和分析现有资料的基础上进行，它所取得的原始资料是内业计算与设计的基础，是整个作业设计工作的关键性组成部分，必须认真组织，确保外业资料的全面性和可靠性。森林经营作业设计的外业调查工作主要包括区划测量、标准地选定及调查、附属工程调查等项目。

19.1.2.1　作业区及小班区划

选择符合条件的小班作为设计对象，本着尽量集中、区域经营的原则选择作业地点，提高森林经营作业设计的效果，节约经营成本。森林经营作业一般实行两级区划，即区划作业区与作业小班。作业区是一年中进行作业的地段，一个作业区可以是一个林班，也可以是几个林班。作业小班是在作业区内进行作业的基本单位，也是进行调查统计的基本单位，面积一般不能太大。小班区划要做到三个准确，即位置准确、形状准确和大小准确，切不可示意了事。区划作业区时，应慎重考虑自然地形与运输条件，尽可能使境界线与林班线一致。

19.1.2.2　标准地选定

作业小班的调查，是通过标准地调查推算的。为此，要在作业小班中，选定有代表性的地段，设立典型标准地。原则上，每个作业小班至少应设一块标准地，但小班面积过小时，可在同类小班中设标准地。标准地的总面积一般不应少于作业总面积的 1%~5%（主伐更新作业设计的伐区调查，有的要求全林实测）。每块标准地的面积通常应不小于 0.1hm^2。为了长期进行观察，通常设立固定标准地，除四角要设立标桩、周界要有明显的标志外，还应设立标志牌，标明面积、林分因子、作业时间、作业方式等基本情况。

19.1.2.3　标准地调查

调查是标准地调查中最基本、最重要的工作。标准地调查是作业设计的基础，内容包括每木调查、各林分因子调查与计算、标准木选伐以及地形地势、土壤、植被、经营历史等。调查后要将结果填入标准地调查表（表 19-1）。

表 19-1　标准地调查表

标准地号＿＿＿＿＿　　　　标准地面积＿＿＿＿＿

<table>
<tr><td colspan="12">标准地所在地：</td><td colspan="7">标准地略图</td></tr>
<tr><td colspan="2" rowspan="3"></td><td colspan="10">林分特征</td><td colspan="6">采伐情况</td><td rowspan="3">备注</td></tr>
<tr><td rowspan="2">林分组成</td><td rowspan="2">林分年龄</td><td rowspan="2">平均高（m）</td><td rowspan="2">平均直径（cm）</td><td rowspan="2">郁闭度</td><td rowspan="2">地位级或立地指数</td><td colspan="2">株数</td><td colspan="2">蓄积量（m^3）</td><td colspan="2">强度</td><td colspan="2">出材量（m^3）</td><td rowspan="2">出材率（%）</td><td rowspan="2">薪炭材（%）</td></tr>
<tr><td>标准地</td><td>每公顷</td><td>标准地</td><td>每公顷</td><td>株数（%）</td><td>蓄积（%）</td><td>标准地</td><td>每公顷</td></tr>
<tr><td colspan="2">采伐前</td><td></td><td></td><td></td><td></td><td></td><td></td><td></td><td></td><td></td><td></td><td></td><td></td><td></td><td></td><td></td><td></td><td></td></tr>
<tr><td rowspan="2">采伐后</td><td>保留木</td><td></td><td></td><td></td><td></td><td></td><td></td><td></td><td></td><td></td><td></td><td></td><td></td><td></td><td></td><td></td><td></td><td></td></tr>
<tr><td>砍伐木</td><td></td><td></td><td></td><td></td><td></td><td></td><td></td><td></td><td></td><td></td><td></td><td></td><td></td><td></td><td></td><td></td><td></td></tr>
<tr><td colspan="19">地形、地势：　　　　土壤条件：
幼树数量及生长发育状况：
林下植物种类及盖度：
过去经营情况：</td></tr>
</table>

调查日期＿＿＿＿年＿＿＿＿月＿＿＿＿日　　　　调查人＿＿＿＿＿

(1)每木调查

每木调查是标准地调查中最基本、最重要的工作。要对每株林木检量，并分别将树种、保留木、砍伐木记载于"标准地每木调查记录"表(表 19-2，表 19-3)中。

每木调查时，除检测每株树木的胸径(对标准地内的树木，用轮尺或围尺按编号秩序逐株测定胸高直径，精度要求保留一位小数)外，还要抽测部分树木的树高(用测高器或涂有长度单位的长竹竿测定标准地内所有树木的高，精度要求保留一位小数)。通常每径阶需测 1~5 株，一般中央径阶选测 3~5 株，向两个方向递减，总计选测 15~25 株。如需要确定地位指数，还应测记若干株上层优势木的树高。

当需做更细致的调查时，如设固定标准地，作经营效果的试验对比观测时，则应首先将树木编号，并标明每株树的胸高直径部位，按树号分别检量记载(表 19-4)。

表 19-2　标准地每木调查记录表(保留木)

标准地号＿＿＿＿　树种＿＿＿＿　　计＿＿＿＿页，共＿＿＿＿页

	保留木														
	Ⅰ			Ⅱ			Ⅲ			Ⅳ			Ⅴ		
	株数	断面积	材积	株数	断面积	材积	株数	断面积	材积	株数	断面积	材积	株数	断面积	材积
4															
6															
8															
…															
合计															
平均胸径				平均断面积						保留木蓄积量					

调查日期＿＿＿＿　　检尺员＿＿＿＿　记录员＿＿＿＿

表 19-3　标准地每木调查记录表(砍伐木)

标准地号＿＿＿＿　树种＿＿＿＿　　计＿＿＿＿页，共＿＿＿＿页

	砍伐木														
	Ⅰ			Ⅱ			Ⅲ			Ⅳ			Ⅴ		
	株数	断面积	材积	株数	断面积	材积	株数	断面积	材积	株数	断面积	材积	株数	断面积	材积
4															
6															
8															
…															
合计															
平均胸径				平均断面积						砍伐木蓄积量					

调查日期＿＿＿＿　　检尺员＿＿＿＿　记录员＿＿＿＿

注：表 19-2 和表 19-3 中，Ⅰ、Ⅱ、Ⅲ、Ⅳ、Ⅴ各栏系按克拉夫特五级分级法的林木等级。

表19-4　标准地每木调查表

标准地号________　　　　　　　　　　　　计______页，共______页

树号	树种	直径（cm）	树高（m）	生长级	枝下高（m）	冠长（m）	冠幅（m）		健康及干形情况	砍留	备注
							东西	南北			

调查日期________　　　　　　　　　　检尺员________　记录员________

注：直径和树高的精度可根据观测试验的要求确定，一般要求到小数一位；生长级一般按克拉夫特分级法分五级记载；健康及干形状况，按生长势、病虫危害程度和干形质量进行评定记载；枝下高、冠幅可用测杆测定，树高减枝下高即为冠长。

(2)林分因子调查和计算

标准地内进行每木调查的同时，要进行林分郁闭度和材种出材量的调查。郁闭度一般可用测线法或成数法测定，但在固定标准地则需用树冠投影法测定。

通常需将已确定的砍伐木全部伐倒造材，检量后一一记入原木检尺记录表(如19－5)。若需分别了解每株砍伐木的材积时，则可登入标准地采伐木造材记录表中(如19－6)，然后计算材种出材量和出材率。也可用径阶标准木法，伐倒标准木后造材，计算材种出材量和出材率。林分平均直径可由平均断面积求出。平均高可从树高曲线中查定，上层高(或优势高)可从所测若干株优势木的平均高度得出。标准地材积可用有关材积表或公式计算。地位级或地位指数可从地位级表或地位指数曲线(或表)中查定。

表19-5　原木检尺记录表

标准地号__________树种__________材种__________等级__________

材长(m)	小头直径（cm）	株数	合计	单株材积（m^3）	径阶材积（m^3）	备注
合计						

检尺员________　记录员________　　　　　　　______年______月______日

表19-6　标准地采伐木造材记录表

标准地号________

采伐序号	长度(m)	小头直径(cm)	材积(m^3)
合计			

检尺员________　记录员________　　　　　　　______年______月______日

(3)标准木选伐

为了了解林分生长过程，常需选伐几株标准木并进行树干解析。标准木视具体情况，可在标准地内或其附近选取。但固定标准地内不能选伐标准木。

(4)其他因子调查

包括地形地势、土壤条件、幼树、树下植物以及过去经常活动调查等。

(5)森林更新调查

在主伐更新和林分改造设计作业小班的标准地调查中，进行森林更新调查，作为拟定

更新措施和森林采伐以后检查采伐作业质量的依据。调查时，可在标准地内设置样方或样带，分为幼苗、幼树计数，统计后按"天然更新等级评定标准"(表19-7)评定更新等级，作为设计更新措施的依据。

表19-7 天然更新等级评定标准

等 级	每公顷株数(株)	
	5年以下	6~10年
良好	10 000以上	5000以上
合格	5000~10000	3000~5000
不好	3000~5000	1000~3000
没有更新	3000以下	1000以下

19.1.2.4 附属工程调查

主要是针对主伐作业和采伐作业而进行的作业设施选设，内容包括以下3个方面。

(1)集运材线路选设

应依据区内的地形、地势、交通条件和现有集运设备以及当地集运材经验确定集运材方式，选择集运材路线。选设路线时，应充分利用原有林道和林区公路干支线，力求线路少，集运距离短，集运量大，工程量小，易于施工，线路安全，经济实用。

(2)楞场(集材点)的选设

一般根据木材产量和运输条件来确定山场集材点和中间集材点，但应满足以下条件：地势要平坦，排水良好并与集运材线路相连；楞场面积应与作业区出材量相适应(如采伐、林分改造、出材量小时，可不设置专门的楞场)，应尽可能缩短集材距离，并避免逆坡集材。

(3)工棚、房舍的设置

应尽量利用作业区内或附近有房屋。如需修建则应考虑以下条件：交通方便，靠近水源，干燥通风，生产与生活均方便的地方。

19.1.3 作业设计内业工作

外业调查完成后，就进入内业工作阶段。内业工作可分为内业设计和设计文件编制两个部分。

在这两个过程中，关键环节是分森林类型进行森林经营施工作业设计，重点是制定各项技术措施。施工设计是对应各小班的立地条件、林分状况进行更新造林、营林、抚育各环节设计，是作业设计中技术含量最高的部分，涵盖了整个造林、营林过程的技术要求，在内业设计阶段以表格形式出现，在设计文件编制阶段即设计说明书，以文字形式表述。

19.1.3.1 内业资料的整理与分析

外业调查结束后，应对外业调查资料进行全面的整理与汇总，核对、确认图表相符、资料齐全、内容完整，计算无误后方可进行。

小班面积求算中，实测的小班以实测水平面积为准；勾绘的小班采用求积仪、方格纸或网点板量算面积，两次求积面积相差不应 >0.02，合格后取平均值。小班面积以亩为单位，保留小数点后一位数。

各项专业调查资料要整理归类，分类编写出调查报告，结合森林经营历史资料对现有林分状况进行分析说明。

19.1.3.2　内业计算与设计

内业时依据外业调查和所收集到的本地区的自然、经济资料，进行分析、整理、计算和设计。其主要内容可归纳如下：

① 确定各项作业的面积。根据外业资料分析，统计计算确定各项作业的面积。

② 小班作业设计。按森林类型，按不同经营要求，分小班进行作业方式及技术措施设计。各项作业设计中要注意新技术的应用，明确抚育采伐、低产林改造和森林主伐更新过程中的新技术、新材料的应用方法、时间等。编制小班内业设计表。

③ 附属工程设计。提出与森林经营作业配套的各项设施的数量、质量，具体设计可参照有关标准和技术规定，明确各项设施的地点、规模、结构，计算耗材量与工程量，并配备相应的技术设备。明确建成期限，编制附属工程设计表。

④ 物资计算。计算各项作业所需的劳力、畜力、机具、更新造林所需种苗和其他物资的需要量。种苗需要量要按照更新造林和低产林改造施工设计和当年的计划任务，分树种、苗木类型与规格测算，按森林经营类型编制物资计算统计表。

⑤ 计算各项作业的费用与经济效益。编制投资概算与效益估算表。

⑥ 绘制作业设计图。可依据外业调查资料或原有林相图绘制，比例尺可按具体情况与要求选定。各作业小班，一般按下列图式标记：

$$\frac{\text{小班号、面积、出材量}}{\text{树种、年龄、蓄积量}}$$

不同作业的小班要用不同颜色表示。此外，图中还必须标明集运材线路的分布及其他作业设施位置。

⑦ 编制作业设计表。各省、自治区根据森林资源状况和对设计要求的不同，编制了不同的作业设计表，但总的内容是相似的。如有的设计了“森林主伐、抚育采伐、改造一览表”(表 19-8)和“更新、改造造林、幼抚一览表”(表 19-9)，反映森林经营单位的全部作业情况。有的则分别设计了“抚育采伐一览表”(表 19-10)、“低价值林改造一览表”(表 19-11)和“伐区调查设计总括表”(表 19-12)。此外，还应编制“作业设施一览表”“劳动力需要量表”“工具及作业物质需要量表”“种苗需要量表”“收支概算表”等，表 19-13 至表 19-20 可在设计时作参考。

⑧ 施工组织设计。包括安排施工作业顺序，落实年度的作业小班，安排施工时间、作业进度等。劳力、物资、设备的调配与安排；施工作业的计划、资金、组织、技术、档案管理等设计。

表 19-8　森林主伐、抚育采伐、改造一览表

作业方式	林班	小班	小班面积	小班蓄积	立地条件				森林起源	林种	林分调查因子 伐前/伐后							
			作业面积(hm^2)	作业蓄积(m^3)	坡向	坡度	土壤名称	土层厚度(cm)			树种组成	林龄(年)	平均树高(m)	平均胸径(cm)	郁闭度	株数(株/hm^2)	蓄积(m^3/hm^2)	间伐强度(%) 株数/蓄积
			—	—							—	—	—	—	—	—	—	—

（续）

采伐量公顷/小班		出材率(%)	出材量公顷/小班				林副产品			清场方法	每公顷幼树伐前/伐后	更新方式	作业时间	用工量
株数(株)	蓄积(m^3)		计	等内材(m^3)	等外材(m^3)	椽材(m^3)	棍把(根)	大柴(kg)						
—	—			—	—	—					—			

表 19-9　更新、改造造林、幼抚一览表

作业名称	林班	小班	作业面积(hm^2)	立地条件				地类	保留幼树(株/hm^2)	更新方法	造林树种	实造面积(hm^2)	造林密度(株/hm^2)	需苗量(千株)	整地方法	造林时间	幼抚		用工量(个)			
				坡向	坡度	土壤名称	土层厚度(cm)										次数	时间	计	整地	造林	幼抚
合计																						

表 19-10　抚育采伐一览表

林班号/小班号	小班面积(hm^2)	伐前林分情况								采伐情况									
		株数	平均高(m)	平均直径(cm)	蓄积量(m^3)	郁闭度	疏密度	林分组成	地位级/地位指数	采伐株数	采伐材积(m^3)	间伐强度		保留郁闭度	出材量(m^3)	出材率(%)	薪碳材(kg)	用工量	
												株数(%)	材积(%)					合计	每公顷

表 19-11　林分改造一览表

林班号/小班号	小班面积(hm^2)	林地种类	林分状况							采伐情况					改造措施					用工量(个)	
			林分组成	郁闭度	平均高(m)	平均直径(cm)	疏密度	蓄积量(m^3)	株数	采伐株数	采伐材积(m^3)	出材量(m^3)			造方法	整地规格	造林树种	造林密度	混交方式	合计	每亩
												合计	规格材	非规格材							

表 19-12　伐区调查总括表

林场伐区面积__________ hm^2　　　　蓄积量/出材量__________ m^3

面积(hm^2)	伐前公顷蓄积(m^2)	采伐(个)		采伐				出材量			更新			集材道				作业	
		作业区	小班	采伐方式	面积(hm^2)	蓄积(m^2)	公顷蓄积	原条(m^3)	原木(m^3)	公顷平均	方式	面积(m^3)	树种	种类	条数	总长度(km)	平均距离	季节	产量

表 19-13　主伐一览表

林班	面积（hm^2）	龄	地位级	疏密度	小班中各林层总蓄积量（m^3）	林层的组成及各树种年龄	小班内各树种的总蓄积量（m^3）	保留的立木蓄积量（m^3）	预定采伐的蓄积量（m^3）	其中		商品材总计（m^3）	采伐记载
小班		级	林型	出材级						用材（m^3）	薪材（m^3）		

表 19-14　人工更新一览表

林班	土地种类	播种造林				植树造林				执行情况
		主要树种	整地方式			主要树种	整地方式			
			机械	畜力	机械		机械	畜力	机械	
小班			面积				面积			

表 19-15　人工促进天然更新一览表

林班	土地种类	优势树种	人工促进措施					整地方式	执行情况
小班			面积						

表 19-16　作业设施一览表

项目	位置	规格	修建面积或长度（m^2、m）	控制量			用工量（个）	经费（元）	说明
				容纳人数	吸引木材（m^3）	吸引面积（hm^2）			

表 19-17　劳动力需要量表

项目	作业工作量	定额	需用工日	作业天数	折合劳力	最多参加作业人数	说明

表 19-18　工具及作业物质需要量表

名称	计算单位	数量	规格	金额（元）		说明
				单价	共计	

表 19-19　种苗需要量表

林班号 小班号	小班面积（hm^2）	作业种类	作业方式	造林或更新树种	种子需要量（kg）		苗木需要量（千株）		种苗规格
					每公顷	合计	每公顷	合计	

表 19-20 收支概算表

项目	单位	工作量或产量	单价（元）	金额（元）	明细(元)				备注
					工资	工具材料	种苗	其他	
收入部分									
（具体项目）									
合计									
支出部分									
（具体项目）									
合计									
盈亏									

19.1.3.3 作业设计说明书的编写

作业设计是生态经济学理论在林业生产中的应用，作业设计的编制要立足于生产实际，强化为经营者服务的意识，坚持“科技优先，三效结合，因地制宜”的原则。作业设计说明书是概述作业设计成果的重要文字材料，要简单明了，使人看了以后对作业情况有大概的了解。主要包括如下内容：

1. 前言

简述作业区或伐区的基本情况以及进行作业的必要性与可行性分析。

2. 自然概况

① 地理位置，包括行政区划位置、森林资源调查区划位置和设计总面积，离场部与乡镇的距离；② 地况，包括地形、地势、土壤、植被等；③ 林况，包括各类土地面积，各林种面积、蓄积，各林组面积、蓄积，林相特点等；④ 交通运输条件；⑤ 既往森林经营活动。

3. 调查设计要点

(1)调查设计时间

(2)调查设计依据

上级下达的设计计划文件，作业设计规程或细则；论述确定各小班采伐方式、间伐强度、更新方式、集材方式、岔线选设等的依据。

(3)调查方法及精度

面积和蓄积量调查方法及实际达到的面积和蓄积精度，调查设计质量检查验收情况。

(4)作业设计项目

① 主伐设计，总面积、蓄积，主伐方式、间伐强度、蓄积、出材量，更新方式、面积、选用树种；② 抚育采伐设计，总面积、蓄积，采伐方式方法，间伐强度、蓄积、出材量，更新方式与树种；③ 林分改造设计，总面积、蓄积，改造的方式方法，间伐强度、蓄积、出材量，更新要求。以上各项作业都要说明施工时间与作业进度。

(5)工程设计项目和数量

包括各项设施的数量、质量、布局与完成期限。

(6)收支概算及效益估算

计算依据，项目及说明(说明各项作业所需劳力、畜力、机工具、种苗和其他物资的需要量；说明计算各项作业所需费用，并汇总其总投入)。

4. 效益分析

分析作业完成后的经济效益、生态效益及社会效益情况。

5. 对生产单位的要求与建议

提出施工应注意事项及建议。

19.1.3.4　作业设计文件组成

森林经营作业设计文件包括作业设计说明书、作业设计表格，各种用图、统计表，并将各种调查材料装订成册作为附件。

整个作业设计方案编制完毕后，报林业行政主管部门，主管部门组织专家及设计区利益群体评审，通过后方可交施工部门执行。

19.1.4　森林经营作业设计中容易出现的问题

(1)作业小班区划不明显

在地形不显著的地段，小班区划界限不清楚，常导致小班移位，与作业设计不相符，造成作业设计变更与程序不符，或变更后没有及时报批，对检查验收结果造成一定影响。部分经营单位的伐区调查布设的带状和块状标准地与规程要求不符，多数作业小班只在其中设一块标准地，代表性不强。在作业设计时，没有根据林相变化情况、小班面积的大小增减标准地，使作业设计失去了对生产和经营的指导作用。

(2)作业设计内容不完善

作业设计应由图表和文字说明 3 部分组成。在实际生产中，多数作业设计图内容不全，部分作业区离开设计人员，就无法识别和查找。并且存在图表与现地区划不一致，抚育改造面积不准确，制表使用单位和表格形式不统一，抚育方式欠妥等现象。

(3)作业设计误差比较大

根据规定抚育采伐的幼、中龄人工林，郁闭度分别在 0.9 和 0.8 以上，天然幼、中龄林郁闭度分别在 0.8 和 0.7 以上。生产中将郁闭度作为抚育采伐标准，存在一定缺陷。部分伐区的抚育小班，因对作业设计要求不严格，施工时担心超过间伐强度，只伐除少部分林木，或因作业设计误差较大，出现了超采和过量采伐问题，结果没有达到设计的间伐强度，抚育采伐没有达到预期目的。

(4)作业设计存在形式主义

由于部分作业设计过于注重标准化，一定程度上出现形式主义，设计文本基本一致，形式与内容没有创新，设计说明书丢三落四，逻辑关系较混乱，设计意图不明确，存在套话、废话、空话，部分名词概念故弄玄虚，成为长篇花架子文章。

(5)作业设计基础资料不全

部分地区多年未进行二类调查，未编写森林经营方案；也未进行过以县为单位的全面的造林规划专项调查；缺乏工程的专项的总体设计和实施方案，没有作业设计所要的基础材料，未进行设计前的调查，导致设计不符合现地实际情况。

【技能训练】

一、单项森林经营作业设计

[目的要求]掌握森抚育采伐作业设计、林分改造作业设计、主伐更新作业设计的整

个程序和作业设计方法。

[材料用具]上级机关对调查地区的计划指令，有关林业方针、政策和法规，林场历年森林经营活动分析资料，作业设计地区的自然条件和社会经济条件资料，作业设计区的森林资源清查及有关专业调查资料，图面资料(基本图、林相图、森林分布图、森林经营规划图及各种专业调查用图等)，林业科学研究的新成就和生产方面的先进经验，计算用具、绘图工具及各种表格。

[实训场所]林场或乡(镇)林业站。

[操作步骤]

(1)抚育采伐作业设计。在进行作业设计之前，对林场需要进行抚育采伐的林分作出总的规划，确定抚育采伐的先后顺序。为了考虑实施作业的经济效果，尽可能采用一山一沟、集中作业的要求进行设计。对于一个作业区，还要考虑统一的集运材道路和作业设施，以减少投资降低成本。

① 内业计算与设计。根据外业调查资料和搜集到的本地区自然经济情况的资料，进行分析、整理、计算和设计。主要内容有：

a. 确定抚育采伐作业面积；

b. 确定抚育采伐的方法、强度、间隔期和采伐剩余物的处理；

c. 计算出材数量，包括规格材、小径材及薪炭材的数量；

d. 根据林分特点及劳力等情况，安排施工时间和作业进度；

e. 提出作业设施的数量、质量和完成期限；

f. 计算劳力、工具和其他物资需要数量；

g. 计算作业费用；

h. 绘制作业设计图：根据林场的林相图，将与此次设计的抚育采伐作业区有关的部分转绘成图。图内还应包括各种作业设施的位置；

i. 编制作业设计表：抚育采伐一览表(表19-10)、作业设施一览表(表19-16)、劳动力需要量表(表19-17)、工具及作业物资需要量表(表19-18)、收支概算表(表19-20)。

② 编写作业设计说明书。说明书是作业设计的重要文字材料，具体内容如下：

a. 作业区的基本情况。抚育采伐林分的情况(面积、位置、自然历史条件、林分特征)，林场所在地的经济条件、劳动力、交通情况。

b. 抚育采伐技术措施设计。抚育采伐的方法、间伐强度、重复期、出材量情况，作业设施情况，对采伐材分配利用的意见以及其他有关技术措施设计方面的意见等。

c. 施工方面的说明。抚育采伐作业的时间，劳力的来源，支付劳动报酬的形式，在施工时应注意的问题，以及其他有关的物资供应方面的意见等。

d. 说明实施抚育采伐作业费用的计算依据，作业中产品产值及纯收益等。

(2)林分改造作业设计。本着“抚育、改造、利用”相结合的原则，拟订合理的改造措施。林分改造一般是在幼龄林或中龄林中实施。如果在中林龄以上的林分中进行林分改造，则需做到改造与利用相结合。

① 内业计算与设计。根据低价值林分的林况外业调查和搜集到的本地区自然经济情况的资料，进行分析、整理、计算和设计。主要内容有：

a. 确定改造对象，分析论证改造的必要性；

b. 提出改造的方法、技术措施和引进的目的树种；

c. 确定改造年限顺序，计算平均年度改造面积，可采伐蓄积量和出材量；

d. 改造作业的劳动力安排和工具的准备及配备；

e. 计算作业费用；

f. 绘制作业设计图，根据林场的林相图，将与此次设计的林分改造作业区有关的部分转绘而成；

g. 编制作业设计表，包括林分改造一览表(表19-11)、种苗需要量表(表19-19)，作业设施一览表(表19-16)、劳动力需要量表(表19-17)、工具及作业物资需要量表(表19-18)、收支概算表(表19-20)等均可仿照上述抚育采伐作业设计的表格形式进行编制。

② 编写作业设计说明书。林分改造作业设计说明书可以仿照抚育采伐作业设计说明书的格式，按作业区的基本情况、林分改造技术措施设计、施工方面的说明以及经费概算等几个方面进行编写。

(3)主伐更新作业设计。主伐更新作业设计应执行《森林采伐更新管理办法》，森林采伐更新要贯彻“以营林为基础，普遍护林，大力造林，采育结合，永续利用”的林业建设方针，执行森林经营方案，实行限额采伐，发挥森林的生态效益、经济效益和社会效益。

① 内业计算与设计。根据外业调查资料和搜集到的本地区自然经济情况的资料，进行分析、整理、计算和设计。主要内容有：

a. 确定主伐地点和配置主伐顺序。

b. 确定主伐方式：

确定采用皆伐时，需设计采伐方向、伐区宽度、伐区面积、伐区布局、间隔距离、采伐相邻伐区的间隔时间、集材方式、保留母树和保护幼树以及清理伐区的要求。

确定采用渐伐时，需设计伐后的更新要求、采伐次数、间隔期、每次间伐强度、树种和面积、集材方式、保留母树和保护幼树以及清理伐区的要求。

确定采用择伐时，应设计择伐树种、择伐强度、择伐木选定条件、集材方式、保护伐后的活立木以及清理伐区的要求。

c. 计算和确定采伐量。

d. 确定主伐的劳动组织、所需机械设备的类型和数量。

e. 计算投资和单位成本。

f. 绘制伐区位置图。

g. 编制作业设计表，主伐一览表(表19-13)、人工更新一览表(表19-14)、人工促进天然更新一览表(表19-15)。其他如作业设施一览表、劳动力需要量表、工具及作业物资需要量表、收支概算表等均可仿照上述抚育采伐作业设计的表格形式进行编制。

② 更新作业设计的主要内容。

a. 确定更新顺序、更新方式及比重。

b. 确定更新树种。

c. 按不同更新方式，确定主要技术措施：

当采取人工更新方式时，应设计造林树种的比重或混交方式。整地时间、方式和规格，造林密度、配置及株行距，造林方法和季节，幼林抚育管理措施，种苗需要量和工作量。

当采取人工促进天然更新方式时，应设计人工促进更新的措施(如松土、除草、割灌、补播等)，抚育管理措施，种苗需要量和工作量。

当采取天然更新方式时，应设计保证天然下种或萌芽的措施和抚育管理措施等。

d. 确定人工更新的更新年限，计算平均年度更新工作量。

e. 确定更新的劳动组织、机械类型和数量。

f. 计算投资和单位成本。

g. 绘制作业设计图。

h. 编制作业设计表。

主伐更新作业设计中的其他设计表，如作业设施一览表、作业物资需要量表、劳力需要量表、收支概算表等均可仿照抚育采伐作业设计的表格进行编制。

③ 编写作业设计说明书。主伐更新作业设计说明书可以仿照抚育采伐作业设计说明书的格式，按作业区的基本情况、主伐更新技术措施设计、施工方面的说明以及经费概算等几个方面进行编写。

[注意事项] 实训中可根据作业设计地段的具体情况及取得资料的情况进行任一单项设计练习。

[实训报告] 每人提交一份单项森林经营作业设计方案(任一单项即可)，内容包括作业设计说明书、作业设计表格、各种用图、统计表，并将各种调查材料装订成册作为附件。

二、综合经营作业设计

[目的要求] 掌握森林综合经营作业设计的整个程序和作业设计方法。

[材料用具] 同【技能训练】一、单项森林经营作业设计一样。

[实训场所] 林场或乡(镇)林业站。

[操作步骤]

森林经营综合作业设计是指在一个作业区内，既对已达成熟的林分进行主伐更新设计，又对未达成熟的林分进行抚育采伐设计，以及对低价值的林分进行林分改造设计。具备下列条件的作业区可进行综合经营作业设计：一个作业区范围内既含有已达成熟的林分、未达成熟的林分，也含有低价值林分等。

(1) 内业计算与设计。根据外业调查资料和搜集到的本地区自然经济情况的资料，进行综合分析、整理、计算和设计。主要内容有：

① 确定多项作业的面积；

② 按不同经营要求，设计各小班的作业方式及技术措施；

③ 安排施工时间及作业进度；

④ 提出各项设施的数量、质量及完成期限；

⑤ 计算各项作业所需劳力、畜力、机具、种苗和其他物质的需要量；

⑥ 计算各项作业费用与经济效益；

⑦ 绘制作业设计图，根据林场原有的林相图和外业调查资料绘制，比例尺可按具体情况与要求选定。不同作业的小班要用不同颜色表示，并且图中还应标明集运材线路的分布及其他作业设施位置；

⑧ 编制作业设计表，可编制综合设计表，如表 19-8(森林主伐、抚育采伐、改造一览

表)，表 19-9(更新、改造造林、幼抚一览表)或分别单项作业编制一览表(见【技能训练】一、单项森林经营作业设计部分)。还应标注作业设施一览表、作业物资需要量表、劳力需要量表、种苗需要量表、收支概算表等各类表格。

(2)编写作业计划设计说明书。综合性作业设计说明书的主要内容包括：

① 基本情况。简述作业区的范围、森林资源状况、所在地自然条件和社会经济情况(包括劳力、交通、运输情况)，以及进行作业设计的必要性和可行性分析。

② 技术措施。分别作业项目，说明所采取的重要技术措施。

③ 作业量。分别作业项目，说明作业面积、采伐量、出材量以及作业进度安排。

④ 作业设施。说明作业期间所需各种设施的数量、规格、设置位置，以及建成期限。

⑤ 劳动安排。说明完成各项作业所需的劳力和运力，并提出解决办法。

⑥ 收支概算。说明完成作业所需总的经费投资及其计算依据，产品收益及收支盈亏情况。

⑦ 提出施工注意事项和建议。

[**注意事项**]根据作业设计地段的具体情况及取得资料的情况进行综合经营作业设计练习。

[**实训报告**]每人提交一份综合森林经营作业设计方案，内容包括作业设计说明书、作业设计表格、各种用图、统计表，并将各种调查材料装订成册作为附件。

【任务小结】

如图 19-1 所示。

【拓展提高】

一、GPS 定位系统及其在作业设计中的应用

在以往的作业设计区划中，调查队由罗盘仪负责人、旗手、记账员、林班线观察员以及林相观察员等至少 5 人组成，依靠磁罗盘和地标目测，由于自然地形和铁矿形成小区域磁场的影响，调查精度难以保证，而使用 GPS 具有省工、轻便、准确、效率高的优点。

(1)林班线区划。在外业开始前，采用 1∶25 000 航片或 TM 卫片信息，把作业区的山形、河流、沟系、自然道路等明显地物点及森林分布状况分析确定后，采用 GPS 单点导航线导航。导航时，把航向与方位保持一致，逐点、逐段寻找，沿途砍上标记，并按林班线、小班线的标准伐开，写小班号。为了减少季节、不同材高、郁闭度对精确定位的影响，每接近一个航点时，静止 2min，以便准确定位正确位置。

(2)标准地选设。标准地作为代表小班林分平均水平的典型地段，在标准地中用 GPS 测定实际位置，平面坐标记录于标准地卡并附后，以便作为检查质量和作业监督的依据，简便易行。

(3)集运材道选设。在整个作业区无明显的自然道路，需要选设集、运材道路时。先在地形图上，按规定要求设计集、运材道路线。计算坐标数据时，拐点处必取，直线部分可少取，现地先找到该线起始点，用 GPS 导航，沿途砍上标记，现地确定。

GPS 是目前世界上最完善和实用的卫星定位系统之一。由于 GPS 是涉及多科学的高新技术，操作者必须了解它的概念和原理以及 GPS 定位仪的使用方法，才能正确利用

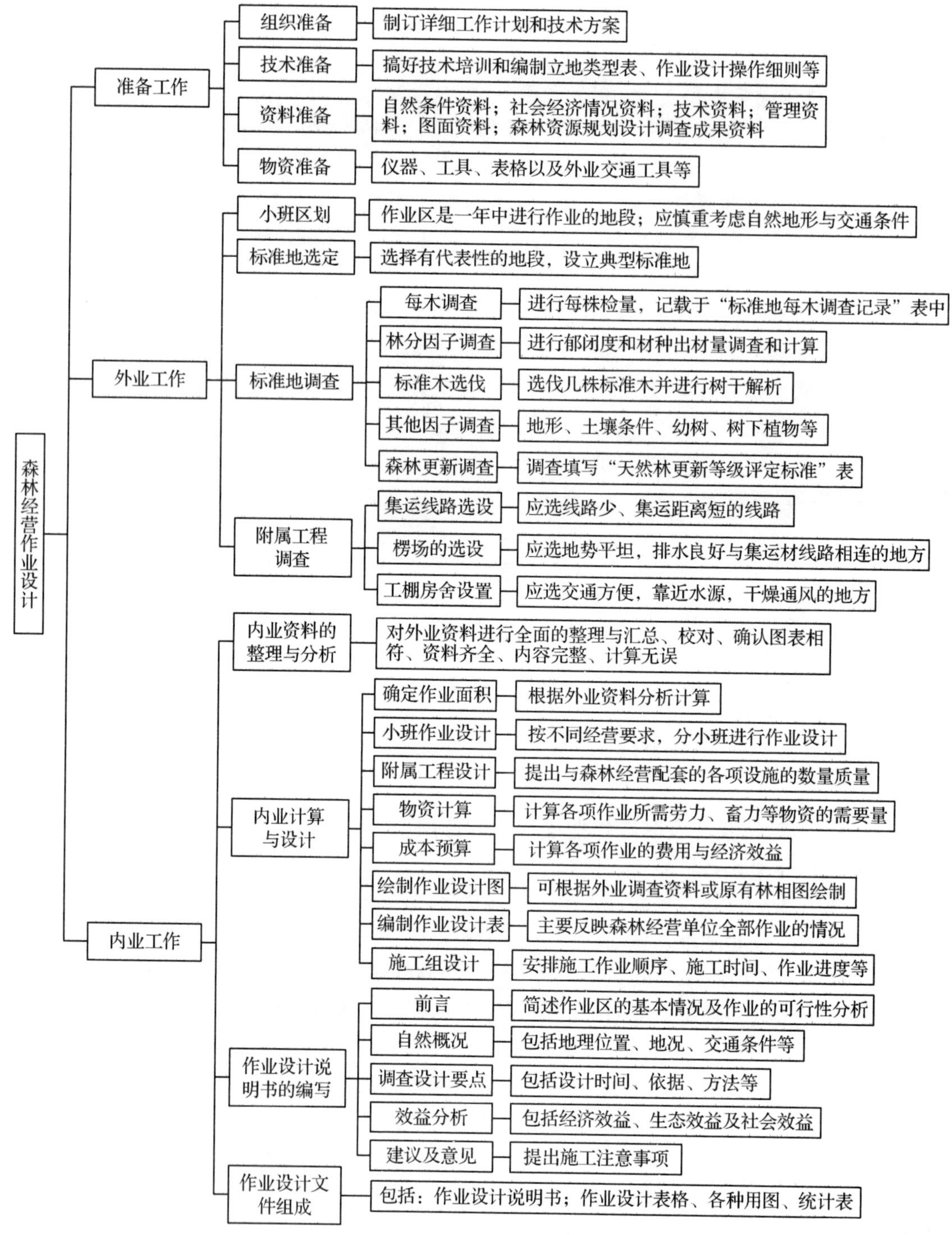

图 19-1　森林经营作业设计知识结构图

GPS 开展森林调查工作。将 GPS 测量技术应用在林业工作中，必将促进林业工作向着精确、高效的方向发展。

二、课外阅读题录

陆元昌，Werner Schindele，刘宪创，等. 2011. 多功能目标下近自然森林经营作业法研究[J]. 西南林业大学学报，31(4)：1－6.

丁磊，陆元昌，胡万良，等. 2009. 红松人工林近自然森林经营设计[J]. 林业实用技术，(1)：37－38.

【复习思考】

1. 什么是森林经营作业设计？它有何重要作用？
2. 森林经营作业设计包含哪些主要类型？
3. 试述森林经营作业设计的基本程序。

附录 我国造林分区及主要造林树种

区域	范围	主要造林树种
1. 大兴安岭山地	洮儿河以北的大兴安岭山区	兴安落叶松、樟子松、红皮云杉、白桦、蒙古栎、甜杨、朝鲜柳、杨树
2. 小兴安岭、长白山山地	沈丹线以北的小兴安岭、张广才岭、长白山山区	红松、兴安落叶松、长白落叶松、鱼鳞松、樟子松、长白松、赤松、红皮云杉、冷杉、白桦、水曲柳、黄菠萝、核桃楸、紫椴、蒙古栎、槭树、黄榆、杨树
3. 松辽平原	内蒙古东部、黑龙江和吉林中西部平原地区、辽宁的辽河平原	樟子松、油松、兴安落叶松、长白落叶松、日本落叶松、白榆、小黑杨、小钻杨、三北一号杨、旱柳、灌木柳、垂暴109柳、胡枝子、紫穗槐、沙棘
4. 内蒙古东部与冀北坝上高原山地	包括内蒙古东部、洮儿河以南大兴安岭余脉及河北坝上高原山地	樟子松、华北落叶松、红皮云杉、油松、蒙古栎、白榆、小黑杨、大青杨、旱柳、胡枝子、沙棘、山杏、山楂
5. 华北中原平原	长城以南、太行山以东、淮河以北的平原及汾、渭平原地区	侧柏、桧柏、毛白杨、群众杨、沙兰杨、Ⅰ-214杨、Ⅰ-72杨、Ⅰ-69杨、刺槐、旱柳、白榆、臭椿、国槐、楸树、泡桐、水杉、桑、梨、苹果、桃、杏、枣、花椒、葡萄、白蜡、杞柳、紫穗槐、柽柳
6. 燕山、太行山山地	冀北(不含坝上)、冀西、北京、晋东的燕山、大行山山区	油松、侧柏、华北落叶松、日本落叶松、刺槐、栓皮栎、槲栎、臭椿、香椿、元宝枫、黄楝、毛白杨、群众杨、旱柳、核桃、板栗、柿、枣、山桃、山杏、山楂、花椒、苹果、杜梨、沙棘、胡枝子、紫穗槐、黄栌
7. 辽南与山东丘陵	辽东半岛丘陵山地、山东省津浦路以东的丘陵山地(胶莱盆地列入5区)	油松、赤松、黑松、侧柏、日本落叶松、萌芽松、刺槐、麻栎、栓皮栎、臭椿、楸树、白榆、香椿、银杏、毛白杨、旱柳、枫杨、黄连木、核桃、板栗、花椒、苹果、梨、桃、山楂、胡枝子、紫穗槐、黄栌
8. 黄土高原丘陵	太行山以西、大青山以南、日月山以东、秦岭以北的黄土丘陵地区	油松、华山松、华北落叶松、日本落叶松、侧柏、刺槐、旱柳、白榆、臭椿、毛白杨、河北杨、青杨、泡桐、楸、桑、核桃、枣、花椒、山杏、山桃、桃、杏、苹果、梨、杜梨
9. 黄土高原土石山地	陇东子午岭、陕北、黄龙山和乔山、晋西、吕梁山、宁夏六盘山地区	油松、华山松、华北落叶松、日本落叶松、侧柏、白皮松、槭树、白榆、刺槐、辽东栎、旱柳、河北杨、白桦、红桦、山杏、柠条、沙棘
10. 华中山地	包括秦岭、大巴山、淮阳山地、伏牛山及湖北西北山地	杉木、马尾松、华山松、油松、湿地松、火炬松、日本落叶松、柏木、巴山松、秦岭冷杉、巴山冷杉、栓皮栎、麻栎、楸树、银杏、水杉、柳杉、泡桐、枫杨、核桃、油桐、乌桕、杜仲、漆树、毛竹、箭竹、慈竹、刚竹、刺槐、柑橘、五倍子、马桑
11. 桐柏山、大别山、黄山、幕府山、天目山山地	淮河以南、钱塘江至洞庭湖以北的山地丘陵地区	杉木、马尾松、黄山松、柏木、湿地松、火炬松、柳杉、铅笔柏、麻栎、栓皮栎、苦楝、刺槐、楸、榉树、苦槠、青栲、泡桐、银杏、毛竹、刚竹、淡竹、杜仲、厚朴、乌桕、漆树、油茶、油桐、板栗、柿、山胡桃、香榧、桂花、桃、梨、李、茶、桑、胡枝子、紫穗槐

（续）

区域	范围	主要造林树种
12. 长江中下游平原	淮河以南、钱塘江以北、宜昌以东的平原地区	水杉、池杉、刺槐、旱柳、枫杨、苦楝、泡桐、榉树、白榆、香椿、楸树、杉木、Ⅰ-72杨、Ⅰ-69杨、Ⅰ-63杨、法桐、垂柳、银杏、鹅掌楸、淡竹、刚竹、板栗、杜仲、乌桕、枇杷、桃、梨、桑、紫穗槐
13. 四川丘陵	大巴山以南、川西高原以东、巫山以西、四川雅安地区低地及贵州北部地区	柏木、藏柏、墨西哥柏、马尾松、杉木、日本落叶松、柳杉、秃杉、桢楠、桉树、麻栎、栓皮栎、青冈栎、樟树、檫树、鹅掌楸、川楝、光皮桦、桤木、栲类、喜树、木荷、黑荆树、泡桐、杨树、黄连木、珙桐、毛竹、慈竹、杜仲、厚朴、黄柏、乌桕、油茶、板栗、核桃、柑橘、银杏、漆树、白腊树、马桑
14. 南方山地丘陵	钱塘江、浙赣路及洞庭湖以南，南岭南麓以北，包括两广北部、浙南、黔东南及赣、湘、闽大部分的山地丘陵区	杉木、马尾松、柳杉、湿地松、火炬松、黄山松、华南五针松、福建柏、墨西哥柏、槠栲类、麻栎、栓皮栎、棕树、楠木、樟树、苦槠、枫香、南酸枣、红椿、木荷、山毛榉、鹅掌楸、刺槐、光皮桦、青冈栎、黄檀、窿缘桉、赤桉、大叶桉、楸、水杉、重阳木、黑荆、泡桐、银杏、毛竹、茶秆竹、淡竹、黄柏、厚朴、杜仲、板栗、油茶、油桐、柑橘、茶、棕榈、杨梅、乌桕、山苍子、胡枝子、盐肤木
15. 华南热带地区	包括两广南部、云南南部及西南低地和海南岛、南海诸岛	马尾松、华南五针松、海南五针松、思茅松、水松、湿地松、火炬松、加勒比松、落羽松、池杉、南亚松、柚木、降香黄檀、母生、枧木、火力楠、格木、石栎、枫香、樟树、苦楝、木荷、麻栎、麻栎、窿缘桉、雷林1号桉、巨尾桉、尾叶桉、巨桉、柠檬桉、台湾相思、大叶相思、马占相思、粗果相思、桐木、木棉、椰子、八角、肉桂、黄槿、棕榈、青皮竹、撑杆竹、簕竹、千年桐、大果油茶、荔枝、芒果、龙眼、菠萝蜜、余甘子、蕃石榴、厚皮香、柑橘、大王椰子、腰果、红树类
16. 台湾地区	台湾及其附近地区	红桧、台湾扁柏、台湾杉、马尾松、台湾云杉、杉木、柳杉、樟树、相思树、柚木、枫香
17. 云南高原	包括云南大部分、贵州西部、广西百色以西地区及四川西南南部	云南松、思茅松、华山松、黄杉、苍山冷杉、冲天柏、滇油杉、杉木、墨西哥柏、藏柏、蓝桉、直干桉、栓皮栎、木荷、滇青冈、元江栲、高山栲、槭类、光皮桦、蒙自桤木、滇杨、滇楸、昆明朴、朴树、银杏、柚木、红椿、银荆、麻栎、黑荆、银荆、慈竹、油茶、核桃
18. 川滇藏甘高山山地峡谷	甘肃西南部、四川西部、云南北部和西藏东南部的峡谷地区	冷杉、云杉、华北落叶松、云南松、红杉、雪松、华山松、巨柏、白栎、红栎、木豆、山杨、青冈类、苦楝、箭竹、沙棘、小桐子、马桑、蕃石榴、新银合欢
19. 天山、祁连山山地	天山、祁连山海拔1700m以上的山地	天山云杉、青海云杉、西伯利亚落叶松、大果圆柏、祁连山圆柏、疣皮桦、山杨
20. 阿尔泰山地	阿尔泰较高山地	西伯利亚冷杉、西伯利亚落叶松、西伯利亚云杉、欧洲山杨、白桦
21. 内蒙古高原山地丘陵沙地	内蒙古中部半干旱地区、陕西北部沙地、宁夏北部沙区	樟子松、油松、旱柳、白榆、河北杨、小青杨、沙柳、黄柳、柽柳、山杏、沙枣、胡枝子、柠条、沙棘、紫穗槐、杞柳、毛条、花棒、踏郎

（续）

区域	范围	主要造林树种
22. 西北荒漠半荒漠地区	新疆塔里木盆地、准噶尔盆地、甘肃河西走廊、青海柴达木盆地、宁夏西缘、内蒙古河套以西地区（灌溉绿洲另列）	沙枣、胡杨、灰杨、梭梭、白梭梭、柠条、柽柳、花棒、沙拐枣、沙柳、毛条、踏郎
23. 西北灌溉农业绿洲地区	新疆盆地绿洲、甘肃河西走廊绿洲：青海柴达木绿洲、宁夏前套和内蒙古后套地区	樟子松、新疆杨、箭杆杨、银白杨、二白杨、胡杨、旱柳、刺槐、白榆、槐树、沙枣、白蜡树、桑、杏、柽柳、柠条、沙棘、梭梭、白梭梭、沙拐枣、紫穗槐、灌木柳类、核桃、枸杞、枣、苹果、苹果梨、梨、桃、巴旦杏
24. 青藏高原谷地	西部高山林区以西、藏北高原寒漠区以东	云杉、青海云杉、大果圆柏、小叶杨、高山松、乔松、侧柏、西藏云杉、藏川杨、北京杨、紫穗槐、沙棘

参考文献

付波. 2014. 森林抚育作业设计与施工技术措施[J]. 农村科技，(9)：59－60.

国家林业局. 1999. 低产用材林改造技术规程(LY/T 1560—1999)[S]. 北京：中国标准出版社.

国家林业局. 2007. 低效林改造技术规程(LY/T 1690—2007)[S]. 北京：中国标准出版社.

国家林业局. 2005. 森林采伐作业规程(LY/T 1646—2005)[S]. 北京：中国标准出版社.

国家林业局. 1995. 西南西北林区采伐更新调查设计规范(LY/T 1174—1995)[S]. 北京：中国标准出版社.

国家质量监督检验检疫总局，国家标准化管理委员会. 2004. 封山(沙)育林技术规程(GB/T 15163—2004)[S]. 北京：中国标准出版社.

国家质量监督检验检疫总局，国家标准化管理委员会. 2015. 森林抚育规程(GB/T 15781—2015)[S]. 北京：中国标准出版社.

国家质量监督检验检疫总局，国家标准化管理委员会. 2010. 森林资源规划设计调查技术规程(GB/T 26424—2010)[S]. 北京：中国标准出版社.

黄云鹏. 2008. 林业技术专业综合实训指导书——森林培育技术[M]. 北京：中国林业出版社.

李少文，刘万德. 2013. 我国封山育林的理论基础[J]. 现代园艺，(4)：111－112.

李显军. 2013. 森林经营作业设计的外业工作分析[J]. 农林经济技术，(15)：76.

李秀琳，张品英. 2014. 直干桉人工商品林采伐作业设计探讨[J]. 绿色科技，(1)：132－134.

林太本，王小芹. 2012. 浙江林木采伐作业设计方法探讨[J]. 城市建设理论研究，(33)：3－6.

刘进社. 2014. 森林经营技术[M]. 第2版. 北京：中国林业出版社.

陆元昌. 2006. 近自然森林经营的理论与实践[M]. 北京：科学出版社.

吕勇，曾思齐，安里练雄. 2003. 天然次生林改造问题的探讨[J]. 林业资源管理，(6)：23－26.

梅莉，张卓文. 2014. 森林培育学实践教学[M]. 北京：中国林业出版社.

翟明普，沈国舫. 2016. 森林培育学[M]. 第3版. 北京：中国林业出版社.

王俊波，马安平，王得祥，等. 2008. 我国人工林经营现状与健康经营途径探讨[J]. 世界林业研究，21(特刊)：102－105.

王云礼，钟兆华，刘纪春，等. 2014. 孟家岗林场中幼龄林抚育作业设计[J]. 林业科技情报，46(4)：32－33.

翟明普. 2011. 现代森林培育理论与技术[M]. 北京：中国环境科学出版社.

赵利群，翁国盛，高秀芹. 2006. 次生林综述[J]. 防护林科技，74(5)：47－49.

曾伟生. 2009. 近自然森林经营是提高我国森林质量的可行途径[J]. 林业资源管理，(2)：6－11.

葛晋纲，周兴元. 2009. 林业技术专业技能包[M]. 北京：中国农业出版社.

黄云鹏. 2009. 林业技术专业综合实训指导书——森林培育技术[M]. 北京：中国林业出版社.
邹学忠，钱拴提. 2014. 林木种苗生产技术[M]. 第2版. 北京：中国林业出版社.
张余田. 2015. 森林营造技术[M]. 北京：中国林业出版社.